PRODROME

DE

PALÉONTOLOGIE STRATIGRAPHIQUE

UNIVERSELLE

DES ANIMAUX MOLLUSQUES ET RAYONNÉS.

DU MÊME AUTEUR.

Cours élémentaire de Paléontologie et de Géologie stratigraphiques. 2 volumes in-12 avec 600 vignettes gravées en relief et sur cuivre par M. E. Salle, et 18 tableaux réunis en un atlas in-4 .... 10 fr.
Le premier volume est en vente.

Paléontologie française (TERRAINS CRÉTACÉS). Les 160 livraisons publiées contiennent les Mollusques céphalopodes, gastéropodes, acéphales, brachiopodes et bryozoaires, formant 4 volumes de texte et 4 volumes de planches.

Paléontologie française (TERRAINS JURASSIQUES). Il a déjà paru 62 livraisons comprenant les Céphalopodes et le commencement des Mollusques gastéropodes. — Les prix sont par livraison, comprenant 4 planches in-8 tirées sur papier vélin, et du texte correspondant, 1 fr. 25 c. pour Paris, 1 fr. 35 c. pour les départements.

Foraminifères fossiles du bassin tertiaire de Vienne (Autriche). 1 vol. in-4 avec 21 planches du même format .... 25 fr.

Voyage dans l'Amérique méridionale, pendant les années 1826 à 1834. 10 vol. in-4°, y compris 500 planches.

Corbeil, imprimerie de Crété.

PRODROME

DE

PALÉONTOLOGIE

STRATIGRAPHIQUE UNIVERSELLE

DES

ANIMAUX MOLLUSQUES & RAYONNÉS

FAISANT SUITE

AU COURS ÉLÉMENTAIRE DE PALÉONTOLOGIE

ET DE GÉOLOGIE STRATIGRAPHIQUES,

PAR

M. ALCIDE D'ORBIGNY

Docteur ès sciences, Professeur suppléant de Géologie à la Faculté des Sciences de Paris,

Chevalier de l'ordre national de la Légion d'honneur, de l'ordre de saint Wladimir de Russie, de l'ordre de la Couronne de fer d'Autriche, officier de la Légion d'honneur Bolivienne; membre des Sociétés philomathique, de géologie, de géographie et d'ethnologie de Paris, membre honoraire de la Société géologique de Londres; membre des Académies et Sociétés savantes de Turin, de Madrid, de Moscou, de Philadelphie, de Ratisbonne, de Montevideo, de Bordeaux, de Normandie, de la Rochelle, de Saintes, de Blois, de l'Yonne, etc.

DEUXIÈME VOLUME.

VICTOR MASSON,

Place de l'École de Médecine, 17. — Paris.

1850

TERRAINS JURASSIQUES.

QUATORZIÈME ÉTAGE : — CORALLIEN.

MOLLUSQUES CÉPHALOPODES.

BELEMNITES, Lamarck. Voy. t. 1, p. 212.
*1. **excentralis,** Young, d'Orb., Paléont. univ., p. 57, Terr. jurass., 1, p. 120, pl. 17. France, Villerville (Calvados), Wagnon (Ardennes).
*2. **Royerianus,** d'Orb., Paléont. univ., pl. 64, Terr. jurass., 1, p. 132, pl. 22. France, Roocourt-la-Côte (H.-Marne), Esnandes, près de la Rochelle (Charente-Inférieure); Suisse, Laufon, Aarau.
NAUTILUS, Breynius, 1732. Voy. t. 1, p. 54.
*3. **giganteus,** d'Orb., 1825, id., Paléont. franç., Terr. jurass., 1, p. 163, pl. 36. France, Pointe-du-Ché, près de la Rochelle (Charente-Inférieure), Maranville, Nantua (Ain); Suisse, Chaux-de-Fonds; Verdun (Meuse).
AMMONITES, Bruguière, 1789. Voy. p. 181.
*4. **Cymodoce,** d'Orb., 1847, Paléont. franç., Terr. jurass., 1, pl. 202, 203, fig. 1. Dompierre, la Belle-Croix, près de la Rochelle.
*5. **Radisensis,** d'Orb., 1847, Paléont. franç., Terr. jurass., 1, pl. 203, fig. 2, 3. France, Loix, Ile-de-Ré (Charente-Inférieure).
*6. **Altenensis,** d'Orb., 1847, Paléont. franç., Terr. jurass., 1, pl. 204. *A. inflatus macrocephalus*, Quenstedt, 1847 (non *inflatus*, Sow., non *macrocephalus*, Schloth.). France, la Belle-Croix, Dompierre, près de La Rochelle, Beauvoir (Deux-Sèvres), Tonnerre (Yonne).
*7. **Rupellensis,** d'Orb., 1847, Paléont. franç., Terr. jurass., 1, pl. 105. *A. Bakeriæ*, Quenstedt, 1847, p. 192, pl. 16, fig. 7 (non Sowerby). *A. perarmatus-mamillatus,* Quenstedt, pl. 16, fig. 11 (non *A. perarmatus*, Sow., non *mamillatus*, Schl.). France, Marsilly, la Belle-Croix, près de La Rochelle (Charente-Inférieure), Beauvoir.
*8. **Achilles,** d'Orb., 1847, Paléont. franç., Terr. jurass., 1, pl. 106, 107, fig. 1, 2. France, La Rochelle, Belle-Croix, Pointe-des-Minimes, Marsilly (Charente-Inférieure), Beauvoir (Deux-Sèvres).

MOLLUSQUES GASTÉROPODES.

RISSOINA, d'Orb., 1840. Voy. t. 1, p. 297.
*9. **bisulca,** d'Orb., 1841. *Rissoa bisulca*, Buvignier, 1843, Mém.

Soc. philom. de Verdun, t. 2, p. 16, pl. 5, fig. 13 et 14. St-Mihiel.

RISSOA, Freminville, 1814. Voy. 1, p. 183.

*10. **unisulca**, Buvignier, 1843, Verdun, t. 2, p. 16, pl. 5, fig. 15. St-Mihiel.

*11. **unicarina**, Buvignier, 1843, Verdun, t. 2, p. 16, pl. 5, fig. 12. St-Mihiel.

SCALARIA, Lamarck, 1801. D'Orb., Paléont., Terr. crét., 2, p. 49.

12. **Münsteri?** Rœmer, 1836, p. 147, pl. 11, fig. 10. Hohenegg-elsen.

CHEMNITZIA, d'Orb., 1839. Voy. t. 1, p. 172.

*13. **athleta**, d'Orb., 1847. Espèce dont l'angle spiral est de 15°, longue de 250 mill., lisse, à tours légèrement convexes, quoique plats au milieu. France, St-Mihiel (Meuse), Châtel-Censoir, Rues.

*14. **Dormoisii**, d'Orb., 1847. Espèce voisine du *C. Heddingtonensis*, mais à tours non renflés, néanmoins distincts sur la suture; angle spiral, 16°. France, Tonnerre (Yonne).

*15. **Cæcilia**, d'Orb., 1847. Espèce dont l'angle spiral est de 16°, lisse, à tours sans aucune saillie les uns sur les autres. Wagnon.

*16. **Clio**, d'Orb., 1847. Espèce dont l'angle spiral est de 13° 1/2, lisse, effilée, à tours plans seulement à peine saillants en gradins à leur partie inférieure. Oyonnax (Ain), Wagnon, Saulce-aux-Bois (Ardennes), Estré (Charente-Inférieure).

*17. **Clytia**, d'Orb., 1847. Coquille dont l'angle spiral est de 17° avec les tours légèrement renflés comme chez le *C. gigantea*, mais bien plus allongés. Trouville, Saulce-aux-Bois.

*18. **Cepha**, d'Orb., 1847. Espèce dont l'angle spiral est de 26°, lisse, sans saillie aux tours de spire. Saulce-aux-Bois (Ardennes).

*19. **Calliope**, d'Orb., 1847. Espèce dont l'angle spiral est de 16°, mais de forme pupoïde, les tours renflés à la partie inférieure. Saint-Mihiel.

*20. **Calypso**, d'Orb., 1847. Espèce grande, courte et renflée, dont l'angle spiral est de 52°, mais dont les tours, sans aucune saillie, sont très-étroits. France, Oyonnax.

*21. **Cornelia**, d'Orb., 1847. Petite espèce oblongue, pupoïde, dont l'angle spiral est de 48°, les tours lisses, sans saillie, assez longs. Tonnerre (Yonne), Oyonnax (Ain).

*22. **Callirhoë**, d'Orb., 1847. Petite espèce courte, presque paludiniforme, lisse, à tours non saillants. France, La Rochelle.

*22'. **Pollux**, d'Orb., 1849. Grande espèce lisse à angle spiral bien plus ouvert que chez les espèces précédentes. Saintpuits (Yonne).

NERINEA, Defrance, 1825. Voy. t. 1, p. 262.

*23. **elongata**, Voltz, Bronn, 1837, Jahrb., p. 550, pl. 6, fig. 15. Trécourt (Haute-Saône), Oyonnax, près de Nantua (Ain), St-Mihiel.

*24. **Mandelslohi**, Bronn, 1837, Jahrb., pl. 6, fig. 26, p. 553. Goldf., pl. 175, fig. 4. *N. triplicata*, Pusch, 1837, Polens., Paléont., pl. 10, fig. 16. Wagnon, Saulce (Ardennes), Tonnerre, Châtel-Censoir (Yonne), St-Mihiel (Meuse), Pointe-du-Ché, près de La Rochelle (Charente-Inférieure), Oyonnax, Landeyron, près de Nantua (Ain); Allem., Wurtemberg, Nattheim.

***25. fasciata,** Voltz, 1835. Bronn, 1837, Jahrb., pl. 6, fig. 21, p. 554. Environs de Lisieux (Calvados), Coulange-sur-Yonne (Yonne).

***26. Visurgis,** Rœmer, 1836, Oolith., p. 148, pl. 11, fig. 26-28. Goldf., pl. 176, fig. 6. Bronn, 1837, Jahrb., p. 559, pl. 6, fig. 8. Oyonnax; Allem., Hildesheim, Goslar, Hannover, Hoheneggelsen.

***27. speciosa,** Voltz, 1835. Bronn, 1837, Jahrb., p. 550. France, St-Mihiel, Commercy; Suisse, Jura Bernois.

***28. Sequana,** Thirr, Goldf., 1843, Petref., 3, p. 44, pl. 176, fig. 7. France, Lisieux (Calvados); Seesen, Ingolstadt.

***29. Mosæ,** Desh., Dict. class. d'hist. nat., vol. 2, 1831, pl. 4, fig. 1, 2. Bronn, 1837, Jahrb., pl. 6, p. 564. Oyonnax (Ain), Saint-Mihiel, Châtel-Censoir (Yonne).

***30. Moreauiana,** d'Orb., 1841, Revue zoologique, p. 319. Saint-Mihiel, Nantua (Ain), Tonnerre (Yonne).

***31. subscalaris,** Münst., Goldf., 1843, 3, p. 41, pl. 175, fig. 12. St-Mihiel; Nattheim.

32. turritella, Goldf., 1843, 3, p. 43, pl. 176, fig. 5 (non Voltz). Nous possédons son type tout à fait distinct. All., Nattheim.

***33. elatior,** d'Orb., 1847. Espèce si allongée et si grêle qu'au diamètre de 9 mill., elle mesure jusqu'à 200 mill.; angle spiral, 3° 1/2, tours cylindriques évidés avec 5 rangées inégales de tubercules. La Rochelle, Beaume (Doubs).

***34. subcylindrica,** d'Orb., 1847. Espèce cylindrique, dont l'angle spiral est de 3°, tours de spire très-longs, lisses, légèrement saillants en gradins en arrière. St-Mihiel (Meuse).

***35. sexcostata,** d'Orb., 1847. Espèce très-allongée, angle spiral de 4°, à tours de spire fortement évidés, ornés de six côtes longitudinales, égales, point de plis à la columelle. La Rochelle.

***36. Jollyana,** d'Orb., 1847. Charmante espèce dont l'angle spiral est de 5° 1/2, à tours pourvus d'un bourrelet antérieur, saillants en gradins en arrière, ornés en travers de 5 petites côtes, deux plis sur la columelle. Roche-de-Bonneville, près de Clamecy, St-Mihiel.

***37. Rupellensis,** d'Orb., 1847. Espèce très-allongée, angle spiral de 5°, à tours très-évidés pourvus de 3 côtes au milieu. La Rochelle.

***38. Altenensis,** d'Orb., 1847. Espèce très-allongée, à tours évidés pourvus au milieu d'une rangée de tubercules. La Rochelle.

***39. inornata,** d'Orb., 1847. Espèce allongée, à tours plans avec des indices de stries longitudinales. La Rochelle.

***40. Bernardiana,** d'Orb., 1847. Espèce allongée, dont l'angle spiral est de 7°, les tours de spire pourvus d'un bourrelet en haut et en bas, et de stries intermédiaires alternes. Oyonnax.

***41. Nantuacensis,** d'Orb., 1847. Grande espèce allongée; angle spiral 5°, dont les tours sont lisses, plans, et sans saillie, point de plis à la bouche. Oyonnax; Allem., Nattheim.

***42. teres,** Münst., Goldf., 1843, Petref., 3, p. 43, pl. 176, fig. 3. France, Beaume (Doubs); Allem., Nattheim.

***43. Cottaldina,** d'Orb., 1847. Espèce voisine du *N. Jollyana,* mais avec les tours de spire évidés, finement striés en long, angle spiral 4°. Châtel-Censoir, Oyonnax.

***44. canaliculata,** d'Orb., 1847. Espèce allongée, dont l'angle

spiral est de 6°; les tours saillants en rampe en arrière, sont fortement canaliculés sur cette rampe. France, Châtel-Censoir.
*45. **turriculata,** d'Orb., 1847. Espèce voisine du *N. Cottaldina*, et du *Jollyana*, mais avec des tours bien plus longs et plus obliques ; angle spiral 5°. France, St-Mihiel.
*46. **subtricincta,** d'Orb., 1847. Coquille dont l'angle spiral est de 5°, à tours plans ou légèrement évidés, ornés de 3 séries de petits tubercules. Châtel-Censoir.
*47. **Cæcilia,** d'Orb., 1847. Coquille dont l'angle spiral est de 10°, à tours étroits, carénés et saillants en avant, ornée de trois à quatre séries de tubercules indistincts. Châtel-Censoir, St-Mihiel.
*48. **Calliope,** d'Orb., 1847. Espèce dont l'angle spiral est de 6°, à tours de spire légèrement évidés, munis de légers bourrelets en haut et en bas, l'intervalle muni de 7 petites séries inégales de tubercules peu saillants. Châtel-Censoir.
*49. **Callirhoë,** d'Orb., 1847. Coquille pourvue d'un angle spiral de 8°, à tours plans, saillants légèrement en gradins en arrière et inégalement striés. Châtel-Censoir.
*50. **ornata,** d'Orb., 1847. Coquille ayant un angle spiral de 4°, à tours évidés, pourvus d'un bourrelet supérieur, d'une petite côte et de deux séries de tubercules au-dessous. Châtel-Censoir.
*51. **Calypso,** d'Orb., 1847. Coquille pourvue d'un angle spiral de 15° ; tours de spire excavés, pourvus d'un bourrelet en haut et en bas et d'une rangée de tubercules oblongs au milieu. St-Mihiel, Châtel-Censoir, Verdun (Meuse).
*52. **Cassiope,** d'Orb., 1847. Coquille dont l'angle spiral est de 6° 1/2 ; tours de spire évidés, lisses, pourvus en haut d'un fort bourrelet arrondi, en bas d'un méplat saillant. France, Oyonnax.
*53. **Defrancii,** Desh., 1836, Moll. de Morée, p. 186, pl. 26, fig. 1, 2. *N. nodulosa*, Deslongch., 1842, Mém. de la Soc. linn. de Norm., 7, p. 181, pl. 8, fig. 23, 24 (non *N. nodulosa*, Deshayes, 1836). *N. turrita*, Voltz. St-Mihiel, Trouville (Calvados), Commercy, Saulce-aux-Bois (Ardennes), Oyonnax (Ain), Tuzennecourt (H.-Marne), Roche de Bonneville, près de Clamecy (Nièvre), Châtel-Censoir, Veriel (Doubs), Saintpuits (Yonne) ; Morée. Cette espèce a son angle spiral de 15°, elle a des tubercules à la partie supérieure des tours, et quelquefois des ondulations transverses.
*54. **Castor,** d'Orb., 1847. Espèce voisine par ses plis et ses ornements du *N. Defrancii*, mais ayant des nodosités plus marquées et un angle spiral de 21 à 25° d'ouverture. Saulce-aux-Bois (Ardennes), St-Mihiel, Ferté-Bernard (Sarthe). C'est le *N. suprajurensis*, de Voltz, lorsqu'il cite cette espèce dans l'étage corallien de Commercy.
*55. **Desvoidyi,** d'Orb., 1847. Espèce longue de 27 centimètres, dont l'angle spiral est de 10 à 12°, les tours lisses, renflés à la partie antérieure, point de plis sur la columelle. St-Mihiel, Saulce-aux-Bois, Wagnon, Oyonnax, Roche-de-Bonneville (Nièvre), Châtel-Censoir, Saintpuits (Yonne).
*56. **umbilicata,** d'Orb. Très-grande espèce dont l'angle spiral est de 16°, les tours lisses, un peu renflés, l'ombilic largement ouvert.

Oyonnax, Pointe-du-Ché, près de La Rochelle, St-Mihiel; Allem., Nattheim.

'**57. striata,** d'Orb., 1847. Espèce voisine de forme du *N. Castor*, mais sans tubercules, et avec les tours striés en travers; angle spiral, 18°. France, St-Mihiel.

'**58. Clio,** d'Orb., 1847. Espèce voisine par les dents et la forme du *N. Mandelslohi*, mais s'en distinguant par le manque d'ombilic ouvert; angle spiral, 17° 1/2. St-Mihiel, Châtel-Censoir, Tuzennecourt (H.-Marne), Oyonnax.

'**59. Clymene,** d'Orb., 1847. Espèce voisine du *M. Moreauiana*, mais entièrement lisse, à tours non saillants, à deux plis sur le labre. France, Châtel-Censoir.

'**60. Clytia,** d'Orb., 1847. Espèce ayant la forme extérieure des *Chemnitzia*, mais ayant un canal sur la suture et un léger pli supérieur à la columelle. Saint-Mihiel, Châtel-Censoir, Coulange-sur-Yonne.

61. Cynthia, d'Orb., 1847. Espèce à tours anguleux en avant, presque plans extérieurement, striés partout en long. France, Châtel-Censoir.

'**62. Crithea,** d'Orb., 1847. Espèce allongée, à tours plans, évidés seulement en avant, le reste forme un méplat en rampe en arrière. C'est le *N. elegans*, Voltz, non *elegans*, Thurman. France, Lisieux.

'**63. scalata,** Voltz, 1837, Jahrb., p. 317. France, Commercy.

'**64. subturritella,** d'Orb., 1837. Espèce allongée, dont les tours sont saillants en gradins en avant, et striés en long. *N. turritella*, Voltz, non Goldf., c'est le type. France, Commercy.

65. subteres, Münst., Goldf., 1843, 3, p. 40, pl. 175, fig. 6. Lindner-Berge.

66. subcochlearis, Münst., Goldf., 1843, 3, p. 41, pl. 175, fig. 14. Nattheim.

67. terebra, Schübler, Zieten, 1830, Pétrific., p. 48, pl. 36, fig. 3. Goldfuss, pl. 175, fig. 13. Wurtemberg, Nattheim.

68. sulcata, Schübler, Zieten, 1830, p. 48, pl. 36, fig. 4. Nattheim.

69. tricincta, Münst., Goldf., 1843, 3, p. 42, pl. 176, fig. 1. Nattheim.

70. quinque-cincta, Münst., Goldf., 1843, 3, p. 42, pl. 176, fig. 2. Nattheim.

71. quadricincta, Münst., Goldf., 1843, 3, p. 43, pl. 176, fig. 4. Delsemben.

72. Rœmeri, Philippi, Goldf., 1843, Petref., 3, p. 43, pl. 176, fig. 5 bis (exclus. synonym.). Allem. Hoheneggelsen.

.**73. tuberculosa,** Rœmer, 1836, Nordd. Oolith., p. 144, pl. 11, fig. 29. Bronn, Jahrb., 1837, pl. 6, fig. 7. Allem., Berge, près de Hanovre.

74. imbricata, Desh., Voltz, 1835, Jahrb., pl. 6, p. 563. Desh., 1836, Expéd. de Morée, 3, p. 185, pl. 26, fig. 4, 5.

75. nodulosa, Desh., 1836, Moll. de Morée, p. 185, pl. 24, fig. 6, 7. Voltz, Jahrb., pl. 6. Morée.

76. simplex, Desh., 1836, p. 186, pl. 26, fig. 8, 9. Morée.

'**77. pupoides,** d'Orb., 1847. Espèce ovale, courte et large, conique,

dont l'angle spiral est de 45°, les tours convexes, sur le labre un pli, sur la columelle deux. France, Oyonnax.
*80. **fusiformis,** d'Orb., 1847. Coquille fusiforme, dont l'angle spiral est de 20°, le dernier tour presque aussi long que le reste, légèrement renflé, acuminé en avant; bouche pourvue sur la columelle de deux et sur le labre d'un pli. France, Châtel-Censoir.
*81. **Cabanetiana,** d'Orb., 1847. *Acteon Cabanetiana*, d'Orb., 1841, Revue zoologique, p. 318. France, Oyonnax, envir. de Nantua (Ain).
ACTEON, Montfort, 1810. Voy. t. 1, p. 263.
*82. **Corallina,** d'Orb., 1847. Petite espèce longue de quelques millimètres, ventrue, dont la moitié antérieure du dernier tour est seule sillonnée en travers. France, St-Mihiel.
ACTEONINA, d'Orb., 1847. Voy. t. 1, p. 118.
*83. **Dormoisiana,** d'Orb., 1847. *Acteon Dormoisiana,* d'Orb., 1841, Revue zoologique, p. 318. France, Nantua (Ain), Tonnerre, Saintpuits (Yonne), St-Mihiel.
*84. **acuta,** d'Orb., 1847. *Acteon acuta,* d'Orb., 1841, Revue zoologique, p. 318. France, Oyonnax, envir. de Nantua.
*85. **pupoides,** d'Orb., 1847. Très-petite espèce ovale, lisse, à tours très-rapprochés, pourvue d'une rampe sur la suture. France, La Rochelle.
*86. **miliola,** d'Orb., 1847. Petite espèce allongée, entièrement lisse, à tours très-allongés. France, La Rochelle.
*86'. **hordeum,** d'Orb., 1849. Petite espèce dont les tours sont plus longs que chez la précédente. Saintpuits (Yonne).
NATICA, Adanson, 1757. Voy. t. 1, p. 29.
*87. **grandis,** Münst., Goldf., 1844, 3, p. 118, pl. 199, fig. 8. France, Saulce-aux-Bois, La Rochelle, La Chapelle, près de Salins (Jura), Tonnerre (Yonne), Verdun, St-Mihiel (Meuse); Allem., Eichstadt; Suisse, Le Raimaux, près de Délémont (Berne).
*88. **Danae,** d'Orb., 1847. Coquille ovale, dont l'angle spiral convexe est de 80°; tours lisses, bouche très-grande, ovale. France, La Rochelle, Ferté-Bernard (Sarthe).
*89. **Daphne,** d'Orb., 1847. Espèce oblongue dont l'angle spiral est de 55°, les tours à peine renflés, peu larges. France, La Rochelle, Saulce-aux-Bois, Tonnerre.
*90. **Dejanira,** d'Orb., 1847. Espèce oblongue, dont l'angle spiral est de 65°, les tours renflés, le dernier très-grand, point de rampe sur la suture. Pointe-du-Ché, près de La Rochelle, Dijon.
*91. **Delia,** d'Orb., 1847. Espèce ovale, dont l'angle spiral est de 72°, les tours renflés, courts, le dernier très-grand. France, Oyonnax, Châtel-Censoir, La Chapelle, près de Salins (Jura), Verdun, St-Mihiel, Saulce-aux-Bois, Grand-Combe-des-Bois, près de Morteau (Doubs).
*92. **Rupellensis,** d'Orb., 1847. Espèce ovoïde, dont l'angle spiral est de 100 à 107°, les tours courts, excepté le dernier qui est très-ample, légèrement strié en long. France, La Rochelle, Saint-Mihiel, Verdun (Meuse).
*93. **hemisphærica,** d'Orb., 1847. *Nerita hemisphærica*, Rœmer, 1836, Oolith., p. 156, pl. 10, fig. 7. France, La Rochelle, Tonnerre, Saulce-aux-Bois, Nantua, Châtel-Censoir.

*94. **Doris,** d'Orb., 1847. Espèce très-remarquable par les forts sillons transverses qui ornent ses tours. France, La Rochelle.

NERITOPSIS, Sowerby, 1825. Voy. 1, p. 172.

*95. **decussata,** d'Orb., 1847. *Natica decussata,* Münster, Goldfuss, 1844, 3, p. 119, pl. 199, fig. 10. France, St-Mihiel; All., Nattheim.

*96. **Cottaldina,** d'Orb., 1847. Jolie espèce ornée de côtes longitudinales, alternativement une grosse et une petite, avec lesquelles se croisent des côtes transverses éloignées. France, Châtel-Censoir.

*97. **Moreana,** d'Orb., 1847. Coquille à spire très-saillante, ornée de petites côtes alternes longitudinales et de petites côtes transverses. France, St-Mihiel.

98. **sulcosa,** d'Orb., 1847. *Nerita sulcosa,* Zieten, 1830, Pétrific., p. 44, pl. 32, fig. 10 (non *N. sulcosa,* Brocchi). Wurt., Nattheim.

NERITA, Adanson, 1757. Voy. 1, p. 214.

*99. **sigaretina,** Buvignier, 1843, Mém. Soc. philom. de Verdun, t. 2, p. 17, pl. 5, fig. 16 et 17. France, St-Mihiel.

*100. **pulla,** Rœmer, 1836, Oolith., p. 155, pl. 9, fig. 30. *N. mais,* Buvignier, 1843, Mém. de la Soc. phil. de Verdun, 2, p. 17, pl. 5, fig. 18-19. France, St-Mihiel; All., Hoheneggelsen.

*101. **palæochroma,** Buvignier, 1843, id., t. 2, p. 17, pl. 5, fig. 22, 23, 24. Verdun (Meuse).

*102. **Corallina,** d'Orb., 1847. Grosse espèce voisine du *N. ovula,* mais avec les tours de spire plus larges et le sommet plus saillant. France, St-Mihiel, Saulce-aux-Bois.

103. **Mosæ,** d'Orb., 1847. Espèce ovale, épaisse, avec des sillons granuleux régulièrement espacés, spire saillante. Saint-Mihiel.

104. **costellata,** Münst., Goldf., 1844, 3, p. 115, pl. 198, fig. 21. Nattheim.

105. **ovata,** Rœmer, 1836, Oolith, p. 156, pl. 10, fig. 6. Allem., Lindner-Berge.

PILEOLUS, Sowerby, 1823.

*106. **costatus,** d'Orb., 1847. Coquille ovale, conique, ornée d'environ onze grosses côtes rayonnantes, entre chacune desquelles il y en a une petite. France, Saint-Mihiel.

*107. **radiatus,** d'Orb., 1847. Coquille ronde, conique, élevée, à sommet latéral, ornée d'un grand nombre de côtes rayonnantes, alternes. France, Saint-Mihiel.

*108. **Moreanus,** d'Orb., 1847. Espèce le double plus grande que les précédentes, ornée de côtes rayonnantes simples. Saint-Mihiel.

TROCHUS, Linné, 1758. Voy. t. 1, p. 64.

*109. **Mosæ,** d'Orb., 1847. Petite espèce plus large que haute, lisse, dont le dernier tour a deux angles séparés par un méplat. France, Saint-Mihiel.

*110. **Diomedes,** d'Orb., 1847. Petite espèce plus haute que large, lisse, dont le dernier tour est subanguleux. France, Saint-Mihiel.

*111. **Dædalus,** d'Orb., 1847. Espèce conique, dont l'angle spiral est de 54°, les tours anguleux au pourtour, ornés de quatre rangées inégales de saillies imbriquées. France, Saint-Mihiel.

*112. **Darius,** d'Orb., 1847. Espèce conique, dont l'angle spiral est de 72°, les tours arrondis, striés en long sur leur moitié inférieure. France, Saint-Mihiel.

113. æquilineatus, Münst., Goldf., 1844, 3, p. 57, pl. 181, fig. 2. Nattheim.

114. angulato-plicatus, Münst., Goldf., 1844, Petref., 3, p. 57, pl. 181, fig. 3. Allem., Nattheim.

115. Helenus, d'Orb., 1847. *T. binodosus*, Münst., Goldf., 1844, Petr., 3, p. 58, pl. 181, fig. 4 (non Münster, 1839). Allem., Nattheim.

116. cancellatus, Münster, Goldf., 1844, 3, p. 58, pl. 181, fig. 5. Nattheim.

***117. minutissimus,** d'Orb., 1847. *T. minutus*, Rœmer, 1836, Oolith., p. 151, pl. 11, fig. 4 (non Deshayes, 1824). Hoheneggelsen.

***118. Moreanus,** d'Orb., 1847. Espèce très-déprimée, à tours déprimés, unis, avec un bourrelet autour d'un large ombilic. France, Saint-Mihiel.

***119. Delia,** d'Orb., 1847. Petite espèce conique, à tours ornés au pourtour de deux rangées de grosses nodosités, le reste costulé en long. France, Saint-Mihiel.

***120. Dirce,** d'Orb., 1847. Petite coquille plus large que haute, ornée au pourtour subcaréné de onze pointes obtuses, le côté de la bouche fortement ridé en travers. France, Saint-Mihiel.

HELICOCRYPTUS, d'Orb., 1847. C'est un *Solarium* dont les tours embrassants en dessus cachent une partie de la spire.

***121. pusillus,** d'Orb., 1847. *Helix pusilla*, Rœmer, 1836, Oolith., p. 161, pl. 9, fig. 31. France, Saint-Mihiel; Allem., Hoheneggelsen.

TURBO, Linné, 1758. Voy. t. 1, p. 5.

***122. princeps,** Rœm., 1836, Oolith., p. 153, pl. 11, fig. 1. Goldf., pl. 195, fig. 2. France, Saulce-aux-Bois (Ardennes), Châtel-Censoir, La Rochelle; Allem., Hildesheim.

***123. globatus,** d'Orb., 1847. *Delphinula globata*, Buvignier, 1843, Mém. Soc. philom. de Verdun, t. 2, p. 20, pl. 5, fig. 33, 34. France, Saint-Mihiel, Loix, île de Ré (Charente-Inférieure).

***124. substellatus,** d'Orb., 1847. *Delphinula stellata*, Buvignier, 1843, Mém. Soc. philom. de Verdun, t. 2, p. 20, pl. 5, fig. 35 et 36 (non *stellatus*, Gmelin, 1789). France, Saint-Mihiel.

***125. bicinctus,** d'Orb., 1847. *Littorina bicincta*, Buvignier, 1843, Mém. Soc. philom. de Verdun, t. 2, p. 20, pl. 6, fig. 1. Saint-Mihiel.

***126. granicostatus,** d'Orb., 1847. *Littorina granicosta*, Buvignier, 1843, Mém. Soc., t. 2, p. 21, pl. 6, fig. 2. France, Saint-Mihiel.

127. Cotteausius, d'Orb., 1847. Grande espèce, aussi haute que large, tours subanguleux munis de larges tubercules transverses, le reste avec de larges côtes. France, Châtel-Censoir (M. Cotteau).

***128. subfunatus,** d'Orb., 1847. *Delphinula funata*, Goldf., 1844, 3, p. 89, pl. 191, fig. 11 (non *funatus*, Sow., 1824). France, Saint-Mihiel; Würtemb., Nattheim.

***129. tegulatus,** Münst., Goldf., 1844, 3, p. 100, pl. 195, fig. 1. Saint-Mihiel; Nattheim.

***130. Emylius,** d'Orb., 1847. Espèce voisine du *T. substellatus*; mais pourvue de côtes granuleuses, nombreuses du côté de l'ombilic. Fr., Saint-Mihiel.

*131. **Ephynes,** d'Orb., 1847. Espèce allongée pourvue sur la convexité de la spire de gros tubercules espacés. France, La Rochelle.

*132. **Epulus,** d'Orb., 1847. Espèce assez courte, dont les tours ont deux côtes saillantes, tuberculeuses, séparées par deux autres plus petites. France, Saint-Mihiel.

*133. **Rathierianus,** d'Orb., 1847. Jolie espèce conique plus longue que large, ornée de deux côtes longitudinales près de la suture, et de deux autres sur la convexité du dernier tour. France, Tonnerre.

*134. **Erinus,** d'Orb., 1847. Espèce plus large que haute, entièrement lisse, à tours peu renflés, bouche ronde. France, Saint-Mihiel, Châtel-Censoir.

*135. **Erippus,** d'Orb., 1847. Espèce voisine du *T. globatus*, mais avec une côte granuleuse plus forte que les autres à la partie inférieure des tours. France, Saint-Mihiel.

*136. **Eryx,** d'Orb., 1847. Espèce voisine du *T. funatus*, mais pourvue d'une rampe aplatie près de la suture. France, Saint-Mihiel.

*137. **Eudoxus,** d'Orb., 1847. Espèce voisine de la précédente, mais munie de trois grosses côtes granuleuses inférieures, et d'une autre rangée de tubercules au pourtour de l'ombilic. Saint-Mihiel.

138. **punctato-sulcatus,** Rœm., 1836, p. 153, pl. 11, fig. 7. Hohen-eggelsen.

139. **Auchurus,** Münst., Goldf., 1844, 3, p. 100, pl. 194, fig 13. Nattheim.

*140. **Moreausius,** d'Orb., 1847. Assez grande espèce, plus longue que large, avec de fortes nodosités transverses, doubles, le dernier tour évasé. France, Saint-Mihiel.

STOMATIA, Lamarck, 1801. Voy. 1, p. 7.

141. **carinata,** d'Orb., 1847. *Stomatella carinata*, Buvignier, 1843, Mém. de Verdun, t. 2, p. 19, pl. 5, fig. 27, 28. France, Saint-Mihiel.

142. **funata,** d'Orb., 1847. *Stomatella funata*, Buvignier, 1843, Mém. de Verdun, t. 2, p. 19, pl. 5, fig. 29 et 30. France, Saint-Mihiel.

PHASIANELLA, Lamarck, 1802. Voy. t. 1, p. 67.

*143. **Buvignieri,** d'Orb., 1847. *P. paludiformis*, Buvignier, 1843, Mém., t. 2, p. 21, pl. 6, fig. 3, 4 (non Zieten, 1830). St-Mihiel.

DITREMARIA, d'Orb., 1842. Voy. t. 1, p. 229.

*144. **ornata,** d'Orb., 1847. *Pleurotomaria ornata*, Münst., Goldf., 1844, 3, p. 100, pl. 195, fig. 6. France, Saint-Mihiel, Châtel-Censoir; Allem., Nattheim.

*145. **Rathieriana,** d'Orb., 1847. Grande espèce large de 70 millimètres, dont l'angle spiral est de 85°, les tours en gradins striés en long. France, Tonnerre (Yonne), Pointe-du-Ché, près de La Rochelle, Châtel-Censoir, Saulce-aux-Bois.

*146. **scalaris,** d'Orb., 1847. Grande espèce large de 80 millimètres, dont l'angle spiral est de 69°, les tours en gradins élevés, carénés supérieurement. France, Saulce-aux-Bois.

*147. **amata,** d'Orb., 1847. Belle espèce, plus petite que les deux précédentes, dont l'angle spiral est de 115°, les tours déprimés, bicarénés extérieurement, striés en long partout, ondulés en travers sur la suture. France, Saulce-aux-Bois, Saint-Mihiel.

PLEUROTOMARIA, Defrance, 1825. Voy. t. 1, p. 7.

*148. **monilifer,** d'Orb., 1847. *Trochus monilifer*, Ziet., 1830, p. 46, pl. 34, fig. 4 (non Sowerby). France, Saint-Mihiel; Nattheim.

*149. **Euterpe,** d'Orb., 1847, Étage Oxfordien, nº 133. La Rochelle.

*150. **Galatea,** d'Orb., 1847. Espèce plus large que haute, à tours plans, carénés et tuberculeux au pourtour, striés partout en long. France, Nantua (Ain).

*151. **Glycerie,** d'Orb., 1847. Espèce très-déprimée, lisse, avec quelques indices de stries dans le sens de l'enroulement; bande du sinus linéaire. France, Châtel-Censoir.

152. **Agassizii,** Münst., Goldf., 1844, 3, p. 74, pl. 186, fig. 9. Nattheim.

153. **Jurensis,** d'Orb., 1847. *Trochus Jurensis*, Hartmann, Zieten, 1830, Pétrific., p. 46, pl. 34, fig. 2. Goldf., pl. 180, fig. 12. Wurtemb., Nattheim, Muggendorf.

154. **quinquecinctus,** d'Orb., 1847. *Trochus quinquecinctus*, Zieten, 1830, Pétrific. du Wurtemb., p. 46, pl. 35, fig. 2. Nattheim.

PTEROCERA, Lamarck, 1801. Voy. t. 1, p. 231.

*155. **Rupellensis,** d'Orb., 1847. *Pterocera Ponti*, d'Orbigny, 1825, Ann. des Sc. nat., p. 2, pl. 5, fig. 1. *Strombus Ponti*, Brongn., pl. 7, fig. 3 A (exclus., fig. B). Cette espèce bien distincte du *P. Ponti*, Brongniart, pl. 7, fig. B, auquel nous conservons ce nom, a une pointe en dedans du canal. France, env. de La Rochelle.

*156. **tetracera,** d'Orb., 1825, Ann. des Sc. nat., p. 5, pl. 5, fig. 2. France, env. de La Rochelle, Oyonnax, Tonnerre, Saint-Mihiel.

157. **aranea,** d'Orb., 1847. Voy. Etage oxfordien, nº 149. France, Rochelle, Tonnerre, Saulce-aux-Bois, Saint-Mihiel, citadelle de Besançon, Oyonnax.

*158. **Eudora,** d'Orb., 1847. Petite espèce dont les tours sont costulés en travers, striés en long; l'aile très-dilatée, a trois pointes courtes, l'intervalle costulé en long. France, La Rochelle.

159. **Eola,** d'Orb., 1847. Espèce de moyenne taille, à tours en gradins lisses; le dernier a deux légères saillies longitudinales. France, Verdun, Saint-Mihiel (Meuse).

FUSUS, Lamarck, 1801. Voy. t. 1, p. 303.

160. **longiscatus,** d'Orb., 1847. *Pleurotoma longiscata*, Buvignier, 1843, Mém. de Verdun, t. 2, p. 22, pl. 6, fig. 8. France, Saint-Mihiel.

161. **Rissoides,** d'Orb., 1847. *Pleurotoma Rissoides*, Buvignier, 1843, Mém. de Verdun, t. 2, p. 23, pl. 6, fig. 9. Saint-Mihiel, Commercy.

162. **recticaudatus,** d'Orb., 1847. *Triton recticaudatum*, Buvign., 1843, Mém. de Verdun, t. 2, p. 24, pl. 6, fig. 12. Saint-Mihiel.

163. **Munsterianus,** d'Orb. *Murex fusiformis*, Münster, Goldfuss, 1843, 3, p. 28, pl. 172, fig. 14 (non Rœmer, 1836). Allem., Nattheim.

PURPURINA, d'Orb., 1847. Voy. t. 1, p. 270.

*164. **Moreausia,** d'Orb., 1847. *Purpura Moreausia*, Buvignier, 1843, Mém. Soc. philom. de Verdun, t. 2, p. 26, pl. 6, fig. 19. France, Saint-Mihiel (Meuse), Saulce-aux-Bois.

*165. **turbinoides,** d'Orb., 1847. *Purpura turbinoides*, Buvignier, 1843, Mém. de Verdun, t. 2, p. 26, pl. 6, fig. 20. France, Saint-Mihiel.

*166. **Lapierrea,** d'Orb., 1847. Voy. Etage oxfordien, nº 158. France, Saulce-aux-Bois, Châtel-Censoir.

CERITHIUM, Adanson, 1757. Voy. t. 1, p. 196.
*167. **limæformis**, Rœmer, 1836, Oolith., p. 142, pl. 11, fig. 19. Goldf., pl. 173, fig. 17. Saint-Mihiel; Hannover, Hoheneggelsen.
*168. **septemplicatum**, Rœmer, 1836, Nordd. Oolith., p. 142, pl. 11, fig. 16. Goldf., pl. 173, fig. 18. France, Saint-Mihiel; Allem., Hannover.
*169. **Rœmeri**, d'Orb., 1847. *Fusus Rœmeri*, Münst., Goldf., 1843, 3, p. 22, pl. 171, fig. 13. France, St-Mihiel; Allem., Hoheneggelsen.
*170. **millepunctatum**, Deslongchamps, 1842, Mém. Soc. lin. de Norm., t. 7, p. 204, pl. 11, fig. 26, 27, 28. France, Berneville, près la chapelle Saint-Christophe (Calvados), La Rochelle.
*171. **Corallense**, Buvignier, 1843, t. 2, p. 22, pl. 6, fig. 7. Saint-Mihiel.
*172. **filosum**, d'Orb., 1847. *Purpura filosa*, Buvignier, 1843, Mém. de Verdun, t. 2, p. 27, pl. 6, fig. 22 et 23. France, Saint-Mihiel.
*173. **Buvignieri**, d'Orb., 1847. *Fusus corallensis*, Buvignier, 1843, Mém. de Verdun, t. 2, p. 23, pl. 6, fig. 10 (non nº 171). Saint-Mihiel.
*174. **versicostatum**, d'Orb., 1847. *Murex versicostatus*, Buvignier, 1843, Mém. de Verdun, t. 2, p. 23, pl. 6, fig. 11. France, Saint-Mihiel.
*175. **buccinoideum**, Buvignier, 1843, Mém. de Verdun, t. 2, p. 24, pl. 6, fig. 13, 14 et 15. Saint-Mihiel (Meuse), et Ardennes.
*176. **Achilles**, d'Orb., 1847. Magnifique espèce, longue de 140 millimètres, dont l'angle spiral est de 20º, les tours convexes, ornés de gros tubercules comprimés, transverses, se correspondant, et de stries longitudinales. France, environs de Saintpuits (Yonne).
*177. **crassilabrum**, d'Orb., 1847. Belle espèce dont la bouche, pourvue d'un gros péristome, est réfléchie et s'étend en arrière, les tours ornés de nodosités transverses. France, Saint-Mihiel.
*178. **Ganymedes**, d'Orb., 1847. Espèce assez grande, dont l'angle spiral est de 25°, les tours en gradins, lisses. France, Saint-Mihiel.
*179. **Gerontes**, d'Orb., 1847. Espèce grande, dont l'angle spiral est de 270°, les tours excavés légèrement au milieu, saillants et en bourrelet en haut et en bas. France, Saint-Mihiel.
*180. **Glaucippe**, d'Orb., 1847. Petite espèce, un peu pupoïde, dont les tours, légèrement saillants en gradins, sont ornés de six rangées alternes de gros et de petits tubercules. France, Saint-Mihiel, environs de Besançon, Châtel-Censoir, La Rochelle.
*181. **Glycerie**, d'Orb., 1847. Petite espèce dont les tours saillants ont quatre côtes longitudinales simples. France, Saint-Mihiel.
182. **Halie**, d'Orb., 1847. Espèce de moyenne taille, courte, ornée de cinq côtes longitudinales se correspondant, les tours fortement costulés en long. France, Saint-Mihiel (M. Moreau).
183. **Hecabe**, d'Orb., 1847. Espèce moyenne, allongée, dont les tours ont une forte série de nodosités en arrière, le reste costulé en long. France, Saint-Mihiel (M. Moreau).
184. **Hecale**, d'Orb., 1847. Petite espèce très-courte, pupoïde, ornée par tour de trois rangées de côtes tuberculeuses. Saint-Mihiel.
*185. **Heliodore**, d'Orb., 1847. Petite espèce allongée, ornée de cinq grosses côtes se correspondant d'un tour à l'autre, ceux-ci ornés de quatre côtes longitudinales simples. France, Saint-Mihiel.

*186. **Palæmon,** d'Orb., 1847. Très-petite espèce, ornée en long de grosses varices qui ne se correspondent pas d'un tour à l'autre, et de stries longitudinales à l'enroulement. France, Saint-Mihiel.

*187. **Hemon,** d'Orb., 1847. Très-petite espèce à sept côtes longitudinales très-obliques, se correspondant d'un tour à l'autre. France, Saint-Mihiel.

188. **Heranice,** d'Orb., 1847. Petite espèce allongée, ornée en long de nombreuses petites côtes se correspondant, et de stries fines, transverses. France, Saint-Mihiel (M. Moreau).

*189. **Fleuriausum,** d'Orb., 1847. Belle espèce de moyenne taille, ornée de quelques varices irrégulièrement placées, et par tour de quatre côtes échinulées, transverses. France, Pointe-du-Ché, près de La Rochelle.

*190. **Rupellense,** d'Orb., 1847. Petite espèce allongée, à tours convexes et même subcarénés au milieu, pourvus de cinq côtes longitudinales inégales, granuleuses. France, La Rochelle.

*191. **Hesione,** d'Orb., 1847. Petite espèce très-allongée, à tours non convexes, à peine striés en long. France, La Rochelle.

192. **subsuturale,** d'Orb., 1847. *C. suturale,* Buvignier, 1843, Mém. de Verdun, t. 2, p. 22, pl. 6, fig. 6 (non Risso, 1826). France, Sampigny (Meuse).

FISSURELLA, Bruguière, 1791. Voy. t. 1, p. 126.

193. **Moreausia,** d'Orb., 1847. Espèce très-déprimée, ovale, ornée de côtes rayonnantes égales, simples et comme granuleuses. France, Saint-Mihiel (M. Moreau).

194. **Corallina,** d'Orb., 1847. Espèce conique, ornée de neuf angles peu prononcés et de côtes rayonnantes larges et inégales. France, Saint-Mihiel (M. Moreau).

RIMULA, Defrance, 1827.

*195. **cornucopiæ,** d'Orb., 1847. Charmante espèce avec des côtes alternes inégales, dont les intervalles sont striés en travers, le sommet très-recourbé. France, Saint-Mihiel, Loix, île de Ré.

EMARGINULA, Lamarck, 1801. Voy. t. 1, p. 197.

196. **Eolis,** d'Orb., 1847. Petite espèce clypéiforme, peu élevée, à sommet latéral, finement treillissée partout. St-Mihiel (M. Moreau).

HELCION, Montfort, 1810. Voy. t. 1, p. 9.

*198. **Rupellensis,** d'Orb., 1847. Grande espèce presque ronde, ornée de petites côtes rayonnantes inégales, avec lesquelles se croisent des plis concentriques. Pointe-du-Ché, près de La Rochelle.

*199. **Corallina,** d'Orb., 1847. Belle espèce ovale, conique, assez élevée, lisse ou avec des lignes concentriques d'accroissement. Fr., Saint-Mihiel, Châtel-Censoir.

200. **submucronata,** d'Orb., 1847. Grande espèce entièrement lisse, à sommet sur l'extrémité, et prolongé en pointe recourbée. France, Trouville (Calvados).

DENTALIUM, Linné, 1758. Voy. t. 1, p. 73.

201. **Corallinum,** d'Orb., 1847. Petite espèce lisse, comprimée, très-arquée. France, La Rochelle.

BULLA, Linné, 1758.

***202.** **vetusta,** d'Orb., 1847. Grosse espèce ovale, lisse, sans spire apparente. France, La Rochelle.
203. **Hildesiensis,** Rœm., 1836, p. 137, pl. 9, fig. 26. Hildesheim.

MOLLUSQUES LAMELLIBRANCHES.

PANOPÆA, Ménard, 1807. Voy. t. 1, p. 164.
***204.** **sinuosa,** d'Orb., 1847. *Lutraria sinuosa*, Rœm., 1839, Oolith., p. 42, pl. 19, fig. 24. *Pholadomya donacina*, Voltz. *Pleuromya donacina*, Agassiz, 1845, Études crit., p. 248, pl. 23, 29, fig. 16-18 (non *donacina*, Goldf.). France, La Rochelle, Nantua; Allem., Heersum.
***205.** **Hellica,** d'Orb., 1847. Très-grande espèce oblongue, élargie et obtuse sur la région buccale, rétrécie et obtuse sur la région anale. France, Wagnon (Ardennes), La Rochelle.
***206.** **Hallie,** d'Orb., 1847. Très-grande espèce oblongue, élargie et tronquée sur la région anale, courte et rétrécie sur la région buccale. France, Écommoy (Sarthe).
***207.** **Hylla,** d'Orb., 1847. Assez grande espèce, lisse, renflée, oblongue, presque sinueuse, égale en largeur à ses deux extrémités très-obtuses. France, Écommoy.
***208.** **Hippia,** d'Orb., 1847. Grande espèce très-comprimée, ovale, oblongue, lisse, assez prolongée et rétrécie sur la région buccale. France, Saulce-aux-Bois (Ardennes).
***209.** **Hylax,** d'Orb., 1847. Moyenne espèce allongée, comprimée, presque sinueuse, égale en largeur à ses extrémités. Saint-Mihiel.
210. **Hersilia,** d'Orb., 1847. Moyenne espèce, voisine du *P. Tellina*, mais plus longue sur la région anale et plus allongée dans son ensemble. Fr., Trouville (dans le Grès), La Ferté-Bernard (Sarthe).
***211.** **Hesione,** d'Orb., 1847. Moyenne espèce, ovale, très-courte sur la région buccale, prolongée et large sur la région anale, fortement ridée partout. France, Pointe-du-Ché.
212. **striata,** d'Orb., 1847. *Unio striatus*, Münst., Goldf., 1839, Pétref., 2, p. 182, pl. 132, fig. 3. Allem., Nattheim.
213. **ovalina,** d'Orb., 1847. *Mya ovalis*, Rœmer, 1839, Nordd. Oolith., p. 42, pl. 19, fig. 28 (non Sow., 1836). Allem., Heersum.
PHOLADOMYA, Sowerby, 1826. Voy. t. 1, p. 73.
***214.** **canaliculata,** Rœmer, 1836, Oolith., p. 129, pl. 15, fig. 3. *P. pelagica?* Agassiz, pl. 2, fig. 5, 7. *P. obliqua*, Agassiz, 1842, pl. 3, fig. 10-12; pl. 3-6, fig. 7-9 (déformation). *P. Hugii*, Agassiz, p. 128, pl. 2 c, fig. 4-9 (déformation). *P. parvula*, Leym., Aube, pl. 10, fig. 19 (non Rœmer). France, La Rochelle, Riceys, Clairvaux (Aube), La Ferté-Bernard (Sarthe); Allem., Heersum; Suisse, Gunsberg, Gosgen (Soleure).
***215.** **paucicosta,** Rœmer, 1836, Ool., pl. 16, fig. 1. *P. ventricosa*, Goldf., 1839, 2, p. 266, pl. 155, fig. 5 a (exclus. fig. a, b, c). *P. ambigua*, Goldf., 1839, pl. 156, fig. 1 (non Sowerby). *P. paucicosta*, Agassiz, pl. 6, fig. 7-8; pl. 6, fig. 6 c. *P. Michelini*, Agassiz, 1842, p. 100, pl. 6, fig. 4-6 (exemplaire déformé par la pression verticale). *P. plicosa?* Agass., p. 92, pl. 4 b, fig. 1, 2. *P. bicostata*, Agass., p. 94, pl. 4 b,

fig. 3-6. France, La Rochelle, Rœdersdorf (Haut-Rhin), Riceys, Clairvaux (Aube), Saulce-aux-Bois, Tonnerre; Suisse, Dorneck (Soleure); Allem., Essingen (Bavière), Hildesheim.

*216. **anaglyptica,** d'Orb., 1847. *Lysianassa anaglyptica*, Münst., Goldf., 1839, 2, p. 263, pl. 154, fig. 7. France, La Rochelle; Lübke.

*217. **intermedia,** d'Orb., 1847. Espèce qui fait le passage des espèces placées parmi les *Goniomya* d'Agassiz et les *Pholadomya*. Elle est oblongue, lisse, et n'a que les indices de stries obliques, seulement sur la région buccale. France, La Rochelle.

CEROMYA, Agassiz, 1844. Voy. t. 1, p. 275.

*218. **excentrica,** d'Orb., 1847. *Isocardia excentrica*, Voltz, Rœmer, pl. 7, fig. 4. France, Pointe-du-Ché.

*219. **obliquata,** d'Orb., 1847. Charmante espèce ronde, ornée de stries obliques parallèles qui vont du sommet au bord, un peu inclinées vers la région anale. France, Châtillon-sur-Aube.

THRACIA, Leach, 1825. Voy. t. 1, p. 216.

*220. **suprajurensis,** Deshayes. Voy. Étage kimmeridgien. Pointe-du-Ché, près de La Rochelle, La Ferté-Bernard (Sarthe).

*221. **Corallina,** d'Orb., 1847. Espèce plus courte et plus large que le *T. pinguis*, surtout plus courte sur la région buccale. Pointe-du-Ché.

ANATINA, Lamarck, 1809. Voy. t. 1, p. 74.

*222. **Rupellensis,** d'Orb., 1847. Belle espèce voisine de l'*A. inflata*, mais bien plus large et plus tronquée à son extrémité anale, fortement ridée partout. France, La Rochelle.

*223. **bipartita,** d'Orb., 1847. Espèce plus allongée que toutes les espèces connues, striée comme l'*A. antica*, mais séparée en deux parties par un sillon oblique qui se rend du crochet à la région palléale. France, La Rochelle.

*224. **nasuta,** d'Orb., 1847. Espèce aussi longue que la précédente, sans sillon, lisse sur toute la moitié anale qui est très-étroite, arquée et très-longue. France, La Rochelle.

PERIPLOMA, Schumacher, 1817. Voy. t. 1, p. 11.

*225. **Corallina,** d'Orb., 1847. Espèce ovale, bien plus étroite que le *P. Jurensis*, plus longue sur la région anale. France, La Rochelle.

GASTROCHÆNA, Spengler, 1783. Voy. t. 1, p. 275.

226'. **unicosta,** d'Orb., 1847. *Fistulana unicosta*, Deslongch., 1838, loc. cit., pl. 9, fig. 23, 24-31, 32. France, Trouville.

*226. **Oceania,** d'Orb., 1847. Grande espèce oblongue, élargie et obtuse sur la région anale, très-ouverte et acuminée du côté opposé, pourvue d'un sillon oblique du crochet à la région palléale. France, Châtel-Censoir, Trouville.

227'. **pseudotrigona,** d'Orb., 1847. *Fistulana subtrigona*, Desl., 1838, loc. cit., pl. 9, fig. 11-16 (non Bronn, 1836). Trouville.

227. **Corallensis,** Buvignier, 1843, Mém. Soc. philom. de Verdun, t. 2, p. 3, pl. 3, fig. 4. Verdun, Haudainville, Lion devant Dieu.

*228. **lacryma,** d'Orb., 1847. *Fistulana lacryma*, Deslongch., 1838, id. de Normandie, p. 8, pl. 9, fig. 9, 10, 17, 18. Trouville.

LAVIGNON, Cuvier, 1817. Voy. t. 1, p. 306.

*229. **subrugosa,** d'Orb., 1847. Espèce voisine du *Lavignon rugosa*, mais avec des stries fines au lieu de fortes rides. France, Pointe-du-Ché, Castellanne (B.-Alpes), Nantua (Ain).

LEDA, Schumacher, 1817. Voy. t. 1, p. 11.

*230. **Corallina**, d'Orb., 1847. Espèce ovale, oblongue, lisse, arrondie à ses extrémités. France, Trouville (Calvados).

VENUS, Linné, 1758. D'Orb., Paléont. franç., Terr. crét., 3, p. 428.

231. **Jurensis?** Münst., Goldf., 1839, 2, p. 245, pl. 150, fig. 17. Nattheim.

*232. **Corallina**, d'Orb., 1847. Espèce ovale, oblongue, lisse, les deux extrémités arrondies, le côté buccal le plus court, sinus très-visible. France, La Rochelle.

CORBULA, Bruguière, 1791. Voy. t. 1, p. 275.

*233. **Neptuni**, d'Orb., 1847. Espèce grande, ovale, comprimée, ronde du côté buccal, allongée et subrostrée sans être carénée du côté anal. France, Ferté-Bernard (Sarthe).

OPIS, Defrance, 1825. Voy. t. 1, p. 198.

*234. **cardissoides**, d'Orb., 1847. *Cardita cardissoides*, Goldfuss, 1839, 2, p. 186, pl. 133, fig. 10. Châtel-Censoir ; Allem., Nattheim.

*235. **Goldfussiana**, d'Orb. *Cardita lunulata*, Goldf., 1839, 2, p. 186, pl. 133, fig. 9 (non Sowerby; espèce de l'Étage bajocien). Allem., Nattheim ; France, Châtel-Censoir.

*236. **paradoxa**, d'Orb., 1847. *Cardium paradoxum*, Buvignier, 1843, Mém. de Verdun, t. 2, p. 6, pl. 4, fig. 3, 4. France, St-Mihiel.

*237. **Moreausia**, Buvignier, 1843, p. 8, pl. 4, fig. 8, 9. St-Mihiel, Sampigny.

*238. **Cotteausia**, d'Orb., 1847. Belle espèce carrée, ornée partout de côtes concentriques, d'un sillon rayonnant sur la région anale, la lunule peu excavée. France, Châtel-Censoir.

*239. **Thais**, d'Orb., 1847. Grande espèce voisine de l'*O. Arduennensis*, mais plus renflée et à côtes plus fines. Châtel-Censoir.

*240. **radisensis**, d'Orb., 1847. Très-grande espèce déprimée, à lunule excavée, fortement costulée partout, avec un angle obtus sur la région anale. France, Loix, île de Ré.

*240'. **Rupellensis**, d'Orb., 1847. Espèce remarquable par sa grande obliquité, ses crochets écartés et sa carène antérieure. La Rochelle.

240". **excavata**, Rœmer, 1839, Oolith., p. 36, pl. 19, fig. 5. Allem., Fritzow.

ASTARTE, Sowerby, 1818. Voy. t. 1, p. 216.

*241. **supracorallina**, d'Orb., 1847. *A. minima*, Goldfuss, p. 19, pl. 134, fig. 15 (non *minima*, Phillips). France, La Pérouse et La Chapelle, près de Salins (Jura), Verdun (Meuse), Trécourt (Haute-Saône), Riceys, Clairvaux (Aube) ; Derneburg, Pappenheim.

*242. **Cotteausia**, d'Orb., 1847. Grande espèce très-comprimée, ovale, oblongue, un peu carrée, lisse, avec des côtes concentriques seulement aux crochets. France, Châtel-Censoir, Oyonnax.

*243. **Nysa**, d'Orb., 1847. Grande espèce presque ronde, épaisse, avec des ondulations concentriques peu marquées. France, St-Côme, près de La Ferté-Bernard, Écommoy (Sarthe).

*244. **Eudora**, d'Orb., 1847. Espèce plus petite, mais voisine de forme de l'*A. Poppea*, s'en distinguant par sa région anale bien plus large et plus carrée. France, St-Mihiel.

*245. **bicostata,** d'Orb., 1847. Espèce voisine de l'*A. supracorallina*, mais plus ovale, avec des côtes plus éloignées, terminée chacune par deux petites côtes. France, La Rochelle.

*246. **papyracea,** d'Orb., 1847. Espèce tellement comprimée, qu'il reste à peine de la place pour l'animal ; forme un peu trigone, ornée de côtes concentriques. France, La Rochelle.

*247. **Nicias,** d'Orb., 1847. Coquille voisine de forme de l'*A. supracorallina*, mais bien plus grande, avec des côtes plus aiguës. France, La Rochelle.

248. **extensa,** d'Orb., 1847. *Cardita extensa*, Goldf., 1839, Petref., 2, p. 186, pl. 133, fig. 11, 12. Allem., Nattheim.

249. **submultistriata,** d'Orb., 1847. *A. multistriata*, Leymerie, 1846, Statistique de l'Aube, pl. 10, fig. 7 bis (non Sow., 1830). France, Riceys, Clairvaux (Aube).

HIPPOPODIUM, Sowerby, 1819.

*250. **Corallinum,** d'Orb., 1847. Grosse espèce oblongue, égale en largeur, tronquée sur la région anale. France, Châtel-Censoir, Écommoy (Sarthe), Loix, île de Ré (Charente-Inférieure).

251. **Cottaldinum,** d'Orb., 1847. Grosse espèce remarquable en ce qu'elle est allongée transversalement du crochet au labre et chargée de grosses côtes d'accroissement. France, Châtel-Censoir.

CYPRINA, Lamarck, 1801. Voy. t. 1, p. 173.

*252. **Elea,** d'Orb., 1847. Espèce voisine du *C. quadrata*, mais bien plus grande et plus carrée, plus large que longue. Oyonnax (Ain).

*253. **Corallina,** d'Orb., 1847. Grande espèce un peu oblique, lisse, à crochets saillants, une partie anguleuse, obtuse sur la région anale. France, Angoulins, près de La Rochelle.

*254. **Hersilia,** d'Orb., 1847. Grande espèce voisine de la précédente, mais infiniment plus oblique. France, Pointe-du-Ché.

*255. **Erato,** d'Orb., 1847. Grande espèce longue, renflée, subcylindrique, à crochets terminaux sur la région buccale. Loix, île de Ré.

*256. **Eucharis,** d'Orb., 1847. Moyenne espèce cordiforme, presque ronde, lisse, à crochets saillants, la région buccale assez courte. France, Châtel-Censoir, Angoulins, Estré, près de La Rochelle.

*257. **Bernardina,** d'Orb., 1847. Moyenne espèce voisine du *C. Eucharis*, mais avec les crochets plus contournés et terminaux. France, Oyonnax.

TRIGONIA, Bruguière, 1791. Voy. t. 1, p. 198.

*258. **aculeata,** d'Orb., 1847. Espèce voisine pour la direction et la disposition des épines des côtes avec le *T. spinifera*, mais avec des stries fines au lieu de côtes transverses sur l'area anale. France, La Rochelle et ses environs.

*259. **Bronnii,** Agass., 1840. Etud. crit., p. 18, pl. 5, fig. 19 (exclus. syn.). Cette espèce diffère du *T. clavellata*, par ses côtes presque droites, non arquées. France, Hennequeville, Trouville, Besançon.

*260. **Corallina,** d'Orb., 1847. Espèce voisine pour les petits tubercules rapprochés des côtes, du *T. concentrica*, mais avec les côtes bien plus serrées, moins arquées, l'area anale striée en travers. France, Tonnerre (Yonne).

*261. **Rupellensis,** d'Orb., 1847. Espèce voisine du *T. clavellata*, mais dont les tubercules forment des lignes irrégulières, et des lignes parallèles à l'area anale qui est simplement ridée en travers. France, La Rochelle, Nantua.

*262. **Meriani,** Agass., 1840, Étud. crit., p. 41, pl. 11, fig. 9. *T. costata*, Leymerie, Aube, pl. 10, fig. 12 (non Sowerby). *T subcostata*, Leym., pl. 10, fig. 3, 4. Suisse, Zwingen, dans la vallée de Laufon (Soleure) ; France, La Rochelle, Ecommoy, Loix, île de Ré, Châtel-Censoir, Riceys, Loches, Clairvaux (Aube). Elle a toujours les côtes bien plus rapprochées que chez le *T. costata.*

*263. **bicostata,** d'Orb., 1847. Petite espèce ovale dont l'area anale est ornée des mêmes côtes concentriques que le reste de la coquille. France, La Rochelle.

264. **hybrida,** Rœmer, 1836, p. 97, pl. 6, fig. 2. Hoheneggelsen.

265. **concinna,** Rœmer, 1836, Oolith., p. 35, pl. 19, fig. 21. Hoheneggelsen.

267. **geographica,** Agass., 1840, Étud. crit., p. 25, pl. 6, fig. 2, 3 ; pl. 10, fig. 7. Suisse, Hoggerwald (Soleure), près Muttens (Bâle), Zwingen (vallée de Laufon) ; Wurtemberg.

LUCINA, Bruguière, 1791. Voy. t. 1, p. 76.

*268. **athleta,** d'Orb., 1847. Espèce longue de 160 millim., ovale, légèrement striée concentriquement. France, Wagnon (Ardennes), St-Mihiel (Meuse).

*269. **Delia,** d'Orb., 1847. Espèce comprimée, circulaire, presque équilatérale. France, Saulce-aux-Bois (Ardennes), Châtel-Censoir.

*270. **Mosæ,** d'Orb., 1847. Petite espèce ronde, bien plus renflée que la précédente. France, Verdun (Meuse), Trouville (Calvados).

*271. **Rupellensis,** d'Orb., 1847. Espèce de moyenne taille, très-comprimée, ovale, bien plus longue sur la région buccale. France, La Rochelle.

*272. **Neptuni,** d'Orb., 1847. Petite espèce presque ronde, inéquilatérale, très-régulièrement striée dans le sens de l'accroissement. France, La Rochelle.

CORBIS, Cuvier, 1817. Voy. t. 1, p. 279.

*273. **elegans,** Buvignier, 1843, Mém. de Verdun, t 2, p. 4, pl. 3, fig. 11, 12. France, St-Mihiel, Châtel-Censoir, Oyonnax.

*274. **decussata,** Buvignier, 1843, Mém. de Verdun, t. 2, p. 4, pl. 3, fig. 13, 14, 15, 16, 17. France, St-Mihiel, Verdun, Saulce-aux-Bois (Ardennes), Oyonnax.

275. **Cottaldina,** d'Orb., 1847. Espèce ovale, inéquilatérale, plus courte sur la région anale, très-renflée, ornée de petites côtes concentriques. France, Châtel-Censoir (M. Cotteau).

UNICARDIUM, d'Orb., 1847. Voy. t. 1, p. 218.

*276. **Aceste,** d'Orb., 1847. Voy. Etage oxfordien, no 307. France, Châtel-Censoir.

*277. **Callirhoë,** d'Orb., 1847. Espèce ovale, oblongue, lisse, renflée, la région buccale la plus courte. France, La Rochelle.

*278. **subregulare,** d'Orb., 1847. Espèce voisine de l'*A. Alcyone*,

seulement moins inéquilatérale et plus renflée. France, La Rochelle, Loix, île de Ré, Écommoy.
ISOCARDIA, Lamarck, 1799. Voy. t. 1, p. 132.
*279. **brevis**, d'Orb., 1847. Espèce très-courte, très-renflée, à crochets très-contournés sur eux-mêmes. France, Loix, île de Ré.
*280. **Rupellensis**, d'Orb., 1847. Espèce très-oblique; région anale courte, acuminée, région buccale tronquée obliquement, les crochets très-contournés. France, La Rochelle.
281. **cordiformis**, Schübler, Zieten, 1830, pl. 62, fig. 3. Allem., Nattheim.
282. **semipunctata**, d'Orb., 1847. *Cardium semipunctatum*, Münst., Goldf., 1839, 2, p. 219, pl. 143, fig. 14. Nattheim.
*283. **parvula**, Rœmer, 1836, Oolith., p. 107, pl. 7, fig. 9. France, Écommoy (Sarthe), La Rochelle; Allem., Hoheneggelsen.
CARDIUM, Bruguière, 1791. Voy. t. 1, p. 33.
*284. **Corallinum**, Leymerie, 1846, Statistiq. de l'Aube, pl. 10, fig. 11. *C. striatum*, Buvignier, 1843, Mém. Soc. philom. de Verdun, t. 2, p. 5, pl. 3, fig. 20, 21 (non *striatum*, Sow., 1839). France, St-Mihiel, Tonnerre, Wagnon, La Rochelle, Oyonnax, Saulce-aux-Bois, Châtel-Censoir.
*285. **septiferum**, Buvignier, 1843, id., p. 6, pl. 4, fig. 1, 2. St-Mihiel, Saulce-aux-Bois.
286. **sublamellosum**, d'Orb., 1847. Espèce pourvue d'une cloison lamelleuse comme le *C. septiferum*, mais de forme triangulaire, tronquée sur la région anale. France, Châtel-Censoir (M. Cotteau).
*287. **semiseptiferum**, d'Orb., 1847. Espèce voisine de forme extérieure du *C. intextum*, mais plus ovale et pourvue dans l'intérieur, du côté anal, d'une très-courte lame. France, La Rochelle, La Ferté-Bernard, Trouville, Châtel-Censoir.
288. **aculeiferum**, Schübler, Zieten, 1830, Wurtemberg, p. 83, pl. 62, fig. 8. Wurtemberg, Nattheim, près de Heidenheim.
ISOARCA, Münster, 1843.
289. **texata**, Münst. *Pectunculus texatus*, Goldf., 1838, Petref., 2, p. 159, pl. 126, fig. 1. Allem., Nattheim.
NUCULA, Lamarck, 1801. Voy. t. 1, p. 13.
*290. **Feronia**, d'Orb., 1847. Espèce ovale, oblongue, très-comprimée, lisse, obtuse sur la région buccale. France, La Rochelle.
LIMOPSIS, Sassy. Voy. t. 1, p. 280.
*291. **Moreausiana**, d'Orb., 1847. Petite espèce ovale, lisse, très-comprimée, égale aux deux extrémités. France, St-Mihiel.
ARCA, Linné, 1758. Voy. t. 1, p. 13.
*292. **sublata**, d'Orb., 1847. *A. lata*, Koch, 1837, Beitr., p. 49, pl. 7, fig. 10 (non Gmelin, 1789). France, Angoulins, près de La Rochelle ; Allem., Holtensen.
*293. **trisulcata**, Münst., Goldf., 1838, 2, p. 142, pl. 121, fig. 11. France, St-Mihiel ; Allem., Nattheim.
*294. **Janira**, d'Orb., 1847. *A. pectinata*, Münst., Goldf., 1838, 2, p. 149, pl. 123, fig. 11 (non Phillips, 1829). France, Saulce-aux-Bois; Allem., Nattheim.
*295. **Jason**, d'Orb., 1847. *A. æmula*, Zieten, 1830, p. 75, pl. 56,

fig. 6 (non Phill., 1829). France, Châtel-Censoir; Wurtemb., Nattheim, près de Heidenheim.

'**296. Janthe,** d'Orb., 1847. Grande espèce voisine de l'*A. Halie*, mais plus large, plus carrée, ornée de petites stries rayonnantes aux deux extrémités, le reste strié concentriquement. France, La Rochelle, Châtel-Censoir, St-Mihiel, Trouville.

*__297. Harpya,__ d'Orb., 1847. Voy. Etage oxfordien, n° 337. France, La Rochelle, Châtel-Censoir.

*__298. Idalia,__ d'Orb., 1847. Espèce voisine de forme de l'*A. Harpya*, mais plus allongée et avec l'extrémité anale tronquée. France, La Rochelle.

*__299. Janias,__ d'Orb., 1847. Espèce voisine de l'*A. parvula*, mais avec trois ou quatre côtes rayonnantes sur la région buccale, le reste orné de stries concentriques. France, La Rochelle, Châtel-Censoir.

*__300. Idmone,__ d'Orb., 1847. Espèce voisine de forme de l'*A. pectinata*, mais avec des stries plus fortes et plus espacées sur la région anale. La Rochelle, Wagnon, Saulce-aux-Bois, Châtel-Censoir.

*__301. Janassa,__ d'Orb., 1847. Espèce voisine de l'*A. Janira*, mais plus large et subanguleuse sur la région anale. France, La Rochelle.

302. fracta, Goldf., 1838, 2, p. 141, pl. 121, fig. 10. Nattheim.

303. texata, Münst., Goldf., 1838, 2, p. 142, pl. 121, fig. 12. Nattheim.

304. funiculosa, Münst., Goldf., 1838, 2, p. 142, pl. 121, fig. 13. Nattheim.

305. obliquata, Zieten, 1830, p. 93, pl. 70, fig. 2. Nattheim.

306. subgranulata, d'Orb., 1847. *A. granulata*, Münst., Goldf., 1838, 2, p. 149, pl. 123, fig. 10 (non Brocchi, 1814). Nattheim.

307. subrotundata, d'Orb., 1847. *Cucullæa rotundata*, Rœmer, 1836, p. 104, pl. 6, fig. 26 (non *rotunda*, Sow., 1836). Hanovre.

PINNA, Linné, 1758. Voy. t. 1, p. 135.

308. obliquata, Deshayes, 1839, Traité élém., pl. 38, fig. 3 (non Leymerie, 1846). France, La Rochelle.

MYOCONCHA, Sowerby, 1824. Voy. t. 1, p. 165.

*__309. compressa,__ d'Orb., 1847. Espèce oblongue, rétrécie sur la région buccale, élargie et tronquée obliquement sur la région anale. France, Écommoy (Sarthe), île de Ré, Châtel-Censoir.

*__310. auricula,__ d'Orb., 1847. Espèce très-courte, très-large, pourvue d'une espèce d'oreille à la région buccale. La Rochelle.

MITYLUS, Linné, 1758. Voy. t. 1, p. 82.

*__311. subpectinatus,__ d'Orb. Voy. Etage 12, n° 197; Etage 13, n° 372. France, La Rochelle, Nantua.

*__312. furcatus,__ Münst., Goldf., pl. 129, fig. 6. Rœmer, 1839, p. 33, pl. 18, fig. 38. France, Pointe-du-Ché, près de La Rochelle, Landeyron, près de Nantua; Allem., Hoheneggelsen, Nattheim.

*__313. acinaces,__ d'Orb., 1847. *Modiola acinaces*, Leymerie, 1846, Statistiq. de l'Aube, pl. 10, fig. 2. Riceys (Aube), La Rochelle.

*__314. petasus,__ d'Orb., 1847. Espèce très-curieuse, courte, triangulaire, très-large au milieu, ressemblant aux chapeaux des carabiniers savoisiens. La coquille est très-épaisse, évidée sur la région palléale. France, Châtel-Censoir, St-Mihiel.

*315. **Leda,** d'Orb., 1847. Grande espèce très-arquée en faux, carénée, très-épaisse, à charnière bidentée, très-excavée sur la région palléale. France, Tonnerre, Châtel-Censoir.

*316. **Lagus,** d'Orb., 1847. Espèce voisine de la précédente, mais renflée sur la région palléale. France, Tonnerre, Châtel-Censoir.

*317. **Lynceus,** d'Orb., 1847. Très-grande espèce arquée, évidée sur la région palléale, presque carénée, peu large sur la région anale. France, St-Mihiel, Châtel-Censoir.

*318. **Leilus,** d'Orb., 1847. Espèce voisine du *M. consobrinus*, mais un peu plus allongée, oblique à la région anale et munie d'un léger sillon de séparation à la région palléale. France, environs de La Rochelle, Ferté-Bernard (Sarthe).

*319. **Lassus,** d'Orb., 1847. Espèce voisine du *M. gibbosus*, mais plus large sur la région buccale, très-oblique sur la région anale, la région palléale séparée du reste par une forte dépression. France, La Rochelle.

*320. **Lysippus,** d'Orb., 1847. Espèce voisine du *M. imbricatus*, mais bien plus courte, plus large et plus oblique sur la région anale, moins excavée sur la région palléale. *M. cuneatus*, Goldf., p. 177, pl. 131, fig. 6 (non Sowerby). France, La Rochelle St-Mihiel.

*321. **lombricalis,** d'Orb., 1847. Espèce voisine du *M. plicatus*, mais plus arquée et sans aucun pli ni rides. France, La Rochelle.

LITHODOMUS, Cuvier, 1817.

*322. **Corallinus,** d'Orb., 1847. Espèce ovale, très-renflée, lisse, obtuse à ses deux extrémités. France, Tonnerre (Yonne), Wagnon, Saulce-aux-Bois (Ardennes).

*323. **Rupellensis,** d'Orb., 1847. Espèce allongée, comprimée, lisse, acuminée à ses extrémités. France, La Rochelle, Tonnerre, Trouville.

LIMA, Bruguière, 1791. Voy. t. 1, p. 175.

*324. **Münsteriana,** d'Orb., 1847. *Lima elongata*, Münst., Goldf., 1836, 2, p. 89, pl. 102, fig. 13 (non Sowerby, Mantell, 1821). France, Châtel-Censoir; Allem., Muggendorf.

*325. **tegulata,** Münst., Goldf., 1836, 2, p. 89, pl. 102, fig. 15. France, Loix, île de Ré, St-Mihiel, Pointe-du-Ché, près de La Rochelle, Châtel-Censoir, Nantua; All., Muggendorf, Amberg.

*326. **rudis,** Sow., 1818, Min. Conch., 3, p. 25, pl. 214. France, Angoulins, Loix, île de Ré, Nantua; Russie, Saragula, près d'Orembourg; Angl., Malton, Calne.

*327. **glabra,** Münst., Goldf., 1836, 2, p. 88, pl. 102, fig. 9. France, Angoulins, près de La Rochelle; Allem., Amberg, Streitberg.

*328. **subsemilunaris,** d'Orb., 1847. *L. semilunaris*, Goldf., 1836, 2, p. 84, pl. 102, fig. 2 (non Zieten, 1830). France, Angoulins, Tonnerre, Châtel-Censoir; Allem., Hildesheim.

*329. **læviuscula,** Deshayes. *Plagiostoma læviusculum*, Sow., 1822, M. C., 4, p. 112, pl. 382. France, La Rochelle, Châtel-Censoir; Angl., Malton, Castle-Howard.

*330. **lirata,** Münst., Goldf., 1836, 2, p. 85, pl. 102, fig. 5. France, Oyonnax; Allem., Neumark, Regensberg.

*331. **costulata,** Rœmer, 1839, Oolith., p. 30, pl. 18, fig. 28. Fr., Châtel-Censoir ; Allem., Hoheneggelsen.
*332. **Corallina,** d'Orb., 1847. Grosse espèce ovale, tronquée sur la région buccale, ornée de côtes rayonnantes simples, séparées par des sillons assez peu profonds. France, Châtel-Censoir, Saint-Mihiel.
*333. **Rupellensis,** d'Orb., 1847. Grosse espèce comprimée, semilunaire, tronquée sur la région buccale, bien plus étroite que le *Lima læviuscula*. France, La Rochelle, Tonnerre, Châtel-Censoir.
334. **minutissima,** d'Orb., 1847. *L. minuta*, Rœmer, 1839, Ool., p. 30, pl. 18, fig. 29 (non Goldf.). Allem., Hoheneggelsen.
335. **subantiquata,** Rœmer, p. 78, pl. 18, fig. 15. Heersum.
335'. **exarata,** Goldfuss, 1838, 2, pl. 121, fig. 4. Nattheim.
*336. **aciculata,** Münst., Goldf., 1836, 2, p. 82, pl. 101, fig. 5. Fr., Angoulins (Charente-Inférieure); Allem., Streitberg, Nattheim.
337. **substriata,** Münster, Goldfuss, 1836, 2, p. 88, pl. 103, fig. 1. Amberg, Bamberg.

POSIDONOMYA, Bronn, 1837. Voy. t. 1, p. 13.

?338. **gigantea,** Münster, Goldf., 1836, Petref., 2, p. 120, pl. 114, fig. 4. Allemagne, Streitberg.
?339. **canaliculata,** Goldf., 1838, Petref., 2, p. 120, pl. 114, fig. 5. Allemagne, Streitberg.

AVICULA, Klein, 1758. Voy. vol. 1, p. 13.

*340. **Mimas,** d'Orb., 1847. Espèce voisine de forme de l'*A. polyodon*, mais un peu plus large et sans dents. France, La Ferté-Bernard.
*341. **Mysis,** d'Orb., 1847. Petite espèce ovale, oblique, pourvue de côtes rayonnantes simples, peu régulières et de stries d'accroissement. France, La Rochelle.
342. **Corallina,** d'Orb., 1847. Grande espèce oblique, comprimée, très-remarquable par les plis obliques qui couvrent l'aile anale. Fr., Châtel-Censoir (M. Cotteau).
*343. **subplana,** d'Orb., 1847. *Perna plana*, Thurmann (collection). C'est une Avicule et non une Perne, comme nous nous en sommes assuré par la charnière. France, Châtel-Censoir, Angoulins, Nantua.
344. **Pygmæa,** Koch, 1837, Beitr., p. 37, pl. 3, fig. 6. Hanovre.
345. **Goldfussii,** Koch, 1837, Beitr., p. 42, pl. 5, fig. 1. Allem.
*346. **polyodon,** Buvignier. Voy. Etage oxf., n° 406. La Rochelle.

PERNA, Bruguière, 1791. Voy. vol. 1, p. 176.

*347. **Corallina,** d'Orb., 1847. Grande espèce voisine du *P. mityloides*, mais plus courte, à fossettes plus larges. France, Ferté-Bernard (Sarthe), Saint-Mihiel, Pointe-du-Ché.

PINNIGENA, Deluc, 1779. Voy. vol. 1, p. 314.

*348. **Saussurii,** d'Orb., 1847. *Pinna Saussurii*, Desh., 1838, Traité élém. de conchyol., p. 24, pl. 38, fig. 4. France, Pointe-du-Ché (Charente-Inférieure), Saint-Mihiel (Meuse).
*349. **rugosa,** d'Orb., 1847. Espèce plus allongée que la précédente, comme ondulée et costulée en long, ridée en travers. France, Pointe-du-Ché.

PECTEN, Gualtieri, 1742. Voy. t. 1, p. 87.

*350. **inæquicostatus,** Phillips, 1829. Voy. Étage oxfordien, n° 426. Fr., Châtel-Censoir.

*351. **clathratus,** Rœm., 1836, Ool., p. 212, pl. 13, fig. 9. France, Angoulins, près de La Rochelle ; Allem., Spitzhuts, Heersum.

*352. **varians,** Rœmer, 1836, p. 68, pl. 3, fig. 19. France, Saint-Mihiel, Pointe-du-Ché ; Allem., Hoheneggelsen, Hildesheim.

*353. **strictus,** Münster, Goldf., 91, fig. 4. Rœmer, 1836, Oolith., p. 69. France, Pointe-du-Ché ; Allem., Delligsen, Hoheneggelsen.

*354. **subarticulatus,** d'Orb., 1847. Espèce voisine du *P. articulatus,* mais plus allongée, à côtes plus espacées. France, Loix, île de Ré (Charente-Inférieure), Saint-Mihiel, Châtel-Censoir.

*355. **Lens,** Sowerby, 1821. Voy. Étage oxfordien, n° 425. *Pecten Decheni,* Rœmer, 1839, Ool. Nach., p. 28, pl. 18, fig. 25. France, Pointe-du-Ché, Loix, île de Ré, La Rochelle, La Ferté-Bernard (Sarthe), Châtel-Censoir (Yonne) ; Allem., Heersum.

*356. **Orontes,** d'Orb., 1847. Voy. Étage oxfordien, n° 433. Châtel-Censoir.

*357. **Corallinus,** d'Orb., 1847. Espèce voisine du *P. inæquicostatus,* mais avec sept ou huit côtes garnies de tubercules transverses, irréguliers, qui descendent souvent dans les sillons. France, Pointe-du-Ché, près de La Rochelle Châtel-Censoir.

*358. **Nisus,** d'Orb., 1847. Charmante espèce voisine du *P. articulatus,* mais plus étroite et ornée de côtes alternes, l'une plus grosse que l'autre, toutes avec des tubercules espacés. France, Loix, île de Ré, Pointe-du-Ché.

*359. **Nothus,** d'Orb., 1847. Espèce allongée comme la précédente, mais avec des côtes alternes, simples, espacées, sans tubercules. France, Saint-Maixent (Deux-Sèvres).

*360. **Niso,** d'Orb., 1847. Espèce moyenne, étroite, ornée de petites côtes inégales, alternes, rapprochées. France, env. de La Rochelle.

*361. **solidus,** Rœmer, 1836, Oolith., p. 212, pl. 13, fig. 5. France, La Rochelle, Châtel-Censoir ; Allem., Heersum, Hannover.

*362. **Nireus,** d'Orb., 1847. Espèce renflée, courte, voisine du *P. Palinurus,* mais à côtes simples, régulières, très-élevées. France, Châtel-Censoir, Oyonnax, Commercy, Saint-Mihiel, L'Échaillon, près de Grenoble (Isère).

*363. **Nicæus,** d'Orb., 1847. Espèce voisine de la précédente, mais plus allongée et à côtes moins rapprochées, séparées par un plus long sillon. La Rochelle.

364. **subimbricatus,** Rœmer, 1836, p. 212, pl. 13, fig. 6. Allem., Heersum.

365. **Buchii,** Rœmer, 1839, p. 27, pl. 18, fig. 8. Hildesheim, Hoheneggelsen.

366. **concinnus,** Koch, 1837, Beitr., p. 42, pl. 5, fig. 4. Allem.

?367. **subconcentricus,** d'Orb., 1847. *P. concentricus,* Koch, 1837, Beitr., p. 43, pl. 5, fig. 8 (non Blainville, 1825). Allem., Lerbeck.

HINNITES, Defrance, 1821.

*368. **coralliphagus,** d'Orb., 1847. *Spondylus coralliphagus,* Goldf., 1838, 2, p. 95, pl. 121, fig. 5. France, Pointe-du-Ché ; Nattheim.

*369. **inæquistriatus,** d'Orb., 1847. *Spondylus inæquistriatus,* Voltz. Echantillons donnés en 1835. C'est une véritable *Hinnites,* remarquable par les pointes tubuleuses dont elle est ornée. France, Pointe-du-Ché, près de La Rochelle, Châtel-Censoir.

*370. **ostreiformis,** d'Orb., 1847. Grande espèce très-variable, régulière dans le jeune âge, mais ostréiforme surtout à la valve inférieure. Oyonnax, Landeyron, près de Nantua (Ain), Châtel-Censoir.

PLICATULA, Lamarck, 1801. Voy. t. 1, p. 202.

*371. **rustica,** d'Orb., 1847. Espèce épaisse, irrégulière, ornée de huit à dix grosses côtes subépineuses. France, Wagnon (Ardennes).

DICERAS, Lamarck, 1819.

*372. **arietina,** Lamarck, 1819. *Chama arietina*, Goldf., 1839, Petref., 2, p. 206, pl. 139, fig. 2. *Isocardia dicerata, orthocera* et *brevis*, d'Orb. (père), 1822, Mém. du Mus., t. 8, p. 103, pl. 1, fig. 1-8 ; pl. 2, fig. 1-6. *Diceras sinistra*, Desh., 1838, Traité élém., pl. 28, fig. 1-3. *Diceras minor*, Desh., 1838, id., pl. 28, fig. 7-8. *Chama speciosa*, Goldf., 2, p. 205, pl. 139, fig. 1. *Diceras Lucii*, Defrance, Favre, Observat. 1 à 5. France, Saint-Mihiel (Meuse), Wagnon, Saulce-aux-Bois (Ardennes), Châtel-Censoir, Tonnerre (Yonne), Pointe-du-Ché, Angoulins, près de La Rochelle (Charente-Inférieure), Montpellier (Hérault); Allem., Regensburg (Bavière); mont Salève (Suisse).

*373. **Münsteri,** d'Orb., 1847. *Chama Münsteri*, Goldf., 1839, 2, p. 204, pl. 138, fig. 7. France, Oyonnax, Landeyron, près de Nantua (Ain), Tonnerre (Yonne); Bav., Regensburg.

*374. **Bernardina,** d'Orb., 1839. Espèce caractérisée par sa valve inférieure large, trigone, aplatie sur la région anale, et son autre valve operculaire. France, Oyonnax, La Voute, Landeyron, Plagne, près de Nantua (Ain).

OSTREA, Linné, 1752. Voy. t. 1, p. 166.

*375. **solitaria,** Sow., 1824, 5, p. 105, pl. 468, fig. 1. *O. pulligera?* Goldf., pl. 72, fig. 11. Angl., Weymouth, Malton ; France, Pointe-du-Ché, Trouville, Saulce-aux-Bois, Saint-Mihiel, Tonnerre, citadelle de Besançon (Doubs), Oyonnax, Châtel-Censoir; Allem., Dorshelf, Hohenbüchen.

*376. **Amor,** d'Orb., 1847. Voy. Étage callovien, n° 226. Châtel-Censoir, Loix, île de Ré.

*377. **gregaria,** Sow., 1815. Voy. Étage oxfordien, n° 448. France, Pointe-du-Ché.

*378. **Clytia,** d'Orb., 1847. Espèce qui approche un peu de la forme de l'*O. edulis*, mais qui varie excessivement suivant les corps sur lesquels elle s'est fixée, sa surface fixe étant toujours très-large. Fr., Pointe-du-Ché, près de La Rochelle (les rochers de coraux en sont couverts), Châtel-Censoir, Saulce-aux-Bois, Loix, île de Ré.

*379. **Cypræa,** d'Orb., 1847. Espèce voisine de l'*O. dilatata*, mais toujours bien plus mince, plus irrégulière, avec un sillon latéral plus marqué. C'est certainement une espèce distincte. France, Pointe-du-Ché, près de La Rochelle.

380. **spiralis,** d'Orb., 1847. *Exogyra spiralis*, Goldf., 1835, 2, p. 33, pl. 86, fig. 4. *E. nana*, Sow. in Fitton. Fr., Pointe-du-Ché ; Allem., Westph., Osterkappeln ; Angl., Weymouth.

PULVINITES, Defrance, 1827. Maintenant que nous connaissons parfaitement ce genre, nous pouvons dire que c'est une *Anomya* avec une charnière comme les *Perna*.

*381. **Rupellensis,** d'Orb., 1847. Espèce remarquable, ovale ou oblongue, fixée sur les polypiers. France, La Rochelle.

ANOMYA, Linné, 1758.

*282. **Jurensis,** d'Orb., 1847. *Placunea Jurensis*, Rœmer, 1836, Ool., p. 66, pl. 16, fig. 4. France, Saint-Mihiel, Pointe-du-Ché, Châtel-Censoir; Allem., Hoheneggelsen.

MOLLUSQUES BRACHIOPODES.

RHYNCHONELLA, d'Orb., 1847. Voy. t. 1, p. 92.

*383. **inconstans,** d'Orb., 1847. Voy. Étage oxfordien, nº 460. *Terebratula corallina*, Leymerie, 1846, Stat. de l'Aube, pl. 10, fig. 16, 17. France, Tonnerre (Yonne), Pointe-du-Ché (Charente-Inférieure), Saulce-aux-Bois (Ardennes), route de Grasse à La Malle (Var), Oyonnax, près de Nantua (Ain), Escragnolles (Var).

*384. **Royeriana,** d'Orb., 1847. Voy. Étage callovien, no 462. Fr., Loix, île de Ré.

*385. **pectunculata,** d'Orb., 1847. Voy. Étage oxfordien, nº 465. France, Pointe-du-Ché, Écommoy (Sarthe), Oyonnax, près de Nantua.

*386. **Astieriana,** d'Orb., 1847, Paléont. franç., Terr. crét., 4, pl. 492, fig. 1-4. *Terebratula inconstans speciosa*, Münster, 1839, Beitr., 1, p. 113, pl. 8, fig. 5 et 5 (non *inconstans*, Sow). *T. deformis*, Zieten, 1830, pl. 42, fig. 2 (non Lamarck). France, Escragnolles (Var); Allem., Süddeutschland, Regensburg, Heidenheim.

TEREBRATULA, Lwyd, 1699. Voy. t. 1, p. 43.

*387. **insignis,** Schübler, 1830. Voy. Étage oxfordien, nº 471. Fr., Loix, île de Ré, Châtel-Censoir, Tonnerre (Yonne), La Rochelle, Saint-Mihiel, Oyonnax (Ain).

*388. **substriata,** Schloth., de Buch, 1834, Mém. de la Soc. géol., 3, p. 163, pl. 16, fig. 6. *T. striatula*, Zieten, 1830, p. 59, pl. 44, fig. 2 (non Sow). Wurtemberg, Gruibengen, Nattheim, Amberg.

*389. **nucleata,** Schl., Zieten, 1830, Pétrific., p. 53, pl. 39, fig. 10. Wurtemberg, Gruibengen, près de Stuifenberg, Amberg, au-dessous Streitberg, Fustemberg; France, Ardèche.

*390. **subsella,** Leymerie, 1846, Statistiq. de l'Aube, pl. 10, fig. 5. Espèce confondue par M. de Buch avec le *T. perovalis* de l'étage bajocien; elle s'en distingue par ses plis plus profonds et sa forme plus large. France, Pointe-du-Ché, près de La Rochelle, Aube, environs d'Avallon (Yonne), Oyonnax (Ain).

*391. **Bucculenta,** Sow., 1823. Voy. Étage oxfordien, nº 472. *T. carinata*, Leymerie, 1846, pl. 10, fig. 6. France, Pointe-du-Ché, près de La Rochelle, Aube.

*392. **Rupellensis,** d'Orb., 1847. Espèce voisine des *T. resupinata* et *Bernardina*, mais toujours sans sillons sur la petite valve entièrement plane. France, Dompierre, Angoulins, près de La Rochelle.

*393. **equestris,** d'Orb., 1847. Espèce voisine du *T. subsella*, mais dont la grande valve se recourbe à la région palléale et se prolonge en une forte saillie obtuse qui force la petite valve à se relever fortement. France, Pointe-du-Ché.

*394. **Repeliniana,** d'Orb., 1847. Magnifique espèce oblongue, dont le crochet de la grande valve se prolonge en un long rostre. Fr., carrière de L'Echaillon, près de Vurey (Isère), Châtel-Censoir (Yonne), Oyonnax (Ain).

TEREBRATELLA, d'Orb., 1847. Voy. vol. 1, p. 222.

*395. **pectunculoides,** d'Orb., 1847. *Terebr. pectunculoides*, Schl., 1821. *Terebr. tegulata*, Zieten, 1830, pl. 43, fig. 4. Allem., Grumbach, près d'Amberg, Streitberg, Nattheim, près de Giezen.

*396. **loricata,** d'Orb., 1847. *Terebr. loricata*, Schl., 1821. *Terebr. truncata*, Zieten, p. 43, fig. 6 (non *truncata*, Sow.). Allem., Grumbach, près d'Amberg, Nattheim, près de Geisen, Streitberg, Lachenberg, près de Bahlingen.

*397. **pectunculus,** d'Orb., 1847. *Ter. pectunculus*, Schloth., Buch, 1834, Mém. de la Soc. géol., 3, pl. 17, fig. 1. France, Écommoy (Sarthe); Allem., Amberg.

*398. **Fleuriausa,** d'Orb., 1847. Espèce du Coralrag confondue avec la *Ter. trigonella*, qui est le *Spirigera trigonella*. Elle en diffère par ses côtes plus saillantes, par sa forme plus raccourcie, plus épaisse et ses caractères de genre. France, Loix, île de Ré; Allem., Heidenheim.

THECIDEA, Defrance, 1828.

*399. **Corallina,** d'Orb., 1847. Espèce voisine du *T. antiqua*, mais toujours triangulaire et bien plus étroite sur la région cardinale. Fr., Pointe-du-Ché, près de La Rochelle.

MOLLUSQUES BRYOZOAIRES.

ALECTO, Lamouroux, 1821.

400. **intermedia,** d'Orb., 1847. *Aulopora intermedia*, Münster, Goldf., 1833, Petref., 1, p. 118, pl. 65, fig. 1. Allem., Streitberg.

401. **Corallina,** d'Orb., 1847. *Aulopora dichotoma*, Goldf., 1833, Petref., 1, p. 118, pl. 65, fig. 2 (non Lamouroux, 1821). France, Pointe-du-Ché, près de La Rochelle; Allem., Streitberg.

*402. **Rupellensis,** d'Orb., 1847. Espèce voisine de la précédente, mais dont les cellules ne sont pas distinctes et l'ouverture très-relevée. France, Pointe-du-Ché.

DIASTOPORA, Lamouroux, 1821.

*403. **orbiculata,** d'Orb., 1847. *Cellepora orbiculata*, Goldf., pl. 12, fig. 2. Rœmer, 1836, Oolith., p. 18. France, Pointe-du-Ché; Allem., Hoheneggelsen, Bayreuth, Streitberg, Herrn, Münster.

ÉCHINODERMES.

DYSASTER, Agassiz.

404. **Buchii,** Desor, Monog. des Dysasters, p. 21, pl. 3, fig. 9-11. Agassiz, 1847, Cat., p. 139. Stockach (grand-duché de Baden), Sirchingen.

*405. **Michelini,** Agass., 1847, Cat., p. 189. France, Drayes, Châtel-Censoir (Yonne).

PYGURUS, Agassiz.

*406. **Blumenbachi,** Agass., 1847, Cat., p. 104. *Echinolampas Blumenbachi*, Koch et Dunk., Ool., p. 37, pl. 4, fig. 1. France, Tonnerre; Hanovre, Waltersberg.

407. **Hausmanni,** Agass., 1847, Cat., p. 104. *Clypeaster Hausmanni*, Koch et Dunk., Ool., p. 88, pl. 4, fig. 3. Allem., Kleinbremen, près Bückeburg.

*408. **nasutus,** d'Orb., 1847. Espèce fortement prolongée en avant en une saillie obtuse. France, Tonnerre (Yonne).

NUCLEOLITES, Lamarck.

*409. **transversus,** d'Orb., 1847. Espèce transversalement ovale, tronquée du côté opposé à l'anus. France, Saint-Mihiel (Meuse).

HYBOCLYPUS, Agassiz.

410. **stellatus,** Desor, Agassiz, 1847, Cat. syst., p. 94. Wiltshire.

HOLECTYPUS, Agassiz.

411. **Mandelslohi,** Desor, Monogr. des Galér., p. 68, pl. 9, fig. 14-16. Agassiz, 1847, Cat., p. 87. *Discoidea Mandelslohi*, Desor. Vrach (Wurtemberg), Liesberg (Soleure).

*412. **Corallinus,** d'Orb., 1847. Espèce confondue, par sa forme, avec le *H. depressus*, mais s'en distinguant par la disposition de ses petits tubercules, placés par lignes concentriques espacées. France, Pointe-du-Ché.

PYGASTER, Agassiz.

413. **pileus,** Agassiz, 1847, Cat., p. 86. Davy, Crassé (Yonne).

*414. **patelliformis,** Agassiz, 1847, Cat., p. 86, et Echin. Suisse, 1, p. 82, pl. 13, fig. 1-3. Saulce-aux-Bois; Lauffon, vallée de Birze (Berne).

*415. **tenuis,** Agassiz, 1847, Cat., p. 86; Echin. Suiss., 1, p. 83; Mon. des Galérites, p. 80, pl. 12, fig. 1-3. France, Saint-Mihiel (Meuse); Fringeli (Soleure).

*416. **inflatus,** d'Orb., 1847. Espèce petite, renflée, bombée en dessous, un peu anguleuse. France, Saulce-aux-Bois (Ardennes).

HELIOCIDARIS, Agassiz.

*417. **mirabilis,** Agassiz, 1847, Cat., p. 68. *Echinus mirabilis*, Agass., 1847, Cat. syst., p. 12. France, Clamecy (Nièvre), Saulce-aux-Bois, Wagnon (Ardennes).

ECHINUS, Linné.

*418. **perlatus,** Desmar., Agass., 1847, Cat., p. 61; Echin. Suisse, 2, p. 82, pl. 22, fig. 13-15. France, Besançon, Salins (Jura), île de Ré, val de Moutier, Pointe du-Ché, Châtel-Censoir (Yonne).

*419. **distinctus,** Agass., 1847, Cat. syst., p. 62. Angoulins.

GLYPTICUS, Agassiz.

*420. **hieroglyphicus,** Agassiz, Cat. syst., p. 57; Echin. Suisse, 2, p. 96, pl. 23, fig. 37-39. *Echinus hieroglyphicus*, Münster, Goldfuss, pl. 40, fig. 17. France, Besançon, Salins (Jura), Saulce (Ardennes), Champlitte (Haute-Saône), Tonnerre, Châtel-Censoir (Yonne), Danvillers (Meuse); Suisse, Soleure.

EUCOSMUS, Agassiz.

421. **decoratus,** Agassiz, 1847, Cat. syst., p. 52. Suisse, Lægern.

DIADEMA, Gray.

*422. **subangulare,** Agass., 1847, Cat. syst., p. 44; Échin. Suisse, 2, p. 19, pl. 17, fig. 21-25. *Diadema sulcatum*, Agassiz. *Cidaris subangularis*, Goldf., pl. 40, fig. 8. Suisse, vallée de Birse, Blochmont, Weissenstein, Muggendorf (Alpes Wurtembergeoises), Sirchingen; Fr., Salins (Jura), île de Ré, Saulce-aux-Bois.

*423. **pseudodiadema,** Agassiz, 1847, Cat. syst., p. 45; Echin. Suisse, 2, p. 11, pl. 17, fig. 49, 50, 52. *Echinus pseudodiadema*, Lam. *Echinus germinans*, Phill., York., 3, fig. 15. *Diadema ambiguum*, Desm. Fr., Besançon, Saint-Mihiel, La Rochelle; Suisse, env. de Soleure.

424. **mamillatum,** Agassiz, 1847, Cat. syst., p. 43. *Cidaris mamillata*, Rœm. France, La Rochelle, Verdun; Hildesheim.

425. **Orbignyanum,** Cotteau, 1848. Cette espèce est circulaire et médiocrement renflée; les tubercules principaux un peu plus gros que les tubercules secondaires formant deux rangées sur les aires ambulacraires. — Les tubercules secondaires sont nombreux, égaux entre eux et disposés en lignes régulières. — On en compte plus de douze rangées sur chacune des aires interambulacraires. France, Châtel-Censoir (Yonne), M. Cotteau.

ACROSALENIA, Agassiz.

*426. **tuberculosa,** Agassiz, 1847, Cat. syst., p. 39. Saint-Mihiel.

ACROPELTIS, Agassiz.

*427. **æquituberculata,** Agass., 1847, Cat. syst., p. 36. Angoulins (Charente-Inférieure).

ACROCIDARIS, Agassiz.

428. **Censoriensis,** Cotteau, 1848. Cette espèce est remarquable par sa petite taille et sa forme très-déprimée. Les tubercules diminuent rapidement de grosseur à la face supérieure; ceux des aires ambulacraires sont presque aussi gros que ceux des aires interambulacraires. France, Châtel-Censoir (Yonne), M. Cotteau.

*429. **nobilis,** Agassiz, 1847, Cat. syst., p. 36; Echin. Suisse, 2, p. 32, pl. 14, fig. 16, 17. Fr., Angoulins; Suisse, Hoggerwald (Soleure).

430. **tuberosa,** Agassiz, 1847, Cat., p. 36; Cat. syst., p. 9; Echin. Suisse, 2, p. 31, pl. 14, fig. 13-15. France, Châtel-Censoir; Suisse, canton de Neuchâtel.

HEMICIDARIS, Agassiz.

*431. **mammosa,** Agassiz, 1847, Cat. syst., p. 34. La Rochelle.

*432. **ovifera,** Agassiz, 1847, Cat. syst., p. 34. France, La Rochelle.

*433. **crenularis,** Agassiz, 1847, Cat. syst., p 33. Voy. Ét. 13, nº 520. France, La Rochelle, Spitzhuts (Hanovre); Saulce-aux-Bois (Ardennes), Saint-Mihiel (Meuse), Vittaux (Côte-d'Or).

*434. **Thurmanni,** Agass., 1847, Cat. syst., p. 34; Echin. Suiss., 2, p. 50, pl. 19, fig. 1-3. France, Salins (Jura), Pointe-du-Ché, près de La Rochelle; Suisse, Porrentruy, Simmenthal.

435. **undulata,** Agassiz, 1847, Cat. syst., p. 35; Echin. Suisse, 2, p. 52, pl. 18, fig. 25. Suisse, Fringeli, Jura soleurois.

CIDARIS, Lamarck.

*436. **miranda,** Desor, Agassiz, Cat. syst., p. 28. Angoulins.

*437. **Orbignyana,** Agass., Cat. syst., p. 28. *C. tripterygia*, Leymerie, pl. 9, fig. 3. France, La Rochelle.

*438. **maginata,** Goldfuss, Petref., p. 118, pl. 39, fig. 7; Agass., 1847, Cat. syst., p. 27. France, Angoulins, Heidenheim.
*439. **coronata,** Goldf., Petref., p. 119, pl. 39, fig. 8. Agass., 1847, Cat. syst., p. 27. France, La Rochelle; Puiseux (Ardennes); Calne; Suisse, Fringeli (Soleure).
*440. **Blumenbachii,** Münst. in Goldf., Petr., p. 117, pl. 39, fig. 4, Agass., 1847, Cat. syst., p. 27. France, Verdun, Saint-Mihiel (Meuse), Franville, Wagnon, Angoulins; Suisse, Fringeli (Jura soleurois).
*441. **nobilis,** Münst., Goldf., p. 117, pl. 39, fig. 4. Agass., Echin. Suisse, 2, p. 65, pl. 21 a, fig. 21. Angoulins; Randen (Schaffhouse).
*442. **megalacantha,** Agassiz, 1847, Cat. syst., p. 29. Ile de Ré.
*443. **consobrina,** d'Orb., 1847. Espèce confondue avec le *C. propinquus*, mais ayant toujours les pointes bien plus étroites et plus acuminées à leur extrémité. France, Angoulins.
444. **maxima?** Münst., Goldf., Petr., p. 116, pl. 39, fig. 1. Agass., 1847, Cat., p. 28. France, Saint-Mihiel; Baireuth.
?445. **elegans,** Münst., Goldf., Petref., p. 118, pl. 39, fig. 5. Agass., Cat. syst., p. 28. Baireuth; env. Bâle, Randen.
446. **constricta,** Agassiz, Echin. Suisse, 2, p. 72, pl. 21, fig. 3, et 1847, Cat. syst., p. 30. France, env. de Besançon et de La Rochelle.

CRENASTER, Lwyd, 1799. Voy vol. 1, p. 240.
*447. **Rupellensis,** d'Orb., 1847. Charmante espèce presque aussi grande que le *C. violaceus*, mais ayant les branches plus longues et plus déprimées. France, Pointe-du-Ché, près de La Rochelle.

OPHIURELLA, Agassiz.
*448. **bispinosa,** d'Orb., 1847. Grande espèce remarquable par les pièces latérales des bras larges et chargées alternativement d'une ou de deux longues épines. France, Pointe-du-Ché.

ACROURA, Agassiz. Voy. vol. 1, p. 177.
*449. **subnuda,** d'Orb., 1847. Espèce dont les bras grêles ont à peine de très-petites épines entre les plaques. France, Pointe-du-Ché.

COMATULA, Lamarck.
450. **depressa,** d'Orb., 1847. Magnifique espèce que nous possédons avec tous ses bras, qui se distingue de toutes les autres par ses bras déprimés, à pièces saillantes latéralement en dents de scie. Fr., Angoulins.

GUETTARDICRINUS, d'Orb., 1839, Crinoïdes, p. 15.
*451. **dilatatus,** d'Orb., 1839, Crinoïdes, p. 15, pl. 1, fig. 2. France, Angoulins.

APIOCRINUS, Miller, d'Orb., Crinoïdes, p. 18.
*452. **Roissyanus,** d'Orb., 1839, Crinoïdes, p. 20, pl. 3, 4. *Apiocrinus Meriani* et *similis*, Desor. France, Pointe-du-Ché, Angoulins, La Chapelle (Jura), Tonnerre, Vauligny (Yonne), Chaleseuil (Doubs), Largue (H.-Rhin). Elle n'est point du portlandien, comme l'a cru M. Desor, mais de l'étage corallien le mieux caractérisé. Je la possède complète, racine, tige, calice et bras.
*453. **Murchisonianus,** d'Orb., 1839, Crinoïdes, p. 32, pl. 6. Pointe-du-Ché.
*454. **magnificus,** d'Orb., 1847. Magnifique espèce que nous possédons complète : calice globuleux, presque sphérique, pièces ba-

sales aussi larges que hautes; bras bifurqués deux fois; tige lisse. Fr., La Jarne, près de La Rochelle.

*455. **insignis,** d'Orb., 1847. Espèce voisine des *A. Murchisonianus* et *magnificus,* mais dont le calice est déprimé dans son ensemble, et dont les pièces basales sont denticulées sur leurs bords, ce qui n'existe pas dans les autres espèces; tige lisse, les racines par groupes. France, Estré, près de La Rochelle.

455'. **Rathieri,** d'Orb., 1849. Espèce voisine de l'*A. Murchisonianus,* mais dont le calice est plus étroit, plus pyriforme, à plusieurs pièces intermédiaires. France, Tonnerre (M. Rathier).

MILLERICRINUS, d'Orb., 1839, Crinoïdes, p. 36.

*456. **simplex,** d'Orb., 1839, Crinoïdes, p. 39, pl. 12. Nous la possédons complète. France, Pointe-du-Ché.

*457. **polydactylus,** d'Orb., 1839, Crinoïdes, p. 41, pl. 9, fig. 1-8. Nous l'avons complète. France, Pointe-du-Ché, Angoulins.

*458. **gracilis,** d'Orb., 1839, Crinoïdes, p. 44, pl. 10. Nous l'avons complète. France, Pointe-du-Ché.

*459. **Fleuriausianus,** d'Orb., 1839, Crinoïdes, p. 46, pl. 8, fig. 1-4. Pointe-du-Ché.

*460. **crassus,** d'Orb., 1839, Crinoïdes, p. 48, pl. 8, fig. 5-7. Fr., Pointe-des-Minimes, près de La Rochelle.

*461. **elegans,** d'Orb., 1839, p. 49, pl. 8, fig. 8-11. Angoulins.

462. **cupuliformis,** d'Orb., 1839, Crinoïdes, p. 51, pl. 8, fig. 12-15. Angoulins.

*463. **obtusus,** d'Orb., 1839, Crinoïdes, p. 75, pl. 14, fig. 9-11. Pointe-du-Ché.

*464. **inflatus,** d'Orb., 1839, Crinoïdes, p. 76, pl. 14, fig. 12-14. France, Pointe-du-Ché.

465. **brevis,** d'Orb., 1839, Crinoïdes, p. 77, pl. 14, fig. 15-17. France, Pointe-du-Ché.

*466. **angulatus,** d'Orb., 1839, Crinoïdes, p. 79, pl. 14, fig. 18-21. France, Pointe-du-Ché.

*467. **Goupilianus,** d'Orb., 1839, Crinoïdes, p. 83, pl. 15, fig. 11-15. France, Ecommoy (Sarthe).

*468. **Radisensis,** d'Orb., 1847. Tiges dont les articulations sont lisses, plus épaisses que dans les autres espèces, et légèrement convexes en dehors. France, Loix, île de Ré, Ecommoy (Sarthe).

*469. **inæqualis,** d'Orb., 1847. Tiges voisines du *M. Dudressierianus,* mais dont les articles sont plus étroits, plus bombés et souvent épineux, les rayons infiniment plus petits. France, Pointe-du-Ché, Angoulins.

PENTACRINUS, Miller, 1821.

*470. **alternans,** Rœmer, 1839, p. 18, pl. 17, fig. 38. France, Angoulins, Pointe-du-Ché, près de La Rochelle, La Chapelle, près de Salins (Jura), avec les Astartés); Allem., Hildesheim.

471. **Goldfussii,** Rœmer, 1839, p. 18, pl. 17, fig. 37. Hohenegg-elsen.

ZOOPHYTES.

LASMOPHYLLIA, d'Orb., 1847. Voy. t. 1, p. 208.

472. subexcavata, d'Orb., 1847. *Anthophyllium excavatum*, Michelin, 1843, Icon. zoophyt., p. 85, pl. 17, fig. 10 (non Rœmer, 1836). France, Saint-Mihiel (Meuse).

***473. truncata,** d'Orb., 1847. *Caryophyllia truncata*, Defrance, 1817, Dict., 7, p. 193, n° 3. *Caryophyllia Calvimonti*, Lamouroux, 1830, Encycl. Michelin, Icon., pl. 27, fig. 1, p. 116 (exclus. syn.). *Montlivaltia Calvimonti*, Edw. et Haime. France, Saint-Mihiel, Tonnerre (Yonne), Chaumont, près de Verdun.

***474. Moreausiaca,** d'Orb., 1847. *Caryophyllia Moreausiaca*, Michelin, 1843, Iconog. zoophyt., p. 85, pl. 17, fig. 1. *Caryophyllia clavus*, Mich., pl. 17, fig. 6. Saint-Mihiel, Chaumont, Châtel-Censoir.

475. dilatata, d'Orb., 1847. *Caryophyllia dilatata*, Michelin, 1843, Iconog., p. 86, pl. 17, fig. 4. Peut-être une variété de la précédente. France, Saint-Mihiel, Maxey-sur-Vaize, Damvillers.

476. subcylindrica, d'Orb., 1847. *Caryophyllia subcylindrica*, Michelin, 1843, Icon., pl. 17, fig. 2-3. Peut-être individu usé du *L. Moreausiaca*. France, Saint-Mihiel.

***478. Radisensis,** d'Orb., 1847. Très-grande espèce conique, large, peu excavée à la partie supérieure. France, île de Ré.

ELLIPSOSMILIA, d'Orb., 1849. Note sur les polypes, p. 5.

***479. plicata,** d'Orb., 1847. Espèce cylindrique isolée, très-allongée, ornée en dehors de plis transverses presque également espacés, qui vont jusqu'au bord. France, Châtel-Censoir, Saintpuits (Yonne).

MONTLIVALTIA, Lamouroux, 1821.

***480. cornuta,** d'Orb., 1847. *Caryophyllia cornuta*, Michelin, 1843, Icon. zoophyt., p. 87, pl. 17, fig. 5. France, Saint-Mihiel.

***481. subrugosa,** d'Orb., 1847. Espèce isolée, plus ou moins conique, arquée ou droite, couverte extérieurement de très-petites rides transverses. France, Loix, île de Ré, Pointe-du-Ché, Châtel-Censoir, Oyonnax (Ain).

***482. contorta,** d'Orb., 1847. Espèce isolée dont l'ensemble est diversement contourné et marqué en dehors de stries transverses entre de gros plis qui se continuent jusqu'au bord supérieur. France, La Rochelle, Pointe-du-Ché.

AMBLOPHYLLIA, d'Orb., 1849. Note sur des polypes, p. 8.

***484. Rupellensis,** d'Orb., 1847. Grande espèce voisine du *M. contorta*, mais dont les rides extérieures ne se continuent pas jusqu'au bord. calices souvent confluents. France, La Rochelle.

ACROSMILIA, d'Orb., 1847. Voy. t. 1, p. 241.

***485. Corallina,** d'Orb., 1847. Espèce longue, arquée, acuminée à son extrémité, profondément creusée en dessus par des lames granuleuses. France, La Rochelle, Pointe-du-Ché.

486. vasiformis, d'Orb., 1847. *Caryophyllia vasiformis*, Michelin, 1843, Icon. zooph., pl. 19, fig. 5. France, Damvillers (Meuse).

***487. elongata,** d'Orb., 1847. Espèce allongée, droite, comme sillonnée en long à son sommet. France, Wagnon (Ardennes).

THECOSMILIA, Edwards et Haime. Voy. t. 1, p. 208.

*488. **glomerata,** d'Orb., 1849. *Dendrophyllia id.*, Michelin, 1843, Icon. zooph., p. 88, pl. 18, fig. 3. France, Saint-Mihiel, Châtel-Censoir, Tonnerre.

489. **crassa,** d'Orb., 1849. *Dendrophyllia dichotoma*, Michelin, 1843, Icon., p. 88, pl. 18, fig. 4 (non *Lithodendron dichotomum*, Goldf., 1831). France, Saint-Mihiel, Verdun, Maxey-sur-Vaise. Cette espèce pourrait n'être qu'une variété de la précédente.

490. **subcylindrica,** d'Orb., 1847. *Lobophyllia cylindrica*, Michelin, 1843, p. 90, pl. 20, fig. 2 (non Phillips, 1829). France, Verdun.

491. **turbina,** d'Orb., 1847. *Loboph. id.*, Michelin, 1843, Icon., p. 90, pl. 19, fig. 1. Peut-être la même espèce que le *Crassum*. France, Sampigny.

491'. **Buvignieri,** d'Orb., 1847. *Lobophyllia id.*, Michelin, 1843, Icon. zoophyt., p. 90, pl. 17, fig. 9. Espèce rameuse. France, Saint-Mihiel, Verdun (Meuse), Echaillon (Isère), Poisat, près de Nantua.

*491''. **confluens,** d'Orb., 1847. Jolie espèce dont les calices sont confluents, souvent deux par deux; extérieur strié par endroits. France, Vauligny, près de Tonnerre (Yonne), La Rochelle, Echaillon.

STILOSMILIA, Edwards et Haime, 1848.

491'''. **Michelini,** Edwards et Haime, 1848, Ann. des Sc. nat., X, p. 275, pl. 6. fig. 2. Chaude-Fontaine (Doubs).

CALAMOPHYLLIA, Blainville, 1834. Voy. t. 1, p. 292.

*492. **Pseudostylina,** d'Orb., 1847. *Lithodendron pseudostylinum*, Michelin, 1843, p. 96, pl. 19, fig. 9, pl. 20, fig. 4. France, Dun.

492'. **striata,** Blainville, 1830, Dict., 50, pl. 312. Guettard, t. 2, p. 406, pl. 34. Edwards et Haime, 1849, Ann. des Sc. nat., 11, p. 262, France, Verdun.

*493. **Moreausiaca,** d'Orb., 1847. *Lithodendron Moreausiacum*, Michelin, 1843, Iconog. zoophyt., p. 95, pl. 21, fig. 3. Leym., pl. 10, fig. 15. France, Verdun, Angoulins, près de La Rochelle.

494. **Edwardsii,** d'Orb., 1847. *Lithodendron Edwardsii*, Michelin, 1844, Icon. zoophyt., p. 96, pl. 21, fig. 2. France, Verdun.

*495. **undata,** d'Orb., 1847. Espèce dont l'ensemble a des rameaux ronds, droits, gros de 15 mill., peu divisés, ornés de rétrécissements annulaires ondulés. France, Wagnon (Ardennes).

*496. **funiculus,** d'Orb., 1847. *Lithodendron funiculus*, Michelin, 1843, Iconog. zoophyt., p. 93, pl. 19, fig. 7. France, Saint-Mihiel, Wagnon, Oyonnax, Landeyron, Poisat, près de Nantua (Ain).

*497. **lombricalis,** d'Orb., 1847. Espèce voisine de l'*E. pseudostylina*, mais dont les tiges sont bien plus minces et plus chargées de cloisons transverses. France, Oyonnax (Ain).

497'. **Corallina,** d'Orb., 1847. Espèce à tiges grosses comme un tuyau de plume, peu dichotomes, espacées. France, Wagnon, Poisat, près de Nantua (Ain).

*498. **strangulata,** d'Orb., 1847. Espèce voisine de l'*E. undulata*, mais à tige plus irrégulière, marquée de rétrécissements transverses très-rapprochés et irréguliers. Oyonnax, Landeyron, Saintpuits.

*499. **inæqualis,** d'Orb., 1847. Tiges inégales, les unes grosses, les autres petites, avec de légères rides transverses. France, Wagnon.

*500. **simplex,** d'Orb., 1847. Espèce voisine de l'*E. compressa*, mais d'un tiers plus mince et sans étranglement ni rides. France, Oyonnax, Landeyron, Poisat, Châtel-Censoir, Wagnon, Echaillon (Isère).

*501. **Bernardina,** d'Orb., 1847. Espèce voisine de l'*E. simplex*, mais à tiges rondes, du tiers plus étroites. France, Landeyron.

*502. **subgracilis,** d'Orb., 1847. Espèce à tige encore plus petite que chez la précédente, avec des cloisons peu marquées entre les tiges. France, Angoulins, près de La Rochelle.

EUNOMIA, Lamouroux, 1821. Voy. t. 1, p. 292.

*503. **lævis,** d'Orb., 1847. *Lithodendron læve*, Michelin, 1842, Icon. zooph., p. 93, pl. 19, fig. 8. France, Wagnon, Verdun, Maxey-sur-Vaise, Châtel-Censoir, Oyonnax.

*504. **flabella,** d'Orb., 1847. *Lithodendron id.*, Michelin, 1842, Icon. zooph., p. 94, pl. 21, fig. 4. France, Maxey-sur-Vaise, Verdun, Oyonnax, route de Grasse à La Malle (Var).

*505. **Cottaldina,** d'Orb., 1847. Belle espèce voisine pour l'ensemble de forme du *C. pseudostylina*, mais sans stries longitudinales.

*506. **nodosa,** d'Orb., 1847. Belle espèce à tiges comprimées, comme noueuse par des étranglements très-marqués qui laissent des tubercules, surtout aux côtés. France, Oyonnax, Landeyron (Ain).

*507. **grandis,** d'Orb., 1847. Espèce dont les tiges ont 18 mill. de diamètre, et sont fortement ridées en travers. France, Oyonnax.

*508. **articulata,** d'Orb., 1847. *Lithodendron id.*, Michelin, 1842, Icon. zooph., p. 94, pl. 21, fig. 1. Saint-Mihiel, Wagnon.

*510. **rugosa,** d'Orb., 1847. Espèce voisine du *L. dichotoma*, mais avec des rides transverses très-marquées. Wagnon, Saulce-aux-Bois.

511. **contorta,** d'Orb., 1847. Espèce dont les tiges, très-étroites, sont contournées de toutes les manières et irrégulières. Loix, île de Ré.

APLOPHYLLIA, d'Orb., 1849. Note sur les polypes, page 8.

*512'. **dichotoma,** d'Orb., 1849. *Lithodendron id.*, Michelin, 1843, pl 19, fig. 6. *Calamophyllia dichotoma*, Edwards et Haime, 1849, Ann. des Sc. nat., 11, p. 263. France, Verdun, Wagnon, Dun.

ENALLHELIA, d'Orb., 1847. Voy. t. 1, p. 322.

*513. **Corallina,** d'Orb., 1847. Espèce voisine de l'*E. compressa*, mais avec des tiges ramuleuses très-étroites, rondes, avec les calices seulement sur les côtés. Ceux-ci saillants également striés en dehors. France, Angoulins.

CONOCŒNIA, d'Orb., 1849. Cellules bien plus saillantes que dans les *Stylina*, coniques, lisses.

514. **tumularis,** d'Orb., 1847. *Astræa tumularis*, Michelin, 1844, Icon. zoophyt., p. 117, pl. 27, fig. 3. France, Saint-Mihiel.

ADELOCŒNIA, d'Orb., 1847. Ce sont des *Stylina* sans columelle styliforme.

*515. **castellum,** d'Orb., 1847. *Astrea id.*, Michelin, 1844, id., p. 118, pl. 27, fig. 4. Sampigny, Goussaincourt, Bay-Bel, Tonnerre.

*516. **tubulosa,** d'Orb., 1847. *Astrea tubulosa*, Michelin, pl. 27, fig. 2 (non Goldfuss). France, Saint-Mihiel, Châtel-Censoir.

*517. **Corallina,** d'Orb., 1847. Espèce voisine de l'*A. vertebralis*, mais dont les cellules sont un peu plus grandes et surtout bien plus lamelleuses. France, Angoulins.

*518. **Moreana,** d'Orb., 1847. Espèce voisine de l'*A. tubulosa*, mais dont les cellules sont plus petites, plus élevées, coniques, et plus rapprochées. France, Sampigny (Meuse).

*519. **Lancelotii,** d'Orb., 1847. Espèce dont les cellules très-petites, serrées, s'élèvent en tube. France, Wagnon.

DECACŒNIA, d'Orb., 1849. Ce sont des *Phyllocœnia* à cinq ou dix systèmes, amorphes.

*520. **magnifica,** d'Orb., 1847. Espèce dont les calices sont d'un diamètre plus grand que chez toutes les autres espèces, et ont dix chambres doubles. France, Châtel-Censoir, Wagnon.

*521. **Michelini**, d'Orb., 1847. *Stylina tubulosa*, Michelin, pl. 21, fig. 6 (non *tubulosa*, Goldfuss, 1830 ; non Michelin, pl. 27, fig. 2). France, Saint-Mihiel, Torcy, Châtel-Censoir (Yonne), Wagnon (Ardennes), Oyonnax, Landeyron, près de Nantua (Ain), Saintpuits.

PARASTREA, Edwards et Haime, 1848.

*522. **Lifoliana,** d'Orb., 1847. *Astrea id.*, Michelin, 1843, Icon. zoophyt., p. 105, pl. 24, fig. 1. France, Lifol.

*523. **meandrites,** d'Orb., 1847. *Astræa meandrites*, Michelin, 1843, Icon. zoophyt., pl. 24, fig. 2. France, Saint-Mihiel, Oyonnax, Landeyron, Dun, Sampigny.

TREMOCŒNIA, d'Orb., 1847. Voy. t. 1, p. 386.

*524. **subornata,** d'Orb., 1847. Magnifique espèce à calices profonds, divisés en six quadruples chambres ; leur intervalle orné de petites lamelles crénelées. France, La Rochelle.

*525. **pulchella,** d'Orb., 1847. Espèce voisine de la précédente, par ses calices et les chambres de ceux-ci, mais avec des côtes plus grosses dans les intervalles. France, Tonnerre, Wagnon.

CRYPTOCŒNIA, d'Orb., 1847. Voy. t. 1, p. 322.

*526. **sublimbata,** d'Orb., 1847. *Astræa limbata*, Michelin, 1843, pl. 24, fig. 10 (non Goldf., 1831). France, Sampigny, Saint-Mihiel, Wagnon, Tonnerre.

*527. **hexaphyllia,** d'Orb., 1847. Espèce dont les cellules ont quatre millim. de diamètre avec six doubles chambres ; intervalles étroits avec de grosses côtes. France, La Rochelle.

*528. **Baugieri,** d'Orb., 1847. Espèce dont les cellules ont 1 1/2 millim. avec six chambres simples ; intervalle presque lisse. France, Beauvoir, près de Niort (Deux-Sèvres).

*529. **subregularis,** d'Orb., 1847. Espèce dont les cellules, larges de deux millim., ont six chambres doubles prolongées en dehors, l'intervalle profondément costulé. France, Saulce-aux-Bois (Ardennes), montagne de Bel-Air, près de Dijon (Côte-d'Or), Oyonnax près de Nantua ; Tonnerre (Yonne).

*530. **decupla,** d'Orb., 1847. Espèce dont les cellules, larges de 2 millim., paraissent avoir dix chambres doubles ; intervalles fortement costulés. France, Loix, île de Ré.

*531. **Radisensis,** d'Orb., 1847. Espèce dont les cellules, larges de 2 1/2 millim., ont six chambres doubles, non prolongées en dehors ; l'intervalle avec de grosses côtes. France, Loix, île de Ré.

PSEUDOCŒNIA, d'Orb., 1849. Ce sont des *Cryptocœnia* à huit systèmes, au lieu de six.

*532. **suboctonis,** d'Orb., 1847. Espèce dont les cellules sont du même diamètre, mais avec huit doubles chambres, au lieu de dix. France, Tonnerre (Yonne), Rapt (Haute-Saône).

*533. **Bernardina,** d'Orb., 1847. Espèce voisine de l'*octonis* par ses huit chambres aux cellules, mais dont celles-ci sont d'un tiers plus petites. France, Landeyron.

*534. **ramosa,** d'Orb., 1849. Espèce à petits calices saillants, espacés sur des rameaux dendroïdes. France, Tonnerre.

*535. **digitata,** d'Orb., 1849. Espèce formant des expansions digitées, déprimées. France, Tonnerre.

*538. **octonis,** d'Orb., 1847. Espèce dont les cellules, larges de 2 1/2 mill., ont huit chambres presque simples ; intervalles fortement costulés. France, La Rochelle, Vauligny, près de Tonnerre, Loix, île de Ré, Oyonnax (Ain), Châtel-Censoir.

*540. **elegans,** d'Orb., 1847. Espèce dont les cellules, larges de 1 1/2 mill., ont huit chambres simples ; l'intervalle couvert de côtes granuleuses. France, Wagnon, Saint-Mihiel.

*541. **ramosa,** d'Orb., 1847. Espèces dont les cellules, larges d'un millim., ont huit chambres simples ; l'intervalle finement radié, l'ensemble presque rameux. France, Vauligny, près de Tonnerre.

DENDROCŒNIA, d'Orb., 1849. Voy. v. 1, p. 322.

541'. **Corallina,** d'Orb., 1847. *Astræa limbata*, Leymerie, 1846, Statistiq. de l'Aube, pl. 10, fig. 14 (non Goldf., 1831 ; non Michelin, 1843). France, Aube.

STYLINA, Lamarck, 1816.

*542'. **Delucii,** Edwards et Haime, 1849. Ann. des Sc. nat., p. 292, n° 6. *Astrea Delucii*, Defrance, 1826, Dict., 42, p. 386. *Astrea versatilis*, Michelin, 1844, Icon. zoophyt., p. 108, pl. 24, fig. 9. *Astrea rotularia*, Michelin, 1844, Iconog., p. 108, pl. 24, fig. 11. Saint-Mihiel, Saulce-aux-Bois, Wagnon, Tonnerre, Lifol, Tuzennecourt (Haute-Marne).

*544. **Arduennensis,** d'Orb., 1847. *Astrea pentagonalis*, Michelin, 1844, Icon. zoophyt., p. 107, pl. 24, fig. 6 (non *A. pentagonalis*, Goldf., 1831). France, Dun.

*545. **Rupellensis,** d'Orb., 1847. Espèce dont les cellules, larges d'un mill., ont douze chambres distinctes ; l'intervalle strié. France, Estré, près de La Rochelle.

*546. **Nantuacensis,** d'Orb., 1847. Espèce dont les cellules, larges d'un millim., ont six chambres ; l'intervalle très-lisse. France, Landeyron (Ain).

*547. **microcoma,** d'Orb., 1847. Espèce dont les cellules, larges de moins d'un millimètre, sont très-serrées et ont six chambres ; l'intervalle étroit. France, Loix, île de Ré, Tonnerre, Châtel-Censoir.

548. **echinulata,** Blainville, 1830, Dict. des Sc. nat., t. 6, p. 317, pl. 40, fig. 5. Edw., 1849. *S. Gaulardi?* Michelin, 1843, Iconog. zoophyt., p. 97, pl. 21, fig. 5. Dun.

548'. **Bourgueti,** Edwards et Haime, 1849, Ann. des Sc. natur., p. 290, n° 3. *Astrea Bourgueti*, Defrance, 1826, Dict. des Sc. nat., 42, p. 380. France, Oyonnax (Ain).

549. **depravata,** d'Orb., 1847. *Astræa depravata*, Michelin, 1844, Iconog. zoophyt., p. 106, pl. 24, fig. 5. France, Sampigny.

STEPHANOCŒNIA, Edwards et Haime.

*551. **intermedia,** d'Orb., 1847. Espèce dont les cellules sont très-petites. France, La Rochelle, Tonnerre.

*552. **florida,** d'Orb., 1849. Espèce dont les cellules, larges de 7 millim., sont profondes, bien circonscrites. France, Wagnon.

*553. **plana,** d'Orb., 1849. Espèce dont les cellules, larges de quatre millim., sont très-superficielles, quoique distinctes. France, Châtel-Censoir (Yonne).

554'. **trochiformis,** d'Orb., 1847. *Astræa trochiformis*, Michelin, 1843, Icon. zooph., p. 118, pl. 27, fig. 6. France, Sampigny.

ASTROCŒNIA, Edwards et Haime, 1848.

*555. **Sancti-Mihieli,** d'Orb., 1849. *Astrea id.*, Michelin, 1844, p. 109, pl. 25, fig. 1. France, Saint-Mihiel, Mécrin, Sampigny.

ENALLOCŒNIA, d'Orb., 1849. Ce sont des *Astrocœnia* dendroïdes rameuses.

555'. **crasso-ramosa,** d'Orb., 1849. *Astrea id.*, Michelin, 1844, p. 109, pl. 25, fig. 2. France, Saint-Mihiel, Maxey-sur-Vaize.

PRIONASTREA, Edwards et Haime. Voy. t. 1, p. 178.

*556. **grandis,** d'Orb., 1849. Espèce dont les cellules sont larges de 20 millim., multiradiées, indistinctes, les cloisons crénelées. France, La Rochelle, environs de Nantua, Loix, île de Ré.

557. **Blandina,** d'Orb., 1849. Espèce dont les cellules, larges de 10 millim., sont multiradiées et circonscrites d'un encadrement. Poisat, Oyonnax, Echaillon, près de Grenoble, Saint-Mihiel.

*558. **striata,** d'Orb., 1849. Espèce dont les cellules, larges de 12 millim., sont non bordées, peu distinctes, inégales ; cloisons fines, granuleuses. France, Ecommoy (Sarthe).

*559. **Corallina,** d'Orb., 1849. Espèce dont les cellules, larges de 10 millim., sont non bordées, mais très-distinctes par une saillie ; les cloisons inégales. France, Saint-Mihiel, Saint-Claude (Jura), environs de Nantua, Saulce-aux-Bois (Ardennes).

*559'. **Rathieri,** d'Orb., 1849. *Astræa helianthoides*, Michelin, pl. 24, fig. 3 (non Goldfuss, 1831). France, Dun, Ecommoy, Tonnerre, environs de Nantua (Ain).

*560. **Noe,** d'Orb., 1849. Espèce dont les cellules, larges de 7 mill., sont peu profondes, multiradiées, bien circonscrites, à cloisons serrées. France, Trouville (Calvados), Oyonnax, Landeyron (Ain), Tonnerre.

*561. **Cabanetiana,** d'Orb., 1849. Espèce dont les cellules, larges de 5 millim., sont presque superficielles, à cloisons espacées et granuleuses. France, Oyonnax, Angoulins, Tonnerre.

*562. **angustata,** d'Orb., 1849. Espèce dont les cellules, larges de 3 1/2 millim., sont d'un aspect analogue à celles du *P. Cabanetiana.* France, Saulce-aux-Bois, Tonnerre.

*563. **punctata,** d'Orb., 1849. Espèce dont les cellules, larges de 1 1/2 millim., sont très-distinctes et profondes. France, Wagnon, Châtel-Censoir.

*563'. **dubia,** d'Orb., 1849. Grande espèce dont les cellules, larges de 12 millim., sont bordées d'un espace lisse. Wagnon.

CONFUSASTREA, d'Orb., 1847. Voy. v. 1, p. 322.

*565. **sub-Burgundiæ,** d'Orb., 1847. *Astræa Burgundiæ*, Leymerie,

1846, Statist. de l'Aube, pl. 10, fig. 13 (non Michelin, 1843). France, Saintpuits (Yonne), Aube.
*566. **Burgundiæ,** d'Orb., 1847. *Astrea id.*, Michelin, 1844, Icon. zoophyt., p. 106, pl. 24, fig. 4. France, Saint-Mihiel.
567. **Mosensis,** d'Orb , 1847. *Agaricia rotata*, Michelin, 1843, Icon. zoophyt., p. 102, pl. 22, fig. 6 (non *A. rotata*, Goldf., 1831). Eix.
*568. **excavata,** d'Orb., 1847. Espèce dont les cellules, larges de 13 millim., sont excavées, séparées par une colline arrondie; cloisons inégales. France, Wagnon.
*569. **inæqualis,** d'Orb., 1847. Espèce dont les cellules, larges de 9 millim., sont peu profondes, quoique assez distinctes, mais très-inégales. France, Châtel-Censoir.
SYNASTREA, Edwards et Haime. Voy. t. 1, p. 208.
*570. **hemisphærica,** d'Orb., 1849. *Astrea id.*, Michelin, 1843, Iconog. zoophyt., p. 101, pl. 22, fig. 4. France, St-Mihiel, Maxey-sur-Vaise, Pointe-du-Ché, près de La Rochelle.
*571. **cristata,** d'Orb., 1849. *Astrea cristata*, Michelin, 1843, Icon. zoophyt., pl. 24, fig. 7. Goldf., 1831, pl. 22, fig. 8. France, Saint-Mihiel, Châtel-Censoir, Oyonnax.
*572. **collinaria,** d'Orb., 1849. Belle espèce à calices petits, formant des collines nombreuses, arrondies, sur une masse amorphe. Saintpuits (Yonne).
*573. **excavata,** d'Orb., 1849. Espèce en plaques, dont les cellules, larges de 5 millim., sont profondes, à cloisons étroites. France, Estré, près de La Rochelle.
*574. **Oceani,** d'Orb., 1849. Espèce en mamelons, dont les cellules, larges de un millim. et demi, sont très-régulières, superficielles et seulement excavées au centre. France, Oyonnax, Poisat (Ain), Écommoy (Sarthe), Saulce-aux-Bois.
*575. **pulchella,** d'Orb., 1849. Espèce en mamelon, dont les cellules larges d'un millim., sont superficielles et ornées de cloisons très-régulières. France, Pointe-du-Ché, près de La Rochelle.
*576. **confusa,** d'Orb., 1849. Espèce en grandes masses, dont les cellules larges de 2 millim. sont superficielles et tellement confuses, qu'on peut à peine reconnaître le centre. Poisat, près de Nantua.
577. **complanata,** d'Orb., 1849. Espèce en grandes masses aplaties, dont les cellules larges de 4 millim., sont superficielles et à peine impressionnées au centre. France, St-Mihiel.
578. **Moreana,** d'Orb., 1849. *Pavonia tuberosa*, Michelin, 1843, Icon. zoophyt., p. 101, pl. 22, fig. 5 (non *P. tuberosa*, Goldf., 1831). Verdun.
DACTYLASTREA, d'Orb., 1849. C'est une *Synastrea* dendroïde, rameuse.
*579. **incrustata,** d'Orb., 1849. *Alveopora incrustata*, Michelin, 1844, id., p. 111, pl. 25, fig. 8. Espèce rameuse. France, Mécrin, St-Mihiel (Meuse), Landeyron, près de Nantua (Ain).
*580. **subramosa,** d'Orb., 1849. Espèce rameuse comme la précédente, dont les cellules, à peu près de même diamètre, ont des cloisons alternes bien plus minces. France, Châtel-Censoir, Pointe-du-Ché, près de La Rochelle.
CENTRASTREA, d'Orb., 1847. Voy. t. 1, p. 209.

*580'. **interrupta,** d'Orb., 1847. Espèce dont les cellules larges d'un millim. et demi, sont contiguës ou séparées, les intervalles par lames étroites séparées par des sillons interrompus. France, Poisat, près de Nantua.

*581. **Moreana,** d'Orb., 1847. *Agaricia lobata*, Michelin, 1844. p. 116, pl. 27, fig. 5 (non Goldfuss, 1830). France, Sampigny, Verdun, Ecommoy (Sarthe), Trouville.

583. **araneola,** d'Orb., 1847. *Astrea id.*, Michelin, 1844, Iconog. zoophyt., p. 107, pl. 24, fig. 8. France, St-Mihiel.

584. **granulata,** d'Orb., 1847. *Agaricia granulata*, Michelin, pl. 28, fig. 1 (non Münster, 1830). France, St-Mihiel, Verdun.

*585. **microconos,** d'Orb. Voy. Étage oxfordien, n° 634. France, Trouville.

THAMNASTREA, Le Sauvage, 1822. C'est un *Centrastrea* dendroïde.

*585. **dendroidea,** d'Orb., 1847. *Astrea dendroidea*, Lamouroux, 1821. *Thamnasteria Lamourouxi*, Le Sauvage, Michelin, 1844, pl. 25, fig. 3. France, Trouville, St-Mihiel.

MICROSOLENA, Lamouroux, 1821.

586. **tuberosa,** d'Orb., 1847. *Alveopora tuberosa*, Michelin, 1844, id., p. 110, pl. 25, fig. 7. France, St-Mihiel.

*587. **irregularis,** d'Orb., 1847. Espèce en grandes plaques, dont les cellules peu distinctes ont 5 millim. de diamètre. France, Oyonnax, près de Nantua.

POLYPHYLLASTREA, d'Orb., 1849. C'est un *Synastrea*, à cloisons fines, serrées, inégales, comme divisées en segments et sans intervalles entre elles.

*587'. **plana,** d'Orb., 1849. Espèce en plaques, dont les cellules larges de 8 à 9 millim. sont entièrement planes, les cloisons très-fines, le centre excavé. France, Poisat, près de Nantua.

DENDRARŒA, d'Orb., 1849. C'est un *Microsolena*, dont l'ensemble est dendroïde, rameux.

*588. **racemosa,** d'Orb., 1847. *Alveopora racemosa*, Michelin, 1844, Icon. zoophyt., p. 110, pl. 25, fig. 6 (les cellules sont trop distinctes dans la figure). France, Sampigny.

DACTYLARŒA, d'Orb., 1847. Ce sont des polypiérites cylindriques, simples ou doubles, par fissiparités, pourvus d'une épithèque formant un ensemble en buisson, cloisons irrégulières.

*589. **truncata,** d'Orb., 1847. Espèce en mamelon, dont les rameaux sont courts et tronqués, à une ou plusieurs cellules. France, Loix, île de Ré.

APLOSMILIA, d'Orb., 1847. Cellule comprimée, isolée, avec une columelle lamelleuse au centre, portée à l'extrémité d'une tige.

*590. **aspera,** d'Orb., 1847. *Lobophyllia id.*, Michelin, 1843, Icon. zoophyt., p. 89, pl. 20, fig. 3 *Eusmilia aspera*, Edw. et Haime, 1849, Ann. des Sc. nat., p. 266, n° 4. France, St-Mihiel, Oyonnax, Poisat.

*591. **semisulcata,** d'Orb., 1847. *Lobophyllia id.*, Michelin, 1843, Iconog. zoophyt., p. 89, pl. 17, fig. 8. *Eusmilia semisulcata*, Edw. et Haime, 1849, Ann. des sc. nat., p. 266, n° 5. France, St-Mihiel, Verdun, Maxey, Wagnon (Ardennes), Pointe-du-Ché.

*592. **nuda,** d'Orb., 1847. Espèce rameuse, dont les tiges sont lisses, marquées seulement de quelques côtes au pourtour des cellules terminales France, St-Mihiel, Sampigny.

592'. **Buvignieri,** d'Orb., 1849. *Lobophyllia Buvignieri,* Michelin, 1843, Icon. zoophyt., p. 90, pl. 17, fig. 9. *Eusmilia Buvignieri,* Edw. et Haime, 1849, Ann. des Sc. nat., p. 266, n° 6. Maxey-sur-Vaise (Meuse.)

STYLOGYRA, d'Orb., 1847. Ensemble flabelliforme, columelle très-marquée en lame.

*593. **flabellum,** d'Orb., 1847. *Lobophyllia flabellum,* Michelin, 1843, Iconog. zoophyt., p. 92, pl. 18, fig. 1 (figure fautive en ce qu'elle n'indique pas la lame médiane). *Rhipidogyra flabellum,* Edwards et Haime, 1849, Ann. des Sc. nat., p. 282, n° 3. France, Saint-Mihiel, Châtel-Censoir.

STYLOSMILIA, Edwards et Haime, 1849.

593'. **Michelinii,** Edwards et Haime, 1849, Ann. des Sc. nat., p. 275, pl. 6, fig. 2. France, Chaude-Fontaine (Doubs).

PHYTOGYRA, d'Orb., 1849. C'est un *Stylogyra,* formant des rameaux horizontaux, libres, dichotomes, pourvus en dessus de cellules non interrompues, à columelle lamelleuse, de cloisons alternes obliques, réunies deux par deux sur une côte externe.

594. **magnifica,** d'Orb., 1849. Rameaux grêles, allongés. France, Oyonnax (Ain).

*594'. **Deshayesiaca,** d'Orb., 1849. *Lobophyllia Deshayesiaca,* Michelin, 1843, Iconog. zoophyt., p. 92, pl. 20, fig. 1. France, Saint-Mihiel, Tonnerre, environs de Nantua (Ain).

PACHYGYRA, Edwards et Haime, 1848.

*595. **Cottaldina,** d'Orb., 1849. Espèce formant des mamelons sur lesquels sont des méandres souvent compliqués, séparés par une large partie lisse, peu excavée. France, Châtel-Censoir, environs de Nantua (Ain).

*596. **tuberosa,** d'Orb., 1849. Grosse espèce dont l'ensemble est en gros mamelons, les cellules allongées, saillantes, séparées par un très-profond sillon. France, Châtel-Censoir.

596'. **Delucii,** Edwards et Haime, 1849, Ann. des Sc. nat., p. 285, n° 2. *Meandrina Delucii,* Defrance, 1823, Dict. des Sc. nat., t. 29, p. 277. France, Lot??

MYRIOPHYLLIA, d'Orb., 1849. C'est un *Oulophyllia* à grosses cloisons, dont le sommet des collines est marqué d'un sillon; une columelle irrégulière.

*597. **rastellina,** d'Orb., 1849. *Meandrina rastellina,* Michelin, 1843, Icon., p. 99, pl. 18, fig. 7. France, St-Mihiel, Châtel-Censoir.

MEANDRINA, Lamarck, 1816.

*598. **ornata,** d'Orb., 1847. Espèce en gros mamelons dont les cellules, très-méandriformes, sont profondes et séparées par des intervalles lisses. France, environs de Nantua.

*599. **elegans,** d'Orb., 1847. Espèce voisine du *M. rastellina,* mais dont les cellules sont plus étroites (larges de 5 millim.), séparées par une petite côte dont le sommet est lisse. France, Châtel-Censoir, Poisat, près de Nantua (Ain).

*600. **angustata,** d'Orb., 1847. Espèce voisine des deux précédentes, mais dont les cellules sont encore plus étroites, à séparations lisses plus larges. France, Oyonnax aux environs de Nantua.

*601. **Bernardina,** d'Orb., 1847. Espèce voisine du *M. ornata*, mais à cellules plus larges, à cloisons plus espacées. France, Poisat, Landeyron, près de Nantua.

*602. **linearis,** d'Orb., 1847. Espèce encore plus étroite que le *M. angustata*, à cloisons alternes. France, Wagnon?

*OULOPHYLLIA, Edwards et Haime, 1848.

*604. **lamellodentata,** d'Orb., 1849. *Meandrina id.*, Michelin, 1843, Iconog. zooph., p. 99, pl. 18, fig. 9. France, Sampigny, Pointe-du-Ché, près de La Rochelle.

605. **montana,** Edwards et Haime, 1849, Ann. des Sc. nat., 11, p. 269. *Meandrina id.*, Michelin, 1843, Icon. zoophyt., p. 100, pl. 22, fig. 1. France, St-Mihiel.

*606. **macropora,** d'Orb., 1849. Espèce dont les calices sont énormes et très irréguliers. Saintpuits (Yonne).

*607. **corrugata,** Michelin, 1843, Icon. zoophyt., pl. 18, fig. 5, France, St-Mihiel.

*608. **Corallina,** d'Orb., 1847. Espèce voisine d'aspect de l'*O. tenella*, mais avec des cloisons bien plus fines. France, St-Mihiel, Saulce-aux-Bois.

*609. **excavata,** d'Orb., 1847. Espèce dont les cellules un peu plus larges que chez le l'*Otenella*, sont tellement profondes, qu'elles forment un sillon très-creux; cloisons grosses et espacées. Wagnon.

*610. **disjuncta,** d'Orb., 1847. Espèce dont les cellules larges de 7 à 15 millim., sont séparées par un intervalle costulé; cloisons serrées. France, Vauligny, près de Tonnerre (Yonne).

611. **Michelini,** d'Orb., 1847. *Lobophyllia meandrinoides*, Michelin, 1843, Icon. zoophyt., pl. 19, fig. 3 (non *Meandrinoides*, Michelin, pl. 22, fig. 3). France, St-Mihiel.

MEANDROPHYLLIA, d'Orb., 1849. C'est un *Oulophyllia* pour les calices, mais dont l'ensemble est dendroïde, rameux.

*611'. **Lotharinga,** d'Orb., 1849. *Meandrina id.*, Michelin, 1843, Iconog. zoophyt., p. 100, pl. 22, fig. 2. France, St-Mihiel, Sampigny, Landeyron, près de Nantua (Ain).

AGARICIA, Lamarck, 1816.

*612. **irregularis?** d'Orb., 1847. Espèce dont les cellules irrégulières sont par lignes dans des sillons larges de 4 millim. France, Châtel-Censoir.

614. **plana?** d'Orb., 1847. *Agaricia Sœmmeringii*, Michelin, 1843, p. 103, pl. 23, fig. 2 (non Goldf.). France, Mécrin, Hannonville.

615. **graciosa,** d'Orb. *Agaricia id.*, Michelin, 1843, Icon. zoophyt., p. 104, pl. 23, fig. 3. France, Sampigny.

AXOPHYLLIA, d'Orb., 1849. Genre voisin des *Oulophyllia*, mais dont la columelle a un axe styliforme et six tubercules autour, au milieu de chaque calice.

*613. **Nantuacensis,** d'Orb., 1847. Belle espèce voisine pour l'aspect général de l'*Agaricia Sœmmeringii*, mais dont les cellules ont une columelle saillante au centre. France, Landeyron, Poisat, près de Nantua.

COMOSERIS, d'Orb., 1849. C'est un *Agaricia*, dont les calices épars très-nombreux sont disposés entre des méandres saillants, simples, éloignés.

*616. **meandrinoides,** d'Orb., 1847. *Pavonia meandrinoides*, Michelin, 1843, Icon. zoophyt., p. 100, pl. 22, fig. 3. France, Sampigny, Angoulins, près de La Rochelle, Saintpuits (Yonne).

COMOPHYLLIA, d'Orb., 1849. C'est un *Latomeandra* dont les branches réunies forment une masse compacte; calices superficiels, obliques, souvent plusieurs de front dans la même vallée.

*617. **elegans,** d'Orb., 1847. Belle espèce dont les cellules sont obliques, superficielles, les collines peu contournées. France, Poisat, près de Nantua (Ain).

*617'. **Cottaldida,** d'Orb., 1849. Belle espèce à larges vallons où sont plusieurs calices de front.

LATOMEANDRA, d'Orb., 1847. Ce sont des cellules mi-stelliformes analogues à celles des *Agaricia*, portées sur des tiges libres aplaties, couchées et dichotomes pourvues de côtes régulières en dessous.

*618. **ramosa,** d'Orb., 1847. Belle espèce dont les rameaux déprimés, dichotomes, sont striés en dehors; les cellules creuses, subconfluentes. France, Loix, île de Ré.

MICROPHYLLIA, d'Orb., 1849.

618'. **corrugata,** d'Orb., 1849. *Meandrina corrugata*, Michelin, 1843, Icon., p. 93, pl. 18, fig. 5. *Latomeandra corrugata*, Edwards et Haime, 1849, loc. cit., 11, p. 271. France, St-Mihiel.

*618''. **Raulinii,** d'Orb., 1849. *Meandrina id.*, Michelin, 1843, Icon. zoophyt., p. 99, pl. 18, fig. 8. *Latomeandra Raulini*, Edwards et Haime, 1849, p. 271. France, St-Mihiel, environs de Salins.

618'''. **Edwardsii,** d'Orb., 1849. *Meandrina id.*, Michelin, 1843, Iconog. zoophyt., p. 98, pl. 18, fig. 6. *Latomeandra Edwardsii*, Edwards et Haime, 1849, p. 272. France, St-Mihiel, Sampigny, Tonnerre, Châtel-Censoir, La Rochelle.

LOBOCŒNIA, d'Orb., 1849. C'est un *Stylina* formé de rameaux cylindriques dont les polypiérites espacés sont saillants en tubes creux, striés en dehors, pourvus en dedans de calices formés de six cloisons.

*619. **Corallina,** d'Orb., 1847. Espèce rameuse à branches irrégulières, anastomosées, cellules par séries souvent très-irrégulières. France, Wagnon.

*619'. **sublævis,** d'Orb., 1847. *Madrepora id.*, Michelin, 1844, idem, p. 111, pl. 25, fig. 5. France, Wagnon, Sampigny, Maxey-sur-Vaise, Châtel-Censoir, Tonnerre.

*619''. **obeliscus,** d'Orb., 1847. *Madrepora id.*, Michelin, 1844, id., p. 112, pl. 25, fig. 4. France, St-Mihiel, Maxey-sur-Vaise, Goussaincourt, Dun, Clamecy.

CYATHOPHORA, Michelin, 1843.

*620. **Richardi,** Michelin, 1843, Icon. zoophyt., p. 104, pl. 26, fig. 1. France, St-Mihiel, Tonnerre, Poisat, près de Nantua (Ain).

POLYTREMA, Risso, 1826. Voy. t. 1, p. 323.

621. capilliformis, Michelin, 1844, Iconog. zoophyt., p. 112, pl. 26, fig. 2. St-Mihiel, Dun, Clamecy, Tonnerre, Châtel-Censoir.

621'. Corallina, d'Orb., 1849. Espèce amorphe en gros mamelons couverts de parties coniques. France, Tonnerre.

FORAMINIFÈRES (d'Orb.).

GONIOLINA, d'Orb., 1849. C'est un *Conodictyum* sans pores, à surface divisée en hexagones réguliers.

***622. hexagona,** d'Orb., 1847. Espèce très-remarquable représentant un ovale de 33 millim. de diamètre, ornée partout de lignes concentriques et en quinconce d'hexagones très-réguliers. France, Pointe-du-Ché, près de La Rochelle, environs de St-Jean-d'Angely (Charente-Inférieure); Suisse, Le Banné.

MARGINULINA, d'Orb., 1825. Voy. t. 1, p. 242.

***623. Moreana,** d'Orb., 1846. Foramin. de Vienne, p. XXVII ; espèce longue de 5 mill., très-irrégulière. France, St-Mihiel.

CRISTELLARIA, Lamarck, 1819. Voy. t. 1, p. 242.

624. Fleuriausa, d'Orb., 1847. *Peneroplis id.*, d'Orb., 1825, Ann. des Sc. nat., p. 120, n° 4. Espèce lisse, comprimée. Angoulins.

625. Rupellensis, d'Orb., 1846. Foram. de Vienne, p. XXVII. France, Pointe-du-Ché.

AMORPHOZOAIRES.

EUDEA, Lamouroux, 1821. Voy. t. 1, p. 209.

626. elongata, d'Orb., 1847. Espèce allongée, cylindrique, pourvue d'un léger renflement près de l'extrémité qui est plus étroite que le reste. France, Pointe-du-Ché, environs de Besançon.

CNEMIDIUM, Goldfuss, 1830.

627. pyriforme, Michelin, 1844, Icon. zoophyt., p. 114, pl. 26, fig. 6 (non *Tragos pyriforme*, Goldf.). France, Verdun, Void.

HIPPALIMUS, Lamouroux, 1821. Voy. t. 1, p. 209.

628. Corallinus, d'Orb., 1847. *Spongia mamillifera*, Michelin, 1844, Icon. zoophyt., p. 113, pl. 26, fig 5 (non *S. mamillifera*, Lamour., 1821). France, St-Mihiel, Danvillers.

***629. Mosensis,** d'Orb., 1847. *Spongia furcata*, Michelin, 1844, id., p. 114, pl. 26, fig. 3 (non *furcata*, Goldf., 1830, pl. 2, fig. 6). France, Houdainville, Pointe-du-Ché, près de La Rochelle.

630. Moreanus, d'Orb., 1847. *Spongia lagenaria*, Michelin, 1844, id., p. 114, pl. 26, fig. 4 (non Lamouroux, 1821). France, Danvillers.

***631. elegans,** d'Orb., 1847. Voy. Étage oxfordien, n° 693. France, Pointe-du-Ché, près de La Rochelle.

***632. clavatus,** d'Orb., 1847. Espèce voisine de la précédente, en massue, à extrémité arrondie et très-élargie. Pointe-du-Ché.

STELLISPONGIA, d'Orb., 1847. Voy. t. 1, p. 210.

633. Mosensis, d'Orb., 1847. *Cnemidium stellatum*, Michelin, id.,

p. 115, pl. 26, fig. 8 (non Goldf., pl. 30, fig. 3). France, Danvillers.

634. subrotula, d'Orb., 1847. *Cnemidium rotula,* Michelin, 1843, Icon., pl. 26, fig. 7 (non *rotula,* Goldf., pl. 6, fig. 6). Danvillers.

635.* **reptans, d'Orb., 1847. Espèce en plaque, parasite sur les corps divers, munie de plusieurs étoiles sans saillie. France, Pointe-du-Ché, près de La Rochelle.

CUPULOSPONGIA, d'Orb., 1847. Voy. t. 1, p. 210.

*636. **undata,** d'Orb., 1847. Espèce en lame mince onduleuse, d'un tissu vermiculé, peu régulier. France, Pointe-du-Ché.

*637. **punctata,** d'Orb., 1847. Espèce rampante, auriforme, d'un tissu ponctué très-régulier. France, Pointe-du-Ché.

AMORPHOSPONGIA, d'Orb., 1847. Voy. t. 1, p. 170.

*638. **Corallina,** d'Orb., 1847. Espèce en gros mamelons arrondis, irréguliers, percée de trous irréguliers assez serrés. France, Pointe-du-Ché, près de La Rochelle.

QUINZIÈME ÉTAGE : — KIMMÉRIDGIEN.

MOLLUSQUES CÉPHALOPODES.

BELEMNITES, Lamarck. Voy. vol. 1, p. 212.
*1. **Troslayanus**, d'Orb. Espèce voisine du *B. Souichii*, mais plus allongée, à pointe plus aiguë et canaliculée. France, Trouville.
NAUTILUS, Breynius, 1732. Voy. vol. 1, p. 52.
*2. **subinflatus**, d'Orb., 1847. *N. inflatus*, d'Orb., Paléont. franç., terr. jurass., 1, p. 165, pl. 37 (non Montagu, 1808). France, Châtelaillon (Charente-Inférieure), Honfleur (Calvados), Sénoncourt (Oise), Le Havre (Seine-Inférieure); Suisse, Hautecouve, près de Porrentruy.
*3. **Moreanus**, d'Orb., Paléont. franç., terr. jurass., 1, p. 167, pl. 39, fig. 4, 5. Honfleur (Calvados), Mauvage (Meuse).
*4. **giganteus**, d'Orb., 1825, Paléont. franç., terr. jurass., 1, p. 163, pl. 36. *N. dorsatus*, Rœmer, 1836, Oolith., p. 179, pl. 12, fig. 64. Le Havre (Seine-Inférieure) ; Suisse, Alle, près de Porrentruy ; Allem., Langenberge, près de Goslar, Walterberge, près de Eschershausen.
AMMONITES, Bruguière, 1789. Voy. vol. 1, p. 181.
*5. **Lallierianus**, d'Orb., 1840, Paléont. franç., Terr. crét., 1, p. 208. *A. inflatus*, Reineck, 1818 (non *inflatus*, Sow., 1817). Le Rocher, près de LaRochelle, St-Jean-d'Angely (Charente-Inférieure), Mauvage, Ruelle (Charente), Cirey-le-Château (Haute-Marne), Tonnerre, Auxerre (Yonne).
*6. **longispinus**, Sow., 1825. D'Orb., Paléont. franç., Terr. jurass., 1, pl. 209. *A. bispinosus*, Zieten, 1830, pl. 16, fig. 4. St-Jean-d'Angely, Boulogne, Ruelle, Mauvage, environs d'Auxerre (Yonne); Angl., Weimouth.
*7. **Yo**, d'Orb., 1847, Paléont. franç., Terr. jurass., 1, pl. 210. France, Boulogne (Pas-de-Calais), Mauvage (Meuse).
*8. **decipiens**, Sow., 1821. D'Orb., Paléont. franç., Terr. jurass., 1, pl. 211. Villerville (Calvados), Vallée de la Blaise (Haute-Marne), Montperthuis, Hécourt (Oise), Mauvage (Meuse) ; Angl., Parkfield, près de Lowestoft (Suffolk).
*9. **Erinus**, d'Orb., 1847, Paléont. franç., Terr. jurass., 1, pl. 212. *A. Hector*, d'Orb., id., pl. 215. Villerville (Calvados), Mauvage, Auxerre (Yonne), Blaise, Arentière (H.-Marne).
*10. **Calisto**, d'Orb., 1847, Paléont. franç., Terr. jurass., 1, pl. 214, fig. 1, 2. Savoie, Chambéry.

*11. **Eudoxus,** d'Orb., 1847, Paléont. franç., Terr. jurass., 1, pl. 214, fig. 36. St-Jean-d'Angely (Charente-Inférieure), Tonnerre.
*12. **mutabilis,** Sow., 1823. D'Orb., Paléont. franç., Terr. jurass, 1, pl. 115. Mauvage, Bois-Aubert, Hécourt (Oise), Tonnerre (Yonne); Anglet., Young.
*13. **Eumelus,** d'Orb., 1847, Paléont. franç., Terr. jurass., 1, pl 217, fig. 1, 2. France, Mauvage.
*14. **Cymodoce,** d'Orb., 1847, Pal. franç., Terr. jurass., 1, pl. 202, 203, fig. 1. France, Honfleur (Calvados), Châtelaillon (Charente-Inférieure), Le Havre (Seine-Inférieure), Ruelle (Charente).
*16. **Eupalus,** d'Orb., 1847, Pal. franç., Terr. jurass., 1, pl. 217. France, Lucy-le-Bois, près d'Auxerre (Yonne)
16'. **orthocera,** d'Orb., 1848, Pal. franç., Terr. jurass., 1, pl. 218. France, Gye-sur-Seine, Aube.

MOLLUSQUES GASTÉROPODES.

CHEMNITZIA, d'Orb., 1839. Voy. vol. 1, p. 172.
*17. **Danae,** d'Orb., 1847. Espèce voisine du *C. Clio*, mais avec des tours légèrement convexes, surtout à la partie inférieure, sans former de gradins; angle spiral, 13°. France, St-Jean-d'Angely (Charente-Inférieure), Le Havre.
*18. **Delia,** d'Orb., 1847. Espèce voisine du *C. Clysia*, mais avec les tours non renflés, lisses, sans saillie ; angle spiral, 17°. France, Mauvage, Le Havre ; Suisse, Le Raimeux, près de Délémont (Berne).
19. **Bronnii,** d'Orb., 1847. *Melania Bronnii*, Rœmer, 1836, Oolith., p. 159, pl. 9, fig. 22. Allem., Wendhausen.
20. **abbreviata,** d'Orb., 1847. *Melania abbreviata*, Rœmer, 1836, Oolith., p. 159, pl. 10, fig. 4. Allem., Wendhausen, Goslar.
NERINEA, Defrance, 1825. Voy. vol. 1, p. 263.
21. **constricta,** Rœmer, 1836, Oolith., p. 143, pl. 11, fig. 30; pl. 11, fig. 27. Bronn., 1837, Jahrb., p. 550, pl. 6, fig. 4. Allem., Goslar.
*22. **Gosæ,** Rœmer, 1836, Oolith., p. 143, pl. 11, fig. 27. Bronn, 1837, Jahrb., p. 551, pl. 6, fig. 5. France, Chargey lès Gray (Haute-Saône), Blaise (Haute-Marne), Audicourt (Doubs) ; All., Goslar.
*23. **suprajurensis,** Voltz, Goldf., 1843, 3, p. 41, pl. 175, fig. 10. Bronn, 1837, Jahrb., p. 551, pl. 6, fig. 2 (exclus. fig. 2). Suisse, Le Banné, près de Porrentruy.
*24. **Goodhallii,** Sow., 1836, in Fitton, Trans. geol. Soc., 4, p. 232, pl. 23, fig. 12. France, Ruelle, près d'Angoulême ; Angl., Osmington.
ACTEONINA, d'Orb., 1847. Voy. vol. 1, p. 118.
*25. **ventricosa,** d'Orb., 1847. Espèce très-ventrue, à spire courte. France, Villerville (Calvados).
NATICA, Adanson, 1757. Voy. vol. 1, p. 29.
*26. **hemisphærica,** d'Orb., 1847. *Nerita hemisphærica*, Rœmer, 1836, Oolith., p. 156, pl. 10, fig. 7. France, Châtelaillon, St-Jean-d'Angely (Charente-Inférieure), Nantua (Ain), Villerville (Calvados); Allem., Wendhausen, Le Banné près de Porrentruy.
*27. **globosa,** Rœmer, 1836, Oolith., p. 156, pl. 10, fig. 9. France,

St-Jean-d'Angely, Châtelaillon, Gray (Haute-Saône); Allem., Wendhausen; Suisse, Le Banné.

*28. **macrostoma,** Rœmer, 1836, Oolith., p. 157, pl. 10, fig. 11. St-Jean-d'Angely, Châtelaillon; Allemag., Wendhausen, Goslar.

*29. **turbiniformis,** Rœmer, 1836, Oolith., p. 157, pl. 10 fig. 12. France, St-Jean-d'Angely, Châtelaillon, Villerville; All., Wendhausen, Goslar.

*30. **dubia,** Rœmer, 1836, Oolith., p. 157, pl. 10, fig. 8. France, Châtelaillon, St-Jean-d'Angely; Allem., Wendhausen; Suisse, Le Banné, près de Porrentruy.

*31. **Eudora,** d'Orb., 1847. Coquille oblongue, lisse, dont l'angle spiral est de 55°; les tours très-renflés, sans ombilic. France, Saint-Jean-d'Angely, Châtelaillon.

*32. **Elea,** d'Orb., 1847. Coquille oblongue, lisse, dont l'angle spiral est de 65°, les tours lisses, le dernier énorme par rapport aux autres. France, St-Jean-d'Angely; Suisse, Le Banné.

NERITOPSIS, Sow., 1825. Voy. vol. 1, p. 172.

*33. **delphinula,** d'Orb., 1847. Charmante espèce à tours profondément séparés, le dernier élargi et sillonné en long. France, Saint-Jean d'Angely.

NERITA, Adanson, 1757. Voy. t. 1, p. 214.

34. **Jurensis?** v. Münster, Rœmer, 1836, Oolith., p. 155, pl. 10, fig. 5. All., Hoheneggelsen à Streitberg.

TROCHUS, Linné, 1758. Voy. t. 1, p. 64.

*35. **Eudoxus,** d'Orb., 1847. Petite espèce plus longue que large, à tours peu anguleux, ornés de stries granuleuses. Villerville.

TURBO, Linné, 1758. Voy. t. 1, p. 5.

36. **viviparoides,** Rœmer, 1836, Oolith., p. 153, pl. 11, fig. 3. Allem., Goslar.

PLEUROTOMARIA, Defrance, 1825. Voy. t. 1, p. 7.

*37. **Hesione,** d'Orb., 1847. Coquille plus haute que large, dont l'angle spiral est de 70°. Les tours convexes costulés en long, striés en travers et pourvus de fortes ondulations transverses. France, Le Havre (Seine-Inférieure), Honfleur (Calvados), Saint-Jean-d'Angely; Suisse. Porrentruy (Berne).

38. **reticulatus,** d'Orb., 1847. *Trochus reticulatus*, Sow., 1820, Min. Conch., 3, p. 127, pl. 272, fig. 2. Angl., Ringstead-Bay, près de Weymouth.

39. **acutimargo,** d'Orb., 1847. *Trochus acutimargo*, Rœmer, 1839, Oolith., p. 45, pl. 20, fig. 7. Allem., Osterwald, Soleure.

PTEROCERA, Lamarck, 1801. Voy. t. 1, p. 231.

*40. **Oceani,** Delabèche. *Strombus Oceani*, Brongniart, 1821, Annales des Mines, pl. 7, fig. a, b. *P. Ponti*, Deslongchamps, 1832, pl. 9, fig. 2, 3 (non Delabèche). France, Le Havre, Honfleur (Calvados), Châtelaillon; Matafelon, près de Nantua (Ain), St-Jean-d'Angely; Gray (Haute-Saône); Suisse, Le Banné (Berne).

*41. **Ponti,** Delabèche. *Strombus Ponti*, Brong., 1821, Ann. des Mines, pl. 7, fig. b (exclus. fig. a). *P. sexcostata*, Deslongch., 1843, pl. 9, fig. 5. Nous conservons à cette espèce le nom de *Ponti*, M. Brongniart y ayant confondu la fig. A, qui doit former une espèce distincte, spéciale au corallien. France, Le Havre.

*42. **lævis,** d'Orb., 1847. *Buccinum læve*, Rœmer, 1836, pl. 11, fig. 24. *Buccinum subcarinatum*, Rœmer, id., pl. 11, fig. 20. *Pterocera incerta*, Deslongch., 1842, Mém. Soc. linn. de Norm., t. 7, p. 165, pl. 9, fig. 6. France, Senantes (Oise), Le Havre (Seine-Inférieure).

*43. **strombiformis,** d'Orb., 1847. *Chenopus strombiformis*, Koch, 1837, Beitr., p. 47, pl. 5, fig. 10. Blaise (H.-Marne); Allem., Rinteln.

*44. **Galatea,** d'Orb., 1847. Jolie espèce allongée comme le *P. tetracera*, mais avec deux pointes sur l'aile. France, Châtelaillon, St-Jean-d'Angely.

*45. **Glaucus,** d'Orb., 1847. Petite espèce voisine du *P. Cassiope*, à tours carénés, striés en long, l'aile peu dilatée, pourvue de deux longues pointes. France, Villerville.

46. **musca,** Deslongch., 1842, Mém. Soc. lin. de Norm., t. 7, p. 165, pl. 9, fig. 4. Villerville (Calvados).

47. **Vespertilio,** Deslongch., 1842, id., p. 161, pl. 9, fig. 1. Villerville.

FUSUS, Lamarck, 1801. Voy. t. 1, p. 303.

48. **pseudofusiformis,** d'Orb., 1847. *Buccinum fusiforme*, Rœmer, 1836, Oolith., p. 139, pl. 11, fig. 21 (non Schum., 1817). Peut-être, est-ce le jeune du *Pterocera lævis*. Allem., Hoheneggelsen.

CERITHIUM, Adanson, 1757. Voy. t. 1, p. 196.

*49. **avenaceum,** Deslongch., 1842, Mém., p. 198, pl. 11, fig. 10, 11. Villerville.

*50. **Melite,** d'Orb., 1847. Espèce voisine de forme et d'ornement du *C. Russiense*, mais avec 5 côtes au lieu de 4 à tous les tours. France, Villerville (Calvados).

HELCION, Montfort, 1810. Voy. p. 9.

*51. **latissima,** d'Orb., 1847. *Patella latissima*, Sow., 1816, M. C., 2, p. 185, pl. 39, fig. 1-5. Deslongch., Mém. de la Soc. linn. de Norm., 7, pl. 7, fig. 15, 16. *Patella suprajurensis*, Buvignier, 1843, Mém. de la Soc. phil. de Verdun, 2, p. 15, pl. 5, fig. 11. Anglet., Packefield; France, Villerville (Calvados), Varennes (Meuse).

DENTALIUM, Linné, 1758. Voy. p. 73.

*52. **Normanianum,** d'Orb., 1847. *D. nitens*, Deslongch., 1842, Mém., t. 7, p. 129 (non *nitens*, Sow.). Villerville.

BULLA, Linné, 1758.

*53. **suprajurensis,** Rœmer, 1836, p. 137, pl. 9, fig. 33. Allem., Rinteln, Hoheneggelsen.

MOLLUSQUES LAMELLIBRANCHES.

PANOPÆA, Ménard, 1807. Voy. t. 1, p. 164.

*54. **Aldouini,** d'Orb., 1847 *Donax Aldouini*, Brong., Ann. Min., t. 6, pl. 7, fig. 6 (non *Aldouini*, Goldf., pl. 152, fig. 8). France, Lanlu (Oise), Le Havre, Honfleur, Villerville; environs de Tonnerre, Saint-Sauveur (Yonne), Châtelaillon, St-Jean-d'Angely, Boulogne-sur-mer.

*55. **sinuosa,** d'Orb., 1847. Voy. Etage corallien, n° 204. *Pleuromya*

Gresslyi, Agassiz, 1848, Etud. crit., p. 250, pl. 28, fig. 15-17. France, Villerville; Suisse, Porrentruy, Le Banné (Berne), Laufon (Soleure).

***56.** **tellina,** d'Orb., 1847. *Pleuromya tellina,* Agass., 1845, Etud. crit., p. 250, pl. 29, fig. 1-10. *Pleuromya Voltzii*, Agass., 1845, p. 249, pl. 26, fig. 1, 2; pl. 29, fig. 12-14. Suisse; France, Hennequeville (Calvados), Villerville, Honfleur, Le Havre, Boulogne-sur-mer.

***57.** **robusta,** d'Orb., 1847. *Arcomya robusta,* Agass., 1844, p. 173, pl. 9 a, fig. 10-12. Châtelaillon; Obergösgen, Born (Soleure).

***58.** **Dunkeri,** d'Orb., 1847. *Solen Jurensis*, Dunker, 1847. Palæontographica, n° 1, p. 131, pl. 18, fig. 7 (non *P. Jurensis*, Brongniart, 1821). France, Châtelaillon, environs d'Auxerre (Yonne); Allem., Schaumburg.

***59.** **Idalia,** d'Orb., 1847. Espèce très-renflée, oblongue, très-courte et ronde au côté buccal, l'autre alongé, recourbé. France, St-Jean-d'Angely, Auxerre; île de Sardaigne (M. de la Marmora).

60. **rugosa,** d'Orb., 1847. *Mya rugosa,* Rœmer, 1836, Nordd. Oolit., p. 125, pl. fig. 19, 7. Allem., Rinteln.

61. **gracilis,** d'Orb., 1847. *Arcomya gracilis,* Agass., 1844, Etud. crit., p. 168, pl. 10, fig. 1-3; pl. 10', fig. 1. Suisse, Porrentruy.

62. **hiantula,** d'Orb., 1847. *Platymya hiantula,* Agass., 1844, Etud. crit., p. 184, pl. 10 a, fig. 7-13. Suisse, Laufon (Soleure).

PHOLADOMYA, Sowerby, 1826. Voy. t. 1, p. 73.

***63.** **rugosa,** d'Orb., 1847. *Mya gibbosa,* Sow., 1823, M. C., 5, p. 19, pl. 419, fig. 1 (non Sow., 1813). *Lutraria rugosa,* Goldf., 1839, pl. 152, fig. 9. France, Valbonne (Var); Angl., Osmington; All., Derneburg.

***64.** **Protei,** Defrance. *Cardium Protei,* Brong., 1821, Ann. des Mines, 6, pl. 7, fig. 7. *P. æqualis,* Sow., 1827, Min. Conch., 6, p. 88, pl. 546, fig. 3. *P. orbiculata,* Rœmer, pl. 15, fig. 8. *P. scutata,* Agass., pl. 60, fig. 1-5 (déformation). *P. rostralis?* Agass., p. 89, pl. 7 d, fig. 1-3 (deformation). *P. angulosa,* Agass., p. 89, pl. 7, fig. 10-12. *P. contraria,* Agass., p. 90, pl. 6, fig. 1-7 (déformation). *P. myacina,* Agass., p. 93, pl. 7 c. Angl., Weymouth; Suisse, Porrentruy; Allem., Waltersberge, Wahenberge; St-Sauveur (Yonne), Le Havre, Oyonnax, Montafelon (Ain), Châtelaillon, Saint-Jean-d'Angely.

***65.** **acuticostata,** Sow., 1827, M. C., 6, p. 88, pl. 546, fig. 1, 2. Rœmer, pl. 9, fig. 15. *P. multicostata,* Agass., p. 52, pl. 2, fig. 3, 4; pl. 3, fig. 10. France, St-Jean-d'Angely, Le Havre, Châtelaillon, Boulogne-sur-mer, Ruelle, près d'Angoulême; St-Sauveur, Tonnerre, Auxerre (Yonne), Mauvage (Meuse); Angl., Stonesfield; All., Wendhausen, Goslar; Suisse, Porrentruy.

***66.** **parvula,** Rœmer, 1836, Oolith., p. 133, pl. 15, fig. 4. *P. tenuicostata,* Agass., p. 114, pl. 7, fig. 1-3. *P. recurva?* Agass., p. 115, pl. 3, fig. 3. St-Jean-d'Angely; Allem., Rinteln; Suisse, Laufon.

***67.** **donacina,** Goldf., 1839, 2, p. 272, pl. 157, fig. 8 (non Voltz). France, Ruelle, près d'Angoulême, Le Havre, Mone, près de Besançon (Doubs); Allem., Ulm.

***68.** **subtruncata,** d'Orb., 1847. *P. truncata,* Agass., 1842, Etud. crit., p. 91, pl. 7 d, fig. 4-10; pl. 8, fig. 5-7 (non Goldf., 1839). France, Châtelaillon; Suisse, Laufon, Porrentruy, Born.

***69.** **gracilis,** d'Orb., 1847. *Homomya gracilis,* Agass., 1844, p. 162,

pl. 20, fig. 1-3. France, Châtelaillon, Senantes (Oise); Suisse, St-Nicolas (Soleure).
***70. hortulana,** d'Orb., 1847. *Homomya hortulana*, Agass., p. 155, pl. 15, fig. 1-3. *Homomya compressa*, Agass., pl. 19. France, Ville-en-Bray (Oise), St-Jean-d'Angely; Suisse, Porrentruy (Berne).
***71. striatula,** Agass., 1842, p. 116, pl. 3 a, fig. 7-9. *P. modiolaris*, Agass., p. 123, pl. 3 a, fig. 1-6. *P. nitida*, Agass., p. 117, pl. 3 a, fig. 13-15; pl. 7, fig. 4-6. *P. tenera*, Agass., p. 123, pl. 3 a, fig. 16-18. Suisse, Porrentruy, Laufon; France, Châtelaillon.
***72. Normaniana,** d'Orb., 1847. Espèce voisine du *P. trapezicosta*, mais avec les côtes du milieu moins larges. France, Villerville.
74. pectinata, Agass., 1842, p. 115, pl. 8, fig. 2-4. Suisse, Laufon.
75. sinuata, Agass., 1842, p. 10, pl. 1, fig. 3. Suisse, Porrentruy.
76. depressa, Agass., 1842, p. 124, pl. 3 a, fig. 10-12. Porrentruy.
77. echinata, Agass., 1842, p. 125, pl. 3 a, fig. 19-21. Suisse, cantons de Berne et de Soleure.
78. truncata? Goldf., 1839, 2, p. 271, pl. 157, fig. 6. Tyrol et en France.
79. striata? Münst., Goldf., 1839, 2, p. 271, pl. 157, fig. 7. Regensburg, Kehlheim.
CEROMYA, Agassiz, 1844. Voy. t. 1, p. 275.
***80. excentrica,** Agassiz, 1842. *Isocardia excentrica*, Voltz, Rœmer, 1836, Oolith., p. 106, pl. 7, fig. 4. Goldf., pl. 140, fig. 6. Agass., pl. 8 *a*, 8 *b*, 8 *c*. Châtelaillon, St-Jean-d'Angely (Charente-Inférieure), Valbonne, près de Grasse (Var), Mauvage, Blaise (Haute-Marne), Nantua; Allem., Wendenhausen, Waltenberge, Dernburg; Suisse, Le Banné, près de Porrentruy (Berne); Italie, île de Sardaigne.
***81. obovata,** d'Orb., 1847. *Isocardia striata*, d'Orb., 1822, Mém. du Mus., 8, p. 104, pl. 2, fig. 7-9 (non Sow., 1816). Goldfuss, 1839, pl. 140, fig. 4. Rœmer, pl. 7, fig. 1. *Isoc. obovata*, Rœmer, pl. 7, fig. 2. *Ceromya inflata*, Agass., pl. 8 r, fig. 13-21. France, Châtelaillon, Riceys (Doubs), Ruelle, près d'Angoulême (Charente), Villerville (Calvados), Blaise (Haute-Marne); Allem., Goslar, Wendenhausen, Bassel; Suisse, Porrentruy (Berne).
***82. Fleuriausa,** d'Orb., 1847. Charmante espèce ovale, peu renflée, presque rostrée à la région anale, presque lisse. France, St-Jean-d'Angely.
83. tetragona, d'Orb., 1847. *Isocardia tetragona*, Koch, 1837. Beitr., Oolith., p. 48, pl. 7, fig. 8. Allem., Goslar.
84. orbicularis, d'Orb., 1847. *Isocardia orbicularis*, Rœmer, 1836, Oolith., p. 107, pl. 7, fig. 5. Allem., Luden, Rinteln.
THRACIA, Leach, 1825. Voy. t. 1, p. 216.
***85. depressa,** Morris, 1843. *Mya depressa*, Sow., 1823, M. C., 5, p. 18, pl. 418. *Corimya tenera*, Agassiz, Étud. crit., p. 271, pl. 34, fig. 4-9. *Corimya tenuistriata*, Agass., p. 270, pl. 38, fig. 1-4. France, Villerville (Calvados); Angl., Weymouth, Osmington et Horncastle, Shotover; Suisse, Trimbach (Soleure), Le Banné, près de Porrentruy.
***86. suprajurensis,** Deshayes, 1834, Traité de Conchyl. *Tellina incerta*, Turm., Goldf., 1839, 2, p. 234, pl. 147, fig. 14. Rœmer, pl. 8, fig. 7. *Corimya Studeri*, Agass., pl. 35. Allem., Goslar, Wend-

hausen; Suisse, Le Banné, près de Porrentruy; France, Senantes, Mouthois (Oise), St-Jean-d'Angely, Châtelaillon, île d'Oléron; Blaise (Haute-Marne), Tonnerre, Auxerre, Mauvage, etc.

ANATINA, Lamarck, 1809. Voy. t. 1, p. 74.

87. striata, d'Orb., 1847. *Cercomya striata*, Agass., 1844, Etud. crit., p. 149, pl. 11, fig. 13-15; pl. 11 a, fig. 5-7. Suisse, environs de Chaux-de-Fonds (Neuchâtel).

88. expansa, d'Orb., 1847. *Cercomya expansa*, Agass., 1844, p. 151, pl. 11 a, fig. 1-4. *Cercomya gibbosa*, Agass., p. 152, pl. 11, fig. 9-12 (déformation). Suisse, Porrentruy; Hodenc-en-Bray, Senantes.

89. sinuata, d'Orb., 1847. *Arcomya sinuata*, Agass., 1844, Etud. crit., p. 169, pl. 10, fig. 4-6. France, Rœdersdorf (H.-Rhin).

90. Helvetica, d'Orb., 1847. *Arcomya Helvetica*, Agass., 1844, p. 167, pl. 10, fig. 7-10. France, Hodene-en-Bray, Senantes (Oise); Suisse, Porrentruy.

91. spatulata, d'Orb., 1847. *Cercomya spatulata*, Agass., 1844, p. 150, pl. 11 a, fig. 19-21. Suisse, Ste-Croix (Vaud).

92. plana, d'Orb., 1847. *Cercomya plana*, Agass., 1844, Etud. crit., p. 153, pl. 11 a, fig. 8. Suisse, Laufon.

93. subrugosa, d'Orb., 1847. *Tellina rugosa*, Rœmer, 1836, Oolith., p. 120, pl. 8, fig. 4 (non *rugosa*, Lam., 1818). All., Hildesheim.

MACTRA, Linné, 1758. Voy. t. 1, p. 216.

***94. ovata**, d'Orb., 1847. *Tellina ovata*, Rœmer, 1836, Oolith., p. 121, pl. 8, fig. 8. *Venus nuculæformis*, Rœmer, 1836, p. 110, pl. 7, fig. 11. France, St-Jean-d'Angely, Mauvage, Châtelaillon; Allem., Wendhausen, Goslar; Suisse, Le Banné, près de Porrentruy.

***95. Rupellensis**, d'Orb., 1847. Espèce voisine de la précédente, mais bien plus large et plus courte. France, Châtelaillon, St-Jean-d'Angely (Charente-Inférieure).

96. acuta, Rœmer, 1836, p. 123, pl. 8, fig. 10. Allem., Goslar.

97. convexa, d'Orb., 1847. *Tellina convexa*, Rœmer, 1836, Nordd. Oolith., p. 121, pl. 7, fig. 21. Allem., Goslar.

***98. Saussuri**, d'Orb., 1847. *Donax Saussuri*, Brong., 1821, Ann. des Mines, 6, pl. 7, fig. 5. *Venus Brongniartii*, Rœmer, 1836, p. 110. France, Le Havre.

***99. isocardioides**, d'Orb., 1847. *Venus isocardioides*, Rœmer, 1836, p. 111, pl. 8, fig. 12. France, Ruelle, près d'Angoulême; Allem., Marienhagen.

LAVIGNON, Cuvier, 1817. Voy. t. 1, p. 306.

***100. rugosa**, d'Orb., 1847. *Mya rugosa*, Rœm., 1836, Ool., p. 125, pl. 9, fig. 16-17. *Lutraria concentrica*, Goldf., 1839, p. 258, pl. 153, fig. 5. *Mactromya rugosa*, Agassiz, p. 197, pl. 9 c, fig. 1-23. France, Senantes (Oise), Ricevs, Fontaine, Balnot-sur-Laigues, Merrey, Vilmorin, Bar-sur-Aube (Aube), Châtelaillon, Saint-Jean-d'Angely (Charente-Inférieure), Ruelle, près d'Angoulême (Charente), Boulogne, Tonnerre, Auxerre, Mauvage, Oyonnax; Suisse, Porrentruy; Allem., Goslar, Wendhausen, Ahrensburg, près de Rinteln, Kahleberg.

LEDA, Schumacher, 1817. Voy. t. 1, p. 11.

***101. Cpris**, d'Orb., 1847. Jolie espèce ovale, oblongue, lisse, anguleuse à la région anale. France, Villerville (Calvados).

*102. **Cyrena,** d'Orb., 1847. Espèce ovale, lisse, bombée, les deux côtés également obtus. France, Villerville.

103. **gigantea,** d'Orb., 1847. *Nucula gigantea*, Rœm., 1836, Nordd. Oolit., p. 100, pl. 6, fig. 5. Allem., Rinteln.

104. **subclaviformis,** d'Orb., 1847. *Nucula subclaviformis*, Rœm., 1836, p. 100, pl. 6, fig. 4. Allem., Wendhausen, Goslar.

VENUS, Linné, 1758.

105. **parvula?** Rœmer, 1836, p. 111, pl. 7, fig. 13. Goldf., pl. 150, fig. 9. France, Senantes (Oise); Allem., Wendhausen, Spielberge, près de Dellingsen.

106. **acutirostris?** Rœmer, 1836, p. 111, pl. 17, fig. 7, 6. Allem. Wendhausen.

CORBULA, Bruguière, 1791. Voy. t. 1, p. 275.

*107. **suprajurensis,** d'Orb., 1847. Espèce voisine du *C. Neptuni*, mais moins large, plus anguleuse du côté anal, plissée au bord dans le sens de l'accroissement. France, Villerville.

OPIS, Defrance, 1825. Voy. t. 1, p. 198.

*108. **angulosa,** d'Orb., 1847. Espèce voisine de l'*O. Phillipsianus*, mais plus longue, à côtes plus fines. France, Villerville, Le Havre.

ASTARTE, Sowerby, 1818. Voy. t. 1, p. 216.

*109. **scalaria,** Rœmer, 1836, Oolith., p. 114, pl. 6, fig. 24. France, Villerville, Le Havre; Allem., Wendhausen.

*110. **Mysis,** d'Orb., 1847. Espèce voisine des *A. Phyllis* et *scalaria*, mais plus ronde et avec des côtes plus distinctes. Villerville, Le Havre.

*111. **Cepha,** d'Orb., 1847. Belle espèce voisine de l'*A. Philea*, mais sans crénelures au bord des valves. France, Villerville.

*112. **Amor,** d'Orb., 1847. Espèce curieuse par sa compression, sa forme circulaire et ses stries fines; point de lunule. France, Saint-Jean-d'Angély.

113. **lineata,** Sow., 1817, M. C., 2, p. 173, pl. 179, fig. 1. Angl., Heddington, près d'Oxford.

114. **Myrina,** d'Orb., 1847. *A. cuneata*, Rœm., 1839, Oolith., p. 40, pl. 19, fig. 29 (non Sow.). Allem., Wendhausen; Anglet.

115. **suprajurensis,** d'Orb., 1847. *Unio suprajurensis*, Rœmer, 1839, Oolith., p. 35, pl. 19, fig. 1. Allem., Fritzow.

*115'. **Michaudiana,** d'Orb., 1849. Espèce longue de 45 millim., ovale, à crochets proéminents, avec des côtes seulement sur les crochets. Le Havre.

*115''. **Moriceana,** d'Orb., 1840. Espèce petite, comprimée, ovale, avec des rides concentriques d'accroissement très-prononcées. Le Havre.

CYPRINA, Lamarck, 1801. Voy. t. 1, p. 173.

*116. **cornuta,** d'Orb., 1847. *Isocardia cornuta*, Klöden, pl. 3, fig. 8. Rœmer, 1839, p. 38, pl. 19, fig. 14. France, Châtelaillon, Villerville, Saint-Jean-d'Angely, Mauvage; Allem., Fritzow, Wendhausen, Hildesheim, Porrentruy.

*117. **Gea,** d'Orb., 1847. Espèce voisine du *C. cornuta*, mais ronde et courte, l'angle anal très-marqué. Châtelaillon, St-Jean-d'Angely.

*118. **Glycerie,** d'Orb., 1847. Espèce ovale, lisse, sans angles sur la région anale, obtuse, et bien plus longue que l'autre ; région buccale étroite. France, Châtelaillon.

119. parvula, d'Orb., 1847. *Venus parvula*, Rœmer, 1836, Oolith., p. 111, pl. 7, fig. 13. Allem., Wendhausen, Delligsen.

TRIGONIA, Bruguière, 1791. Voy. t. 1, p. 198.

***120. muricata,** Rœmer, 1839, p. 35. *Lyrodon muricatum*, Goldf., pl. 137, fig. 1. *T. Voltzii*, Agas., 1840, Étud. crit., p. 23, pl. 9, fig. 10-12 (moule intérieur). *T. clavellata*, Leymerie, 1846, Aube, pl. 9, fig. 5 (non Sowerby). France. Le Havre, Villerville, Argentenay (Yonne), environs de Besançon (Doubs), Mauvage (Meuse), Boulogne, Mothois (Oise); Allem., Goslar; Portugal, Torre Vedras. Son principal caractère distinctif est d'avoir un sillon sur la région anale, et d'être plus allongée que la *T. Meriani*.

***121. concentrica,** Agassiz, 1840, p. 20, pl. 6, fig. 10. France, St-Jean-d'Angély, Auxerre (Yonne), Hodenc-en-Bray, Senantes (Oise), Alex, près de Nantua; Suisse, Laufon (Bâle).

***122. papillata,** Agassiz, 1840, p. 39, pl. 5, fig. 10 14. *T. suprajurensis*, Agassiz, 1840, p. 42, pl. 5, fig. 1-6 France, Villerville (Calvados), Senantes, Hécourt (Oise) Havre, Le Rocher, près de La Rochelle, Saint-Jean-d'Angely, Mauvage, Boulogne; Suisse, Laufon.

123. truncata, Agassiz, 1840, p. 43, pl. 5, fig. 7-9. France, Courcelles-sous-Bois, Senantes (Oise); Suisse, Laufon (Soleure).

124. plicata, Agass., 1840, p. 33, pl. 10, fig. 11. Besançon (Doubs), Hodenc-en-Bray (Oise).

125. Rostrum, Agassiz, 1840, p. 15, pl. 91, fig. , et pl. 5, fig. 15. Laufon.

126. litterata, d'Orb., 1847. *Lyrodon litteratum*, Goldf., 1839, 2, p. 200, pl. 136, fig. 5. Allem., Pegnitz, Grafenberg ; Torre Vedras en Portugal.

LUCINA, Bruguière, 1791. Voy. t. 1, p. 76.

***127. substriata,** Rœmer, 1836, Oolith., p. 118, pl. 7, fig. 18. France, Laulu, Hiancourt (Oise), St-Jean-d'Angely ; Allem., Wendhausen, Goslar.

***128. Elsgaudiæ,** Thurmann, Mus. Espèce ovale, subéquilatérale, ornée de stries inégales. France, Saint-Jean-d'Angely ; Suisse, Le Banné, près de Porrentruy (Berne).

***129. Georgeana,** d'Orb., 1847. Petite espèce ronde, concentriquement striée, ornée d'un sillon rayonnant aux deux extrémités. Saint-Jean-d'Angely (Charente-Inférieure).

130. minima, Rœmer, 1836, p. 118, pl. 7, fig. 19. Hoheneggelsen.

CORBIS, Cuvier, 1817. Voy. t. 1, p. 279.

***131. Merope,** d'Orb., 1847. Grande espèce ovale, avec de petites côtes concentriques; la région buccale courte. Saint-Jean-d'Angely.

***132. Melissa,** d'Orb., 1847. Petite espèce ovale, moins large que la précédente, plus renflée, à petites côtes concentriques ; la région anale un peu plus courte que l'autre. France, St-Jean-d'Angely.

UNICARDIUM, d'Orb., 1847. Voy. t. 1, p. 218.

***133. excentricum,** d'Orb., 1847. Espèce singulière, renflée, gibbeuse, à peine ridée dans le sens de l'accroissement ; très-courte sur

la région anale, très-longue et étroite sur la région buccale. France, Saint-Jean-d'Angely.
***134. costatum,** d'Orb., 1847. Grande espèce peu renflée, inéquilatérale ; la région anale la plus courte, ornée de côtes concentriques rapprochées. France, Boulogne-sur-mer.
?135. striolatum, d'Orb., 1847. *Mactromya striolata*, Agass., Étud. crit., p. 199, pl. 9 c, fig. 24-25. Suisse, Olten.
ISOCARDIA, Lamarck, 1799. Voy. t. 1, p. 132.
***136. Georgeana,** d'Orb., 1847. Espèce voisine de l'*I. Rupellensis*, mais avec une légère côte rayonnante sur la région anale, le côté des crochets tronqué. France, Saint-Jean-d'Angely, Senantes (Oise).
CARDIUM, Bruguière, 1798. Voy. t. 1, p. 33.
***137. Erato,** d'Orb., 1847. Jolie petite espèce entièrement lisse, ronde, comprimée, avec seulement sa région anale séparée du reste par une légère saillie. France, Villerville.
***138. Eupheno,** d'Orb., 1847. Espèce voisine du *C. semiseptiferum*, mais plus ovale encore, avec de légères stries concentriques. France, Villerville, Nantua.
NUCULA, Lamarck, 1801. Voy. t. 1, p. 12.
***139. Menkii,** Rœmer, 1836. Oolith., p. 98, pl. 6, fig. 10. France, Villerville, Châtelaillon, Saint-Jean-d'Angély ; Allem., Wendhausen, Eschershausen.
***140. Gabrielis,** d'Orb., 1847. Espèce voisine du *N. Menkii*, mais avec une partie excavée sous les crochets. France, St-Jean-d'Angely.
ARCA, Linné, 1758. Voy. t. 1, p. 13.
***141. texta,** d'Orb., 1847. *Cucullæa texta*, Rœmer, 1836, p. 104, pl. 6, fig. 19. *A. ovalis*, Rœmer, 1839, Ool., p. 37, pl. 19, fig. 4. Fr., Le Rocher, Châtelaillon, près de La Rochelle, Saint-Jean-d'Angely; Villerville (Calvados), Bazancourt (Oise) ; Allemagne, Wendhausen, Spielberge, près de Delligsen.
***142. longirostris,** d'Orb., 1847. *Cucullæa longirostris*, Rœmer, 1839, p. 37, pl. 19, fig. 2. France, Saint-Jean-d'Angély, Boulogne-sur-mer ; Allem., Hildesheim, Fritzow; Suisse, Porrentruy.
***143. Lydia,** d'Orb., 1847. Espèce ovale très-courte sur la région anale, très-prolongée du côté opposé, avec quelques stries rayonnantes aux extrémités. France, Ruelle, près d'Angoulême.
***144. Laura,** d'Orb., 1847. Grande espèce ovale, renflée, rétrécie et oblique sur la région anale, élargie du côté opposé, treillissée partout. France, Boulogne-sur-mer, Villerville, Châtelaillon.
***145. Leda,** d'Orb., 1847. Petite espèce voisine de l'*A. Laura*, mais plus allongée, excavée sur la région anale et au milieu de la région palléale ; treillissée partout. France, Villerville.
PINNA, Linné, 1758. Voy. t. 1, p. 135.
***146. granulata,** Sow., 1822, M. C., 4, p. 65, pl. 347. *Pinna ampla*, Goldf., pl. 129, fig. 1. France, Châtelaillon, Blaise, Saint-Jean-d'Angèly, Mauvage, Demange-aux-Eaux (Meuse), Ville-en-Bray, Bois-Aubert (Oise), Le Havre; Angleterre, Weymouth ; Allem., Hildesheim, Ulm.
***147. ornata,** d'Orb., 1847. Jolie espèce droite, étroite, pourvue sur la moitié du côté du ligament de cinq ou six côtes longitudinales, et

de l'autre côté de rides profondes, arquées. Fr., Villerville (Calvados).

*148. **socialis,** d'Orb., 1847. Espèce droite, conique, plus large que la précédente, anguleuse, presque lisse ; elle vit en familles nombreuses France, Châtelaillon.

MITYLUS, Linné, 1758. Voy. t. 1, p. 82.

*149. **subpectinatus,** d'Orb. Voy. Etage 12, nº 197. France, Le Havre, Hodenc-en-Bray (Oise) ; Angl., Weymouth.

*150. **Jurensis,** Merain, Rœmer, 1836, Oolith., p. 87, pl. 4, fig. 10. France, Châtelaillon ; Allem., Rinteln ; Suisse, Le Banné.

*151. **pernoides,** Rœmer, 1836, Nordd. Oolith., p. 89, pl. 5, fig. 2. France, Châtelaillon, Villerville ; Allem., Goslar.

*152. **Medus,** d'Orb., 1847. Espèce voisine de forme du *M. plicatus*, mais plus allongée et pourvue sur toute la région anale de petites rides transverses, arquées et interrompues. France, Villerville, Châtelaillon, Hauvoile (Oise).

*153. **Midamus,** d'Orb., 1847. Espèce voisine de forme du *M. plicatus*, mais plus allongée, avec quelques plis sur la région cardinale du jeune âge seulement, le reste lisse. France, Boulogne-sur-mer.

*154. **Lysippus,** d'Orb., 1847. Voy. Etage corallien, nº 320. France, Châtelaillon, Le Havre.

*155. **subæquiplicatus,** Goldf., p. 177, pl. 131, fig. 7. *Modiola subæquiplicata*, Rœm., Ool., p. 93, pl. 5, fig. 7. *Modiola compressa*, Koch, 1837, Beitr., p. 44, pl. 5, fig. 5. France, Châtelaillon, Senantes, Bourricourt (Oise), Matafelon, près de Nantua ; Allem., Hanovre ; Suisse, Le Banné.

156. **varians,** d'Orb., 1847. *Modiola varians*, Rœmer, 1836, Oolith., p. 93, pl. 4, fig. 15, 16. Hoheneggelsen.

157. **oblongus,** d'Orb., 1847. *Modiola oblonga*, Rœm., 1839, Nordd. Oolith., p. 344. pl. 18, fig. 31. Allem., Hildesheim.

POSIDONOMYA, Bronn, 1837. Voy. t. 1, p. 13.

*158. **Kimmeridgensis,** d'Orb., 1847. Espèce ovale transversalement, courte sur la région anale, lisse. France, Châtelaillon.

AVICULA, Klein, 1753. Voy. t. 1, p. 13.

*159. **subplana,** d'Orbigny, 1847. Voy. Etage corallien, nº 343. Suisse, Le Banné.

*160. **modiolaris,** Münster, Rœmer, 1836, Oolith., p. 87, pl. 5, fig. 1. Goldf., pl. 118, fig. 5. France, Châtelaillon ; Allem., Goslar, Delligsen, Wendhausen.

*161. **Ocyrrhoe** d'Orb., 1847. Jolie petite espèce très-étroite, allongée, pourvue de deux côtes longitudinales sur l'aile anale qui est très-longue. France, Villerville.

*162. **Ophione,** d'Orb., 1847. Espèce bien plus large que la précédente, lisse et sans côtes sur l'aile. France, Villerville.

*163. **Opis,** d'Orb., 1847. Espèce voisine de forme de l'*A. modiolaris*, plus étroite et ornée de côtes rayonnantes peu prononcées. Fr., Châtelaillon ; Suisse, Le Banné (Berne).

GERVILIA, Defrance, 1820. Voy. t. 1, p. 201.

*164. **Kimmeridgensis,** d'Orb., 1845, Paléont. franç., Terr. crét., 3, p. 483. Espèce bien distincte du *G. aviculoides* par sa forme plus étroite, la disposition de la fossette du ligament, etc. *G. aviculoides*,

Goldf., p. 123, pl. 115, fig. 8 (non Sowerby). France, Lanlu, Hécourt, Senantes, Bourricourt (Oise), Le Havre, Saint-Jean-d'Angely, Abergemont, près de Nantua (Ain) ; Angleterre ; Allem., Dernburg.

165. tetragona? Rœmer, 1836, p. 85, pl. 4, fig. 11. Dörshelf.

PINNIGENA, Deluc, 1779. Voy. t. 1, p. 314.

*__166. Saussurii,__ d'Orb., 1847. Voy. Etage corallien, n° 348. Fr., Châtelaillon, Montperthuis (Oise), Le Banné, Le Havre.

PECTEN, Gualtieri, 1742. Voy. t. 1, p. 87.

*__167. lamellosus,__ Sow., 1819, Min. Conch., 3, p. 67, pl. 239. *P. annulatus*, Goldf., pl. 91, fig. 2 (non Sow.). *P. distriatus,* Leymerie, 1846, Aube, pl. 9, fig. 8 (jeune). *Pecten suprajurensis*, Buvignier, 1843, Mém. Soc. philom. de Verdun, 2, p. 12, pl. 5, fig. 1-3. Angl., Chicksgrove, Thame dans l'Oxfordshire; France, Boulogne-sur-mer, Mauvage (Meuse), Torcy, Montperthuis (Oise), Châtelaillon, Saint-Jean-d'Angely ; Allem., Goslar, Dörshelf. C'est le jeune de cette espèce qu'on a souvent confondu avec le *P. Lens,* et qui a été nommé *Distriatus* par M. Leymerie.

*__168. Doris,__ d'Orb., 1847. *P. sublævis*, Rœmer, 1836, p. 70, pl. 3, fig. 16 (non Defrance, 1825). France, Saint-Jean-d'Angely, Villerville; Allem., Goslar.

*__169. Minerva,__ d'Orb., 1847. Jolie espèce ovale, allongée, déprimée, ornée de stries fines, régulières, simples, imbriquées sur les côtés. France, Le Havre.

*__170. Marcus,__ d'Orb., 1847. Belle espèce ovale, déprimée, ornée de sillons indécis, rayonnants, et de petites lames concentriques, sinueuses en passant sur les sillons. France, Saint-Jean-d'Angely.

*__171. Midas,__ d'Orb., 1847. Espèce ovale, déprimée, ornée partout de petites côtes concentriques, confluentes et irrégulières, surtout aux côtés. France, Le Havre.

HINNITES, Defrance, 1821.

*__172. inæquistriatus,__ d'Orb., 1847. Voy. Etage corallien, n° 369. France, Châtelaillon ; Suisse, Le Banné.

OSTREA, Linné, 1752. Voy. t. 1, p. 166.

*__173. deltoidea,__ Sow., 1816, M. C., 2, p. 111, pl. 148. France, Le Havre, Honfleur, Hécourt (Oise), Boulogne-sur-mer; Angl., Portland, Oxford, Cambridge ; Allem., Hoheneggelsen, près de Hildesheim.

*__174. virgula,__ d'Orb., 1827. *Exogyra virgula*, Goldf., 1835, p. 31, pl. 86, fig. 3. Sow., 1836, in Fitt., Trans. geol. Soc., 4, p. 302, pl. 23, fig. 10. *Gryphæa virgula*, Defrance. France, Bois-Aubert, Beaulevrier, Villeneuve-en-Bray (Oise), Ruelle, près Angoulême, Tonnerre, Auxerre, Châtelaillon, St-Jean-d'Angely, Boulogne-sur-mer; Angl., Oxfordshire ; Allem., Deutschland, Rinteln, Lübbeke.

*__175. solitaria,__ Sow., 1824. Voy. Etage corallien, n° 375. *O. rugosa*, Münst., 1836. Goldf., pl. 72, fig. 10. France, Châtelaillon, Matafelon, près de Nantua, Le Havre, Honfleur, Lanlu, Torcy (Oise); Suisse, Le Banné; Allem., Osterkappeln, Dellingsen.

*__176. multiformis,__ Koch, 1837, Beitr., p. 45, pl. 5, fig. 11. Fr., Châtelaillon; Allem., Osterkappeln.

177. Rœmeri, d'Orb. *Exogyra carinata*, Rœmer, 1836, Oolith., p. 66, pl. 3, fig. 15 (non *carinata*, Sow., 1815). Allem., Goslar.

ANOMYA, Linné, 1758.

*178. **Kimmeridgensis,** d'Orb., 1847. Espèce entièrement lisse, très-déprimée, souvent orbiculaire, à sommet latéral séparé du bord. France, Saint-Jean-d'Angely, Châtelaillon ; Auxerre (Yonne), Bazancourt, Hécourt, Hannaches (Oise), Villerville.

MOLLUSQUES BRACHIOPODES.

RHYNCHONELLA, d'Orb., 1847. Voy. t. 1, p. 92.

179. **inconstans,** d'Orb., 1847. Voy. Etage oxfordien, no 383. Fr., Le Havre, Honfleur, Ruelle, près d'Angoulême, Mauvage (Meuse), Valbonne, près de Grasse (Var) ; Angl., Boat-Cove.

TEREBRATULA, Lwyd, 1699. Voy. t. 1, p. 43.

*180. **subsella,** Leymerie, 1846. Voy. Etage corallien, n° 391. *T. sella*, Leymerie, 1846, Stat. de l'Aube, pl. 9, fig. 12 (non Sowerby). France, Le Havre, Honfleur, Châtelaillon, Mauvage, environs de Tonnerre ; Ville-en-Bray, Hodenc-en-Bray (Oise), Saint-Jean-d'Angely, Boulogne-sur-mer, environs de Nantua.

ORBICULOIDEA, d'Orb., 1847. Voy. t. 1, p. 44.

181. **Humpriesiana,** d'Orb. *Orbicula Humpriesiana*, Sow., 1826, Min. Conch., 6, p. 3, pl. 506, fig. 2. Angl., Shotover, Oxon.

MOLLUSQUES BRYOZOAIRES.

DIASTOPORA, Lamouroux, 1821.

*182. **tenuis,** d'Orb., 1847. Espèce très-mince, en plaques arrondies sur les coquilles. France, Boulogne (Pas-de-Calais).

ÉCHINODERMES.

DYSASTER, Agassiz.

*183. **suprajurensis,** d'Orb., 1847. Espèce voisine du *D. granulosus*, mais plus déprimée et creusée en dessous. France, Le Rocher, près de La Rochelle (Charente-Inférieure).

PYGURUS, Agassiz.

184. **tenuis,** Desor, Agassiz, 1847, Cat., p. 104. Oberbuchsiten, Soleure.

CLYPEUS, Klein.

185. **acutus,** Agassiz, 1847, Cat., p. 98 ; Echin. Suisse, 1, p. 38, pl. 10, fig. 1. Fr., Aiglepierre, près Salins ; Suisse, Birse (Soleure).

NUCLEOLITES, Lamarck.

186. **major,** Agass., 1847, Cat., p. 96 ; Echin. Suisse, 1, p. 46, pl. 7, fig. 22-24. Suisse, vallée de Birse.

HOLECTYPUS, Agassiz.

*187. **inflatus,** Desor, Monogr. des Galér., p. 70, pl. 9, fig. 7-10. Agassiz, 1847, Cat. syst., p. 88. *Discoidea inflata*, Desor. Suisse, env. de Neuchâtel, vallée de Birse (Berne), Schaffhouse ; France, Sancerre.

188. **speciosus,** Desor, Mon. des Galér., p. 72, pl. 10, fig. 13-15.

Agassiz, 1847, Cat. syst., p. 88. *Discoidea speciosa*, Agassiz. Suisse, vallée de Birse, près de Laufon; Würtemb., Heidenheim.

PYGASTER, Agassiz.

189. dilatatus, Agassiz, 1847, Cat., p. 86. *P. umbrella*, Agassiz, Echin. Suiss., 1, p. 83, pl. 13, fig. 4-6. Suiss., env. de Soleure, Greifel (Berne).

GLYPTICUS, Agassiz.

190. affinis, Agass., 1847, Cat. syst., p. 57; Echin. Suisse, 2, p. 97, pl. 93, fig. 40-42. Suisse, Olten (Soleure), Obergœsgen.

DIADEMA, Gray.

191. Bruntrutana, Desor, Agassiz, 1847, Cat. syst., p. 44. Le Banné.

192. conformis, Agassiz, 1847, Cat., p. 43. *Acrosalenia conformis*, Agassiz, Echin. Suisse, 2, p. 40, pl. 18, fig. 11- 14. Porrentruy.

HEMICIDARIS, Agassiz.

***193. Kœnigii,** Agassiz, 1847, Cat. syst., p. 33. *Diadema Koningii*, Desmarets. France, Boulogne-sur-mer.

194. stramonium, Agassiz, 1847, Cat. syst., p. 34; Echin. Suisse, 2, p. 47, pl. 18, fig. 13 et 14. *Cidarites Hofmanni*, Rœm. Rœdersdorf (Soleure), Pfeffingen, Hoheneggelsen (Hannover).

CIDARIS, Lamarck.

***195. Orbignyana,** Agassiz. Voy. Etage corallien, n° 437. France, Villerville (Calvados), Montfaucon (Meuse), Lavaucourt (H.-Saône), Châtelaillon (Charente-Inférieure).

196. baculifera, Agassiz, 1847, Cat. syst., p. 27; Echin. Suisse, 2, p. 80, pl. 21, fig. 12. Fr., Besançon, Salins; Suisse, Porrentruy, Rœdersdorf.

ZOOPHYTES.

MONTLIVALTIA, Lamouroux, 1821. Voy. t. 1, p. 207.

197. Lesueurii, Edwards et Haime, 1849, Ann. des Sc. nat., p. 257, n° 16. Fr., Le Havre. (C'est par erreur que MM. Edwards et Haime l'ont indiqué dans l'Oxford-Clay des Vaches-Noires; il est de l'étage kimméridgien du Havre.)

AMORPHOZOAIRES.

AMORPHOSPONGIA, d'Orb., 1847. Voy. t. 1, p. 178.

***198. suprajurensis,** d'Orb., 1847. Espèce en grosse masse mamelonnée; pores petits. France, Châtelaillon, près de La Rochelle.

SEIZIÈME ÉTAGE : — PORTLANDIEN.

MOLLUSQUES CÉPHALOPODES.

BELEMNITES, Lamarck. Voy. vol. 1, p. 212.
*1. **Souichii,** d'Orb., Paléont. univ., pl. 64; Terr. jurass., 1, p. 133, pl. 22. France, Grès de Hauvringhen, près de Wimille, tour de Croï, près de Boulogne.
NAUTILUS, Breynius, 1752. Voy. vol. 1, p. 52.
*2. **Marcousanus,** d'Orb., 1847. Espèce voisine du *N. inflatus*, mais bien plus comprimée et à cloisons bien plus rapprochées. France, Suzian, près de Salins (Jura).
AMMONITES, Bruguière, 1789. Voy vol. 1, p. 181.
?2'. **longispinus,** Sow. Voy. Etage kimm., nº 6. Cirey (H.-Marne).
*3. **giganteus,** Sowerby, 1816, Min. Conch., 8, p. 55, pl. 126 (non d'Orb., pl 221; non *A. gig.*. Zieten, 1830). France, Boulogne-sur-mer (Pas-de-Calais); Angl., Portland.
*4. **Irius,** d'Orb., 1847, Paléont. franç., Terr. jur., 1, pl. 222. France, Cirey-le-Château (Haute-Marne), près de Saint-Jean-d'Angely (Charente-Inférieure), la Chaux de Charquemont (Doubs), Joinville.
*5. **Gravesianus,** d'Orb, 1847, Paléont. franç., Terr. jurass., 1, pl. 219. France, Auxerre (Yonne), Cirey-le-Château (Haute-Marne), Hécourt (Oise).
*6. **gigas,** Zieten, 1830. Wurtemberg, pl. 13, fig. 1. D'Orb., Jur., pl. 220. France, Auxerre (Yonne), Cirey-le-Château, Bouzancourt (Haute-Marne), Montperthuis, Bazancourt (Oise), Joinville; Riedlingen (sur le Danube).
*7. **rotundus,** Sow., 1821. D'Orb., 1847, Paléont. franç., Terr jur., 1, pl. 216, fig. 34. France, mont Blainville (Meuse), Châblis (Yonne), Saint-Jean-d'Angely (Charente-Inférieure), Boulogne (Pas-de-Calais), Bois-Aubert, Montperthuis (Oise), Cirey, Bouzancourt (Haute-Marne), Polisot (Aube).
7'. **suprajurensis,** d'Orb., 1849, Paléont., pl. 23. France, Cirey-le-Château (Haute-Marne).

MOLLUSQUES GASTÉROPODES.

CHEMNITZIA, d'Orb., 1839. Voy. vol. 1, p. 172.
8. **gigantea,** d'Orb., 1847. *Melania gigantea*, Leymerie, 1846, Statis-

tiq. de l'Aube, pl. 9, fig. 1. Mauvais nom, attendu qu'il en existe une espèce le double plus grande dans l'étage corallien. France, Polisot (Aube).

9. crenulata, d'Orb., 1847. *Melania crenulata*, Cornuel, 1840, Mém. Soc. géol. de France, t. 4, p. 289, pl. 15, fig. 9. France, Vassy (Haute-Marne).

NERINEA, Defrance, 1825. Voy. vol. 1, p. 263.

***10. grandis,** Voltz, 1835, Jahrb., p. 549, pl. 6, fig. 1 (non. *N. grandis*, Goldf., pl. 175, fig. 8). Espèce sans plis sur la columelle. France, Bouhans, près de Gray (Haute-Saône).

†11. depressa, Voltz, 1835, Jahrb., p. 549, pl. 6, fig. 17. Suisse, Soleure.

***12. cylindrica,** Voltz, 1835, in Litt. Thirr., Géogn. de la Haute-Saône, 6. Bronn, 1837, Jahrb., pl. 6, fig. 16, p. 552. Vy-le-Ferroux (Haute-Saône).

***13. trinodosa,** Voltz, 1835. Bronn, 1837, Jahrb., pl. 6, fig. 10, p. 562. France, Besançon (Doubs), Suziau, Aiglepierre, près de Salins (Jura), Alex, près de Nantua, Lons-Jargiat (Ain).

***14. subpyramidalis,** Münst., Goldf., 1843, Petref., 3, p. 40, pl. 175, fig. 7. France, Aiglepierre (Jura), Alex (Ain); Allemagne, Kehlheim, Donau.

***15. Salinensis,** d'Orb. Espèce remarquable par l'énorme bourrelet double et noueux de la suture et la profonde excavation des tours. France, Suziau et Aiglepierre (Jura).

***16. Eudora,** d'Orb., 1847. Espèce voisine du *N. grandis*, mais avec deux plis sur la columelle. France, Suziau, près de Salins (Jura), Batterans, près de Gray (Haute-Saône).

***17. Erato,** d'Orb., 1847. Espèce très-allongée, subcylindrique (angle spiral, 4°), à tours longs, impressionnés sur la suture. France, Aiglepierre, Suziau (Jura).

***18. Elea,** d'Orb., 1847. Espèce courte et large, à large ombilic, munie de deux plis sur le labre, l'un supérieur plus fort, élargi à sa partie externe. France, Aiglepierre, Suziau (Jura).

***19. Bruntrutana,** Thurm., Voltz, 1835, Jahrb., pl. 6, fig. 13, 18, p. 556. Goldf., pl. 175, fig. 5. *N. Bruntrutana*, Thurm., 17. Bronn, Lethæa, p. 399, pl. 21, fig. 13. Suisse, Porrentruy; Fr., Oyonnax (Ain).

20. punctata, Voltz, 1835, Jahrb., pl. 6, fig. 23, p. 559. France, Vy-le-Ferroux (Saône).

21. Goldfussiana, d'Orb. *N. grandis*, Münst., Goldf., 1843, Petref., 3, p. 40, pl. 175, fig. 8 (non *grandis*, Voltz). Cette espèce a trois plis à la columelle, tandis que le *N. grandis* n'en a pas. Allemagne, Ingolstadt.

ACTEONINA, d'Orb., 1847. Voy. vol. 1, p. 118.

22. cylindracea, d'Orb., 1847. *Melania cylindracea*, Cornuel, 1840, Mém. Soc. géol. de France, t. 4, p. 289, pl. 15, fig. 14. France, Vassy (Haute-Marne).

NATICA, Adanson, 1757. Voy. vol. 1, p. 29.

***23. elegans,** Sow., 1836, in Fitton, Trans. geol. Soc., 4, p. 261, pl. 23, fig. 3. France, Alex et Plagne (Ain), Bourricourt (Oise) Angl., Portland, Wardour, Oxfordshire.

*24. **Marcousana,** d'Orb., 1847. Grande et belle espèce oblongue, dont l'angle spiral, convexe, est de 62°, les tours peu renflés, des callosités à la bouche. France, Suziau, Aiglepierre (Jura), Alex, près de Nantua (Ain).

*25. **Athleta,** d'Orb., 1847. Grande espèce, dont l'angle spiral est de 70°, les tours saillants en arrière en gradins, par suite d'un méplat. France, Suziau, Aiglepierre, près de Salins (Jura).

NERITA, Linné, 1758. Voy. vol. 1, p. 214.

26. **angulata,** Swindon, Sow., 1836, in Fitt., Trans. geol. Soc., 4, p. 268, pl. 23, fig. 2 (peut-être le moule extérieur du *N. sinuosa*, Sow.). Angl., Portland, North Wiltshire.

27. **sinuosa,** Sow., 1818, M. C., 3, p. 31, pl. 217, fig. 2. Angl., Chilmark, près Tisbury.

PTEROCERA, Lamarck. Voy. vol. 1, p. 231.

*28. **Oceani,** Delabèche. Voy. Étage kimméridgien, n° 40. Les échantillons sont toujours plus grands. France, Boulogne-sur-mer, environs d'Angoulême (Charente), Alex, près de Nantua ; Suisse, Porrentruy.

29. **angulata,** d'Orb., 1847. *Buccinum angulatum*, Swindon, Sow., 1836, in Fitt., Trans. geol. Soc., 4, p. 262, pl. 23, fig. 5. Angleterre, Portland, North Wiltshire.

30. **naticoides,** d'Orb., 1847. *Buccinum naticoides*, Sow., 1836, in Fitton, p. 260, pl. 23, fig. 4. Angl., Portland, Wardour, North Wiltshire, Oxfordshire.

CERITHIUM, Adanson, 1757. Voy. vol. 2, p. 96.

31. **Sirius,** d'Orb., 1847. *Turritella concava*, Sow., 1827, Min. C., 6, p. 125, pl. 565, fig. 5 (non Sow., 25-15, 28). *Cerithium excavatum*, Sow., 1836 (non Brongniart, 1821). Angl., Tisbury, Portland.

32. **Portlandicum,** d'Orb., 1847. *Terebra Portlandica*, Sow., 1836, in Fitton, Trans. geol. Soc., 4, p. 261, pl. 23, fig. 6. Angl., Portland, Wardour, Oxfordshire.

MOLLUSQUES LAMELLIBRANCHES.

PANOPÆA, Ménard, 1807. Voy. vol. 1, p. 164.

*33. **quadrata,** d'Orb., 1847. *Arcomya quadrata*, Agass., 1844, Étud. crit., p. 178, pl. 9, fig. 14-17. France, Bignay, au sud de Saint-Jean-d'Angely (Charente-Inférieure) ; Suisse, Laufon (Soleure).

MACTRA, Linné, 1758. Voy. vol. 1, p. 216.

*34. **rostralis,** d'Orb., 1847. *Corbula trigona*, Rœmer, 1836, Nordd. Oolith., p. 125, pl. 8, fig. 5 (non 13-225). *Corbula rostralis*, Rœmer, pl. 8, fig. 9. France, St-Denis, île d'Oléron, Vassy (Haute-Marne) ; Allem., Wendhausen, Goslar.

*35. **caudata,** d'Orb., 1847. *Venus caudata*, Goldf., 1839, Petref., 2, p. 245, pl. 150, fig. 16. France, Vassy (Haute-Marne), Hécourt (Oise), Auxerre, Nantua ; Allem., Lübke.

*36. **Insularum,** d'Orb., 1847. Grosse espèce un peu trigone, renflée, lisse, à crochets saillants, excavés en dessous. France, St-Denis (île d'Oléron).

LEDA, Schumacher, 1817. Voy. vol. 1, p. 11.

37. parvula? d'Orb., 1847. *Pholadomya parvula*, Cornuel, 1840, Mém. Soc. géol. de France, t. 4, p. 288, pl. 15, fig. 8. France, Vassy (Haute-Marne).

CYCLAS, Bruguière, 1791. *Cyclas*, *Cyrena*, Lam., *Piscidium*, Pfeifer,

***38. fossulata,** d'Orb. *Cyrena fossulata*, Cornuel, 1840, Mém. Soc., géol. de France, t. 4, p. 286, pl. 15, fig. 1 a, b, c, d. France, Vassy (Haute-Marne).

ASTARTE, Sowerby, 1818. Voy. vol. 1, p. 216.

***39. cuneata,** Sow., 1816, Min. Conch., 2, p. 85, pl. 137, fig. 2. Fr., Boulogne-sur-mer; Angl., Chilmark, près de Tisbury.

***40. socialis,** d'Orb., 1847. Petite espèce lisse, presque ronde, si commune dans les couches des environs de Boulogne, qu'elle compose pour ainsi dire la roche.

***41. rugosa,** d'Orb., 1847. *Cytherea rugosa*, Sow., 1836, in Fitton, Trans. geol. Soc., 4, p. 260, pl. 22, fig. 13. France, Senantes (Oise); Angl., Portland, Wardour, North Wiltshire, Oxfordshire.

TRIGONIA, Bruguière, 1791. Voy. vol. 1, p. 198.

***42. gibbosa,** Sow., 1819, Min. Conch., 3, p. 61, pl. 235, 236. Fr., Boulogne-sur-mer (Pas-de-Calais), Senantes (Oise), Alex, près de Nantua (Ain); Angl., Tisbury, Purbeck.

43. incurva, Sow., 1836, in Fitt., Trans. geol. Soc., 4, p. 231, pl. 22, fig. 14. Angl., Portland, North Wiltshire.

LUCINA, Bruguière, 1791. Voy. vol. 1, p. 76.

44. Portlandica, Sow., 1836, in Fitt., Tr. geol. Soc., 4, p. 261, pl. 22, fig. 12. France, Hodenc-en-Bray, Senantes (Oise); Angleterre, Portland, Wardour, North Wiltshire, Oxfordshire.

UNICARDIUM, d'Orb., 1847. Voy. vol. 1, p. 218.

***45. circulare,** d'Orb., 1847. Espèce circulaire, renflée, plus courte sur la région anale, ridée concentriquement. France, Alex, près de Nantua.

CARDIUM, Bruguière, 1791. Voy. vol. 1, p. 33.

***46. dissimile,** Sow., 1827, M. C., 6, p. 101, pl. 553, fig. 2. France, Boulogne; Bourricourt, Mothois (Oise), Saint-Denis (île d'Oléron), Alex, près de Nantua; Angl., Portland et Tisbury.

PINNA, Linné, 1758. Voy. vol. 1, p. 135.

***47. suprajurensis,** d'Orb., 1847. *P. obliquata*, Leym., 1846, Statistiq. de l'Aube, pl. 9, fig. 2 (non Deshayes). France, environs de Vandœuvre, de Marolles (Aube), Saint-Sauveur, Auxerre (Yonne).

MITYLUS, Linné, 1758. Voy. vol. 1, p. 82.

48. pallidus, d'Orb., 1847. *Modiola pallida*, Sow., 1812, M. C., 1, p. 20, pl. 8, fig. 5, 6. Angl., Fonthill.

49. subreniformis, Cornuel, 1840, Mém. Soc. géol. de France, t. 4, p. 287, pl. 15, fig. 2 et 2 a. France, Vassy (Haute-Marne).

***50. Portlandicus,** d'Orb., 1847. Espèce voisine du *M. furcatus*, mais plus grande, à côtes plus simples et plus divisées. Fr., Alex, près de Nantua (Ain).

LIMA, Bruguière, 1791. Voy. vol. 1, p. 175.

51. rustica, *Plagiostoma rusticum*, Sow., 1822, Min. C., 4, p. 111, pl. 381. Angl., Shotover, près d'Oxford.

AVICULA, Klein, 1758. Voy. vol. 1, p. 13.

52. rhomboidalis, Cornuel, 1840, Mém. Soc. géolog. de France, t. 4, p. 288, pl. 15, fig. 3 a. France, Vassy (Haute-Marne).

***53. Octavia,** d'Orb., 1847. Jolie espèce ovale, comprimée, ornée alternativement d'une grosse et d'une petite côte rayonnante. France, Boulogne-sur-mer.

PECTEN, Gualtieri, 1742. Voy. vol. 1, p. 87.

***54. lamellosus,** Sow., 1819. Voy. Étage kimméridgien, n° 167. Fr., Boulogne-sur-mer; Angl., Portland.

***55. Insularum,** d'Orb., 1847. Espèce tout à fait lisse, ovale, fortement déprimée. France, Saint-Denis, île d'Oléron (Charente-Inférieure).

OSTREA, Linné, 1752. Voy. vol. 1, p. 166.

***56. Bruntrutana,** d'Orb., 1847. *Exogyra denticulata*, Rœm., 1836, Ool., p. 65, pl. 3, fig. 13 (non Born, 1780). *Exogyra Bruntrutana*, Thurmann. Allem., Hoheneggelsen; France, Le Havre, Poiisot, Arsonval (Aube), Blaise (Haute-Marne), Auxerre (Yonne), Saint-Denis (île d'Oléron), Hauvoile, Ville-en-Bray.

***57. Hellica,** d'Orb., 1847. *O. falcata*, Sow., 1836, in Fitt., Trans. geol. Soc., 4, p. 261, pl. 23, fig. 1 (non Morton, 1834). France, Boulogne-sur-mer, Senantes, Hodenc-en-Bray (Oise); Angl., Portland, Wardour, North Wiltshire.

***58. expansa,** Sow., 1819, Min. Conch., 8, p. 65, pl. 238, fig. 1. Fr., Boulogne-sur-mer; Angl., Tisbury.

ANOMYA, Linné, 1758.

***59. Portlandica,** d'Orb., 1847. Espèce suborbiculaire, assez épaisse, surtout en dedans. France, Saint-Denis (île d'Oléron).

ÉCHINODERMES.

PYGURUS, Agassiz.

60. Jurensis, Marcou. Agassiz, 1847, Cat., p. 104. Salins (Jura).

DIADEMA, Gray.

61. planissimum, Agassiz, 1847, Cat., p. 46; Echin. Suisse, 2, p. 26, pl. 14, fig. 1-3. Suisse, Soleure.

TERRAINS CRÉTACÉS.

DIX-SEPTIÈME ÉTAGE : — NÉOCOMIEN.

A. — NÉOCOMIEN INFÉRIEUR OU NÉOCOMIEN.

MOLLUSQUES CÉPHALOPODES.

BELEMNITES, Lamarck. Voy. vol. 1, p. 242.

*1. **binervius,** Raspail, d'Orb. (1), Paléont. univ., pl. 65, 66; Terr. crét. suppl., pl. 3. France, Lieous, Cheiron (Basses-Alpes); Suisse, Haute-Rive, près de Neuchâtel.

*2. **latus,** Blainv., d'Orb., Paléont. univ., pl. 67, 68; Terr. crét., 1, p. 48, pl. 4; suppl., pl. 4. France, près de Castellanne (Basses-Alpes), Saint-Julien (Hautes-Alpes), Alais, Bes (Gard), Berrias (Ardèche); Bianconi du Vicentin.

*3. **Orbignyanus,** Duval, d'Orb., Paléont. univ., pl. 67; Terr. crét. suppl., pl. 4. Cheiron, Lieous (Basses-Alpes), Berrias (Ardèche).

4. **bipartitus,** Catullo, d'Orb., Paléont. univ., pl. 69; Terr. crét., 1, p. 45, pl. 3. France, La Lagne (Basses-Alpes), Latte (Var), Chadres (Hautes-Alpes). Berrias (Ardèche).

*5. **pistilliformis,** Blainv., d'Orb., Paléont. univ., pl. 34, 68, 70; Terr. crét., 1, p. 53, pl. 6. France, Robion, Peyroulles (Basses-Alpes), Saint-Julien; Crimée; Savoie, Chambéry; Bavière, Bredenbak; Suisse, Neuchâtel, La Sarra.

*6. **subquadratus,** Rœmer, d'Orb., Paléont. univ., pl. 71; Terr. crét. suppl., pl. 6. France, Wassy (Haute-Marne); Bavière, Schandelahe, Bredenbeck.

*7. **Baudouini,** d'Orb., 1840, Paléont. univ., pl. 76; Terr. crét., 1, p. 54, pl. 5. France, Auxerre.

*8. **bicanaliculatus,** Blainv., d'Orb., Paléont. univ., pl. 69, 71; Terr. crét., 1, p. 47, pl. 3. France, montagne de Chadres (Hautes-Alpes), Lucana.

*9. **conicus,** Blainv., d'Orb., Paléont. univ., pl. 68, 71; Terr. crét.,

(1) Voyez pour la synonymie des espèces de *Belemnites* et d'*Ammonites*, notre *Paléontologie Française*, *Terrains crétacées*, et *Mollusques vivants et fossiles*, ome 1.

1, pl. 6, fig. 1, 4. France, Cheiron (Basses-Alpes), Mont-Clus (Hautes-Alpes), Berrias (Ardèche).

*10. **polygonalis,** Blainv., d'Orb., Paléont. univ., pl. 66, 72; Terr. crét. suppl., pl. 7. France, La Latte, La Lagne (Basses-Alpes).

*11. **Emerici,** Raspail, d'Orb., Paléont. univ., pl. 66, 69, 73; Terr. crét. suppl., pl. 8. France, Seranon, Lieous (Basses-Alpes).

*12. **dilatatus,** Blainv., d'Orb., Paléont. univ., pl. 65, 66, 69; Terr. crét. suppl., pl. 3. France, Saint-Auban, Gréolières, Escragnolles (Var), Ventoux (Vaucluse), Vassy (Haute-Marne).

RHYNCHOTEUTHIS, d'Orb., 1846, Paléont. univ. Voy. t. 1.

*13. **alatus,** d'Orb., 1846, Paléont. univ., pl. 80; Terr. crét. suppl., pl. 11. France, Cheiron, près de Castellanne (Basses-Alpes).

NAUTILUS, Breynius, 1732. Voy. t. 1, p. 52.

*14. **pseudoelegans,** d'Orb., 1841, Pal. franç., Terr. crét., p. 70, pl. 8, 9. France, Vandœuvre, Beaucaire, Morteau (Doubs), Escragnolles (Var), Fontenoy (Yonne); Suisse, Haute-Rive; Crimée, Sabli; Colchide, Courtaïs; Angl., île de Wight.

*15. **Neocomiensis,** d'Orb., Pal. fr., Terr. crét., 1, p. 174, pl. 11. France, Escragnolles, Andon, Lamartre (Var).

AMMONITES, Bruguière, 1791. Voy. t. 1, p. 181.

*16. **Leopoldinus,** d'Orb., Paléont. franç., Terr. crét., 1, p. 104, pl. 22, 23. France, Vandœuvre (Aube), Escragnolles (Var), Auxerre, Fontenoy (Yonne), Nismes (Gard), Morteau (Doubs).

*17. **cryptoceras,** d'Orb., Paléont. franç., Terr. crét., 1, p. 106, pl. 24. France, Escragnolles, La Lagne, Latte, Neuchâtel (Suisse) Peycolle, Nismes, Mons (Gard), Marolles (Yonne), Russey, Vassy (Haute-Marne).

*18. **radiatus,** Bruguière, d'Orb., Paléont. franç., Terr. crét., t. 1, p. 110, pl. 26 (*Am. Asper*). France, Vandœuvre, Escragnolles, Caussol (Var), Morteau (Doubs).

*19. **Astierianus,** d'Orb., Paléont. franç., Terr. crét., t. 1, p. 115, pl. 28. France, Berrias (Ardèche), Noseroy (Jura), Escragnolles (Var), La Lagne, Caussol; Suisse, Neuchâtel; Saint-Julien (Hautes-Alpes), Morteau (Doubs) Gigondas (Vaucluse).

*20. **subfimbriatus,** d'Orb., Paléont. franç., Terr. crét., t. 1. France, Cheiron, Barrème (Basses-Alpes), La Doire, Saint-Martin (Var); Suisse, canton de Vaud, près de Bauvonnar.

*21. **clypeiformis,** d'Orb., Paléont. franç.. Terr. crét., t. 1, p. 137. pl. 42, fig. 1-2. France, Escragnolles (Var), Rioux, Barjac.

*22. **Gevrilianus,** d'Orb., Paléont. franç., Terr. crét., 1, p. 139, pl. 43. France, Noseroy, près de Pontarlier (Doubs).

*23. **Grasianus,** d'Orb., Paléont. franç., Terr. crét., 1, p. 141, pl. 44. France, Escragnolles, montée de Saint-Martin, Cheiron (Basses-Alpes), Mons (Gard), Charse (Drôme), Saint-Julien (Hautes-Alpes), Gigondas (Vaucluse), Berrias (Ardèche).

*24. **cultratus,** d'Orb., Paléont. franç., Terr. crét., 1, p. 144, pl. 46, fig. 1-2. France, ravin de Saint-Martin.

*25. **Juilleti,** d'Orb., 1840, Paléont franç., Terr. crét., 1, p. 156, pl. 50, fig. 1-3; pl. 171, fig. 3. France, près de Sisteron, Chardavon

(Basses-Alpes), Saint-Julien, Château-Neuf-de-Chabre (Hautes-Alpes) (non *Juilleti*, Forbes, 1846).

*26. **semisulcatus**, d'Orb., Paléont. franç., Terr. crét., 1, p. 172, pl. 53, fig. 4-6. France, près de Sisteron, près de Castellanne, Anglès (Basses-Alpes), Berrias (Ardèche), Gigondas (Vaucluse).

*27. **Jeannotii**, d'Orb., Paléont. franç., Terr. crét., 1, p. 188, pl. 56, fig. 3-5 Hautes-Alpes?

*28. **bidichotomus**, Leymerie, d'Orb., Paléont. franç., 1, p. 190, pl. 57, fig. 3-4. France, Brillon (Meuse), Haute-Marne, Censeau (Jura).

*29. **verrucosus**, d'Orb., Pal. franç., Terr. crét., 1, p. 191, pl. 58, fig 1-3 (*A. simplus*, d'Orb.). France, près de Sisteron (Basses-Alpes), Saint-Julien (Hautes-Alpes), Gigondas (Vaucluse).

*30. **Neocomiensis**, d'Orb., Paléont. franç., Terr. crét., 1, p. 202, pl. 59, fig. 8-10. France, Lieous, Cheiron, près de Sisteron (Basses-Alpes), Saint-Julien (Hautes-Alpes).

*31. **sinuosus**, d'Orb., Pal, 1, p. 205, pl. 60, fig. 1-3. Sisteron?

*32. **asperrimus**, d'Orb., Paléont. franç., Terr. crét., 1, p. 206, pl. 60, fig. 4-6. France, Cheiron, près de Sisteron, Lieous (Basses-Alpes), Saint-Julien (Hautes-Alpes), Gigondas (Vaucluse).

*33. **Carteroni**, d'Orb., Paléont. franç., Terr. crét., 1, p. 209, pl. 61, fig. 1-3. France, Jeannerots, près des Ecorces (Doubs), Lieous (Basses-Alpes), Gigondas (Vaucluse).

*34. **incertus**, d'Orb., Paléont., 1, p. 209, pl. 30, fig. 3-4. Saint-Martin, Lattes.

*35. **strangulatus**, d'Orb., Paléont. franç., Terr. crét., 1, p. 155, pl. 49, fig. 8-10. France, Saint-Julien, Beauchêne, Château-Neuf-de-Chabre (Hautes-Alpes), Cheiron (Basses-Alpes).

*36. **Tethys**, d'Orb., 1840, pl. 59, fig. 7-9 (jeune). *A. semistriatus*, d'Orb., 1840, Pal. franç., Terr. crét., 1, pl. 41. (non Hann., 1825). *A Buchiana*. Forbes, 1825, Quart. Journ., 1, p 177. France, Escragnolles (Var), Cheiron, Barrème (Basses-Alpes), Château-Neuf-de-Chabre, Saint-Julien (Hautes-Alpes), Gigondas (Vaucluse); Colombie, Petaquiero.

*37. **Noricus**, Schlotheim, 1820; Rœmer, 1836, Nordd. Kreid., p. 89, n° 21, pl. 15, fig. 4. Hanovre, Elligser, Bredenbeck.

*?38. **Terverii**, d'Orb., 1840, Paléont., 1, p. 179, pl. 54. France, Hautes-Alpes.

*39. **macilentus**, d'Orb., 1842, Paléontol. franç., Terr. crét., 1, p. 138, pl. 42, fig. 3-4. France, Anglès, Cheiron (Basses-Alpes); Alpes-Vénitiennes (M. de Zigno).

40. **Aonis**, d'Orb., 1847. Magnifique espèce pourvue d'une quille saillante, ornée sur les côtés de sillons onduleux peu sensibles, outre quelques grosses côtes flexueuses ; un grand nombre de sillons près du dos. France, Clar (Var).

*41. **Roubaudianus**, d'Orb., 1847. Espèce voisine de l'*A. neocomiensis* par ses côtes, ses tubercules du dos, mais s'en distinguant par les tours moins larges, les côtes plus grosses et la présence de sillons de distance en distance. France, Château-Neuf-de-Chabre, Saint-Julien, Beauchêne (Hautes-Alpes), La Doire (Var).

*42. **Moutonianus**, d'Orb., 1847. Espèce voisine, par ses tubercules du dos, de l'*A. cryptoceras*, mais s'en distinguant par son ombilic plus étroit, ses tubercules intérieurs moins nombreux, ses côtes grosses, fasciculées, et par cinq ou six forts sillons transverses, obliques. France, Source-du-Loup, Saint-Martin, La Martre, Les Lattes (Var), (M. Mouton).

*43. **Marcousianus,** d'Orb., 1847. Voisine de forme de l'*A. Gevrilianus*, mais pourvue de tubercules au pourtour de l'ombilic. France, Boucheraus (Jura), (M. Marcou).

*44. **Escragnollensis,** d'Orb., 1847. Cette espèce est voisine par ses sillons de l'*A. incertus*, mais elle s'en distingue par ses tours plus étroits, son large ombilic, et les côtes bien plus marquées et plus fines. France, ravin de Saint-Martin, près d'Escragnolles, Source-du-Loup (Var), Géovressiat, près de Nantua (Ain).

*45. **Mitreanus,** d'Orb., 1847. Espèce voisine par ses côtes de l'*A. Astierianus*, mais pourvue de tours plus étroits, garnis de longues pointes au pourtour de l'ombilic. Ravin de Saint-Martin (Var).

*46. **gibbosulus,** d'Orb., 1847. Espèce à tours étroits, pourvus de côtes étroites rapprochées, et de distance en distance, sur le milieu du dos, de gibbosités obliques en arrière, presque mucronée sur la ligne médiane. La Martre (Var).

*47. **Josephinus,** d'Orb., 1847. Espèce aussi large que haute, à tours comprimés, carénés et tuberculés sur les côtés, pourvue de légères côtes en dedans d'un ombilic en entonnoir. Saint-Julien, Beauchêne (Hautes-Alpes).

*48. **Nicolasianus,** d'Orb., 1847. Espèce lisse, à tours étroits, comprimés, carénés sur le dos. France, Saint-Julien (Hautes-Alpes).

*49. **furcatus,** Sowerby, 1836, in Fitton, Trans. geol. Soc., 4, p. 127. pl. 14, fig. 17. Kent, Folkstone, près Hythe, Atherfield.

??50. **Nutfieldensis,** Sowerby, 1836, in Fitton, Trans. geol. Soc., 4, p. 127; Min. Conch., pl. 108. Angletere, Folkstone, Hythe, Nutfield, Surrey, Maidstone.

??51. **multiplicatus,** Rœmer, 1841, Kreid., p. 86, nº 4, pl. 13, fig. 3. Bredenbeck.

53. **subcapricornu,** d'Orb., 1847. *Hamites capricornu*, Rœmer, 1841, Nordd. Kreid., p. 92, nº 5, pl. 14, fig. 6. Hanovre, Helgoland.

*54. **ceranonis,** d'Orb., 1841, Paléont., 1, pl. 109, fig. 415. Cheiron.

CRIOCERAS, Léveillé, 1837; d'Orb., Paléont., Terr. crét., 1, p. 457.

*55. **Duvalii,** Léveillé, d'Orb., Pal. franç., Terr. crét., 1, p. 459, pl. 113. France, Cheiron, Chamateuil, Sisteron (Basses-Alpes), Escragnolles (Var); Savoie, près de Chambéry; Espagne.

56. **Cornuelianus,** d'Orb., 1841, Paléont., 1, p. 465, pl. 115, fig. 1-3. Wassy.

*57. **Villiersianus,** d'Orb., 1841, Paléont. franç., Terr. crét., 1, p. 462, pl. 114. France, Castellanne, Escragnolles, Nismes (Gard).

ANCYLOCERAS, d'Orb., 1842. Voy. t. 1, p. 262.

58. **dilatatus,** d'Orb., 1, p. 494, pl. 121, fig. 1-2. Gigondas.

*59. **pulcherrimus,** d'Orb., Pal., 1, p. 495, pl. 121, fig. 3-7. Sisteron, Cheiron.

60. **sexnodosus,** d'Orb., 1847. *Hamites id.*, Rœmer, 1841, Nordd. Kreid., p. 94, nº 17, pl. 14, fig. 10. Hanovre, Helgoland.

TOXOCERAS, d'Orb., 1842. Voy. t. 1, p. 262.

61. bituberculatus, d'Orb., Paléont. franç., Terr. crét., 1, p. 476, pl. 116, fig. 8-10. France, La Lagne, près de Castellanne.

***62. elegans,** d'Orb., Paléont. franç., Terr. crét., 1, p. 477, pl. 117, fig. 1-4. France, Château-Neuf (Hautes-Alpes), Cheiron.

***63. Duvalianus,** d'Orb., Paléont. franç., Terr. crét., 1, p. 479, pl. 117, fig. 6-9. France, Castellanne, Escragnolles.

***64. annularis,** d'Orb., 1842, Paléont. franç., Terr. crét., 1, p. 480, pl. 118, fig. 1-6. France, Cheiron (Basses-Alpes).

***65. Astierianus,** d'Orb., 1847. Espèce allongée comme l'*Elegans*, mais pourvue de stries égales, fines, qui passent sur le dos et le ventre sans s'interrompre. France, Cheiron (Basses-Alpes).

BACULITES, Lamarck, 1799. D'Orb., Paléont., Terr. crét., 1, p. 558.

***66. Neocomiensis,** d'Orb., Pal., Terr. crét., 1, p. 560, pl. 138, fig. 1-5. France, Lieous (Basses-Alpes), Saint-Julien, Beauchêne.

BACULINA, d'Orb., 1847. Cours élém. de Paléont., 1, p. 288. Ce sont des *Baculites* avec les cloisons non ramifiées, et simplement lobées comme les cloisons des Cératites.

***67. Rouyana,** d'Orb., 1847. Espèce très-effilée, lisse, dont les lobes sont arrondis. France, Saint-Julien (Hautes-Alpes).

PTYCHOCERAS, d'Orb., 1842, Paléontolog., Terr. crét., 1, p. 554.

***68. Emericianus,** d'Orb., Paléont. franç., Terr. crét., 1, p. 555, pl. 137, fig. 1-4. Lieous, près de Senez, Vergons.

HAMULINA, d'Orb., 1849. Ce sont des *Hamites* qui n'ont qu'une crosse. (Nous ne connaissons pas de véritables *Hamites* dans l'étage néocomien de France.)

?69. incerta, d'Orb., 1849. *Hamites incertus*, d'Orb., Paléontol., 1, p. 528, pl. 130, fig. 1-3. France, Cheiron.

***70. Emericiana,** d'Orb., 1849. *Hamites Emericianus*, d'Orb., 1841, 1, p. 550, pl. 130, fig. 8-12. France, Castellanne.

71. Rœmeri, d'Orb., 1847. *Hamites Beanii*, Rœmer, 1841, Nordd. Kreid., p. 93, n° 9, pl. 13, fig. 11 (non Phillips, 1839). Helgoland.

72. obliquecostata, d'Orb., 1849. *Hamites id.*, Rœmer, 1841, Kreid., p. 93, n° 9, pl. 13, fig. 12. Hanovre, Helgoland.

73. subraricostata, d'Orb., 1849. *Hamites raricostatus*, Rœmer, 1841, Kreid., p. 93, n° 7, pl. 13, fig. 14 (non Phillips, 1835). Hanovre, Helgoland.

74. subnodosa, d'Orb., 1849. *Hamites subnodosus*, Rœmer, 1841, Kreid., p. 93, n° 8, pl. 13, fig. 10. Helgoland.

75. semicincta, d'Orb., 1849. *Hamites semicinctus*, Rœmer, 1841, p. 92, n° 1, pl. 15, fig. 2. Helgoland.

76. decurrens, d'Orb., 1849. *Hamites decurrens*, Rœmer, 1841, p. 92, n° 2, pl. 14, fig. 9. Helgoland.

MOLLUSQUES GASTÉROPODES.

PALUDINA, Lamarck, 1822.

77. elongata, Sow., 1826, Min. Conch., 6, p. 11, pl. 509, fig. 1-2. Angleterre, île de Wight (Weald.).

78. carinifera, Sow., 1826, Min. Conch., 6, p. 11, pl. 509, fig. 3. Angleterre, Purbeck, Hollington.

79. fluviorum, Sow., 1813, Min. Conch., 1, p. 77, pl. 31, fig. 1. Angleterre, Tamise, Hackney (Weald.).

80. Sussexiensis, Sow., 1836, in Fitton, Trans. geol. Soc., 4, p. 178, pl. 22, fig. 6. Angleterre, Kent, Surrey, Sussex (Wealden).

SCALARIA, Lamarck, 1801.

*__81. canaliculata,__ d'Orb., 1842, Pal., Terr. crét., 2, p. 50, pl. 154, fig. 1-3. Marolles, Vassy, Renaud-du-Mont, Lieous, Saint-Sauveur.

82. Albensis, d'Orb., Pal., p. 51, pl. 154, fig. 4-5. France, Marolles, Saint-Sauveur.

TURRITELLA, Lamarck, 1801. D'Orb., Paléont. franç., Terr. crét., 2, p. 33.

*__83. Dupiniana,__ d'Orb., 1842, Paléont., 2, p. 34, pl. 151, fig. 1-3. France, Marolles.

*__84. angustata,__ d'Orb., 1843, Tabl., p. 449. *T. angulata*, d'Orb., 1842, Paléont. franç., Terr. crét., 2, p. 35, pl. 151, fig. 4-6 (non Sowerby, 1840). France, Marolles, Saint-Dizier.

*__85. lævigata,__ Leym., 1842, d'Orb., Paléont. franç., Terr. crét., 2, p. 36, pl. 151, fig. 7-9. France, Marolles.

*__86. Robineausa,__ d'Orb., 1847. Coquille pourvue de stries longitudinales fines sur des tours plans, non saillants. France, Saint-Sauveur (Yonne), Marolles (Aube).

EULIMA, Risso, 1825. Voy. t. 1, p. 116.

*__87. Albensis,__ d'Orb., 1842, Paléont., 2, p. 65, pl. 155, fig. 14-15. France, Marolles.

88. melanoides, Deshayes, 1842. D'Orb., Paléont. franç., Terr. crét., 2, p. 65, pl. 155, fig. 16-17. France, Marolles.

CHEMNITZIA, d'Orb., 1839. Voy. t. 1, p. 172.

89. Rouyana, d'Orb., 1847. Espèce courte, à tours lisses ou pourvus de lignes d'accroissement. France, Château-Neuf-de-Chabre.

NERINEA, Defrance, 1825. D'Orb. Voy. t. 1, p. 263.

90. Royeriana, d'Orb., 1842, Pal., 2, p. 80, pl. 159, fig. 3-4. France, Saint-Dizier.

*__91. Dupiniana,__ d'Orb., 1842, Paléont. franç., Terr. crét., 2, p. 81, pl. 159, fig. 5-8. Marolles, Ecorces, près de Russey, Saint-Sauveur.

92. Matronensis, d'Orb., 1842, Pal., 2, p. 82, pl. 159, fig. 9-10. France, Saint-Dizier.

*__93. Carteroni,__ d'Orb., 1842, Paléont. franç., Terr. crét., 2, p. 83, pl. 160, fig. 1-2. France, près de Russey.

*__94. lobata,__ d'Orb., 1842, Pal., 2, p. 83, pl. 160, fig. 3. Morteau.

*__95. bifurcata,__ d'Orb., 1842, Pal., 2, p. 84, pl. 160, fig. 4-5. Morteau.

*__96. Marcousana,__ d'Orb., 1847. Grande espèce à tours fortement excavés et largement ombiliqués. France, Noseroy (Jura).

ACTEON, Montfort, 1810. Voy. t. 1, p. 263.

*__97. Dupiniana,__ d'Orb., 1842, Pal., 2, p. 116, pl. 167, fig. 1-3. France, Marolles.

*__98. Marullensis,__ d'Orb., 1847. *A. affinis*, d'Orb., 1842, Paléont.

franç., Terr. crét., 2, p. 117, pl. 167, fig. 6-6 (non *affinis*, Fitton, 1836). France, Marolles; Colombie.

*99. **marginata,** d'Orb., 1842, Paléont. franç., Terr. crét., 2, p. 119, pl. 167, fig. 8-9 (non *marginata*, Forbes, 1844). France, Marolles, St-Sauveur, Ville-en-Blaisois.

*100. **Albensis,** d'Orb., 1842, Paléont. franç., Terr. crét., 2, p. 120, pl. 167, fig. 10-12. France, Marolles, Saint-Sauveur.

101. **ringens,** d'Orb., 1842, Paléont. franç., Terr. crét., 2, p. 121, pl. 167, fig. 13-15. France, Marolles, Morteau.

102. **scalaris,** d'Orb., 1842, Pal., 2, p. 125. France, Marolles.

103. **brevis,** d'Orb., 1842, Pal., 2, p. 125. France, Marolles.

104. **Popii,** d'Orb., 1847. *Tornatella Popii*, Sow., 1836, in Fitton, Trans. geol. Soc., 4, p. 178, pl. 22, fig. 8. Kent, Surrey Sussex.

*105. **Nerei,** d'Orb., 1847. Espèce ornée comme l'*A. marginata*, mais plus allongée et plus régulièrement ovale. France, Marolles (Aube).

AVELLANA, d'Orb., 1842, Paléont. franç., Terr. crét., 2, p. 131.

106. **globulosa,** d'Orb., 1842, Paléont. franç., Terr. crét., 2, p. 132, pl. 168, fig. 9-12. France, Marolles.

*107'. **sphæra,** d'Orb., 1847. Coquille sphérique fortement costulée en travers, à tours de spire convexes. France, Marolles (Aube).

VARIGERA, d'Orb., 1847. Voyez Néocomien supérieur.

*107'. **Ricordeana,** d'Orb., 1849. Espèce oblongue à fortes varices sur une surface lisse. Fontenoy (Yonne).

NATICA, Adanson, 1757. Voy. t. 1, p. 29.

*108. **sublævigata,** d'Orb., 1847. *N. lævigata*, d'Orb., 1842, Paléont. franç., Terr. crét., 2, p. 148, pl. 170, fig. 6-7 (non Sow., 1818). France, Marolles, Saint-Sauveur, Vassy, Baudrecourt, Auxerre ; Angleterre, île de Wight.

*109. **Coquandiana,** d'Orb., 1842, Paléont. franç., Terr. crét., 2, p. 151, pl. 171, fig. 1. France, Sassenage, Brunet (Var).

*110. **Hugardiana,** d'Orb., 1842, Paléont. franç., Terr. crét, 2, p. 151, pl. 171, fig. 2. *N. pseudoampullaria*, Mathéron, 1843. Savoie, Chambéry ; Allauch, près de Marseille.

111. **prælonga,** Deshayes, d'Orb., 1842, Pal. franç., Terr. crét., 2, p. 152, pl. 172, fig. 1. France, Vandœuvre ; Colombie, Rio-Subhé, affluent du Rio-Suarez.

*112. **bulimoides,** d'Orb., 1842, Paléont. franç., Terr. crét., 2, p. 153, pl. 172, fig. 2-3. *Natica Allaudiensis*, Mathéron. France, Marolles, Saint-Sauveur (Yonne), Bettancourt-la-Ferrée (Haute-Marne), Marseille (Bouches-du-Rhône).

*113. **Bruguierii,** Mathéron, 1843. Catalogue, p. 230, pl. 39, fig. 1. France, Allauch (Bouches-du-Rhône), Morteau (Doubs).

*114. **Neptuni,** d'Orb., 1847. Espèce intermédiaire en longueur, entre les *N. lævigata* et *bulimoides*, sans ombilic. France, Beaudrecourt (Haute-Marne), Marolles (Aube), Morteau (Doubs).

*115. **Carteroni,** d'Orb., 1847. Espèce voisine du *N. Bruguierii*, mais avec un ombilic bien plus large et plus profond. France, Le Pissoux, commune de Villers (Aube), Géovressiat, près de Nantua (Ain).

NERITA, Adanson, 1757. Voy. t. 1, p. 214.

116. **Fittonii,** d'Orb., 1847. *Neritina id.*, Sow, 1836, in Fitton,

Trans. geol. Soc., 4, p. 178, pl. 22, fig. 7. Angleterre, Kent, Surrey, Sussex (Weald.).

NERITOPSIS, Sow., 1825. Voy. t. 1, p. 172.

*117. **Robineausiana,** d'Orb., 1842, Paléont., 2, p. 174, pl. 176, fig. 1-4. France, Saint-Sauveur.

*117'. **Mariæ,** d'Orb., 1849. Espèce voisine de la précédente, mais avec de simples stries longitudinales sur une surface lisse. Fontenoy.

TROCHUS, Linné, 1758. Voy. t. 1, p. 64.

*118. **Albensis,** d'Orb., 1842, Paléont., 2, p. 183, pl. 177, fig. 1-3. France, Marolles.

*119. **substriatulus,** d'Orb., 1847. *T. striatulus*, Desh., d'Orb., Paléont. franç., Terr. crét., 2, p. 183, pl. 177, fig. 4-6 (non Desh., 1824). France, Marolles.

120. **Marollinus,** d'Orb., 1842, Paléont., 2, p. 184, pl. 177, fig. 7-8. France, Marolles.

*121. **dentigerus,** d'Orb., 1842, Pal., 2, p. 185, pl. 177, fig. 9-12. France, Marolles.

*122. **Moutonianus,** d'Orb., 1847. Grande espèce (60 mill.) carénée, tuberculeuse sur la spire. France, Caussols (Var).

?123. **bicinctus,** Rœm., 1841, Kreid. Ool., p. 81, n° 1, pl. 20, fig. 3. Schoppenstedt.

*123'. **Maimeanus,** d'Orb., 1849. Espèce à quatre côtes longitudinales tuberculeuses aux tours. France, Fontenoy (Yonne).

SOLARIUM, Lamarck, 1801. Voy. t. 1, p. 300.

*124. **Neocomiense,** d'Orb., 1842, Pal., 2, p. 195, pl. 179, fig. 1-4. France, Marolles.

*125. **alpinum,** d'Orb., 1847. Espèce très-déprimée, à large ombilic, à côtes treillissées. France, Lieous (Basses-Alpes).

STRAPAROLUS, Montfort, 1810. Voy. t. 1, p. 6.

126. **Dupinianus,** d'Orb., 1847. *Solarium idem*, d'Orb., 1842, Paléont. franç., Terr. crét., 2, p. 194, pl. 178, fig. 10-13. Marolles.

DELPHINULA, Lamarck, 1804. Voy. t. 1, p. 191.

127. **Dupiniana,** d'Orb., 1842, Paléont., 2, p. 209, pl. 182, fig. 1-4. France, Marolles.

PHASIANELLA, Lamarck, 1802. Voy. t. 1, p. 167.

*128. **Neocomiensis,** d'Orb., 1842, Paléont., 2, p. 232, pl. 187, fig. 1. France, Marolles.

TURBO, Linné. 1758. Voy. t. 1, p. 5.

129. **inconstans,** d'Orb., 1842, Paléont., 2, p. 213, pl. 182, fig. 14-17. France, Marolles.

*130. **Mantellii,** Leymerie, 1842. D'Orb., Paléont. franç., Terr. crét., 2, p. 214, pl. 183, fig. 5-7. France, Marolles, Saint-Sauveur.

131. **Yonninus,** d'Orb., 1842, Paléont., 2, p. 214, pl. 183, fig. 8-10. France, Saint-Sauveur.

132. **Adonis,** d'Orb., 1847. *T. elegans*, d'Orb., 1842, Paléont. franç., 2, p. 215, pl. 184, fig. 1-3 (non *elegans*, Gressly, 1789). Fr., Marolles.

*133. **Hilsensis,** d'Orb., 1847. *Turbo pulcherrimus*, Rœmer, 1842, Kreid., p. 80 (non Phillips, 1829). Hanovre, Hilses. Elle diffère par ses deux côtes saillantes.

*134. **subclathratus,** d'Orb., 1847. *T. clathratus*, Rœmer, 1841,

Nordd. Kreid., p. 80, n° 2; Ool., pl. 11, fig. 2 (non Donovan, 1799). Hanovre, Elligser, Osterwald.

135. Desvoidii, d'Orb., 1842, Pal. franç., Terr. crét., 2, p. 210, pl. 182, fig. 5-8. France, Marolles, Saint-Sauveur.

136. acuminatus, Desh., 1842. D'Orb., Paléont. franç., Terr. crét., 2, p. 211, pl. 182, fig. 9-11. France, Marolles.

***137. Marollinus,** d'Orb., 1842, Paléont. franç., Terr. crét., 2, p. 212, pl. 186, fig. 12-13. France, Marolles (Yonne), Saint-Julien.

***138. Acastus,** d'Orb., 1847. Belle espèce treillissée finement et ornée d'un méplat sur les côtés. France, Soulaines (Aube).

***139. Ixyon,** d'Orb., 1847. Espèce voisine de la précédente, mais à bien plus grosses côtes, à doubles carènes plus prononcées. France, Soulaines.

***140. subvaricosus,** d'Orb., 1847. Espèce grosse, à varices se correspondant sur deux lignes d'un tour à l'autre. France, Lisele (Var).

***140'. fenestratus,** d'Orb., 1849. Magnifique espèce à treillis qui laissent entre eux de profondes excavations. France, Fontenoy.

PLEUROTOMARIA, Defrance, 1825. Voy. t. 1, p. 7.

***141. Neocomiensis,** d'Orb., 1842, Paléont. franç., Terr. crét., 2, p. 240, pl. 188, fig. 8-12. France, Vassy, Saint-Sauveur, Marolles, Russey, Escragnolles.

***142. Pailletteana,** d'Orb., 1842, Paléont. franç., Terr. crét., 2, p. 241, pl. 189. France, Générgal, Cheiron, Renaud-du-Mont.

143. Robinaldi, d'Orb., 1842, Paléont., 2, p. 243, pl. 190, fig. 8. Saint-Sauveur.

***144. Dupiniana,** d'Orb., 1842, Paléont. franç., Terr. crét., 2, p. 245, pl. 191, fig. 1-4. France, Marolles, Renaud-du-Mont, Auxerre.

145. Albensis, d'Orb., 1842, Paléont., 2, p. 273. Marolles.

***146. Carteroni,** d'Orb., 1842, Paléont., 2, p. 273. Morteau.

***147. Jurensisimilis,** Rœm., 1841, Kreid., p. 82, n° 2, Ool., pl. 10, fig. 13. Elligser.

148. suprajurensis, Rœm., 1841, p. 82, n° 3; Oolith., pl. 10, fig. 15. Elligser.

148'. gigantea, Sow., in Fitton, 1837, Trans. geol. Soc., 4, pl. 14, fig. 16. Angleterre, île de Wight.

***149. Defrancii,** Mathéron, 1843, Catalogue, p. 237, pl. 39, fig. 14. France, Allauch (Bouches-du-Rhône), Trebief, près de Nozeroy (Jura).

150. Fittoni, d'Orb., 1847. *P. striata*, Sowerby, 1836, in Fitton, Trans. geol. Soc., 4, p. 158, pl. 14, fig. 16 (non Sow., 1834, étage 8°). Angl., Folkstone, Boughton.

***151. Phidias,** d'Orb., 1847. Grosse espèce à ombilic non largement excavé, comme chez le *P. Pailletteana*. Suisse, Neuchâtel.

152. contraria, d'Orb., 1847. Espèce à gauche de Morteau (Doubs).

STROMBUS, Linné, 1758. D'Orb., Paléont., Terrains crétacés, 2, p. 313.

153. subspeciosus, d'Orb., 1847. *Pterocera id.*, d'Orb., 1843, Pal. franç., Terr. crét., 2, p. 303, pl. 211, fig. 3-4 (non Schl., 1820). France, Marolles, Saint-Sauveur, Attincourt.

PTEROCERA, Lamarck, 1801. Voy. t. 1, p. 231.

*154. **Moreausiana,** d'Orb., 1843, Paléont. franç., Terr. crét., 2, p. 301, pl. 211, fig. 1-2. Bujard (Meuse), Marolles, Attincourt.
*155. **Dupiniana,** d'Orb., 1843, Paléont. franç., Terr. crét., 2, p. 302, pl. 211, fig. 5-7. France, Marolles, Attincourt, Saint-Sauveur.
*156. **Pelagi,** d'Orb., 1843, Paléont. franç., Terr. crét., 2, p. 304, pl. 212. Vassy, Marolles, Morteau, Marseille, Géovressiat (Ain).
*157. **Emerici,** d'Orb., 1843, id., 2, p. 306, pl. 216, fig. 1-2. France, Escragnolles.
*158. **Neocomiensis,** d'Orb., 1847. Espèce à côtes anguleuses, pourvue d'expansions nombreuses. France, Bettancourt (H.-Marne).
*159. **speciosa,** d'Orb., 1843, Paléont. franç., Terr. crét., 2, p. 21, pl. 303, fig. 3-4. France, Marolles (Aube), Bettancourt (H.-Marne).
*160. **tricarinata,** d'Orb., 1847. Espèce de moyenne taille à trois carènes au dernier tour de spire. Bettancourt-la-Ferrée (H. Marne).

ROSTELLARIA, Lamarck, 1801. D'Orb., Pal., Terr. crét., 2, p. 280.

*161. **Robinaldina,** d'Orb., 1843, Paléont. franç., Terr. crét., 2, p. 282, pl. 206, fig. 4-5. Saint-Sauveur, Marolles, Perte-du-Rhône.
*162. **scalaris,** d'Orb., 1843, id., 2, p. 298. Vassy.
*163. **acuta,** d'Orb., 1843, id., 2, p. 298. France, Marolles.
*164. **irregularis,** d'Orb., 1847. Espèce dont l'aile est courte, oblique, sinueuse en arrière. France, Château-Neuf (Hautes-Alpes).
*165. **Royeriana,** d'Orb., 1843, id., 2, p. 298. France, Vassy.

CHENOPUS, Phillippi, 1837.

*166. **Dupinianus,** d'Orb., 1847. *Rostellaria id.*, d'Orb., 1843, Paléont. franç., Terr. crét., 2, p. 281, pl. 206, fig. 1-3. France, Marolles, Saint-Sauveur, Auxerre.

FUSUS, Bruguière, 1791. Voy. t. 1, p. 303.

*167. **Neocomiensis,** d'Orb., 1843, id., 2, p. 331, pl. 222, fig. 1. France, Marolles.
*168. **delphinulus,** d'Orb., 1847. Espèce courte et large, striée en travers, sans côtes ni varices. France, Morteau (Doubs).

PYRULA, Lamarck, 1801. Nous conservons seulement dans le genre les espèces *ficoïdes*, minces, à stries croisées.

169. **infracretacea,** d'Orb., 1847. *Fusus id.*, d'Orb., 1843, Paléont. franç., Terr. crét., 2, p. 332, pl. 222, fig. 2-5. France, Marolles.
170. **ornata,** d'Orb., 1847. *Fusus id.*, d'Orb., 1843, Pal. franç., Terr. crét., 2, p. 333, pl. 222, fig. 11-13. France, Marolles.

CERITHIUM, Adanson, 1757. Voy. t. 1, p. 196.

*171. **terebroide,** d'Orb., 1843, Paléont. franç., Terr. crét., 2, p. 353, pl. 227, fig. 1. France, Marolles, Bettancout.
*172. **Marollinum,** d'Orb., 1843, id., 2, p. 353, pl. 227, fig. 2-3, France, Marolles.
173. **Dupinianum,** d'Orb., 1843, id., 2, p. 354, pl. 227, fig. 4-6. France, Marolles.
173'. **Albense,** d'Orb., 1843, id., 2, p. 255, pl. 227, fig. 10-12. France, Marolles.
*174. **Phillipsii,** d'Orb., 1843, Paléont. franç., Terr. crét., 2, p. 256, pl. 227, fig. 7-8. France, Marolles, Chenay (Yonne).
*175. **Clementinum,** d'Orb., 1843, Paléont. franç., Terr. crét., 2, p. 527, pl. 228, fig. 1-3. France, Marolles, Saint-Sauveur.

*176. **Gaudryi,** d'Orb., 1843, Paléont. franç., Terr. crét., 2, p. 258, pl. 228, fig. 4-6. France, Marolles, Soulaines (Aube).
*177. **subnassoides,** d'Orb., 1847. *C. nassoides*, d'Orb., 1843, Pal. franç., Terr. crét., 2, p. 359, pl. 228, fig. 7-19 (non Gratel, 1832). France, Marolles (Aube), Lieous (Basses-Alpes).
178. **Neocomiense,** d'Orb., 1843, id., 2, p. 360, pl. 232, fig. 8-10. France, Marolles.
179. **subpyramidale,** d'Orb., 1847. *C. pyramidale*, d'Orb., 1843, Pal. franç., Terr. crét., 2, p. 361, pl. 206, fig. 7-8 (non Sow., 1816). France, Marolles.
180. **Rouyanum,** d'Orb., 1843, Pal. franç., Terr. crét., 2, p. 382. France, Saint-Julien, Beauchêne.
*181. **carbonarium,** d'Orb., 1847. *Potamides id.*, Rœmer, Manus-crit. Médiocre espèce à sutures saillantes peu allongées. Hanovre.
182. **attenuatum,** d'Orb., 1847. *Melanopsis attenuata*, Sow., 1836, in Fitton, Trans. geol. Soc., 4, p. 178, pl. 22, fig. 5. Anglet., Kent, Surrey, Sussex (Weald.).
183. **subtricarinatum,** d'Orb., 1847. *Melanopsis id.*, Sow., 1836, in Fitton, Trans geol. Soc., 4, p. 178, pl. 22, fig. 4. Anglet., Kent, Surgey, Sussex (Weald.).
184. **Varusense,** d'Orb., 1847. Espèce voisine du *T. terebroides*, plus grande, sans tubercule sur la suture. France, Le Broc (Var).

COLOMBELLINA, d'Orb., 1848, Paléont. franç., Terr. crét., 2, p. 346.
185. **monodactylus,** d'Orb., 1843, Paléont. franç., Terr. crét., 2, p. 347, pl. 126, fig. 2-5. France, Marolles.

EMARGINULA, Lamarck, 1801, t. 1, p. 197.
186. **Neocomiensis,** d'Orb., 1843, Pal., 2, p. 392, pl. 235, fig. 4-8. France, Marolles.

HELCION, Montfort, 1810. Voy. t. 1, p. 9.
187. **lamellosa,** d'Orb., 1847. *Patella lamellosa*, Koch., 1837, Beitr. zur kenn. Ool., p. 51, pl. 6, fig. 4. Elligser-Brinke.
188. **subquadrata,** d'Orb., 1847. *Patella quadrata*, Koch, 1837, Beitr. zur Kenn. Ool., p. 51, pl. 6, fig. 3. Allemag., Elligser-Brinke.

BULLA, Linné, 1758.
189. **mantilliana,** Sow., 1836, in Fitton, Trans. geol. Soc., 4 p. 176, pl. 22, fig. 3. Angl., Tilgate. Forest (Weald.).

MOLLUSQUES LAMELLIBRANCHES.

PHOLAS, Linné, 1758. Voy. t. 1, p. 251.
190. **prisca,** Sowerb., 1828, M. C., 6, p. 157, pl. 158. Angleterre, Sandgate.
191. **Rœmeri,** d'Orb., 1847. *Fistulana constricta*, Rœmer, 1841, Kreid., p. 76, nº 1, pl. 10, fig. 11 (non *Pholas constricta*, Phillips, 1829). Hanovre, Helgoland.

PANOPÆA, Ménard, 1807. Voy. t. 1, p. 164.
*193. **Carteroni,** d'Orb., 1844, Paléont., 3, p. 332, pl. 255, fig. 1,

2. *Myopsis attenuata*, Agass., *Myopsis curta*, Agass., 1845. France, Morteau (Doubs); Neuchâtel, Suisse.

194. Cottaldina, d'Orb., 1844, Paléont. franç., Terr. crét., 3, p. 330, pl. 354, fig. 1, 2. France, Auxerre, Morteau.

195. Dupiniana, d'Orb., 1844, *id.*, 3, p. 328, pl. 353, fig. 1, 2. Marolles, Brillon.

***196. irregularis,** d'Orb., 1844, Paléont. franç., Terr. crét., 3, p. 326, pl. 352, fig. 1, 2. *Myopsis lateralis*, Agass., 1845. France, St-Sauveur, Bettancourt, Marolles; Suisse, Neuchâtel.

***197. Neocomiensis,** d'Orb., 1844, Paléont., 3, p. 329, pl. 353, fig. 3-8. *Myopsis unioïdes*, Agass., 1845, Etud. crit., pl. 31, fig. 11, 12. France, Bettancourt, Vassy, Auxerre, Morteau, Marolles; Suisse, Neuchâtel; Martinet de Charis, près de Nantua (Ain).

***198. obliqua,** d'Orb., 1844, *id.*, 3, p. 327, pl. 352, fig. 3, 4. France, Lattes.

***199. recta,** d'Orb., 1844, Paléont. franç., Terr. crét., 3, p. 334, pl. 356, fig. 1, 2. France, Marolles, Bettancourt, Morteau (Doubs).

***200. Robinaldina,** d'Orb., 1844, *id.*, 3, p. 331, pl. 354, fig. 3-5. St-Sauveur, Auxerre.

***201. rostrata,** d'Orb., 1844, Paléont. franç., Terr. crét., 3, p. 333, pl. 355, fig. 3, 4. *Lutraria id.*, Mathéron. France, Bettancourt. Provence.

202. Voltzii, d'Orb., 1847. *Lutraria Voltzii*, Math., 1842, Catalog., p. 139, pl. 12, fig. 2, 3. France, Alpines, près de St-Remy, Peyrolles, Allauch (B.-du-Rhône).

203. Urgonensis, d'Orb., 1847. *Lutraria id.*, Mathéron, 1842, Catalog., p. 139, pl. 12, fig. 1. France, Peagère-au-Rocher, près d'Orgon.

***204. Massiliensis,** d'Orb., 1847. *Lutraria id.*, Mathéron, 1842, Catalog., p. 140, pl. 12, fig. 8, 9. *Lutraria cuneata*, Mathéron, id., p. 140, pl. 12, fig. 4, 5. *Lutraria costata*, Rœmer. Allauch, La Latte (Var); Hanovre, Elligser-Brink.

205. Albertina, d'Orb., 1847. Espèce bien plus allongée et bien plus droite que le *Panopæa Robinaldina*. France, Morteau (Doubs).

206. lata, d'Orb., 1847. *Myopsis lata*, Agass., 1845, Etud. crit., p. 261, pl. 32, fig. 8, 9. Suisse, env. de Neuchâtel.

207. scaphoïdes, d'Orb., 1847. *Myopsis scaphoïdes*, Agass., 1845, Etud. crit., p. 261, pl. 32, fig. 4, 5. Suisse, env. de Neuchâtel.

PHOLADOMYA, Sow., 1826. Voy. t. 1, p. 73.

***208. Agassizii,** d'Orb., 1844, Paléont. franc., Terr. crét., 3, p. 352, pl. 363, fig. 1-3. France, Vaux-sur-Blaise, Bettancourt.

***209. elongata,** Münster, d'Orb., 1844, Paléont. franç., Terr. crét., 3, p. 351, pl. 362. *Ph. Scheucherii*, Agass., 1842? France, Brillon, Bettancourt, Marolles, sur le Fond, Jabron, Morteau; Savoie, Chambéry; Géovreissiat, près de Nantua.

?*210. alternans, Rœmer, 1840, Kreidi, p. 6, n° 5. Hanovre, Osterwald.

***211. Rouyana,** d'Orb., 1847. Espèce très-jolie, large du côté buccal, acuminée et terminée en rostre du côté anal, pourvue de fortes rides d'accroissement sur le crochet. France, St-Julien, Beauchêne (H.-Alpes).

*212. **semicostata,** Agass., 1842, Etud. Crit., p. 51, pl. 2, fig. 1, 2; pl. 3, fig. 11. France, Auxerre (Yonne); Suisse, env. de Neuchâtel, Hauterive, Cressier; Lauderon.
213. **caudata,** d'Orb., 1847. *Goniomya caudata*, Agass., 1842, Myes, p. 22, pl. 1, fig. 1; pl. 1 *bis*, fig. 1, 2, 3. Env. de Neuchâtel.
214. **lævis,** d'Orb., 1847. *Goniomya lævis*, Agass., 1842, Myes, p. 23, pl. 1, fig. 4, 5. Suisse, Neuchâtel.
LYONSIA, Turton, 1822. Voy. t. 1, p. 10.
215. **subrotundata,** d'Orb., 1847. *Panopæa rotundata*, Sowerby, 1836, in Fitton, Trans. geol. Soc., p. 129, pl. 13, fig. 2 (non *rotundata*, Phill., 1835). Angl., Folkstone, près Court-at-Street.
THRACIA, Leach, 1825. Voy. t. 1, p. 126.
*215'. **Phillipsii,** Rœmer, 1842, Kreid., p. 74, pl. 10, fig. 1 (non *depressa*, Phill.). Helgoland.
*216. **subdepressa,** d'Orb., 1847. *Mya depressa*, Phillips, 1829. Yorkshire, pl. 2, fig. 8 (non Sow.). Anglet., Speeton; Morteau.
217. **Nicoleti,** d'Orb., 1847. *Corimya Nicoleti*, Agass., 1845, Etud. crit., p. 272, pl. 37, fig. 1-6. Suisse, env. de Neuchâtel.
218. **vulvaria,** d'Orb., 1847. *Corimya vulvaria*, Agass., 1845, Etud. crit., p. 272, pl. 37, fig. 7-11. Suisse, env. de Neuchâtel.
219. **taurica,** d'Orb., 1847. *Corimya taurica*, Agass., 1845, Etud. crit., p. 273, pl. 39, fig. 12, 13. Simferopol en Crimée.
220. **subangulata,** Desh., Leymerie, 1842, Mém. Soc. géol., p. 3, pl. 5, fig. 1. France, Soulaines (Aube).
PERIPLOMA, Schumacher, 1817. Voy. t. 1, p. 11.
*221. **Neocomiensis,** d'Orb., 1844, Paléont. franç., Terr. crét., 3, p. 380, pl. 372, fig. 3, 4. France, St-Sauveur, Marolles (Yonne).
*222. **Robinaldina,** d'Orb., 1844, Paléont. franç., Terr. crét., 3, p. 380, pl. 372, fig. 1-3. France, Bettancourt (H.-Marne), St-Sauveur (Yonne), Morteau (Doubs).
ANATINA, Lamarck, 1809. Voy. t. 1, p. 74.
*223. **Agassizii,** d'Orb., 1844, Paléont., 3, p. 371, pl. 369, fig. 1, 2. *Platymya rostrata*, Agass., 1844 (non *rostrata*, Chemnitz). France, Vassy, Bettancourt; Suisse, Neuchâtel.
*224. **Astieriana,** d'Orb., 1844, *id.*, 3, p. 374, pl. 370, fig. 4, 5. France, Jabron.
*225. **Carteroni,** d'Orb., 1844, Paléont. franç., Terr. crét., 3, p. 375, pl. 371, fig. 1, 2. France, Renaud-du-Mont (Doubs).
*226. **Cornueliana,** d'Orb., 1844, *id.*, 3, p. 372, pl. 369, fig. 3, 4. Bettancourt.
227. **dilatata,** d'Orb., 1847. *Platymya id.*, Agass., 1844, Etud. crit., p. 181, pl. 10, fig. 13, 14. Suisse, Lauderon, Cormondrêche (Neuchâtel).
228. **subtenuis,** d'Orb., 1847. *Platymya tenuis*, Agass., 1844, Etud. crit., p. 183, pl. 10 a, fig. 5, 6 (non Brown, 1827). Suisse, Hauterive (Neuchâtel).
229. **inflata,** d'Orb., 1847. *Cercomya inflata*, Agass., 1844, Etud. crit., p. 153, pl. 11 a, fig. 22, 24. Suisse, Hauterive.
*230. **Marullensis,** d'Orb., 1844, Paléont. franç., Terr. crét., 3, p. 376, pl. 371, fig. 3, 4. France, Marolles, St-Dizier.

*231. **Robinaldina,** d'Orb., 1844, *id.*, 3, p. 374, pl. 370, fig. 6-8. France, St-Sauveur.

231'. **subsinuosa,** d'Orb., 1844, *id.*, 3, p. 373, pl. 370, fig. 1-3. Trémilly, Marolles.

232. **carinata,** d'Orb., 1847. *Solen carinatus*, Mathéron, 1842, Catalog., p. 133, pl. 11, fig. 1, 2. France, Allauch, près de Marseille.

GASTROCHÆNA, Spengler, 1783. Voy. t. 1, p. 275.

*233. **dilatata,** d'Orb., 1847. *Fistulana id.*, d'Orb., 1844, Paléont. franç., Terr. crét., 3, p. 394, pl. 375, fig. 1-4. France, Vandeuvre, Russey, près de Morteau.

SOLECURTUS, Blainville, 1824; d'Orb., Paléont. franç., Terr. crét., 3, p. 38.

234. **Robinaldinus,** d'Orb., 1847. *Solen id.*, d'Orb., 1844, Paléont. franç., Terr. crét., 3, p. 320, pl. 350, fig. 1, 2. France, St-Sauveur.

MACTRA, Linné, 1758. Voy. t. 1, p. 216.

*235. **Carteroni,** d'Orb., 1844, Paléont. franç., Terr. crét., 3, p. 367, pl. 368, fig. 6-9. Marolles, Morteau; Anglet., île de Wight.

236. **Dupiniana,** d'Orb., 1844, *id.*, 3, p. 367, pl. 368, fig. 3-5. France, Marolles.

*237. **matronensis,** d'Orb., 1844, *id.*, p. 366, pl. 368, fig. 1, 2. France, Bettancourt.

238. **substriata,** d'Orb., 1847. *Lutraria striata,* Sow., 1826, Min. Conch., 6, p. 65, pl. 534, fig. 1 (non Gmel., 1789). Lyme-Regis.

DONACILLA, Lamk., 1812; d'Orb., Paléont., Terr. crét., 3, p. 401.

*239. **Couloni,** d'Orb., 1844, Paléont. franç., Terr. crét., 3, p. 401, pl. 376, fig. 1, 2. France, Auxerre, Brienne; Suisse, Chaud-de-Fond, Neuchâtel.

LAVIGNON, Cuvier, 1817. Voy. t. 1, p. 306.

240. **rhomboïdalis,** d'Orb., 1847. *Pholadomya rhomboïdalis*, Leym., 1842, Mém. de la Soc. géol., 5, p. 3, pl. 2, fig. 6. France, Ville-sur-Terre, La Doire (Var).

ARCOPAGIA, Brown, 1827; d'Orb., Paléont. franç., 3, p. 409.

*241. **subconcentrica,** d'Orb., 1847. *A. concentrica*, d'Orb., 1844, Paléont. franç., Terr. crét., 3, p. 410, pl. 378, fig. 1-6 (non Reuss, 1843). Bousseval, Bettancourt, Marolles, Morteau, Saint-Sauveur.

TELLINA, Linné, 1758. Voy. t. 1, p. 275.

*242. **Carteroni,** d'Orb., 1844, Paléont. franç., Terr. crét., 3, p. 420, pl. 380, fig. 12. France, Morteau, St-Sauveur, Marolles.

LEDA, Schum., 1817. Voy. t. 1, p. 11.

*243. **scapha,** d'Orb., 1847. *Nucula id.*, d'Orb., 1843, Pal. franç., Terr. crét., 3, p. 167, pl. 301, fig. 1-3. France, Ancerville, Marolles, St-Sauveur; Colombie, Bogota.

VENUS, Linné, 1758; d'Orb., Paléont. franç., Terr. crét., 3, p. 428.

*244. **Cornueliana,** d'Orb., 1845, Paléont. franç., Terr. crét., 3, p. 436, pl. 383, fig. 10-13. France, Bettancourt, Marolles, St-Sauveur, Renaud-du-Mont.

*245. **Cottaldina,** d'Orb., 1845, Paléont. franç., Terr. crét., 3, p. 438, pl. 384, fig. 1-3. Bettancourt, Auxerre, St-Sauveur, Marolles.

*246. **Dupiniana,** d'Orb., 1845, Paléont. franç., Terr. crét., 3, p. 434, pl. 383, fig. 1-4. St-Sauveur, Marolles, Renaud-du-Mont.

*247. **sub-Brongniartina,** d'Orb., 1847. *A. Brongniartina*, Leym., 1842; d'Orb., Paléont. franç., Terr. crét., 3, p. 432, pl. 382, fig. 3-6, (non Payr., 1825). Bettancourt, Renaud-du-Mont, Auxerre, Marolles.
*248. **Galdryna,** d'Orb., 1845, Paléont. franç., Terr. crét., 3, p. 437, pl. 383, fig. 14, 15. Bettancourt, Renaud-du-Mont, Saint-Sauveur.
*249. **Icaunensis,** d'Orb., 1845, Paléont. franç., Terr. crét., 3, p. 439, pl. 384, fig. 4-6. France, St-Sauveur, Marolles.
*250. **matronensis,** d'Orb., 1845, *id.*, 3, p. 433, pl. 382, fig. 7, 8. Bettancourt.
*251. **obesa,** d'Orb., 1845, Pal., 3, p. 434, pl. 383, fig. 9-11. Marolles.
*252. **Ricordeana,** d'Orb., 1845, Paléont. franç., Terr. crét., 3, p. 431, pl. 382, fig. 1, 2. Seignelay, Auxerre, Trémilly, Bettancourt.
*253. **Robinaldina,** d'Orb., 1845, Paléont. franç., Terr. crét., 3, p. 435, pl. 383, fig. 5-9. France, Marolles, Renaud-du-Mont, Morancourt, Baudrecourt.
*254. **vendoperata,** d'Orb., 1845, Paléont. franç., Terr. crét., 3, p. 439, pl. 384, fig. 7-10. France, Seignelay, Auxerre, St-Sauveur, Bettancourt.

CYCLAS, Bruguière, 1791. Voy. t. 2, p. 60.

255. **angulata,** Sowerby, 1836, in Fitton, Trans. geol. Soc., 4, p. 176, pl. 21, fig. 13. Angl., Weald.-Clay, Kent, Surrey, Sussex, Wardour (Weald.).
256. **media,** Sowerby, 1826, Min. Conch., 6, pl. 527, *id.*, in Fitton, Trans. geol. Soc., 4, p. 176, pl. 21, fig. 10, 11. Angleterre, Kent, Surrey, Sussex, Wardour, Oxfordshire (Weald.).
257. **membranacea,** Sowerby, 1826, Min. Conch., 6, pl. 527, fig. 3, *id.*, Sow., 1836, in Fitton, Trans. geol. Soc., 4, p. 177. Anglet., Kent, Surrey, Sussex (Weald.), Punfield.
258. **subquadrata,** Sow., 1836, in Fitton, Trans. geol. Soc., 4, p. 177, pl. 21, fig. 8. Angl., Kent, Surrey, Sussex (Weald.).
259. **elongata,** Sow., 1836, in Fitton, Trans. geol. Soc., 4, p. 259, pl. 21, fig. 9. Angl., Wardour, Oxfordshire (Weald.).
260. **parva?** Sow., 1836, in Fitton, Trans. geol. Soc., 4, p. 259, pl. 21, fig. 7. Anglet., Wardour, Oxfordshire (Weald.).

CORBULA, Brug., 1791. Voy. t. 1, p. 275.

*261. **compressa,** d'Orb., 1845, Pal., 3, p. 458, pl. 388, fig. 6-8. Coulaines.
262. **incerta,** d'Orb., 1845, 3, p. 456, pl. 388, fig. 1, 2. France, Marolles.
263. **Neocomiensis,** d'Orb., 1847. *C. carinata*, d'Orb., 1845, Pal. franç., Terr. crét., 3, p. 457, pl. 388, fig. 3-5. France, Marolles, Bettancourt, Attencourt, St-Sauveur.
*264. **striatula,** Sow., 1827; d'Orb., 1845, Paléont. franç., Terr. crét., 3, p. 459, pl. 388, fig. 9-13. France, St-Sauveur, Auxerre.
265. **alata,** Sow., 1836, in Fitton, Trans. geol. Soc., 4, p. 176, pl. 21, fig. 5. Anglet., Pounceford, près de Burwash, Sussex.

OPIS, Defrance, 1825. Voy. t. 1, p. 198.

*266. **Neocomiensis,** d'Orb., 1843, Paléont. franç., Terr. crét., 3, p. 51, pl. 253, fig. 1-5. France, St-Sauveur, Marolles, Bernon.

ASTARTE, Sow., 1818. Voy. t. 1, p. 216.

*267. **subacuta,** d'Orb., 1847. *A. carinata,* d'Orb., 1843, Paléont. franç., Terr. crét., 3, p. 63, pl. 262, fig. 1-3 (non *carinata,* Phillips, 1829). France, Brienne, Marolles.

*268. **Beaumontii,** Leym., 1842; d'Orb., Pal. franç., Terr. crét., 3, p. 60, pl. 260. France, St-Dizier, Brillon, Ancerville, Auxerre, Fontenoy; Anglet., île de Wight.

*269. **disparilis,** d'Orb., 1843, Paléont. franç., Terr. crét., 3, p. 66, pl. 263, fig. 1-4. France, St-Sauveur, Marolles, Vaux-sur-Blaise, St-Dizier.

*270. **elongata,** d'Orb., 1843, Paléont. franç., Terr. crét., 3, p. 68, pl. 263, fig. 8-11. France, Marolles, St-Sauveur.

*271. **Astieriana,** d'Orb., 1847. Petite espèce obronde, ridée concentriquement, mais à rides inégales. France, Lieous (B.-Alpes).

*272. **subdentata,** Rœmer, 1841; Kreid., p. 71, pl. 9, fig. 9. Hils.

?272'. **subformosa,** d'Orb., 1847. *A. formosa,* d'Orb., Pal. franç., Terr. crét., 3, p. 65, pl. 262, fig. 10-12 (non Fitton). Auxerre, Brienne.

*273. **gigantea,** Desh., 1842; d'Orb., Paléont. franç., Terr. crét., 3, p. 58, pl. 258. France, Vandeuvre, Gréoux, St-Dizier.

274. **Moreana,** d'Orb., 1843, *id.*, 3, p. 60, pl. 259. France, Brillon.

*275. **Neocomiensis,** d'Orb., 1847. *A. transversa,* d'Orb., Paléont. franç., Terr. crét., 3, p. 61, pl. 261. France, Brillon, St-Dizier, Morteau, St-Sauveur.

*276. **Numismalis,** d'Orb., 1843, Paléont. franç., Terr. crét., 3, p. 63, pl. 262, fig. 4-6. France, St-Dizier, Marolles, St-Sauveur.

*277. **subcostata,** d'Orb., 1847. *A. striato-costata,* Paléont. franç., Terr. crét., 3, p. 64, pl. 262, fig. 7-9 (non Rœmer, 1836). France, Marolles, Attencourt, St-Sauveur.

*278. **pseudostriata,** d'Orb., 1847. *A. substriata,* Leym., 1842; d'Orb., Paléont. franç., Terr. crét., 3, p. 67, pl. 263, fig. 5-8 (non Bronn, 1835). France, Marolles, Auxerre.

?279. **Buchii,** Rœmer, 1842, de Astarte genere, p. 20, fig. 4. France (Ain).

CRASSATELLA, Lamarck, 1801; d'Orb., Paléont. franç., Terr. crét., 3, p. 72.

*280. **Cornueliana,** d'Orb., 1843, Paléont. franç., Terr. crét., 3, p. 74, pl. 264, fig. 7-9. Bettancourt, Attencourt, Morancourt.

*281. **Robinaldina,** d'Orb., 1843, Paléont. franç., Terr. crét., 3, p. 75, pl. 264, fig. 10-13. France, St-Sauveur, Auxerre, Marolles, Morancourt.

CARDITA, Brug., 1789. D'Orb., Paléont. franç., Terr. crét., 3, p. 84.

*282. **Neocomiensis,** d'Orb., 1843, *id.*, 3, p. 85, pl. 267, fig. 1-6. Fr., Marolles.

*283. **quadrata,** d'Orb., 1843, *id.*, 3, p. 86, pl. 267, fig. 7-10. Fr., Marolles, Fontenoy.

284. **fenestrata,** d'Orb., 1847. *Venus fenestrata,* Forbes, 1844, Quarterly Journal, 1, p. 240, pl. 2, fig. 6. Angl., Peasemarsh.

CYPRINA, Lamarck, 1801. Voy. t. 1, p. 173.

*285. **Bernensis,** Leymerie, 1842. *C. rostrata,* d'Orb., 1843, Pal.

franç., Terr. crét., 3, p. 98, pl. 271 (non *rostrata*, Sow., 1836). Fr., Marolles, Auxerre, Morteau (Doubs), Bernon (Aube).

*286. **Carteroni,** d'Orb. Espèce moyenne, plus épaisse et plus allongée que le *C. Bernensis*. France, Morteau (Doubs), Auxerre (Yonne).

287. **Sowerbyi,** d'Orb., 1847. *C. angulata*, Sow., 1836, in Fitton, Trans. geol. Soc., 4, p. 128 (non Sow., Min. Conch.). Folkstone.

TRIGONIA, Bruguière, 1791. Voy. t. 1, p. 198.

*288. **carinata,** Agassiz, 1840. D'Orb., Pal. franç., Terr. crét., 3, p. 132, pl. 286. *T. sulcato-carinata*, *T. elongata*, Sow., 1823, Min. Conch., pl. 431, fig. 112 (exclus. fig. 3). France, Saint-Sauveur, Morteau, Vaux-sur-Blaise, Brillon, Gréoux; Neuchâtel (Suisse).

*288'. **divaricata,** d'Orb., 1843, *id.*, 3, p. 135, pl. 288, fig. 1 4. Bettancourt.

*289. **longa,** Agass., 1840. Pal. fr., Terr. crét., 3, p. 130, pl. 285. *T. excentrica*, Math. (non Sow.). Fr., Bettancourt, Saint-Sauveur, Marolles, Géovreissiat, près de Nantua, Vaucluse, mont Mélian (Bouches-du-Rhône); Suisse, Neuchâtel; Colombie, Tocayma.

*290. **ornata,** d'Orb., 1843, Paléont. franç., Terr. crét., 3, p. 136, pl. 288, fig. 5-9. France, Saint-Dizier, Vassy, Ancerville, Auxerre, Perte-du-Rhône (Ain).

290. **Robinaldina,** d'Orb., *id.*, 3, p. 139, pl. 299, fig. 1-2. Saint-Sauveur.

*291. **rudis,** Parkinson, 1811. D'Orb., Paléont. franç., Terr. crét., 3, p. 137, pl. 289. *T. cincta*. France, Saint-Sauveur, Vassy, Ventoux, Morteau; Suisse, Neuchâtel; Angl., île de Wight.

*292. **caudata,** Agassiz, 1840. D'Orb., Paléont. franç., Terr. crét., 3, p. 133, pl. 287. France, Bettancourt, Auxerre, Saint-Sauveur, Comble, Morteau; Suisse, Neuchâtel; Angl., île de Wight.

*293. **scapha,** Agass., 1840, Etud. crit., Trigon., p. 15, pl. 7, fig. 17-20. France, Vorey, près de Besançon (Doubs).

294. **paradoxa,** Agass., 1840, Etud. crit., Trig., p. 46, pl. 10, fig. 12 et 13. France, env. de Besançon (Doubs).

LUCINA, Brug., 1791. Voy. t. 1, p. 76.

*295. **Cornueliana,** d'Orb., 1843, *id.*, 3, p. 116, pl. 281, fig. 3-5. Bettancourt.

*296. **Dupiniana,** d'Orb., 1843, Paléont. franç., Terr. crét., 3, p. 117, pl. 281, fig. 6-8. France, Marolles, Morteau.

*297. **Rouyana,** d'Orb., 1843, Paléont. franç., Terr. crét., 3, p. 118, pl. 283 *bis*, fig. 8-10. France, Château-Neuf-de-Chabre.

*298. **globiformis,** Leymerie, 1842, Mém. Soc. géol., p. 4, pl. 3, fig. 8. France, Chaource, Rumilly (Aube).

CORBIS, Cuvier, 1817. Voy. t. 1, p. 279.

*299. **corrugata,** d'Orb., 1847. *Sphæra corrugata*, Sow., Min. C., 4, p. 42, pl. 335. *Corbis cordiformis* d'Orb., 1843, Paléont. franç., Terr. crét., 3, p. 111, pl. 279. *Venus cordiformis*, Leymerie. *Cardium gallo-provinciale*, Mathéron. France, Saint-Dizier, Vassy, Brillon, Génégal, Marolles, Orgon; Lattes (Var); Angl., île de Wight.

300. **obovata,** d'Orb., 1847. *Astarte obovata*, Sow., 1822, Min. C., 4, p. 73, pl. 353. Angl., île de Wight.

CARDIUM, Bruguière, 1791. Voy. t. 1, p. 33.

*301. **Cottaldinum,** d'Orb., 1843, Paléont. franç., 3, p. 22, pl. 242, fig. 1-4. France, Bettancourt, Marolles, Saint-Sauveur.

*302. **imbricatarium,** d'Orb., 1843, Paléont. franc., Terr. crét., 3, p. 18, pl. 239, fig. 4-6. France, Marolles, Saint-Sauveur.

*303. **impressum,** Desh., 1843. D'Orb., Paléont. franç., Terr. crét., 3, p. 20, pl. 240. France, Vandeuvre, Briel, Brillon.

*304. **peregrinum,** d'Orb., 1843, Paléont. franc., Terr. crét., 3, p. 16, pl. 239, fig. 1-3. France, Bettancourt, Marolles, St-Sauveur.

*305. **subhillanum,** Leymerie, 1842. D'Orb., Paléont., 3, p. 19, pl. 239, fig. 6-8. France, Marolles, Chenay, Saint-Sauveur; Nouvelle-Grenade, Tocayma.

*306. **Voltzii,** Leymerie, 1842. D'Orb., Paléont. franç., 3, p. 21, pl. 241. France, Auxerre, Narcy, Marolles, Morteau.

307. **sphæroideum,** Forbes, 1844, Quarterly Journal, 1, p. 243, pl. 2, fig. 8. Angl., Culver, Hythe, Sandgate.

UNICARDIUM, d'Orb., 1847. Voy. t. 1, p. 218.

*308. **inornatum,** d'Orb., 1847. *Cardium inornatum*, d'Orb., 1843, Paléont. franç., 3, p. 24, pl. 256, fig. 3-6. France, Bettancourt-la-Ferrée (Haute-Marne).

ISOCARDIA, Lam., 1799. Voy. t. 1, p. 132.

*309. **Neocomiensis,** d'Orb., 1843, Pal. franç., 3, p. 44, pl. 250, fig. 9-11. France, Auxerre (Yonne), Brillon (H.-Marne), Vandeuvre.

UNIO, Retzius, Paléont. franç., Terr. crét., 3, p. 126.

310. **porrectus,** Sow., 1828, M. C., 6, p. 189, pl. 594, fig. 1. *U. Mantellii*, Sow., 1836, in Fitton, Trans. geol. Soc., 4, p. 179, pl. 21, fig. 14. Angl., Tilgate, Kent, Surrey, Sussex.

*311. **compressus,** Sow., 1828, Min. Conch., 6, p. 189, pl. 594, fig. 2. *U. Martinii*, Sow., 1836, *id.*, 4, p. 179, pl. 21, fig. 17. Peut-être *Unio Waldensis*, Mantell, 1846, Lond. geol. Journ., 1, pl. 14. Angleterre, Kent, Surrey, Sussex, île de Wight, Tilgate.

312. **antiquus,** Sow., 1828, M. C., 6, p. 189, pl. 594, fig. 3, 4, 5. Tilgate.

313. **cordiformis,** Sow., 1828, 6, p. 191, pl. 595, fig. 1. Tilgate.

314. **aduncus,** Sow., 1826, id., 6, p. 191, pl. 595, fig. 2. Tilgate.

315. **subtruncatus,** Sow., 1836, in Fitton, Trans. geol. Soc., 4, p. 178, pl. 21, fig. 15. Angl., Kent, Surrey, Sussex.

316. **Gualtierii,** Sow., 1836, *id.*, 4, p. 179, pl. 21, fig. 16. Kent, Surrey, Sussex.

ISOARCA, Münster, 1843.

*317. **Alpina,** d'Orb., 1847. Espèce voisine de l'*Isoarca decussata*, mais bien plus large à l'extrémité anale. France, Jabron.

NUCULA, Lam., 1801. Voy. t. 1, p. 12.

*318. **planata,** Desh., 1842. *N. obtusa*, d'Orb., 1843, Paléont., 3, p. 163, pl. 300, fig. 1-5 (non *N. obtusa*, Sow., 1836). France, St-Sauveur, Marolles, Vassy, Auxerre.

*319. **Cornueliana,** d'Orb., 1847. *N. impressa*, d'Orb., 1843, Pal., 3, p. 165, pl. 300, fig. 6-10 (non *impressa*, Sow., 1824). France, Vassy, Marolles, Auxerre.

*320. **simplex,** Deshayes, 1842. D'Orb., Paléont. franç., 3, p. 166, pl. 300, fig. 11-15. France, Saint-Sauveur, Marolles, Auxerre.

321. subtriangulata, Koch, 1837, Beitr., p. 50, pl. 6, fig. 1. *N. subtrigona*, Rœmer, 1841, Nord. Kreid., p. 68, pl. 8, fig. 25. Allem., Delligsen, Elligser-Brinke.

PECTUNCULUS, Lam., 1801. D'Orb., Paléont. franç., Terr. crét., 3, p. 186.

***322. Marullensis,** Leym., 1842. D'Orb., Paléont. franç., Terr. crét., 3, p. 187, pl. 306, fig. 1-6. Bettancourt-la-Ferrée, Marolles.

ARCA, Linné, 1758. Voy. t. 1, p. 13.

***323. Carteroni,** d'Orb., 1843, Paléont. fr., Terr. crét., 3, p. 202, pl. 309, fig. 4-8. France, Marolles, Renaud-du-Mont.

***324. consobrina,** d'Orb., 1843, *id.*, 3, p. 209, pl. 311, fig. 4-7. Marolles.

325. Dupiniana, d'Orb., 1843, *id.*, 3, p. 207, pl. 310, fig. 9, 10. Marolles.

***326. Gabrielis,** d'Orb., 1843. *Cucullea id.*, Leym., 1842. D'Orb., Paléont. franç., 3, p. 198, pl. 308. *Cucullea tumida*, Mathéron (non d'Archiac). *Cucullea dilatata*, d'Orb., 1842 (Colombie). Bettancourt, Brousseval, Brillon, Auxerre, Russey, Lattes (Var); Anglet., île de Wight; Colombie, Nouvelle-Grenade, Zapatore, Rio Sube (Socorro).

***327. Marullensis,** d'Orb., 1843, 3, p. 205, pl. 310, fig. 3-5. Marolles, Auxerre.

***328. Neocomiensis,** d'Orb., 1843, 3, p. 206, pl. 310, fig. 6-8. Marolles.

***329. Moreana,** d'Orb., 1843, Paléont. franç., Terr. crét., 3, p. 200, pl. 309, fig. 1-3. France, Brillon, Bettancourt, Brousseval, Marolles.

***330. Raulini,** d'Orb., 1843, Paléont. franç., 3, p. 204, pl. 310, fig. 1, 2. Marolles, Saint-Sauveur, Renaud-du-Mont; île de Wight.

***331. Robinaldina,** d'Orb., 1843, 3, p. 208, pl. 310, fig. 11-12. Marolles.

***332. securis,** d'Orb., 1843, 3, p. 203, pl. 309, fig. 9, 10. Vallerest, Marolles.

***333. Cornueliana,** d'Orb., 1843, Paléont. franç., Terr. crét., 3, p. 208, pl. 311, fig. 1-3. France, Vassy, Marolles, Auxerre, Morteau.

334. cor, d'Orb., 1847. *Cucullæa cor*, Mathéron, 1842, Cat., p. 160, pl. 19, fig. 3. France, Allauch (Bouches-du-Rhône).

335. Astieriana, Mathéron, 1843, Cat., p. 162, pl. 21, fig. 1, 2. Lattes (Var).

!336. Schusteri, d'Orb., 1847. *Cucullæa Schusteri*, Rœmer, 1841, Nordd. Kreid., p. 70, n° 1, pl. 9, fig. 3. Hanovre, Bredenbeck.

MYOCONCHA, Sow., 1824. Voy. t. 1, p. 165.

***336'. Neocomiensis,** d'Orb., 1847. Espèce voisine du *M. crassa*, dont nous ne connaissons que le moule intérieur. France, Nantua.

PINNA, Linné, 1758. Voy. t. 1, p. 135.

***337. Robinaldina,** d'Orb., 1844, Paléont. fr., 3, p. 251, pl. 330, fig. 1-3. France, Auxerre, Marolles; Angl., île de Wight.

***338. sulcifera,** Leymerie, 1842. D'Orb., Paléont. franç., 3, p. 250, pl. 329. Fr., Vassy (Haute-Marne), Auxerre (Yonne), Sault (Var), près d'Orgon (Bouches-du-Rhône).

339. subrugosa, d'Orb., 1847. *P. rugosa*, Rœmer, 1841, Kreid., p. 65, n° 6; Oolith., pl. 18, fig. 37 (non Sow., 1835). Osterwald.

MITYLUS, Linné, 1758. Voy. t. 1, p. 82.

*340. **æqualis,** d'Orb., 1844, Paléont. franç., Terr. crét., 3, p. 265, pl. 337, fig. 3, 4. France, Saint-Sauveur, Marolles, Gréoux.

*341. **Carteroni,** d'Orb., 1844, 3, p. 266, pl. 337, fig. 5, 6. Russey.

*342. **Cornuelianus,** d'Orb., 1844, Paléont. franç., Terr. crét., 3, p. 268, pl. 337, fig. 10-13. Fr., Vaux-sur-Blaise, Marolles, Auxerre.

*343. **Fittoni,** d'Orb., 1847. *M. reversus*, d'Orb., 1844, Paléont. franç., 3, p. 264, pl. 337, fig. 1, 2 (non *M. reversus*, Sow., 1836). Fr., Auxerre, Marolles.

*344. **sublineatus,** d'Orb., 1847. *M. lineatus*, d'Orb., 1844, Pal., franç., Terr. crét., 3, p. 266, pl. 337, fig. 7-9 (non Gmelin, 1789). Fr., Marolles, Narcy.

*345. **Matronensis,** d'Orb., 1844, Paléont. franç., Terr. crét., 3, p. 269, pl. 337, fig. 14-16. France, Bettancourt ; Hanovre.

*346. **subsimplex,** d'Orb., 1847. *M. simplex*, 1844, Paléont. franç., Terr. crét., 3, p. 269, pl. 338, fig. 1-3 (non Defrance, 1824). France, Vassy, Saint-Sauveur, Auxerre.

*347. **pulcherrimus,** d'Orb., 1847. *Modiola pulcherrima*, Rœmer, Nordd. Kreid., p. 66, n° 1, pl. 4, fig. 14. Elligser, Bredenbeck.

*348. **Couloni,** Marcou (manuscrit). Belle espèce voisine du *M. pectinatus* de l'étage oxfordien, mais plus anguleuse. France, Censeau.

349. **subangustus,** d'Orb., 1847. *Modiola angusta*, Rœm., 1841, Nordd. Kreid., p. 66, n° 2 ; Ool., pl. 18, fig. 36 (non Deshayes, 1824). Hanovre, Schöppenstedt.

350. **subrugosus,** d'Orb., 1847. *Modiola rugosa*, Rœmer, 1841, Nordd. Kreid., p. 67, n° 4 ; Ool., pl. 5, fig. 10. Hanovre, Elligser.

351. **Lyellii,** Sow., 1836, in Fitton, Trans. geol. Soc., 4, p. 178, pl. 21, fig. 18. Angl., Kent, Surrey, Sussex, Oxfordshire (Weald.).

*353. **densesulcatus,** d'Orb., 1847. Belle espèce à sillons profonds partout, avec des tubercules entre. France, Soulaines (Aube).

LITHODOMUS, Cuv., 1817. D'Orb., Paléont. franç., 3, p. 287.

*354. **amygdaloïdes,** d'Orb., 1844, Paléont. franç., Terr. crét., 3, p. 290, pl. 344, fig. 7-9. Bettancourt, Baudrecourt, Saint-Sauveur.

355. **Archiacii,** d'Orb., 1844, 3, p. 290, pl. 344, fig. 11-12. Bettancourt, St-Sauveur.

*356. **oblongus,** d'Orb., 1844, Paléont. fr., Terr. crét., 3, p. 289, pl. 344, fig. 4-6. France, St-Sauveur, Auxerre, Vaux-sur-Blaise.

*357. **prælongus,** d'Orb., 1844, 3, p. 289, pl. 344, fig. 1-3. Brienne.

LIMA, Bruguière, 1791. Voy. t. 1, p. 175.

*358. **Carteroniana,** d'Orb., 1845, Paléont. fr., 3, p. 525, p. 414, fig. 1-4. France, Auxerre, Saint-Sauveur, Saint-Dizier, Vassy, Baudrecourt, Russey, Lattes.

*359. **Dupiniana,** d'Orb., 1845, Paléont. franç., Terr. crét., 3, p. 535, pl. 415, fig. 18-22. France, Marolles, Saint-Sauveur.

*360. **expansa,** Forbes, 1844. D'Orb., Paléont. franç., Terr. crét., 3, p. 533, pl. 415, fig. 9-12. France, Morteau, Auxerre ; Anglet.

*361. **longa,** Rœmer, 1841. D'Orb., Paléont. franç., Terr. crét., 3, p. 529, pl. 414, fig. 13-16. Hanovre, Elligser.

362. **Neocomiensis,** d'Orb., 1845, 3, p. 536, pl. 417, fig. 1, 2, 7, 8. Morteau.

*363. **Robinaldina,** d'Orb., 1845, 3, p. 531, pl. 415, fig. 5-8. St-Sauveur, Brienne.

*364. **Tombekiana,** d'Orb., 1845, Paléont. fr., 3, p. 534, pl. 415, fig. 13-17. France, Auxerre, Saint-Sauveur, Morteau, Marolles, Bettancourt, Vassy; Suisse, Neuchâtel; Savoie, Cluse.

*365. **undata,** d'Orb., 1845, Paléont. fr., 3, p. 528, pl. 414, fig. 9-12. France, Auxerre, Saint-Sauveur, Saint-Dizier, Brienne.

*366. **Royeriana,** d'Orb., 1845, 3, p. 527, pl. 414, fig. 5-8. Morteau, Saint-Dizier.

*367. **Moreana,** d'Orb., 1845, 3, pl. 6-10, fig. 416. France, Saint-Dizier.

?368. **stricta,** Rœm., 1841, Kreid., p. 56, n. 7; Oolit., pl. 13, fig. 17. Allem., Elligser.

?369. **subrigida,** Rœmer, 1841, Nordd. Kreid., p. 57, n° 15; Ool., pl. 13, fig. 16. Allem., Elligser.

?370. **plana,** Rœm., 1841, Nordd. Kreid., p. 57, n° 16; Ool., pl. 13, fig. 18. Peut-être *longa*, Rœmer. Elligser.

371. **Fittoni,** d'Orb., 1847. *L. semisulcata*, Sow., 1836, in Fitton, Trans. geol. Soc., p. 129, pl. 11, fig. 10 (non Nilsson, 1818). Anglet., Folkstone.

372. **Massiliensis,** Mathéron, 1843, Cat., p. 182, pl. 29, fig. 1, 2. France, Marseille, près de la tour des Catalans.

373. **Gallo-provincialis,** Mathéron, 1843, Cat., p. 182, pl. 29, fig. 5. France, Allauch (Bouches-du-Rhône).

AVICULA, Klein, 1753. Voy. vol. 1, p. 13.

*374. **Carteroni,** d'Orb., 1845. Paléont. franç., 3, p. 472, pl. 390. France, Renaud-du-Mont, Maisons-sous-les-Écorces, Auxerre, St-Sauveur.

*375. **Cottaldina,** d'Orb., 1845, Paléont. franç., Terr. crét., 3, p. 470, pl. 389, fig. 1, 2. France, Auxerre, Brillon.

*376. **Cornueliana,** d'Orb., 1845, 3, p. 471, pl. 389, fig. 3, 4. St-Dizier.

*377. **pectinata,** Sow., 1836; d'Orb., 3, p. 473, pl. 391, fig. 1-3. St-Dizier.

378. **Allaudiensis,** Mathéron, 1843, Catal., p. 175, pl. 26, fig. 1. France, Allauch (Bouches-du-Rhône).

GERVILIA, Defrance, 1820. Voy. vol. 1, p. 201.

*379. **anceps,** Desh., 1842, d'Orb., Paléont., 3, p. 482, pl. 394. France, Brillon, Seignelay, Auxerre, St-Sauveur, Vandeuvre, Marolles, Renaud-du-Mont; île de Wight à Atherfield, Pullborough.

*380. **alæformis,** d'Orb., 1845, Paléont. franç., 3, p. 484, pl. 395. France, Seignelay; Angl., île de Wight à Atherfield, Pullborough.

PERNA, Bruguière, 1791. Voy. vol. 1, p. 176.

*381. **Muletii,** Desh., 1842. D'Orb., Paléont., franç., 3, p. 496, pl. 400, 401, fig. 1-3. France, Vandeuvre, Marolles, St-Sauveur, Auxerre, Trémilly, Renaud-du-Mont; Anglet., Peasemarsh, Reigate, Atherfield, île de Wight.

382. **Ricordeana,** d'Orb., 1845, Paléont., 3, p. 494, pl. 399, fig. 1-3. Seignelay.

INOCERAMUS, Parkinson, 1811. Voy. vol. 1, p. 237.

*383. **Neocomiensis,** d'Orb., 1845, Paléont. franç., 3, p. 503, pl. 403, fig. 1, 2. Bettancourt, St-Sauveur, Mont-de-Marsan; Cluse.

PECTEN, Gualtieri, 1742. Voy. vol. 1, p. 87.

*384. **Archiacianus,** d'Orb., 1846, Pal., 3, p.583, pl. 429, fig. 7-10. Auxerre.

*385. **Carteronianus,** d'Orb., 1846. Pal., 3, p. 589, pl. 431, fig. 5, 6. Russey, Bettancourt.

*386. **Coquandianus,** d'Orb., 1846, Pal., 3, p. 591, pl. 432, fig. 1-3. Antibes.

*387. **Cottaldinus,** d'Orb., 1846, Paléont. franç., 3, p. 590, pl. 431, fig. 7-11. France, Auxerre, Vandeuvre, Renaud-du-Mont, Wassy, St-Dizier.

388. **crassitesta,** Rœmer, 1839; d'Orb., Paléont. franç., Terr. crét., 3, p. 584, pl. 430, fig. 1-3. France, Gatère, Renaud-du-Mont.

389. **Goldfussii,** Desh., 1842, d'Orb., Paléont. franç., Ter. crét., 3, p. 582, pl. 429, fig. 1-6. France, St-Dizier, Auxerre, St-Sauveur.

*390. **Robinaldinus,** d'Orb., 1846, Paléont. franç., 3, p. 587, pl. 431, fig. 1-4. France, St-Sauveur, Auxerre, Renaud-du-Mont, Vallerets, St-Dizier, Brillon, Gréoux.

*391. **striato-punctatus,** Rœmer, 1841. Hanovre, Elligser.

*392. **Astierianus,** d'Orb., 1847. Grande espèce, presque aussi large que haute, à côtes inégales alternes. France, environs de Castellanne (B.-Alpes), St-Auban (Var).

?393. **lineato-costatus,** Rœmer, 1841, p. 55, n° 39; Ool., pl. 18, fig. 27. Schœndelahe.

HINNITES, Defrance, 1821.

*394. **Leymerii,** Deshayes. *Pecten Leymerii,* d'Orb., 1846, Paléont. franç., 3, p. 581, pl. 428. France, St-Dizier, Renaud-du-Mont, Maillat, près de Nantua (Ain).

JANIRA, Schumacher, 1847. *Neithea,* Drouot, 1824; d'Orb., Paléont. franç., Terr. crét., 3, p. 623.

*395. **atava,** d'Orb., 1846, Paléont. franç., 3, p. 627, pl. 442, fig. 1-3. France, Marolles, Brienne, Auxerre, Renaud-du-Mont, Dampierre, Sancerre, Bettancourt, Géovreissiat (Ain).

*396. **Neocomiensis,** d'Orb., 1846, Paléont. franç., 3, p. 629, pl. 442, fig. 4-9. St-Dizier, Bettancourt, Russey, Cerneux, St-Sauveur, Vandeuvre (Aube), Perte-du-Rhône (Ain); Suisse, Neuchâtel.

SPONDYLUS, Gessner, Linné, 1758, d'Orb., Paléont. franç., Terr. crét., 3, p. 652.

*397. **Rœmeri,** Deshayes, 1842. D'Orb., Paléont. franç., Terr. crét., 3, p. 655, pl. 451, fig. 1-6. Bettancourt, Auxerre, Vandeuvre.

*398. **striato-costatus,** d'Orb., 1846, Paléont., 3, p. 655, pl. 450. Allauch.

PLICATULA, Lamarck, 1801. Voy. vol. 1, p. 202.

*399. **asperrima,** d'Orb., 1846, Paléont. franç., Ter. crét., 3, p. 679, pl. 462, fig. 1-4. France, Auxerre, Vassy; Suisse, Neuchâtel.

*400. **Carteroniana,** d'Orb., 1846, Paléont. franç., Ter. crét., 3, p. 680, pl. 462, fig. 5-7. France, Maisons-près-les-Écorces.

*401. **Rœmeri,** d'Orb., 1846, Paléont., 3, p. 681, pl. 462, fig. 8-10. Auxerre.

*402. **placunea,** Lam., 1819, d'Orb., Paléont. franç., Ter. crét., 3, p. 682, pl. 462, fig. 11-12. France, Auxerre, Bettancourt, La Clape; Narbonne (Ain).

403. **imbricata,** Koch, 1837, Beitr., p. 50, pl. 6, fig. 3. Elligser.

OSTREA, Linné, 1752. Voy. vol. 1, p. 166.

*404. **Boussingaultii,** d'Orb., 1847, Paléont. franç., 3, p. 702, pl. 468. *Os tuberculifera*, Kock, 1840. (Monstruosité due au corps sur lequel elle s'est fixée.) France, partout; Colombie.

*405. **Couloni,** d'Orb., 1846, Paléont. franç., 3, p. 698, pl. 466, 467, fig. 1-3. France, Vandeuvre, Bettancourt, Vassy, Générgal, Auxerre, Renaud-du-Mont, Trigance, Mazac; Savoie, Chambéry; Suisse, Neuchâtel; Hanovre, Elligser.

*406. **macroptera,** Sow., 1824, d'Orb., Paléont. franç., 3, p. 695, pl. 465. *O. gregaria*, Kock, pl. 6, fig. 8. (Non Sowerby). France, Trigance, Sault, Générgal, St-Dizier, Vassy, Russey, Maisons-sous-les-Écorces, Renaud-du-Mont, Jeannerot, Géovreissiat, Maillat, près de Nantua (Ain); Hanovre, Schœndelahe, Vahlberg.

*407. **Tombeckiana,** d'Orb., 1847, Paléont. franç., 3, p. 701, pl. 467, fig. 4-6. France, Bettancourt, Vassy, Morteau; Hanovre, Elligser-Brinke, Schœndelahe, Schöppenstedt.

*408. **bulla,** d'Orb., 1847. *O. distorta*, Sow., 1836, in Fitton, Trans. geol. Soc., 4, p. 229, pl. 22, fig. 21. *Exogyra bulla*, Sow.? in Fitton, pl. 2, fig. 1. Anglet., Dorsetshire, Durtstone, Bay-Wardour (Veald.).

*409. **Neocomiensis,** d'Orb., 1847. Grande espèce, ornée de trois ou quatre grosses côtes ondulées, rayonnantes, irrégulières. Nantua.

ANOMYA, Linné, 1758.

*410. **lævigata,** Sow., 1836; d'Orb., Paléont. franç., Ter. crét., 3, p. 1, pl. 489. France, Bettancourt; Anglet., île de Wight.

*411. **Neocomiensis,** d'Orb., 18 , Paléont., 3, pl. 489. Castellanne.

412. **pseudo-radiata,** d'Orb., 1847. *A. radiata*. Sow., 1836, in Fitton, Trans. geol. Soc., 4, pl. 14, fig. 5 (non Risso, 1826). Anglet., île de Wight.

?413. **costulata,** Rœmer, 1841, p. 49, n° 1. Ool., pl. 18, fig. 5. Schöppenstedt.

MOLLUSQUES BRACHIOPODES.

LINGULA, Bruguière, 1791. Voy. vol. 1, p. 14.

414. **ovalis,** Sow., 1813, M. C., 1, p. 55, pl. 19, fig. 4. Sandgate.

415. **truncata,** Sow., 1836, in Fitton, Trans. geol. Soc., 4, p. 129, pl. 14, fig. 15. Anglet., Folkstone, près Hythe.

RHYNCHONELLA, Fischer, 1825. Voy. vol. 1, p. 92.

*416. **depressa,** d'Orb., 1847, Paléont. franç., 4, p. 18, pl. 491, fig. 1-7. France, Vassy (H.-Marne), Marolles (Aube), Auxerre (Yonne), Escragnolles (Var), Brillon (Meuse), Éoux (B.-Alpes), Censeau (Jura), Grenoble; Hanovre, Elligser-Brinke.

*417. **lata,** d'Orb., 1847, Paléont. franç., Terr. crét., 4, pl. 491, fig. 8-17, avec l'espèce précédente. Géovreissiat, près de Nantua.

*418. **peregrina,** d'Orb., 1847, 4, p. 14, pl. 493. Châtillon (Drôme).

*419. **Agassizii,** d'Orb., 1847, Paléont. franç., Terr. crét., 4, p. 17, pl. 494, fig. 1-5. *R. paucicosta*, d'Orb. (non *Terebratula paucicosta*, Rœmer)?? Suisse, Neuchâtel.

*?420. **Moutoniana,** d'Orb., 1847, 4, p. 15, pl. 494, fig. 16-19. Escragnolles (Var).

*421. **Guerinii,** d'Orb., 1847, 4, p. 17, pl. 500, fig. 5-8. Cheiron.

TEREBRATULINA, d'Orb., 1847, Paléont. franç., Ter. crét., 4.

*422. **biauriculata,** d'Orb., 1847, Paléont. franç., Ter. crét., 4, pl. 502, fig. 3-7 (non *T. auriculata*, Rœmer, 1842). France, La Couronne (B.-du-Rhône).

TEREBRATULA, Lwyd, 1699. Voy. vol. 1, p. 43.

*423. **Tamarindus,** Sow., 1836; d'Orb., Paléont. franç., 4, pl. 505, fig. 1-10. France, Auxerre, Bettancourt, Vassy, St-Dizier, Marolles, Morteau; Angl., île de Wight; Hanovre, Osterwald; Géovreissiat, Maillat, près de Nantua (Ain).

*424. **pseudo-jurensis,** Leym., 1842, d'Orb., Paléont., 4, pl. 505, fig. 11-16. France, Auxerre, St-Dizier, Bettancourt, Morteau, Marolles; Suisse, Neuchâtel; Géovreissiat, Maillat, près de Nantua (Ain).

*425. **prælonga,** Sow., 1836, d'Orb., Paléont., 4, p. 506, fig. 1-7. France, Baudrecourt, Bettancourt, Morteau, Auxerre, Castellanne, Marolles, Censeau, Brillon; Suisse, Neuchâtel; Angl., Sandgate; Hanovre, Osterwald.

*426. **faba,** Sow., 1836, d'Orb., Paléont., 4, p. 506, fig. 8-12. St-Dizier; Angl., île de Wight, Folkstone; Hanovre, Osterwald.

*427. **Moreana,** d'Orb., 1847, 4, pl. 506, fig. 13-16. Brillon, Morteau.

*428. **Carteroniana,** d'Orb., 1847, Pal., 4, pl. 507, fig. 1-5. Morteau.

*429. **Collinaria,** d'Orb., 1847, 4, pl. 507, fig. 6-10. Morteau, Marolles.

*430. **Marcousana,** d'Orb., 1847, Paléont. franç., Ter. crét., 4, pl. 507, fig. 11-14. France, Noseroy, Morteau, Castellanne.

*431. **semistriata,** Defrance, 1828. D'Orb., Paléont., 4, pl. 508, fig. 1-11. France, Vassy, St-Dizier, Marolles, Auxerre, Billeul, près de Noseroy; Suisse, Neuchâtel.

*432. **hippopus,** Rœmer, 1841. D'Orb., Paléont. franç., Ter. crét., 4, pl. 508. France, Fontanil (Isère).

TEREBRATELLA, d'Orb., 1847. Voy. t. 1, p. 222.

*433. **reticulata,** d'Orb., 1847, Paléont. franç., Ter. crét., 4, pl. 515, fig. 1-6. France, St-Dizier, Vassy; Hanovre, Berklengen.

*434. **oblonga,** d'Orb., 1847, Paléont., 4, pl. 515, fig. 7-19. France, St-Dizier, Vassy, Marolles; Angl., Hythe, Lockswell; Hanovre, Elligser-Brinke.

*435. **Neocomiensis,** d'Orb., 1847, 4, pl. 516, fig. 1-5. Bettancourt.

*436. **quadrata,** d'Orb., 1847. *Terebratula quadrata*, Sowerby, 1836, in Fitton, Trans. geol. Soc., 4, p. 130, pl. 14, fig. 9. Angleterre, Folkstone, près d'Hythe.

TEREBRIROSTRA, d'Orb., 1847, Pal. franç., Ter. crét., 4.

*437. **Neocomiensis,** d'Orb., 1847, Paléont. franç., Ter. crét., 4, pl. 519, fig. 1-5. France, aux Écorces, près de Morteau, Peyroulles.

CRANIA, Retzius, 1781. Voy. t. 1, p. 21.

?**438. hexagona**, Rœmer, 1840, p. 36, n° 1, Ool., pl. 18, fig. 2. Schöppenstedt.

?**439. marginata**, Rœmer, 1840, p. 36, n° 2, Ool., pl. 18, fig. 3. Schöppenstedt.

450. irregularis, Rœmer, 1840, Nordd. Kreid., p. 36, n° 4, Ool., pl. 9, fig. 20, 21, et pl. 18, fig. 1. Allem., Elligser, Schöppenstedt.

THECIDEA, Defrance, 1828.

451. tetragona, Rœmer, 1839. D'Orb., Paléont. franç., Ter. crét., pl. 522, fig. 1-6. France, Vassy; Allem., Hanovre, Schöppenstedt.

MOLLUSQUES BRYOZOAIRES.

HEMICELLARIA, d'Orb., 1847. Ce sont des *Vincularia*, qui n'ont de cellules que d'un côté.

*****452. ramosa**, d'Orb., 1847. Jolie espèce en buisson, dont les branches sont courtes et dichotomes, les cellules en quinconce. France, St-Dizier (H.-Marne).

ALECTO, Lamouroux, 1821.

*****453. incrassata**, d'Orb., 1847. Jolie espèce à cellules larges épatées en rameaux dichotomes. France, Vassy (H.-Marne).

*****453'. granulata**, Edwards, Ann. des Sc. nat., 7, pl. 16, fig. 3. Vassy, Les Saints en Puisaye.

IDMONEA, Lamouroux, 1821.

*****454. divaricata**, d'Orb., 1847. *Aulopora divaricata*, Rœmer, 1840. Nordd. Kreid., p. 18, Oolith., pl. 17, fig. 3. Schœndelahe, Allem.

*****455. ziczac**, d'Orb., 1847. Espèce à cellules peu distinctes sur trois ou quatre de front, formant des branches en zigzag. Vassy.

?**456. crassa**, d'Orb., 1847. *Aulopora crassa*, Rœmer, 1840, Kreid., p. 18, Oolith., pl. 17, fig. 5. Allem., Schöppenstedt.

DEFRANCIA, Rœmer, 1840.

457. stellata, Rœmer, 1840, Kreid., p. 20. *Ceriopora stellata*, Koch, 1837, Beitr., p. 55, pl. 6, fig. 12. Allem., Elligser-Brinke.

DIASTOPORA, Lamouroux, 1821.

?*****458. flabelliformis**, d'Orb., 1847. *Rosacella flabelliformis*, Rœmer, 1840, Kreid., p. 19, n° 4, Oolith., pl. 17, fig. 4. Hanovre, Schöppenstedt.

?**459. polystoma**, d'Orb., 1847. *Aulopora polystoma*, Rœmer, 1840, Kreid., p. 19, n° 3, Ool., pl. 17, fig. 6. Hanovre, Schöppenstedt.

*****460. gracilis**, Edwards, 1838, Ann. des Sc. nat., 2e série, pl. 14, fig. 2. Espèce à cellules très-petites, saillantes, formant des plaques arrondies, encroûtantes. France, Vassy, Fontenoy.

*****460'. tubulosa**, d'Orb., 1849. Espèce encroûtante, à cellules saillantes, dont l'ensemble s'élève souvent en tubes saillants. France, Fontenoy (Yonne).

*****460''. megapora**, d'Orb., 1849. Espèce encroûtante, à cellules trois fois plus grandes que chez les espèces précédentes. Fontenoy (sur une *Synastrea*).

TUBULIPORA, Lamarck, 1816.

*461. **fascicularis,** d'Orb., 1847. Cellules par groupes, saillantes à la surface d'un ensemble encroûtant. France, Vassy.

ASPENDESIA, Lamouroux, 1821.

*461'. **Neocomiensis,** d'Orb., 1849. Espèce dont les crêtes forment des méandres irréguliers. Fontenoy.

ENTALOPHORA, Lamouroux, 1821.

*461''. **Neocomiensis,** d'Orb., 1849. Espèce à grosses tiges dichotomes inégales. Fontenoy.

*461'''a. **Icaunensis,** d'Orb., 1849. Espèce à tiges très-grêles, pourvue d'un petit nombre de cellules. Fontenoy.

CHRYSAORA, Lamouroux, 1821.

*462. **irregularis,** d'Orb., 1847. Espèce pourvue de pointes irrégulières, mais dont les saillies sont à peine lisses. France, St-Dizier, Fontenoy.

ZONOPORA, d'Orb., 1847. Voy. Revue zoologique, 1849.

*462'. **ramosa,** d'Orb., 1847. *Heteropora ramosa*, Rœmer, 1840, Nordd. Kreid., p. 24, no 4, Oolith., pl. 17, fig. 17. France, St-Sauveur, Fontenoy (Yonne); Hanovre, Schöppenstedt.

*462''. **Cottaldina,** d'Orb., 1849. Espèce à rameaux grêles dichotomes d'un tiers plus étroit que chez le précédent, à zone porifère saillante. France, Fontenoy.

*462'''. **Irregularis,** d'Orb., 1849. Espèce à tiges anastomosées, à zones très-peu régulières. Fontenoy.

ACANTHOPORA, d'Orb., 1847. Voy. *t.* 1, p. 318.

*463. **Neocomiensis,** d'Orb., 1847. Espèce à pores peu visibles, formant des encroûtements tuberculés. France, Vassy.

*463'. **Icaunensis,** d'Orb., 1849. Espèce rameuse, à branches irrégulièrement dichotomes. Fontenoy.

ÉCHINODERMES.

DYSASTER, Agassiz.

*464. **ovulum,** Agass., 1847, Cat., p. 139. Desor, Monogr. des Dysasters, p. 22, pl. 3, fig. 5-8. Suisse, la Chaux-de-Fonds; France, Censeau (Jura), Fontanil, près de Grenoble (Isère).

*465. **anasteroides,** Leym., Agass., 1847, Cat., p. 138. France, Les Lattes, Martigues, Castellanne, Escragnolles, La Martre (Var), Vérou, près Grenoble.

HOLASTER, Agassiz.

*466. **L'Hardii,** Dubois, Voy. au Cauc., pl. 1, fig. 8-10. Agassiz, 1847, Cat., p. 133. France, Morteau (Doubs), Auxerre (Yonne), Vandeuvre (Aube), St-Dizier, Vassy, Bettancourt (H.-Marne), Nozeroy (Jura), Fontanil, près de Grenoble; Suisse, Neuchâtel.

467. **cordatus,** Dubois, Voy. au Cauc., pl. 1, fig. 2-4; Agassiz, 1847, Cat., p. 134. Crimée.

TOXASTER, Agassiz.

*468. **gibbus,** Agass., 1847, Cat., p. 132. France, Castellanne (B.-Alpes), Escragnolles, Caussols (Var), Les Martigues (Bouches-du-Rhône), Montagne de Vérou, près de Grenoble (Isère).

*469. **Verrouy,** E. Sism., Mém. Echin. Foss. Nizza, p. 16, pl. 1, fig. 4, 5. Agass., 1847, Cat., p. 132. Sardaigne, Castiglione, près de Nice ; France, La Péagère, près d'Orgon (Bouch.-du-Rhône).

*470. **complanatus,** Agass., 1847, Cat., p. 131. *Holaster complanatus*, Agass., Foss. crét., Jura, Neuch. Mém. Soc. Neuch., 1, p. 128, pl. 14, fig. 1. France, Chaource, Thieffrain (Aube), Morteau, Le Russey (Doubs), Nozeroy (Jura), Auxerre, St-Georges (Yonne), Dampierre, Vandeuvre (Aube), St-Dizier (H.-Marne), Les Angles (Var), Grenoble (Isère), Berrias, Le Theil (Ardèche), La Cluze, Narbonne (Aude), Vedènes, Castellanne, Barrême (B.-Alpes) ; Angl., Wiltshire ; Hills (Hanovre).

*471. **Couloni,** Agass., 1847, Cat., p. 132. *Holaster Couloni*, Agass., Echin. Suisse, 1, p. 22, pl. 4, fig. 9, 10. Suisse, Lasarraz, Mormont (Vaud); Savoie, St-Jean de Couz, près Chambéry; France, Morteau.

PYGURUS, Agassiz.

472. **Montmollini,** Agass., 1847, Cat., p. 104, Echin. Suisse, 1, p. 69, pl. 11, fig. 1-3. Envir. de Neuchâtel; Savoie, envir. d'Aix.

*473. **rostratus,** Agass., 1847, Cat., p. 104, Echin. Suisse, p. 71, pl. 9, fig. 4-6. France, Metabief (Doubs), Boucherans (Jura), Auxerre, St-Sauveur (Yonne).

474. **productus,** Agass., 1847, Cat., p. 103. *Echinolampas productus*, Agass., Foss. crét. in Mém. Soc. Neuch., 1, p. 135, Echin. Suisse, 1, p. 72, pl. 13 bis, fig. 3, 4. Mormont, près Lasarraz ; Suisse, Chaux-de-Fonds.

*475. **minor,** Agass., 1847, Cat., p. 105. *Pygorhynchus minor*, Agass., Echin. Suisse, 1, p. 56, pl. 8, fig. 15-17. France, St-Sauveur (Yonne); Suisse, Mormont, près Lasarraz (Vaud), Neuchâtel.

476. **obovatus,** Agass., 1847, Cat., p. 105. *Pygorhynchus obovatus*, Agass., Echin. Suisse, 1, p. 55, pl. 8, fig. 18-20. Suisse, Mormont, près Lasarraz (cant. de Vaud).

PYGAULUS, Agassiz.

*477. **cylindricus,** Desor, Agass., 1847, Cat., p. 101. France, Sassenage, près de Grenoble (Isère).

NUCLEOLITES, Lamarck.

*478. **Nicoleti,** Agass., 1847, Cat., p. 97. *Nucleolites lacunosus*, Agass., Foss. crét. in Mém. Soc. Neuch., 1, p. 132. Echin. Suisse, 1, p. 40, pl. 7, fig. 4-6. France, Subligny, Martigues-les-Angles, Fontanil (Isère), Censeau (Jura) ; Suisse, Neuchâtel, Salève.

479. **subquadratus,** Agass., 1847, Cat., p. 96, Echin. Suisse, 1, p. 41, pl. 7, fig. 1-3. France, Doubs, Nozeroy (Jura) ; Suisse, Chaud-de-Fonds, Ste-Croix (Vaud).

*480. **Olfersii,** Agass., 1847, Cat., p. 97, Echin. Suisse, 1, p. 42, pl. 7, fig. 7-9. France, Dampierre (Nièvre), Leugny (Yonne), Chancenay (H.-Marne), Marolles (Aube), Subligny, Nozeroy (Jura); Suisse, Neuchâtel.

*481. **Neocomiensis,** Agass., 1847, Cat., p. 98. *Catopygus neocomiensis*, Agass., Echin. Suisse, 1, p. 53, pl. 8, fig. 12-14. France, St-Sauveur en Puisaye (Yonne), Fontanil, près Grenoble (Isère), Auxerre (Yonne) ; Suisse (Neuchâtel), Douanne (Berne), Salève.

*482. **Gresslyi,** Agass., 1847, Cat., p. 98. *Catopygus Gresslyi*, Agass.,

Echin. Suisse, 1, p. 49, pl. 8, fig. 1-3. France, Bettancourt (Haute-Marne); Suisse, Hauterive (Neuchâtel).

483. Alpinus, Agass.,1847, Cat., p. 98. *Catopygus Alpinus*, Agass., Echin. Suisse, 1, p. 52, pl. 8, fig. 10, 11. Suisse, Salève, Rautispitz, près de Nœfels.

PYRINA, Agassiz.

*484. **pygæa,** Desor, (Monogr. des Galér., p. 29, pl. 5, fig. 27-31. Agass., 1847, Cat., p. 92. Suisse, Neuchâtel, Salève, Censeau (Jura), St-Dizier; Hanovre, Hills.

HOLECTYPUS, Agassiz.

*485. **macropygus,** Desor, Monog. des Galér., p. 73, pl. 7, fig. 8-11. Agass., 1847, Cat., p. 88. France, Dampierre (Nièvre), Le Theil (Ardèche), Fontanil (Isère), Bettancourt (H.-Marne), Nozeroy (Jura), Auxerre, St-Sauveur (Yonne); Suisse, Salève, Wolfenbuttel.

ECHINUS, Linné.

486. fallax, Agass., 1847, Cat. syst., p. 65, Echin. Suisse, 2, p. 86, pl. 22, fig. 7-9. France, Doubs.

ARBACIA, Gray.

487. depressa, Agass., 1847, Cat. syst., p. 51. Suisse, Neuchâtel.

488. Pylos, Agass., 1847, Cat. syst., p. 52. Suisse, Neuchâtel.

DIADEMA, Gray.

*489. **rotulare,** Agass., [1847, Cat., p. 42, Foss. crét. in Mém. Soc. Neuch., 1, p. 139, pl. 14, fig. 10-12. France, Mouthe (Doubs), Auxerre (Yonne), Censeau, Nozeroy (Jura); Suisse, Neuchâtel, Salève.

*490. **Bourgueti,** Agass., 1847, Cat., p. 42. *Diadema ornatum*, Agass., Foss. crét. in Mém. Soc. Neuch., 1, p. 139, Echin. Suisse, 2, p. 6, pl. 16, fig. 6-10. France, Auxerre (Yonne); Suisse, Neuchâtel; Morteau (Doubs), Censeau (Jura), Thieffrain (Aube).

491. macrostoma, Agass., 1847, Cat., p. 43, Echin. Suisse, 2, p. 10, pl. 16, fig. 22-26. France, Censeau (Jura); La Chaux-de-Fonds.

*492. **Grasii,** Desor. Agass., 1847, Cat. syst., p. 45. France, Fontanil, près Grenoble (Isère).

*493. **Picteti,** Desor. Agass., 1847, Cat. syst., p. 46. France, Censeau (Jura), St-Sauveur (Yonne).

GONIOPYGUS, Agassiz.

494. peltatus, Agass., 1847, Cat. syst., p. 40, Monogr. des Salén., p. 20, pl. 3, fig. 9-18. Suisse, env. de Neuchâtel.

PELTASTES, Agassiz.

*495. **stellulata,** Agass., 1847, Cat. syst., p. 35. *Salenia stellulata*, Agass., Monogr. des Salén., p. 13, pl. 2, fig. 25-32. France, Auxerre (Yonne); Suisse, La Chaux-de-Fonds; Angl., Wiltshire.

496. punctata, Desor., Agass., 1847, Cat. syst., p. 38. *Salenia areolata*, Agass., Monogr. des Salén., p. 16, pl. 3, fig. 1-8. Suisse, Hauterive, près Neuchâtel, Du Roc; France, Censeau (Jura).

SALENIA, Gray.

*497. **folium-querci,** Desor., Agass., 1847, Cat. syst., p. 38. Billecul (Jura).

HEMICIDARIS, Agassiz.

*498. **patella,** Agass., 1847, Cat. syst., p. 35. Echin. Suisse, 2,

p. 53, pl. 18, fig. 15-18. France, Fontanil, près Grenoble (Isère); Suisse, Chaux-de-Fonds (Neuchâtel).

CIDARIS, Lamarck.

*499. **clunifera,** Agass., Foss. crét. in Mém. Soc. Neuch., 1, p. 142, pl. 14, fig. 16-18. Agass., 1847, Cat. syst., p. 25. France, St-Sauveur (Yonne), Les Lattes, St-Auban (Var); Suisse, Neuchâtel.

*499'. **Neocomiensis,** Marcou, Agass., 1847, Cat. syst., p. 25. Censeau.

*500. **hirsuta,** Marcou, Agass., 1847, Cat., p. 24. Censeau, St-Dizier.

*501. **cydonifera,** Agass., 1847, Cat. syst., p. 25. St-Auban (Var).

*502. **punctatissima,** Agass., 1847, Cat. syst., p. 26. Escragnolles (Var).

*503. **punctata,** Rœmer. *C. vesiculosa*, Agass. (non Goldf.), Ech. de Suisse, 2, p. 66, pl. 21, fig. 11-19. *C. variabilis*, Kock. France, Auxerre (Yonne), Censeau (Jura), St-Dizier (H.-Marne); Suisse, Meroullon, près Neuchâtel; Hanovre, Hills.

PENTETAGONASTER, Linck, 1733.

*504. **Malbosii,** d'Orb., 1847. Grande espèce pentagone, fortement déprimée, des environs de Berrias (Ardèche).

505. **variabilis,** d'Orb., 1847. *Cidaris variabilis*, Dunker et Koch, pl. 6, fig. 9. *Asterias Dunkeri*, Rœmer, 1840, Nordd. Kreid., p. 27, n. 1. Hanovre, Elligser.

MILLERICRINUS, d'Orb., 1839 ?

*506. **Neocomiensis??** d'Orb., 1847. Espèce pourvue de tubercules épineux, épars sur les pièces d'une tige ronde. France, Fontanil (Isère). M. Gras.

HEMICRINUS, d'Orb., 1847. C'est un *Eugeniocrinus*, dont une partie du calice dépend de la tige.

*507. **Astierianus,** d'Orb., 1847. Espèce à sommet en cuilleron porté par une tige dont une partie vient former deux pièces du calice. France, Les Lattes (Var).

PENTACRINUS, Miller, 1821.

*508. **Neocomiensis,** Desor., 1847, note sur les Crin. de Suisse, p. 14. Suisse, Neuchâtel; France, Censeau (Jura), La Lagne.

*509. **annulatus,** Rœmer, 1840, p. 27, nº 2. Ool., pl. 2, fig. 2. Elligser.

*510. **alternatus,** d'Orb., 1847. Espèce pourvue d'articles alternativement plus larges et plus saillants les uns que les autres. Hanovre, Elligser.

ZOOPHYTES.

BRACHYCYATHUS, Edwards et Haime, 1848.

*511. **Orbignyanus,** Edwards et Haime, 1848, Ann. des Scienc. nat., p. 298, pl. 9, fig. 6. France, St-Julien-Beauchêne (H.-Alpes).

MONTLIVALTIA, Lamouroux, 1821.

*511'. **Icaunensis,** d'Orb., 1849. Espèce déprimée, peu élevée, presque horizontale. France, Chenay (Yonne).

POLYPHYLLIA, d'Orb., 1847. C'est un *Thecophyllia* à cloisons très-serrées, très-nombreuses, non débordantes; calice infundibuliforme.

*512. **explanata**, d'Orb., 1847. *Anthophyllum explanatum*, Rœmer, 1840, Kreid., p. 26, n° 1, Oolith., pl. 17, fig. 21. France, St-Dizier (H.-Marne); Hanovre, Schœndelahe, Schöppenstedt.

FUNGINELLA, d'Orb., 1847. Voy. sous étage-urgonien.

*512'. **Neocomiensis**, d'Orb., 1849. Espèce très-déprimée, à cloisons très-inégales dans leurs systèmes. Fontenoy, Chenay.

BARYSMILIA, Edwards et Haime, 1848.

*513. **gregaria**, d'Orb., 1849. Espèce à groupes nombreux, à cellules terminales, irrégulières, excavées en entonnoir, placées sur une seule tige. France, St-Dizier.

AMBLOCYATHUS, d'Orb., 1849. Ce sont des *Cyathina*, à calice et à columelle circulaires.

*514. **conicus**, d'Orb., 1849. *Anthophyllum conicum*, Rœmer, 1840, Nordd. Kreid., p. 26, n° 2, Oolith., pl. 1, fig. 2. Schöppenstedt.

*515. **Neocomiensis?** d'Orb., 1849. Espèce voisine de l'*A. conicus*, mais à fortes côtes extérieures sur la racine. France, St-Dizier.

LASMOSMILIA, d'Orb., 1849. Voy. t. 1, p. 291.

*515'. **Icaunensis**, d'Orb., 1849. Espèce à rameaux distincts, séparés, fortement costulée extérieurement. Chenay (Yonne).

OCULINA, Lamarck, 1816.

516. **Meyeri**, d'Orb., 1847. *Madrepora Meyeri*, Koch, 1837, Beitr., p. 55, pl. 6, fig. 11. *Lithodendron id.*, Rœmer. Allem., Elligser.

ENALLHELIA, d'Orb., 1849. Voy. t. 1, p. 322.

*516'. **Rathieri**, d'Orb., 1849. Espèce à gros rameaux, à calices rapprochés, striés en dehors. Fyé, Chenay (Yonne).

*516''. **gracilis**, d'Orb., 1849. Espèce à rameaux grêles, à calices espacés. Chenay (Yonne).

STYLOSMILIA, Edwards et Haime, 1848.

*517. **organisans**, d'Orb., 1849. Espèce dont les tiges nombreuses sont grêles, costulées en long sous l'épithèque ridée et terminée par une cellule infundibuliforme, à cloisons nombreuses. France, Saint-Sauveur, Venay (Yonne).

*517'. **Cottaldina**, d'Orb., 1849. Espèce dont les rameaux sont d'un tiers plus grêles que chez l'espèce précédente. St-Sauveur.

*517''. **brevis**, d'Orb., 1849. Espèce dont les rameaux plus petits encore, sont courts, dichotomes de suite. St-Sauveur, Leugny.

CALAMOPHYLLIA, Blainville, 1834. Voy. t. 1, p. 292.

*517'''. **compressa**, d'Orb., 1849. Belle espèce à grosses tiges généralement comprimées, pourvues de fortes côtes externes. Leugny.

PHYLLOCŒNIA, Edwards et Haime, 1848.

*518. **Cottaldina**, d'Orb., 1847. Espèce dont les cellules, larges de 4 millim., sont infundibuliformes, à cloisons très-nombreuses et peu saillantes, les côtes externes très-marquées. France, Leugny, Fontenoy, Chenay, Lignerolles (Yonne).

*518'. **Neocomiensis**, d'Orb., 1849. Espèce voisine de la précédente, mais en lames irrégulières, à calices plus ovales, à côtes plus petites. Fontenoy.

*518''. **Icaunensis,** d'Orb., 1849. Espèce voisine du *P. Neocomiensis*, mais à calices quatre fois plus grands. Chenay.

ACANTHOCŒNIA, d'Orb., 1849. C'est un *Stylina* à cinq systèmes, à calice saillant comme chez les *Phyllocœnia*.

*518 *a*. **Rathieri,** d'Orb., 1849. Belle espèce à calices saillants, à trois cycles. France, Chenay.

ELLIPSOCŒNIA, d'Orb., 1849. C'est un *Phyllocœnia* à reproduction par fissiparité, à calices ovales.

*518 *b*. **regularis,** d'Orb., 1849. Espèce dont les jeunes sont trochiformes, ondulés en dehors, calices très-irréguliers. Fontenoy.

*518 *c*. **inæqualis,** d'Orb., 1849. Espèce à calices inégalement saillants, les uns bien plus élevés que les autres.

CRYPTOCŒNIA, d'Orb., 1847. Voy. t. 1, p. 322.

*519. **Neocomiensis,** d'Orb., 1847. Espèce à cellules bien séparées, entourées extérieurement de sillons confluents. Saint-Dizier.

*519'. **Icaunensis,** d'Orb., 1849. Espèce à calices plus grands (3 mill.) et à murailles presque communes. France, Chenay, Fontenoy, Lignerolles.

*519''. **antiqua,** d'Orb., 1849. Espèce dont les calices sont d'un quart plus petits (2 mill.). Fontenoy, Chenay, Venay (Yonne).

*519 *a*. **excavata,** d'Orb., 1849. Espèce dont les calices sont un peu plus larges que chez le *C. Icaunensis*, mais séparés par des côtes confluentes prononcées. Chenay.

PENTACŒNIA, d'Orb., 1849. C'est un *Cryptocœnia*, à cinq systèmes au lieu de six.

*519 *b*. **elegantula,** d'Orb., 1849. Espèce dont les calices ont deux millimètres de diamètre. Fontenoy.

*519 *c*. **pulchella,** d'Orb., 1849. Espèce dont les calices ont 1 1/2 millimètre de diamètre. Fontenoy.

*519 *d*. **microtrema,** d'Orb., 1849. Espèce dont les calices ont 1 mill. de diamètre. Fontenoy.

APLOSASTREA, d'Orb., 1849. Ce sont des *Astrea* à columelle styliforme.

*520. **Neptuni,** d'Orb., 1849. Espèce à petits calices espacés. Fr., Saint-Dizier.

*520'. **elegans,** d'Orb., 1849. Espèce à calices la moitié plus petits encore que chez l'espèce précédente. Fyé, Fontenoy (Yonne).

ASTROCŒNIA, Edwards et Haime, 1848.

*520''. **Cornueliana,** d'Orb., 1840. Espèce à cellules de deux millimètres de diamètre. France, Saint-Dizier (Haute-Marne), Venay, Chenay, Fontenoy, Saint-Sauveur (Yonne).

STEPHANOCŒNIA, Edwards et Haime, 1848.

*521. **subornata,** d'Orb., 1849. Espèce dont les calices ont 3 1/2 millimètres de diamètre. France, Leugny (Yonne).

*521'. **Cottaldina,** d'Orb., 1849. Espèce à calices d'un tiers plus petits que chez l'espèce précédente. Leugny.

*521''. **Icaunensis,** d'Orb., 1849. Espèce dont les calices sont d'un tiers plus petits encore. Fontenoy.

THALAMOCŒNIA, d'Orb., 1849. C'est un *Stephanocœnia* sans columelle styliforme, celle-ci spongieuse.

*521 *a*. **ornata,** d'Orb., 1849. Espèce à calices larges de 5 millimètres. Fontenoy.

PRIONASTREA, Edwards et Haime, 1848.

*522. **Tombeckiana,** d'Orb., 1849. Espèce à cellules de 4 à 5 millimètres de diamètre, les cloisons épaissies près du centre. France, Saint-Dizier.

*523. **gracilis,** d'Orb., 1849. Espèce dont les cellules sont inégales, de la même taille que chez la précédente espèce, mais dont les cloisons minces ne sont pas épaissies au centre. Fr., Fontenoy (Yonne).

*523'. **Icaunensis,** d'Orb., 1849. Espèce à calices larges de 8 millimètres, peu excavées, à cloisons distinctes. Chenay.

*523''. **infundibulum,** d'Orb., 1849. Espèce à calices de la même largeur, mais très-profonds, et à cloisons plus étroites. Chenay.

*523'''. **mutabilis,** d'Orb., 1849. Espèce dont les calices, irréguliers de taille et de forme, ont jusqu'à 15 mill. de diamètre. Chenay.

CENTRASTRÆA, d'Orb., 1847. Voy. t. 1, p. 209.

*524. **microphylla,** d'Orb., 1847. Espèce à cellules superficielles très-petites, peut-être les plus petites du genre. France, Venay (Yonne), Saint-Dizier (Haute-Marne).

*524'. **excavata,** d'Orb., 1847. Espèce voisine, par le diamètre des calices, de l'espèce précédente, mais dont les calices sont excavés au centre; ensemble en surfaces planes, amorphes. Saint-Dizier, Leugny, Fontenoy, Saint-Sauveur, Chenay.

*524''. **collinaria,** d'Orb., 1849. Espèce voisine de la précédente, mais dont l'ensemble forme des monticules isolés sur toute la surface. Fontenoy, Chenay, Leugny, Venay.

DIMORPHASTRÆA, d'Orb., 1849. C'est un *Synastrea,* dont les calices sont inégaux; le calice primaire, au centre, étant bien plus grand que les autres qui forment des cercles autour et ont la columelle allongée non papilleuse. L'ensemble des côtes est rayonnant du calice primaire vers le bord.

*525. **grandiflora,** d'Orb., 1849. Espèce dont le calice médian a jusqu'à 28 mill. de diamètre, les cloisons étroites. Fr., St-Dizier.

*525'. **crassisepta,** d'Orb., 1849. Espèce à calices de 25 mill. de diamètre, à cloisons bien plus grosses que chez le *S. grandiflora.* Fr., Saint-Dizier, Fontenoy, Chenay, Venay.

*525''. **alternata,** d'Orb., 1849. Espèce voisine de la précédente, mais avec des cloisons alternes, une grosse et une petite, et avec des calices plus petits. Fontenoy, Chenay, Leugny (Yonne).

*525 *a*. **bellula,** d'Orb., 1849. Espèce voisine du *S. grandiflora,* mais à cellules d'un tiers plus petites. France, Leugny (Yonne), St-Dizier (Haute-Marne).

*525 *b*. **excavata,** d'Orb., 1849. Espèce dont les calices sont petits, les cloisons très-étroites; l'ensemble est en entonnoir, l'endothèque finement striée. Fontenoy.

SYNASTREA, Edwards et Haime. Voy. t. 1, p. 208.

*526. **Leunissii,** Edwards et Haime, 1849, Ann. des Sc. nat., 11, p. 150. *Astrea Leunissii,* Rœmer, 1841, Kreid., p. 113, n° 1, pl. 16, fig. 26. France, Saint-Dizier (Haute-Marne); Allem., Berklingen.

*527. **Tombeckiana,** d'Orb., 1849. Espèce dont les cellules sont,

en diamètre, d'un tiers plus petites que chez le *S. Leunissii*, mais plus grandes que chez le *S. micrantha*, Rœmer. France, St-Dizier.
528? **micrantha,** d'Orb., 1849. *Astrea micrantha*, Rœmer, 1841, p. 113, n° 2, pl. 16, fig. 27. Hanovre, Berklingen.
***529.** **undulata,** d'Orb., 1849. Espèce en coupe ovale, ondulée sur les bords, à surface supérieure plane; calices excavés larges de 7 mill. à cloisons très-étroites. Fontenoy.
***529'.** **neocomiensis,** d'Orb., 1849. Espèce dont l'ensemble est en coupe régulière convexe en dessus; calices voisins de la précédente, mais avec des cloisons un peu plus grosses. Fontenoy, Leugny, Chenay, Lignerolles.
***530.** **bellula,** d'Orb., 1849. Magnifique espèce en toupie, plane en dessus, à calices de 8 mill. de diamètre, saillants tout autour, à cloisons alternes inégales. Fontenoy.
***530'.** **Icaunensis,** d'Orb., 1849. Espèce en toupie convexe en dessus, à calices de 9 à 10 mill. superficiels, à cloisons grosses fortement crénelées. Fontenoy.
***531.** **frondescens,** d'Orb., 1849. Espèce en grandes frondes, dont les calices sont très-irréguliers, et peu distincts au milieu de nombreuses cloisons irrégulières. Fontenoy, Saint-Sauveur, les Saints (Yonne).
***532.** **meandra,** d'Orb., 1849. Espèce voisine du *S. Leunissii*, mais avec des calices plus petits et des lamelles plus minces, et surtout bien plus contournées. Leugny, Fontenoy, Chenay.
POLYPHYLLASTREA, d'Orb., 1849. V. t. 2, p. 37.
***532'.** **convexa,** d'Orb., 1849. Espèce en gros mamelons, dont les calices espacés sont convexes et en dômes. Fontenoy, Chenay.
***532''.** **Icaunensis,** d'Orb., 1849. Espèce en grandes frondes, dont les calices sont superficiels et irréguliers. Fontenoy.
MEANDRINA, Lamarck, 1816.
***533.** **Neocomiensis,** d'Orb., 1847. Espèce à cellules très-étroites, très-allongées et peu contournées. Leugny, Chenay, Venay, Fontenoy.
***533'.** **Cottaldina,** d'Orb., 1849. Espèce dont les sillons sont d'un tiers plus grands que dans l'espèce précédente. Fontenoy.
AGARICIA, Lamarck, 1816.
***533''.** **Neocomiensis?** d'Orb., 1849. Belle espèce à larges frondes, dont les lignes de calices sont régulières. Fontenoy, Chenay, Les Saints, St-Sauveur, Leugny.
POLYTREMA, Risso, 1826 (Bryozoaires).
***534.** **tuberosa,** d'Orb., 1847. *Ceriopora tuberosa*, Rœmer, 1840, p. 23, n° 5. Ool., pl. 17, fig. 9. France, Saint-Dizier (Haute-Marne); Hanovre, Schöppenstedt.
***535.** **subtuberosa,** d'Orb., 1847. *Heteropora tuberosa*, Rœmer, 1840, Kreid., p. 23, n° 2. Oolith., pl. 17, fig. 8. France, Géovreissiat, près de Nantua (Ain); Allem., Schœndelahe.
CERIOPORA, Goldfuss, 1826 (Bryozoaires).
***536.** **arborea,** d'Orb., 1847. *Heteropora arborea*, Koch, 1837, Beitr., p. 56, pl. 6, fig. 14. France, St-Dizier, Vassy (Haute-Marne), Morteau (Doubs); Allem., Elligser-Brink.

?537. **subnodulosa,** Rœmer, 1840, p. 23, n° 10. Ool., pl. 17, fig. 19. Schöppenstedt.

?539. **biformis,** d'Orb., 1847. *Pustulopora biformis*, Rœmer, 1840, Nordd. Kreid., p. 22, n° 7. Oolith., pl. 17, fig. 20. Hanovre, Schöppenstedt.

540. **clavula,** Koch, 1837. Beitr., p. 65, pl. 6, fig. 13. Allem.

MONTICULIPORA, d'Orb., 1847. V. t. 1, p. 25.

*541. **verrucosa,** d'Orb., 1847. *Heteropora verrucosa*, Rœmer, 1840, Nordd. Kreid., p. 23, n° 3, pl. 5, fig. 26. Allem., Goslar.

*541'. **neocomiensis,** d'Orb., 1849. Espèce tubéreuse, à monticules très-réguliers. Fontenoy, Chenay.

FORAMINIFÈRES (d'Orb.).

NODOSARIA, Lamarck. Voy. t. 1, p. 241.

?542. **paucicosta,** Rœmer, 1841, Kreid., p. 95, n° 3, pl. 15, fig. 7. Eschershausen.

?543. **humilis,** Rœmer, 1841, Kreid., p. 95, n° 4, pl. 15, fig. 6. Eschershausen.

DENTALINA, d'Orb., 1825. Voy. t. 1, p. 242.

?544. **linearis,** d'Orb., 1847. *Nodosaria linearis*, Rœmer, 1841, Nordd. Kreid., p. 95, n° 2, pl. 15, fig. 5. Allem., Eschershausen.

VAGINULINA, d'Orb., 1825. Voy. Foraminifères de Vienne.

?545. **Kochii,** Rœmer, 1841, p. 96, n° 3, pl. 15, fig. 10. Eschershausen.

?546. **harpa,** Rœmer, 1841, p. 96, n° 4, pl. 15, fig. 13. Eschershausen.

?547. **Bronnii,** d'Orb., 1847. *Planularia Bronnii*, Rœmer, 1841, Nordd. Kreid., p. 97, pl. 15, fig. 12. Allem., Eschershausen.

MARGINULINA, d'Orb., 1825. Voy. Foraminifères de Vienne.

548. **comma,** Rœmer, 1841, p. 96, n° 1, pl. 15, fig. 15. Eschershausen.

CRISTELLARIA, Lamarck, d'Orbigny, Foraminifères de Vienne.

?549. **Rœmeri,** d'Orb., 1847. *Planulina Orbignyi*, Rœmer, 1841, Nordd. Kreid., p. 98, n° 1, pl. 15, fig. 24 (non 10-556). Allemagne, Eschershausen.

?550. **ornata,** d'Orb., 1847. *Planulina ornata*, Rœmer, 1841, Nordd. Kreid., p. 98, n° 2, pl. 15, fig. 25. Allem., Eschershausen.

?551. **Münsterii,** d'Orb., 1847. *Robulina Münsterii*, Rœmer, 1841, Nordd. Kreid., p. 98, n° 1, pl. 15, fig. 30. Oolith., pl. 20, fig. 30. Allem., Schöppenstedt, Eschershausen.

?552. **Ehrenbergii,** d'Orb. 1847. *Robulina Ehrenbergii*, Rœmer, 1841, Nordd. Kreid., p. 98, n° 2, pl. 15, fig. 31. Eschershausen.

?553. **crassa,** d'Orb., 1847. *Robulina crassa*, Rœmer, 1841, Nordd. Kreid., p. 98, n° 3, pl. 15, fig. 32. Allem., Eschershausen.

LITUOLA, Lamarck, d'Orb., Foraminifères de Vienne.

?554. **æqualis,** d'Orb., 1847. *Spirolina æqualis*, Rœmer, 1841, Nordd. Kreid., p. 98, n° 1, pl. 15, fig. 27. Allem., Eschershausen.

ROTALIA, Lamarck, d'Orb., Foraminifères de Vienne.

?555. auricula, d'Orb., 1847. *Anomalina, id.* Rœmer, 1841, Nordd. Kreid., p. 98, n° 1, pl. 15, fig. 26. Allem., Eschershausen.

?556. caracolla, d'Orb., 1847. *Gyroïdina caracolla*, Rœmer, 1841, Nordd. Kreid., p. 97, pl. 15, fig. 22. Allem., Eschershausen.

ROTALINA, d'Orb., 1825. Voy. Foraminifères de Vienne.

?557. sulcata, Rœmer, 1841, p. 97, n° 2, pl. 15, fig. 20. Eschershausen.

PLACOPSILINA, d'Orb., 1847. Ce genre ressemble aux *Truncatulina*, mais est toujours fixe, et n'a d'ouverture qu'à la partie supérieure de la dernière loge.

557'. neocomiensis, d'Orb., 1847. Espèce fixe sur le *Belemnites subfusiformis* des Basses-Alpes.

TEXTULARIA, Defrance, 1825. Voy. Foraminifères de Vienne.

***558. Neocomiensis,** d'Orb., 1840. Espèce comprimée, rugueuse, des environs de Vandeuvre (Aube).

AMORPHOZOAIRES.

CRIBROSPONGIA, d'Orb., 1847. Voy. t. 1, p. 294.

***559. Alpina,** d'Orb., 1847. Jolie espèce conique, à sillons irréguliers externes. France, Châteauneuf-de-Chabre (Hautes-Alpes).

THALAMOSPONGIA, d'Orb., 1849. Ensemble polymorphe, quelquefois digité, formé d'un réseau de lames verticales irrégulières, entre lesquelles sont d'autres lames transverses formant des chambres irrégulières.

***559'. Cottaldina,** d'Orb., 1849. Belle espèce très-variée dans sa forme, ayant d'une jusqu'à cinq digitations irrégulières. Chenay, Leugny, Fontenoy (Yonne).

VERTICILLITES, Defrance, 1828. C'est un *hippalimus*, dont l'intérieur est divisé par des cloisons transverses horizontales.

***560. truncata,** d'Orb., 1847. Branches isolées, tronquées, terminées par une partie régulièrement poreuse. France, St-Dizier.

CNEMIDIUM, Goldfuss, 1830.

***561. Rouyanum,** d'Orb., 1847. Petite espèce ficoïde, irrégulièrement bosselée à l'extérieur, à oscule très-large. France, Châteauneuf-de-Chabre.

***562. Alpinum,** d'Orb., 1847. Espèce déprimée, cupuliforme, à rayons irréguliers en dessus. France, Châteauneuf-de-Chabre.

HIPPALIMUS, Lamouroux, 1821. Voy. t. 1, p. 209.

563. moniliferus, d'Orb., 1847. *Scyphia monilifera*, Rœmer, 1840, Nordd. Kreid., p. 6, n° 2. Oolith., pl. 17, fig. 29. Allemagne, Schöppenstedt.

***563'. Cottaldinus,** d'Orb., 1849. Espèce très-grêle, à tiges de 3 mill. de diamètre, rameuses. Fontenoy.

***564. Neocomiensis,** d'Orb., 1849. Espèce non tronquée en dessus, généralement isolée. France, St-Dizier, Vassy (Haute-Marne), Morteau (Doubs), Fontenoy, Chenay, Venay (Yonne).

***564'. Icaunensis,** d'Orb., 1849. Espèce voisine de l'*H. Tombeckianus*, mais à tiges plus grosses, plus courtes, plus obtuses à leur extrémité. France, Chenay.

*565. **Tombeckianus,** d'Orb., 1849. Magnifique espèce formant des branches nombreuses dichotomes réunies en buisson, et terminées par une surface tronquée très-irrégulièrement porée. France, St-Dizier, Fontenoy, Chenay, Venay.

*565'. **Ricordeanus,** d'Orb., 1849. Espèce à tiges courtes agglomérées ensemble par groupes. St-Dizier.

*566. **flabellatus,** d'Orb., 1847. Branches nombreuses réunies en éventail et terminées par une surface criblée irrégulièrement. Fr., St-Dizier.

POROSPONGIA, d'Orb., 1847. Voy. vol. 1, p. 388.

*566'. **Neocomiensis,** d'Orb., 1849. Espèce à pores saillants en protubérance, sur une surface encroûtante. Chenay.

HEMISPONGIA, d'Orb., 1847. Ce sont des *Hippalimus,* dont chaque oscule est incomplet et ne forme que la moitié d'un tube couchée sur le côté, et en groupes réunis.

*567. **Rouyana,** d'Orb., 1847. Jolie espèce formant groupe régulier, en buisson. France, Châteauneuf-de-Chabre (Hautes-Alpes).

CUPULOSPONGIA, d'Orb., 1847. Voy. t. 1, p. 210.

*568. **cupuliformis,** d'Orb., 1847. Belle espèce large, cupuliforme, souvent irrégulière, réticulée des deux côtés. Vassy, Saint-Dizier (Haute-Marne), Saint-Julien-Beauchêne (Hautes-Alpes), Fontenoy.

*569. **nummularis,** d'Orb., 1847. *Spongia nummularis,* Rœmer. Espèce lenticulaire très-déprimée. Hanovre.

*570. **neocomiensis,** d'Orb., 1847. Espèce à très-grandes expansions épaisses irrégulières. Fontenoy.

DIX-SEPTIÈME ÉTAGE : — NÉOCOMIEN.

B. — NÉOCOMIEN SUPÉRIEUR OU URGONIEN.

MOLLUSQUES CÉPHALOPODES.

BELEMNITES, Lamarck. Voy. p. 212.

*570. **minaret,** Raspail, d'Orb., Paléont. univ., pl. 75. Terr. crét., supp., pl. 10. France, Escragnolles, Collette de Clar (Var), Berrias (Ardèche), Le Bourguet (B.-Alpes).

*571. **Grasianus,** Duval, d'Orb., Paléont. univ., pl. 73, 74. Terr. crét., supp., pl. 8. France, Blieux, Blavou, Vergons, Escragnolles ; Italie, Col. Vignole (Vicentin).

NAUTILUS, Breynius, 1732. Voy. t. 1, p. 54.

*572. **Varusensis,** d'Orb., 1847. Espèce voisine du *N. pseudo-elegans,* mais pourvue d'un large ombilic dans le jeune âge, et d'un ombilic médiocre dans l'âge adulte ; petite taille. Escragnolles.

AMMONITES, Bruguière, 1789. Voy. vol. 1, p. 181.

*573. **fascicularis,** d'Orb., 1841, Paléont. franç., Terr. crét., 1, p. 117, pl. 29. France, La Bedoule entre Aubagne et Cassis (Bouch.-du-Rhône) ; Italie, Col. Vignole (Vicentin).

*574. **inæqualicostatus,** d'Orb., id., 1, p. 118, p. 29. Barrême.

*575. **Honoratianus,** d'Orb., Paléont. franç., Terr. crét., 1, p. 124, pl. 37. Barrême, Chardavon (Basses-Alpes), Escragnolles.

*576. **ligatus,** d'Orb., Paléont. franç., Terr. crét., 1, p. 126, pl. 38. *Am. Inca,* Forbes, 1844, Quart. Journ., p. 177, fig. 19 a, b. France, Cheiron (B.-Alpes), Escragnolles (Var), La Charse (Drôme), Gigondas.

*577. **intermedius,** d'Orb., Paléont. franç., Terr. crét., 1, p. 128, pl. 38. France, Barrême, Angles (B.-Alpes), St-Martin, Andon.

*578. **Cassidea,** d'Orb., Paléont. franç., Terr. crét., 1, p. 130, pl. 39, fig. 1-3. France, Escragnolles, Barrême, Robion.

*579. **Rouyanus,** d'Orb., 1841. *A. infundibulum*, d'Orb., Terr. crét., 1, p. 131, pl. 39, fig. 4, 5; p. 362, pl. 110, fig. 3-5. Barrême, St-Martin, Escragnolles; du Brancone des Alpes vénitiennes.

*580. **Dumasianus,** d'Orb., 1842, Pal. de l'Am. mér., p. 69, pl. 2, fig. 1, 2. *A. pulchellus*, d'Orb., Pal. franç., Terr. crét., 1, p. 133, pl. 40, fig. 1, 2. France, Escragnolles (Var), Chamateuil, Trigance (Bass.- Alpes); Colombie, près Santa-Fé.

*581. **recticostatus,** d'Orb., 1841, Terr. crét., 1, p. 134, pl. 40, fig. 3, 4. France, Barrême, Angles, mont Ventoux ; Suisse, canton de Vaud, près de Bovonnar.

*582. **difficilis,** d'Orb., 1840, Paléont. franç., Terr. crét., 1, p. 135, pl. 41, fig. 1, 2. Escragnolles, Barrême (B.-Alpes), Ville-en-Blaisois (H.-Marne).

*583. **lepidus,** d'Orb., 1840, Paléont. franç., Terr. crét., 1, p. 148, pl. 48, fig. 3, 4. France, Barrême, Angles (B.-Alpes), Escragnolles.

*584. **Ixyon,** d'Orb., 1840, Paléont. franç., Terr. crét., 1, p. 186, pl. 56, fig. 1, 2. France, Cheiron, Barrême.

*585. **compressissimus,** d'Orb., 1840, Paléont., Terr. crét., 1, p. 210, pl. 61, fig. 4, 5. Escragnolles, St-Martin, Andon, Comps, Angles.

*586. **Didayanus,** d'Orb., 1841, Terr. crét., 1, p. 360, pl. 108, fig. 4, 5. *Amm. Leai,* Forbes, 1844, Quart. Journ., p. 178. Escragnolles, Andon; Colombie, Petaquiero, près de Santa-Fé-de-Bogota.

*587. **Castellannensis,** d'Orb., Terr. crét., p. 109, pl. 25, fig. 3, 4. *A. flexisulcatus*, d'Orb., Paléont., pl. 45, fig. 3, 4. Andon, Aiglun, Escragnolles ; Italie, Val Vignole (Vicentin).

*588. **angulicostatus,** d'Orb., Terr. crét., p. 146, pl. 46, fig. 3, 4. France, Chamateuil, Escragnolles (Var).

*589. **Charrierianus,** d'Orb., 1842, Paléont. franç., Terr. crét., p. 618. *A. Parandieri,* Quenstedt, pl. 17, fig. 7 (non d'Orb., 1842). St-Martin, Comps, Andon.

*590. **Feraudianus,** d'Orb., Paléont. franç., Terr. crét., p. 324, pl. 96. France, St-Martin, Andon, Barrême.

*591. **Heliacus,** d'Orb., 1841, Paléont. franç., Terr. crét., p. 108, pl. 25, fig. 1, 2. France, Barrême (B.-Alpes).

*592. **Galeatus,** de Buch, 1839, d'Orb., Paléont. de l'Am. mérid., p. 73, pl. 17, fig. 3-5. *Am. Sartousianus,* d'Orb., 1842, Paléont. franç.,

Terr. crét., 1, pl. 94, fig. 4, 5. France, Escragnolles; Colombie, Petaquiero, près de Santa-Fé-de-Bogota.

*593. **Bogotensis,** Forbes, 1844, Quart. Journ., p. 178. France, Escragnolles ; Colombie, Petaquiero, près de Santa-Fé.

594. **hystrix,** Phillips, 1829, Yorkshire, p. 95, pl. 2, fig. 44. Angl., Yorkshire, Speeton ; Alpes vénitiennes, M. de Zigno.

*595. **Causonianus,** d'Orb., 1847. Espèce voisine de l'*A. semistriatus*, mais ayant l'ombilic fermé, des stries superficielles non visibles dans le moule. Barrême.

596. **Guerinianus,** d'Orb., 1847. Grosse espèce globuleuse, à tours très-renflés, costulés, arrondis, pourvus, dans le jeune âge, de pointes sur les côtés. Escragnolles, Castellanne, à Châteauneuf-de-Chabre (H.-Alpes).

*597. **Juliæ,** d'Orb., 1847. Espèce pourvue de sillons transverses, droits, intermédiaire, pour l'embrassement des tours, entre les *A. Honoratianus* et *ligatus*, mais très-distincte de l'une et de l'autre.

*598. **provincialis,** d'Orb., 1847. Espèce voisine de l'*A. galeatus*, mais s'en distinguant par un sillon profond sur le milieu du dos de la coquille. Escragnolles, Barrême.

*599. **Perezianus,** d'Orb., 1847. Espèce voisine de l'*A. Astierianus*, mais s'en distinguant par le manque de tubercules au pourtour de l'ombilic, par les tours renflés, costulés en travers et pourvus de distance en distance de côtes plus grosses munies de six tubercules comprimés. Escragnolles (Var), Symbola, près de Nice.

*600. **Caillaudianus,** d'Orb., 1847. Cette ammonite qui peut être confondue avec l'espèce précédente, s'en distingue par son dos aplati, orné seulement de deux rangées de tubercules comprimés, écartés. Escragnolles ; Simbola à 9 kilom. à l'est de Nice.

*601. **Gastaldianus,** d'Orb., 1847. Voisine des *A. Perezianus* et *Caillaudianus*, mais sans grosses côtes, ni tubercules, mais avec des sillons très-espacés et de petites côtes nombreuses bifurquées. Escragnolles; Nice à Simbola.

*602. **Vandeckii,** d'Orb., 1847. Voisine de l'*A. intermedius*, mais ayant les tours plus renflés, les sillons transverses moins obliques. Escragnolles ; Colombie, Petaquiero, près Santa-Fé-de-Bogota.

*603. **Acostæ,** d'Orb., 1847. Voisine de l'*A. Deshayesii*, mais ayant des côtes simples, les tours plus étroits. Colombie, Petaquiero, canton de la Villeta, près de Santa-Fé-de-Bogota. M. Acosta.

*604. **Guaduasensis,** d'Orb., 1847. Espèce voisine de l'*A. nodosocostatus*, mais avec les tours plus étroits, les pointes plus longues, les grosses côtes plus obliques. Colombie, Petaquiero, près de Santa-Fé-de-Bogota. M. Acosta.

*605. **Hercules,** d'Orb., 1847. Grosse espèce très-remarquable qui atteint près d'un mètre de diamètre, à tours renflés, pourvus de côtes sinueuses, très-espacées, peu saillantes. Escragnolles.

*606. **alternatus,** d'Orb., 1842, Coquilles foss. de Colombie, p. 35, no 4, pl. 1, fig. 5, 6. Nouvelle-Grenade, vallée de San-Juan, près Santa-Ibague, province de Santa-Fé-de-Bogota.

*607. **Boussingaultii,** d'Orb., 1842, id., p. 32, no 1, pl. 1, fig. 1, 2. Nouvelle-Grenade, près de Santa-Fé-de-Bogota.

*608. **Hopkinsii,** Forbes, 1844, Quarterly Journ., 1, p. 176. Nouvelle-Grenade, près de Santa-Fé-de-Bogota.

609. **Peruvianus,** de Buch, 1839, Pétrif. de Humboldt, p. 5, pl. 1, fig. 5, 6, 7. Amér. mérid., Montan.

610. **æquatorialis,** de Buch, 1839, Pétrif. de Humboldt, p. 15, pl. 1, fig. 11, 12. Amér. mérid., Tausa.

*611. **Alexandrinus,** d'Orb., 1839, Paléont. de l'Amér. mérid., p. 75, pl. 17, fig. 8-11. Amérique mérid., Rio Velez, Nouv.-Grenade.

*612. **Santafecinus,** d'Orb., 1839, Paléont. de l'Amér. mér., p. 70, pl. 1, fig. 3, 4. Amér. mérid., Tina, Tocayma, près de Santa-Fé.

*613. **planidorsatus,** d'Orb., 1839, Paléont. de l'Amér. mérid., p. 72, pl. 1, fig. 6-9. Amér. mér., Tina, Tocayma, Nouv.-Grenade.

*614. **colombianus,** d'Orb., 1839, Paléont. de l'Amér. mérid., p. 77, pl. 17, fig. 12-15. Amér. mérid., vallée de San-Juan, prov. de Bogota, Nouvelle-Grenade.

*615. **horridus,** d'Orb., 1847. Curieuse espèce très-épaisse, à tours déprimés, costulés en travers et pourvus d'une rangée de sept longues pointes autour de l'ombilic et d'autant de chaque côté du dos. Escragnolles.

*616. **Seranonis,** d'Orb., 1841, Paléont. franç., Terr. crét., pl. 109, fig. 4, 5. Barrême.

*617. **Camelinus,** d'Orb., 1847. Espèce voisine de l'*A. asperrimus*, mais ayant un caractère unique, celui d'avoir des tubercules très-gros, obtus, pourvus de trois grosses côtes en travers. C'est une des plus curieuses du genre. St-Martin.

*618. **Ludovicus,** d'Orb., 1847. Espèce très-remarquable par ses tours comprimés, ornés en travers de 22 grosses côtes simples, terminées chacune de chaque côté du dos par un tubercule comprimé. St-Julien (B.-Alpes).

SCAPHITES, Parkinson, 1811, d'Orb., Paléont. franç., Terr. crét., 1, p. 512.

620. **Ivanii,** Puzos, d'Orb., Paléont. franç., Terr. crét., 1, p. 515, pl. 128, fig. 1-3. France, Barrême (B.-Alpes).

*621. **Alpinus,** d'Orb., 1847. Espèce dont les tours sont étroits, légèrement costulés en travers et pourvus de distance en distance de tubercules saillants sur de plus grosses côtes. Barrême.

CRIOCERAS, Léveillé, 1837.

*622. **Puzosianus,** d'Orb., Paléont. franç., Terr. crét., 1, p. 466, pl. 115 bis, fig. 1, 2. Barrême.

*623. **cristatus,** d'Orb., 1842, Paléont., 1, p. 407, pl. 115, fig. 4-8. Escragnolles, Gréolières, La Doire (Var).

*624. **Alpinus,** d'Orb., 1847. Magnifique espèce à grosses côtes espacées, pourvues chacune de trois gros tubercules de chaque côté. Elle se distingue de l'*Ancyloceras Vandeckianus*, par le manque de petites côtes intermédiaires. Anglès (B.-Alpes). M. Astier.

ANCYLOCERAS, d'Orb., 1841, Paléont. franç., Terr. crét., p. 491.

*625. **Puzosianus,** d'Orb., Paléont. franç., Terr. crét., 1, p. 506, pl. 127, fig. 1-4. Les côtes à tubercules sont trop espacées dans la figure. *A. pulcherrimus*, Quenstedt, pl. 21, fig. 1 (non d'Orb.). Robion, Anglès (B.-Alpes), Escragnolles, quartier de la Feuille à Gigondas.

*626. **brevis,** d'Orb., Paléont. franç., Terr. crét., 1, p. 508, pl. 127, fig. 5-7. France, ravin de Cassis.

?*627. **cinctus,** d'Orb., Crét., 1, p. 502, pl. 125, fig. 1-4. Cheiron.

*628. **furcatus,** d'Orb., Paléont. franç., Terr. crét., 1, p. 509, pl. 127, fig. 8-11. France, Robion, Cheiron.

*629. **Emerici,** d'Orb., *Crioceras Emerici*, Léveillé, d'Orb., Pal., 1, p. 463, pl. 114, fig. 3-5. *Crioceras Darii*, de Zigno, 1845, Mem. sopre due foss., etc. *Crioceras Fournetii*, Duval, Ann. des Sc. agric., t. 2, pl. 1. Escragnolles, Vergons, Chamateuil, Barrême, Anglès (B.-Alpes); Italie, dans le Riancone, Val Vignole (Vicentin). Cette espèce a jusqu'à 2 mètres de développement, j'en possède de complètes de cette taille.

*630. **Duvalianus,** d'Orb., 1842, Paléont., 1, p. 500, pl. 124. La Bedoule (Bouch.-du-Rhône); Italie, Val Vignole (Vicentin).

*631. **Perezianus,** d'Orb. Très-belle et grande espèce contournée en crosse flexueuse, ornée de grosses côtes pourvues de chaque côté de trois tubercules et de deux petites côtes intermédiaires. Espèce découverte aux environs de Nice par M. Perez.

*632. **Astierianus,** d'Orb. Grande espèce curieuse par l'élargissement et la compression de la crosse, lisse sur la région ventrale, costulée en travers, à dos lisse au milieu ; les côtes de la partie spirale sont simples, interrompues sur le dos. Env. d'Escragnolles.

*633. **ornatus,** d'Orb., 1847. Espèce voisine de forme de l'*A. dilatatus*, mais pourvue de grosses côtes ornées de trois tubercules de chaque côté. France, Cheiron.

634. **Humboldtianus,** Forbes, 1844, Quarterly Journal, 1, p. 174. *Orthocera Humboldtiana*, Lea. Colombie, Santa-Fé-de-Bogota.

635. **Buchianus,** d'Orb., 1847. *Ammonites Rhotomagensis*, de Buch, 1839, Pétrif. de Humboldt, p. 7, pl. 1, fig. 15 (non *A. Rhotomagensis*, Lam.). Colombie, Santa-Fé-de-Bogota.

TOXOCERAS, d'Orb., 1842. Voy. t. 1, p. 262.

*636. **Emericianus,** d'Orb., Paléont., 1, p. 487, pl. 120, fig. 5-9. France, Barrême, Escragnolles, Andon.

*637. **Honoratianus,** d'Orb., *id.*, 1, p. 483, pl. 119, fig. 1-4. Barrême.

*638. **obliquatus,** d'Orb., Paléont. franç., Terr. crét., 1, p. 486, pl. 120, fig. 1-4. Barrême, St-Martin.

*639. **plicatilis,** d'Orb., 1847. Grosse espèce qui, à en juger par son diamètre de 12 centimètres, devait avoir quelques mètres de longueur, pourvue de plis nombreux doublés à la région ventrale, effacés sur le dos. Escragnolles.

*640. **Moutonianus,** d'Orb., 1847. Grande espèce voisine par ses grosses côtes du *T. obliquatus*, mais dont les côtes égales sont interrompues en dehors et doublées en dedans. Escragnolles.

*641. **Joubertianus,** d'Orb., 1847. Espèce ornée de côtes inégales, de trois en trois une plus grosse, toutes peu marquées. Grande espèce. France, Escragnolles.

*642. **nodosus,** d'Orb., 1847. Grosse espèce à côtes prononcées, pourvues de distance en distance de deux tubercules latéraux. Escragnolles; Nouvelle-Grenade, Bogota.

*643. **Varusensis,** d'Orb., 1847. Petite espèce dont les côtes sont simples partout. France, Escragnolles.

*644. **Requienianus,** d'Orb., 1841, Paléont. franç., Terr. crét., 1, p. 474, pl. 116, fig. 1-7. France, Redennes (Vaucluse), Escragnolles.

PTYCHOCERAS, d'Orb., 1842, Pal. franç., Terr. crét., 1, p. 556.

*645. **Puzosianus,** d'Orb., Terr. crét., 1, p. 557, pl. 137, fig. 5-7. Nous en connaissons maintenant qui se recourbent en crosse aux deux extrémités. France, Barrême, Vergons, Anglès.

HAMULINA, d'Orb., 1849. Voy. p. 66.

*645'. **dissimilis,** d'Orb., 1849. *Hamites dissimilis,* d'Orb., 1842, Terr. crét., 1, p. 529, pl. 130, fig. 4-7. *H. Emericianus,* d'Orb., 1842, Paléont., pl. 130, fig. 9-12. Escragnolles (Var), Anglès.

*646. **Orbignyana,** 1849. *Hamites Orbignyanus,* Forbes, 1844, Quarterly Journ., 1, p. 175. Santa-Fé-de-Bogota.

*647. **Astieriana,** d'Orb., 1849. Crosse pourvue de grosses côtes; le reste droit, comprimé, orné de trois rangées de pointes sur des côtes obliques peu espacées, entre lesquelles sont de deux à quatre côtes simples. Anglès (Basses-Alpes).

*648. **cincta,** d'Orb., 1849. *Ancyloceras id.*, d'Orb., 1842, Paléont., 1, pl. 125, fig. 1-4. Cette espèce est très-longue. Anglès.

*647'. **subundulata,** d'Orb., 1849. Espèce dont la crosse a des renflements de distance en distance; le reste droit, cylindrique, presque lisse. France, Anglès (B.-Alpes), Escragnolles.

*648'. **Alpina,** d'Orb., 1849. Grande espèce dont la crosse a des côtes tuberculeuses; le reste muni de côtes espacées tuberculeuses, entre lesquelles sont jusqu'à 10 côtes simples. Anglès (Escragnolles).

*649. **subcylindrica,** d'Orb., 1849. Grosse espèce presque cylindrique à petites côtes égales obliques. Escragnolles.

*650. **hamus,** d'Orb., 1849. *Hamites hamus,* Quenstedt, pl. 21, fig. 3, 4. France, Castellanne, Anglès (B.-Alpes).

651. **Degenhardtii,** d'Orb., 1849. *Hamites Degenhardtii,* Buch, fig. 23, 24, 25. Forbes, 1844, Quarterly Journ., 1, p. 175. Colombie, Santa-Fé-de-Bogota.

*652. **Varusensis,** d'Orb., 1849. Petite espèce voisine de l'*H. rotundus,* mais ayant des côtes plus fortes, plus aiguës et obliques. Escragnolles.

HETEROCERAS, d'Orb., 1847. C'est une *Turrilites* dont le dernier tour devient libre et se contourne en crosse, comme chez les *Ancyloceras.*

*653. **Emericianus,** d'Orb., 1847. *Turrilites Emerici,* d'Orb., 1842, Paléont. franç., Ter. crét., 1, p. 580, pl. 141, fig. 3-6. (Jeune). Nous en connaissons quatre exemplaires complets. France, La Doire, Escragnolles (Var), Anglès (B.-Alpes), environs de Nice.

HELICOCERAS, d'Orb., 1847, Paléont. franç., Terr. crét., 1, p. 609.

*654. **Varusensis,** d'Orb., 1847. Espèce à tours très-disjoints, pourvus de côtes saillantes, obliques, simples, inégales. Escragnolles.

*655. **interruptus,** d'Orb., 1847. Espèce voisine de la précédente, mais ayant les côtes interrompues extérieurement. Ravin de Saint-Martin (Var).

MOLLUSQUES GASTÉROPODES.

TURRITELLA, Lamarck, 1801. Voy. p. 67.

?656. **Andii,** d'Orb., 1842, Paléont. de l'Amér. mérid., p. 104, pl. 6, fig. 11. Près de Coquimbo (Chili), San-Felipe (Pérou).

*657. **Moutoniana,** d'Orb., 1847. Espèce très-allongée, lisse, à tours saillants, convexes. Escragnolles (Var). M. Mouton.

*658. **Astieriana,** d'Orb., 1847. Espèce très-allongée, lisse, à tours non convexes. Escragnolles (M. Astier).

SCALARIA, Lamarck, 1801.

*659. **subinterrupta,** d'Orb., 1847. Espèce allongée, dont les côtes au nombre de 14 à 15 par tour sont ondulées, interrompues près de la suture, et striées en travers. Escragnolles.

*660. **elatior,** d'Orb., 1847. Espèce excessivement longue et grêle, à côtes peu élevées. France, Escragnolles.

CHEMNITZIA, d'Orb., 1849. Voy. t. 1, p. 172.

*661. **Moutoniana,** d'Orb., 1847. Espèce très-allongée, lisse, à suture convexe, bordée, à tours étroits. Escragnolles (Var).

*662. **Varusensis,** d'Orb., 1847. Espèce allongée, lisse, à tours larges, évidés au milieu. France, Escragnolles.

NERINEA, Defrance, 1825. Voy. t. 1, p. 263.

*663. **Coquandiana,** d'Orb., 1842, Paléont., 2, p. 75, pl. 156, fig. 3, 4. Martigues (B.-du-Rhône), côte de Châtillon, près de Nantua.

*664. **Renauxiana,** d'Orb., 1842, id., 2, p. 76, pl. 157. Orgon.

*665. **gigantea,** d'Hombres-Firmas. D'Orb., Pal. franç., Ter. crét., 2, p. 77, pl. 158, fig. 1, 2. Orgon, Fontaine-de-Vaucluse.

666. **Archimedi,** d'Orb., 1842, id., 2, p. 78, pl. 158, fig. 3-4. Orgon.

667. **Chamousseti,** d'Orb., 1842, id., 2, p. 79, pl. 159, fig. 1, 2. Chambéry.

*668. **Martiniana,** d'Orb., 1847. Grande espèce à tours larges, fortement évidés, pourvus de tubercules à la partie supérieure. Martigues.

ACTEON, Montfort, 1810. Voy. t. 1, p. 263.

*669. **Astieriana,** d'Orb., 1842, Pal. franç., Ter. crét., 2, p. 118, pl. 167, fig. 7. Ravin de Saint-Martin.

*670. **Moutoniana,** d'Orb., 1842. Espèce courte à tours de spire très-globuleux, costulés en long et striés en travers. C'est une des plus courtes connues. Escragnolles.

*671. **ornata,** d'Orb., 1842, Paléont. de l'Am. mér., p. 79. Amér. mérid., Nouvelle-Grenade, environs de Santa-Fé.

VARIGERA, d'Orb., 1847. Genre voisin des Actéons, mais toujours lisse et pourvu de bouches épaissies successives, placées sur le côté, de manière à former une ou deux séries de varices longitudinales prolongées d'un bout à l'autre de la spire, comme chez les *Scarabœus*.

*672. **Rochatiana,** d'Orb., 1847. Espèce allongée, conique, à tours convexes saillants, munis d'un seul côté de varices formées par les anciennes bouches. Perte-du-Rhône (Ain).

NATICA, Adanson, 1757. Voy. t. 1, p. 29.

*673. **Escragnollensis,** d'Orb., 1847. Espèce intermédiaire en longueur entre les *N. lævigata* et *prælonga*, lisse. Escragnolles.

*674. **Bogotina,** d'Orb., 1837. Espèce très-courte, lisse, non ombiliquée, à tours renflés. Escragnolles; Colombie, Bogota.

NERITA, Adanson, 1757. Voy. t. 1, p. 214.

*675. **Mammæformis,** d'Orb., 1837. *Trochus mammæformis*, Renaux, congrès de Nîmes. Orgon.

NERITOPSIS, Sowerby, 1825. Voy. t. 1, p. 64.

*676. **Moutoniana,** d'Orb., 1837. Espèce pourvue de grosses côtes espacées transverses, et de petites côtes qui les coupent. Escragnolles.

*677. **sublævigata,** d'Orb., 1837. Espèce lisse, avec quelques lignes d'accroissement irrégulières, spire ayant un accroissement très-rapide. Escragnolles.

TROCHUS, Linné, 1758. Voy. t. 1, p. 64.

*678. **Astierianus,** d'Orb., 1842, Paléont., 2, p. 182, pl. 176, fig. 16, 17. Escragnolles.

SOLARIUM, Lamarck, 1801. Voy. t. 1, p. 300.

*679. **pulchellum,** d'Orb., 1847. Espèce voisine du *S. granosum*, mais pourvue de grandes lames au pourtour. Escragnolles; Simbola près de Nice.

STRAPAROLUS, Montfort, 1801. Voy. t. 1, p. 6.

*680. **Moutonianus,** d'Orb., 1847. Belle espèce à tours étroits, tous apparents, couverts de grosses côtes éloignées. Escragnolles.

TURBO, Linné, 1758. Voy. t. 1, p. 5.

*681. **Alceæ,** d'Orb., 1847. Espèce allongée comme le *T. elegans*, mais ayant les tours plus étroits, plus renflés, et ornés de côtes en treillis. Escragnolles.

PLEUROTOMARIA, Defrance, 1825. Voy. t. 1, p. 7.

*681'. **Astieriana,** d'Orb., 1837. *P. elegans*, d'Orb., 1842, Paléont., 2, p. 242, pl. 190, fig. 1-4 (non Verneuil, 1842). Ravin de Saint-Martin.

*682. **provincialis,** d'Orb., 1842, Pal., 2, p. 244, pl. 190, fig. 9-10. Escragnolles.

*683. **Varusensis,** d'Orb., 1847. Espèce plus grande, plus carénée et à tours plus larges que le *P. Robinausiana*. France, Escragnolles.

*684. **Barremensis,** d'Orb., 1847. Très-grande espèce ombiliquée en dessous, finement striée en dessus, à tours larges, convexes. Barrême.

*685. **Jason,** d'Orb., 1847. Espèce conique, peu élevée, à tours non saillants, ridés en travers. Escragnolles.

*686. **Pollux,** d'Orb., 1847. Espèce conique, élevée, à tours non saillants, costulés en travers d'une manière très-régulière. Escragnolles.

PTEROCERA, Lamarck, 1801. Voy. t. 1, p. 231.

*687. **Beaumontiana,** d'Orb., 1843, Pal., 2, p. 305, pl. 213. Martigues.

*688. **Rochatiana,** d'Orb., 1847. Charmante espèce, longue de 40 millim., courte, gibbeuse, avec des stries alternes dans le jeune âge,

un tube très-développé, chez les adultes. Perte-du-Rhône.
ROSTELLARIA, Lamarck, 1801.
*689. **Astieriana,** d'Orb., 1843, id., 2, p. 283, pl. 207, fig. 1. Escragnolles.
*690. **provincialis,** d'Orb., 1843, id., 2, p. 298. Escragnolles.
*691. **Americana,** d'Orb., 1842, Foss. de Colombie, pl. 3, fig. 5. Escragnolles, St-Julien (H.-Alpes); Colombie, Petaquiero, près de Bogota. M. Acosta.
*692. **angulosa,** d'Orb., 1842, Coquilles foss. de Colombie, p. 45, n° 13, pl. 3, fig. 4. Nouvelle-Grenade, au Coyal, Anapoyma (Santa-Fé).
*693. **Boussingaultii,** d'Orb., 1842, Paléont. de l'Amér. mérid., p. 79, pl. 18, fig. 2, 3. Nouvelle-Grenade, Tina et Tocaima.
*694. **Varusensis,** d'Orb., 1847. Espèce très-allongée avec une double nodosité au dernier tour seulement, striée finement en travers. Escragnolles.
*695. **Moutoniana,** d'Orb., 1847. Belle espèce pourvue de grosses côtes transverses, dont une en carène, à aile épaisse et droite. Escragnolles.
CERITHIUM, Adanson, 1757. Voy. t. 1, p. 196.
696. **Moutonianum,** d'Orb., 1847. Espèce grosse, courte, conique, à tours lisses, évidés au milieu. Escragnolles.
HELCION, Montfort, 1810. Voy. t. 1, p. 9.
*697. **Martinianus,** d'Orb., 1847. Jolie espèce presque circulaire, lisse, peu élevée, à sommet latéral. Martigues (Bouches-du-Rhône).

MOLLUSQUES LAMELLIBRANCHES.

PANOPÆA, Ménard, 1807. Voy. t. 1, p. 173.
*698. **Prevostii,** d'Orb., 1844, Paléont. franç., 3, p. 334, pl. 356, fig. 3, 4. Vassy (H.-Marne), Orgon (Bouches-du-Rhône), Perte-du-Rhône (Ain).
PHOLADOMYA, Sow. Voy. t. 1, p. 73.
699. **Cornueliana,** d'Orb., 1847. *Cardium Cornuelianum*, d'Orb., Paléont., Terr. crét., 3, p. 23, pl. 256, fig. 1, 2. Perte-du-Rhône.
PERIPLOMA, Schumacher, 1817, t. 1, p. 11.
*700. **Colombiana,** d'Orb., 1847. *Anatina*, id., 1842, Coquill. foss. de Colombie, p. 49, nos 23, pl. 3, no 16, 17. Nouvelle-Grenade, Analayma (Santa-Fé-de-Bogota).
TELLINA, Linné, 1758. Voy. t. 1, p. 275.
*701. **Bogotina,** d'Orb., 1842, Coquill. foss. de Colombie, pl. 49, n° 21, pl. 3, fig. 15. Tabia, près de Santa-Fé-de-Bogota.
VENUS, Linné, 1758.
*702. **Chia,** d'Orb., 1842, Coquill. foss. de Colombie, p. 47, n° 17, pl. 3, fig. 9, 10. Entre Tina et Tocayma, province de Santa-Fé-de-Bogota.
*703. **cretacea,** d'Orb., 1842, Coquill. foss. de Colombie, p. 47, n° 18. De Tina, près Tocayma, province de Santa-Fé-de-Bogota.
CORBULA, Bruguière, 1791. Voy. t. 1, p. 275.

*704. **Colombiana,** d'Orb., 1842, Coquill. foss. de Colombie, p. 49, n° 22. Analayma, province de Santa-Fé-de-Bogota.
ASTARTE, Sowerby, 1818. Voy. t. 1, p. 216.
705. **exotica,** d'Orbigny, 1842, Coquilles foss. de Colombie, p. 48, n° 19, pl. 3, fig. 11-12. Nouvelle-Grenade, à las Palmas, province de Socorro.
706. **truncata,** de Buch, 1839, Pétrif. de Humboldt, pl. 1, fig. 17. Amér. mérid., Colombie, Zipaquira.
*?707. **dubia,** d'Orb., 1842, Paléont. de l'Amér. mérid., p. 105, pl. 6, fig. 12, 13. Amér. mérid., Pérou.
TRIGONIA, Bruguière, 1791. Voy. t. 1, p. 198.
*709. **ornata,** d'Orb., 1843, Paléont., 3, p. 136, pl. 288, fig. 5-9. Orgon.
709'. **abrupta,** de Buch, d'Orb., 1842, Coquilles foss. de Colombie, p. 51, n° 26, pl. 4, fig. 4-6. Nouvelle-Grenade, entre Oyba et Suarez, province de Socorro.
710. **subcrenulata,** d'Orbigny, 1842, Coquilles foss. de Colombie, p. 52, n° 27, pl. 4, fig. 7-9. Non loin de Tocayma, province de Santa-Fé-de-Bogota.
711. **Hondaana,** Lea, d'Orb., 1842, Coquilles foss. de Colombie, p. 50, n° 25, pl. 4, fig. 1-3. Environs de Santa-Fé-de-Bogota.
712. **Humboldtii,** de Buch, 1839, Pétrif. de Humboldt, p. 9, pl. 2, fig. 28, 29, 30. Amér. mérid., San-Felipe.
LUCINA, Bruguière, 1791. Voy. t. 1, p. 32.
*713. **plicato-costata,** d'Orb., 1843, Fossiles de Colombie, pl. 3, fig. 13. Colombie, Bogota.
CORBIS, Cuvier, 1817. Voy. t. 1, p. 279.
*714. **corrugata,** d'Orb., 1847. *Corbis cordiformis*, d'Orb., 1843, Paléont., Crét., 1, p. 42, pl. 335. France, Vassy.
CARDIUM, Bruguière, 1791. Voy. t. 1, p. 33.
714'. **Colombianum,** d'Orb., 1842, Paléont. de l'Amér. mérid., p. 82. Nouvelle-Grenade, Tabia.
UNIO, Retzius, 1788.
*715. **Cornueliana,** d'Orb., 1847. *Unio Martinii*, Paléont. franç., Terr. crét., 1, pl. 384 (non Sowerby, 1836). France, Vassy.
ISOARCA, Münster, 1843.
716. **globulosa,** d'Orb., 1847. Espèce voisine de l'*I. texata*, mais plus arrondie, treillissée. Escragnolles.
NUCULA, Lamarck, 1801. Voy. t. 1, p. 12.
717. **incerta,** d'Orb., 1842, Coquilles foss. de Colombie, p. 50, n° 24. Tina, près do Tocayma, prov. de Santa-Fé-de-Bogota.
ARCA, Linné, 1758. Voy. t. 1, p. 13.
*718. **Varusensis,** d'Orb., 1847. Espèce petite (13 mill.), de la forme de l'*A. Gabrielis*, mais plus fortement striée et très-renflée. Escragnolles.
719. **subrostellata,** d'Orb., 1847. *A. rostellata*, de Buch, 1839, Pétrif. de Humboldt, pl. 1, fig. 16 (non Morton, 1834). Saint-Gil, près de Socorro, Nouvelle-Grenade.
720. **brevis,** d'Orb., 1842, Coquilles foss. de Colombie, p. 55, n° 31, pl. 5, fig. 2-4. Entre Tina et Tocayma, prov. de Santa-Fé-de-Bogota.

721. Tocaymensis, d'Orb., 1842, Coquilles foss. de Colombie, p. 55, n° 32, pl. 6, fig. 1-3. Entre Tina et Tocayma.

MITYLUS, Linné, 1758. Voy. t. 1, p. 82.

*__722. abruptus,__ d'Orb., 1847. *M. lanceolatus*, d'Orb., 1844, Paléont. franç., terr. crét., 3, p. 270, pl. 338, fig. 51 (non Sow.). Auxerre; Savoie, Cluse; Angleterre, île de Wight.

723. Socorrinus, d'Orb., 1847. *Modiola idem*, d'Orb., 1842, Coquilles foss. de Colombie, p. 56, n° 33, pl. 3, fig. 18. Nouvelle-Grenade, à las Palmas, prov. de Socorro.

LITHODOMUS, Cuvier, 1817.

*__724. avellana,__ d'Orb., 1844, Paléont., 3, p. 291, pl. 344, fig. 13-15. Orgon.

*__725. socialis,__ d'Orb., 1842, Coquilles foss. de Colombie, p. 56, n° 34. Nouvelle-Grenade, Cacota de Mantanza, prov. de Tunja.

LIMA, Bruguière, 1791. Voy. t. 1, p. 175.

726. Orbignyana, Mathéron, 1842, d'Orb., Paléont. franç., terr. crét., 3, p. 530, pl. 415, fig. 14. France, Orgon.

726'. Royeriana, d'Orb., 1845, id., 3, p. 527, pl. 414, fig. 5-8. Orgon.

*__727. Bolina,__ d'Orb., 1847. Espèce voisine du *L. Albensis*, mais plus large et entièrement lisse. Escragnolles.

INOCERAMUS, Parkinson, 1811. Voy. t. 1, p. 237.

*__728. plicatus,__ d'Orb., 1842, Coquilles foss. de Colombie, p. 56, n° 35, pl. 3, fig. 19. France, Saint-Auban (Var); Nouvelle-Grenade, au Rio de Coello, près de Ibague, province de Santa-Fé-de-Bogota.

PINNIGENA, Deluc, 1779. Voy. t. 1, p. 314.

*__729. magna,__ d'Orb., 1847. Espèce qui paraît avoir un tiers de mètre de largeur, très-épaisse, à empreinte musculaire très-saillante. France, environs de Nantua (Ain).

PECTEN, Gualtieri, 1742. Voy. t. 1, p. 87.

*__730. Alpinus,__ d'Orb., 1846, Pal. franç., 3, p. 586, pl. 430, fig. 4-6. Barrême.

*__731. Martinianus,__ d'Orb., 1847. Espèce déprimée, pourvue de vingt côtes rayonnantes simples, espacées. Martigues, couches à Caprotina.

*__732. proboscideus,__ d'Orb., 1847. Espèce qui ressemble par ses grosses côtes au *Lima proboscidea*, mais qui est bien un Pecten. Escragnolles.

*__733. Matheronianus,__ d'Orb., 1847. *P. pulchellus*, Mathéron, 1842, Catalogue, pl. 30, fig. 4, 5 (non Nilsson, 1827, exclus. fig. 6). Martigues.

JANIRA, Schumacher, 1817. Voy. t. 2.

*__733'. Deshayesiana,__ d'Orb., 1846, Paléont. franç., Terr. crét., 3 p. 626, pl. 441. *Pecten Deshayesianus*, Mathéron. France, Martigues, Orgon.

?__734. Dufrenoyi,__ d'Orb., 1847. *Pecten Dufrenoyi*, d'Orb., 1842 Paléont. de l'Amériq. méridion., p. 106, pl. 22, fig. 5-9. Coquimbo (Chili).

?__734'. alata,__ d'Orb., 1847. *Pecten alatus*, de Buch, 1839, Pétrif d

Humboldt, p. 3, pl. 1, fig. 1, 2, 3, 4. Amér. mérid., Équateur, entre Quambos et Montan.
SPONDYLUS, Linné, 1758. Voy. p. 83.
*736. **striato-costatus,** d'Orb., 1846, Paléont. franç., Terr. crét., 3, p. 655, pl. 460. Allauch (Bouches-du-Rhône), Escragnolles.
OSTREA, Linné, 1752. Voy. t. 1, p. 176.
*737. **Leymerii,** Desh., 1842 ; d'Orb., Paléont. franç., Terr. crét., 3, p. 704, pl. 469. Vassy, Saint-Dizier, Auxerre, Renaud-du-Mont, Noël-Cerneux.
*738. **Urgonensis,** d'Orb., 1847. Espèce ondulée comme l'*O. Turonensis*, mais transverse et très-mince. Orgon, Martigues.
739. **inoceramoides,** d'Orb., 1842, Coquilles foss. de Colombie, p. 59, nº 40. Nouvelle-Grenade, Suata, province de Socorro.
740. **subsquamata,** d'Orb., 1847. *Exogyra squamata*, d'Orb., 1842. Pal. de l'Amér. mérid., p. 92, pl. 19, fig. 12-15 (non Gmelin, 1789). Nouvelle-Grenade, Capitanejo, Rio-Suarez, Cacota de Matanza.
741. **abrupta,** d'Orb., 1847, Paléont. de l'Amériq. mérid., p. 95, pl. 21, fig. 4-6. Nouvelle-Grenade, Rio-Capitanejo, Cacota de Matanza, Chicamocha, Chita.
1742. **polygona,** de Buch, 1839, Pétrif. de Humboldt, p. 5, pl. 2, fig. 18, 19. Amér. mérid., Montan.

MOLLUSQUES BRACHIOPODES.

RHYNCHONELLA, d'Orb., 1847. Voy. t. 1, p. 92.
*743. **Renauxiana,** d'Orb., 1847, Pal., 4, p. 23, pl. 492, fig. 5-8. Orgon.
*744. **contracta,** d'Orb., 1847, Paléont. franç., terr. crét., 4, p. 24, pl. 494, fig. 6-12. *Terebratula id.*, d'Hombre, 1841. Vacherie (Lozère), Berrias (Ardèche).
*745. **lata,** d'Orb., 1847, Paléont., 4, p. 21, pl. 491, fig. 8-17. Berrias (Ardèche) ; Chambéry, Cluse (Savoie).
TEREBRATULA, Lwyd, 1799. Voy. t. 1, p. 43.
*746. **hippopus,** Rœmer, 1841 ; d'Orb., Paléont., 4, pl. 508, fig. 12-18. Barrême, Fontanil (Isère).
*747. **diphyoides,** d'Orb., 1847, Pal. franç., terr. crét., 4, pl. 509. Barrême, Lieous, Berrias, Mons, près d'Alais.
*748. **Moutoniana,** d'Orb., 1847, Paléontolog., 4, pl. 510, fig. 1-5. Caussols, Escragnolles, Morteau, Berrias ; Hanovre, Osterwald.
*749. **Sella,** Sow., 1823, d'Orb., Paléont. franç., 4, pl. 510, fig. 6-12. Renaud-du-Mont, aux Lattes, Brillon, Martigues.
CAPRINELLA, d'Orb., 1847. Voy. Paléont. franç., terr. crét., t. 4.
*750. **Doublieri,** d'Orb., 1847, Pal. franç., terr. crét., 4, pl. 541. Martigues (Bouches-du-Rhône).
RADIOLITES, Lamarck, 1801 ; d'Orb., Paléont. franç., terr. crét., 4.
*751. **Neocomiensis,** d'Orb., 1842, Ann. des Sc. nat., p. 180 ; Paléont. franç., terr. crét., 4, pl. 543. France, Martigues, Orgon ; Chambéry (Savoie).

*751'. **Marticensis,** d'Orb., 1849, Paléont. franç., 4, pl. 543. Martigues.

CAPROTINA, d'Orb., 1842. *Requienia, Monopleura, Dipilidia* et *Caprina*, Mathéron, 1843; d'Orb., Paléont. franç., terr. crét., 4.

*752. **ammonia,** d'Orb., 1842, Ann. des Sc. nat., p. 180; Paléont. franç., pl. 572. *Chama id.*, Goldf. Orgon, Cassis (Bouches-du-Rhône), Maillot, Jeargues, Cessiat, Saint-Germain de Joux, Bellegarde (Ain); Savoie, Chambéry.

*753. **Lonsdalii,** d'Orb., 1842, Paléont. franç., terr. crét., 4, pl. 573-574; Ann. des Sc. nat., p. 180. *Diceras id.*, Sow., 1836, in Trans. geol. Soc., 4, p. 268, pl. 13, fig. 4. *Requienia carinata,* Mathéron, 1842. France, Orgon, Martigues, Ventoux; Savoie, Chambéry; Anglet., North-Wiltshire.

*754. **trilobata,** d'Orb., 1842, Pal. franç., terr. crét., 4, pl. 575. *Caprina trilobata*, d'Orb., 1841, Revue zool., p. 319. *Monopleura birostrata, Urgonensis* et *Dipilidia unisulcata*, Math. *Caprina*, id., 1839. France, Martigues, Orgon.

*755. **lamellosa,** d'Orb., 1842, Pal. franç., terr. crét., 4, pl. 576. Martigues, Orgon.

*756. **Gryphoïdes,** d'Orb., 1847, Paléont. franç., terr. crét., 4, pl. 577. *Requienia id.*, Mathéron, 1843, Catal. Orgon.

*757. **varians,** d'Orb., 1847, Paléont. franç., 4, pl. 578. *Monopleura varians* et *cingulata*, *Caprina Michelini*, Mathéron, Catalogue. Orgon.

*758. **sulcata,** d'Orb., 1847, Paléont. franç., terr. crét., 4, pl. 579. *Monopleura id.*, Mathéron. Orgon.

*759. **imbricata,** d'Orb., 1847, Paléont. franç., terr. crétacés, 4, pl. 580. *Monopleura imbricata*, Mathéron. Orgon.

MOLLUSQUES BRYOZOAIRES.

ALECTO, Lamouroux, 1821.

*760. **gracilis,** d'Orb., 1847; Edwards. Vassy.

DIASTOPORA, Edwards, 1839.

*761. **Vassiacensis,** d'Orb., 1847, Paléont. franç. Vassy.

IDMONEA, Lamouroux, 1821.

*762. **depressa,** d'Orb., 1847. Espèce très-déprimée, dont les rameaux rampants sont larges, mais à peine saillants. Vassy.

ÉCHINODERMES.

PYGURUS, Agassiz.

763. **Columbianus,** Agassiz, 1847, Cat., p. 105. *Laganum Columbianum*, d'Orb., Paléont. de l'Amér. mérid., pl. 21, fig. 10. Colombie.

PYGAULUS, Agassiz.

*764. **Desmoulini,** Agassiz, 1847, Cat., p. 101. Orgon, Martigues (Bouches-du-Rhône), Perte-du-Rhône (Ain).

NUCLEOLITES, Lamarck.

765. Renaudi, Agass., 1847, Cat., p. 97. *Catopygus Renaudi*, Agass., Echin. Suisse, 1, p. 51, pl. 8, fig. 7-9. France, départem. du Doubs; Suisse, envir. de la Chaux-de-Fonds.

CIDARIS, Lamarck.

*766. **cornifera,** Agass., 1847, Cat. syst., p. 25. Orgon (Bouches-du-Rhône); Savoie, Salève.

ACROURA, Agassiz.

766'. Cornueliana, d'Orb., 1849. Cornuel, Mém. de la Soc. géol., 1848, p. 258, pl. 2, fig. 26-30. Vassy (Haute-Marne).

PHYLLOCRINUS, d'Orb., 1847. C'est un *Pentremites*, dont les cinq ambulacres sont creusés et divisent l'ensemble du calice en cinq feuilles.

*767. **Malbosianus,** d'Orb., 1847. Belle espèce, unique dans son genre; découverte par M. de Malbos. Berrias (Ardèche), Barrême (Basses-Alpes).

PENTACRINUS, Miller, 1821.

768. Neocomiensis, Désor. Voy. Néocomien inférieur, n° 508. Orgon.

ZOOPHYTES.

FUNGINELLA, d'Orb., 1849. Ce sont des *Cyclolites* circulaires dont la columelle ronde, simplement creusée, n'est pas transverse; les cloisons grosses.

*769. **Assilina,** d'Orb., 1847. Espèce très-large, avec une dépression centrale ronde; lamelles fines. Saint-Auban (Var).

FORAMINIFÈRES (d'Orb.).

NODOSARIA, Lamarck, 1822. Voy. t. 1, p. 241.

770. subclava, d'Orb., 1849. *N. clava*, Cornuel, 1848, Mém. de la Soc. géol. de France, t. 3, 2e part., p. 250, pl. 1, fig. 16, 17 (non Michelotti, 1841). Vassy (Haute-Marne).

DENTALINA, d'Orb., 1825. Voy. t. 1, p. 242.

771. monile, Cornuel, 1848, id., p. 250, pl. 1, fig. 18. Vassy.

772. antenna, Cornuel, 1848, id., p. 250, pl. 1, fig. 19. Vassy.

773. intermedia, Cornuel, 1848, id., p. 251, pl. 1, fig. 20. Vassy.

774. chrysalis, Cornuel, 1848, id., p. 251, pl. 1, fig. 21. Vassy.

MARGINULINA, d'Orb., 1825. Voy. t. 1, p. 242.

775. crassa, Cornuel, 1848, Mém. de la Soc. géol. de France, t. 3, 2e part., p. 251, pl. 1, fig. 22, 25. Vassy.

776. mutabilis, Cornuel, 1848, id., p. 252, pl. 1, fig. 26, 29. Vassy.

777. gracilis, Cornuel, 1848, id., p. 252, pl. 1, fig. 32, 33. Vassy.

778. lata, Cornuel, 1848, id., p. 252, pl. 1, fig. 34-37. Vassy.

VAGINULINA, d'Orb., 1825, Foram. de Vienne, p. 64.

779. longa, d'Orb., 1849. *Planularia longa*, Cornuel, 1848, Mém. de la Soc. géol. de France, t. 3, 2e part., p. 253, pl. 1, fig. 38, 39. Vassy.

780. reticulata, d'Orb., 1849. *Planularia reticulata*, Cornuel, 1848, id., p. 253, pl. 2, fig. 1-4. Vassy.

781. subcostata, d'Orb., 1849. *Planularia costata*, Cornuel, 1848, Mém., p. 253, pl. 2, fig. 5, 6, 7, 8 (non d'Orb., 1825). Vassy.

WEBBINA, d'Orb., 1839.

782. **flexuosa,** d'Orb., 1849. Cornuel, 1848, id., pl. 2, fig. 36 à droite. Vassy.

783. **irregularis,** d'Orb., 1849. Corn., 1848, id., pl. 2, fig. 37. Vassy.

CRISTELLARIA, Lamarck, 1822. Voy. t. 1, p. 242.

784. **lituola,** Cornuel, 1848, id., p. 254, pl. 2, fig. 9, 10. Vassy.

785. **excentrica,** Cornuel, 1846, id., p. 254, pl. 2, fig. 11, 13. Vassy.

786. **voluta,** Cornuel, 1848, id., p. 255, pl. 2, fig. 14, 16. Vassy.

OPERCULINA, d'Orb., 1825, Foraminifères de Vienne, p. 117.

787. **angularis,** Cornuel, 1848, id., p. 256, pl. 2, fig. 20, 22. Vassy.

ROTALIA, Lamarck, 1822. Voy. t. 1, p. 242.

788. **submarginata,** d'Orb., 1849. *R. marginata,* Cornuel, 1848, Mém., t. 3, 2e part., p. 257, pl. 2, fig. 17, 18, 19 (non d'Orb., 1825). Saint-Dizier (Marne).

TEXTULARIA, Defrance, 1824; d'Orb., Foram. de Vienne, p. 241.

789. **spica,** Cornuel, 1848, id., p. 257, pl. 2, fig. 23, 24. Vassy.

790. **subelongata,** d'Orb., 1849. *T. elongata,* Cornuel, 1848, id., pl. 2, fig. 25 (non d'Orb., 1825). Vassy.

PLACOPSILINA, d'Orb., 1847. Voy. t. 1, p. 259.

791. **Cornueliana,** d'Orb., 1849, OEufs de mollusques. Cornuel, 1848, id., pl. 2, fig. 36 à gauche. Vassy.

DIX-HUITIÈME ÉTAGE : — APTIEN.

MOLLUSQUES CÉPHALOPODES.

CONOTEUTHIS, d'Orb., 1839, Paléont. univ., Moll. viv. et foss., p. 444.

*1. **Dupinianus**, d'Orb., Pal. univ., pl. 30, Terr. crét., Suppl., pl. 1. Seignelay (Yonne), St-Dizier (H.-Marne).

BELEMNITES, Lamarck. Voy. t. 1, p. 212.

*2. **Grasianus**, Duval, d'Orb., Paléont. univ., pl. 73, 74, Terr. crét., Supp., pl. 9. France, Vergons, Gargas (Vaucluse).

*3. **semicanaliculatus**, Blainv., d'Orb., Paléont. univ., pl. 76, 74, Terr. crét., Suppl., pl. 9. Gargas (Vaucluse), Blieux, St-André-de-Méouille, Vergons (B.-Alpes).

RHYNCHOTEUTHIS, d'Orb., 1846. Voy. t. 1, p. 326.

*4. **Astierianus**, d'Orb., Paléont. univ., pl. 80, fig. 5-7, Terr. crét., Suppl., pl. 11, fig. 5-7. Blieux (B.-Alpes), Apt (Vaucluse), Rozan au sud-ouest de Gap (H.-Alpes).

NAUTILUS, Breynius, 1732. Voy. t. 1, p. 54.

*5. **plicatus**, Sow., 1836, in Fitton. *N. Requienianus*, d'Orb., 1840, Paléont. franç., Terr. crét., 1, p. 72, pl. 10. France, entre Ervy et Marolles (Aube), Cassis, Jargues, près Sommières, Barrème, Malataverne-sur-Lussan (Gard), Vassy (H.-Marne).

*6. **Lallierianus**, d'Orb., 1841, Paléont. franç., Terr. crét., 1, p. 620; Revue zoologique, 1841, p. 318. *Nautilus Saxbii*, Morris, 1847, Ann. ant. mag. France, Gurgy (Yonne); Angl., île de Wight.

*7. **Ricordeanus**, d'Orb., 1847. Espèce à cloisons sinueuses comme le *N. Lallierianus*, mais à dos rond. Gurgy.

AMMONITES, Bruguière, 1789. Voy. t. 1, p. 181.

8. **picturatus**, d'Orb., Paléont. franç., Terr. crét., 1, p. 178, pl. 54, fig. 4-6. France, Gévaudan, Barrème.

*9. **inornatus**, d'Orb., Paléont., 1, p. 183, pl. 55, fig. 4-6. Gargas, Barrème.

*10. **Nisus**, d'Orb., Paléont. franç., 1, p. 184, pl. 55, fig. 7-9. *A. planus*, Phillips (non Mantell). France, Gargas (Vaucluse), Villeneuve (Aube), Blieux (B.-Alpes); Yorkshire, Kuapton.

*11. **pretiosus**, d'Orb., Paléont., 1, p. 193, pl. 58, fig. 4-6. Vergons.

*12. **Martinii,** d'Orb., Paléont. franç., Terr. crét., 1, p. 195, pl. 58, fig. 7-10. Gargas, Vergons, Blieux, Hyèges, Barrême ; Anglet., île de Wight.

*13. **crassicostatus,** d'Orb., Paléont. franç., Terr. crét., 1, p. 197, pl. 59, fig. 1-4. Gargas (Vaucluse), Blieux, Hyèges.

*14. **Gargasensis,** d'Orb., Paléont., p. 199, pl. 59, fig. 5-7. Gargas, Barrême.

*15. **Stobieckii,** d'Orb. Grosse espèce voisine de l'*A. Mantellii*, mais avec des pointes sur les grosses côtes près de l'ombilic et d'autres sur les côtés, en tout, quatre rangées. Barrême, Bedoule près de Cassis (Bouches-du-Rhône), du département du Vaucluse, Gurgy (Yonne).

*16. **bicurvatus,** Michelin, d'Orb., Paléont. franç., Terr. crét., 1, p. 286, pl. 84, fig. 3 (exclus. fig. 1, 2, 4). France, Villeneuve (Aube), Gurgy.

*17. **raresulcatus,** Leym., d'Orb., Paléont., 1, p. 288, pl. 85, fig. 5-7. Villeneuve.

*18. **Cornuelianus,** d'Orb., 1841, Paléont., 1, p. 365, pl. 112, fig. 1, 2. Louvemont (H.-Marne), Clansayes (Drôme), Perte-du-Rhône (Ain), Anglet., île de Wight.

*19. **Royerianus,** d'Orb., Paléont., 1, p. 365, pl. 112, fig. 3-5. Bailly-aux-Forges (Haute-Marne), Gurgy (Yonne), Barrême (Basses-Alpes), Clansayes (Drôme).

*20. **Jaubertianus,** d'Orb., 1847. Belle espèce très-remarquable, à tours très-larges, aplatis sur le dos, anguleux et carénés sur les côtés, à large ombilic. Hièges (B.-Alpes).

*21. **Ricordeanus,** d'Orb., 1847. Espèce très-remarquable par sa forme plus épaisse que large, comme l'*A. coronatus*, mais avec des tubercules saillants, énormes au pourtour de l'ombilic. Gurgy (Yonne).

*22. **Hambronii,** Forbes, 1844, Quart. journ., 1, p. 354, pl. 5, fig. 4. France, Gurgy ; Anglet., île de Wight, Atherfield.

*23. **Carlavantii,** d'Orb., 1847. Espèce voisine de l'*A. tatricus*, mais pourvue de larges sillons droits, lisse au milieu, striée au pourtour. Hièges.

*24. **fissicostatus,** Phillips, 1839 (non d'Orb.). *A. consobrinus*, d'Orb., Paléont., p. 147, pl. 47. Idem, *A. Deshayesi*, Leymerie. France, La Bedoule (Bouches-du-Rhône), Vassy, Gurgy, Villeneuve, Gargas ; Anglet., île de Wight, Speeton.

*25. **Matheroni,** d'Orb., Paléont., *A. cesticulatus*, Leymerie, d'Orb., pl. 81, fig. 4. *A. rotula*, Phillips, 1829 (non Sow.). La Bedoule (B.-du-Rhône), Villeneuve (Aube), Gargas (Vaucluse), Anglès (B.-Alpes); Anglet., Speeton.

*26. **striatisulcatus,** d'Orb., Paléont., 1, p. 153, pl. 49, fig. 4-7. France, Vergons, Blieux, Gargas, Apt (Vaucluse).

*27. **Duvalianus,** d'Orb., Paléont., 1, p. 158, pl. 50, fig. 4, 5. Vergons, Blieux, St-André-de-Méouilles, Barrême (B.-Alpes).

*28. **Emerici,** Raspail, d'Orb., Paléont., 1, p. 160, pl. 51, fig. 1-3. Vergons, Blieux, Barrême (B.-Alpes), Gargas (Vaucluse).

*29. **impressus,** d'Orb., Paléont., 1, p. 164, pl. 52, fig. 1-3. France, Vergons, Blieux (B.-Alpes).

***30. Belus,** d'Orb., Paléont. franç., Terr. crét., 1, p. 166, pl. 52, fig. 4-6. France, Gargas, Blieux, Hièges.

***31. Guettardi,** Raspail, d'Orb., Paléont. franç., Terr. crét., 1, p. 169, pl. 53, fig. 1-3. France, Barrème, Vergons, Gargas, Hièges.

***32. Dufrenoyi,** d'Orb., Paléont. franç., Terr. crét., 1, p. 200, pl. 33, fig. 4-6. France, Gargas (Vaucluse), Blieux (B.-Alpes).

33. curvinodus, Phillips, 1839, Yorksh., p. 95, pl. 2, fig. 50. Anglet., Speeton.

34. venustus, Phill., 1839, Yorksh., p. 94, pl. 2, fig. 48. Speeton.

35. concinnus, Phillips, 1839, Yorksh., p. 94, pl. 2, fig. 47. Speeton.

36. marginatus, Phillips, 1839, Yorkshire, p. 95, pl. 2, fig. 41. *Ammonites Royerianus*, d'Orb.? Angl., Speeton.

37. rotula, Sowerby, 1827, Min. Conch., 6, p. 134, pl. 570, fig. 4. Espèce voisine de l'*A. Belus*, mais plus épaisse. Angl., Speeton.

SCAPHITES, Parkinson, 1811.

***38. Bowerbanksii,** d'Orb., 1847. *Crioceratites id.*, Sow., 1837, Trans. geol. Soc. of London, 2e sér., vol. 5, p. 410, pl. 34, fig. 1. Anglet., île de Wight.

39. Phillipsii, d'Orb., 1847. *Hamites Phillipsii*, Bean, Phill., 1839, Yorkshire, p. 95, pl. 1, fig. 30. Angl., Speeton.

CRIOCERAS, Léveillé, 1837.

40. plicatilis, d'Orb., 1847. *Hamites plicatilis*, Phillips, 1829, Yorkshire, p. 95, pl. 1, fig. 29. Angl., Speeton.

ANCYLOCERAS, d'Orb., 1842. Voy. t. 1, p. 262.

***41. Matheronianus,** d'Orb., 1841, Paléont. franç., 1, p. 497, pl. 122. *Ancyloceras varians*, d'Orb., 1, p. 504, pl. 126. Barrème, Bedoule, Bailly-aux-Forges, Narcy; détroit de Magellan (Port Famine).

***42. gigas,** d'Orb., 1847. *Hamites gigas*, Sow. *Scaphites gigas*, Forbes. *Ancyloceras Renauxianus*, d'Orb., Paléont. franç., 1, p. 499, pl. 12. Bedoule (Bouches-du-Rhône), Apt; Anglet., île de Wight, Folkstone, Pesthouse, Sandgate.

***43. simplex,** d'Orb., 1841, Paléont. franç., 1, p. 503, pl. 125, fig. 5-8. *Hamites elatior*, G. B. Sowerby, in Darwin, 1846, p. 265. France, Bedoule; Amér. mér., Port Famine, détroit de Magellan.

***44. Orbignyanus,** Mathéron, 1843, Cat., p. 265, pl. 41, fig. 1, 2. France, Bedoule, près de Cassis (Bouch.-du-Rhône).

***45. Cornuelianus,** d'Orb. *Toxoceras id.*, d'Orb., Paléont. franç., p. 484, pl. 119, fig. 5-9. France, Bailly-aux-Forges (Haute-Marne), Gargas (Vaucluse).

46. Beanii, d'Orb., 1842. *Hamites Beanii*, Young and Bird, Phill., 1839. Yorksh., p. 95, pl. 1, fig. 28. Angl., Speeton.

47. intermedius, d'Orb., 1842, Paléont. franç., 1, p. 494. *Hamites intermedius*, Phill., 1839, Yorksh., p. 95, pl. 1, fig. 22. Angl., Speeton.

48. grandis, d'Orb., 1842, Paléont. franç., 1, p. 494. *Hamites grandis*, Sowerby, 1836, Min. Conch., 6, pl. 593, fig. 1. Angl. (Folkstone), Lympne, Hythe.

49. Hillsii, d'Orb., 1842, Paléont., 1, p. 494. *Scaphites Hillsii*, Sowerby, 1836, in Fitton, Trans. geol. Soc., 4, p. 128, pl. 15, fig. 1, 2. Angl. (Folkstone), Quarries, près d'Hythe.

TOXOCERAS, d'Orb., 1842. Voy. t. 1, p. 262.

*50. **Royerianus,** d'Orb., Paléont. franç., 1, p. 481, pl. 118, fig. 7-11. Bailly-aux-Forges, Chapelle Merigny, Gargas (Vaucluse).

PTYCHOCERAS, d'Orb., 1842. Voy. p. 66.

51. **laevis,** Mathéron, 1843, Cat., p. 266, pl. 41, fig. 3. Cassis, Gargas.

HAMULINA, d'Orb., 1849. Voy. t. 2, p. 66.

*52. **Royeriana,** d'Orb., 1849. *Hamites Royerianus*, d'Orb., 1842, Paléont., 1, p. 531, pl. 131, fig. 1-5. France, Vandeuvre, Villeneuve (Aube), St-Dizier, Seignelay (Yonne).

53. **raricostata,** d'Orb., 1849. *Hamites raricostatus*, Phillips, 1839, Yorksh., p. 95, pl. 1, fig. 23. Speeton.

MOLLUSQUES GASTÉROPODES.

VERMETUS, Adanson, 1757.

*54. **Rouyanus,** d'Orb., 1843, Paléont., 2, p. 386, pl. 233, fig. 5-7. Alichamp, près de Vassy (H.-Marne), aux Croûtes (Aube).

*55. **Albensis,** d'Orb., 1843, Paléont., p. 386, pl. 233, fig. 8-9. Les Croûtes.

SCALARIA, Lamarck.

*55'. **Ricordeana,** d'Orb., 1849. Belle espèce à tours de spire très-saillants, à côtes espacées, striées en travers dans l'intervalle. Gurgy (Yonne).

ACTEON, Montfort, 1810. Voy. t. 1, p. 263.

*56. **Forbesiana,** d'Orb., 1847. *Tornatella marginata*, Forbes, 1844, Quart. journ., 1, p. 347, pl. 4, fig. 1 (non *marginata*, d'Orb., 1843). France, Seignelay (Yonne) ; Anglet., Atherfield. Cette espèce diffère par des stries partout.

*57. **subalbensis,** d'Orb., 1847. Espèce voisine de l'*A. albensis*, mais distincte par les stries. Angl., Atherfield.

VARIGERA, d'Orb., 1847. Voy. t. 2, p. 68.

*58. **Fittoni,** d'Orb., 1847. Espèce petite, à tours allongés, lisses. Anglet., île de Wight.

NATICA, Adanson, 1757. Voy. t. 1, p. 29.

*59. **Cornueliana,** d'Orb., 1842, Paléont., p. 150, pl. 170, fig. 4, 5. Vassy.

*60. **sublaevigata,** d'Orb. V. Néocomien, n° 108. France, St-Dizier; Anglet., Atherfield.

TROCHUS, Linné, 1758. Voy. t. 1, p. 64.

61. **subreticulatus,** d'Orb., 1847. *Trochus reticulatus*, Phillips, 1829, Yorkshire, p. 94, pl. 2, fig. 37 (non Sow.). Angl., Speeton.

62. **minimus,** d'Orb., 1847. *Solarium minimum*, Forbes, 1845, Quarterly Journal, 1, p. 348, pl. 4, fig. 3. Angl., Atherfield.

63. **subpulcherrimus,** d'Orb., 1847. *Turbo pulcherrimus*, Phill., 1829, Yorksh., p. 94, pl. 2, fig. 35 (non Wood, 1825). Angl., Speeton.

*64. **Barremensis,** d'Orb., 1847. Espèce carénée, à tubercules sur la carène qui est saillante. Barrème.

SOLARIUM, Lamarck, 1801. Voy. t. 1, p. 300.

65. **Carcitanense,** Mathéron, 1843, Catal., p. 234, pl. 39, fig. 3, 5. Cassis.

66. tabulatum, Phillips, 1829, Yorkshire, p. 94, pl. 2, fig. 36. Speeton.

TURBO, Linné, 1758. Voy. t. 1, p. 5.

67. Forbesianus, d'Orb., 1847, *T. minutus*, Forbes, 1845, Quart. journ., 1, p. 348, pl. 4, fig. 2 (non *minutus*, Brown). Angl., Pease-marsh.

***68. Martinianus,** d'Orb., 1842, Paléont., 2, p. 218, pl. 184, fig. 4-7. Clansayes (Drôme), Gargas (Vaucluse).

PLEUROTOMARIA, Defrance, 1825. Voy. t. 1, p. 7.

69. Anstedi, Forbes, 1845, Quarterly journal, 1, p. 349, pl. 5, fig. 1. Angl., Nutfield, près de Reigate.

PTEROCERA, Lamarck, 1801. Voy. t. 1, p. 231.

70. Fittoni, Forbes, 1845, Quarterly journal, 1, p. 351, pl. 4, fig. 6. Angl., Atherfield.

ROSTELLARIA, Lamarck, 1801. Voy. p. 71.

***71. glabra,** Forbes, 1845, Quarterly journal, 1, p. 350, pl. 4, fig. 5. France, Vassy (H.-Marne); Angl., Atherfield.

72. subcomposita, d'Orb., 1847. *Rostellaria composita*, Phillips, 1829, Yorksh., p. 94, pl. 2, fig. 33, 34 (non Sow.). Angl., Speeton.

***73. Gargasensis,** d'Orb., 1847. Espèce voisine du *R. Robinaldina*, mais infiniment plus grande, à côtes jusqu'au dernier tour. Gargas (Vaucluse).

CERITHIUM, Adanson, 1757. Voy. t. 1, p. 196.

74. Cornuelianum, d'Orb., 1843, Paléont., 2, p. 361, pl. 228, fig. 11-13. France, Grange-au-Ru, près de Vassy.

***75. Aptiense,** d'Orb., 1843, Paléont., 2, p. 363, pl. 229, fig. 1-3. *Cerithium tuberculatum*, Forbes, 1844, Quart. journ. Gargas (Vaucluse), Les Croûtes (Aube), Barrème, Hièges (Bass.-Alpes); Anglet., île de Wight.

76. Matronense, d'Orb., 1843, Paléont., p. 381. Vassy.

***77. Gargasense,** d'Orb., 1843, Paléont. franç., Terr. crét., 2, p. 382. Gargas, Les Croûtes, Seignelay.

***78. Forbesianum,** d'Orb., 1847. *Cer. Phillipsii*, Forbes, 1844, Quart. (non Leymerie). Angl., île de Wight.

***79. Alpinum,** d'Orb., 1847. Petite espèce presque cylindrique, dont les tours non saillants sont ridés irrégulièrement en travers. Barrème.

***80. Fittoni,** d'Orb., 1847. Espèce voisine du *C. Lallierianum*, mais beaucoup plus petite et plus courte à proportion. Anglet., île de Wight.

***81. turriculatum,** Forbes, 1845, Quarterly journal, 1, p. 352, pl. 4, fig. 7 a. Angl., Atherfield.

82. subattenuatum, d'Orb., 1847. *C. attenuatum*, Forbes, 1845, Quarterly journal, 1, p. 352, pl. 4, fig. 11 (non Sow., 1836). Anglet., Atherfield.

***83. Barremensis,** d'Orb., 1847. Espèce voisine du *C. Lallierianum*, mais plus allongée, pourvue de côtes longitudinales plus marquées et de stries transverses plus fines. La Baume, Barrème (B.-Alpes), Gargas (Vaucluse).

DENTALIUM, Linné, 1758. Voy. p. 73.

*84. **cylindricum,** Sow., pl. 79, fig. 2. Seignelay; Anglet., île de Wight.

MOLLUSQUES LAMELLIBRANCHES.

PHOLAS, Linné, 1758; d'Orb. Voy. t. 1, p. 251.
*85. **Cornueliana,** d'Orb., 1844, Paléont., 3, p. 305, pl. 349, fig. 1-4. Vassy, Combles, Narcy, Les Croûtes, Gurgy.
86. **constricta,** Phillips, 1829, Yorksh., p. 93, pl. 2, fig. 17. Speeton.
PANOPÆA, Ménard, 1807. Voy. t. 1, p. 173.
*87. **Prevosti,** d'Orb., 1844, Paléont. franç., 3, p. 334, pl. 356, fig. 3, 4. France, Vassy, Croûtes.
*88. **Neocomiensis,** d'Orb., 1844, *id.*, p. 229, pl. 353, fig. 3-8. Vassy.
PHOLADOMYA, Sow., 1826. Voy. t. 1, p. 13.
89. **Martini,** Forbes, 1844, Quarterly journal, 1, p. 238, pl. 2, fig. 3. Angl., Pulborough, Atherfield.
*90. **Cornueliana,** d'Orb., 1847. *Cardium id.*, d'Orb., 1843, Pal., 3, p. 23, pl. 256, fig. 1, 2. France, Pont-Varin, près de Vassy; Angl., Atherfield.
LYONSIA, Turton, 1822. Voy. t. 1, p. 10.
91. **Ricordeana,** d'Orb., 1847. Espèce voisine du *L. Rouyana*, mais plus large, à crochets saillants, à carène anale, et striée en travers. France, Seignelay (Yonne).
THRACIA, Leach, 1825. Voy. t. 1, p. 216.
92. **recurva,** d'Orb., 1847. *Mya depressa*, Phillips, 1829. Yorkshire, p. 93, pl. 2, fig. 8 (non Sow.). Angl., Speeton.
GASTROCHÆNA, Spengler, 1783. Voy. t. 1, p. 275.
*93. **dilatata,** d'Orb., 1847. *Fistulana id.*, d'Orb., 1844, Paléont., 3, p. 394, pl. 375, fig. 1-4. France, Combles.
*94. **Matronensis,** d'Orb., 1847. *Fistulana id.*, d'Orb., 1844, Paléont., 3, p. 395, pl. 375, fig. 5-8. Pont-Varin.
SOLECURTUS, Blainville, 1824.
95. **Warburtoni,** Forbes, 1844, Quarterly journal, 1, p. 237, pl. 2, fig. 1. Angl., Atherfield.
LAVIGNON, Cuvier, 1817, Paléont., Terr. crét., 3, p. 403.
*96. **minuta,** d'Orb., 1844, Paléont. franç., 3, p. 405, pl. 377, fig. 1-4. *Platymia id.*, Agassiz. Pont-Varin; Savoie, Mont Salève.
97. **phaseolina,** d'Orb., 1844. *Mya phaseolina*, Phillips, 1829, Yorksh., p. 93, pl. 2, fig. 13. Speeton.
LEDA, Schumacher, 1817. Voy. t. 1, p. 11.
*98. **lingulata,** d'Orb., 1847. *Nucula id.*, d'Orb., 1843, Paléont. fr., 3, p. 168, pl. 304, fig. 1-3. *Nucula spathulata*, Forbes, 1844, Quart. journ., 1, p. 245, pl. 3, fig. 4. France, Marolles; Angl., Atherfield.
VENUS, Linné, 1758. Voy. p. 75.
*99. **Roissyi,** d'Orb., 1844, Pal. franç., 3, p. 441, pl. 384, fig. 13-15. Marolles; Angl., île de Wight.
*100. **Vassiacensis,** d'Orb., 1844, Paléont., 3, p. 441, pl. 384, fig. 11, 12. Marolles, Vassy, St-Paul (Oise).

101. Orbignyana, Forbes, 1844, Quarterly journal, 1, p. 240, pl. 2, fig. 5. *Venus Roissyi*, d'Orb.? Cracker, Atherfield.

102. Vectensis, Forbes, 1844, Quarterly journal, 1, p. 240, pl. 2, fig. 4. Angl., Cracker, Atherfield.

THETIS, Sow., 1826, d'Orb., Paléont. franç., 3, p. 450.

***103. lævigata,** d'Orb., 1843, Paléont., 3, p. 452, pl. 387, fig. 1-3. St-Paul (Oise); Angl., île de Wight.

CORBULA, Bruguière, 1791. Voy. t. 1, p. 275.

***104. striatula,** Sow., 1827, d'Orb., Paléont., 3, p. 459, pl. 388, fig. 9-13. Combles, Vassy, Gurgy; Anglet., île de Wight, Sussex, Pulborough.

***105. elegantula,** d'Orb., 1847. *C. elegans*, d'Orb., 1845, Paléont. franç., 3, p. 460, pl. 388, fig. 14-17 (non Sow., 1827). Seignelay; Angl., île de Wight.

106. punctum, Phillips, 1829, Yorksh., p. 94, pl. 2, fig. 6. Speeton.

ASTARTE, Sow., 1818. Voy. t. 1, p. 216.

***107. sinuata,** d'Orb., 1843, Paléont., 3, p. 69, pl. 264, fig. 1-3. Marolles.

108. lævis, Phillips, 1829, Yorkshire, p. 94, pl. 2, fig. 18-19. Speeton.

OPIS, Defrance, 1825. Voy. t. 1, p. 198.

109. ornata, d'Orb., 1847. *Isocardia ornata*, Forbes, 1844, Quart. journ., 1, p. 242, pl. 2, fig. 10. Angl., Atherfield.

CYPRINA, Lamarck, 1801. Voy. t. 1, p. 173.

***110. inornata,** d'Orb., 1843, Paléont., 3, p. 99, pl. 272, fig. 1-2. Vassy.

LUCINA, Bruguière, 1791. Voy. t. 1, p. 32.

***111. sculpta,** Phillips, 1829, d'Orb., Paléont., 3, p. 118, pl. 283, fig. 1-4. Dienville (Aube), Gargas (Vaucluse), Barrème (B.-Alpes) Angl., Yorkshire.

***112. excentrica,** Sow., Forbes, in Darw., 1846, South Amer., p. 267, pl. 5, fig. 21. Patagonie, Port-Famine, Terre-du-Feu.

113. solidula, Forbes, 1844, Quart. journ., 1, p. 239, pl. 2, fig. 7. Angl., Atherfield, Redhill, Peasemarsh.

CARDIUM, Bruguière, 1791. Voy. t. 1, p. 33.

114. Ibbetsoni, Forbes, 1844, Quarterly journal, 1, p. 243, pl. 2, fig. 9. Angl., Cracker, Atherfield.

ISOCARDIA, Lamarck, 1799. Voy. t. 1, p. 42.

?115. angulata, Phillips, 1829, Yorkshire, p. 94, pl. 2, fig. 20, 21. Speeton.

NUCULA, Lamarck, 1801. Voy. t. 1, p. 12.

116. subobtusa, d'Orb., 1847. *N. obtusa*, d'Orb., 1843, Paléont., 3, p. 163, pl. 300. *N. subrecurva*, Phillips, 1829, Yorksh., p. 94, pl. 2, fig. 11. Angl., Speeton.

ARCA, Linné, 1758. Voy. t. 1, p. 13.

***117. Cornueliana,** d'Orb., 1843, Paléont., 3, p. 208, pl. 311, fig. 1-3. Pont-Varin, près de Vassy, Seignelay.

***118. Austeni,** d'Orb., 1847. *Cardium Austeni*, Forbes, 1844, Quarterly journal, 1, p. 244, pl. 3, fig. 3. C'est bien une *arca* à en juger par la facette du ligament. France, Seignelay (Yonne) ; Angl., Peasemarsh, Atherfield.

PINNA, Linné, 1758. Voy. t. 1, p. 135.

119. gracilis, Phill., 1839, Yorksh., p. 94, pl. 2, fig. 22. Speeton.

MITYLUS, Linné, 1758. Voy. t. 1, p. 32.

*__120. sublineatus,__ Voy. Etage 17, n° 344. Vassy.

121. undulatus, d'Orb., 1847. *Cypricardia undulata*, Forbes, 1844, Quarterly journal, 1, p. 242, pl. 3, fig. 1. Angl., Atherfield.

LITHODOMUS, Cuvier, 1817.

*__122. subintermedius,__ d'Orb., 1847. Espèce plus courte que toutes celles de l'Etage néocomien. France, Vassy.

LIMA, Bruguière, 1791. Voy. t. 1, p. 175.

*__123. Cottaldina,__ d'Orb., 1845, Paléont., 3, p. 537, pl. 416, fig. 1-5. Vassy, Marolles, Gurgy, La Bedoule.

124. Moreana, d'Orb., 1845, *id.*, 3, p. 538, pl. 416, fig. 6-10. Combles.

AVICULA, Klein, 1753. Voy. t. 1, p. 13.

125. sublanceolata, d'Orb., 1847. *A. lanceolata,* Forbes, 1844, Quarterly journal, 1, p. 247, pl. 3, fig. 8 (non Sow., 1826). Anglet., Peasemarsh, Atherfield, Parham, Hythe.

*__126. subdepressa,__ d'Orb., 1847. *A. depressa*, Forbes, 1844, id., 1, p. 247, pl. 3, fig. 7 (non Münster, 1841). Seignelay (Yonne); Angl., Atherfield.

127. ephemera, Forbes, 1844, id., 1, p. 247, pl. 3, fig. 6. Atherfield.

*__128. Aptiensis,__ d'Orb., 1847. Espèce ronde, très-inéquivalve, qui rappelle les espèces du muschelkalk. Elle a la forme d'un *Inoceramus.* La Baume, près de Castellanne (B.-Alpes).

GERVILIA, Defrance, 1820. Voy. t. 1, p. 201.

*__129. linguloïdes,__ Forbes, 1845, d'Orb., Paléont., 3, p. 485, pl. 396, fig. 1-4. Grange-au-Ru, près de Vassy ; Angl., Atherfield.

*__130. Forbesiana,__ d'Orb., 1845, Paléont. franç., 3, p. 486, pl. 396, fig. 5, 6. Angl., île de Wight à Atherfield, Shanklin.

PECTEN, Gualtieri, 1742. Voy. t. 1, p. 87.

*__131. Aptiensis,__ d'Orb., 1847. *P. interstriatus*, Leym., 1842, d'Orb., Paléont. franç., 3, p. 594, pl. 433, fig. 1-5 (non Münster, 1841). St-Gilde, Narcy, Les Croûtes, St-Dizier.

*__132. striato-punctatus,__ Rœmer, 1839, d'Orb., Paléont., Terr. crét., 3, p. 594, pl. 433, fig. 4-7. France, St-Dizier.

JANIRA, Schumacher, 1817. Voy. p. 83.

*__133. Royeriana,__ d'Orb., 1847. Espèce voisine par le nombre de ses côtes du *J. quadricostata*, mais avec plus d'inégalité dans leur largeur et leur disposition. Grange-au-Ru, près de Vassy, Gurgy (Yonne). M. Ricordeau.

SPONDYLUS, Linné, 1758. Voy. p. 83.

*__134. complanatus,__ d'Orb., 1846, Paléont. franç., Terr. crét., 3, p. 657, pl. 451, fig. 7-10. France, Grange-au-Ru, Vassy, St-Dizier.

PLICATULA, Lamarck, 1801. Voy. t. 1, p. 202.

*__135. Placunea,__ Lam., 1819, d'Orb., Paléont., 3, p. 682, pl. 462, fig. 11-18. Gargas, Narcy, Combles, Seignelay, Villeneuve, St-Dizier, Gignac.

***136. radiola,** Lam, 1819, d'Orb., Paléont., 3, p. 683, pl. 463, fig. 1-7. France, Gargas, Vassy.

OSTREA, Linné, 1752. Voy. t. 1, p. 176.

***137. aquila,** d'Orb., 1846, Paléont. franç., 3, p. 706, pl. 470. France, Vassy, Ervy, Auxerre, Gargas.

***138. macroptera,** Sow., 1824, d'Orb., Paléont., Terr. crét., 3, p. 695, pl. 465. France, St-Dizier.

MOLLUSQUES BRACHIOPODES.

RHYNCHONELLA, d'Orb., 1847. Voy. t. 1, p. 92.

***139. decipiens,** d'Orb., 1847, Paléont., 4, pl. 494, fig. 13-16. France, Gargas (Vaucluse), Hièges (B.-Alpes).

TEREBRATULA, Lwyd, 1699. Voy. t. 1, p. 43.

***140. Moutoniana,** d'Orb., 1847, Paléont., pl. 510, fig. 1-5. Gévaudan, Gargas.

***141. sella,** Sow., 1823, d'Orb., Paléont. fr., Terr. crét., 4, pl. 510, fig. 6-12. Combles, Gargas.

142. lineolata, Phillips, 1829, Yorkshire, p. 94, pl. 2, fig. 27. Anglet., Speeton, Knapton.

TEREBRATELLA, d'Orb., 1847. Voy. t. 1, p. 222.

143. Astieriana, d'Orb., 1847, Paléont., 4, pl. 516, fig. 6-12. Vassy, St-Dizier, Auxerre, Hièges, Gévaudan, Combles.

ORBICULOIDEA, d'Orb., 1847. Voy. t. 1, p. 44.

***144. subradiata,** d'Orb., 1847. Jolie espèce pourvue de rayons très-prononcés, du centre à la circonférence. France, Les Croûtes (Aube).

MOLLUSQUES BRYOZOAIRES.

DIASTOPORA, Lamouroux, 1821.

***145. Clementina,** d'Orb., 1847. Espèce discoïdale dans son ensemble et presque plane, à cellules à peine saillantes, plus grandes et plus longues que chez le *D. Vassiacensis*, d'Orb. Les Croûtes (Aube), Vassy à la Grange-au-Ru.

DEFRANCIA, Rœmer, 1840.

***146. Vassiacensis,** d'Orb., 1847. Espèce à rosace irrégulière, à cellules par lignes rayonnantes au pourtour seulement. Vassy, Grange-au-Ru.

MONTICULIPORA, d'Orb. Voy. t. 1, p. 25.

***146'. Ricordeana,** d'Orb., 1849. Espèce à rameaux courts comprimés. France, Gurgy (Yonne).

ÉCHINODERMES.

CIDARIS, Lamarck.

***147. Phillipsii,** Agass., 1847, Cat. syst., p. 30. *C. spinosa*, Phil., Yorksh., pl. 2, fig. 8. Angl., Speeton.

DECAMEROS, Linck, 1752. (*Alecto*, Leach; *Antedon*, Fréminville; *Phytocrinus*, Blainville.)

*147'. **Ricordeanus,** d'Orb., 1849. Magnifique espèce, dont le calice est déprimé, granuleux en dessous, à deux rangées de ramules. France, Gurgy.

*147''. **depressus,** d'Orb., 1849. Espèce à trois rangées de ramules à surface inférieure moins large. France, Gurgy.

ZOOPHYTES.

TETRACŒNIA, d'Orb., 1849. C'est un *Cryptocœnia*, à 4 systèmes.

*148. **Dupiniana,** d'Orb., 1847. Espèce à cellules de 4 millim., très-profondes, à grosses cloisons inégales, divisées en 4 doubles cavités. France, Les Croûtes (Aube), Seignelay (Yonne).

MONTLIVALTIA, Lamouroux, 1821.

*148'. **Ricordeana,** d'Orb., 1849. Petite espèce, courte et large, à épithèque partielle. Gurgy.

CERIOPORA, Goldf., 1826.

*149. **Muletiana,** d'Orb., 1847. Espèce pourvue de gros mamelons convexes, mais peu élevés qui représentent des branches rudimentaires. Les Croûtes (Aube).

*149'. **Ricordeana,** d'Orb., 1849. Espèce à gros rameaux dichotomes, à pores inégaux. Gurgy.

AMORPHOZOAIRES.

CUPULOSPONGIA, d'Orb., 1847. Voy. t. 1, p. 210.

*150. **Aptiensis,** d'Orb., 1847. Espèce infundibuliforme, irrégulière, large, à bords épais. France, Gargas (Vaucluse).

DIX-NEUVIÈME ÉTAGE : — ALBIEN.

MOLLUSQUES CÉPHALOPODES.

BELEMNITES, Lamarck, 1801. Voy. t. 1, p. 211.

*1. **minimus,** Lister, d'Orb., Paléont. univ., pl. 76, Ter. crét. 1, p. 57, pl. 5. France, Wissant (Pas-de-Calais), Grand-Pré (Ardennes), Clar (Var), etc.

NAUTILUS, Breynius, 1732. Voy. t. 1, p. 54.

*2. **Bouchardianus,** d'Orb., 1840, Paléont., 1, p. 75, pl. 13. Wissant (Pas-de-Calais), Clar (Var), Novion (Ardennes).

*3. **Clementinus,** d'Orb., Paléont., 1, p. 77, pl. 13 bis. France, Géraudot, Varennes, Novion, Escragnolles, Clar (Var).

*4. **Astierianus,** d'Orb., 1847. Espèce voisine de forme du *N. Clementinus,* mais s'en distinguant par son siphon plus près du bord extérieur que du bord interne. Escragnolles.

*5. **Albensis,** d'Orb., 1847. Espèce voisine du *N. Neckerianus,* Pictet, mais s'en distinguant par son siphon placé au tiers interne des tours, et par une dépression de la cloison près du retour de la spire. Novion, Clar (Var).

*6. **Neckerianus,** Pictet, 1847, Descrip. moll. foss., p. 16, pl. 1, fig. 2. Perte du Rhône (Ain).

7. **Saussureanus,** Pictet, 1847. *Id.*, p. 17, pl. 1, fig. 3. Saxonet, Perte du Rhône.

8. **Rhodani,** Roux, Pictet, 1847, Descrip. moll. foss., p. 19, pl. 1, fig. 4. France, Perte du Rhône (Ain).

CERATITES, de Haan, 1825. Voy. t. 1, p. 171.

*9. **Senequieri,** d'Orb. *Ammonites idem,* d'Orb., Paléont. franç., Terr. crét., 1, p. 292, pl. 86, fig. 3, 5. France, Escragnolles.

AMMONITES, Bruguière, 1789. Voy. t. 1, p. 181.

*10. **Delucii,** Brongniart, 1822. *A. interruptus,* d'Orb. (non Brug.), Paléont. franç., Terr. crét., 1, p. 211, pl. 31, 32. *A. Chabreyanus,* Pictet, pl. 7, fig. 1 (jeune). France, Partout, Géraudot, Ervy, Wissant, Varennes, Escragnolles, Clar, Bussy-lès-Gy, Perte du Rhône ; Angl., Folkstone, Warmünster; Savoie, Cluse ; Suisse, Vaud, lac du Bournet.

*11. **splendens,** Sow., 1815, d'Orb., Paléont., 1, p. 222, pl. 63, 64, id. *A. crenatus,* Sow. *A. Fittoni,* d'Arch. Wissant, Perte du Rhône, Escragnolles, Clar ; Angl., Folkstone.

*12. **auritus,** Sow., 1816, d'Orb., Paléont., 1, p. 227, pl. 65. Wissant, Charbony, près de Noseroy (Jura); Angl., Folkstone.
*13. **lautus,** Parkinson, 1818, d'Orb., Paléont. franç., Terr. crét., 1, p. 230, pl. 64, fig. 3-5. Wissant; Angl., Folkstone.
*14. **tuberculatus,** Sow., 1821, d'Orb., Paléont. franç., Terr. crét., 1, p. 232, pl. 66. Wissant; Angl., Folkstone.
15. **Mosensis,** d'Orb., *id.*, 1, p. 237, pl. 67, fig. 5-7. Varennes.
*16. **Raulinianus,** d'Orb., 1841, Paléont., 1, p. 238, pl. 68. *Amm. Guersanti*, d'Orb., pl. 67, fig. 1-4. Novion, Macheroménil, Varennes, Seignelay.
*17. **Camatteanus,** d'Orb., Paléont. franç., Terr. crét., 1, p. 241, pl. 69, fig. 1, 2. Caussols, Escragnolles, Clar, Saint-Pons.
*18. **Michelinianus,** d'Orb., *id.*, p. 242, pl. 69, fig. 3-5. Novion.
*19. **Archiacianus,** d'Orb., Paléont. franç., 1, p. 244, pl. 70. Novion, Macheroménil (Ardennes), Andon (Var).
*20. **regularis,** Bruguière, d'Orb., Paléont., 1, p. 245, pl. 71, fig. 1-3. Novion (Ardennes), Varennes, Ervy (Aube), Perte du Rhône (Ain); Savoie, Cluse.
*22. **tarde furcatus,** Leym., d'Orb., Paléont. franç., Terr. crét., 1, p. 248, pl. 71, fig. 4, 5. Varennes, Ervy; Savoie, Cluse.
*23. **mammillatus,** Schloth., 1813, d'Orb., Paléont., 1, p. 249, pl. 72, 73, idem. *A. Clementinus*, d'Orb. Macheroménil, Géraudot, Varennes, Escragnolles, Morteau, Perte du Rhône, Wissant; Savoie, Saxonet; Angl., Folkstone; Suisse, canton de Vaud au lac Bournet.
*24. **Lyellii,** Leym., d'Orb., Paléont., 1, p. 255, pl. 74. *Amm. Huberianus*, Pictet, pl. 7, fig. 7. Géraudot, Ervy, Escragnolles, Varennes, Morteau, Clansayes; Savoie, Reposoir, montagne des Fis, etc., Saxonet.
*25. **nodosocostatus,** d'Orb., *id.*, 1, p. 258, pl. 75, fig. 1-4. Clansayes.
*26. **Dutempleanus,** d'Orb., 1847. *A. fissicostatus*, d'Orb., Pal., 1, p. 261, pl. 76 (non Phillips). Novion, Varennes, Escragnolles, Morteau, Wissant.
*27. **Milletianus,** d'Orb., Paléont., 1, p. 263, pl. 77. Aubenton, Saint-Paul de Fenouillet, entre Opoul et Rivesaltes, Varennes, Novion, Clansayes, Perte du Rhône, Andon (Var), Morteau; Savoie.
*28. **Puzosianus,** d'Orb., Paléont., 1, p. 265, pl. 78. Novion.
*29. **Mayorianus,** d'Orb., Paléont. franç., 1, p. 267, pl. 79. Perte du Rhône, Clansayes, Escragnolles; Savoie; Angleterre.
*30. **latidorsatus,** Michelin, d'Orb., Paléont., 1, p. 270, pl. 80. *A. Jallabertianus*, Pictet, pl. 4, fig. 2. Géraudot, Ervy, Escragnolles, Clansayes, Partout.
*31. **Parandieri,** d'Orb., Paléont., 1, p. 129, pl. 38, fig. 7-9. Escragnolles, Bussy-lès-Gy; montagne des Fis.
*32. **Dupinianus,** d'Orb., Paléont., 1, p. 276, pl. 81, fig. 6-8. Ervy, Géraudot, Macheroménil, Wissant; Savoie; Suisse (Vaud), lac du Bournet.
*33. **Beudanti,** Brongniart, d'Orb., Pal., p. 278, pl. 33, fig. 1-3, pl. 34. Géraudot, Escragnolles, Wissant, Perte du Rhône, Novion,

Bussy-lès-Gy; Savoie; Angl., Folkstone; Suisse (Vaud), lac du Bournet.

*34. **Velledæ,** Michelin, d'Orb., Paléont., 1, p. 280, pl. 82. Géraudot, Macheroménil, Perte du Rhône; Savoie.

*35. **subalpinus,** d'Orb., 1847. *A. alpinus,* Paléont. franç., Terr. crét., 1, p. 283, pl. 83, fig. 1-3 (non Risso, 1825). Escragnolles.

*36. **quercifolius,** d'Orb., 1842, Paléont., 1, p. 284, pl. 83, fig. 4-6. *A. Gossianus,* Pictet, 1847, pl. 4, fig. 5. Novion (Ardennes), Clar (Var), Martigues, Perte du Rhône (Ain).

*37. **versicostatus,** Michelin, d'Orb., Paléont. franç., Terr. crét., 1, p. 273, pl. 81, fig. 1, 3. Géraudot, Escragnolles.

*38. **Cleon,** d'Orb., 1847, d'Orb. *A. Constantii,* Paléont., 1, p. 286, pl. 84, fig. 1, 2, 4, (exclus. fig. 3). Confondu à tort avec l'*A. bicurvatus* de l'étage aptien. Macheroménil.

*39. **Brottianus,** d'Orb., *id.*, p. 290, pl. 85, fig. 8-10. Perte du Rhône.

*40. **Hugardianus,** d'Orb., Paléont. franç., Terr. crét., 1, p. 291, pl. 86, fig. 1, 2. Perte du Rhône; Savoie, montagne des Fis.

*41. **varicosus,** Sow., d'Orb., Paléont., 1, p. 294, pl. 87, fig. 1-5. Wissant, Perte du Rhône, Clar; Angl., Folkstone.

*42. **Delaruei,** d'Orb., *id.*, p. 296, pl. 87, fig. 6-8. Escragnolles.

*43. **cristatus,** Deluc, d'Orb., Paléont. franç., Terr. crét., 1, p. 298, pl. 88, fig. 1-5. Perte du Rhône, Wissant; Savoie, montagne des Fis.

*44. **Bouchardianus,** d'Orb., Paléont., 1, p. 300, pl. 88, fig. 6-8. France, Wissant, Perte du Rhône; Angl., Folkstone.

*45. **Roissyanus,** d'Orb., *id.*, p. 302, pl. 89. Escragnolles, Clar, Dienville.

*46. **inflatus,** Sow., d'Orb., *id.*, 1, p. 304, pl. 90. *A. Balmatianus,* Pictet, pl. 9, fig. 1. *A. Rouxianus,* Pictet, pl. 9, fig. 2. *A. Candollianus,* Pictet, pl. 11. *A. varicosus,* Quenstedt, pl. 17, fig. 2 (non Sow.). Wissant, Perte du Rhône, Géraudot, Havre, Escragnolles; Savoie, montagne des Fis, Saxonet.

*47. **Itierianus,** d'Orb., *id.*, p. 367, pl. 112, fig. 6, 7. Perte du Rhône.

*48. **proteus,** d'Orb., *id.*, p. 623. Clar.

*49. **cornutus,** Pictet, 1847. Descrip. moll. foss., p. 93, pl. 8, fig. 6. France, Perte du Rhône (Ain), Clar (Var).

*50. **Agassizianus,** Pictet, 1847, *id.*, p. 47, pl. 4, fig. 3, 4. *A. ventrocinctus,* Quenstedt, pl. 17, fig. 14. Clar; Saxonet.

*51. **Denarius,** Sow., d'Orb., Paléont., 1, pl. 62. Wissant.

*52. **Timotheanus,** Mayor. Pictet, 1847. Descrip. moll. foss., p. 39, pl. 2, fig. 6, pl. 3, fig. 1, 2. *A. Jurinianus,* Pictet, pl. 3, fig. 3. *A. Bourretianus,* Pictet, pl. 4, fig. 1. Clar (Var); Savoie, Saxonet.

*53. **Mirapelianus,** d'Orb., 1847. Espèce voisine de l'*A. Roissyanus,* mais ayant les tours plus étroits, les côtes simples, plus grosses et fortement épaissies et obtuses extérieurement. *A. cristatus,* Quenstedt, pl. 17, fig. 1 (non Deluc). Collette de Clar (Var).

*54. **Michelianus,** d'Orb., 1847. Singulière espèce sphérique, striée en travers, plus haute que large, carénée au pourtour de l'ombilic qui est en entonnoir régulier, à pans droits. Clar.

*55. **Adonis,** d'Orb., 1847. Jolie espèce comprimée, à dos tranchant, ornée de faibles côtes, espacées, arquées, distinctes. Elle rappelle des formes des étages jurassiques. Clar (Var).

*56. **Æolus,** d'Orb., 1847. Espèce voisine de l'*A. fimbriatus*, mais à tours plus étroits, lisse dans le jeune âge, avec quatre côtes transverses ; plus âgée, elle paraît avoir quelques petites côtes espacées. Clar (Var).

57. **Senebrianus,** Pictet, 1847, Descript. moll. foss., p. 73, pl. 6, fig. 7. Aux Escaliers-de-Sommier (Savoie).

58. **Tollotianus,** Pictet, 1847, Descript., p. 109, pl. 10, fig. 5. Lessex, au-dessus du lac de Flaine (Faucigny).

59. **Bonnetianus,** Pictet, 1847, Descript., p. 50, pl. 4, fig. 6. *A. Brongniartianus*, Pictet, 1847, pl. 5, fig. 3 (jeune?). Savoie, Saxonet.

60. **Colladoni,** Pictet, 1847, Descript., p. 89, pl. 8, fig. 1. Châtillon-de-Michaille, près Bellegarde, Perte-du-Rhône (Ain).

61. **circularis,** Sowerby, 1836, in Fitton, Trans. geol. Soc., 4, p. 112, pl. 11, fig. 20. Angleterre (Kent), Burman, près de Maidstone.

*61'. **Pictetianus,** d'Orb., 1849. Très-belle espèce voisine de l'*A. splendens*, mais à tours bien plus épais, à lobe dorsal régulier, avec des côtes transverses obliques de chaque côté du dos. France, Seignelay (Yonne) ; découverte par M. Ricordeau.

SCAPHITES, Parkinson, 1811. Voy. t. 2, p. 100.

*62. **Astierianus,** d'Orb., Paléont. franç., Terr. crét., 1, p. 521. France, Clar.

*63. **Hugardianus,** d'Orb., Paléont., 1, p. 521 ; Pictet. Montagne des Fis.

CRIOCERAS, Léveillé, 1837. Voy. t. 2, p. 65.

*64. **Astierianus,** d'Orb., Paléontol., p. 468, pl. 115 *bis*, fig. 3-5. Escragnolles.

65. **Vaucherianus,** Pictet, 1847, Descript., p. 111, pl. 12, fig. 1. Savoie ; Châtillon-de-Michaille, près Bellegarde.

ANCYLOCERAS, d'Orb., 1842. Voy. t. 1, p. 262.

*66. **Saussureanus,** d'Orb., 1847. *Hamites Saussureanus*, Pictet, 1847, Descript., p. 118, pl. 13, fig. 1-7. Savoie, Saxonet; Perte-du-Rhône (Ain).

67. **spiniger,** d'Orb., 1847. *Hamites spiniger*, Sow., 1818, Min. Conch., 3, p. 29, pl. 216, fig. 2. *H. nodosus*, Sow., fig. 3. *H. tuberculatus*, Sow., fig. 4-5. Angl., Folkstone.

PTYCHOCERAS, d'Orb., 1842. Voy. t. 2, p. 66.

*68. **adpressus,** d'Orb., Paléont. franç., Terr. crét., 1, p. 555. *Ham. idem*, Sowerby. France, Escragnolles; Angl.

*69. **Astierianus,** d'Orb., 1847. Espèce petite, pourvue de côtes égales obliques et assez petites partout. En cela, elle est bien différente du *Gaultinus*, Pictet. Clar.

70. **Gaultinus,** Pictet, 1847, Descript. moll. foss., p. 139, pl. 15, fig. 5 et 6. *P. Puzosianus*, Quenstedt, pl. 21, fig. 22 (non d'Orb., 1842). Savoie, Saxonet ; Perte-du-Rhône (Ain).

HAMITES, Parkinson, 1811, d'Orb., Paléont. franç., 1, p. 526.

*71. **punctatus,** d'Orb., Paléont. franç., 1, p. 532, pl. 131, fig. 6-8. France, Clansayes, Valcourt, Droyes.

*72. **attenuatus,** Sow.; d'Orb., Paléont. franç., 1, p. 533, pl. 131, fig. 9-13. Wissant, Perte-du-Rhône; Angl., Folkstone. M. Fitton l'a figurée avec deux crosses.

*73. **flexuosus,** d'Orb., *id.*, 1, p. 535, pl. 131, fig. 14-16. Wissant.

*74. **rotundus,** Sow., d'Orb., Pal., 1, p. 536, pl. 132, fig. 1-4. Wissant, Escragnolles, Perte-du-Rhône, Clansayes. M. Clément Mulet l'a rencontrée avec deux crosses.

*75. **alterno-tuberculatus,** Leym.; d'Orb., Paléont., 1, p. 538, pl. 132, fig. 5-10. Géraudot, Droyes, Valcourt, Escragnolles, Saint-Martin-le-Nœud. Nous la possédons avec ses deux crosses.

*76. **Bouchardianus,** d'Orb., *id.*, 1, p. 540, pl. 132, fig. 11-13. Wissant.

*77. **elegans,** d'Orb., Paléont. franç., 1, p. 542, pl. 133, fig. 1-5. Escragnolles, Ervy; Savoie, montagne des Fis.

*78. **Sablieri,** d'Orb., Paléont., 1, p. 543, pl. 133, fig. 6-10. Escragnolles.

*79. **virgulatus,** d'Orb., Paléontol. franç, Terr. crét., 1, p. 545, pl. 134, fig. 1-4. Géraudot, Clar (Var); Savoie.

80. **Raulinianus,** d'Orb., Paléont. franç., 1, p. 546, pl. 134, fig. 5-11. France, Varennes, Macheroménil, Perte-du-Rhône.

*81. **Neptuni,** d'Orb., 1847. Espèce grosse, ronde, de deux centimètres, munie de côtes nombreuses, inégales, effacées en dedans. Clar.

*82. **Acteon,** d'Orb., 1847. Assez grosse espèce ronde, pourvue d'énormes côtes simples, interrompues en dedans. France, Clar.

83. **Favrinus,** Pictet, 1847, Descript., p. 124, pl. 12, fig. 5, 7. Saxonet; Perte-du-Rhône (Ain).

84. **Desorianus,** Pictet, 1847, Descript. moll. foss., p. 125, pl. 12, fig. 8. France, Perte-du-Rhône (Ain).

85. **Charpentieri,** Pictet, 1847, Descript., p. 131, pl. 14, fig. 2-4. Wissant (Pas-de-Calais), Perte-du-Rhône (Ain); Savoie, Saxonet.

*86. **Studerianus,** Pictet, 1847, Descript., p. 137, pl. 15, fig. 1-4. Clar, Perte-du-Rhône; Savoie, Saxonet.

*87. **Ixyon,** d'Orb., 1847. Espèce voisine du *H. alternato-tuberculatus*, mais ayant des pointes latérales placées plus sur la région ventrale. Clar (Var).

TURRILITES, Lamarck, 1801; d'Orb., Paléont., Terr. crét., 1, p. 569.

*88. **catenatus,** d'Orb., Paléontol. franç., Terr. crét., 1, p. 574, pl. 140, fig. 1-3. France, Escragnolles, Perte-du-Rhône.

*89. **Mayorianus,** d'Orb., *id.*, 1, p. 576, pl. 140, fig. 4-5. Perte-du-Rhône.

*90. **elegans,** d'Orb., *id.*, 1, p. 577, pl. 140, fig. 6-7. Perte-du-Rhône, Clar.

*91. **Astierianus,** d'Orb., *id.*, 1, p. 578, pl. 140, fig. 8-11. Escragnolles.

*92. **Senequierianus,** d'Orb., *id.*, 1, p. 579, pl. 141, fig. 1-2. Aiglun, Clar.

*93. **bituberculatus,** d'Orb., *id.*, 1, p. 582, pl. 141, fig. 7-10. Escragnolles.

*94. **Moutonianus,** d'Orb., *id.*, 1, p. 584, pl. 147, fig. 7-8. Escragnolles.

*95. **Robertianus,** d'Orb., Paléont. franç., Terr. crét., 1, p. 585, pl. 142. France, Perte-du-Rhône, Clar.

*96. **Puzosianus,** d'Orb., Paléont. franç., Terr. crét., 1, p. 587, pl. 143, fig. 1-2. France, Villard-de-Lans ; Savoie.

*97. **Hugardianus,** d'Orb., *id.*, 1, p. 588, pl. 147, fig. 9-11. Mont. des Fis.

*98. **Vibrayeanus,** d'Orb., Paléont. franç., Terr. crét., 1, p. 589, pl. 148, fig. 1-4. France, Dienville (Aube), Clar (Var).

*99. **Bergeri,** Brongniart, d'Orb., Paléont. franç., Terr. crét., 1, p. 590, pl. 143, fig. 3-6. Aiglun ; Savoie.

100. **Escherianus,** Pictet, 1847, Descript., p. 154, pl. 15, fig. 11. Tanneverges.

HELICOCERAS, d'Orb., 1842, Paléont. franç., Terr. crét., 1, p. 609.

*101. **annulatus,** d'Orb., 1842, Pal., 1, p. 611, pl. 148, fig. 7-9. Escragnolles.

102. **gracilis,** d'Orb., 1842, Paléont., 1, p. 612, pl. 148, fig. 10-15. Dienville.

*103. **plicatilis,** d'Orb., 1847. Espèce voisine du *H. annulatus*, mais couverte de bien plus petites côtes. Il devient aussi bien plus grand et plus disjoint. Clar (Var).

*104. **obliquatus,** d'Orb., 1847. Espèce à côtes simples, très-obliques, à tours infiniment moins ouverts que chez les espèces précédentes. Clar.

*105. **depressus,** d'Orb., 1847. Espèce à tours très-séparés, dont les côtes larges, obtuses, simples, sont interrompues en dedans et pourvues d'une dépression en dehors. Clar.

*106. **Moutonianus,** d'Orb., 1847. Espèce ornée de côtes inégales, pourvue de trois en trois d'une côte plus grosse, munie de deux tubercules ; tours très-lâches ; petite espèce. Clar.

*107. **Astierianus,** d'Orb., 1847. *Turrilites catenatus evolutus*, Quenstedt, pl. 21, fig. 25 (non d'Orb., 1842). Belle espèce à tours peu écartés, munie de petites côtes qui s'agglomèrent trois par trois à deux rangées de tubercules externo-supérieurs. Clar, Seignelay (Yonne).

*108. **tuberculatus,** d'Orb., 1847. Curieuse espèce à tours peu écartés, pourvue de quatre rangées de tubercules sur des côtes simples. Clar.

*109. **elegans,** d'Orb., 1847. Espèce pourvue de côtes simples, rapprochées qui ont, de onze en onze, un tubercule latéro-supérieur ; tours très-disjoints. Clar.

MOLLUSQUES GASTÉROPODES.

RISSOA, Fréminville, 1814. Voy. t. 1, p. 182.

110. **Dupiniana,** d'Orb., 1842, Paléont., 2, p. 60, pl. 155, fig. 8-10. Ervy.

RISSOINA, d'Orb., 1840. Voy. t. 1, p. 297.

111. incerta, d'Orb., 1842, Paléont., 2, p. 62, pl. 155, fig. 11-12. Ervy.

SCALARIA, Lamarck, 1801.

*__112. Clementina,__ d'Orb., 1842, Paléont. franç., 2, p. 52, pl. 154, fig. 6-9. *Melanopsis Clementina*, Michelin, 1833. Géraudot, Ervy, Clansayes, Clar, Morteau, Macheroménil.

*__113. Dupiniana,__ d'Orb., 1842, Paléont. franç., 2, p. 54, pl. 154, fig. 10-13. Ervy, Géraudot, Clansayes, Wissant, Novion.

*__114. Gaultina,__ d'Orb., 1842, Paléont., 2, p. 56, pl. 154, fig. 14-16. Wissant.

*__115. Rauliniana,__ d'Orb., 1842, Paléont., 2, p. 57, pl. 155, fig. 1-4. Macheroménil.

*__116. Gastina,__ d'Orb., 1842, Paléont., 2, p. 58, pl. 155, fig. 5-7. Géraudot.

116'. Rhodani, Pictet et Roux, 1849, Descr. des Moll. foss., p. 169, pl. 16, fig. 3. Perte-du-Rhône (Ain); Saxonet.

116''. gurgitis, Pictet et Roux, 1849, *id.*, p. 170, pl. 16, fig. 4. Perte-du-Rhône.

TURRITELLA, Lam., 1801. Voy. t. 2, p. 67.

*__117. Vibrayeana,__ d'Orb., Paléont. franç., Terr. crét., 2, p. 37, pl. 151, fig. 10-12. Géraudot, St-Paul de Fenouillet.

*__118. Hugardiana,__ d'Orb., 1842, Paléont. franç., 2, p. 38, pl. 151, fig. 13-16. France, Escragnolles; Savoie, près de Cluse.

119. Rauliniana, d'Orb., 1842, Paléont., p. 38, pl. 151, fig. 17, 18. Macheroménil.

119'. Faucignyana, Pictet et Roux, 1849, Descr. des Moll. foss., p. 166, pl. 16, fig. 1. Perte-du-Rhône (Ain); Savoie, Faucigny.

ACTEON, Montfort, 1810. Voy. t. 1, p. 263.

*__120. Vibrayeana,__ d'Orb., 1842, Paléont., 2, p. 123, pl. 167, fig. 16-18. Géraudot, Ervy.

VARIGERA, d'Orb., 1847. Voy. p. 68.

121. Escragnollensis, d'Orb., 1847. Grande espèce, longue de 60 mill., lisse, allongée, avec des varices qui se correspondent. France, Escragnolles, St-Pons.

AVELLANA, d'Orb., 1842, Paléont. franç., Terr. crét., 2, p. 131.

*__122. lacryma,__ d'Orb., 1847. *Ringinella id.*, d'Orb., 1842, Pal., 2, p. 127, pl. 167, fig. 12-21-23. France, Géraudot, Ervy, Clansayes.

*__123. inflata,__ d'Orb., 1847. *Ringinella id.*, d'Orb., 1842, Paléont., 2, p. 128, pl. 168, fig. 1-4. Macheroménil, Novion, Varennes, Ervy, Clansayes ; Angl., Ridge.

124. Clementina, d'Orb., 1847. *Ringinella id.*, d'Orb., 1842, Pal. franç., Terr. crét., 2, p. 129, pl. 168, fig. 5-8. Géraudot, Ervy.

*__125. subincrassata,__ d'Orb., 1847. *Avellana incrassata*, d'Orb., 1842, Paléont., 2, p. 133, pl. 168, fig. 13-16 (non Sow., 1817). Ervy, Perte-du-Rhône, Varennes, Clar; Savoie, près de Cluse.

*__126. Hugardiana,__ d'Orb., 1842, Paléont., 2, p. 135, pl. 168, fig. 17-19. Cluse.

*__127. Dupiniana,__ d'Orb., 1842, Paléont., 2, p. 136, pl. 169, fig. 1-4. Ervy.

128. Ovula, d'Orb., 1842, Pal., 2, p. 137, pl. 169, fig. 5-6. Ervy.

128'. Alpina, d'Orb., 1849. *Ringinella Alpina*, Pictet et Roux, 1849, Descr. des Moll. foss., p. 172, pl. 16, fig. 5. Perte-du-Rhône; Saxonet (Savoie).

NATICA, Adanson, 1757. Voy. t. 1, p. 29.

***129. Clementina,** d'Orb., 1842, Paléont., 2, p. 154, pl. 172, fig. 4. Ervy, Novion, Martigues; Savoie, Cluse.

***130. excavata,** Michelin, 1836; d'Orb., Paléont., 2, p. 155, pl. 173, fig. 1, 2. France, Ervy, Géraudot.

***131. Gaultina,** d'Orb., 1842, Paléont., 2, p. 156, pl. 173, fig. 3, 4. Wissant, Novion, Perte-du-Rhône, Ervy, Clar, Clansayes, Morteau; Savoie, Cluse; Angl.

***132. Dupinii,** Leymerie, d'Orb., 1842, Paléont., 2, p. 158, pl. 173, fig. 5, 6. France, Géraudot, Clansayes.

***133. Ervyna,** d'Orb., 1842, Paléont., 2, p. 159, pl. 173, fig. 7. Ervy, Novion, Clansayes, Perte-du-Rhône.

***134. Rauliniana,** d'Orb., 1842, Paléont., 2, p. 160, pl. 174, fig. 1. Novion, Chepy, Clansayes, Ervy; Savoie, Cluse.

134'. truncata, Pictet et Roux, 1849, Descr. des Moll. foss., p. 185, pl. 18, fig. 2. Saxonet; Perte-du-Rhône.

134''. perspicua, Pictet et Roux, 1849, *id.*, p. 187, pl. 18, fig. 4. Perte-du-Rhône.

***135. Arduennensis,** d'Orb., 1847. Espèce intermédiaire pour la longueur entre le *N. Clementina* et le *Natica Ervyna*, à ombilic fermé. Novion (Ardennes).

135'. Favrina, Pictet et Roux, 1849, Descr. des Moll. foss., p. 181, pl. 17, fig. 4. Saxonet (Savoie); Perte-du-Rhône (Ain).

135''. Rhodani, Pictet et Roux, 1849, p. 182, pl. 17, fig. 3. Perte-du-Rhône.

NARICA, d'Orb., 1839.

135'''. Genevensis, Pictet et Roux, 1849, Descr. des Moll. foss., p. 188, pl. 18, fig. 5. Saxonet; Perte-du-Rhône.

NERITOPSIS, Sowerby, 1825. Voy. t. 1, p. 64.

***136. Varusensis,** d'Orb., 1847. Espèce à tours très-détachés, au moins dans le moule interne que nous connaissons. France, Clar.

TROCHUS, Linné, 1758. Voy. t. 1, p. 64.

***137. conoideus,** d'Orb., 1847. *Solarium conoideum*, Fitton, d'Orb. Paléont., 2, p. 198, pl. 179, fig. 13-15. Wissant, Perte-du-Rhône, Clar; Angl., Folkstone.

137'. Guyotianus, Pictet et Roux, 1849, Descr. des Moll. foss., p. 202, pl. 19, fig. 8. Perte-du-Rhône.

137''. Tollotianus, Pictet et Roux, 1849, *id.*, p. 203, pl. 19, fig. 9. Perte-du-Rhône.

137'''. Nicoletianus, Pictet et Roux, 1849, *id.*, p. 204, pl. 19, fig. 10. Saxonet.

137 *a*. Alpinus, d'Orb., 1849. *Solarium Alpinum*, Pictet et Roux, 1849, *id.*, p. 222, pl. 21, fig. 9. Saxonet, envir. de Cluse; Lessex, au-dessus du lac de Flaine (Faucigny).

137 *b*. triplex, d'Orb., 1849. *Solarium triplex*, Pictet et Roux, 1849, *id.*, p. 216, pl. 21, fig. 3. Saxonet; Perte-du-Rhône.

137 c. Hugianus, d'Orb., 1849. *Solarium Hugianum*, Pictet et Roux, 1849, Descr. des Moll. foss., p. 221, pl. 21, fig. 8. Au Saxonet, au Reposoir, et à la Perte-du-Rhône.

SOLARIUM, Lamarck, 1801. Voy. t. 1, p. 300.

***138. Astierianum,** d'Orb., 1842, Paléont., 2, p. 196, pl. 179, fig. 5-7. Clar.

***139. moniliferum,** Michelin, d'Orb., Paléont., 2, p. 197, pl. 179, fig. 8-12. Géraudot, Ervy, Macheroménil, Clansayes.

***140. subornatum,** d'Orb., 1847. *S. ornatum*, Fitton, 1836, d'Orb., Paléont., 2, p. 199, pl. 180, fig. 1-4 (non Lea, 1833). Wissant, Lacholade (Meuse), Perte-du-Rhône.

***141. dentatum,** d'Orb., 1842, Paléont., 2, p. 201, pl. 180, fig. 5-8. Ervy, Valcourt, Clansayes, Avaucourt, Clar; Savoie, Cluse.

***142. cirrhoide,** d'Orb., 1842, Paléont., 2, p. 202, pl. 180, fig. 9-12. Perte-du-Rhône.

***143. granosum,** d'Orb., 1842, Paléont., 2, p. 203, pl. 181, fig. 1-8. Ervy, Perte-du-Rhône, Clar; Savoie, Cluse.

***144. Albense,** d'Orb., 1842, Paléont., 2, p. 205, pl. 183, fig. 1-4. Ervy.

144'. Rochatianum, Pictet et Roux, 1849, Descr. des Moll. foss., p. 209, pl. 20, fig. 2. Perte-du-Rhône.

144''. Deshayesii, Pictet et Roux, 1849, *id.*, p. 214, pl. 20, fig. 6. Perte-du-Rhône.

144 *a*. Tingryanum, Pictet et Roux, 1849, Descr. des Moll. foss., p. 215, pl. 21, fig. 1. Perte-du-Rhône; Saxonet.

144 *b*. Tollotianum, Pictet et Roux, 1849, *id*, p 218, pl. 21, fig 6. Perte-du-Rhône.

STRAPAROLUS, Montfort, 1810. Voy. t. 1, p. 6.

***145. Martinianus,** d'Orb., 1847. *Solarium id.*, d'Orb., 1842, Pal., 2, p. 204, pl. 181, fig. 9-14. Clar, Perte-du-Rhône.

PHASIANELLA, Lamarck, 1802. Voy. t. 1, p. 67.

***146. Gaultina,** d'Orb., 1842, Paléont., 2, p. 233, pl. 187, fig. 3. Géraudot.

***147. Ervyna,** d'Orb., 1842, Paléont., 2, p. 234, pl. 188, fig. 1-3. Ervy, Novion.

***148. Ovula,** d'Orb., 1847. Assez grosse espèce renflée dont le dernier tour est très-grand, finement strié en travers. Novion.

TURBO, Linné, 1758. Voy. t. 1, p. 5.

***149. Astierianus,** d'Orb., 1842, Paléont., 2, p. 216, pl. 182, fig. 18-20.

***150. plicatilis,** Deshayes, 1842; d'Orb., Paléont., 2, p. 217, pl. 183, fig. 11-13. Ervy.

***151. Pictetianus,** d'Orb., 1842, Paléont., 2, p. 219, pl. 184, fig. 8-10. Perte-du-Rhône.

***152. Alsus,** d'Orb., 1847. *T. decussatus*, d'Orb., 1842, Paléont. fr., 2, p. 219, pl. 184, fig. 11-13 (non Montagu, 1803). France, Ervy.

***153. Chassianus,** d'Orb., 1842, Paléont. franç., Terr. crét., 2, p. 220, pl. 185, fig. 1-3. France, Clar, Perte-du-Rhône.

***154. subdispar,** d'Orb., 1847. *T. dispar*, d'Orb., 1842, Paléont. franç., 2, p. 222, pl. 185, fig. 4-6 (non Turton, 1819). France, Ervy.

*155. **Alpinus,** d'Orb., 1842, Paléont., 2, p. 230. Clar, Perte-du-Rhône.

*156. **Indecisus,** d'Orb., 1842, Paléont. franç., Terr. crét., 2, p. 230. Clar, Clansayes, Perte-du-Rhône.

*157. **Icarus,** d'Orb., 1847. Espèce globuleuse à fines stries en long et en travers. Côtes-Noires (Haute-Marne).

157'. **Gresslyanus,** Pictet et Roux, 1849, Descr. des Moll. foss., p. 194, pl. 19, fig. 2. Perte-du-Rhône (Ain).

157''. **Golezianus,** Pictet et Roux, 1849, *id.*, p. 196, pl. 19, fig. 4. Perte-du-Rhône.

157 *a*. **Faucignyanus,** Pictet et Roux, 1849, *id.*, p. 195, pl. 19, fig. 3. Saxonet.

157 *b*. **Saxoneti,** Pictet et Roux, 1849, *id.*, p. 197, pl. 19, fig. 5. Saxonet.

157 *c*. **Montmollini,** Pictet et Roux, 1849, *id.*, p. 198, pl. 19, fig. 6. Perte-du-Rhône.

PLEUROTOMARIA, Defrance, 1825. Voy. t. 1, p. 7.

*158. **dimorpha,** d'Orb., 1842, Paléont., 2, p. 246, pl. 191, fig. 5-9. Clar.

*159. **Gaultina,** d'Orb., 1842, Paléont., 2, p. 247, pl. 191, fig. 10, 11. Wissant.

*160. **Lima,** d'Orb., 1842, Paléont., 2, p. 248, pl. 192, fig. 1-3. Clar.

*161. **Gibsii,** d'Orb., 1847. *P. gurgites*, d'Orb., 1842, Paléont., 2, p. 249, pl. 192, fig. 4-6. *Trochus Gibsii*, Sowerby. Perte-du-Rhône, Varennes, Wissant, Clansayes, Clar; Angl., Folkstone.

*162. **Rhodani,** d'Orb., 1842, Paléont. franç., 2, p. 250, pl. 192, fig. 7, 8. *P. Saussureana*, Pictet, 1849, Descr., pl. 23, fig. 1. France, Perte-du-Rhône, Clar.

*163. **Alpina,** d'Orb., 1842, Paléont. franç., Terr. crét., 2, p. 273. Saulce-aux-Bois; Savoie, Cluse.

*164. **Paris,** d'Orb., 1847. Espèce de la forme du *P. Lima*, mais avec de fortes côtes longitudinales grenues. Clansayes.

*165. **Moutonianus,** d'Orb., 1847. Espèce à tours plus larges que chez le *P. Gaultina*, et d'une taille moyenne. Clar.

*166. **Sabaudiana,** d'Orb., 1847. Grosse espèce conique, à tours étroits et à ombilic large. Clar; Savoie, Cluse.

166'. **plicata,** d'Orb., 1847. *Cirrus plicatus*, Sow., 1816, M. C., 2, p. 93, pl. 141, fig. 3. Angl., Folkstone.

166''. **Thurmanni,** Pictet et Roux, 1849, Descrip., p. 230, pl. 22, fig. 1. Saxonet.

166 *a*. **Faucignyana,** Pictet et Roux, 1849, *id.*, p. 232, pl. 22, fig. 2. Saxonet.

166 *b*. **Itieriana,** Pictet et Roux, 1849, *id.*, p. 233, pl. 22, fig. 3. Perte-du-Rhône.

166 *c*. **Carthusiæ,** Pictet et Roux, 1849, Descr. des Moll. foss., p. 235. Près de la Chartreuse du Reposoir.

166 *d*. **Saxoneti,** Pictet et Roux, 1849, Descr., p. 236. Saxonet.

166 *e*. **Allobrogensis,** Pictet et Roux, 1849, Descr. des Moll. foss., p. 240, pl. 23, fig. 3. Perte-du-Rhône et dans le val Chézery.

166 *f*. **Pictetiana,** d'Orb., 1849. *P. coronata*, Pictet et Roux, 1849,

id., p. 241, pl. 23, fig. 4 (non Etage 6, n° 389). Saxonet, Perte-du-Rhône et Reposoir.

166 *g*. Regina, Pictet et Roux, 1849, Descr., p. 243, pl. 24, fig. 2. Le Saxonet, le val Chézery et la Perte-du-Rhône.

166 *h*. Rouxii, d'Orb., 1849. *P. Fittoni*, Pictet et Roux, 1849, Descr. des Moll. foss., p. 244 (non Rœmer). Perte-du-Rhône.

166 *i*. Saussureana, Pictet et Roux, 1849, *id.*, p. 239, pl. 23, fig. 1. Saxonet.

Genre **STOMATIA,** Lam. Voy. t. 1, p. 7.

166 *j*. Gaultina, Pictet et Roux, 1849, Descr. des Moll. foss., p. 245, pl. 24, fig. 3. Saxonet et à la Perte-du-Rhône.

STROMBUS, Linné, 1758 ; d'Orb., Paléont. franç., Terr. crét., 2, p. 313.

***167. Dupinianus,** d'Orb., 1843, Paléont., 2, p. 313, pl. 217, fig. 3. Ervy; Savoie, Cluse.

PTEROCERA, Lamarck, 1801. Voy. t. 1, p. 231.

***168. bicarinata,** d'Orb., 1843, Paléont., 2, p. 307, pl. 208, fig. 3-5. Ervy, Courtaoult, Macheroménil.

168'. subretusa, d'Orb., 1849. *P. retusa*, Pictet et Roux, 1849, Descr. des Moll. foss., p. 263, pl. 25, fig. 11 (non Sowerby, 1836). Saxonet ; Perte-du-Rhône, Reposoir, Samoëns.

168''. Gaultina, d'Orb., 1849. *Pterodonta Gaultina*, Pictet et Roux, 1849, Descr. des Moll. foss., p. 266, pl. 26, fig. 1. Perte-du-Rhône ; Saxonet, Reposoir.

168 *a*. carinella, d'Orb., 1849. *Pterodonta carinella*, Pictet et Roux, 1849, Descr. des Moll. foss., p. 267, pl. 26, fig. 2. Perte-du-Rhône.

ROSTELLARIA, Lamarck, 1801. Voy. p. 71.

***169. carinata,** Mantell, 1822; d'Orb., Paléont., 2, p. 284, pl. 207, fig. 2. Dienville, Wissant, Clar, Arrancourt ; Angl., Ringemer, Folkstone, Ridge.

***170. Muleti,** d'Orb., 1847. *R. calcarata*, d'Orb., 1842, Paléont., 2, p. 285, pl. 207, fig. 3, 4 (non *carinata*, Sow., 1822). Ervy, Courtaoult.

***171. tricostata,** d'Orb., 1843, Paléont., 2, p. 287, pl. 207, fig. 5, 6. Ervy.

***172. carinella,** d'Orb., 1843, Paléont., 2, p. 287, pl. 207, fig. 7, 8. Ervy, Epothemont, Dienville, Géraudot.

***173. costata,** Michelin, 1836. *R. Parkinsoni*, d'Orb., Paléont., 2, p. 288, pl. 208, fig. 1, 2 (non Mantell, 1822). *R. Orbignyana*, Pictet et Roux, 1849, pl. 24, fig. 4. Perte-du-Rhône, Ervy, Wissant, Valcourt, Novion, Varennes, Clar; Angl., Folkstone.

***174. Drunensis,** d'Orb., 1843, Pal., 2, p. 298. Clansayes.

***175. Itieriana,** d'Orb., 1843, Pal., 2, p. 298. Perte-du-Rhône.

176. elongata, Sowerby, 1836, in Fitton, Trans. geol. Soc., 4, p. 114, pl. 11, fig. 16. Angl. (Kent), Copt-Point, Folkstone.

***176'. Parkinsoni,** Mantell, 1822, Parkinson, 1811, Org. rem., 3, pl. 5, fig. 11. Pictet et Roux, 1849, p. 251, pl. 24, fig. 5 (exclus. syn.). Perte-du-Rhône; Saxonet.

176''. subsubulata, d'Orb., 1849. *R. subulata*, Pictet et Roux, 1849, Descr. des Moll. foss., p. 254, pl. 25, fig. 1 (non Reuss). Perte-du-Rhône ; Saxonet.

176 a. Grasiana, Pictet et Roux, 1849, *id.*, p. 255, pl. 27, fig. 1. Perte-du-Rhône.

176 b. Neckeriana, Pictet et Roux, 1849, Descr. des Moll. foss., p. 256, pl. 25, fig. 3. Saxonet; Perte-du-Rhône.

176 c. submarginata, d'Orb., 1849. *R. marginata*, Pictet et Roux, 1849, *id.*, p. 257, pl. 25, fig. 5 (non Sowerby, 1836). Perte-du-Rhône, val Romey (Ain).

176 d. Timotheana, Pictet et Roux, 1849, Descr. des Moll. foss., p. 258, pl. 25, fig. 6. Saxonet.

176 e. fusiformis, Pictet et Roux, 1849, *id.*, p. 259, pl. 25, fig. 8. Perte-du-Rhône.

176 f. cingulata, Pictet et Roux, 1849, *id.*, p. 261, pl. 25, fig. 7. Perte du-Rhône.

176 g. Deluci, Pictet et Roux, 1849, *id.*, p. 262, pl. 25, fig. 2. Perte-du-Rhône.

FUSUS, Bruguière, 1791. Voy. t. 1, p. 303.

***177. Dupinianus,** d'Orb., 1843, Pal., 2, p. 334, pl. 222, fig. 6, 7. Ervy.

***177'. Albensis,** d'Orb., 1843, Pal., 2, p. 334, pl. 222, fig. 8-10. Ervy.

***178. Gaultinus,** d'Orb., 1843, Pal., 2, p. 335, pl. 223, fig. 1. Géraudot.

***179. Itierianus,** d'Orb., 1843, Pal., 2, p. 336, pl. 223, fig. 2, 3. Perte-du-Rhône.

***180. subelegans,** d'Orb., 1847. *F. elegans*, d'Orb., 1843, Paléont., 2, p. 337, pl. 223, fig. 4, 5 (non Brown, 1827). France, Courtaoult.

***181. Vibrayeanus,** d'Orb., 1843, Pal. franç., Terr. crét., 2, p. 338, pl. 223, fig. 6, 7. France, Dienville, Géraudot, Ervy.

***182. Clementinus,** d'Orb., 1843, Pal., 2, p. 339, pl. 223, fig. 8, 9. Géraudot.

***183. indecisus,** d'Orb., 1843, Pal., 2, p. 344. Géraudot.

***184. Cottaldinus,** d'Orb., 1847. Jolie espèce allongée, pourvue de grosses ondulations longitudinales et de côtes transverses. Géraudot, Perte-du-Rhône.

***185. Alpinus,** d'Orb., 1847. Espèce allongée, qui se rapproche un peu des Tritons, par sa forme et la présence de quelques varices. Clar.

186. Smithii, d'Orb., 1847. *Pyrula Smithii*, Sowerby, 1836, in Fitton, Trans. geol. Soc., 4, p. 114, pl. 11, fig. 15. Angl. (Kent), Copt-Point.

186'. Genevensis, d'Orb., 1849. *Murex Genevensis*, Pictet et Roux, 1849, Descr. des Moll. foss., p. 269, pl. 26, fig. 3. Perte-du-Rhône.

186''. trunculus, Pictet et Roux, 1849, Descr. des Moll. foss., p. 271, pl. 26, fig. 4. Perte-du-Rhône.

186 a. subbilineatus, d'Orb., 1849. *F. bilineatus*, Pictet et Roux, 1849, Descr. des Moll. foss., p. 272, pl. 26, fig. 6 (non Brown, 1837). Perte-du-Rhône.

186 b. Fisianus, Pictet et Roux, 1849, *id.*, p. 273, pl. 26, fig. 5. Montagne des Fis, Saxonet.

186 c. Sabaudianus, Pictet et Roux, 1849, *id.*, p. 273, pl. 26, fig. 7 et pl. 27, fig. 2. Saxonet.

186 d. subdecussatus, d'Orb., 1849. *F. decussatus*, Pictet et Roux, 1849, *id.*, p. 275, pl. 27, fig. 3 (non Desh., 1830, non Brown, 1827). Perte-du-Rhône.

CERITHIUM, Bruguière, 1757. Voy. t. 1, p. 196.

187.* **subspinosum, Desh., 1842, d'Orb., Paléont. franç., Terr. crét., 2, p. 364, pl. 229, fig. 4-6. Ervy, Géraudot, Novion.

188.* **Lallierianum, d'Orb., 1843, Paléont. franç., Terr. crét., 2, p. 365, pl. 229, fig. 7-9. Ervy, Géraudot, Macheroménil.

189.* **Vibrayeanum, d'Orb., 1843, Pal., 2, p. 366, pl. 229, fig. 10-13. Dienville, Ervy.

190.* **Ervynum, d'Orb., 1843, Pal., 2, p. 367, pl. 230, fig. 1-3. Ervy.

191.* **tectum, d'Orb., 1843, Paléont. fr., 2, p. 368, pl. 230, fig. 4-6. France, Dienville (Aube), Novion (Ardennes).

192.* **trimonile, Michelin, 1838; d'Orb., Paléont., 2, p. 369, pl. 230, fig. 7-9. France, Géraudot, Clansayes, Novion.

193.* **ornatissimum, Deshayes, 1842; d'Orb., 1843, Pal. franç., 2, p. 370, pl. 230, fig. 10, 11. Ervy, Varennes, Novion.

194.* **excavatum, Brongniart, 1822; d'Orb., Paléont. franç., Terr. crét., 2, p. 371, pl. 230, fig. 12. Perte-du-Rhône.

195.* **Hugardianum, d'Orb., 1847. Espèce voisine du *C. excavatum*, mais s'en distinguant par un canal sur la suture des tours. Montagne des Fis.

196. buccinoïdes, d'Orb., 1847. *Rostellaria buccinoïdes*, Sowerby, 1836, in Fitton, Trans. geol. Soc., 4, p. 114, pl. 11, fig. 17. Angleterre (Kent), Eastware Bay.

196'. Derignyanum, Pictet et Roux, 1849, Descr. des Moll. foss., p. 277, pl. 27, fig. 4. Perte-du-Rhône.

196''. Sabaudianum, Pictet et Roux, 1849, *id.*, p. 278, pl. 27, fig. 5. Saxonet.

196 a. Rhodani, Pictet et Roux, 1849, *id.*, p. 279, pl. 27, fig. 6. Perte-du-Rhône.

196 b. gurgitis, Pictet et Roux, 1849, Descr. des Moll. foss., p. 280, pl. 27, fig. 8. Saxonet; Perte-du-Rhône.

BUCCINUM, Linné, 1758, d'Orb., Pal. franç., Terr. crét., 2, p. 349.

197.* **Gaultinum, d'Orb., 1843, Paléont. franç., Terr. crét., 2, p. 350, pl. 233, fig. 1, 2. France, Macheroménil.

EMARGINULA, Lamarck, 1801. Voy. t. 1, p. 197.

198.* **Varusensis, d'Orb., 1847. Espèce conique, à sommet latéral recourbé, à large fissure. Clar.

HELCION, Montfort, 1810. Voy. t. 1, p. 9.

199.* **tenuicosta, d'Orb., 1843, Pal., 2, p. 398, pl. 235, fig. 7-10. Géraudot, St-Florentin.

200.* **conica, d'Orb., 1847. Espèce aussi haute que large, conique, lisse. France, Clar.

200'. lævis, d'Orb., 1847. *Patella lævis*, Sow., 1819, Min. Conch., 2, pl. 139, fig. 3, 4. Angl., Folkstone.

200". **inflata,** d'Orb., 1849. *Acmea inflata*, Pictet et Roux, 1849, Descr. des Moll. foss., p. 283, pl. 27, fig. 10. Perte-du-Rhône.

200 *a*. **Gaultina,** d'Orb., 1849. *Acmea Gaultina*, Pictet et Roux, 1849, Descr. des Moll. foss., p. 284, pl. 27, fig. 11. Perte-du-Rhône.

DENTALIUM, Linné, 1758. D'Orb., t. 1, p. 73.

***201.** **decussatum,** Sowerby, 1814 ; d'Orb., Paléont., 2, p. 400, pl. 236, fig. 1-6. Géraudot, Epothemont, Varennes, Avancourt; Angl. Folkstone.

201' serratum, Pictet et Roux, 1849, Descr. des Moll. foss., p. 286, pl. 27, fig. 12. Perte-du-Rhône.

201". Rhodani, Pictet et Roux, 1849, Descr. des Moll. foss., p. 286, pl. 27, fig. 13. Perte-du-Rhône; Saxonet.

BELLEROPHINA, d'Orb., 1843, Pal. franç., Terr. crét., 2, p. 410.

***202. Vibrayei,** d'Orb., 1843, Pal., 2, p. 411, pl. 236, fig. 7-12. Dienville.

MOLLUSQUES LAMELLIBRANCHES.

TEREDO, Linné, 1758. D'Orb., Pal., Terr. crét., 3, p. 301.

***203. Argonensis,** Buvignier, 1843 ; d'Orb., Pal. franç., Terr. crét., 3, p. 202, pl. 248, fig. 1, 2. France, Grand-Pré, Varennes.

PHOLAS, Linné, 1758. Voy. t. 1, p. 251.

***204. subcylindrica,** d'Orb., 1844, Paléont. franç., Terr. crét., 3, p. 306, pl. 349, fig. 5-8. Maufaucon, Macheroménil, Seignelay.

SOLEN, Linné, 1758. D'Orb., Paléont., Terr. crét., 3, p. 318.

***205. Dupinianus,** d'Orb., 1844, Pal., 3, p. 320, pl. 350, fig. 3, 4. Ervy.

PANOPÆA, Ménard, 1807. Voy. t. 1, p. 164.

***206. acutisulcata,** d'Orb., 1844, Paléont., 3, p. 336, pl. 357, fig. 1-3. Varennes, Novion, Ervy; Savoie, Cluse.

***207. Arduennensis,** d'Orb., 1844, Pal., 3, p. 338, pl. 358, fig. 1, 2. Varennes.

***208. Constantii,** d'Orb., 1844, Pal., 3, p. 339, pl. 358, fig. 3, 4. Saulce-aux-Bois.

***209. inæquivalvis,** d'Orb., 1844, Paléont. franç., Terr. crét., 3, p. 340, pl. 258, fig. 5-7. Novion, Ervy, Varennes.

***210. plicata,** d'Orb., 1844, Paléont. franç., Terr. crét., 3, p. 337, pl. 357, fig. 4, 5. Ervy, Escragnolles.

PHOLADOMYA, Sowerby, 1826. Voy. t. 1, p. 13.

***211. Fabrina,** Agassiz, 1844; d'Orb., Paléont., Terr. crét., 3, p. 354, pl. 363, fig. 6, 7. Ervy, Perte-du-Rhône.

212. Raulíniana, d'Orb., 1844, Pal., 3, p. 353, pl. 363, fig. 4, 5. Fléville.

***213. Dutempleana,** d'Orb., 1847. Belle espèce pourvue d'une carène qui sépare la région anale de la région palléale, très-ventrue aux crochets. La Vignette (Marne).

PERIPLOMA, Schumacher, 1817. Voy. t. 1, p. 11.

***214. simplex,** d'Orb., 1844, Paléont. franç., Terr. crét., 3, p. 382, pl. 372, fig. 5, 6. Varennes, Novion, Ervy.

SAXICAVA, Fleuriau, 1802.

***215. antiqua,** d'Orb., 1847. Espèce oblongue, renflée, ridée. France, Novion.

LAVIGNON, Cuvier, 1817. Voy. t. 1, p. 306.

***216. Clementina,** d'Orb., 1844, Pal., 3, p. 406, pl. 377, fig. 5-7. Géraudot, Dienville.

***217. subphaseolina,** d'Orb., 1847. *L. Phaseolina*, d'Orb., 1844, Paléont., Terr. crét., 3, p. 407, pl. 379, fig. 8-10 (non 18, 97). Géraudot.

ARCOPAGIA, Brown, 1827. Voy. t. 2, p. 75.

***218. Rauliniana,** d'Orb., 1844, Paléont., Terr. crét., 3, p. 411, pl. 378, fig. 7-10. Macheroménil, Varennes.

TELLINA, Linné, 1758. Voy. t. 1, p. 275.

219. Moreana, d'Orb., 1844, Pal., 3, p. 411, pl. 380, fig. 3-5. Maufaucon.

LEDA, Schumacher, 1817. Voy. t. 1, p. 11.

***220. Mariæ,** d'Orb., 1847. *Nucula id.*, d'Orb., 1843, Paléont., 3, p. 169, pl. 301, fig. 4-6. Côtes-Noires, près de Mœlain, Ervy.

221. solea, d'Orb., 1847. *Nucula id.*, d'Orb., 1843, Paléont. franç., 3, p. 170, pl. 304, fig. 4-6. Ervy.

***222. subrecurva,** d'Orb., 1847. *Nucula id.*, d'Orb., 1843, Pal. 3, p. 170, pl. 301, fig. 7-9. Géraudot, Ervy, Mœlain, Morteau ; Angl.

***223. Vibrayeana,** d'Orb., 1847. *Nucula id.*, d'Orb., 1843, Pal., 3, p. 172, pl. 301, fig. 12-14. France, Dienville, Macheroménil.

224. undulata, d'Orb., 1847. *Nucula undulata*, Sow., 1827, Min. Conch., 6, p. 103, pl. 554, fig. 3. Angl., Folkstone.

VENUS, Linné, 1758. Voy. t. 2, p. 15.

***225. Vibrayeana,** d'Orb., 1845, Pal., 3, p. 442, pl. 384, fig. 16-20. Varennes, Novion, Ervy, Dienville ; Savoie, montagne des Fis.

THETIS, Sowerby, 1826. Voy. t. 1, p. 75.

***226. minor,** Sow., 1826 ; d'Orb., Paléont., 3, p. 454, pl. 387, fig. 4-7. Novion, Macheroménil, Varennes, Clansayes, Seignelay (Yonne) ; Angleterre.

CORBULA, Bruguière, 1791. Voy. t. 1, p. 275.

***227. socialis,** d'Orb., 1847. Petite espèce renflée qui se trouve en nombre considérable dans la roche. Wissant.

OPIS, Defrance, 1825. Voy. t. 1, p. 198.

***228. Hugardiana,** d'Orb., 1843, Pal., 3, p. 52, pl. 253, fig. 6-8. Cluse (Savoie) ; Seignelay (Yonne).

***229. Sabaudiana,** d'Orb., 1843, Paléont. franç., Terr. crét., 3, p. 53, pl. 254, fig. 1, 3 ; pl. 257, fig. 4-6. Clansayes ; Savoie, Cluse.

ASTARTE, Sowerby, 1818. Voy. t. 2, p. 216.

***230. Dupiniana,** d'Orb., 1843, Pal., 3, p. 70, pl. 264, fig. 4-6. Ervy.

***231. Bellona,** d'Orb., 1847. Grande espèce circulaire et comprimée, à rides concentriques. Novion.

CRASSATELLA, Lamarck, 1801. Voy. t. 2, p. 77.

***232. inornata,** d'Orb., 1847. Espèce un peu carrée, dont je ne connais que le modèle intérieur. Wissant.

CARDITA, Bruguière, 1789. Voy. t. 2, p. 77.

*233. **Constantii,** d'Orb., 1843, Paléont., 3, p. 89, pl. 269, fig. 1-5. France, Saulce-aux-Bois, Varennes, Clar.

*234. **Dupiniana,** d'Orb., 1843, Paléont., 3, p. 88, pl. 268, fig. 6-10. France, Ervy, Géraudot, Mont-Blainville.

*235. **tenuicosta,** d'Orb., 1843, Paléont., 3, p. 87, pl. 268, fig. 1-5. Wissant, Géraudot, Dienville, Novion, Varennes, Saint-Paul-de-Fenouillet; Angl., Kent.

*236. **exaltata,** d'Orb., 1847. Espèce carrée, carénée sur la région anale, à crochets très-saillants et très-séparés. Morteau.

CYPRINA, Lamarck, 1801. Voy. t. 1, p. 173.

*237. **cordiformis,** d'Orb., 1843, Pal., 3, p. 101, pl. 273. France, Novion, Varennes, Ervy, Wissant.

*238. **Ervyensis,** d'Orb., 1843, Paléont., 3, p. 102, pl. 274. Macheroménil, Beaumé, Wissant, Ervy; Savoie, montagne des Fis.

*239. **regularis,** d'Orb., 1843, Paléont., 3, p. 100, pl. 272, fig. 3-6. Ervy, Novion, Varennes, Clansayes; Savoie, Cluse.

TRIGONIA, Bruguière, 1791. Voy. t. 1, p. 198.

*240. **aliformis,** Parkinson, 1811; d'Orb., Paléont., 3, p. 143, pl. 291, fig. 1-3. France, Novion, Varennes, Seignelay; Angleterre, Parkham.

*241. **Archiaciana,** d'Orb., 1843, Paléontol., 3, p. 142, pl. 290, fig. 6-10. Varennes, Saulce-aux-Bois, Mont-Blainville, Seignelay.

*242. **Constantii,** d'Orb., 1843, Pal., 3, p. 144, pl. 291, fig. 4-6. Macheroménil.

*243. **Fittoni,** Desh., 1842; d'Orb., Paléont., 3, p. 140, pl. 290, fig. 1-5. Géraudot, Ervy, Epothemont, Macheroménil, Seignelay.

LUCINA, Bruguière, 1791. Voy. t. 1, p. 76.

*244. **Arduennensis,** d'Orb., 1843, Paléont., 3, p. 120, pl. 283, fig. 8-10. Macheroménil.

245. **Vibrayeana,** d'Orb., 1843, Pal., 3, p. 120, pl. 283, fig. 5-7. Géraudot.

CARDIUM, Bruguière, 1791. Voy. t. 1, p. 33.

*246. **Constantii,** d'Orb., 1843. Paléont., 3, p. 26, pl. 242, fig. 5-6. Novion, Ervy.

*247. **Dupinianum,** d'Orb., 1843, Paléont., 3, p. 26, pl. 242 *bis*. Ervy.

*248. **Raulinianum,** d'Orb., 1843, Paléont. franç., Terr. crét., 3, p. 2, pl. 242, fig. 7-10. Fréville, Géraudot.

ISOCARDIA, Lamarck, 1799. Voy. t. 1, p. 132.

249. **crassicornis,** d'Orb., 1847. *Ceromya crassicornis*, Agass., 1842, Étud. crit., p. 36, pl. 8, fig. 1-10. Chablais; Saxonet.

NUCULA, Lamarck, 1801. Voy. t. 1, p. 12.

*250. **Albensis,** d'Orb., 1843, Paléont. franç., Terr. crét., 3, p. 172, pl. 301, fig. 15-17. Dienville, Géraudot, Ervy, Mœlain.

*251. **Arduennensis,** d'Orb., 1843, Paléont., 3, p. 174, pl. 302, fig. 4-8. Macheroménil, Varennes.

*252. **bivirgata,** Fitton, 1836; d'Orb., Paléont., 3, p. 176, pl. 303, fig. 1-7. Géraudot, Dienville, Mœlain, Wissant.

*253. **ovata,** Mantell, 1822; d'Orb., Paléont., 3, p. 173, pl. 302,

fig. 1-3. Géraudot, Ervy, Epothemont, Varennes, Vauquois, Morteau; Angleterre, Sussex.
254. ornatissima, d'Orb., 1843, Pal., 3, p. 175, pl. 307, fig. 9-12. Wissant.
255.* **pectinata, Sow., 1843; d'Orb., Paléont., 3, p. 177, pl. 303, fig. 8-14. Géraudot, Dienville, Mœlain, Morteau, Wissant, Novion, Seignelay, Saint-Paul-de-Fenouillet; Savoie, Cluse; Anglet., Kent.
ISOARCA, Münster, 1843.
***256. costata,** d'Orb., 1847. Belle espèce renflée, couverte de petites côtes rayonnantes. Clar.
PECTUNCULUS, Lamarck, 1801. Voy. t. 2, p. 80.
***257. alternatus,** d'Orb., 1843, Pal., 3, p. 188, pl. 306, fig. 7-11. Varennes, Novion.
ARCA, Linné, 1758. Voy. t. 1, p. 13.
***258. carinata,** Sow., 1818; d'Orb., Paléont., 3, p. 214, pl. 313, fig. 1-3. Géraudot, Ervy, Perte-du-Rhône, Clansayes, etc., etc.
***259. Cottaldina,** d'Orb., 1843, Paléont., 3, p.217, p. 313, fig. 7-9. Varennes, Ervy; Savoie, Cluse.
***260. fibrosa,** d'Orb., 1843, Paléont., 3, p. 212, pl. 312. Novion, Ervy, Géraudot, Varennes, Morteau; Savoie, Cluse.
***261. Hugardiana,** d'Orb., 1843, Paléontol., 3, p. 210, pl. 313, fig. 5-6. Ervy, Novion, etc.; Savoie, Cluse.
***262. nana,** d'Orb., 1843, Pal., 3, p. 210, pl. 311, fig. 8-12. Géraudot, Droyes.
MITYLUS, Linné, 1758. Voy. t. 1, p. 82.
***263. Albensis,** d'Orb., 1847. Espèce de la série des modioles de Lamarck, lisse, très-large sur la région buccale. Novion; Cluse.
?264. Bella, d'Orb., 1847. *Modiola bella*, Sowerby, 1836, in Fitton, Trans. geol. Soc., 4, p. 113, pl. 11, fig. 9. Angl. (Kent), near Hythe.
LIMA, Bruguière, 1791. Voy. t. 1, p. 175.
265. Albensis, d'Orb., 1845, Paléont., Terr. crét., 3, p. 541, pl. 416, fig. 15-16. Ervy, Macheroménil.
266. Rauliniana, d'Orb., 1845, Pal., 3, p. 542, pl. 417, fig. 3, 4. 5, 6, Grand-Pré.
***267. Rhodaniana,** d'Orb., 1845, Paléont. franç., Terr. crét., 3, p. 541, pl. 416, fig. 17-19. France, Perte-du-Rhône, Clar.
***268. parallela,** d'Orb., 1845, Paléont., 3, p. 539, pl. 416, fig. 11-14. Géraudot, Dienville, Varennes; Savoie, Cluse.
AVICULA, Klein, 1753. Voy. t. 1, p. 13.
269. Rauliniana, d'Orb., 1845, Pal., 3, p. 474, pl. 391, fig. 4-7. Grand-Pré.
GERVILIA, Defrance, 1820. Voy. t. 1, p. 201.
***270. difficilis,** d'Orb., 1845, Paléont., 3, p. 487, pl. 396, fig. 7-8. Macheroménil, Maufaucon, Varennes, Clansayes.
PERNA, Bruguière, 1791. Voy. p. 167, 176.
***271. Rauliniana,** d'Orb., 1845, Pal., 3, p. 497, pl. 401, fig. 4, 5. Vauquois, Clar.
INOCERAMUS, Parkinson, 1811. Voy. t. 1, p. 237.
***271'. concentricus,** Parkinson, 1811; d'Orb., Paléont., 3, p. 506, pl. 404. Géraudot, Ervy, Dienville, Wissant, Clar (Var), Vaudray,

Perte-du-Rhône (Ain), Novion (Ardennes), Varennes, Avancourt, Mœlain, Voiray; Angl., Folkstone.

*272. **Coquandianus,** d'Orb., 1845, Pal., 3, p. 505, pl. 403, fig. 6-8. Clar.

*273. **sulcatus,** Parkinson, 1811; d'Orb., Pal. 3, p. 504, pl. 403, fig. 3-5. Wissant, Géraudot, Perte-du-Rhône, Aubenton, Varennes; Angl., Folkstone; Savoie, Cluse; Saxe, Koschitz.

*274. **Salomoni,** d'Orb., 1847. Espèce voisine de l'*I. concentricus*, mais pourvue d'un sinus au milieu. Novion, Clar, Géraudot, Saint-Florentin.

PECTEN, Gualtieri, 1742. Voy. t. 1, p. 87.

*275. **Dutemplei,** d'Orb., 1846, Paléont., 3, p. 596, pl. 433, fig. 10-13. Sainte-Ménehould, Novion, Dienville, Guillottière; Savoie, Cluse.

*276. **Raulinianus,** d'Orb., 1846, Paléont., 3, p. 595, pl. 433, fig. 6-9. Grand-Pré, Macheroménil, Géraudot.

*277. **Darius,** d'Orb., 1847. *Pecten orbiculare*, d'Orb. (pars). Espèce propre à l'étage albien, et qui diffère de l'autre par ses côtes plus petites, moins lamelleuses, et par son aspect plus brillant. Novion, Varennes, Géraudot, Dienville.

JANIRA, Schumacher, 1817. Voy. t. 2, p. 83.

*278. **Albensis,** d'Orb., 1847. Espèce voisine du *J. quinquecostata*, mais ayant entre chacune des côtes saillantes cinq côtes intermédiaires au lieu de quatre; les grosses côtes sont aussi plus petites. Seignelay, Grand-Pré (Meuse), Géraudot, Novion; Savoie, Cluse.

SPONDYLUS, Linné, 1758. Voy. t. 2, p. 83.

*279. **gibbosus,** d'Orb., 1846, Paléont. franç., 3, p. 658, pl. 452, fig. 1-6. Novion, Macheroménil, Grand-Pré; Savoie, Cluse.

280. **Renauxianus,** d'Orb., 1846, Pal., 3, p. 659, pl. 452, fig. 7-8. Clansayes.

PLICATULA, Lamarck, 1801. Voy. t. 1, p. 202.

*281. **Radiola,** Lam., 1819; d'Orb., Paléont., 3, p. 683, pl. 463, fig. 1-7. Mœlain, Saint-Dizier, Géraudot, Dienville, Wissant, Clansayes, Morteau, Perte-du-Rhône, Novion, Saint-Paul-de-Fenouillet, Varennes, Grand-Pré (Ardennes).

OSTREA, Linné, 1752. Voy. t. 1, p. 166.

*282. **Arduennensis,** d'Orb., 1847, Paléont., 3, p. 711, pl. 472, fig. 1-4. Grand-Pré, Novion, Morteau, Voiray, Aubenton; Savoie, Cluse.

*283. **canaliculata,** d'Orb., 1847, Paléont., 3, p. 709, pl. 471, fig. 4-8. Neuvilly, Grand-Pré, Varennes, Géraudot.

*284. **Milletiana,** d'Orb., 1847, Paléont., 3, p. 712, pl. 472, fig. 5-7. Larrivour, Roc-Laroche, Grand-Pré, Saint-Paul-de-Fenouillet, Clar.

*285. **Rauliniana,** d'Orb., 1847, Paléont., 3, p. 708, pl. 471, fig. 1-3. Grand-Pré, Saulce-aux-Bois, Chevrière, Valcourt.

MOLLUSQUES BRACHIOPODES.

LINGULA, Bruguière, 1791. Voy. t. 1, p. 14.

286. **Rauliniana,** d'Orb., 1847, Pal., 4, pl. 490. Varennes.

RHYNCHONELLA, Fischer, 1825. Voy. t. 1, p. 92.

287. sulcata, d'Orb., 1847, Paléont., 4, pl. 495, fig. 1-8. Géraudot (Aube), Clar (Var), Marc, Grand-Pré, La Vignette (Marne).

288. Clementina, d'Orb., 1847, Pal., 4, pl. 495, fig. 8-12. Géraudot, Clar.

289. Emerici, d'Orb., 1847, Pal., 4, pl. 495, fig. 13-17. Clar.

290. pecten, d'Orb., 1847, Pal., 4, pl. 495, fig. 18-22. Clar.

291. polygona, d'Orb., 1847, Pal., 4, pl. 496, fig. 1. Clar.

***292. antidichotoma,** d'Orb., 1847, Pal., 4, pl. 500. *Terebratula antidichotoma*, Buvignier, 1843, Mém. Soc. philom. de Verdun, t. 2, p. 13, pl. 5, fig. 7 ; Géol. des Ardennes, p. 533, pl. 4, fig. 8. France, Grand-Pré.

TEREBRATULINA, d'Orb., 1847. Voy. t. 2, p. 85.

***294. Martiniana,** d'Orb., 1847, Paléont., 4, pl. 502, fig. 8-12. Gueule-d'Enfer près Martigues, Ravix près de Villard-de-Lans.

TEREBRATULA, Lwyd, 1699. Voy. t. 1, p. 43.

295. Dutempleana, d'Orb., 1847, Paléont., 4, pl. 511, fig. 1-8. Partout, Wissant, Ardennes, Aube, Var; Angl., Castlehill.

TEREBRATELLA, d'Orb., 1847. Voy. t. 1, p. 222.

296. Moreana, d'Orb., 1847, Paléont., Crétacés, 4, pl. 516, fig. 13-19. France, Narcy, Géraudot (Aube).

TEREBRIROSTRA, d'Orb., 1847. Voy. Paléont., Terr. Crét., t. 4.

297. Arduennensis, d'Orb., 1847, Paléont., 4, pl. 519, fig. 6-10 Grand-Pré.

MOLLUSQUES BRYOZOAIRES.

ESCHARA, Lamarck.

***298. triangularis,** Michelin, 1841, Icon., p. 5, pl. 1, fig. 6. Grand-Pré.

ESCHARINA, Edwards, 1836, édition de Lamarck.

***299. Acteon,** d'Orb., 1847. Jolie espèce à cellules peu saillantes. France, Macheroménil.

DIASTOPORA, Lamouroux, 1821.

300. Arduennensis, d'Orb., 1847. *Diastopora gracilis*, Michelin, 1841, Icon. zooph., p. 5, pl. 1, fig. 9 (non Edwards, 1838). France, Grand-Pré.

ENTALOPHORA, Lamouroux, 1821.

***301. gracilis,** d'Orb., 1847. *Cricopora gracilis*, Michelin, 1841, Icon. zoophyt., p. 4, pl. 1, fig. 8 (non Goldfuss, 1830). M. Michelin a vu un individu usé. Grand-Pré.

302. colliformis, d'Orb., 1847. *Cricopora colliformis*, Michelin, 1841, Icon., p. 5, pl. 1, fig. 5. Grand-Pré.

***303. convexa,** d'Orb., 1847. Jolie espèce à cellules saillantes, rapprochées, irrégulières. Macheroménil (Ardennes).

RADIOPORA, d'Orb., 1847. Ce sont des *Defrancia* réunies en groupes polymorphes encroûtants.

304. Landrioti, d'Orb., 1847. *Ceriopora id.*, Michelin, 1841, Icon. zooph., p. 2, pl. 1, fig. 10. Saint-Loup (Ardennes).

ZONOPORA, d'Orb., 1847. Ensemble rameux, branches dichotomes, pourvues de cellules rondes, simplement percées, disposées par lignes spirales au milieu d'une surface poreuse.

*305. **lævigata,** d'Orb., 1847. Belle espèce rameuse, à grosses branches; les séries de gros pores sont séparées par des séries de petits pores. Saulce-aux-Bois (Ardennes).

ECHINOPORA, d'Orb., 1847. Ce sont des *Osculipores* dont non-seulement les rameaux latéraux sont pourvus de pores en faisceaux à leur extrémité, mais dont l'intervalle est criblé de plus petits pores.

*306. **Raulini,** d'Orb., *Ceriopora Raulini*, Michelin, 1841, Icon. zooph., p. 2, pl. 1, fig. 7. Grand-Pré, Macheroménil.

ÉCHINODERMES.

HOLASTER, Agassiz.

*306'. **Perrezii,** E. Sism., Mém. Echin. foss. Nizza, p. 11, pl. 1, fig. 1-3. Agass., 1847, Cat., p. 135. Sardaigne, Nice; France, Escragnolles, Saint-Pont (Var), env. de Grenoble.

*307. **lævis,** Agass., 1847, Cat., p. 134; Echin. Suisse, 1, p. 17, pl. 3, fig. 1-3. France, Perte-du-Rhône (Ain), Escragnolles (Var), La fauges, près de Grenoble (Isère); Saint-Aubin (Oise); Fis, envir. de Nice, Cluse, Saxonet, Reposoir, en Savoie.

307'. **transversus,** Agass., 1847, Cat., p. 135, Echin. Suisse, 1, p. 18, pl. 3, fig. 4 et 5. Montagne des Fis.

TOXASTER, Agassiz.

308. **Collegnii,** E. Sism., Mém. Echin. foss. Nizza, p. 21, pl. 1, fig. 9-11; Agass., 1847, Cat., p. 132. Envir. de Nice.

309. **Nicæensis,** E. Sism., Mém. Echin. foss. Nizza, p. 19, pl. 1, fig. 6-8. Environs de Nice.

MICRASTER, Agassiz.

*310. **polygonus,** Agass., 1847, Cat., p. 130. Perte-du-Rhône.

311. **oblongus,** Agass., 1847, Cat., p. 131. *Spatangus oblongus*, Deluc. Perte-du-Rhône, Dauphiné, Grande-Chartreuse, Vénasque; Suisse, Appenzell, Saint-Gall.

*312. **trigonalis,** Desor, Agass., 1847, Cat., p. 130. Escragnolles.

HEMIASTER, Agassiz.

*313. **minima,** Desor. *Micraster minimus*, Agass., 1847, Cat., p. 122, Echin. Suisse, 1, p. 26, pl. 3, fig. 16-18. Perte-du-Rhône (Ain), Nozeroy (Jura); Savoie, Reposoir.

*314. **phrynus,** Desor., Agass., 1847, Cat., p. 122. Perte-du-Rhône, Martigues; montagne des Fis.

PYGURUS, Agassiz.

?315. **Meyeri,** Desor, Agass., 1847, Cat., p. 105. Suisse, Appenzell.

PYGAULUS, Agassiz.

316. **ovatus,** Agass., 1847, Cat., p. 101. Perte-du-Rhône (Ain).

*316'. **depressus,** Agass., 1847, Cat., p. 101. *Catopygus depressus*, Ag., Echin. Suisse, 1, p. 50, pl. 8, fig. 4-6. Savoie, montagne des Fis, Reposoir, Entrevernes; France, env. de Grenoble.

CATOPYGUS, Agassiz.

*317. **cylindricus,** Desor, Agass., 1847, Cat., p. 100. Clar; Cluse.

NUCLEOLITES, Lamarck.

318. **Cerecleti,** Desor, Agass., 1847, Cat. syst., p. 97. Grand-Pré.

PYRINA, Agassiz.

319. **depressa,** Desml., Agass., 1847, Cat., p. 92; Desor, Monogr. des Galér., p. 28. *Nucleolites depressa*, Brongn., Géol. paris., p. 400, pl. 9, fig. 17. Savoie, montagnes des Fis et du Reposoir.

GALERITES, Lamarck.

*320. **castanea,** Agass., 1847, Cat., p. 91, Echin. Suisse, 1, p. 77, pl. 12, fig. 7-9. *Galerites rhotomagensis*, Ag., Cat. syst., p. 7. France, Saint-Paul-Trois-Châteaux, Villard-de-Lans, près de Grenoble; Italie, monte Calvo, Simbola, près Nice.

DISCOIDEA, Gray.

321. **turrita,** Desor, Monog. des Galér., p. 57, pl. 12, fig. 1-3; Ag., 1847, Cat. syst., p. 89. France, Perte-du-Rhône (Ain).

*322. **Rotula,** Agass., 1847, Cat., p. 89, Echin. Suisse, 1, p. 90, pl. 6, fig. 10-12. Saint-Paul-Trois-Châteaux, Escragnolles (Var); Meglisalp (Appenzell); Simbola près de Nice (Savoie), Le Reposoir.

323. **Favrina,** Desor, Monogr. des Galér., p. 62, pl. 7, fig. 12-14. Agass., 1847, Cat., 89. Simbola, près de Nice; Reposoir; Escragnolles, Perte-du-Rhône.

*324. **conica,** Desor, Monogr. des Galér., p. 69, pl. 7, fig. 17-02. Agass., 1847, Cat., p. 89. Montagne des Fis (Savoie), Simbola près de Nice; Escragnolles (Var), Villars-de-Lans, près de Grenoble.

*325. **decorata,** Desor, Monogr. des Galér., p. 68, pl. 8, fig. 11. Agass., 1847, Cat. syst., p. 89. France, Clansayes (Drôme), Le Theil (Ardèche), Escragnolles (Var).

HEMIDIADEMA, Agassiz.

326. **rugosum,** Agass., 1847, Cat. syst., p. 47. Grand-Pré.

DIADEMA, Gray.

*327. **variolare,** Agass., 1847, Cat. syst., p. 46. *Diadema violaré*, Brongn. et Ag., Prodr. France, Grand-Pré (Ardennes).

*328. **Brongniarti,** Agass., 1847, Cat., p. 46, Echin. Suisse, 2, p. 25, pl. 14, fig. 4-6. *Cidaris violaris*, Al. Brong., in Cuv., Oss. foss., pl. M, fig. 9. France, Perte-du-Rhône (Ain), Clar, Escragnolles, Berneuil (Oise).

329. **Lucæ,** Agass., 1847, Cat. syst., p. 42; Echin. Suisse, 2, p. 8, pl. 16, fig. 11-15. France, Perte-du-Rhône (Ain); Suisse, Chaux-de-Fonds.

*330. **Rhodani,** Agass., 1847, Cat., p. 42 Echin. Suisse, 2, p. 9, pl. 16, fig. 16-18. Perte-du-Rhône (Ain).

SALENIA, Gray.

331. **scutigera,** Gray, Agass., 1847, Cat. syst., p. 37. Angleterre; Kehlheim.

*332. **Studeri,** Agass., 1847, Cat. syst., p. 38. France, Perte-du-Rhône (Ain), Clar (Var).

PENTETAGONASTER, Linck, 1733.

*333. **Dutempleana,** d'Orb. Grande espèce dont les plaques sont transverses, en parallélogrammes chagrinés au dehors. Saint-Marc (Ardennes).

PENTACRINUS, Miller, 1821.

*334. **cretaceus,** Leymerie, 1842, Mém. Soc. géol., p. 2, (Fitt., pl. 11, fig. 4). La Goguette (Aube), Grand-Pré (Ardennes).

ZOOPHYTES.

AMBLOCYATHUS, d'Orb., 1849.

335. **Bowerbanksii?** d'Orb., 1849. *Cyathina Bowerbanksii,* Edwards et Haime, 1848, Ann. des Sc. nat., p. 292. Angl., Folkstone.

APLOCYATHUS, d'Orb., 1847. Voy. t. 1, p. 291.

*336. **conulus,** d'Orb., 1847. *Trochocyathus conulus,* Edwards et Haime, 1838, Ann. des Sc. nat., p. 366. *Turbinolia conulus,* Phillips, 1829, Geol. Yorksh., pl. 2, fig. 1. France, Macheroménil, Novion, Géraudot, Perte-du-Rhône (Ain) ; Angl., Folkstone.

337. **Harveyanus,** d'Orb., 1847. *Trochocyathus Harveyanus,* Edwards et Haime, 1848, Ann. des Sc. nat., p. 374. Angl., Folkstone.

POLYTREMA, Risso, 1826.

*338. **Arduennensis,** d'Orb., 1847. *Ceriopora polymorpha,* Michelin, 1841, Zoop., p. 2, pl. 1, fig. 4 (non Goldf., 1830). France, Grand-Pré.

*339. **spongioïdes,** d'Orb., 1847. *Heteropora idem,* Michelin, 1841, Icon. zoophyt., p. 3, pl. 1, fig. 3. Grand-Pré, Macheroménil.

CERIOPORA, Goldfuss, 1826.

*340. **Constantii,** d'Orb., 1847. *Heteropora dichotoma*, Michelin, 1841, Icon. zoophyt., p. 4, pl. 1, fig. 11 (non Goldf., 1830). France, Grand-Pré.

341. **Michelini,** d'Orb., 1847. *Heteropora cryptopora,* Michelin, 1841, Icon. zooph., p. 3, pl. 1, fig. 2 (non Goldf., 1830). Grand-Pré.

FORAMINIFÈRES (d'Orb.).

ORBITOLINA, d'Orb., 1847. Ce sont des *Orbitolites* à côtés inégaux, l'un encroûté, l'autre avec des loges.

*342. **lenticulata,** d'Orb., 1847. *Orbitolites lenticulata,* Lamarck, 1816; Lamouroux, 1821, pl. 72, fig. 13-16. Perte-du-Rhône (Ain), St-Paul-de-Fenouillet (Aude).

NODOSARIA, Lamarck. Trois espèces (343, 344, 345).

VAGINULINA, d'Orb., 1825. Six espèces (346, 347, 348, 349, 350, 351).

FRONDICULARIA, d'Orb., 1847. Trois espèces décrites. En Angleterre.

CRISTELLARIA, Lamarck. Trois espèces (352, 353, 354).

ROTALINA, Lamarck. Deux espèces (355, 356).

TEXTULARIA, Defrance. Une espèce d'Angleterre.

QUINQUELOCULINA, d'Orb., 1825. Une espèce d'Angleterre.

AMORPHOZOAIRES.

VERTICILLITES, Defrance, 1828.
***357. digitata,** d'Orb., 1847. Belle espèce formant des tubes divisés par segments intérieurement. France, Macheroménil.
COSCINOPORA, Goldfuss, 1826.
***357. Ricordeana,** d'Orb., 1849. Espèce dont les oscules très-réguliers sont creusés en trémie. France, Seignelay (Yonne).
YEREA, Lamouroux, 1821.
358. mutabilis, Michelin, 1844, Icon. zooph., p. 133, pl. 36, fig. 4. France, Grand-Pré.
CUPULOSPONGIA, d'Orb., 1847. Voy. t. 1, p. 294.
***359. boletiformis,** d'Orb., 1847. *Spongia id.*, Michelin, 1841, Icon. zoophyt., p. 6, pl. 1, fig. 1. France, Grand-Pré.

VINGTIÈME ÉTAGE : — CÉNOMANIEN.

MOLLUSQUES CÉPHALOPODES.

BELEMNITELLA, d'Orb., Paléont. univ., Mollusq. viv. et foss., p. 446.

*1. **vera**, d'Orb., 1846, Paléont. univ., pl. 32, fig. 1-6, Terr. crét., Suppl., pl. 2, fig. 1-6. Sainte-Cérotte (Sarthe); Belg., Tournay, Lathinne, Tirlemont; Angl., Hamsey, Heyning; Allem., Plauen, près de Dresde.

BELEMNITES, Lamarck. Voy. t. 1, p. 212.

*2. **ultimus**, d'Orb., 1846, Paléont. univ., pl. 75, Terr. crét., Suppl., pl. 10. France, Rouen.

NAUTILUS, Breynius, 1732. Voy. t. 1, p. 52.

*3. **triangularis**, Montfort, 1802. D'Orb., Paléont. franç., Terr. crét., 1, p. 79, pl. 12. *N. Fleuriausianus*, d'Orb. Havre, Rouen, île d'Aix, Fourras, Coulonges, La Malle, La Martre.

*4. **subradiatus**, d'Orb., 1847. *N. radiatus*, Sow., 1822. D'Orb., Paléont. franç., Terr. crét., 1, p. 81, pl. 14 (non Fichtell, 1803). France, Rouen.

*5. **Largilliertianus**, d'Orb., 1840, Paléont., 1, p. 86, pl. 18. Fr., Rouen, Cassis, Mâsle, Guilbault (Orne).

*6. **elegans**, Sow., d'Orb., Paléont., 1, p. 87, pl. 19. Rouen, Guilbault, Orange, Cassis, Escragnolles.

*7. **Deslongchampsianus**, d'Orb., 1840, Paléont., 1, p. 90, pl. 20. Rouen.

*8. **Archiacianus**, d'Orb., 1840, Paléont., 1, p. 91, pl. 21. Rouen.

*9. **Matheronianus**, d'Orb., 1841, Revue zoologique, p. 318. Cassis.

CERATITES, de Haan, 1825. Voy. t. 1, p. 171.

10. **Vibrayeanus**, d'Orb., 1840. *Amm. id.*, d'Orb., Paléont. franç., Terr. crét., 1, p. 322, pl. 96, fig. 1-3. Vibrayes (Sarthe).

*11. **Syriacus**, d'Orb., 1847. *Ammonites Syriacus*, de Buch, 1845, Actes de la Société helvétique des Sciences naturelles de Genève. Syrie, mont Liban. Recueilli par le Révérend E. R. Beadle.

AMMONITES, Bruguière, 1789. Voy. t. 1, p. 181.

12. **Renauxianus**, d'Orb., 1840, Paléont. franç., 1, p. 113, 359, pl. 27. France, Bedouin, sud du Ventoux, Montblainville.

*13. **Mayorianus,** d'Orb., 1840, Paléont., 1, p. 267, pl. 79. Cassis, Havre.

*14. **latidorsatus,** d'Orb., 1840, Paléont., 1, p. 270, pl. 80. Havre, Cassis.

*15. **inflatus,** Sow., d'Orb., Paléont. franç., Terr. crét., 1, p. 204, pl. 90. France, Havre, Montblainville, La Fauge.

*16. **varians,** Sow., d'Orb., Paléont., 1, p. 311, pl. 92. *Amm. tetrasinuata,* Sow. Rouen, Le Havre, Auxon, cap Blanc-Nez, Vergons, Anglès, Orange, Sénéfontaine; Suisse, Souaillon; Angl.

*17. **Largilliertianus,** d'Orb., 1840, Paléont., 1, p. 320, pl. 95. Rouen, Cassis (Bouches-du-Rhône), La Martre (Var).

18. **Geslinianus,** d'Orb., 1847. *Am. catillus,* d'Orb., 1841, Pal., 1, p. 325, pl. 97, fig. 1, 2 (non *catillus,* Sowerby). Vibrayes (Sarthe), Touvois (Loire-Inférieure). M. Bertrand Geslin.

*19. **Beaumontianus,** d'Orb., 1840, Paléont. franç., Terr. crét., 1, p. 328, pl. 98, fig. 1, 2. France, Lamnay, La Malle.

*20. **falcatus,** Mantell, d'Orb., Paléont., 1, p. 331, pl. 99. Lamnay (Sarthe), Thorenc, Auxon (Aube), Orange (Vaucluse), Tours, chemin de Poitiers; Angl.

*21. **Mantellii,** Sow., d'Orb., Paléont., 1, p. 340, pl. 103, 104. Saint-Calais (Sarthe), Rouen, Le Havre (Seine-Inférieure), Auxon (Aube), Cassis, La Malle, La Martre (Var), Pont-Saint-Esprit, Châtel-le-Cornay (Ardennes), Tours, route de Poitiers.

*22. **Rhotomagensis,** Lam., d'Orb., Paléont., 1, p. 345, pl. 105, 106. Rouen, Thaulanne, La Malle, La Martre, Laubressel, Cassis, Orange, cap Gris-Nez; Angl.

*23. **catillus,** Sow., 1827. *A. dispar,* d'Orb., 1840, Paléont., 1, p. 142, pl. 45, fig. 1, 2. Ventoux (Vaucluse), Montblainville (Meuse), Villard-de-Lans (Isère).

*24. **navicularis,** Sowerby, 1827, Min. Conch., 6, p. 105, pl. 555. *A. Mantellii,* var., d'Orb., 1841. France, Le Mans; Angl., Guildford.

*25. **Cenomanensis,** d'Orb., 1847. Grosse espèce voisine de l'*A. Rhotomagensis,* mais à tours larges, à dos carré, dont les tours ont de larges côtes simples, pourvues de chaque côté de deux gros tubercules saillants en pointe. Le Mans (Sarthe).

*26. **Diartianus,** d'Orb., 1847. Petite espèce globuleuse, lisse, à dos rond, pourvue au pourtour de l'ombilic, par tour, de neuf tubercules saillants. Saint-Calais (Sarthe).

*27. **Cassisianus,** d'Orb., 1847. Espèce de la série des *Fimbriati,* mais à tours étroits, légèrement échancrés par le retour de la spire, marqués de trois ou quatre côtes transverses et de fines stries. Cassis (Bouches-du-Rhône).

?28. **subcomplanatus,** d'Orb., 1847. *A. complanatus,* Mantell, 1822. Sow., Min. Conch., 6, p. 133, pl. 569, fig. 1 (non Bruguière, 1790). Angl., Hamsey.

29. **Goodhallii,** Sow., 1836, Min. Conch., 3, p. 100, pl. 255 (peut-être variété de l'*A. inflatus* Sow.). Angl., Blackdown.

30. **triserialis,** Sow., 1836, in Fitton, Trans. geol. Soc., 4, p. 239, pl. 18, fig. 27 (peut-être variété de l'*A. Rhotomagensis*). Angl. (Devonshire), Blackdown.

*31. **Couloni,** d'Orb., 1847. *A. Mantellii*, var., d'Orb., 1841, Pal. franç., Terr. crét., 1, p. 340, pl. 104. Lamnay (Sarthe); Souaillon, près de Neuchâtel.

?32. **cinctus,** Sow., Min. Conch., 6, p. 122, pl. 564, fig. 1. Angl., Middleham.

?32'. **Orbignyanus,** Geinitz, 1839, das Quadersandst., pl. 4, fig. 1. Kreslingswalda.

SCAPHITES, Parkinson, 1811. Voy. t. 2, p. 100.

*33. **obliquus,** Sow., 1813, Min. Conch., 1, p. 53, pl. 18, fig. 1, 2. *S. æqualis*, var., d'Orb., Pal. franç., Terr. crét., 1, p. 518, pl. 129, fig. 3-6. Rouen.

*34. **æqualis,** Sow., d'Orb., Paléont., 1, p. 518, pl. 129, fig. 3, 7. Le Mans, Rouen, La Malle, Anglès, Liscle, Uchaux (Vaucluse); Anglet., Lewis, Brighton.

*35. **Rochatianus,** d'Orb., 1847. Charmante petite espèce lisse, à tours de spire à découvert et convexes, le dernier projeté, à longue crosse lisse, creusée d'un sillon en dedans. Env. d'Uchaux (Vaucluse), avec l'espèce précédente. Découverte par M. Alexandre Rochat.

ANCYLOCERAS, d'Orb., 1842. Voy. t. 1, p. 262.

*36. **Moreausianus,** d'Orb., 1847. Grande espèce voisine de l'*A. armatus*, mais avec des côtes plus simples aux côtes tuberculeuses. Montblainville (Meuse).

*37. **Arduennensis,** d'Orb., 1847. Grande espèce qui diffère de la précédente par une seule rangée de tubercules de chaque côté, au lieu de deux. Montblainville.

*38. **armatus,** d'Orb. *Ham. id.*, Sow., d'Orb., Paléont. franç., Terr. crét., 1, p. 547, pl. 135. France, Rouen, Laubressel, Cassis.

39. **ellipticus,** Mantell, 1822, Foss. illust. Geol. of Sussex, p. 122, pl. 23, fig. 9. Angl., Middleham.

BACULITES, Lamarck, 1799. Voy. t. 2, p. 66.

*40. **baculoides,** d'Orb., Paléont., 1, p. 562, pl. 138, fig. 6-11. Rouen, cap Blanc-Nez, Cassis, Berneuil, Uchaux (Vaucluse), Liscle (Basses-Alpes).

HAMITES, Parkinson, 1811. Voy. t. 2, p. 126.

*41. **simplex,** d'Orb., Paléont., 1, p. 550, pl. 134, fig. 12-14. Rouen.

*42. **dubius,** d'Orb., 1847. Espèce lisse, comprimée, à crosse large. La Malle (Var).

43. **biplicatus,** Rœmer, 1841, Kreid., p. 93, n° 13, pl. 14, fig. 11. Hülses.

TURRILITES, Lamarck, 1801. Voy. t. 1, p. 213.

*44. **Bergeri,** Brongn., d'Orb., Paléont. franç., Terr. crét., 1, p. 590, pl. 143. France, Bavet, Auxon.

*45. **tuberculatus,** Bosc, d'Orb., Paléont., 1, p. 593, pl. 144, fig. 1-2. Rouen, La Malle, Le Havre, cap Blanc-Nez; Angl.

*46. **Gravesianus,** d'Orb., 1841, Paléont., 1, p. 596, pl. 144, fig. 3-5. La Malle, Sénéfontaine, Berneuil, Guilbaud.

*47. **costatus,** Lam., d'Orb., Paléont., 1, p. 598, pl. 145. Rouen, La Malle, La Martre, Escragnolles (Var), Thaulanne, Cassis (Bouches-du-Rhône), Guilbaud, St-Sauveur; Angl.

*48. **Desnoyersi,** d'Orb., 1841, Paléont., 1, p. 601, pl. 146, fig. 1, 2. France, cap Blanc-Nez, Coulange, Guilbaud.
*49. **Scheuchzerianus,** Bosc, d'Orb., Paléont. franç., Terr. crét., 1, p. 602, pl. 146, fig. 3, 4. France, Rouen, Guilbaud.
*50. **ornatus,** d'Orb., 1847, Paléont. franç., Terr. crét., 1, p. 604, pl. 147, fig. 1, 2. France, cap Blanc-Nez.
*51. **bifrons,** d'Orb., 1841, Paléont., 1, p. 606, pl. 147, fig. 5, 6. Rouen.
*52. **Alpinus,** d'Orb., 1847. Petite espèce à tours très-étroits, lisses, pourvus de gros tubercules très-espacés. La Malle (Var).
53. **Carcitanensis,** Mathéron, 1843, Catalogue, p. 267, pl. 41, fig. 4. Cassis.
53'. **Essensis,** Geinitz, 1849, das Quadersandst., pl. 4, fig. 1, 2. Westphalie, Essen.

MOLLUSQUES GASTÉROPODES.

SCALARIA, Lamarck, 1801.
54'. **Guerangeri,** d'Orb., 1843, Pal., Terr. crét., 2, p. 412. Le Mans.
54. **pulchra,** Sow., 1836, in Fitton, Trans. geol. Soc., 4, p. 242, pl. 18, fig. 11. Angl. (Devonshire), Blackdown.
55. **Philippi,** Reuss, 1846, Böhm. Kreideform., p. 114, pl. 44, fig. 14. Kreibitz, Tiziblitz.
TURRITELLA, Lamarck, 1801. Voy. t. 2, p. 67.
*56. **Guerangeri,** d'Orb., 1843, Paléont., 2, p. 412. Le Mans.
*57. **Goupiliana,** d'Orb., 1843, Paléont., 2, p. 412. Le Mans.
57'. **ornata,** d'Orb., 1843, Paléont., 2, p. 412. Le Mans.
*58. **Cenomanensis,** d'Orb. Espèce voisine du *Granulata,* plus courte, avec un méplat à la partie antérieure des tours. Le Mans. *Turr. granulata,* Geinitz (non Sowerby); Bohème, Tyssa.
*59. **Alpina,** d'Orb. Espèce pourvue de nombreuses stries inégales, sans méplat supérieur. La Malle (Var).
*60. **granulata,** Sow., 1827, Min. Conch., 6, p. 125, pl. 565, fig. 1 (non d'Orbigny, 1842). Angl., Blackdown.
61. **costata,** Sow., 1827, id., 6, p. 125, pl. 565, fig. 4. Blackdown.
62. **Neptuni,** Münster, Goldfuss, 1844, 3, p. 106, pl. 196, fig. 15. Tournay.
*63. **Archiaci,** d'Orb., 1847. *T. Neptuni,* d'Arch., 1847, Mém. de la Soc. géol., 2e série, 2, p. 344, pl. 25, fig. 2 (non Goldfuss, 1844). Tournay.
*64. **Geinitzii,** d'Orb., 1847. Espèce à stries inégales, placées en groupe sur le milieu de la spire. Envoyée sous le nom de *T. multistriata,* Reuss, mais diffère complétement de la figure 17, planche 10, de cet auteur. Bohème, Kreslingswalda.
CHEMNITZIA, d'Orb., 1839. Voy. t. 1, p. 172.
*65. **Mosensis,** d'Orb., 1842, Paléont., 2, p. 71, pl. 156, fig. 2. Montfaucon.

*66. **Eolis,** d'Orb., 1847. Coquille médiocrement allongée, lisse, à tours peu renflés. Ile d'Aix (Charente-Inférieure).

?67. **arenosa,** Reuss, 1845, Kreid., p. 51, pl. 10, fig. 7. Bohème, Czenczіz.

NERINEA, Defrance, 1825. Voy. t. 1, p. 263.

*68. **Fleuriausa,** d'Orb., 1842, Paléont., 2, p. 85, pl. 160, fig. 6, 7. Ile d'Aix.

*69. **Aunisiana,** d'Orb., 1842, Paléont., 2, p. 86, pl. 160, fig. 8, 9. Ile d'Aix.

*70. **regularis,** d'Orb., 1842, Paléont., 2, p. 87, pl. 160, fig. 10. Ile d'Aix.

*71. **Bauga,** d'Orb., 1842, Paléont. franç., Terr. crét., 2, p. 91, pl. 162, fig. 1, 2. France, environs de Cognac, d'Angoulême.

*72. **monilifera,** d'Orb., 1842, Paléont. franç., Terr. crét., 2, p. 95, pl. 163, fig. 4-6. Ile-Madame, Nancras, Cognac, Soulage, Tourtenay.

73. **dubia,** d'Archiac, 1847, Mém. de la Soc. géol., 2e série, 2, p. 344, pl. 25, fig. 4. Belg., Tournay.

ACTEON, Montfort, 1810. Voy. t. 1, p. 263.

*74. **ovum,** d'Orb., 1842, Paléont., 2, p. 123, pl. 167, fig. 19, 20. Cassis.

75. **affinis,** d'Orb., 1847. *Tornatella affinis*, Sow., 1836, in Fitton, Trans. geol. Soc., 4, p. 242, pl. 18, fig. 9 (non d'Orb., 1842). Angl. (Devonshire), Blackdown.

AVELLANA, d'Orb., 1843, Paléont. franç., Terr. crét., 2, p. 131.

*76. **Mailleana,** d'Orb., 1847. *Rhinginella id.*, d'Orb., 1842, Pal., franç., Terr. crét., 2, p. 131. France, Rouen.

*77. **Cassis,** d'Orb., 1842, Pal. franç., 2, p. 138, pl. 169, fig. 10-13. *Rhingicula incrassata*, Geinitz. France, Rouen, Cassis, La Malle.

*78. **Rauliniana,** d'Orb., 1842, Pal., 2, p. 141. Montblainville.

79. **incrassata,** d'Orb., 1847. *Auricula incrassata*, Sowerby, 1817, Min. Conch., 2, p. 143, pl. 163, fig. 1, 2, 3. Angl., Blackdown.

*80. **Prevosti,** d'Archiac, 1847, Mém. de la Soc. géol., 2e série, 2, p. 343, pl. 25, fig. 1. Belg., Tournay.

*81. **Varusensis,** d'Orb., 1847. Espèce plus courte, plus ronde que l'*A. Cassis*, à spire plus cachée. La Malle (Var).

GLOBICONCHA, d'Orb., 1842, Paléont. franç., Terr. crét., 2, p. 143.

*82. **rotundata,** d'Orb., 1842, Paléont., 2, p. 143, pl. 169, fig. 17. Le Mans.

VARIGERA, d'Orb., 1847. Voy. t. 2, p. 68.

*83. **Guerangeri,** d'Orb., 1847. *Pterodonta id.*, d'Orb., 1843, Pal. franç., Terr. crét., 2, p. 320. Le Mans, La Malle (Var).

*84. **Carantonensis,** d'Orb., 1847. Espèce dont le dernier tour est infiniment plus court que dans l'espèce précédente. Charras (Charente-Inférieure).

PTERODONTA, d'Orb., 1843, Paléont. franç., Terr. crét., 2, p. 315.

*85. **elongata,** d'Orb., 1843, Pal. franç., 2, p. 316, pl. 218, fig. 2. France, Ile-Madame, Angoulême, Cognac.

*86. **inflata,** d'Orb., 1843, Pal., 2, p. 318, pl. 219. Orange (Vaucluse), Eoux, Bargem, Candilèbre, La Malle (Var), Ile-d'Aix (Charente-Inférieure, Angoulême (Charente), Le Mans (Sarthe), Saumur (Maine-et-Loire), Tourtenay (Deux-Sèvres).

NATICA, Adanson, 1757. Voy. t. 1, p. 29.

*87. **difficilis,** d'Orb., 1842, Paléont., 2, p. 163, pl. 174, fig. 4. Ile-Madame.

87'. **Cassisiana,** d'Orb., 1842, Pal., 2, p. 166, pl. 175, fig. 1-4. Cassis.

*88. **vulgaris,** Reuss, 1845, Bohem. Kreid., p. 50, pl. 10, fig. 22. Le Mans; Bohème, Tyssa, Kreslingswalda.

*89. **Varusensis,** d'Orb., 1847. Espèce plus courte et plus large que le *N. Requieniana*, mais fortement canaliculée sur la carène. La Malle (Var), Le Mans (Sarthe).

*90. **Hispanica,** d'Orb., 1847. Espèce ayant la forme du *N. bulbiformis*, mais sans canal sur la suture. Espagne, Llama Oscura, près d'Oviedo (M. Paillette).

*91. **tuberculata,** d'Orb., 1847. Coquille singulière, couverte de tubercules irréguliers en dessus, et de lames irrégulières en dessous. Le Mans.

92. **extensa,** d'Orb., 1847. *Vivipara extensa*, Sow., 1813, Min. C., 1, p. 77, pl. 31, fig. 2. Anglet., Blackdown.

93. **Gentii,** d'Orb., 1847. *Helix Gentii*, Sow., 1816, Min. Conch., 2, p. 101, pl. 145. Angleterre, Devizes.

94. **subconica,** d'Orb., 1847. *Turbo conicus*, Sow., 1823, Min. C., 5, p. 45, pl. 433, fig. 1 (non Lam., 1804). Angl., Blackdown.

*95. **rotundata,** d'Orb., 1847. *Turbo rotundatus*, Sow., 1823, Min. Conch., 5, p. 45, pl. 433, fig. 2. Le Mans (Sarthe); Angl., Blackdown.

96. **pungens,** d'Orb., 1847. *Littorina pungens*, Sow., 1836, in Fitt., Trans. geol. Soc., 4, p. 241, pl. 18, fig. 5. Angl., Blackdown.

97. **Geinitzii,** d'Orb. *N. canaliculata*, Geinitz, Nach., p. 10, pl. 1, fig. 20 (non Mantell, 1822). Silésie, Kreslingswalda; Tyssa.

NARICA, d'Orb., 1840, Paléont. franç., Terr. crét., 2, p. 170.

98. **cretacea,** d'Orb., 1847, Paléont., 2, p. 170, pl. 175, fig. 7-10. Cassis.

99. **carinata,** d'Orb., 1847. *Natica carinata*, Sow., 1836, in Fitton, Trans. geol. Soc., 4, p. 241, pl. 18, fig. 8. Angl., Blackdown.

100. **granosa,** d'Orb., 1847. *Natica granosa*, Sow., 1836, in Fitton, Trans. geol. Soc., 4, p. 241, pl. 18, fig. 7. Angl., Blackdown.

NERITOPSIS, Sowerby, 1825. Voy. t. 1, p. 172.

*101. **ornata,** d'Orb., 1842, Paléont., 2, p. 176, pl. 176, fig. 8-10. Rouen.

102. **pulchella,** d'Orb., 1842, Paléont., 2, p. 177, pl. 177 *bis*, fig. 1-3. Le Mans.

PILEOLUS, Sowerby, 1823.

*103. **cretaceus,** d'Orb., 1847. Espèce lisse de Saint-Calais (Sarthe).

TROCHUS, Linné, 1758. Voy. t. 1, p. 64.

*104. **Requienianus,** d'Orb., 1842, Paléont., 2, p. 186, pl. 177, fig. 13, 14. Cassis.

*105. **Guerangeri,** d'Orb., 1842, Paléont., 2, p. 189, pl. 177 *bis*, fig. 4, 5. Le Mans.

*106. **Sarthinus,** d'Orb., 1842, Paléont., 2, p. 189, pl. 177 *bis*, fig. 6-8. Le Mans.

107. **Marçaisi,** d'Orb., 1842, Paléont., 2, p. 190, pl. 186 *bis*, fig. 19. Le Mans.

*108. **Basteroti,** Brongniart, 1822, Environs de Paris, pl. 3, fig. 3. *Trochus Rozeti*, d'Arch., 1847, Mém. de la Soc. géol., 2, p. 336, pl. 22, fig. 11. Rouen ; Belgique, Tournay.

*109. **Bathus,** d'Orb., 1847. Coquille conique, canaliculée sur la suture et pourvue de tubercules irréguliers. Montblainville.

*110. **Buvignieri,** d'Orb., 1847. Petite espèce conique avec trois rangées de tubercules en pointes. Montblainville.

111. **Hylus,** d'Orb., 1847. *T. Cordieri*, d'Archiac, 1847, Mém. de la Soc. géol., 2e série, p. 335, pl. 22, fig. 8 (non d'Orb., 1844). Belgique, Tournay.

*112. **Buneli,** d'Archiac, 1847, id., p. 335, pl. 22, fig. 9. Tournay.

113. **Huoti,** d'Archiac, 1847, id., p. 335, pl. 22, fig. 10. Tournay.

*114. **Duperreyi,** d'Archiac, 1847, Mém. 2, p. 336, pl. 23, fig. 2. Tournay.

*115. **Leymerici,** d'Archiac, 1847, Mém. 2, p. 337, pl. 23, fig. 1. Tournay.

116. **Pintevillei,** d'Orb., 1847. *Turbo Pintevillei*, d'Archiac, 1847, Mém., 2e série, 2, p. 341, pl. 23, fig. 11. Belgique, Tournay.

117. **Voltzii,** d'Orb., 1847. *Turbo Voltzii*, d'Archiac, 1847, Mém. de la Soc. géol., 2e série, 2, p. 341, pl. 25, fig. 6. Belg., Tournay.

*117'. **Honii,** d'Orb., 1849. Espèce petite, à tours anguleux, pourvus de 4 côtes longitudinales, entre lesquelles en sont de plus petites. Tournay.

PITONELLUS, Montfort, 1810. Voy. t. 1, p. 64.

*118. **Archiacianus,** d'Orb., 1847. *Rotella id.*, d'Orb., 1842, Pal., 2, p. 192, pl. 178, fig. 4-6. Le Mans.

SOLARIUM, Lamarck, 1801. Voy. t. 1, p. 300.

119. **scalare,** d'Orb., 1842, Paléont. franç., Terr. crét., 2, p. 206, pl. 77 bis, fig. 14, 15. France, Le Mans.

*120. **Thirrianum,** d'Archiac, 1847, Mém. Soc. géol., 2e série, p. 334, pl. 22, fig. 7. Belgique, Tournay.

HELICOCRYPTUS, d'Orb., 1847. Voy. t. 2, p. 8.

*121. **radiatus,** d'Orb., 1847. *Planorbis radiatus*, Sow., 1816, Min. Conch., 2, p. 89, pl. 140, fig. 5. France, Le Mans ; Angl., Blackdown.

DELPHINULA, Lamarck, 1804. Voy. t. 1, p. 191.

122. **Bonnardi,** d'Archiac, 1847, Mém. Soc. géol., 2e série, p. 334, pl. 22, fig. 6. Belgique, Tournay.

STRAPAROLUS, Montfort, 1810. Voy. t. 1, p. 6.

123. **Guerangeri,** d'Orb., 1847. *Solarium id.*, d'Orb., 1842, Pal. franç., Terr. crét., 2, p. 206, pl. 177 bis, fig. 9-12. France, Le Mans.

*123'. **ammonitæformis,** d'Orb., 1849. *Euomphalus ammonitæformis* (envoyé sous ce nom par M. Le Hon). Tournay.

PHASIANELLA, Lamarck, 1802. Voy. t. 1, p. 67.

124. **pusilla,** Sow., 1836, in Fitton, Trans. geol. Soc., 4, p. 241, pl. 18, fig. 13. Blackdown.

125. formosa, Sow., 1836, in Fitton, id., p. 241, pl. 18, fig. 14. Blackdown.

126. Sowerbyi, d'Orb., 1847. *Phasianella striata*, Sow., 1836, in Fitton, Trans. geol. Soc., 4, p. 241, pl. 18, fig. 15 (non *striata*, Min. Conch.). Blackdown.

***127. Beadlei,** d'Orb., 1847. Espèce allongée, à tours ronds dont nous ne connaissons que le moule. Syrie, mont Liban. Envoyé par le révérend M. Beadle.

TURBO, Linné, 1758. Voy. t. 1, p. 5.

***128. Goupilianus,** d'Orb., 1842, Paléont., 2, p. 222, pl. 185, fig. 7-10. Le Mans.

***129. Rhotomagensis,** d'Orb., 1842, Paléont., 2, p. 223, pl. 185, fig. 11-14. Rouen.

***130. Mailleanus,** d'Orb., 1842, Paléont., 2, p. 224, pl. 186, fig. 2, 3. Rouen.

***131. Guerangeri,** d'Orb., 1842, Paléont., 2, p. 226, pl. 186 bis, fig. 1, 2. Le Mans.

132. bicultratus, d'Orb., 1842, Paléont., 2, p. 226, pl. 186 bis, fig. 3, 4. Le Mans.

133. Octavius, d'Orb., 1847. *T. tricostatus*, d'Orb., 1842, Paléont. franç., Terr. crét., 2, p. 227, pl. 186 bis, fig. 5, 6 (non Deshayes, 1824). France, Le Mans.

134. cretaceus, d'Orb., 1842, Paléont., 2, p. 228, pl. 186 bis, fig. 7, 8. Le Mans.

***135. Cognacensis,** d'Orb., 1842, Paléont., 2, p. 229, pl. 186 bis, fig. 9, 10. Cognac.

***136. Geslini,** d'Arch. *Tourtia*, pl. 23, fig. 7. *Turbo obtusus*, d'Orb., 1842, Paléont., 2, p. 230 (non *Turbo obtusus*, Gmelin, 1789). Le Mans; Belgique, Tournay.

***137. Lorieri,** d'Orb.,1847. Coquille plus longue que large, à tours renflés, marqués en long de petites stries inégales. Le Mans.

***138. umbilicatus,** d'Orb., 1847. Coquille surbaissée, à large ombilic, striée en long. Rouen.

***139. Alcyon,** d'Orb., 1847. Coquille lisse, ombiliquée, crénelée au pourtour de son ombilic étroit. Rouen.

***140. Cassisianus,** d'Orb., 1847. Espèce voisine par ses tubercules comprimés du *T. Mailleanus*, mais s'en distinguant par une spire bien plus longue. Cassis.

141. moniliferus, Sow., 1823, Min. Conch., 4, p. 131, pl. 395, fig. 1. Angl., Blackdown.

142. Fittoni, d'Orb., 1847. *Littorina gracilis*, Sow., 1836, in Fitton, Trans. geol. Soc., 4, p. 241, pl. 18, fig. 12 (non *gracilis*, Brocchi, 1814). Blackdown.

143. Raulini, d'Archiac, 1847, Mém. de la Soc. géol., 2e série, 2, p. 341, pl. 23, fig. 12. Belg., Tournay.

144. Walferdini, d'Archiac, 1847, Mém., 2, p. 341, pl. 24, fig. 6. Tournay.

145. Angeloti, d'Archiac, 1847, Mém., 2, p. 337, pl. 23, fig. 4. Tournay.

146. Delafossei, d'Archiac, 1847, Mém., 2, p. 338, pl. 24, fig. 5. Tournay.

147. Boblayei, d'Archiac, 1847, Mém., 2, p. 338, pl. 23, fig. 5. Tournay.

148. Boissyi, d'Archiac, 1847, Mém., 2, p. 339, pl. 23, fig. 6. Tournay.

149. Roissyi, d'Orb., 1847. *Littorina Roissyi,* d'Archiac, 1847, Mém. de la Soc. géol., 2e série, 2, p. 337, pl. 23, fig. 3. Belg., Tournay.

150. Leblancii, d'Archiac, 1847, Mém., 2, p. 339, pl. 23, fig. 8. Tournay.

151. Mulleti, d'Archiac, 1847, Mém., 2, p. 340, pl. 23, fig. 9. Tournay.

152. paludinæformis, d'Archiac, 1847, Mém., 2, p. 340, pl. 23, fig. 10. Tournay.

***152'. Honii,** d'Orb., 1849. Belle espèce voisine du *T. Mailleana,* mais à une seule rangée de pointes à la partie supérieure de la spire. Tournay.

***152". Koninckii,** d'Orb., 1849. Espèce voisine pour la forme du *T. Delafossii,* mais moins allongée, à petites côtes transverses, granuleuses, et une série de nodosités. Tournay.

STOMATIA, Lamarck, 1801. Voy. t. 1, p. 7.

***153. aspera,** d'Orb., 1842, Paléont., 2, p. 237, pl. 188, fig. 4-7. Cognac.

PLEUROTOMARIA, Defrance, 1825. Voy. t. 1, p. 7.

***154. Lahayesi,** d'Orb., 1842, Paléont., 2, p. 251, pl. 193, fig. 1-4. Le Mans.

155. simplex, d'Orb., 1842, Paléont., 2, p. 252, pl. 194. Le Mans.

***156. Mailleana,** d'Orb., 1842, Paléont., 2, p. 253, pl. 195. Rouen, La Malle, Escragnolles, Anot, Soulage, Beausset (Var).

***157. perspectiva,** d'Orb., 1842, Paléont. franç., Terr. crét., 2, p. 255, pl. 196. France, Rouen, La Malle, Soulage.

***158. formosa,** Leymerie, 1842. D'Orb., Paléont. franç., Terr. crét., 2, p. 259, pl. 199, fig. 1, 2. Sainte-Parre, Auxon, St-Sauveur.

***159. Moreausiana,** d'Orb., 1842, Paléont., 2, p. 260, pl. 199, fig. 3-6. Montblainville.

***160. falcata,** d'Orb., 1842, id., 2, p. 263, pl. 200, fig. 9-12. Cassis.

161. Matheroniana, d'Orb., 1842, Paléont., 2, p. 264, pl. 201, fig. 1-4. Cassis.

***162. Cassisiana,** d'Orb., 1842, Paléont. franç., Terr. crét., 2, p. 266, pl. 202, fig. 1-4. France, Cassis, La Malle.

***163. Brongniartiana,** d'Orb., 1842, Paléont., 2, p. 268, pl. 203, fig. 1-4. Rouen.

164. Guerangeri, d'Orb., 1842, Paléont., 2, p. 272, pl. 205, fig. 3-6. *P. striato-granulata,* Goldf., 1844, Petref., 3, pl. 186, fig. 10? Le Mans; Allem., Postelberg?

***165. Geinitzii,** d'Orb., 1847. *Pleur. gigantea,* Geinitz, 1842, Nach., p. 10, pl. 5, fig. 5 (non Sow., 1836). Allem., Oberau.

***166. Neptuni,** d'Orb., 1847. Espèce voisine du *Pl. Lahayesi,* mais à tours bien plus étroits, treillissés et plus largement ombiliqués. Le Mans.

*167. **texta,** Münst., Goldf., 1844, 3, p. 75, pl. 187, fig. 7. D'Archiac, Tourtia, pl. 24, fig. 1. Belgique, Tournay.

*168. **Nystii,** d'Archiac, 1847, Mém. de la Soc. géol., 2e série, 2, p. 343, pl. 24, fig. 2. Belgique, Tournay.

169. **Scarpacensis,** d'Archiac, 1847, Mém., 2, p. 343, pl. 24, fig. 4. Tournay.

*170. **Dumontii,** d'Archiac, 1847, Mém., 2, p. 342, pl. 24, fig. 3. Tournay.

*170'. **Honii,** d'Orb., 1849. Belle espèce voisine du *P. perspectiva*, mais avec des rides transverses très-prononcées aux tours. Tournay.

*170''. **bifrons,** d'Orb., 1849. Espèce voisine du *P. Mailleana*, mais avec des côtes arquées, transverses en dessus et en dessous. Tournay.

VOLUTA, Linné, 1753. D'Orb., Paléont., Terr. crét., 2, p. 326.

*170'''. **Guerangeri,** d'Orb., 1843, Paléont., 2, p. 326, pl. 221, fig. 1. Le Mans.

171. **pseudo-ambigua,** d'Orb., 1847. *V. ambigua*, Mantell, 1822, Sussex, p. 108, pl. 18, fig. 8 (non Brandes, 1766). Angl., Middleham.

MITRA, Lamarck, 1801. D'Orb., Paléont., Terr. crét., 2, p. 329.

*172. **Cassisiana,** d'Orb., 1847. *Mitra cancellata*, d'Orb., 1843, Pal. franç., Terr. crét., 2, p. 329, pl. 221, fig. 5 (non Sowerby, 1835). Cassis (B.-du-Rhône).

*173. **Requieni,** d'Orb., 1847. Coquille petite à larges côtes longitudinales, et pourvue de stries en avant. Orange (Vaucluse).

STROMBUS, Linné, 1758. Voy. t. 2, p. 132.

*174. **inornatus,** d'Orb., 1843, Paléont., 2, p. 214, pl. 214. Ile d'Aix, Fourras, Cognac, Le Mans, St-Calais, Saumur, Tourtenay, Escragnolles, La Malle.

*175. **incertus,** d'Orb., 1847. *Pterocera incerta*, d'Orb., 1843, Pal. franç., Terr. crét., 2, p. 308, pl. 215. Nous savons maintenant que c'est un *Strombus*. Le Mans, La Malle (Var).

176. **nodulosus,** d'Orb., 1847. *Dolium nodulosum*, Sowerby, 1823, Min. Conch., 5, p. 34, pl. 426 et 427. Angl., Sussex.

PTEROCERA, Lamarck, 1801. Voy. t. 1, p. 281.

*177. **polycera,** d'Orb., 1843, Pal., 2, p. 310, pl. 217, fig. 1. Ile-Madame.

*178. **marginata,** d'Orb., 1843, id., 2, p. 310, pl. 217, fig. 2. Rouen, Cassis.

*179. **inflata,** d'Orb., 1843, id., 2, p. 311, pl. 218, fig. 1. Rouen.

180. **macrostoma,** d'Orb., 1847. *Rostellaria macrostoma*, Sow., 1836, in Fitton, Trans. geol. Soc., 4, p. 242, pl. 18, fig. 23. Anglet., Blackdown.

181. **retusa,** d'Orb., 1847. *Rostellaria retusa*, Sow., 1836, in Fitt., Trans. geol. Soc., 4, p. 242, pl. 18, fig. 22. Angl., Blackdown.

*182. **Collegni,** d'Archiac, 1847, Mém., 2, p. 345, pl. 25, fig. 8 a. Tournay.

182'. **Verneuili,** d'Orb., 1849. Jolie petite espèce à aile large, costée en travers et digitée, l'aile passant jusqu'à l'extrémité de la spire. Le Mans.

ROSTELLARIA, Lamarck, 1801. Voy. t. 2, p. 71.

*183. **Mailleana,** d'Orb., 1843, Paléont., 2, p. 295, pl. 210, fig. 2. Rouen.

184. **inornata,** d'Orb., 1843, Paléont., 2, p. 296, pl. 210, fig. 4-5. Rouen.

*185. **varicosa,** d'Orb., 1843, Paléont., 2, p. 297, pl. 210, fig. 6, 7. Cassis.

*186. **Alpina,** d'Orb., 1843, Paléont., Terr. crét., 2, p. 283, pl. 206, fig. 6. France, Escragnolles, La Malle.

*187. **calcarata,** Sow., 1822, Min. Conch., 4, p. 69, pl. 349, fig. 6, 7 (non *calcarata*, Leym., d'Orb., pl. 207, fig. 3). Le Mans; Blackdown.

*188. **Nereis,** d'Orb., 1847. Belle espèce presque lisse, à aile large, divisée en arrière. Le Mans.

*189. **Aonis,** d'Orb., 1847. Petite espèce voisine du *R. Nereis*, mais carénée au dernier tour de spire. La Malle.

*190. **Megæra,** d'Orb., 1847. *Rostell. Parkinsoni*, Sow., 1836, in Fitton, Trans. geol. Soc., 4, pl. 18, fig. 24 (non Mantell, 1822). *R. Reussii*, Reuss, pl. 9, fig. 9 b (non *Reussii*, Geinitz, 1842, pl. 18, fig. 1). Saxe, Schandau; Angl., Blackdown.

191. **Reussii,** Geinitz, 1842, Charak. Kreidd., pl. 18, fig. 1, p. 70. Bohème, Walkmühle près de Pirna, Luschütz, Tyssa.

192. **mucronata,** d'Orb., 1847. *R. calcarata*, Reuss, 1845, Böhm. Kreideforme, p. 45, pl. 9, fig. 5 a, b (non Sow.). Bohème, Tyssa.

193. **Geinitzii,** d'Orb., 1847. *R. Buchii*, Geinitz, 1842, p. 70, pl. 18, fig. 6 (non *Buchii*, Münster, Beitr.). Allem., Tyssa.

194. **Ægion,** d'Orb., 1847. *R. Parkinsoni*, Reuss, 1845, Böhm., p. 46, pl. 9, fig. 7 (non Mantell, 1822). Bohème, Zloseyn, Tyssa.

FUSUS, Bruguière, 1791. Voy. t. 1, p. 303.

*195. **Acteon,** d'Orb., 1847. Coquille très-allongée, à canal très-prolongé, costulée en travers. Montblainville (Meuse).

*196. **quadratus,** Sow., 1823, Min. Conch., 5, p. 7, pl. 410, fig. 1. Trans., 4, pl. 18, fig. 19. Le Mans; Angl., Blackdown.

197. **calcar,** d'Orb., 1847. *Murex calcar*, Sow., 1823, Min. Conch., 5, p. 7, pl. 410, fig. 2. Angl., Blackdown.

198. **subclathratus,** d'Orb., 1847. *F. clathratus*, Sow., 1836, in Fitton, Trans. geol. Soc., 4, p. 240, pl. 18, fig. 19 (non Lam., 1804). Blackdown.

200. **rusticus,** Sow., 1836, id., p. 240, pl. 18, fig. 18. Blackdown.

201. **rigidus,** Sow., 1836, id., p. 240, pl. 18, fig. 16. Blackdown.

202. **subvittatus,** d'Orb., 1847. *F. vittatus*, Reuss, 1845, Böhm. Kreideform., p. 48, pl. 9, fig. 14 (non Quoy, 1832). Czencziz, Trziblitz, Weberschau.

203. **Galathea,** d'Orb., 1847. *Pyrula subcarinata*, d'Archiac, 1847, Mém. de la Soc. géol., 2e série, 2, p. 345, pl. 25, fig. 7 (non Lam., 1804). Tournay.

204. **Brightii,** d'Orb., 1847. *Pyrula Brightii*, Sow., 1836, in Fitt., Trans. geol. Soc., 4, p. 242, pl. 18, fig. 21. Blackdown.

PYRULA, Lamarck, 1801. Voy. t. 2, p. 71.

205. **depressa,** Sow., 1836, id., p. 242, pl. 18, fig. 20. Blackdown.

CERITHIUM, Adanson, 1757. Voy. t. 1, p. 196.

*206. **Guerangeri,** d'Orb., 1843, Paléont. franç., Terr. crét., 2, p. 374, pl. 231, fig. 3, 4. France, Le Mans.
207. **gallicum,** d'Orb., 1843, Paléont., 2, p. 375, pl. 231, fig. 7, 8. Le Mans.
208. **Sarthacense,** d'Orb., 1847. *C. limeforme,* d'Orb., 1843, Pal., 2, p. 376, pl. 232, fig. 1-3 (non Rœmer, 1841). France, Le Mans.
*209. **reflexilabrum,** d'Orb., 1843, Pal., 2, p. 382. Ile Madame.
*210. **Cassisianum,** d'Orb., 1843, Paléont., 2, p. 382. Cassis.
*211. **Vindinense,** d'Orb., 1843, Paléont., 2, p. 382. Le Mans.
*212. **Cenomanense,** d'Orb., 1843, Paléont., 2, p. 382. Le Mans.
*213. **Jason,** d'Orb., 1847. Coquille pourvue de cinq angles saillants qui se continuent d'une extrémité à l'autre, tours de spire striés en long. Le Mans.
*214. **Hector,** d'Orb., 1847. Coquille pourvue d'un tour à l'autre de neuf côtes longitudinales, les tours striés en long. Le Mans.
215. **Belgicum,** Münst., Goldf., 1843, Petref., 3, p. 34, pl. 174, fig. 5. D'Archiac, Tourtia, pl. 25, fig. 3. Tournay.
216. **costellatum,** d'Orb., 1847. *Nassa costellata,* Sow., 1836, in Fitton, Trans. geol. Soc., 4, p. 241, pl. 18, fig. 26. Angl., Blackdown.
217. **productum,** d'Orb., 1847. *Buccinum productum,* Reuss, 1845, Böhm. Kreideform, p. 42, pl. 10, fig. 18. Allem., Laun.
218. **subelongatum,** d'Orb., 1847. *Rostellaria elongata,* d'Arch., 1847, Mém. de la Soc. géol., 2e série, 2, p. 345, pl. 25, fig. 5 (non Rœmer, non Geinitz). Tournay.

BUCCINUM, Linné, 1758. Voy. t. 2, p. 134.
219. **pseudo-lineatum,** d'Orb., 1847. *Nassa lineata,* Sow., 1836, in Fitton, Trans. geol. Soc., 4, p. 241, pl. 18, fig. 25 (non Gmelin, 1789). Angl., Blackdown.

COLOMBELLINA, d'Orb., 1843, Paléont., Terr. crét., 2, p. 346.
*220. **ornata,** d'Orb., 1843, Paléont. franç., Terr. crét., 2, p. 348, pl. 226, fig. 6, 7. Cassis (B.-du-Rhône), Le Mans (Sarthe).

CAPULUS, Montfort, 1810. Voy. t. 1, p. 31.
221. **elongatus,** d'Orb., 1847. *Pileopsis elongata,* Münst., Goldf., 1843, Petref., 3, p. 12, pl. 168, fig. 12. Westphalie, Essen.

EMARGINULA, Lamarck, 1801. Voy. t. 1, p. 197.
*222. **Guerangeri,** d'Orb., 1843, Paléont. franç., Terr. crét., 2, p. 393, pl. 234, fig. 9-12. Le Mans (Sarthe), La Malle (Var).
*223. **pelagica,** Passy, 1832. D'Orb., Paléont., 2, p. 394, pl. 235, fig. 1-3. Rouen.
*223'. **Santæ-Catharinæ,** Passy, 1832. D'Orb., Paléont. franç., Terr. crét., 2, p. 395, pl. 235, fig. 4-6. France, Cassis, Rouen, Saint-Germain près de La Flèche.

HELCION, Montfort, 1810. Voy. t. 1, p. 9.
*224. **pelagi,** d'Orb., 1847. Coquille lisse très-évasée. Rouen.
225. **subcentralis,** d'Orb., 1847. *Acmea subcentralis,* d'Archiac, 1847, Mém. Soc. géol., 2e série, p. 334, pl. 22, fig. 5. Belg., Tournay.

DENTALIUM, Linné, 1758. Voy. t. 1, p. 73.
*226. **Rhotomagense,** d'Orb., 1847. Coquille plus droite que le *D. decussatum.* France, Rouen.
227. **medium,** Sow., 1836, Min. C., 1, pl. 79. Angl., Blackdown.

MOLLUSQUES LAMELLIBRANCHES.

CLAVAGELLA, Lamarck, 1807. D'Orb., Paléont. franç., Terr. crét., 3, p. 299.

*228. **Cenomaniana,** d'Orb., 1847. Coquille plus allongée que chez le *C. cretacea*. Le Mans.

TEREDO, Linné, 1758. Voy. t. 1, p. 251.

*229. **Fleuriausus,** d'Orb., 1847. Grosse espèce des lignites de l'île d'Aix et du Mans.

PANOPÆA, Ménard, 1807. Voy. t. 1, p. 164.

*230. **substriata,** d'Orb., 1847. *P. striata*, d'Orb., 1844, Paléont., 3, p. 341, pl. 359, fig. 1, 2 (non Münster, 1839). France, Chara, La Malle; Tournay.

*231. **Astieriana,** d'Orb., 1844, Paléont. franç., Terr. crét., 3, p. 342, pl. 359, fig. 3, 4. France, La Malle, Coudrecieux.

232. **mandibula,** d'Orb., 1844, Paléont. franç., Terr. crét., 3, p. 344, pl. 366, fig. 3, 4. La Malle; Westphalie; Angl., île de Wight.

*233. **gurgitis,** d'Orb., 1844, Paléont., 3, p. 345, pl. 361, fig. 1, 2. La Malle.

*234. **elatior,** d'Orb., 1844, Paléont., 3, p. 346, pl. 361, fig. 3, 4. Le Mans.

*235. **læviuscula,** d'Orb., 1847. *Mya læviuscula*, Sow., 1836, Trans. geol. Soc., 4, p. 241, pl. 16, fig. 6. Angl., Blackdown (Devonshire).

236. **Ringmeriensis,** d'Orb., 1847. *Venus Ringmeriensis*, Mantell, 1822, Sussex, p. 126, pl. 25, fig. 5. Angl., Middleham.

*237. **ovalis,** Sow., 1836, in Fitton, Trans. geol. Soc., 4, p. 241, pl. 16, fig. 5. Coudrecieux, Le Mans, La Malle (Var); Blackdown.

238. **Rœmeri,** d'Orb., 1847. *P. elongata*, Rœmer, 1841, Nordd. Kreid., p. 75, pl. 10, fig. 5 (non Rœmer, 1836). Hülses.

PHOLADOMIA, Sowerby, 1826. Voy. t. 1, p. 13.

*239. **Mailleana,** d'Orb., 1844, Paléont. franç., 3, p. 355, pl. 364, fig. 1, 2. Le Mans, Coudrecieux (Sarthe), Le Havre, Rouen.

*240. **Ligeriensis,** d'Orb., 1844, Paléont., 3, p. 355, pl. 363, fig. 8, 9. France, Le Mans, Saumur, Soulage.

*241. **gigas,** d'Orb., 1844, Paléont. franç., Terr. crét., 3, p. 359, pl. 366. France, Le Mans, La Malle.

*242. **subdinnensis,** d'Orb., 1847. *Cardium id.*, Paléont. franç., Terr. crét., 3, p. 38, pl. 250. Le Mans (Sarthe), La Malle (Var).

*243. **gigantea,** d'Orb., 1847. *Corbula gigantea*, Sow., 1818, Min. Conch., 3, p. 13, pl. 209, fig. 5-7. Angl., Blackdown.

*244. **Albina,** Reiche, Rœmer, 1841, Nordd. Kreid., p. 75, n° 2, pl. 10, fig. 7. Silésie, Kresl., Schandau.

245. **bipicata,** Geinitz, 1842, Charak. Kreid., pl. 21, fig. 17, p. 75. Bohème, Tyssa.

246. **cordiformis,** Desh., Leymerie, 1842, Mém. Soc. géol., p. 3, pl. 3, fig. 3. France, Saint-Parres (Aube).

LYONSIA, Turton, 1822. Voy. t. 1, p. 10.

*247. **carinifera,** d'Orb., 1844, Paléont. franç., Terr. crét., 3, p. 385, pl. 373, fig. 1-2. France, La Malle, Rouen.
*247'. **elegans,** d'Orb., 1844, Paléont., 3, p. 386, pl. 373, fig. 3-5. Saint-Sauveur.
*247''. **Kœchlina,** d'Orb., 1850. Charmante espèce carénée en avant comme les précédentes, mais avec de forts plis sur la région buccale. Rouen.
THRACIA, Leach, 1825, d'Orb. Voy. t. 1, p. 216.
*248. **gibbosa,** d'Orb., 1844, Paléont., 3, p. 388, pl. 374. La Malle.
249. **elongata,** Rœmer, 1841, Kreid., p. 75, n° 2, pl. 10, fig. 2. Hülses.
PERIPLOMA, Schumacher, 1817. Voy. t. 1, p. 11.
*250. **Sapho,** d'Orb., 1847. Belle espèce ovale, très-comprimée, lisse, très-prolongée sur la région buccale, étroite et courte du côté opposé. Le Mans (Sarthe).
SOLECURTUS, Blainv., 1824. D'Orb., Paléont. franç., Terr. crét., 3, p. 389.
*251. **æqualis,** d'Orb., 1847. *Solen id.*, d'Orb., 1844, Pal. franç., Terr. crét., 3, p. 321, pl. 350, fig. 5-7. Le Mans; Bohème, Tyssa.
252. **Guerangeri,** d'Orb., 1847. *Solen id.*, d'Orb., 1844, Pal., 3, p. 321, pl. 351, fig. 1-2. France, Le Mans.
*253. **radians,** d'Orb., 1847. *Solen elegans*, d'Orb., 1844, Paléont. franç., Terr. crét., 3, p. 322, pl. 251, fig. 3-5 (non *elegans*, Mathéron, 1842). France, Le Mans.
*254. **Pelagi,** d'Orb., 1847. Espèce voisine du *S. Guerangeri*, mais plus mince et sans angle anal. Le Mans.
*255. **Acteon,** d'Orb., 1847. Espèce pourvue de côtes concentriques très-prononcées. Le Mans.
LEGUMINARIA, Schumacher, 1817. D'Orb., Paléont. franç., Terr. crét., 3, p. 323.
*256. **Moreana,** d'Orb., 1844, Paléont. franç., Terr. crét., 3, p. 324, pl. 350, fig. 8, 9. France, Varennes (Meuse), La Malle (Var).
*257. **Nereis,** d'Orb., 1847. Coquille allongée en rostre en avant et marquée d'une rainure cardinale. Le Mans.
MACTRA, Linné. Voy. t. 1, p. 216.
258. **angulata??** Sow., 1836, in Fitton, Trans. geol. Soc., 4, p. 241, pl. 16, fig. 9. Angleterre (Devonshire), Blackdown.
DONACILLA, Lamarck, 1812. Voy. t. 2, p. 75.
*259. **compressa,** d'Orb., 1844, Paléont. franç., Terr. crét., 3, p. 402, pl. 376, fig. 3-4. France, Coudrecieux, Le Mans.
ARCOPAGIA, Brown, 1827. Voy. t. 2, p. 75.
*260. **Cenomanensis,** d'Orb., 1847. Espèce voisine de l'*A. Numismalis*, mais moins large sur la région anale, plus bombée, etc. Le Mans, La Malle.
*261. **radiata,** d'Orb., 1844, Paléont., 3, p. 412, pl. 378, fig. 11-13. Le Mans.
262. **inæqualis,** d'Orb., 1847. *Tellina inæqualis*, Sow., 1824, Min. Conch., pl. 456, fig. 2. *Psammobia semicostata*, Rœmer, 1841, Kreid., p. 74, pl. 9, fig. 21; Reuss, pl. 36, fig. 11-12. Anglet., Blackdown; All., Freienwalde, Bohème, Tyssa.

263. lamellosa, d'Orb., 1847. *Solen lamellosus*, Reuss, 1846, Böhm. Kreideform., p. 16, pl. 36, fig. 5. Bohème, Kreibitz.

TELLINA, Linné, 1758. Voy. t. 1, p. 275.

***264. striatula,** Sow., 1824, Min. Conch., 5, p. 79, pl. 456, fig. 1. France, Le Mans; Angleterre, Blackdown.

265. gracilis, d'Orb., 1847. *Psammobia gracilis*, Sow., 1836, in Fitton, Trans. geol. Soc., 4, p. 242, pl. 16, fig. 12. Angl., Blackdown.

266. subtenuistriata, d'Orb., 1847. *Amphidesma tenuistriata*, Sow., 1836, in Fitton, Trans. geol. Soc., 4, p. 239, pl. 16, fig. 7 (non Desh., 1824). Blackdown.

CAPSA, Brug., 1791. D'Orb., Paléont. franç., Terr. crét., 3, p. 423.

***267. elegans,** d'Orb., 1844, Paléont., 3, p. 423, pl. 381, fig. 1-2. Le Mans.

LEDA, Schumacher, 1817. Voy. t. 1, p. 11.

268. angulata, d'Orb., 1847. *Nucula angulata*, Sow., 1824, Min. Conch., 5, p. 118, pl. 476, fig. 5. Angl., Blackdown.

269. lineata, d'Orb., 1847. *Nucula lineata*, Sowerby, 1836, in Fitton, Trans. geol. Soc., 4, p. 241, pl. 17, fig. 9. Blackdown.

270. porrecta, d'Orb., 1847. *Nucula porrecta*, Reuss, 1846, Böhm. Kreideform., p. 7, pl. 34, fig. 12-13. *N. siliqua*, Goldf., dans Geinitz, p. 77, pl. 20, fig. 28-29. Bohème, Tyssa, Zloseyn, Mühlhausen.

VENUS, Linné, 1758. Voy. t. 2, p. 15.

***271. Cenomanensis,** d'Orb., 1847. *V. fragilis*, d'Orb., Paléont., 3, p. 446, pl. 385 (non *V.* Münster). France, Le Mans, Lamnay (Sarthe).

***272. plana,** Sow., 1845. D'Orb., Paléont. franç., Terr. crét., 3, p. 447, pl. 386, fig. 1-3. Le Mans; Angleterre, Blackdown.

***273. subrotunda,** d'Orb., 1847. *Cytherea id.*, Sow., 1836, in Fitton, Trans. geol. Soc., 4, p. 240, pl. 17, fig. 2. La Malle, Le Mans; Angl., Blackdown; Syrie, mont Liban. M. Beadle.

274. ovalis, Sow., 1827, Min. Conch., 6, p. 129, pl. 567, fig. 1-2. Angl., Blackdown.

***275. faba,** Sow., 1827, Min. Conch., 6, p. 129, pl. 567, fig. 3. D'Orb., Paléont. franç., pl. 385, fig. 6-8. Rouen; Angl., Blackdown.

276. caperata, Sow., 1826, Min. Conch., 6, p. 31, pl. 518, fig. 1. Anglet., Blackdown.

277. lineolata, Sow., 1813, Min. Conch., 1, p. 57, pl. 20, fig. 1. Angl., Blackdown.

***278. immersa,** Sow., 1836, in Fitton, Trans. geol. Soc., 4, p. 242, pl. 17, fig. 6. Le Mans, La Malle; Bohème, Tyssa; Angl., Blackdown.

279. sublævis, Sow., 1836, id., p. 242, pl. 17, fig. 5. Angleterre, Blackdown.

280. subtruncata, d'Orb., 1847. *V. truncata*, Sow., 1836, in Fitton, Trans. geol. Soc., 4, p. 242, pl. 17, fig. 3 (non Lam., 1818). Angl., Blackdown.

281. submersa, Pinhay, Sow., 1836, in Fitton, Trans. geol. Soc., 4, p. 242, pl. 17, fig. 4. Angl., Blackdown.

282. parva, Sow., 1826, Min. Conch., 6, p. 31, pl. 518, fig. 4-6. Angl., Blackdown.

283. Astieriana, Mathéron, 1843, Catal., p. 154, pl. 16, fig. 9-10. La Malle (Var).

284. Labadyei, d'Arch., 1847, Mém. de la Soc. géol., 2e série, 2, p. 303, pl. 14, fig. 7 a. Belgique, Tournay.

THETIS, Sow., 1826. Voy. t. 1, p. 75.

***285. major,** Sow., 1845. D'Orb., Paléont. franç., Terr. crét., 3, p. 454, pl. 387, fig. 8-10. France, Rouen.

CORBULA, Bruguière, 1791. Voy. t. 1, p. 275.

286. truncata, Sowerby, 1836, in Fitton, Trans. geol. Soc., 4, pl. 16, fig. 8 (non d'Orb., 1843). Angl., Blackdown.

***287. elegans,** Sowerby, 1827, Min. Conch., 6, p. 139, pl. 572, fig. 1. Angl., Blackdown.

OPIS, Defrance, 1825. Voy. t. 1, p. 198.

288. Coquandiana, d'Orb., 1843, Paléont., 3, p. 54, pl. 257, fig. 7-9. Cassis.

***289. elegans,** d'Orb., 1843, Paléont. franç., Terr. crét., 3, p. 55, pl. 254, fig. 4-9. France, Le Mans (Sarthe), La Malle (Var).

***290. Guerangeri,** d'Orb., 1843, Paléont., 3, pl. 251 bis, fig. 1-4. Le Mans.

***291. Ligeriensis,** d'Orb., 1843, Paléont., 3, pl. 257, fig. 6-10. Le Mans.

292. Annoniensis, d'Archiac, 1847, Mém. de la Soc. géol., 2e série, 2, p. 305, pl. 14, fig. 10. Belgique, Tournay.

ASTARTE, Sowerby, 1818. Voy. t. 1, p. 216.

***293. Guerangeri,** d'Orb., 1843, Paléont., 3, p. 71, pl. 266 bis, fig. 1-5. Le Mans.

294. striata, Sowerby, 1826, Min. Conch., 6, p. 36, pl. 520, fig. 1. *A. Koninckii*, d'Archiac, 1847, Tourtia, pl. 14, fig. 4. Angl., Blackdown; Belgique, Tournay.

295. concinna, Sow., 1836, in Fitton, Trans. geol. Soc., 4, p. 239, pl. 16, fig. 15. Angl., Blackdown.

296. multistriata, Sowerby, 1836, id., p. 240, pl. 16, fig. 17. Blackdown.

297. formosa, Sow., 1836, id., p. 239, pl. 16, fig. 16. Blackdown.

298. impolita, Sow., 1836, id., p. 239, pl. 16, fig. 18. Blackdown.

CRASSATELLA, Lamarck, 1801. Voy. t. 2, p. 77.

***299. Galliennei,** d'Orb., 1843, Paléont., 3, p. 81, pl. 266 bis, fig. 6-8. Coudrecieux (Sarthe).

***299'. Guerangeri,** d'Orb., 1843, Paléont., 3, p. 76, pl. 265, fig. 1-2. Le Mans.

***300. Ligeriensis,** d'Orb., 1843, Pal., 3, p. 77, pl. 265, fig. 3-5. Le Mans.

***301. Vendinnensis,** d'Orb., 1843, Paléont., 3, p. 79, pl. 266, fig. 1-3. Le Mans, Rouen.

303. subgibbosula, d'Archiac, 1847, Mém. de la Soc. géol., 2e série, 2, p. 301, pl. 14, fig. 2-3. Belg., Mottignies-sur-Roc, Tournay.

***304. Neptuni,** d'Orb., 1847. Coquille extrêmement comprimée, presque ronde, à larges ondulations concentriques. Le Mans.

CARDITA, Bruguière, 1839. Voy. t. 1, p. 77.

305. Cenomanensis, d'Orb., 1843, Paléont., 3, p. 94, pl. 283 bis, fig. 1-4. Le Mans.

*306. **dubia,** d'Orb., 1843, Paléont., 3, p. 92, pl. 270, fig. 1-5. Le Mans; Angl.

*307. **Guerangeri,** d'Orb., 1843, Paléont., 3, p. 93, pl. 270, fig. 6-10. Le Mans.

*308. **tricarinata,** d'Orb., 1843, Paléont., 3, p. 95, pl. 283 bis, fig. 5-7. Le Mans.

*309. **Cottaldina,** d'Orb., 1843, Paléont., 3, p. 91, pl. 269, fig. 6-8. *C. tenuicosta*, Reuss (non d'Orb.). France, Rouen, Auxon (Aube); Postelberg (Bohème).

CYPRINA, Lamarck, 1801. Voy. t. 1, p. 173.

*310. **oblonga,** d'Orb., 1843, Paléont., 3, p. 105, pl. 277, fig. 1-4. *Astarte cyprinoides*, d'Archiac, 1847, Tourtia, pl. 14, fig. 5. Le Mans, Coudrecieux (Sarthe); Belgique, Tournay.

*311. **quadrata,** d'Orb., 1843, Paléont. franç., Terr. crét., 3, p. 105, pl. 276. France, Villers, Rouen; Saint-Calais.

*312. **Ligeriensis,** d'Orb., 1843, Paléont., 3, p. 103, pl. 275 (exclus. fig. 4-5). France, Tourtenay (Deux-Sèvres), Le Mans (Sarthe), La Malle (Var).

*313. **Neptuni,** d'Orb., 1847. Espèce intermédiaire pour la longueur entre le *C. oblonga* et *elongata*. Ile Madame (Charente-Infér.).

*314. **cuneata,** Sow., 1836, in Fitton, Trans. geol. Soc., 4, p. 240, pl. 16, fig. 19. France, Le Mans (Sarthe); Angl., Blackdown.

315. **angulata,** Sow., 1814, Min. Conch., 1, p. 145, pl. 65. Angl., Blackdown.

*316. **rostrata,** Sow., 1836, in Fitton, Trans. geol. Soc., 4, p. 240, pl. 17, fig. 1. Angl., Blackdown; Syrie, mont Liban.

317. **Archiaciana,** d'Orb., 1847. *Crassatella quadrata*, d'Archiac, 1847, Mém. de la Soc. géol., 2e série, 2, p. 301, pl. 14, fig. 1 (non *C. quadrata*, d'Orb., 1843). Belgique, Tournay.

CYPRICARDIA, Lamarck, 1801.

*318. **Isocardia,** d'Orb., 1847. Coquille renflée oblongue, à crochets saillants; longue et gibbeuse sur la région anale. Vibrayes (Sarthe).

*319. **subcarinata,** d'Orb., 1847. Jolie espèce allongée, lisse, carénée sur la région anale. Condrieux (Sarthe).

TRIGONIA, Bruguière, 1791. Voy. t. 1, p. 198.

?320. **Coquandiana,** d'Orb., 1843, Paléont. franç., 3, p. 149, pl. 294, fig. 1-4. France, Verdon, près Castellanne.

*321. **crenulata,** Lam., 1819; d'Orb., 1843, Paléont. franç., Terr. crét., 3, p. 151, pl. 295. France, Le Mans, Rouen, Gacé.

*322. **Dædalea,** Parkinson, 1811. D'Orb., Pal., 3, p. 145, pl. 292. *T. quadrata*, Agass., 1840. Le Mans, Orange, La Malle.

*323. **sinuata,** Park., 1811. D'Orb., Paléont. franç., Terr. crét., 3, p. 147, pl. 293. France, Le Mans, Fouras, Ambillon.

*324. **spinosa,** Parkins., d'Orb., Paléont., 3, p. 154, pl. 297, fig. 1-5. *T. conformis*, Agass., 1840. Le Mans, Sancerre, Rouen, Lamnay.

*325. **sulcataria,** Lam., 1819. D'Orb., Pal. franç., Terr. crét., 3, p. 150, pl. 294, fig. 5-9. Le Mans, Orange, Bedouin.

*326. **Pyrrha,** d'Orb., 1847. Espèce voisine du *T. spinosa,* mais avec des côtes et des tubercules bien plus gros. Le Mans.

*327. **Nereis**, d'Orb., 1847. Espèce voisine du *T. sulcataria*, mais lisse au milieu. Le Mans.

328. **excentrica**, Sowerby, 1818, Min., 3, p. 11, pl. 208, fig. 1-2. Blackdown.

329. **quadrata**, Sow., 1836, in Fitton, Trans. geol. Soc., 4, p. 242, pl. 17, fig. 12 (non *quadrata*, Agass., 1840). Angl., Blackdown.

LUCINA, Bruguière, 1791. Voy. t. 1, p. 76.

*330. **Turonensis**, d'Orb., 1843, Paléont., 3, p. 123, pl. 283 bis, fig. 11, 12. France, Le Mans, Coudrecieux, Rouen.

*331. **Nereis**, d'Orb., 1847. Coquille comprimée, ronde, pourvue de côtes concentriques. Le Mans.

332. **orbicularis**, Sow., 1836, in Fitton, Trans. geol. Soc., 4, p. 241, pl. 16, fig. 13. *Venus parva*, Reuss, 1846, pl. 41, fig. 16-17. Angl., Blackdown; Bohême, Tyssa, Kreibitz.

333. **pisum**, Sow., 1836, in Fittòn, Trans. geol. Soc., 4, p. 241, pl. 16, fig. 14. Angl., Blackdown.

334. **circularis**, Geinitz, 1842, Kreid., pl. 20, fig. 4, p. 76. Bohême, Tyssa, B. Postelberg.

335. **Reichii**, Rœmer, 1841, Kreid., p. 73, n° 2, pl. 9, fig. 15. Allem., Tyssa, Freienwalde.

CORBIS, Cuvier, 1817. Voy. t. 1, p. 279.

*336. **rotundata**, d'Orb., 1843, Paléont. franç., Terr. crét., 3, p. 113, pl. 280. Le Mans, Rouen, Montignac, La Malle, Eoux.

CARDIUM, Bruguière, 1791. Voy. t. 1, p. 33.

*338. **Carolinum**, d'Orb., 1843, Paléont. franç., Terr. crét., 3, p. 29, pl. 245. France, Fouras, île d'Aix.

*339. **Cenomanense**, d'Orb., 1843, Paléont. franç., Terr. crét., 3, p. 37, pl. 249, fig. 5-9. Le Mans; Syrie, mont Liban (M. Beadle).

*340. **Guerangeri**, d'Orb., 1843, Paléont., 3, p. 35, pl. 249, fig. 1-4. France, Le Mans, Ile-Madame ; Syrie, mont Liban (M. Beadle).

*341. **Hillanum**, Sow., d'Orb., 1843, Paléont., 3, p. 27, pl. 243. La Malle, Lamnay, Le Mans ; Angl., Blackdown ; Bohême, Tyssa.

*342. **Mailleanum**, d'Orb., 1843, Paléont., 3, p. 40, pl. 256. Rouen.

*343. **Moutonianum**, d'Orb., 1843, Paléontol., 3, p. 35, pl. 248. France, La Malle, Lamnay, Rouen ; Angl., Devises.

*344. **productum**, Sow., 1831. D'Orb., 1843, Paléont. franç., Terr. crét., 3, p. 31, pl. 247. Saumur, Le Mans, Tourtenay, Soulage.

*345. **Pelagi**, d'Orb., 1847. Coquille triangulaire, lisse, très-comprimée, ayant l'aspect d'une *Lima*. Le Mans.

346. **Umbonatum**, Sow., 1817, Min. Conch., 2, p. 127, pl. 156, fig. 2, 3, 4. Angl., Blackdown.

347. **pustulosum**, V. Münst., Goldf., Petref., 2, p. 221, pl. 144, fig. 6 ; Reuss, 1846, Böhm. Kreideforme, p. 1. Bohême, Laun, Malnitz, Czencziz et Drahomischel, Hollubitz, Tyssa.

348. **hypericum**, d'Archiac, 1847, Mém. de la Soc. géol., 2e sér., 2, p. 304, pl. 14, fig. 9. Belgique, Tournay.

349. **Michelini**, d'Archiac, 1847, Mém., 2, p. 304, pl. 14, fig. 8. Tournay.

*350. **Vendinnense,** d'Orb., 1843, Pal., 3, p. 38, pl. 249, fig. 10-14. Le Mans.

*351. **subventricosum,** d'Orb., 1847. *C. ventricosum*, d'Orb., 1843, Paléont. franç., Terr. crét., 3, p. 41, pl. 257, fig. 1-3 (non Brug., 1791). Rouen.

352. **canaliculatum,** d'Orb., 1847. *Petricola canaliculata*, Sow., 1836, in Fitton, Trans. geol. Soc., 4, p. 241, pl. 16, fig. 11. Anglet., Blackdown.

353. **nuciforme,** d'Orb., 1847. *Petricola nuciformis*, Sow., 1836, in Fitton, Trans. geol. Soc., 4, p. 241, pl. 16, fig. 10. Blackdown.

UNICARDIUM, d'Orb., 1847. Voy. t. 1, p. 218.

354. **lævigatum,** d'Orb., 1847. *Corbula lævigata*, Sow., 1818, Min. Conch., 3, p. 13, pl. 209, fig. 1-2. Angl., Blackdown.

ISOCARDIA, Lamarck, 1799. Voy. t. 1, p. 132.

*355. **cryptoceras,** d'Orb., 1843, Paléont., 3, p. 49, pl. 252, fig. 5-7. Montblainville.

*356. **obliqua,** d'Orb., 1847. Espèce voisine de l'*I. Neocomiensis*, mais bien plus oblique. France, La Malle (Var).

357. **similis,** Sow., 1826, Min. Conch., 6, p. 27, pl. 516, fig. 1. Angleterre, Sandgate, près de Margate.

*358. **semiradiata,** d'Orb., 1847. Magnifique espèce, très-renflée, lisse, pourvue de côtes rayonnantes seulement sur la région buccale. La Malle.

ISOARCA, Münster, 1843.

*359. **obesa,** d'Orb., 1847. *Nucula obesa*, d'Orb., 1843, Pal., Terr. crét., 3, p. 180, pl. 301, fig. 10-14. *Isocardia Orbignyana*, d'Arch., 1847, Tourtia, pl. 15, fig. 1. Rouen; Belgique, Tournay.

NUCULA, Lamarck, 1801. Voy. t. 1, p. 12.

*360. **impressa,** Sow., 1824, Min. Conch., 5, p. 117, pl. 475, fig. 3. *N. Renauxiana*, d'Orb., 1847, Paléont., Terr. crét., 3, p. 179, pl. 304, fig. 7-8. France, Le Mans (Sarthe); Angl., Blackdown.

361. **antiquata,** Sowerby, 1824, Min. Conch., 5, p. 117, pl. 475, fig. 4. Angl., Blackdown.

362. **obtusa,** Sow., 1836, in Fitton, Trans. geol. Soc., 4, p. 241, pl. 17, fig. 11. Angl., Blackdown.

363. **apiculata,** Sow., 1836, id., p. 241, pl. 17, fig. 10. Blackdown.

LIMOPSIS, Sassi, 1835. Voy. t. 1, p. 280.

*364. **Guerangeri,** d'Orb., 1847. *Pectunculina id.*, d'Orb., 1843, Paléont. franç., Terr. crét., 3, p. 183, pl. 305, fig. 1-4. Le Mans.

*365. **complanata,** d'Orb., 1847. *Pectunculina id.*, d'Orb., 1843, Paléont. franç., Terr. crét., 3, p. 184, pl. 305, fig. 5-8. Le Mans.

PECTUNCULUS, Lamarck, 1801. Voy. t. 2, p. 80.

*366. **subconcentricus,** Lam., 1819. D'Orb., Paléont. franç., Terr. crét., 3, p. 189, pl. 306, fig. 12-19. France, Le Mans.

*367. **sublævis,** Sow., 1824, Min. Conch., 5, p. 112, pl. 472, fig. 4. *P. obsoletus*, Goldf., pl. 126, fig. 4. Angl., Blackdown; France, Fouras; Saxe, Coschütz; Bohème, Czenczitz; Dresde, Kutschlin.

368. **ventruosus,** Geinitz, 1842, Charak. Kreid., pl. 20, fig. 20, p. 77; Reuss, pl. 35, fig. 18. Bohème, Tyssa B., O. Kreibitz, Lobkowitz, Drahomischel.

369. spinescens, Reuss, 1846, Böhm., p. 9, pl. 35, fig. 6. Bohème, Zloseyn, près de Weltus.

370. Reussii, d'Orb., 1847. *P. brevirostris*, Reuss, 1846, Böhm., p. 9, pl. 35, fig. 12 (non Sow. Espèce des terr. tertiaires). Bohème, Czenczíz et Neuschloss.

371. subpulvinatus, d'Archiac, 1847, Mém. de la Soc. géol., 2e série, 2, p. 306, pl. 15, fig. 2. Belgique, Tournay.

ARCA, Linné, 1758. Voy. t. 1, p. 13.

*__372. carinata,__ Sow., 1813. D'Orb., 184 , Pal., 3, p. 214, pl. 313. France, La Malle, Lamnay ; Angleterre, Blackdown.

*__373. Galliennei,__ d'Orb., 1843, Paléont. franc., Terr. crét., 3, p. 218, pl. 314. France, Le Mans, Coudrecieux, Rouen.

*__374. pholadiformis,__ d'Orb., 1843, Paléont., 3, p. 219, pl. 315, fig. 1-3. Le Mans.

*__375. Vendinnensis,__ d'Orb., 1843, Pal., 3, p. 220, pl. 315, fig. 4-7. Le Mans.

376. Sarthacensis, d'Orb., 1847. *A. elegans*, d'Orb., 1843, Pal., Terr. crét., 3, p. 221, pl. 315, fig. 10 (non Rœmer, 1836). Le Mans.

377. echinata, d'Orb., 1844, Paléont., 3, p. 222, pl. 315, fig. 11-13. Le Mans.

378. Cenomanensis, d'Orb., 1844, Paléont., 3, p. 223, pl. 316, fig. 1-4. Le Mans.

379. Albertina, d'Orb., 1847. *A. gibbosa*, d'Orb., 1844, Pal., 3, p. 224, pl. 316, fig. 5-8 (non Reeve, 1844). Le Mans.

*__380. subdinnensis,__ d'Orb., 1844, Paléont., 3, p. 225, pl. 316, fig. 9-12. Le Mans.

381. serrata, d'Orb., 1844, Paléont., 3, p. 226, pl. 316, fig. 13-16. Le Mans.

382. Guerangeri, d'Orb., 1844, Paléont., 3, p. 228, pl. 318, fig. 1-2. Le Mans, Saumur.

*__383. Mailleana,__ d'Orb., 1844, Paléontol. franç., Terr. crét., 3, p. 229, pl. 318, fig. 3-6. France, Rouen ; Harz, Quedlimbourg ?

384. Marceana, d'Orb., 1844, Paléont., 3, p. 232, pl. 319, fig. 3-5. Le Mans.

*__385. Tailleburgensis,__ d'Orb., 1844, Pal. franç., Terr. crét., 3, p. 233, pl. 320. Port-des-Barques, Charas, La Malle, Le Mans.

*__386. Moutoniana,__ d'Orb., 1844, Paléont., 3, p. 234, pl. 321. France, La Malle (Var), Soulage (Aude), Touvois (Loire-Inférieure).

*__387. Passyana,__ d'Orb., 1844, Paléont., 3, p. 241, pl. 327, fig. 1-2. *Arca glabra*, Reuss., pl. 34, fig. 44 (non Sow.). Rouen ; Bohème, Tyssa, Laun, Semich, Malnitz, Neuschlots.

*__388. Ligeriensis,__ d'Orb., 1844, Paléont. franç., Terr. crét., 3, p. 327, pl. 317, fig. 1-3 (exclus., fig. 4-5). France, Le Mans.

389. subformosa, d'Orb., 1847. *Cucullæa formosa*, Sow., 1836, in Fitton, Trans. geol. Soc., 4, p. 240, pl. 17, fig. 7 (non *formosa*, Sow., 1833). Blackdown.

390. rotundata, Sow., 1836, in Fitton, Trans. geol. Soc., 4, p. 239, pl. 17, fig. 8. Angl., Blackdown.

391. subconcentrica, d'Orb., 1847. *Cucullæa concentrica*, Rœmer,

1845, Nordd. Kreid., p. 70, n° 2, pl. 9, fig. 1 (non *concentrica*, Münster, 1840). Allem., Haltern.

392. trapezoidea, d'Orb., 1847. *Cucullæa trapezoidea*, Geinitz, 1842, Charak. Kreid., pl. 20, fig. 10, 11 ? p. 78. Postelberg, Luschütz ?

PINNA, Linné, 1758. Voy. t. 1, p. 176.

***393. bicarinata,** Mathéron, 1843, Catal., p. 180, pl. 27, fig. 6-8. *P. Renauxiana*, d'Orb., 1844, Paléont. franç., Terr. crét., 3, p. 252, pl. 336, fig. 4-6. Bedouin, Orange (Vaucluse).

394. Moreana, d'Orb., 1844, Paléont., 3, p. 255, pl. 332. Montblainville.

***395. Neptuni,** d'Orb., 1844, Paléont., 3, p. 255, pl. 333, fig. 1-3. Montblainville.

***396. Galliennei,** d'Orb., 1844, Paléont. franç., Terr. crét., 3, p. 253, pl. 231. France, Ste-Cérotte (Sarthe), Villers (Calvados).

397. subtetragona, d'Orb., 1847. *P. tetragona*, Sow., 1821, Min. Conch., 4, p. 9, pl. 313, fig. 1 (non Brocchi, 1814). Angl., Devizes.

398. compressa, Goldf., 1838, Petref., 2, p. 167, pl. 128, fig. 4. Bohème, Pirna.

399. decussata, Goldfuss, 1838, pl. 128, fig. 1, 2. Rœmer, 1841, Nordd. Kreid., p. 65, n° 2. *Pinna depressa*, Goldfuss, fig. 3. Haltern, Schandau, Pirna, Bannewitz.

MYOCONCHA, Sow., 1824. Voy. t. 1, p. 165.

***400. cretacea,** d'Orb., 1844, Paléont. franç., Terr. crét., 3, p. 260, pl. 335. Ile Madame, Angoulême, Coudrecieux, Rouen.

***401. angulata,** d'Orb., 1844, Pal., 3, p. 261, pl. 336. Le Mans.

MITYLUS, Linné, 1758. Voy. t. 1, p. 82.

***402. peregrinus,** d'Orb., 1847. *M. lineatus*, d'Orb., 1844, Paléont., franç., Terr. crét., 3, p. 266. Fr., La Malle, Coudrecieux, Tournay.

***403. Chauvinianus,** d'Orb., 1847. *M. semi-striatus*, d'Orb., 1844, Paléont. franç., Terr. crét., 3, p. 271, pl. 338, fig. 7-10. Fr., Le Mans.

***404. pileopsis,** d'Orb., 1844, Paléont., 3, p. 272, pl. 338, fig. 11-13. Le Mans.

***405. Galliennei,** d'Orb., 1844, Paléont., 3, p. 273, pl. 339, fig. 1, 2. *M. tornacensis*, d'Archiac, 1847, Tourtia, pl. 15, fig. 3. Coudrecieux; Bohème, Tyssa; Belgique, Tournay.

***406. siliqua,** d'Orb., 1844, Paléont. franç., Terr. crét., 3, p. 274, pl. 339, fig. 34. *Modiola siliqua*, Math. France, Orange, Le Mans.

***407. Ligeriensis,** d'Orb., 1844, Paléont., 3, p. 274, pl. 340, fig. 1, 2. *M. striatus*, Grouet, 1825 (non Montagu, 1803). Saumur, Le Mans, Ile-Madame.

***408. reversus,** d'Orb., 1847. *M. semi-radiatus*, d'Orb., 1844, Pal., 3, p. 277, pl. 341, fig. 1, 2. *Modiola reversa*, Sow., 1836, Trans. geol. Soc., 4, p. 241, pl. 17, fig. 13. *M. lævigata*, Geinitz, pl. 20, fig. 35. France, Le Mans.

409. inornatus, d'Orb., 1844, Paléont., 3, p. 277, pl. 341, fig. 3-5. Le Mans.

410. interruptus, d'Orb., 1844, Paléont., 3, p. 278, pl. 341, fig. 6-8. Le Mans.

***411. semi-ornatus,** d'Orb., 1844, Paléont., 3, p. 279, pl. 341, fig. 9, 10. Le Mans.

412. subfalcatus, d'Orb., 1847. *M. falcatus*, d'Orb., 1844, Pal., 3, p. 280, pl. 341, fig. 11-13 (non *falcatus*, Goldf.), France, Le Mans.

***413. dilatatus,** d'Orb., 1844, Paléont., 3, p. 280, pl. 342, fig. 1-3. Le Mans.

***414. striato-costatus,** d'Orb., 1844, Paléont., 3, p. 281, pl. 342, fig. 4-6. Le Mans.

***415. Guerangeri,** d'Orb., 1844, Paléont., 3, p. 282, pl. 342, fig. 7-9. Le Mans.

416. ornatissimus, d'Orb., 1847. *M. ornatus*, d'Orb., 1844, Pal., 3, p. 282, pl. 342, fig. 10-12. France, Le Mans.

417. alternatus, d'Orb., 1844, Paléont., 3, p. 284, pl. 342, fig. 13-15. Le Mans.

***418. orbiculatus,** d'Orb., 1847. Coquille ronde et voisine de forme du *M. pileopsis*, mais à crochet moins saillant; également striée. France, Le Mans.

419. lanceolatus, Sow., 1823, Min. Conch., 5, p. 55, pl. 439, fig. 2. *M. edentulus*, Sow., 1823, pl. 439, fig. 1. *M. tridens* et *M. prælongus*, Sow., 1836, Trans. geol. Soc., 4, pl. 17, fig. 15, 14. Angleterre, Blackdown.

420. subarcuatus, d'Orb., 1847. *Modiola arcuata*, Geinitz, 1842, Charak. Kreid., pl. 20, fig. 34, p. 78 (non Defrance, 1824). Bohême, Postelberg.

421. clathratus, d'Archiac, 1847, Mém. de la Soc. géol., 2e série, 2, p. 306, pl. 15, fig. 4. Belgique, Tournay.

LITHODOMUS, Cuvier, 1817.

***422. rostratus,** d'Orb., 1844, Paléont., 3, p. 292, pl. 344, fig. 16, 17. La Malle.

***423. Carantonensis,** d'Orb., 1844, Paléont., 3, p. 293, pl. 345, fig. 1-3. Ile-d'Aix.

***424. suborbicularis,** d'Orb., 1844, Paléont., 3, p. 293, pl. 345, fig. 4-8. Ile-d'Aix.

***425. rugosus,** d'Orb., 1844, Paléont., 3, p. 294, pl. 346, fig. 1-3. Le Mans.

426. æqualis, d'Orb., 1844, Paléont., 3, p. 295, pl. 346, fig. 4-6. Le Mans.

427. pyriformis, d'Archiac, 1847, Mém. de la Soc. géol., 2e série, 2, p. 307, pl. 15, fig. 5 a. Belgique, Tournay.

LIMA, Bruguière, 1791. Voy. t. 1, p. 175.

***428. clypeiformis,** d'Orb., 1845, Paléont. franç., Terr. crét., 3, p. 543, pl. 417, fig. 9, 10. Le Mans, La Caille, La Malle, Caix.

***429. Reichembachii,** Geinitz, 1840. D'Orb., Paléont. franç., Terr. crét., 3, p. 544, pl. 418, fig. 1-4. France, Coudrecieux, Saumur.

***430. simplex,** d'Orb., 1845, Paléont. franç., Terr. crét., 3, p. 545, pl. 418, fig. 5, 6. France, Le Mans, Villers.

***431. rapa,** d'Orb., 1845, Paléont. franç., Terr. crét., 3, p. 546, pl. 419, fig. 1-4. France, Le Mans, Coudrecieux.

***432. tecta,** Goldf., 1836. D'Orb., Paléont. franç., Terr. crét., 3, p. 547, pl. 419, fig. 5-8. France, Le Mans, La Malle.

***433. Gallienniana,** d'Orb., 1845, Paléont., 3, p. 548, pl. 420, fig. 1-3. Coudrecieux.

*434. **Astieriana,** d'Orb., 1845, Paléont., 3, p. 549, pl. 420, fig. 4-7. France, La Malle, Lamnay, St-Sauveur, Auxon.
*435. **intermedia,** d'Orb., 1845, Paléont. franç., Terr. crét., 3, p. 550, pl. 421, fig. 1-5. France, Le Mans, La Malle.
*436. **ornata,** d'Orb., 1845, Paléont., 3, p. 551, pl. 421, fig. 6-10. Le Mans.
*437. **Cenomanensis,** d'Orb., 1845, Paléont., 3, p. 552, pl. 421, fig. 11-15. Le Mans.
*438. **semi-ornata,** d'Orb., 1845, Paléont. franç., Terr. crét., 3, p. 555, pl. 422, fig. 1-3. France, Le Mans, La Malle.
*439. **subconsobrina,** d'Orb., 1847. *P. consobrina,* d'Orb., 1845, Paléont., 3, p. 556, pl. 422, fig. 4-7. France, Le Mans.
*440. **subæquilateralis,** d'Orb., 1845, Pal., 3, p. 558, pl. 423, fig. 1-5. *Lima semi-sulcata,* Geinitz. France, Le Mans; Silésie, Kreslingswalda.
*441. **subabrupta,** d'Orb., 1847. *Lima abrupta,* d'Orb., Pal., 3, p. 559, pl. 423, fig. 6-9 (non Goldf., 1836). France, Le Mans.
*442. **Varusensis,** d'Orb., 1847. Espèce voisine du *L. proboscidea,* mais avec 14 grosses côtes non lamelleuses. La Malle (Var), Coudrecieux (Sarthe), Nancras (Charente-Inférieure).
*444. **Moutoniana,** d'Orb., 1847. Espèce voisine du *L. Reichembachii,* mais à 10 côtes lisses moins larges que leurs sillons. La Malle.
*445. **Eolis,** d'Orb., 1847. Coquille voisine du *L. Marroliana,* mais avec des côtes plus nombreuses et bien plus étroites. Le Mans.
*446. **Calypso,** d'Orb., 1847. Coquille voisine du *Lima Hoperi,* mais avec des sillons ponctués plus nombreux. Rouen.
447. **semi-sulcata,** Sow., 1836, in Fitton, Trans. geol. Soc., 4, p. 241, pl. 11, fig. 10. Angleterre, Blackdown.
448. **subovalis,** Sow., 1836, id., p. 241, pl. 17, fig. 21. Blackdown.
449. **canalifera,** Goldfuss, pl. 104, fig. 1. Rœmer, 1841, Nordd. Kreid., p. 56, n° 10. Bohème, Schandau.
450. **carinata,** var., Münster, Goldf., pl. 104, fig. 2. Rœmer, 1841, Nordd. Kreid., p. 56, n° 6. Westph., Essen.
451. **Renauxiana,** Mathéron, 1843, Catal., p. 183, pl. 29, fig. 6, 7. France, Orange (Vaucluse).
452. **pseudocardium,** Reuss, 1846. Böhm. Kreideform., p. 33, pl. 38, fig. 2, 3. Tyssa, Meronitz, Hradek, Malnitz, Neuschloss.
453. **pennata,** d'Archiac, 1847, Mém. de la Soc. géol., 2e série, 2, p. 307, pl. 15, fig. 6 a, b. Belgique, Tournay.
454. **rectangularis,** d'Archiac, 1847, id., p. 308, pl. 15, fig. 7 a. Tournay,
455. **resecta,** d'Archiac, 1847, id., p. 308, pl. 15, fig. 8. Tournay.
AVICULA, Klein, 1753. Voy. t. 1, p. 13.
*456. **subplicata,** d'Orb., 1847. *A. plicata,* d'Orb., 1845, Paléont. franç., 3, p. 476, pl. 391, fig. 8-10 (non Sow., 1827). Fr., Le Mans.
*456'. **Cenomanensis,** d'Orb., 1845, Paléont., 3, p. 476, pl. 391, fig. 11-13. Le Mans.
*457. **interrupta,** d'Orb., 1845, Paléont., 3, p. 477, pl. 391, fig. 14-18. Le Mans.
*458. **anomala,** Sowerby, 1836. D'Orb., 1845, Paléont., 3, p. 478,

pl. 392. France, Le Mans, Bessé (Sarthe), Charas; Angleterre, Blackdown; Bohême, Tyssa, Laun, Kradek, Trziblitz, Zilloch, Opolschav.
*459. **Moutoniana,** d'Orb., 1845, Paléont., 3, p. 479, pl. 399. La Malle.
*460. **Eolis,** d'Orb., 1847. Espèce voisine de l'*A. anomala*, mais plus allongée et à côtes moins granuleuses, presque simples. La Malle.
460'. **Gryphæoides,** Sow., 1836, in Fitton, Trans. geol. Soc., 4, p. 156, pl. 11, fig. 3. Angleterre, Petersfield.
461. **Roxelana,** d'Orb., 1847. *A. radiata*, Geinitz, 1842, Charak. Kreid., pl. 10, fig. 6, pl. 20, fig. 47, p. 56 (non Leach, 1814). Bohême, Goppeln, Bannewitz.
462. **semi-plicata,** Geinitz, 1842, id., pl. 20, fig. 31, p. 79. Postelberg.
463. **semi-radiata,** Reuss, 1846. Böhm. Kreideform., p. 23, pl. 32, fig. 7. Bohême, Zloseyn.
464. **Reichii,** d'Orb., 1847. *Gervilia Reichii*, Rœmer, 1841, Nordd. Kreid., p. 64, n° 3, pl. 8, fig. 14. Tyssa, Coschütz.
GERVILIA, Defrance, 1820. Voy. t. 1, p. 201.
*465. **enigma,** d'Orb., 1845, Paléont., 3, p. 488, pl. 396, fig. 9-11. Le Mans.
*466. **aviculoides,** Defrance, 1820. D'Orb., Paléont. franç., Terr. crét., 3, p. 489, pl. 397. France, Le Mans.
PERNA, Bruguière, 1791. Voy. t. 1, p. 176.
*467. **lanceolata,** Geinitz, 1843. D'Orb., Paléont. franç., Terr. crét., 3, p. 498, pl. 402, fig. 1-3. Fr., Coudrecieux; Bohême, Tyssa.
468. **rostrata,** Sow., 1836, in Fitton, Trans. geol. Soc., 4, p. 241, pl. 17, fig. 17. Angleterre (Devonshire), Blackdown.
469. **cretacea,** Reuss, 1846, Böhm. Kreideform., p. 24, pl. 32, fig. 18, 19, 20, pl. 33, fig. 1. Bohême, Tyssa, Trziblitz, Czencziz, Laun, Neuschloss, Malnitz.
470. **subspatulata,** Reuss, 1846, id., p. 24, pl. 32, fig. 16, 17. Malnitz.
INOCERAMUS, Parkinson, 1811. Voy. t. 1, p. 237.
*471. **striatus,** Mantell, 1822. D'Orb., Paléont., 3, p. 508, pl. 405. *In. pernoides*, Mathéron. *In. concentricus*, Geinitz (non Parkinson). Orange (Vaucluse), Le Mans (Sarthe), La Malle (Var), Villers (Calvados); Saxe, Pirna.
*472. **angulatus,** d'Orb., 1845, Paléont. franç., Terr. crét., 3, p. 515, pl. 408, fig. 3, 4. France, Sainte-Cerotte (Sarthe).
473. **cardissioides,** Goldf., 1836, Petref., 2, p. 112, pl. 110, fig. 2. Quedlinburg.
474. **Decheni,** Rœm., 1841, Kreid., p. 60, n° 1, pl. 8, fig. 10. Essen.
PECTEN, Gualtieri, 1742. Voy. t. 1, p. 87.
*475. **asper,** Lam., 1819. D'Orb., Paléont., 3, p. 599, pl. 434, fig. 1-6. France, Lassigny, Villers, Honfleur, Havre, Rouen, St-Sauveur, Cornes, La Malle; Silésie, Friedland.
*476. **virgatus,** Nilsson, 1827. D'Orb., Paléont. franç., Terr. crét., 3, p. 602, p. 434, fig. 7-10. France, Le Mans, Ste-Cerotte.
*477. **Cenomanensis,** d'Orb., 1846, Paléont. franç., Terr. crét., 3, p. 603, pl. 434, fig. 11-14. France, Le Mans, Tourtenay.

*478. **obliquus,** d'Orb., 1846, Pal. franç., Terr. crét., 3, p. 604, pl. 435, fig. 1-4. France, Coudrecieux, Le Mans.

*479. **subacutus,** Lam., 1846. D'Orb., Pal., 3, p. 605, pl. 435, fig. 5-10. *P. Brongniartii*, d'Archiac, Tourt., pl. 16, fig. 4, 5. Le Mans, La Malle, Port-des-Barques; Belgique, Tournay.

*480. **elongatus,** Lam., 1819. D'Orb., Paléont., 3, p. 607, pl. 436, fig. 1-4. *P. comans*, Rœmer, 1841, p. 51, pl. 8, fig. 6. Le Mans, Rouen, Neuvilly, Sancerre; Westphalie, Essen.

*481. **Galliennei,** d'Orb., 1846, Paléont. franç., Terr. crét., 3, p. 608, pl. 436, fig. 5-8. France, Coudrecieux, Villers.

*482. **orbicularis,** Sow., 1827. D'Orb., Pal., 3, p. 597, pl. 433, fig. 14-16. Havre, Sassegny, Lamnay, Eoux, St-Sauveur, Vitry-le-Français, Neuvilly.

483. **Neptuni,** d'Orb., 1847. Coquille déprimée, aussi longue que large, lisse, avec de légères côtes concentriques, à larges oreilles. Le Mans.

*484. **Calypso,** d'Orb., 1847. Espèce voisine du *P. orbicularis*, mais entièrement lisse et sans lamelles. Le Mans.

?485. **Beaveri,** Mantell, 1822, Foss. illust. geol. of Sussex, p. 127, pl. 25, fig. 11. Angl., Southerham, Beachy-head, Hamsey, Ringmer.

486. **Stutchburiensis,** Sow., 1836, in Fitton, Trans. geol. Soc., 4, p. 241, pl. 18, fig. 1. Angleterre, Blackdown.

487. **compositus,** Sow., 1836, id., p. 241, pl. 17, fig. 20. Blackdown.

488. **Millerii,** Sow., 1836, id., p. 241, pl. 17, fig. 19. Blackdown.

489. **crispus,** Rœm., 1841, p. 51. *P. cretosus*, Goldf., 1836, Petr., 2, p. 58, pl. 94, fig. 2 (non Defrance). Westphalie, Essen.

490. **hispidus,** Goldf., 1836, Petref., 2, p. 59, pl. 94, fig. 4. Westphalie, Essen, Ruhr, Lemförde.

492. **squammifer,** Geinitz, 1842, Carak. Kreid., pl. 21, fig. 5, p. 83. Bohème, Postelberg.

493. **serratus,** Nilss., Reuss, 1846, Böhm. Kreideform., p. 30, pl. 39, fig. 19. Bohême, Tyssa, Priesen, Laun, Kosstitz.

*494. **Passyi,** d'Archiac, 1847, Mém. de la Soc. géol., 2e série, 2, p. 309, pl. 15, fig. 9 a. Belgique, Tournay.

*495. **Rhotomagensis,** d'Orb., 1846, Paléont., 3, p. 609, pl. 436, fig. 9-11. *Pecten subinterstriatus*, d'Archiac, 1847, Tourtia, pl. 25, fig. 10. France, Rouen; Belgique, Tournay.

496. **subdepressus,** d'Archiac, 1847, Mém. de la Soc. géol., 2e série, 2, p. 310, pl. 16, fig. 1, 2. Belgique, Tournay.

497. **decemcostatus,** v. Münster, Goldf., pl. 92, fig. 2. Rœmer, 1841, Nordd. Kreid., p. 54, no 29. Schandau.

JANIRA, Schumacher, 1817. Voy. t. 2, p. 83.

*498. **Fleuriausiana,** d'Orb., 1846, Paléont., 3, p. 631, pl. 443. Ile-d'Aix, Ile-Madame, Saint-Trojan, Angoulême.

*499. **quinquecostata,** d'Orb., 1846, Paléont., 3, p. 632, pl. 444, fig. 1-5. Villers, Fourras, La Malle, Rouen, Martigues, Le Mans, Aubenton.

*500. **phaseola,** d'Orb., 1846, Paléont., 3, p. 635, pl. 444, fig. 6-10. *Pecten tumidus*, Dujardin, 1837, Mém. de la Soc. géol., 2, pl. 16,

fig. 13. Le Mans, Sarlat, Châtellerault (Vienne), Touvois (Loire-Inférieure).
*501. **æquicostata,** d'Orb., 1846, Paléont., 3, p. 637, pl. 445, fig. 1-4. Le Mans, Villers, La Malle, Escragnolles, Bannewitz (M. Geinitz); Saxe, Schandau.
*502. **dilatata,** d'Orb., 1846, Paléont., 3, p. 638, pl. 445, fig. 5-8. Le Mans.
*503. **longicauda,** d'Orb., 1846, Paléont., 3, p. 639, pl. 445, fig. 9-11. Le Mans.
*504. **cometa,** d'Orb., 1846, Paléont. franç., Terr. crét.; 3, p. 640, pl. 445, fig. 15-19. France, Villers, Le Havre.
*505. **digitalis,** d'Orb., 1846, Paléont., 3, p. 642, pl. 446, fig. 1-3. Le Mans.
*506. **Alpina,** d'Orb., 1846, Paléont. franç., Terr. crét., 3, p. 643, pl. 446, fig. 4-8. France, La Malle, Escragnolles.
*507. **Hispanica,** d'Orb. Espèce à vingt côtes larges, à peine séparées par un sillon. Espagne, Llama Oscura, près d'Oviedo.
508. **striato-costata,** d'Orb., 1847. *Pecten id.*, Goldf., 2, p. 55, pl. 93, fig. 2. Westphalie, Kœsfield, Lemford.
508'. **notabilis,** d'Orb., 1847. *Pecten notabilis*, v. Münst., Goldf., pl. 93, fig. 3. Rœmer, 1841, Kreid., p. 55, nº 38. Westph., Essen.
*509. **Carantonensis,** d'Orb., 1847. Jolie espèce avec sept côtes intermédiaires très-inégales entre chaque grosse côte, et striées en travers. Charas (Charente-Inférieure).

SPONDYLUS, Linné, 1758. Voy. t. 2, p. 83.
*510. **striatus,** Goldf., 1832. D'Orb., Paléont., 3, p. 660, pl. 453. *S. capillatus*, d'Arch., Tourt., pl. 17, fig. 1. Havre, Villers; Anglet., Chute-Farm; Westphalie, Essen; Belgique, Tournay.
*511. **hystrix,** Goldf., 1832. D'Orb., Paléont., 3, p. 661, pl. 454. *S. radiatus*, Goldf., pl. 106, fig. 6. *S. Omalii*, d'Arch. ? Tourtia, pl. 15, fig. 4. Le Mans, Port-des-Barques; Westphalie, Essen.

CHAMA, Linné, 1758. D'Orb., Paléont. franç., Terr. crét., 3, p. 688.
512. **cretacea,** d'Orb., 1846, Paléont. franç., Terr. crét., 3, p. 689, pl. 464, fig. 1, 2. France, Aubenton (Aisne).
*513. **cornucopiæ,** d'Orb., 1846, Paléont., 3, p. 689, pl. 464, fig. 3-7. Rouen.
514. **costata,** Rœmer, 1841, Nordd. Kreid., p. 67, nº 1, pl. 8, fig. 20. Haltern.

OSTREA, Linné, 1752. Voy. t. 1, p. 166.
*515. **canaliculata,** d'Orb., 1847, Paléont. franç., Terr. crét., 3, p. 709, pl. 471, fig. 4-8. France, Le Havre, Rouen; Tournay.
*516. **Carantonensis,** d'Orb., 1847, Paléont., 3, p. 713, pl. 478. Ile-Madame.
*517. **carinata,** Lam., 1847. D'Orb., Paléont., 3, p. 714, pl. 474. Ile d'Aix, Villers, Havre, Source-Salée, Le Mans, St-Sauveur, La Malle, Eaulx (B.-Alpes); Bohême, Tyssa, Bannewitz, Naundorf, près Freiberg.
*518. **flabella,** d'Orb., 1847, Paléont., 3, p. 717, pl. 475. Ile d'Aix, Charras, Le Mans, La Flèche, Mareuil, Milhac, Nontron, Touvois,

Source-Salée, près du Beausset; Espagne, Llama-Oscura, près d'Oviedo; Syrie, mont Liban.

*519. **biauriculata,** Lam., 1819. D'Orb., Paléont. franç, Terr. crét., 3, p. 719, pl. 476. France, partout avec la *Flabella*.

*520. **columba,** Desh., 1830. D'Orb., Paléont., 3, p. 721, pl. 477. Partout, Touvois (Loire-Inférieure); Espagne, Llama-Oscura, près d'Oviedo; Turben (Var); Dresde; Bohême, Postelberg; Saxe, Schandau.

*521. **diluviana,** Linné, 1767. D'Orb., Pal. franç., Terr. crét., 3, p. 728, pl. 480. France, Le Mans, Tourtenay.

*522. **haliotidea,** d'Orb., 1847, Paléont., 3, p. 724, pl. 478, fig. 1-4. Villers, Ile Madame, Le Havre, Le Mans, La Malle; Belgique, Tournay.

*523. **Lesueurii,** d'Orb., 1847. *O. hippopodium*, d'Orb., Paléont. franç., Terr. crét., 3, p. 731, pl. 481, fig. 4-6 (exclus., pl. 482). France, Ile Madame, Nancras, Le Havre.

*524. **conica,** d'Orb., 1847, Paléont., 3, p. 726, pl. 478, fig. 5-8. Rouen, Le Havre, Villers, La Malle, Nontron; Espagne, Llama Oscura.

*524'. **Ricordeana,** d'Orb., 1849. Espèce très-voisine de forme de l'*O. carinata*, mais plus large, plus courte, à côtes du double plus grosses. France, St-Florentin, Seignelay, St-Sauveur (Yonne).

ANOMYA, Linné, 1758.

*525. **papyracea,** d'Orb., 1847, Paléont. franç., Terr. crét., 3, p. 755, pl. 489. France, Pas-de-Jeux (Deux-Sèvres).

526. **subtruncata,** d'Orb., 1847. *A. truncata*, Geinitz, 1842, Carak. Kreid., pl. 19, fig. 4, 5, p. 87 (non Linné, 1767). Bohême, Postelberg, St-Kreibitz B.

MOLLUSQUES BRACHIOPODES.

RHYNCHONELLA, Fischer. Voy. t. 1, p. 92.

*527. **Lamarckiana,** d'Orb., 1847, Paléont., 4, pl. 496, fig. 5-13. *Terebratula dubia*, d'Archiac, *T. Dufresnoyi*, d'Archiac (jeune); *T. latissima*, d'Archiac, *T. rostrata*, d'Archiac, *T. scaldinensis*, d'Archiac, 1847, Tourtia, pl. 21, fig. 7-11; pl. 22, fig. 1-3. Différents états de la même espèce. Le Mans, Port-des-Barques; Belgique, Gussignies, Tournay.

*528. **contorta,** d'Orb., 1847, Paléont. franç., Terr. crét., 4, pl. 496, fig. 14-17. France, Port-des-Barques; Belgique.

*529. **compressa,** d'Orb., 1847, Paléont., 4, pl. 497, fig. 1-6. *T. alata*, Geinitz. Rouen, Le Havre, Villers, Le Mans, île d'Aix; Bannewitz; Silésie, Kreslingswalda, Postelberg.

*530. **Grasiana,** d'Orb., 1847, Paléont., Terr. crét., 4, pl. 497, fig. 7-11. Villard-de-Lans, Cadière, cap Blanc-Nez.

*531. **Cuvieri,** d'Orb., 1847, Paléont. franç., Terr. crét., 4, pl. 497, fig. 11-16. Villard-de-Lans, Le Havre.

*532. **pisum,** d'Orb., *Terebratula pisum*, Sow., Min. Conch., pl. 536, fig. 10-12. Angl., Hamsey (Sussex).

*533. **Desnoyersi,** d'Orb., 1847. *Terebratula Desnoyersi*, d'Archiac, 1847, Mém. Soc. géol., 2e série, p. 332, pl. 22, fig. 2. Belg., Tournay.
534. **paucicosta,** d'Orb., 1847. *Terebratula paucicosta*, Rœmer, 1840, Nordd. Kreid., p. 38, n° 8, pl. 7, fig. 6. Westph., Essen.
*535. **dichotoma,** d'Orb., 1847. Jolie espèce large, à côtes bifurquées et dichotomes. France, Le Havre (Seine-Inférieure).
536. **Bertheloti,** d'Orb., 1847. Espèce voisine du *R. Grasiana*, mais avec un pli de chaque côté du sinus. La Malle (Var).

TEREBRATULA, Lwyd, 1699. Voy. t. 1, p. 43.

*536'. **biplicata,** Defrance, 1823. D'Orb., Pal., 4, pl. 511, fig. 9. Il faut y réunir les *Terebratula Tornacensis, Bouei, Rœmeri, crassa, Robertoni, crassificata, rustica, Boubei, Roissyi, Virleti, revoluta, subpectoralis Keiserlingi, Tchiatcheffii*, de M. d'Archiac, dans son travail sur la Tourtia, qui ne sont que des différents états d'âge, de déformation et d'usure extérieure de la même espèce. France, La Flèche, Le Mans, Villers, Le Havre, Vierzon, Port-des-Barques, La Malle; Belgique, Tournay.
*537. **lima,** Defrance, 1847, Paléont., 4, pl. 512, fig. 1-5. Le Havre.
*538. **lacrymosa,** d'Orb., 1847. *T. lacryma*, d'Orb., Paléont. franç., Terr. crét., 4, pl. 512, fig. 6-11 (non Morton). France, Le Havre.
*539. **depressa,** Lamarck, 1819, An. sans vert., 6, p. 249. Il faut réunir à cette espèce les *Terebratula Nerviensis, Viquesneli, capillata*, de M. d'Archiac, Tourtia, pl. 17 et 18, qui ne sont que de différents âges et degrés d'usure extérieure de la même espèce. Belg., Tournay, Montignies, Gussignies.
*540. **disparilis,** d'Orb., 1847, Paléont., 4, pl. 512, fig. 12-19. *T. regulosa*, Morris, 1847, Ann. Mag., p. 253, pl. 18, fig. 5. *T. spinulosa id.*, pl. 18, fig. 5. Rouen.
541. **megastrema,** Sow., 1836, in Fitton, Trans. geol. Soc., 4, p. 242, pl. 18, fig. 3. Angl., Blackdown.
*542. **arenosa,** d'Archiac, 1847, Mém. de la Soc. géol., 2e série, 2, p. 324, pl. 21, fig. 1-3. *Id.*, *T. subarenosa*, d'Archiac, fig. 4, 5. Tournay, Gussignies.
543. **Verneuili,** d'Arch., 1847, id., p. 326, pl. 20, fig. 4. Tournay.
*544. **Beaumonti,** d'Archiac, 1847, id., p. 331, pl. 21, fig. 12-14. Tournay, Gussignies.
*545. **parva,** d'Archiac, 1847, id., p. 322, pl. 19, fig. 7. *T. parvula*, d'Archiac, pl. 19, fig. 8. Belg., Tournay.

NOTA. Les *T. Gussigerisensis, subconvexa, Murchisoni, Gravesii, Leveilloi* et *Deshayesii*, de M. d'Archiac, dans son travail sur la Tourtia de Belgique (Mém. de la Soc. géol., 2e série, t. 2), sont des jeunes indéterminables probablement des espèces précédentes.

546. **squamosa,** Mantell, Davidson, 1847, Ann. Mag. nat. hist., p. 254, pl. 18, fig. 8 a, b. Angl., Hamsey, Dover.
547. **sulcifera,** Morris, Davids., 1847, id., p. 254, pl. 18, fig. 7, 7 a, b. Cambridge.

TEREBRATELLA, d'Orb., 1847. Voy. t. 1, p. 222.

*548. **Menardi,** d'Orb., 1847, Paléont. franç., Terr. crét., 4, pl. 517, fig. 1-15. Le Mans, Fouras, île d'Aix.

*549. **pectita,** d'Orb., 1847, Paléont., 4, pl. 517, fig. 16-20. France, Le Havre ; Angl., Swanage-Bay, Warmenster.
*550. **Carantonensis,** d'Orb., 1847, Paléont., 4, pl. 518, fig. 1-4. France, Port-des-Barques, Eoux.
551. **canaliculata,** d'Orb., 1847. *Terebratula canaliculata,* Rœmer, 1840, Kreid., p. 41, no 30, pl. 7, fig. 12. Westph., Essen.
552. **decemcostata,** d'Orb., 1847. *Terebratula decemcostata,* Rœmer, 1840, Kreid., p. 41, no 32, pl. 7, fig. 13. Westph., Essen.
553. **orthiformis,** d'Orb., 1847. *Terebratula orthiformis,* d'Archiac, 1847, Mém. Soc. géol., 2e série, p. 333, pl. 22, fig. 4. Belg., Gussignies.

TEREBRIROSTRA, d'Orb., 1847. Voy. t. 2, p. 85.
*554. **lyra,** d'Orb., 1847, Paléont., franç., Terr. crét., 4, pl. 519, fig. 11-19. France, Le Havre; Angl., Chute-Farm.
*555. **canaliculata,** d'Orb., 1847. *Terebratula canaliculata,* d'Archiac, 1847, Mém. Soc. géol., 2e série, 2, p. 331, pl. 21, fig. 15. Belgique, Tournay.

TEREBRATULINA, d'Orb., 1847. Voy. t. 2, p. 85.
*556. **auriculata,** d'Orb., 1847. *Terebratula auriculata,* Rœmer, 1840, Nordd. Kreid., p. 39, no 19, pl. 7, fig. 9. Westph., Essen; Belgique, Tournay.

CRANIA, Retzius, 1781. Voy. t. 1, p. 21.
*557. **Cenomanensis,** d'Orb., 1847, Paléont., pl. 524, fig. 1-4. Le Mans.
*558. **Rhotomagensis,** d'Orb., 1847, Paléont., pl. 524, fig. 5-7. Rouen.
559. **gracilis,** Münst., Goldf., 1841, Petref., 2, p. 296, pl. 163, fig. 2. Essen (Westph.).

THECIDEA, Defrance, 1828. Voy. t. 1, p. 328.
*560. **rugosa,** d'Orb., 1847, Paléont. franç., Terr. crét., pl. 522, fig. 7-14. France, Cechaigues, Le Mans.
561. **digitata,** Sow., Goldf., 1841, Petref., 2, p. 290, pl. 161, fig. 6. Essen.
562. **Essensis,** Rœmer, 1840, Nordd. Kreid., p. 36, no 2, Bronn. Leth., pl. 30, fig. 4. Westph., Essen.

CAPRINA, d'Orb., 1823, Pal. fr., Terr. crét., 4, p. 179.
*563. **adversa,** d'Orb. (père), 1823. D'Orb., Paléont., 4, pl. 536, 537. France, île d'Aix, île Madame (Charente-Inférieure), St-Trojan, Angoulême (Charente).

CAPRINELLA, d'Orb., 1847. Voy. t. 2, p. 108.
*564. **triangularis,** d'Orb., Paléont. franç., Terr. crét., 4, pl. 542. *Ichthyosarcolites id.*, Desmarets. Ile d'Aix, Charras, Fouras, île Madame (Charente-Inférieure), St-Trojan, près de Cognac (Charente), Saumur (Maine-et-Loire), Tourtenay (Deux-Sèvres), Martigues (Bouches-du-Rhône).

RADIOLITES, Lamarck, 1801. Voy. t. 2, p. 108.
*565. **agariciformis,** d'Orb., 1847. *Sphærulites id.*, Delamétrie, 1805. *S. foliacea,* Lam., 1819. *Hippurites agariciformis,* Goldf., d'Orb., Paléont. franç., Terr. cret., 4, pl. 543, 544. St-Trojan, île d'Aix, île Madame, Angoulême.

*566. **triangularis,** d'Orb., 1842, Pal. franç., 4, pl. 546. France, île Madame, Nancras, île d'Aix, St-Trojan.

*567. **polyconilites,** d'Orb., 1842, Paléont. franç., Terr. crét., 4, pl. 547. France, île Madame, Nancras, Angoulême.

*568. **Fleuriausa,** d'Orb., 1842, Paléont., 4, pl. 548. *Radiolites lamellosa*, d'Orb., 1842. France, île Madame, île d'Aix (Charente-Inférieure), Le Mans.

*569. **Saxoniæ,** d'Orb., 1847. *Hippurites Saxoniæ*, Rœmer, 1840, Kreid., p. 35, pl. 7, fig. 1. Saxe, Dippoldiswalda, Tharand.

CAPROTINA, d'Orb., 1839, t. 2, p. 109.

*570. **quadripartita,** d'Orb., 1847, Paléont., 4, pl. 581, 582. *Caprina id.*, d'Orb., 1839, Revue Cuv., p. 169. France, Nancras, île Madame.

*571. **semistriata,** d'Orb., 1847, Paléont., 4, pl. 583. *Caprina id.*, d'Orb., 1839, Revue Cuv., p. 169. France, île d'Aix.

*572. **costata,** d'Orb., 1847, Paléont., 4, pl. 583. *Caprina id.*, d'Orb., 1839, Revue Cuv., p. 169. France, île d'Aix.

*573. **striata,** d'Orb., 1847, Paléont., 4, pl. 584. *Caprina id.*, d'Orb., 1839, Revue Cuv., p. 169. France, île d'Aix.

*574. **rugosa,** d'Orb., 1842, Paléont. franç., Terr. crét., 4, p. 584. France, île Madame.

*575. **navis,** d'Orb., 1842, Paléont. franç., Terr. crét., 4, pl. 585. France, île Madame, Angoulême.

*576. **lævigata,** d'Orb., 1842, Paléont., Terr. crét., 4, pl. 586. Ile Madame, Nancras, St-Trojan, Angoulême.

*577. **carinata,** d'Orb., 1842, Paléont., 4, pl. 587. France, Source-Salée, près des Bains de Rennes (Aude).

*577'. **Delarueana,** d'Orb., 1849, Pal., pl. 589. Angoulême.

*577''. **Carantonensis,** d'Orb., 1849, Pal., pl. 592. Ile Madame.

*577'''. **Cenomanensis,** d'Orb., 1849, Pal., pl. 595. Le Mans.

BRYOZOAIRES.

VINCULARIA, Defrance, 1828.

*578. **Cenomana,** d'Orb., 1847. Petite espèce à rameaux très-grêles, ornés de huit rangées de cellules. Le Mans (Sarthe).

*579. **Lorierei,** d'Orb., 1847. Charmante espèce dont les cellules sont par lignes transverses, très-prononcées, et toutes mi-closes. Le Mans.

MEMBRANIPORA, Blainville, 1834.

*580. **Cenomana,** d'Orb., 1847. Cellules presque rondes aussi larges que longues, anguleuses. Le Mans (Sarthe).

*581. **Vendinnensis,** d'Orb., 1847. Cellules allongées, hexagones, beaucoup plus longues que larges. Le Mans, Le Havre (Seine-Infér.).

*582. **megapora,** d'Orb., 1847. Espèce dont les cellules sont d'un tiers plus grandes que chez les deux précédentes. Le Mans.

MARGINARIA, Rœmer, 1841.

583. **denticulata,** Rœmer, 1840, Nordd. Kreid., p. 13, n° 7, pl. 5, fig. 3. Westph., Essen.

ESCHARINA, Edwards, 1836.

*584. **Sarthacensis,** d'Orb., 1847. *Eschara pyriformis*, Michelin, 1845, p. 214, pl. 53, fig. 16 (non *E. pyriformis*, Goldf., pl. 8, fig. 10). Les loges ont une autre forme. Le Mans.

*585. **Michaudiana,** d'Orb., 1847. Espèce plane, à cellules non saillantes, bordées tout autour. Le Havre.

586. **inflata,** Rœmer, 1840, Nordd. Kreid., p. 14, n° 4, pl. 5, fig. 5. Westphalie, Essen.

ESCHARA, Lamarck.

*587. **Cenomana,** d'Orb., 1847. *E. dichotoma*, Mich., 1845, p. 213, pl. 53, fig. 15 (non Goldf., pl. 8, fig. 15). Le Mans. Les cellules sont tout à fait différentes.

588. **Neustriaca,** Michelin, 1844, id., p. 125, pl. 32, fig. 3. Villers, St-Jean-La-Forest.

CELLULIPORA, d'Orb., 1847. Cellules déprimées, distinctes, par couches concentriques les unes sur les autres, mais formant toujours des compartiments plus ou moins réguliers, séparés par des dépressions profondes comme des routes entre les groupes de cellules.

*589. **ornata,** d'Orb., 1847. Charmante espèce à cellules oblongues, séparées par des bordures ponctuées. Le Havre.

ALECTO, Lamouroux, 1821.

*590. **reticulata,** d'Orb., 1847. *A. granulata*, Michelin, 1845, p. 202, pl. 52, fig. 4 (non *Granulata*, Edwards). Le Mans, La Flèche (Sarthe), île Madame (Charente-Inférieure).

*591. **divaricata,** d'Orb., 1847. *Aulopora divaricata*, Rœmer, 1840, Nordd. Kreid., p. 18. Oolith., pl. 17, fig. 3. Westph., Essen.

CRISISINA, d'Orb., 1847. C'est une *Idmonea*, dont les branches sont libres au lieu d'être fixes.

*592. **pinnata,** d'Orb., 1847. *Idmonea pinnata*, Rœmer, 1840, pl. 5, fig. 22. Michelin, 1845, Icon. zooph., p. 213, pl. 52, fig. 9. France, Le Mans; Westph., Essen et Ruhr.

*593. **Cenomana,** d'Orb., 1847. *I. disticha*, Michelin, 1845, Icon. zooph., p. 204, pl. 52, fig. 18 (non Goldf., pl. 9, fig. 15). Le Mans.

IDMONEA, Lamouroux, 1821.

*594. **ramosa,** d'Orb., 1845. *Diastopora id.*, Michelin, 1845, p. 203, pl. 52, fig. 3. France, Le Mans.

*595. **divergens,** d'Orb., 1847. Espèce à cellules peu nombreuses, irrégulièrement placées sur les branches. Westph., Essen.

DEFRANCIA, Rœmer, 1840.

*596. **elegans,** d'Orb., 1847. *Tubulipora elegans*, Michelin, 1844, Icon. zoophyt., p. 123, pl. 32, fig. 6. France, St-Jean-la-Forest (Orne).

*597. **Cenomana,** d'Orb., 1847. *Lichenopora cenomana*, Michelin, 1845, Icon. zoophyt., p. 204, pl. 52, fig. 14. Le Mans.

PELAGIA, Lamouroux, 1821. Voy. t. 1, p. 317.

*598. **Eudesii,** Michelin, 1844, Icon. zoophyt., p. 123, pl. 32, fig. 5. France, Villers-sur-mer (Calvados), Le Mans.

*599. **infundibulum,** Michelin, 1845, p. 205, pl. 52, fig. 1. France, Le Mans.

600. **insignis,** Michelin, 1845, p. 205, pl. 52, fig. 2. Fr., Le Mans. Peut-être la même que l'*Eudesii* usée.

DIASTOPORA, Lamouroux, 1821.

*601. **escharoides,** Michelin, 1845, Icon., p. 218, pl. 53, fig. 18. Le Mans.

*602. **spongiosa,** d'Orb., 1847. *Ceriopora spongiosa*, Rœmer, 1840, Ool., pl. 17, fig. 10. Jolie espèce formant des plaques arrondies, à cellules saillantes irrégulières. Le Havre ; Westphalie, Essen.

*603. **Oceani,** d'Orb., 1847. Espèce dont les cellules sont le double plus grosses que chez le *D. Normaniana*. Le Havre.

*604. **glomerata,** d'Orb., 1847. Espèce formée de plusieurs couches de petites cellules en plaques circulaires plus épaisses au centre. Le Havre.

ENTALOPHORA, Lamouroux, 1821.

*605. **Cenomana,** d'Orb., 1847. *Pustulopora pustulosa*, Michelin, p. 211, pl. 53, fig. 4 (non *Ceriop. pustulosa*, Goldfuss, pl. 11, fig. 3). Le Mans, Le Havre.

*606. **Vendinnensis,** d'Orb., 1847. *Pustulopora echinata*, Michelin, p. 211, pl. 53, fig. 5 (non Rœmer, 1840?). Le Mans.

*607. **pavonina,** d'Orb., 1847. *Diastopora pavonina*, Michel., 1845, Icon. zoophyt., p. 218, pl. 53, fig. 17. France, Le Mans.

*608. **compressa,** d'Orb., 1847. Espèce comprimée, à tiges grêles et dichotomes. France, Le Mans.

*609. **ramosissima,** d'Orb. Espèce en gros buissons, à cellules peu saillantes, éparses sans ordre. Le Havre, Villers.

*610. **semi-clausa,** d'Orb. *Pustulopora id.*, Michelin, 1845, p. 211, pl. 93, fig. 3. France, Le Mans.

SPIROPORA, Lamouroux, 1821. Voy. t. 1, p. 318.

611. **Cenomana,** d'Orb., 1847. *Cricopora verticillata*, Michelin, 1845, p. 212, pl. 53, fig. 7 (non Goldfuss, pl. 11, fig. 1). Fr., Le Mans.

*612. **glomerata,** d'Orb., 1847. Espèce dont les cellules sont sur trois de front en lignes obliques. Le Mans.

RADIOPORA, d'Orb., 1847. Voy. t. 2, p. 140.

*613. **formosa,** d'Orb., 1847. *Ceriopora formosa*, Michelin, 1845, p. 206, pl. 52, fig. 6 et 7. *Ceriopora Huotiana*, Michelin. Le Mans.

615. **pustulosa,** d'Orb., 1847. Espèce en grosses masses étalée en surfaces presque planes. France, Le Havre.

*616. **tuberculata,** d'Orb., 1847. Espèce boursouflée en gros tubercules irréguliers à la surface d'une masse informe. Le Havre.

617. **substellata,** d'Orb., 1847. *Ceriopora stellata*, Goldf., pl. 31, fig. 1. Rœmer, 1840, Nordd. Kreid., p. 23, nº 1. Westph., Essen.

DOMOPORA, d'Orb., 1847. Ce sont des *Defrancia* qui, par le grand nombre de couches qui se succèdent, forment un dôme ou même une massue.

*617'. **clavula,** d'Orb., 1847. Espèce formant une massue. France, Le Mans.

CHRYSAORA, Lamouroux, 1821.

618. **trigona,** d'Orb., 1847. *Ceriopora trigona*, Goldf., pl. 11, fig. 6. Rœmer, 1840, Nordd. Kreid., p. 24, nº 2. Westph., Essen.

619. **venosa,** d'Orb., 1847. *Ceriopora venosa*, Goldf., pl. 31, fig. 2. *Chrysaora pustulosa*, Rœm., 1840, Nordd. Kreid., p. 24 ; Ool., pl. 17, fig. 18. Westph., Essen.

620. polymorpha, d'Orb., 1847. *Ceriopora polymorpha*, Goldf., pl. 30, fig. 11. Westphalie, Essen et Ruhr.

OSCULIPORA, d'Orb., 1847. Cellules à ouvertures rondes, réunies par groupes ou par faisceaux saillants, disposés latéralement, et d'un seul côté, sur des branches rameuses.

***621. aculeata,** d'Orb., 1847. *Idmonea aculeata*, Michelin, 1845, p. 203, pl. 52, fig. 90. *Idmonea tetragona*, Michelin, p. 219, pl. 53, fig. 19. Échantillon roulé, usé. Le Mans.

***622. lateralis,** d'Orb., 1847. Jolie espèce dont la surface est lisse entre les faisceaux de pores. Le Mans.

FASCICULIPORA, d'Orb., 1839, Voy. dans l'Amér. mér. *Corymbosa*, Michelin, 1845.

***623. Menardi,** d'Orb., 1847. *Corymbosa id.*, Michelin, 1845, Icon. zoophyt., p. 213, pl. 53, fig. 10. Le Mans.

ZONOPORA, d'Orb., 1847. Voy. t. 2, p. 87.

***624. pseudo-spiralis,** d'Orb., 1847. *Pustulopora id.*, Michelin, 1845, Icon. zoophyt., p. 212, pl. 53, fig. 6. France, Le Mans.

ACANTHOPORA, d'Orb., 1847. Voy. t. 1, p. 318.

625. mitra, d'Orb., 1847. *Ceriopora mitra*, Goldf., pl. 30, fig. 13. *Chrysaora mitra*, Rœmer, 1840, Nordd. Kreid., p. 24, n° 3. Bronn, Lethæa, pl. 29, fig. 7. Westph., Essen.

ÉCHINODERMES.

DYSASTER, Agassiz.

626. excentricus, Desor, Monogr. des Dysaster, p. 13, pl. 4, fig. 3. Agass., 1847, Cat., p. 138. Essen sur la Rœhr.

HOLASTER, Agassiz.

627. Sandoz, Dub., Voy. au Cauc., pl. 1, fig. 11-13. Agass., 1847, Cat., p. 134. Suisse, Souaillon, Neuchâtel; Sardaigne, env. de Nice.

628. nasutus, Desor, Agassiz, 1847, Cat., p. 134. France, vallon de la Fauge, près Villard-de-Lans (Isère).

***629. marginalis,** Agass., 1847, Cat., p. 134. Clansayes (Drôme), Bedouin (Vaucluse), Le Havre, Fauges (près Grenoble).

***630. suborbicularis,** Agass., 1847, Cat., p. 133. *Spatangus nodulosus*, Goldf., Petref., p. 149, pl. 45, fig. 6. Saint-Florentin (Yonne), Villers-sur-mer, Rouen; Angl., Lewes.

***631. latissimus,** Agass., 1847, Cat., p. 133. France, Le Havre (Seine-Inférieure).

***632. bicarinatus,** Agass., 1847, Cat., p. 135. Le Havre; Belgique.

MICRASTER, Agassiz.

***633. acutus,** Agass., 1847, Cat, p. 129. *Spatangus acutus*, Desh., Coq. caract. du terr., p. 255, pl. 11, fig. 5 et 6. Villers-sur-mer, Gacé, Mortagne, Sainte-Maure-sur-Loire.

***634. distinctus,** Agassiz, 1847, Cat., p. 129. *Spatangus crassissimus*, Defr. France, Villers-sur-mer.

***635. undulatus,** Agass., 1847, Cat., p. 130. Ile-d'Aix (Charente-Inférieure), Saint-Aignant (Indre-et-Loire), Lamnay (Sarthe), Tourtenay (Deux-Sèvres).

HEMIASTER, Agassiz.

***636. pisum,** Desor, Agass., 1847, Cat., p. 123. Le Mans.

637. elatus, Des., Agass., 1847, Cat., p. 123. *Spatangus elatus*, Desml. Tabl. syn., p. 406. Le Mans, Fouras (Charente-Inférieure), Périgord.

***638. bufo,** Desor, Agass., 1847, Cat., p. 122. *Spatangus bufo*. Al. Brong., Géol. par., p. 84 et 389, pl. 5, fig. 4. Villers, Le Havre, Gacé, Ste-Maure-sur-Loire, Le Beausset, La Malle (Var), Martigues (Bouches-du-Rhône).

638'. Bucklandi, Desor, Agass., 1847, Cat., p. 123. *Spatangus Bucklandi*, Goldf., Petref., p. 154, pl. 47, fig. 6. Essen-sur-la-Rœhr.

PYGURUS, Agassiz.

***639. trilobus,** Agass., 1847, Cat., p. 103. *Clypeaster dubius*, Defrance. France, Le Mans (Sarthe).

PYGAULUS, Agassiz.

640. pulvinatus, Agass., 1847, Cat., p. 101. *Pygurus pulvinatus*, d'Arch., Mém. Soc. géol. Fr., vol. 2, 2e série, pl. 13, fig. 5. Belgique, Tournay.

***641. macropygus,** Desor, Agass., 1847, Cat., p. 101. France, Fouras (Charente-Inférieure).

***642. affinis,** Agass., 1847, Cat., p. 101. *Catopygus subæqualis*, Ag., Cat. syst., p. 4. France, île d'Aix (Charente-Inférieure).

ARCHIACIA, Agassiz.

***643. sandalina,** Agass., 1847, Cat., p. 101. *Clypeaster sandalinus*, d'Arch. France, Fouras (Charente-Inférieure).

CATOPYGUS, Agassiz.

***644. carinatus,** Agass., 1847, Cat., p. 99. *Nucleolites carinatus*, Goldf., Petref., p. 142, pl. 43, fig. 11. France, Le Mans, Rouen, Coudrecieux, Gacé, Fouras, La Flèche, Villers; Angleterre, Sandwich; Allem., Essen-sur-la-Rœhr.

***645. columbarius,** Agass., 1847, Cat., p. 100. France, Coulaines, Le Mans (Sarthe), Fouras (Charente-Inférieure); Belgique, Tournay.

CARATOMUS, Agassiz.

***646. orbicularis,** Agass., 1847, Cat., p. 93; Desor, Monogr. des Galér., p. 38, pl. 5, fig. 5-7. France, Villers-sur-mer (Calvados).

647. rostratus, Agass., 1847, Cat., p. 93; Desor, Monogr. des Galér., p. 38, pl. 5, fig. 1-4. France, Havre (Seine-Inférieure).

648. latirostris, Desor. Agass., 1847, Cat., p. 93. Fouras.

***649. trigonopygus,** Agass., 1847, Cat. syst., p. 93. France, Le Mans (Sarthe), Fouras (Charente-Inférieure).

650. faba, Agass., 1847, Cat., p. 93; Desor, Monogr. des Galér., p. 37, pl. 5, fig. 8-10. France, Bonneville (Manche), île d'Aix (Charente-Inférieure).

PYRINA, Agassiz.

651. Desmoulinsii, d'Arch., Mém. Soc. géol. Fr., 2, 2e série, pl. 13, fig. 4; Agass., 1847, Cat., p. 92. Belgique, Tournay.

GALERITES, Lamarck.

***652. subspheroidalis,** d'Arch., Mém. Soc. géol. Fr., 2, 2e série, pl. 13, fig. 2; Agass., 1847, Cat., p. 91. Belgique, Tournay.

DISCOIDEA, Gray.

653. cylindrica, Agass., Cat., p. 89, et Echin. Suisse, 1, p. 92, pl. 6, fig. 13-15. Villard-de-Lans (Isère), Saint-Sauveur (Yonne); Allem., Rethen, près Hildesheim, Paderborn; Meglisalpe (St-Gall).

*654. **subuculus,** Leske, Agass., 1847, Cat., p. 88; Desor, Monogr. des Galér., p. 54, pl. 7, fig. 5-7. France, Le Havre, Villers, Apprigny (Yonne); Angleterre; Allemagne.

PYGASTER, Agassiz.

*655. **costellatus,** Agass., 1847, Cat., p. 86; Desor, Monogr. des Galér., p. 81, pl. 11, fig. 1-4. France, île d'Aix, Fouras (Charente-Inférieure).

*656. **truncatus,** Agass., 1847, Cat., p. 86; Desor, Monogr. des Galér., p. 81, pl. 11, fig. 8-10. Ile d'Aix, Fouras, La Malle, Le Beausset; Saint-Martin (Var).

CODIOPSIS, Agassiz.

*657. **Doma,** Agass., 1847, Cat. syst., p. 53. *Echinus Doma*, Desmar., in Defr., Dict. Sc. nat., 3, p. 101. Belgique, Tournay; France, Le Mans, Coudrecieux (Sarthe).

ARBACIA, Gray.

*658. **granulosa,** Agass., 1847, Cat. syst., p. 52. *Echinus granulosus*, Münst., Goldf., Petref., p. 125, pl. 49, fig. 5. Ile d'Aix, Le Mans; Angl., Chute-Farm; Kehlheim, sur le Danube.

*659. **canonica,** Agass., 1847, Cat. syst., p. 52. Villers (Calvados).

DIADEMA, Gray.

*660. **ornatum,** Agass., 1847, Cat., p. 43. *Diadema indifferens*, Agass. France, Villers-sur-mer, Longleat; Essen-sur-la-Rœhr.

*661. **Michelini,** Agass., 1847, Cat. syst., p. 43. Villers-sur-mer.

662. **tenue,** Agass., 1847, Cat. syst., p. 43. Villers-sur-mer.

*663. **annulare,** Agass., 1847, Cat. syst., p. 44. Le Mans.

664. **granulare,** Agass., 1847, Cat. syst., p. 46. Le Mans.

*665. **subnudum,** Agass., 1847, Cat. syst., p. 46. Le Havre.

GONIOPYGUS, Agassiz.

*666. **Menardi,** Agass., 1847, Cat. syst., p. 40; Mon. des Salén., p. 22, pl. 23, fig. 29-36. Ile d'Aix (Charente-Inférieure), Le Mans (Sarthe).

*667. **major,** Agass., 1847, Cat. syst., p. 40; Mon. des Salén., p. 25, pl. 4, fig. 17-22. Du Port-des-Barques (Charente-Inférieure).

GONIOPHORUS, Agassiz.

668. **lunulatus,** Agass., 1847, Cat., p. 39; Mon. des Salén., p. 30, pl. 5, fig. 17-24. France, cap la Hère.

*669. **apiculatus,** Agass., 1847, Cat. syst., p. 39; Monogr. des Salén., p. 32, pl. 5, fig. 25-32. France, Le Havre (Seine-Inférieure).

PELTASTES, Agassiz.

670. **acanthodes,** Agass., 1847, Cat. syst., p. 38. *Peltastes pulchellus*, Agass., Monogr. des Salén., p. 27, pl. 5, fig. 1-8. France, Escragnolles.

*671. **marginalis,** Agass., 1847, Cat. syst., p. 38; Mon. des Salén., p. 29, pl. 5, fig. 9-16. Caussols (Var).

SALENIA, Gray.

672. **personata,** Agass., 1847, Cat. syst., p. 37. *Salenia petallifera*, Agassiz, Le Mans, Le Havre, Longleat, Talmont (Charente-Inférieure), Berneuil (Oise).

673. gibba, Agass., 1847, Cat. syst., p. 37. Ile d'Aix.
674. rugosa, d'Archiac, 1847, Mém. de la Soc. géol, 2e série, 2, p. 299, pl. 13, fig. 6 ; Agass., Cat., p. 38. Belgique, Tournay.
CIDARIS, Lamarck.
675. vesiculosa, Goldf., Petref., p. 120, pl. 40, fig. 2 ; Agass., Cat., 1847, p. 24. Villers, Havre ; Westph., Essen-sur-Rœhr.
676. spinulosa, Agass., 1847, Cat. syst., p. 26. Le Mans.
PENTETAGONASTER, Linck, 1733.
677. Schulzii, d'Orb., 1847. *Asterias Schulzii*, Cotta, Rœmer, 1840 ; Nordd., Kreid., p. 28, no 3, pl. 6, fig. 21. Saxe, Tharaud.
COMPTONIA, Gray.
677'. elegans, Gray, Ann. of nat. Hist., t. 6, p. 278. Angleterre, Blackdown.
COMATULA, Lamarck.
678. paradoxa, d'Orb., 1847. *Glenotremites paradoxus*, Goldf., 1832 ; Petref., 1, p. 159, pl. 51, fig. 1. Allem., Speldorf, Diusburg-Mühlheim-en-Ruhr.
LEIOCRINUS, d'Orb., 1847.
679. Essensis, d'Orb., 1847. *Eugeniacrinus Essensis*, Rœmer, 1840 ; Nordd. Kreid., p. 26, no 1, pl. 6, fig. 5. Westph., Essen.
PENTACRINUS, Miller, 1821,
***680. Cenomanensis**, d'Orb., 1847. Espèce dont les articulations sont carénées et granuleuses sur les côtés. Le Mans.
***681. sublævigatus**, d'Orb., 1847. Espèce dont les articulations sont lisses extérieurement. Le Havre.

RAYONNÉS ZOOPHYTES.

BATHYCYATHUS, Edwards et Haime, 1848.
682. Sowerbyi, Edwards et Haime, 1848, Ann. des Sc. nat., p. 295. Angl., Kidge (Wiltshire).
TROCHOCYATHUS, Edwards et Haime, 1848.
***683. gracilis**, Edwards et Haime, 1848, Ann. des Sc. nat., p. 305. France, Le Mans (Sarthe).
683'. Koninckii, Edwards et Haime, 1848, *id.*, p. 305. Obourg, près de Mons.
PLACOCYATHUS, Edwards et Haime, 1848.
***683'. Nystii**, Edwards et Haime, 1848, loc. cit., 10, p. 328. Belg., Mons.
ACTINOSERIS, d'Orb., 1849. C'est un *Cycloseris*, à columelle centrale, non allongée.
***684. Cenomanensis**, d'Orb., 1848. Espèce très-déprimée, à cloisons très-nombreuses, dessous excavé. Le Mans.
DISCOPSAMMIA, d'Orb., 1849. Ce sont des *Stephanophyllia*, sans fossettes calicinales, à columelle rudimentaire.
!684'. Bowerbankii, d'Orb., 1849. *Stephanophyllia id.*, Edwards et Haime, 1848, Ann. des Sc. nat., 10, p. 94. Angl., Douvres.
STYLOCYATHUS, d'Orb., 1849. Polypier trochiforme, ou représentant une corne arquée, libre ; une épithèque jusqu'à la moitié, calice ovale, columelle styliforme en lame transverse ; une série de palis.

***685. dentalina,** d'Orb., 1849. Espèce arquée, en corne, striée en dehors jusqu'à la moitié, pourvue de cloisons alternes inégales. Le Mans.

ACTINOSMILIA, d'Orb., 1849.

***686. Cenomana,** d'Orb., 1849. *Lophosmilia id.*, Edwards et Haime, 1849. *Caryophyllia id.*, Michelin, 1845, p. 198, pl. 50, fig. 8. Lisse en dehors, les cloisons plus grosses de quatre en quatre. Le Mans.

ELLIPSOSMILIA, d'Orb., 1847. Voy. t. 2, p. 36.

***687. cornucopiæ,** d'Orb., 1849. *Montlivaltia cornucopiæ*, Edwards et Haime, 1848, Loc. cit., p. 258. A cloisons très-inégales, épaissies près de l'ombilic. Ile d'Aix.

***688. humilis,** d'Orb., 1847. Petite espèce à cloisons presque égales, oblique. Ile d'Aix.

689. inæqualis, d'Orb., 1847. *Anthophyllum id.*, Michelin, 1845, pl. 50, fig. 4. France, Le Mans.

LASMOPHYLLIA, d'Orb., 1847. Voy. vol. 1, p. 208.

***690. pateriforme,** d'Orb., 1847. *Anthophyllum id.*, Michelin, 1845, pl. 50, fig. 3. France, Le Mans, île d'Aix.

690'. dispar, d'Orb., 1847. *Anthophyllum dispar*, Michelin, pl. 50, fig. 6. Le Mans.

LASMOSMILIA, d'Orb., 1849. Voy. vol. 1, p. 291.

***691. meandra,** d'Orb., 1847. Grande espèce à cellules allongées souvent confluentes. Ile d'Aix.

MONTLIVALTIA, Lamouroux, 1821. Voy. t. 1, p. 207.

692'. Guerangeri, Edwards et Haime, 1848, Ann. des Sc. nat., 10, p. 258. Le Mans.

692''. striatulata, Edwards et Haime, 1848 ? *Caryophyllia id.*, Michelin, 1845, p. 198, pl. 50, fig. 9. France, Le Mans.

POLYPHYLLIA, d'Orb., 1847. Voy. p. 93.

***692'''. patellata,** d'Orb., 1847. *Turbinolia id.*, Lamarck, 1816. *Anthophyllum patellatum*, Michelin, pl. 50, fig. 2. *Thecophyllia patellata*, Edw. et Haime, 1849, 11, p. 241. France, Le Mans.

CŒLOSMILIA, Edvards et Haime, 1849.

***693. sulcata,** d'Orb., 1847. *Anthophyllum id.*, Michelin, 1845, pl. 50, fig. 5. Le Mans, Fouras, île d'Aix.

MICROBACIA, Edwards et Haime, 1849.

***695. coronula,** d'Orb., 1847. *Fungia coronula*, Goldf., 1830, Petref., 1, p. 50, pl. 14, fig. 10. Le Mans; Wespht., Essen.

FUNGINELLA, d'Orb., 1847. Voy. vol. 2, p. 91.

***696. semiglobosa,** d'Orb., 1847. *Cyclolites semiglobosa*, Michelin, 1845, Icon. zoophyt., p. 195, pl. 50, fig. 1. France, Le Mans.

***697. elegans,** d'Orb., 1847. Grosse espèce à cloisons très-inégales, dont dix seulement atteignent l'ombilic. Ile d'Aix.

ACROSMILIA, d'Orb., 1847. Voy. vol. 1, p. 207.

***698. Varusensis,** d'Orb., 1847. Grande espèce, presque à facettes et à petites granulations. La Malle (Var).

***699. Cenomana,** d'Orb. Jolie espèce à cellule évasée, fixe sur un large pédoncule. France, Le Mans.

AMBLOPHYLLIA, d'Orb., 1849. Voy. vol. 2, p. 80.

699'. cretacea, d'Orb., 1849. Espèce trochoïde, très-massive, à deux calices. Ile d'Aix.

DACTYLOSMILIA, d'Orb., 1849. C'est un *Barysmilia* à multiplication par bourgeonnement, dendroïde, une épithèque presque lisse ; calices elliptiques ; columelle saillante, longue, divisée en segments ; peut-être des palis.

***700. Cenomana,** d'Orb., 1847. Jolie espèce dont les cellules sont peu élevées, cylindriques. France, Le Mans.

***701. Carantonensis,** d'Orb., 1847. Espèce dont les branches sont dichotomes, assez allongées. France, île d'Aix.

BARYSMILIA, Edwards et Haime, 1848.

701'. Cordieri, Edwards et Haime, 1848, Ann. des Sc. nat., 10, p. 273, pl. 5, fig. 4. France, Le Mans.

701''. confusa, d'Orb., 1849. Espèce voisine de la précédente, dont les calices sont moins distincts. Ile d'Aix.

CYCLOCŒNIA, d'Orb., 1847. C'est une *Phyllocœnia*, à calice rond.

***702. rustica,** d'Orb., 1847. Grande espèce à calices de 6 millim. de diamètre, saillants, à très-grosses lames. Ile d'Aix.

***702'. explanata?** d'Orb., 1847. *Oculina id.*, Michelin, 1845, Icon. zoophyt., p. 201, pl. 51, fig. 3. France, Le Mans.

CRYPTOCŒNIA, d'Orb., 1847. Voy. t. 1, p. 322.

***703. Carantoniana,** d'Orb., 1847. Espèces à calices, de la taille de l'*A. Desportesiana*, mais à intervalle sillonné. Nancras, île d'Aix, île Madame (Charente-Inférieure).

***704. Fleuriausa,** d'Orb., 1847. Espèce à calices d'un tiers plus grands que chez l'espèce précédente. Ile d'Aix, Le Mans.

***705. rustica,** d'Orb., 1847. Espèce à très-larges calices circonscrits et costulés en dehors. France, Nancras.

STEPHANOCŒNIA, Edwards et Haime, 1848.

***706. Coniacensis,** d'Orb., 1849. Espèce à cellules larges de 7 à 8 millim., très-profondes. Cognac (Charente).

***707. grandipora,** d'Orb., 1849. Espèce voisine du *S. cribraria*, mais à cellules bien plus finement striées. Ile d'Aix.

***708. Desportesiana,** Edwards et Haime, 1848, *id.*, p. 301. *Astræa Desportesiana*, Michelin, 1845, Iconog., p. 201, pl. 50, fig. 11. Le Mans.

***709. Carantonensis,** d'Orb., 1849. Espèce dont les cellules sont d'un tiers plus petites que la précédente. France, île d'Aix.

710. littoralis, d'Orb., 1847. Espèce à cellules des deux tiers plus petites que chez le *S. pinnata*. France, le Mans, île d'Aix.

***711. Fleuriausa,** d'Orb., 1849. Espèce tubéreuse, à grands calices profonds. Ile d'Aix.

PRIONASTREA, Edwards et Haime, 1848.

***713. ambigua,** d'Orb., 1849. *Meandrina id.*, Michelin, 1845, p. 198, pl. 51, fig. 1. Le Mans.

ASTROCŒNIA, Edwards et Haime, 1848.

***714. Carantonensis,** d'Orb., 1847. Espèce à grandes et profondes cellules. France, Saint-Trojan, près de Cognac (Charente).

SYNASTREA, Edwards et Haime, 1848.

***715. pinnata,** d'Orb., 1847. Belle espèce en forme de cône, dont

les cellules ont de 5 à 6 millim. de diamètre. France, île Madame (Charente-Inférieure).
715'. conferta, Edwards et Haime, 1849, Ann. des Sc. nat., 12, p. 150. Montignies-sur-Roc (Belgique).
716. tenuissima, Edwards et Haime, 1849, *id.*, p. 151.
***717. magna,** d'Orb., 1847. Espèce dont les cellules sont le double plus larges que chez l'espèce précédente. France, Le Mans.
***718. decipiens?** Edwards et Haime, 1849; Michelin, 1845, Icon. zoophyt., p. 200, pl. 50, fig. 13. France, Le Mans.
718'. superposita, Edwards et Haime, 1849, Ann. des Sc. nat., 12, p. 151. *Astrea id.*, Michelin, 1845, Icon. zooph., p. 200, pl. 51, fig. 4. Le Mans.
CENTRASTRÆA, d'Orb., 1847. Voy. t. 1, p. 209.
***719. Cenomana,** d'Orb., 1847. *Astræa agaricites*, Michelin, 1845, p. 199, pl. 50, fig. 12 (non *A. agaricites*, Michelin, 1841, pl. 4, fig. 10). Le Mans (Sarthe), île Madame (Charente-Inférieure).
***720. Micheliniana,** d'Orb., 1847. *Astrea micraxona*, Michelin, 1845, p. 200, pl. 50, fig. 10 (non *A. micraxona*, Michelin, 1841, pl. 4, fig. 11). Le Mans, île Madame, Fouras.
MORPHASTREA, d'Orb., 1849. C'est un *Dimorphastrea* à columelle styliforme.
721. Ludoviciana, d'Orb., 1849. *Agaricia id.*, Michelin, 1845, p. 199, pl. 51, fig. 2. France, Le Mans.
STELLORIA, d'Orb., 1849. Centres caliciaux en étoiles, à cinq ou six branches qui forment autant de vallons très-profonds, séparés par une colline. De ces vallons, les uns courts, les autres longs, un ou deux vont communiquer à d'autres centres et forment un méandre.
***721'. rustica,** d'Orb., 1847. Espèce à profondes cellules, garnies de très-grosses cloisons irrégulières. Ile d'Aix.
***722. elegans,** d'Orb., 1847. Espèce à centres caliciaux très-petits, bien distincte de la précédente. Ile d'Aix.
PLEUROCORA, Edwards et Haime, 1848.
722''. explanata, Edwards et Haime, 1849, Ann. des Sc. nat., 11, p. 311. Belgique, Obourg, près de Mons.
722'''. alternans, Edwards et Haime, 1849, *id.*, p. 312. Obourg.
722''''. Koninckii, Edwards et Haime, 1849, *id.*, p. 312. Obourg.
POLYTREMACIS, d'Orb., 1849. C'est un *Stylophora* sans saillie aux calices, ceux-ci simplement creusés; intervalle d'un tissu poreux, granuleux en dessus, ensemble amorphe.
***723. bulbosa,** d'Orb., 1847. Espèce globuleuse, arrondie, à calices assez grands. Ile d'Aix.
DACTYLACIS. C'est un *Polytremacis* rameux, dendroïde.
***724. ramosa,** d'Orb., 1847. Espèce rameuse à rameaux dichotomes. Ile d'Aix.
POLYTREMA, Risso, 1826. Voy. t. 1, p. 323.
725. spongites, d'Orb., 1847. *Ceriopora spongites*, Goldf., 1830, Petref., 1, p. 35, pl. 10, fig. 14. Westph., Essen.
***726. clavula,** d'Orb., 1847. *Ceriopora clavula*, Michelin, Icon. zoophyt., pl. 52, fig. 8. France, Le Mans.

*727. **lobata,** d'Orb., 1847. *Chætetes id.*, Michelin, Icon. zoophyt., p. 201, pl. 51, fig. 6. France, Le Mans.

728. **escharoides,** d'Orb., 1847. *Ceriopora escharoïdes*, Goldfuss, pl. 12, fig. 3. Rœmer, 1840, Nordd. Kreid., p. 15, nº 1. Westphalie, Essen.

*729. **truncata,** d'Orb., 1847. *Ceriopora truncata*, Michelin, 1845, Icon. zoophyt., p. 206, pl. 51, fig. 7, *id.* France, Le Mans.

*730. **avellana,** d'Orb., 1847. *Ceriopora id.*, Michelin, 1845, p. 208, pl. 52, fig. 13. France, Le Mans.

*731. **pseudo-tuberosa,** d'Orb., 1847. *Ceriopora id.*, Michelin, 1845, p. 208, pl. 53, fig. 1 (non Rœmer, 1841). Le Mans.

*731'. **licheniformis,** d'Orb., 1847. *Ceriopora licheniformis*, Michelin, 1847, Icon., p. 205, pl. 52, fig. 5. France, Le Mans.

732. **polymorpha,** d'Orb., 1847. *Ceriopora polymorpha*, Goldfuss, pl. 10, fig. 7. Rœmer, 1840, Nordd. Kreid., p. 25, nº 1. *Millepora lobata*, Rœmer, Oolith., pl. 17, fig. 12. Westph., Essen.

CERIOPORA, Goldfuss, 1826.

*733. **ramulosa,** d'Orb. *Chætetes ramulosa*, Michelin, 1845, p. 202, pl. 51, fig. 5. France, Le Mans, Mazorques (Var).

*734. **papularia,** Michelin, 1844, Icon. zoophyt., p. 124, pl. 32, fig. 7. Villers, Honfleur, St-Jean-la-Forest, Coulange, Le Mans.

*735. **heteropora,** d'Orb., 1847. Espèce à rameaux grêles, cylindriques. Le Mans.

*736. **surculacea,** d'Orb. *Heteropora id.*, Michelin, 1845, p. 209, pl. 51, fig. 8. France, Le Mans, Grand-Pré (Ardennes).

*737. **gracilis,** Goldf., pl. 10, fig. 11. *Meloceratites id.*, Rœmer, 1840, Nordd. Kreid., p. 18, nº 1, pl. 5, fig. 13. France, Le Havre; Westph., Essen.

*738. **Cenomana,** d'Orb. *Ceriopora gracilis*, Michelin, pl. 53, fig. 2. (non Goldf., 1830, Petref. germ., pl. 10, fig. 11). Le Mans.

MONTICULIPORA, d'Orb., 1847. Voy. t. 1, p. 25.

739. **cribrosa,** d'Orb., 1847. *Ceriopora cribrosa*, Goldf., pl. 10, fig. 16. Rœmer, 1840, Nordd. Kreid., p. 21, nº 1. Westph., Essen.

740. **muricata,** d'Orb., 1847. *Achilleum muricatum*, Goldf., 2, p. 85, pl. 31, fig. 3. Westphalie, Essen.

LEPTOPORA, d'Orb. C'est un *Polytrema* rampant, formant des branches dichotomes fixes sur lesquelles sont percés les pores.

*741. **elegans,** d'Orb., 1847. Jolie espèce à rameaux larges, dichotomes, très-aplatis. Le Mans (Sarthe).

FORAMINIFÈRES (D'ORB.).

CYCLOLINA, d'Orb., 1842, Foraminifères de Vienne.

*742. **cretacea,** d'Orb., 1846, Foraminifères de Vienne, p. 139, pl. 21, fig. 22-25. France, île Madame (Charente-Inférieure).

ORBITOLINA, d'Orb., 1847. Voy. t. 2, p. 148.

*743. **plana,** d'Archiac, 1837, Mém. Soc. géol. de France, t. 2, p. 178. France, Fouras, La Malle (Var).

*744. **mamillata,** d'Archiac, 1837, *id.*, t. 2, p. 178. Fouras.

*745. **concava,** Lamarck, 1816, Anim. sans vert., 2, Michelin, 1842, Icon. zoophyt., p. 28, pl. 7, fig. 9 (mala). *Orbitolina conica*, d'Archiac. France, Ballon, St-Paulet, près le Pont-St-Esprit, Fouras.

DENTALINA, d'Orb., 1825. Voy. t. 1, p. 242.

*746. **rustica,** d'Orb., 1847. Grosse espèce rugueuse, irrégulière. Ile Madame.

*747. **Cenomana,** d'Orb., 1847. Espèce striée obliquement aux loges inférieures, la dernière lisse. Le Mans.

*748. **Sarthacensis,** d'Orb., 1847. Espèce comprimée, lisse, peu arquée, sans saillie à la dernière loge. Le Mans.

FRONDICULARIA, Defrance, 1825. Voy. t. 1, p. 241.

*749. **caudata,** d'Orb., 1847. Espèce ovale, très-comprimée, striée en long. France, Le Mans.

VAGINULINA, d'Orb., 1825, Foraminifères de Vienne, p. 179.

*750. **citharina,** d'Orb., 1847. Espèce large, triangulaire, comprimée, arquée, striée en long entre les séparations des loges. Le Mans.

*751. **striato-costata,** d'Orb., 1847. Espèce allongée, grêle, commençant par une boule striée, lisse partout excepté sur les côtes des loges. Le Mans.

CRISTELLARIA, Lamarck. Voy. t. 1, p. 242.

*752. **Carantina,** d'Orb., 1847. Petite espèce lisse, sans côtes saillantes. France, île Madame.

FLABELLINA, d'Orb., 1846. Foraminifères de Vienne, p. 92.

*753. **Cenomana,** d'Orb., 1847. Espèce triangulaire, lisse aux dernières loges, renflée aux premières. Le Mans.

*754. **ovalis,** d'Orb., 1847. Espèce ovale, lisse, comprimée, renflée aux premières loges. Le Mans.

LITUOLA, Lamarck, d'Orb. Foraminifères de Vienne, p. 138.

*755. **rugosa,** d'Orb., 1847. Grosse espèce de 7 millimètres, rugueuse, à cellules convexes. Port-des-Barques (Charente-Inférieure).

ALVEOLINA, Bosc, d'Orb. Foraminifères de Vienne, p. 143.

*756. **cretacea,** d'Archiac. Espèce allongée. France, île Madame (Charente-Inférieure), Cognac (Charente).

*757. **ovum,** d'Orb., 1847. Petite espèce ovale, à cellules convexes. France, île Madame.

PLACOPSILINA, d'Orb., 1847. Voy. t. 1, p. 259.

*758. **Cenomana,** d'Orb., 1847. Espèce contournée en crosse adhérente aux corps. Le Mans (Sarthe).

BULIMINA, d'Orb., 1825. Voy. Foraminifères de Vienne, p. 183.

*759. **Cenomana,** d'Orb., 1847. Espèce voisine du *B. Protea*, mais plus courte et plus rugueuse. Le Mans.

*760. **Sarthacensis,** d'Orb., 1847. Espèce voisine du *B. rugosa*, mais plus large et plus pupoïde. Le Mans.

CHRYSALIDINA, d'Orb., 1846, Foraminifères de Vienne, p. 194.

761. **gradata,** d'Orb., 1846, Foraminifères de Vienne, p. 194, pl. 21, fig. 32, 33. France, île Madame.

POLYMORPHINA, d'Orb., 1825, Foraminifères de Vienne, p. 231.

761'. **Cenomanensis,** d'Orb., 1847. Espèce ovale, lisse, à côtés très-inégaux. Le Mans.

CUNEOLINA, d'Orb., 1846. Voy. Foraminifères de Vienne, p. 253.
*762. **pavonia,** d'Orb., 1846, Foraminifères de Vienne, p. 253, pl. 21, fig. 50-52. France, île Madame.
*762'. **conica,** d'Orb., 1847. Espèce plus étroite que la précédente. France, île Madame.
*763. **Fleuriausa,** d'Orb., 1847. Espèce encore plus étroite, presque linéaire. France, île Madame.

AMORPHOZOAIRES.

COSCINOPORA, Goldfuss, 1830.
*763'. **Meandrina,** d'Orb., 1847. Espèce dont les lames se contournent comme une méandrine. St-Pot (Pas-de-Calais).
764. **crassa,** d'Orb., 1847. *Retepora crassa,* Michelin, 1844, Icon. zoophyt., p. 146, pl. 40, fig. 4. France, Coulanges.
*764'. **cylindrica,** d'Orb., 1847. *Retepora cylindrica,* Michelin, 1844, p. 146, pl. 36, fig. 6. France, Le Havre.
OCELLARIA, Lamarck, 1816. *Ventriculites,* Mantell, 1822.
*765. **ramosa,** d'Orb., 1847. Espèce rameuse dont les pores extérieurs sont par lignes irrégulières. France, Honfleur (Calvados).
EUDEA, Lamouroux, 1821. Voy. t. 1, p. 209.
766. **foraminosa,** d'Orb., 1847. *Scyphia foraminosa,* Goldf., pl. 31, fig. 4. Rœmer, 1840, Nordd. Kreid., p. 6, nº 6. Westph., Essen.
767. **cylindrica,** d'Orb., 1847. *Chenendopora id.,* Michelin, 1845, p. 214, pl. 52, fig. 17. France, Le Mans.
VERTICILLITES, Defrance, 1828.
*768. **incrassata,** d'Orb., 1847. Espèce dont les tiges grossissent de la base au sommet, au lieu d'être cylindriques. Le Havre.
CHNEMIDIUM, Goldfuss, 1830.
769. **Roissyi,** d'Orb., 1847. *Hippalimus id.,* Michelin, 1844, Icon. zoophyt., p. 126, pl. 36, fig. 1. France, Villers.
770. **coniformis?** d'Orb., 1847. *Ventriculites Benettiæ,* Michelin, 1844, p. 144, pl. 38, fig. 3 (non Mantell, 1822). Villers, Le Havre, Rouen.
SIPHONIA, Parkinson, 1811. *Hallirhœa,* Lamouroux, 1821.
*771. **costata,** d'Orb. *Hallirœa id.,* Lamouroux, 1821, Exposit. des polyp., p. 72, pl. 78, fig. 1. *H. Tessonis,* Michelin, pl. 34, fig. 1. Villers, Honfleur, Remalard (Orne), Le Havre.
*772. **acaulis,** Michelin, 1844, p. 139, pl. 38, fig. 2. Le Havre, Villers.
773. **ficus,** Goldf., 1833, Petref. Germaniæ, pl. 65, fig. 14. *S. pyriformis,* Sow., 1836, in Fitton, pl. 15 (non Goldf., 1830, non *Fittoni,* Michelin, pl. 29, fig. 6). Angl., Blackdown ; Allem., Quedlimbourg.
HIPPALIMUS, Lamouroux, 1821. Voy. t. 2, p. 209.
774. **tetragonus,** d'Orb., 1847. *Scyphia tetragona,* Goldf., pl. 2, fig. 2. Rœmer, 1840, Nordd. Kreid., p. 6, nº 5. *Scyphia mamillaris,* Goldf., 1, p. 4, pl. 2, fig. 1. Westph., Essen.
*775. **fungioides,** Lamouroux, 1821, Exposit. méth. des polyp.

Michelin, pl. 36, fig. 2. Villers (Calvados), île Madame (Charente-Inférieure).

*776. **multidigitata,** d'Orb., 1847. *Spongia id.*, Michelin, 1845, p. 217, pl. 51, fig. 9. France, Le Mans.

776'. **Normaniana,** espèce grosse et courte avec une racine compliquée. France, Villers (Calvados).

*777. **infundibuliformis,** d'Orb., 1847. *Scyphia id.*, Goldf., pl. 5, fig. 2. Rœmer, 1840, Nordd. Kreidd., p. 7, n° 12. France, Villers; Westph., Essen.

778. **furcata,** d'Orb., 1847. *Scyphia furcata*, Goldf., pl. 2, fig. 6. Rœmer, 1840, Kreid., p. 5, n° 1. *Scyphia micropora*, Michelin, 1846, Zooph., pl. 53, fig. 14. Le Mans; Westph., Essen.

TREMOSPONGIA, d'Orb., 1847. C'est un *Sparsispongia*, dont le dessous est encroûté comme chez les *Lymnorea*.

*779. **sphærica?** d'Orb., 1847. *Lymnorea sphærica*, Michelin, 1845, Icon., p. 216, pl. 52, fig. 16. France, Le Mans.

CHENENDOPORA, Lamouroux, 1821.

*780. **fungiformis,** Lamouroux, 1821, Exposit. des polyp., pl. 75, fig. 9. Villers (Calvados), Le Havre, Lamnay (Sarthe).

781. **undulata,** Michelin, 1844, *id.*, p. 131, pl. 34, fig. 3. France, Villers, Coulanges.

*782. **subplena,** Michelin, 1844, Icon. zoophyt., p. 132, pl. 41, fig. 1. France, Bellesme (Orne), Dives (Calvados).

*783. **pateræformis,** Michelin, 1844, *id.*, p. 130, pl. 37, fig. 2. France, Le Havre, Villers, Coulanges, Remalard.

POROSPONGIA, d'Orb., 1847. C'est un *Chenendopora* pourvu de pores en dedans et en dehors.

784. **Sackii,** d'Orb., 1847. *Scyphia Sackii*, Goldf., pl. 31, fig. 7. Rœmer, 1840, Kreid., p. 9, n° 35. Westph., Essen.

IEREA, Lamouroux, 1821.

?785. **punctata,** d'Orb., 1847. *Siphonia punctata*, Münst., Goldf., 1833, Petref., 1, p. 221, pl. 65, fig. 13. Allem., Goslar.

786. **pyriformis,** Lamouroux, 1821, Exposit. méth. des polyp., p. 79, pl. 78, fig. 3. *Sip. elongata*, Rœmer, 1841. *Ierea elongata*, Michelin, pl. 39, fig. 4. Villers, Coulanges, Remalard (Orne).

787. **Desnoyersi,** *Ierea tuberosa*, Michelin, 1844, p. 135, pl. 39, fig. 1-3. France, Coulanges, Remalard, Le Havre.

MARGINOSPONGIA, d'Orb., 1847. Contexture finement et irrégulièrement spongieuse; oscules ronds, épars, placés seulement au bord supérieur d'un ensemble cupuliforme, porté sur une tige et une racine.

*788. **infundibulum,** d'Orb., 1847. *Alcyonium infundibulum*, Lamouroux, 1830. *Chenendopora Parkinsoni*, Michelin, 1844, Icon. zoophyt., p. 131, pl. 31, fig. 1. Villers, Le Havre.

SPARSISPONGIA, d'Orb., 1847. Voy. t. 1, p. 109.

789. **rugosa,** d'Orb., 1847. *Tragos rugosum*, Goldf., 1830, Petref., 1, p. 12, pl. 5, fig. 4. Westph., Essen.

790. **pulvinaria,** d'Orb., 1847. *Manon pulvinarium*, Goldf., pl. 29, fig. 7. Rœmer, 1840, Nordd. Kreid., p. 3, n° 3, pl. 1, fig. 9. Essen.

STELLISPONGIA, d'Orb., 1847. Voy. t. 1, p. 210.

*791. **microstella,** d'Orb., 1847. Espèce encroûtante, à étoiles peu distinctes. France, île Madame.

792. **substellata,** d'Orb., 1847. *Tragos stellatum*, Goldf., 1831, Petref., 1, p. 14, pl. 30, fig. 2 (non Lamour., 1821). Westph., Essen.

CUPULOSPONGIA, d'Orb., 1847. Voy. t. 1, p. 210.

*793. **Normaniana,** d'Orb., 1847. *Spongia Pezixa*, Michelin, 1844, p. 143, pl. 36, fig. 5 (non *Pezixa*, Goldfuss, 1830). Villers (Calvados), Le Mans, Le Havre.

*794. **consobrina,** d'Orb., 1847. Espèce voisine de la précédente, mais avec des pores le double plus petits. Le Havre.

*795. **Trigeris,** d'Orb., 1847. *Spongia id.*, Michelin, 1845, p. 216, pl. 53, fig. 12. France, Le Mans ; Westph., Essen (sous le nom de *Pezixa*, Rœmer).

*796. **microtrema,** d'Orb., 1847. Espèce dont les pores sont le double plus petits que chez l'espèce précédente. Villers.

PLOCOSCYPHIA, Reuss, 1846, p. 77.

*797. **meandrinoides,** d'Orb., 1847. *Spongia id.*, Leymer., 1842, Mém. Soc. géol., p. 1, pl. 1, fig. 2. St-Parres (Aube), Villers (Calvados), Le Havre.

*798. **Morchella,** d'Orb., 1847. *Achilleum Morchella*, Goldf., 1831, Petref., 1, p. 1, pl. 29, fig. 6. Le Havre, Villers ; Westph., Essen.

799. **Michelini,** d'Orb., 1847. *Eschara labyrinthicus*, Michelin, 1844, Icon. zoophyt., p. 124, pl. 32, fig. 2 (non Mantell, 1822). France, Le Havre, Honfleur, Villers. Il est probable qu'une *Escharina* parasite a été confondue avec l'espèce.

AMORPHOSPONGIA, d'Orb., 1847. Voy. t. 1, p. 178.

*800. **informis,** d'Orb., 1847. *Spongia id.*, Michelin, 1845, p. 217, pl. 52, fig. 15. France, Le Mans.

*801. **pisiformis,** d'Orb., 1847. *Cnemidium pisiforme*, Goldf., pl. 5, fig. 5. Rœmer, 1840, Nordd. Kreid., p. 4, nº 1. Westph., Essen.

*802. **cervicornis,** d'Orb., 1847. *Siphonia cervicornis*, Goldf., 1831, Petref., 1, p. 97, pl. 35, fig. 11. Westph., Haldern.

803. **deformis,** d'Orb., 1847. *Tragos deforme*, Goldf., 1830, Petref., 1, p. 12, pl. 5, fig. 3. Westph., Essen.

*804. **Carantonensis,** d'Orb., 1847. Belle espèce polymorphe, généralement en gros rognons. Ile Madame, Nancras, île d'Aix.

*805. **digitata,** d'Orb., 1847. Espèce formée de digitations verticales, subcylindriques et groupées sur une large base. Ile Madame.

*806. **dumosa,** d'Orb., 1847. Espèce voisine de la précédente, mais dont les branches forment un ensemble porté sur un pied étroit. La Malle.

*807. **capulus,** d'Orb., 1847. Petite espèce formant un petit cône obtus de quelques millimètres de diamètre. France, Le Havre.

*808. **echinata,** d'Orb., 1847. Espèce allongée, couverte d'aspérités presque échinulées. France, Le Havre.

*809. **Gaudryna,** d'Orb., 1847. Espèce globuleuse, voisine de l'*A informis*, mais d'un tissu plus poreux et plus labyrintiforme. Ile d'Aix.

VINGT-UNIÈME ÉTAGE : — TURONIEN.

MOLLUSQUES CÉPHALOPODES.

NAUTILUS, Breynius. Voy. t. 1, p. 52.

*1. **Sowerbyanus,** d'Orb., 1840, Paléont. franç., Terr. crét., 1, p. 83, pl. 16. France, Montrichard (Loire-et-Cher), Poncé (Sarthe), Tourtenay (Deux-Sèvres).

*2. **sublævigatus,** d'Orb., 1847. *N. lævigatus*, d'Orb., 1840, Pal., 1, pl. 17 (non Montagu, 1803). Rochefort (Charente-Inférieure), Montrichard, Uchaux (Vaucluse).

AMMONITES, Bruguière, 1789. Voy. t. 1, p. 181.

*3. **Bravaisianus,** d'Orb., Paléont., 1, p. 308, pl. 91, fig. 3, 4. Uchaux.

*4. **Woolgarii,** Mantell, 1822. *A. Carolinus,* d'Orb., Paléont., 1, p. 310, pl. 91, fig. 5, 6 (non *Woolgarii,* d'Orb.). Martrous, près de Rochefort (Charente-Inférieure), Sainte-Maure (Indre-et-Loire), Tourtenay, Saumur (Maine-et-Loire), Montrichard; Angl., près de Lewes.

*5. **Requienianus,** d'Orb., 1841, Pal., 1, p. 315, pl. 93. Uchaux.

*6. **Goupilianus,** d'Orb., 1841, Paléont., Terr. crét., 1, p. 317, pl. 94, fig. 1-3. France, Saumur, Uchaux.

*7. **peramplus,** Mantell, d'Orb., Paléont., 1, p. 333, pl. 100, fig. 1, 2. Uchaux, Montrichard, Tourtenay, Saumur; Angleterre, près de Lewes et de Eastbourne.

*8. **Prosperianus,** d'Orb., Paléont., 1, p. 335, pl. 100, fig. 3, 4. Uchaux.

*9. **Lewesiensis,** Sowerby, 1822, Min. Conch., 4, p. 80, pl. 358 (non d'Orb., Paléont., 1, p. 336, pl. 101, pl. 102, fig. 1, 2). Montrichard, Tourtenay, Rouen, cap Blanc-Nez, La Malle, La Martre (Var); Angleterre, Folkstone, près de Lewes.

*10. **Fleuriausianus,** d'Orb., Paléont., 1, p. 350, pl. 107. France, Martrou (Charente-Inférieure), Gourdon (Lot), Saumur.

*11. **Vielbancii,** d'Orb., Paléont., 1, p. 352, pl. 108, fig. 1-3. Sous le faux nom de *Woolgarii,* Mantell. Martrous, Saumur, Tourtenay.

*12. **papalis,** d'Orb., Paléont., Terr. crét., 1, p. 354, pl. 109, fig. 1-3. Uchaux, Montrichard, Poncé, Tourtenay.

*13. **Deverianus,** d'Orb., Paléont., 1, p. 356, pl. 110. France, Uchaux, Montrichard, Poncé, Tourtenay.

*14. **rusticus,** Sow., d'Orb., Paléont., 1, p. 358, pl. 111, fig. 1, 2. *A. catinus*, Mantell? pl. 22, fig. 10. Rouen, au-dessus de la couche à *A. Rhotomagensis;* Angl., Lewes.

*15. **Galliennei,** d'Orb., 1847. Espèce singulière, lisse, comprimée, à tours embrassants, pourvue de deux sillons sur la région dorsale, qui est obtuse. Poncé (Sarthe).

*16. **Turoniensis,** d'Orb., 1847. Belle espèce à tours étroits, aplatis sur le dos et pourvus aux côtés, sur des côtes transversales, de trois tubercules, dont le plus externe est saillant. Tourtenay (Deux-Sèvres), Saumur.

*17. **Talavignesii,** d'Orb., 1847. Espèce voisine de l'*A. Pailletteanus*, mais à tours plus ronds, pourvus de côtes plus saillantes, inégalement espacées. Au-dessous des Hippurites aux Bains-de-Rennes (Aude).

CERATITES, Hann, 1825. Voy. t. 1, p. 171.

18. **Robini,** d'Orb., 1848. *Ammonites Robini,* Thiollière, Note sur une nouvelle espèce d'Amm., pl. 1. (C'est peut-être un exemplaire de l'*A. Requienianus*, dont les cloisons sont usées extérieurement, ce qui, toujours, arrondit les lobes). France, Dieu-le-Fit (Drôme).

*19. **Ewaldi,** d'Orb., 1848. *Ammonites Ewaldi,* de Buch, Uber Ceratiten, etc., pl. 6, fig. 6, 7. Uchaux (Vaucluse).

HAMITES, Parkinson, 1811. Voy. t. 2, p. 126.

20. **gracilis,** d'Orb. *Toxoceras id.,* d'Orb., Paléont., 1, p. 488, pl. 120, fig. 10-12. Uchaux.

BACULITES, Lamarck, 1799. Voy. t. 2, p. 66.

*21. **undulatus,** d'Orb., 1847. Espèce ovale comme le *B. baculoides,* mais sans sillons, et ondulée obliquement. Uchaux (Vaucluse).

MOLLUSQUES GASTÉROPODES.

TURRITELLA, Lamarck, 1801. Voy. t. 2, p. 67.

*22. **difficilis,** d'Orb., 1842, Paléont., 2, p. 39, pl. 151, fig. 19, 20. France, Uchaux, Martigues (Bouches-du-Rhône).

*23. **Uchauxiana,** d'Orb., 1842, Paléont. franç., Terr. crét., 2, p. 40, pl. 151, fig. 21-24. France, Uchaux, Montrichard (Loir-et-Cher).

*24. **Requieniana,** d'Orb., 1842, Paléont., 2, p. 43, pl. 152, fig. 5, 6. Uchaux.

*25. **granulatoides,** d'Orb., 1847. *T. granulata,* d'Orb., Paléont. franç., Terr. crét., 2, p. 46, pl. 153, fig. 5, 7 (non Sow., 1827). Uchaux.

*26. **Verneuiliana,** d'Orb., 1842, Paléont., 2, p. 47, pl. 153, fig. 8, 9. Uchaux.

*27. **Renauxiana,** d'Orb., 1842, Paléont., 2, p. 41, pl. 152, fig. 1-4. Uchaux.

CHEMNITZIA, d'Orb., 1839. Voy. t. 1, p. 172.

*28. **inflata,** d'Orb., 1842, Pal., 2, p. 71, pl. 156, fig. 2. Uchaux.

EULIMA, Risso, 1825. Voy. t. 1, p. 116.

*29. **amphora,** d'Orb., 1842, Pal., 2, p. 66, pl. 156, fig. 1. Uchaux.

*30. **Requieniana,** d'Orb., 1842, Paléont., 2, p. 67, pl. 155, fig. 18. Uchaux.

NERINEA, Defrance, 1825. Voy. t. 1, p. 263.

*31. **Pailletteana,** d'Orb., 1842, Paléont., 2, p. 88, pl. 161, fig. 1-3. Bains-de-Rennes (Aude), Bagnolle, Martigues (Bouches-du-Rhône), Mondragon, Piolen (Vaucluse).

*32. **pauperata,** d'Orb., 1842, Paléont., 2, p. 90, pl. 161, fig. 6, 7. Martigues.

*33. **brevis,** d'Hombres, d'Orb., 1842, Paléont., 2, p. 92, pl. 162, fig. 3, 4. France, Soulage (Aude), Beausset (Var).

*34. **subæqualis,** d'Orb., 1842, Paléont., 2, p. 93, pl. 162, fig. 5, 6. France, Pons, Saintes (Charente-Inférieure).

35. **Requieniana,** d'Orb., 1842, Paléont., 2, p. 94, pl. 163, fig. 1-3. Pons, Bains-de-Rennes, Sainte-Baume, Piolen, Beausset, Martigues; Égypte.

*36. **Uchauxiana,** d'Orb., 1842, Paléont., 2, p. 98, pl. 164, fig. 1. Uchaux.

†37. **longissima,** Reuss, 1846, Bœhm. Kreideform., p. 114, pl. 44, fig. 1-4. Bohême, H. Koriczan, Zloseyn.

39. **cesticulosa?** d'Orb., 1847. *Turritella cesticulosa*, Mathéron, 1843, Catalogue, p. 246, pl. 39, fig. 17. France, Figuières, près de Marseille.

PYRAMIDELLA, Lamarck, 1796. D'Orb., Paléont. franç., Terr. crét., 2, p. 103.

*40. **canaliculata,** d'Orb., 1842, Paléont., 2, p. 104, pl. 164, fig. 3-6. France, Uchaux, environs d'Alais.

41. **subcarinata,** d'Orb., 1847. *P. carinata*, Reuss, 1846. Bœhm. Kreid., p. 113, pl. 44, fig. 6, 7 (non Risso, 1826). Bohême. Koriczan.

ACTEONELLA, d'Orb., 1842, Paléont. franç., Terr. crét., 2, p. 107.

*42. **Renauxiana,** d'Orb., 1842, Paléont., 2, p. 108, pl. 164, fig. 7. Uchaux.

*43. **Lefebreana,** d'Orb., 1842, Paléont., 2, p. 108. Espèce à tours très-rapprochés les uns des autres. Égypte, avec les Radiolites.

*44. **lævis,** d'Orb., 1842, Pal., 2, p. 110, pl. 165, fig. 2, 3. Uchaux, Soulage (Aude), Angoulême; Autriche, Gosau; Bohême, Kutschlin.

*45. **crassa,** d'Orb., 1842, Paléont., 2, p. 111, pl. 166. Beausset (Var), Candelon, Brignolles, Martigues (Bouches-du-Rhône), Soulage (Aude), Cognac, Pons (Charente-Inférieure), Saint-Georges, Rochecorbon (Indre-et-Loire), Villedieu (Loir-et-Cher).

*46. **Toucasiana,** d'Orb., 1847. Espèce plus grande que l'*A. gigantea*, à spire plus allongée, plus étroite en avant. Le Beausset (Var).

PTERODONTA, d'Orb., 1843. Voy. t. 2, p. 149.

*47. **naticoides,** d'Orb., 1847. Espèce courte comme une Natice, à bouche très-étroite. Uchaux.

48. **gracilis,** d'Orb., 1847. *Pterocera gracilis*, Reuss, 1845, Bœhm. Kreideform., p. 46, pl. 11, fig. 21. Bohême, Kutschlin.

NATICA, Adanson, 1757. Voy. t. 1, p. 29.

*49. **lyrata,** Sow., 1836. D'Orb., Paléont., Terr. crét., 2, p. 161, pl. 172, fig. 5. France, Uchaux; Autriche, Gozau.

*50. **Requieniana,** d'Orb., 1842, Paléont., Terr. crét., 2, p. 161, pl. 174, fig. 2. France, Uchaux (Vaucluse), Soulage.

*51. **subbulbiformis,** d'Orb., 1847. *N. bulbiformis*, d'Orb., Pal.,

2, p. 162, pl. 174, fig. 3. Uchaux, Martigues, Montrichard (Loir-et-Cher); Bohême, Kreslingswalda.
*52. **Martinii,** d'Orb., 1842, Paléont., 2, p. 164, pl. 174, fig. 5. Martigues.
*53. **Toucasiana,** d'Orb., 1847. Coquille voisine des *N. subbulbiformis*, mais sans canal sur la suture, à spire plus étroite que le *N. vulgaris*. Bourré (Loir-et-Cher), Le Beausset (Var), Bains-de-Rennes (Aude); Bohême.
54. **notata,** Reuss, 1846. Bœhm., Kreideform., p. 118, pl. 44, fig. 20. Bohême, Koriczan.
NERITOPSIS, Sowerby, 1825. Voy. t. 1, p. 263.
55. **Renauxiana,** d'Orb., 1842, Paléont., 2, p. 175, pl. 176, fig. 5-7. Uchaux.
NERITA, Linné, 1758. Voy. t. 1, p. 214.
*56. **ornatissima,** d'Orb., 1847. Belle espèce couverte, près de la spire, de fortes rides transverses, le reste orné de gros tubercules par lignes longitudinales. Espèce voisine des *N. nodoso-costata*. Les Martigues.
*57. **Bourgeoisiana,** d'Orb., 1847. Jolie espèce ridée en travers des spires; les stries interrompues par de légères côtes longitudinales. Les Essards (Loir-et-Cher).
*58. **nodoso-costata,** d'Orb., 1847. *Natica nodoso-costata*, Reuss, 1846, Bœhm., Kreideform., p. 113, pl. 44, fig. 21. Bohême, Koriczan.
59. **plebeia,** Reuss, 1846, id., p. 112, pl. 44, fig. 18. Koriczan.
TROCHUS, Linné, 1758. Voy. t. 1, p. 64.
60. **Geinitzii,** Reuss, 1846. Bœhm., p. 112, pl. 44, fig. 24. Koriczan.
61. **pseudo-helix,** Reuss, 1846. Bœhm., p. 112, pl. 44, fig. 23. Koriczan.
61'. **canaliculatus,** Reuss, 1846. Bœhm., p. 112, pl. 44, fig. 25. Koriczan.
TURBO, Linné, 1758. Voy. t. 1, p. 64.
*62. **Renauxianus,** d'Orb., 1842, Pal., 2, p. 225, pl. 186, fig. 4-8. Uchaux.
63. **Reussianus,** d'Orb., 1847. *Turbo Astierianus*, Reuss, 1846. Bœhm., p. 112, pl. 44, fig. 22 (non *T. Astierianus*, d'Orb., 1842). Koriczan.
*64. **Dutemplei,** d'Orb., 1847. Espèce voisine de la précédente, mais avec sept rangées de côtes, au lieu de cinq. Valmy (Marne).
PLEUROTOMARIA, Defrance, 1825. Voy. t. 1, p. 7.
*65. **Galliennei,** d'Orb., 1842, Paléont., 2, p. 256, pl. 197, fig. 1-6. Saumur (Maine-et-Loire), Tourtenay (Deux-Sèvres), Poncé (Sarthe), Cotentin (Manche), Cadière, Caussols (Var).
*66. **Requieniana,** d'Orb., 1842, Paléont., 2, p. 262, pl. 200, fig. 5-8. Uchaux.
*68. **Uchauxiana,** d'Orb., 1842, Paléont., 2, p. 273. Uchaux.
OVULA, Bruguière, 1791.
69. **ventricosa?** d'Orb., 1847. *Strombus ventricosus*, Reuss, 1845. Bœhm., p. 46, pl. 9, fig. 11. Bohême, Kutschlin.
VOLUTA, Linné, 1758. Voy. t. 2, p. 154.

*70. **elongata,** d'Orb., 1843, Paléont., 2, p. 323, pl. 220, fig. 2. *Fasciolaria idem*, Sow., 1835. Uchaux ; Autriche, Gozau.

*71. **Requieniana,** d'Orb., 1843, Paléont., 2, p. 324, pl. 220, fig. 4. Uchaux.

*72. **Gasparini,** d'Orb., 1843, Paléont., 2, p. 325, pl. 220, fig. 6. Uchaux.

*73. **Renauxiana,** d'Orb., 1843, Paléont., 2, p. 327, pl. 221, fig. 4. Uchaux.

74. **conoidea ?** Mathéron, 1843, Catalogue, p. 253, pl. 40, fig. 19, 20. France, Figuières, près de Marseille.

ROSTELLARIA, Lamarck, 1801. Voy. t. 2, p. 71.

*75. **simplex,** d'Orb., 1843, Paléont., 2, p. 290, pl. 208, fig. 6, 7. Uchaux.

*76. **ornata,** d'Orb., 1843, Pal., 2, p. 291, pl. 209, fig. 1, 2. Uchaux.

*77. **Requieniana,** d'Orb., 1843, Paléont., 2, p. 293, pl. 209, fig. 3, 4. Uchaux.

78. **pauperata,** d'Orb., 1843, Paléont., 2, p. 294, pl. 210, fig. 1. Uchaux.

*79. **Noueliana,** d'Orb., 1847. Grande espèce tuberculeuse à aile très-longue et très-étroite. Montrichard (Loir-et-Cher).

*80. **anserina,** Nilson, 1827, Petref. Suec., pl. 3, fig. 6? Rœmer, Kreid., p. 78, pl. 11, fig. 7. Kreslingswalde.

FUSUS, Bruguière, 1791. Voy. t. 1, p. 303.

*81. **Renauxianus,** d'Orb., 1847, Paléont., 2, p. 339, pl. 223, fig. 10. Uchaux.

*82. **Requienianus,** d'Orb., 1843, Paléont., 2, p. 343, pl. 225, fig. 3. Uchaux.

CERITHIUM, Adanson, 1757. Voy. t. 1, p. 196.

*83. **Ataxense,** d'Orb., 1843, Paléont. franç., Terr. crét., 2, p. 372, pl. 231, fig. 1. France, montagne des Cornes (Aude).

*84. **peregrinum,** d'Orb., 1843, Paléont. franç., Terr. crét, 2, p. 373, pl. 231, fig. 3, 4. France, Uchaux (Vaucluse), Martigues ; Autriche, Gozau.

*85. **Requienianum,** d'Orb., 1843, Paléont., 2, p. 377, pl. 232, fig. 4, 5. Uchaux.

*86. **Prosperianum,** d'Orb., 1843, Pal., 2, p. 378, pl. 232, fig. 6. Uchaux.

*87. **Matheronii,**d'Orb., 1843, Paléont. franç., Terr. crét., 2, p. 379, pl. 232, fig. 7. France, Allauch (Bouches-du-Rhône).

*?88. **Provenciale,** d'Orb., 1843, Paléont. franç., Terr. crét., 2, p. 380, pl. 233, fig. 3. France, Beausset.

*90. **Ponsianum,** d'Orb., 1847. Espèce, pour la grosseur et l'angle spiral, voisine du *Cerithium Toucasianum*, mais sans côtes obliques. Pons (Charente-Inférieure).

HELCION, Montfort, 1810. Voy. t. 1, p. 9.

91. **campanulata,** d'Orb., 1847. *Patella campanulata*, Reuss, 1846, Bœhm., p. 110, pl. 44, fig. 9. Koriczan.

92. **subtenuicosta,** d'Orb., 1847. *Patella tenuicosta*, Reuss, 1846, Bœhm., p. 110, pl. 44, fig. 11 (non Michelin, 1836). Koriczan.

MOLLUSQUES LAMELLIBRANCHES.

TEREDO, Linné, 1758. D'Orb., Paléont., 3, p. 301.
*93. **Requienianus,** Mathér., 1843. D'Orb., Pal., 3, p. 308, pl. 348, fig. 3-6. Uchaux.
PANOPÆA, Ménard, 1807. Voy. t. 1, p. 164.
*94. **regularis,** d'Orb., 1844, Paléont. franç., Terr. crét., 3, p. 343, pl. 360. France, Poncé (Sarthe), Montrichard (Loir-et-Cher).
?95. **Ewaldi,** Reuss, 1846. Bœhm., Kreideform., p. 17, pl. 36, fig. 1. Bohême, Malnitz, Sczerezez, près de Lemberg (Galicie).
PHOLADOMYA, Sowerby, 1826, Voy. t. 1, p. 73.
*96. **Archiaciana,** d'Orb., 1844, Paléont. franç., Terr. crét., 3, p. 356, pl. 364, fig. 3, 4. France, Sainte-Maure.
*97. **Noueliana,** d'Orb., 1847. Espèce voisine du *P. Mailleana*, mais bien plus allongée. France, Montrichard (Loir-et-Cher).
*98. **Geinitzii,** d'Orb., 1847. *Pholadomya designata*, Geinitz (non Goldf.). Espèce bien plus large et plus courte que le *designata* de Goldf. Silésie, Kreslingswalde.
ANATINA, Lamarck, 1809. Voy. t. 1, p. 74.
*99. **Royana,** d'Orb., 1844, Paléont. franç., Terr. crét., 3, p. 377, pl. 371, fig. 5, 6. France, Montrichard, Sainte-Maure.
100. **elongata,** d'Orb., 1847. *Lyonsia elongata*, Reuss, 1846. Bœhm., p. 18, pl. 36, fig. 9. Bohême, Kutschlin.
GASTROCHŒNA, Spingler, 1783. Voy. t. 1, p. 275.
*102. **Marticensis,** d'Orb., 1847. *Fistulana Marticensis*, Mathéron, 1842, Catalogue, p. 132, pl. 10, fig. 4. *G. dilatata*, Reuss, pl. 37, fig. 9 ? (non d'Orbigny, 1843). Martigues; Bohême, Koriczan.
SOLECURTUS, Blainville, 1824. Voy. t. 2, p. 75.
103. **elegans,** d'Orb., 1847. *Solen elegans*, Mathéron, 1842, Catalogue, p. 134, pl. 11, fig. 3 (non *elegans*, d'Orb., 1844). Martigues.
ARCOPAGIA, Brown, 1827. Voy. t. 2, p. 75.
*104. **semiradiata,** d'Orb., 1847. *A. radiata*, id., Paléont. franç., 3, p. 412, pl. 378, fig. 11-13. *Venus semiradiata*, Mathéron, 1842. Uchaux.
*105. **numismalis,** d'Orb., 1844, Paléont., 3, p. 415, pl. 379, fig. 1-5. Bourré, près de Montrichard (Loir-et-Cher), Uchaux (Vaucluse), Sainte-Maure, Ambillon (Indre-et-Loire).
TELLINA, Linné, 1758. Voy. t. 1, p. 275.
*106. **Renauxii,** Mathéron, 1843. D'Orb., 1844, Paléont. franç., Terr. crét., 3, p. 421, pl. 380, fig. 6-8. France, Uchaux.
CAPSA, Bruguière, 1791. Voy. vol. 2, p. 159.
*107. **discrepans,** d'Orb., 1844, Paléont. franç., Terr. crét., 3, p. 424, pl. 381, fig. 3-5. Gourdon, Ambillon, Doué.
VENUS, Linné, 1758. Voy. vol. 2, p. 15.
*108. **Renauxiana,** d'Orb., 1847. *V. plana*, d'Orb. (pars), Pal., 3, p. 447 (non *plana*, Sow.). Espèce plus large et plus comprimée. Uchaux, Sainte-Maure, Gourdon, Beaumont.
*109. **Rothomagensis,** d'Orb., 1845, Paléont. franç., Terr. crét., 3, p. 443, pl. 385, fig. 1 5. France, Uchaux, Rouen.

*110. **Noueliana,** d'Orb., 1847. Espèce voisine du *V. plana*, mais bien plus épaisse. Poncé (Sarthe), Montrichard (Loir-et-Cher).
111. **Martiniana,** Mathéron, 1843, Catalogue, p. 154, pl. 16, fig. 7, 8. France, Martigues (Bouches-du-Rhône).
CORBULA, Bruguière, 1791. Voy. vol. 1, p. 278.
*112. **Goldfussiana,** Matheron, 1843, Catalogue, p. 143, pl. 13, fig. 9-10 (*mala*). *C. truncata*, d'Orb., 1843, Paléont., 3, p. 461, pl. 388, fig. 18-20 (non *truncata*, Sow., 1836). Uchaux, Mondragon.
ASTARTE, Sowerby, 1818. Voy. t. 1, p. 216.
113. **granum,** d'Orb., 1847. *Venus granum*, Mathéron, 1843, Catalogue, p. 158, pl. 15, fig. 7. Martigues (Bouches-du-Rhône).
CYPRINA, Lamarck, 1801. Voy. vol. 1, p. 173.
*114. **consobrina,** d'Orb., 1843, Paléont., 3, p. 107, pl. 278, fig. 3-6. Uchaux.
*115. **intermedia,** d'Orb., 1843, Paléont. franç., Terr. crét., 3, p. 107, pl. 278, fig. 1-2. France, Doué, Hourdot, Roche-Beaucourt.
*116. **Noueliana,** d'Orb., 1847. *Cyprina Ligeriensis* (pars), d'Orb., Paléont. franç., Terr. crét., 3, p. 103, pl. 275, fig. 4, 5 (exclus., fig. 1, 2). Saumur, Tourtenay, Saint-Christophe (Indre-et-Loire), Pons.
TRIGONIA, Bruguière, 1791. Voy. v. 1, p. 198.
*117. **scabra,** Lam., 1819 ; d'Orb., Paléont., 3, p. 153, pl. 296. *T. alæformis*, Geinitz, 1841 (non Sow.). Uchaux, Rouen, Le Martrou, Saintes, Montrichard ; Silésie, Kreslingswalde.
LUCINA, Bruguière, 1791. Voy. vol. 1, page 76.
*118. **Campaniensis,** d'Orb., 1843, Paléont., 3, p. 123, pl. 283, fig. 11, 12. *Lucina discus*, Mathéron, 1843, Catal., pl. 13, fig. 12. France, Uchaux, Mondragon (Vaucluse), Martigues (Bouches-du-Rhône).
CARDIUM, Bruguière, 1791. Voy. vol. 1, p. 33.
*120. **subalternatum,** d'Orb., 1847. *C. alternatum*, d'Orb., 1843, Paléont., 3, p. 30, pl. 246 (non Sow., 1840). Sainte-Maure, Uchaux, Montrichard.
*121. **Requienianum,** Mathéron, 1843, Cat., p. 157, pl. 18, fig. 6. *C. Hillanum* (pars), d'Orb., 1843, Paléont., 3, p. 27. *C. alternans*, Reuss, 1846, Bohême, p. 1, pl. 35, fig. 15, 16. *Protocardia hillana*, Beyr. (pars). Uchaux ; Bohème, Kutschlin ; Silésie, Kreslingswalde.
*122. **guttiferum,** Mathéron, 1843, Catal., p. 156, pl. 18, fig. 1, 2. Uchaux, Angoulême (Charente), Montrichard (Loir-et-Cher).
*123. **bispinosum,** Dujar., 1837. Espèce confondue avec le *C. productum* de Sow., mais plus courte et plus ronde. Saumur ; Montrichard (Loir-et-Cher).
*124. **Toucasianum,** d'Orb., 1847. Belle espèce presque circulaire, globuleuse, inéquilatérale. France, Le Beausset.
*?125. **ollonis,** Geinitz, 1843, Char. Kreid., pl. 14, p. 1, fig. 31. Kreslingswalde.
*126. **Cordierianum,** Mathéron, 1843, Catalogue, p. 159, pl. 17, fig. 7, 8. France, Martigues (Bouches-du-Rhône.)
ISOCARDIA, Lamarck, 1799. Voy. vol. 1, p. 132.
*127. **Carantonensis,** d'Orb., 1843, Paléont. franç., Terr. crét., 3, p. 48, pl. 252, fig. 1-4. Martrou, près de Rochefort.

*128. **Renauxiana,** d'Orb., 1847. Espèce voisine de l'*I. Ataxensis*, mais plus courte et plus ovale. Uchaux.

NUCULA, Lamarck, 1801. Voy. vol. 1, p. 12.

*129. **Renauxiana,** d'Orb., 1843, Pal., 3, p. 179, pl. 304, fig. 7-9. Uchaux.

PECTUNCULUS, Lamarck, 1801. Voy. vol. 2, p. 80.

*130. **Requienianus,** d'Orb., 1843, Pal., 3, p. 190, pl. 307, fig. 1-6. Uchaux.

*130'. **Renauxianus,** d'Orb., 1843, Pal., 3, p. 191, pl. 307, fig. 7-12. Uchaux.

*131. **Bourgeoisianus,** d'Orb., 1847. Espèce à fines stries rayonnantes. France, Bourré (Loir-et-Cher).

*132. **Geinitzii,** d'Orb., 1847. *P. lævis*, Geinitz (non Sowerby). Silésie, Kreslingswalde.

ARCA, Linné, 1758. Voy. t. 1, p. 13.

*133. **Noueliana,** d'Orb., 1847. Espèce voisine de l'*A. Ligeriensis*, mais moins étroite. Poncé, Saumur, Gourdon, Gacé, Mareuil.

*135. **Beaumontii,** d'Orb., 1844, Paléont. franç., Terr. crét., 3, p. 237, pl. 324. Thains, Martrou, Cognac, Mareuil.

*136. **Matheroniana,** d'Orb., 1844, Paléont., 3, p. 238, pl. 325. *A. glabra*, Geinitz (non Sow.). Uchaux, Saint-Christophe (Indre-et-Loir) ; Silésie, Kreslingswalde.

*137. **Raspaillii,** d'Orb., 1847. *A. Requieniana*, d'Orb., 1844, Paléont., 3, p. 239, pl. 326, fig. 1-3. *Cucullæa irregularis*, Mathéron, 1843 (*non irregularis*, Desh.). Uchaux.

*138. **Requieniana,** d'Orb., 1847. *A. irregularis*, d'Orb., 1844, Paléont. franç., Terr. crét., 3, p. 240, pl. 326, fig. 4-5 (non *irregularis*, Desh.). *Cucullæa Requieniana*, Mathéron, 1843. Uchaux.

140. **semisulcata,** Mathéron, 1843, Catalogue, p. 163, pl. 21, fig. 5-6. France, Uchaux (Vaucluse).

141. **Renauxiana,** Mathéron, 1843, Catalogue, p. 164, pl. 21, fig. 7-9. France, Uchaux (Vaucluse).

142. **inclinata,** Reuss, 1846, Bœhm., p. 12, pl. 35, fig. 3. Koriczan.

PINNA, Linné, 1758. Voy. t. 1, p. 135.

*143. **quadrangularis,** Goldf., 1836. D'Orb., 1844, Pal. franç., Terr. crét., 3, p. 256, pl. 333, fig. 4-5. Uchaux (Vaucluse), Montrichard (Loir-et-Cher).

*144. **Ligeriensis,** d'Orb., 1844, Paléont., 3, p. 257, pl. 334. Poncé.

MYOCONCHA, Sowerby, 1824. Voy. t. 1, p. 165.

*145. **Requieniana,** d'Orb., 1847. *Modiola Requieniana*, Mathéron, 1843, Catal., p. 177, pl. 28, fig. 3, 4. France, Uchaux (Vaucluse).

LITHODOMUS, Cuvier, 1817.

*146. **Toucasianus,** d'Orb., 1847. Espèce allongée, lisse, un peu anguleuse sur la région anale. Le Beausset (Var).

147. **pistilliformis,** d'Orb., 1847. *Fistulana pistilliformis*, Reuss, 1846, Bœhm. Kreideform., p. 20, pl. 37, fig. 7, 8. Bohême.

LIMA, Bruguière, 1791. Voy. t. 1, p. 175.

*148. **Rhotomagensis,** d'Orb., 1845, Paléont., 3, p. 557, pl. 422, fig. 8-11. Rouen.

*149. **plicatilis**, Dujardin, 1837, Mém. Soc. géol. de France, t. 2, p. 216, pl. 16, fig. 9. Bourré (Loir-et-Cher), vallée de Rochecorbon (Indre-et-Loire).

150. **subplana**, d'Orb., 1847. *L. plana*, Reuss, 1846, Bœhm., p. 35, pl. 38, fig. 20 (non Rœmer, 1841). Bohême, Koriczan.

*151. **lævissima**, Reuss, 1846, Bœhm. Kreideform., p. 35, pl. 38, fig. 14. Bohême, Drahomischel, Kutschlin, Czencziz; Silésie, Kreslingswalde.

152. **amygdaloides**, Reuss, 1846, Bœhm., p. 33, pl. 38, fig. 16. Koriczan.

AVICULA, Klein, 1753. Voy. vol. 1, p. 13.

*155'. **Nysa**, d'Orb., 1847. Espèce voisine de l'*A. anomala*, mais plus déprimée, moins anguleuse, et pourvue de côtes régulières. Montrichard.

155. **subpectinoides**, d'Orb., 1847. *A. pectinoides*, Reuss, 1846, Bœhm., p. 23, pl. 32, fig. 8, 9 (non Sow., 1838). Luschitz, Priesen, Wollenitz, Raunay, Koriczan.

PERNA, Bruguière, 1791. Voy. t. 1, p. 176.

156. **Marticensis**, Mathéron, 1843, Catalogue, p. 176, pl. 27, fig. 1, 2. France, Martigues (Bouches-du-Rhône).

INOCERAMUS, Parkinson, 1811. Voy. t. 1, p. 237.

*157. **problematicus**, d'Orb., 1845, Paléont., 3, p. 510, pl. 406. Tourtenay, Chinon, Rouen, Fécamp, Cambrai, Douchy; Allemagne, Quedlimbourg; Bohême, Hundorf, Kutschlin.

†*158. **cuneiformis**, d'Orb., 1845, Paléont. franç., Terr. crét., 3, p. 512, pl. 407. France, Rouen.

†*159. **latus**, Mantell, 1822; d'Orb., Paléont. franç., Terr. crét., 3, p. 513, pl. 408, fig. 1, 2. France, Sainte-Cerotte, Rouen.

PECTEN, Gualtieri, 1742. Voy. t. 1, p. 87.

*160. **Puzozianus**, Mathéron, 1842; d'Orb., Paléont., 3, p. 610, pl. 437, fig. 1-4. Uchaux (Vaucluse), Martigues (Bouches-du-Rhône), Cadière (Var).

*161. **curvatus**, Geinitz, 1843, Char. Kreid. Nach., p. 16, pl. 3, fig. 13. Espèce voisine des *P. Nilsoni*, mais moins large, également lisse. *P. pulchellus*, Mathéron (pars), 1843, Catal., p. 186, pl. 30, fig. 6 (exclus. fig. 4, 5). Montrichard (Loir-et-Cher), Uchaux (Vaucluse); Silésie, Kreslingswalde.

162. **decipiens**, Reuss, 1846, Bœhm. Kreideform., p. 31, pl. 45, fig. 3. Bohême, Hollubitz, Koriczan.

SPONDYLUS, Linné, 1758. Voy. t. 2, p. 83.

164. **Coquandianus**, d'Orb., 1846, Paléont. franç., Terr. crét., 3, p. 663, pl. 452, fig. 9-11. France, Martigues.

*165. **hippuritarum**, d'Orb., 1846, Paléont., 3, p. 664, pl. 455. Cadière, Le Beausset, Bains-de-Rennes, Uchaux.

*166. **alternatus**, d'Orb., 1846, Paléont. franç., Terr. crét., 3, p. 665, pl. 456, fig. 1-5. France, Cadière, Le Beausset.

JANIRA, Schumacher, 1817. Voy. t. 2, p. 83.

*167. **Geinitzii**, d'Orb. *Pecten quadricostatus*, Geinitz (non Sowerby). Cette espèce diffère du *Quadricostatus* par ses trois côtes inégales, au lieu d'être égales. Silésie, Kreslingswalde; France, Martigues.

OSTRÆA.

*__169. diluviana,__ Linné, 1767; d'Orb., Paléont. franç., Terrains crét., 3, p. 728, pl. 480. France, Uchaux, Beausset.

MOLLUSQUES BRACHIOPODES.

RHYNCHONELLA, d'Orb., 1847. Voy. t. 1, p. 92.

*__170. deformis,__ d'Orb., 1847, Paléont., 4, pl. 498, fig. 6-9. Le Beausset, Cadière (Var), Bains-de-Rennes (Aude), Martigues (Bouches-du-Rhône), près d'Angoulême (Charente).

*__171. Cuvieri,__ d'Orb., 1847, Paléont., 4, pl. 497, fig. 12-15. Fécamp (Seine-Inférieure), cap Blanc-Nez (Pas-de-Calais), La Flèche (Sarthe), Valmy, Dammartin, La Planchette, Gizaucourt (Marne).

*__172. Mantelliana,__ d'Orb., 1847, Paléont., 4, pl. 498, fig. 1-5. Cap Blanc-Nez (Pas-de-Calais), Cadière (Var); Angleterre, Hamsey; Belgique, Tournay.

TEREBRATULINA, d'Orb., 1847. Voy. t. 2, p. 85.

*__173. Campaniensis,__ d'Orb., 1847, Paléont., 4, pl. 502, fig. 13-18. France, Valmy, Ecommoy; Belgique, près de Tournay.

*__174. gracilis,__ d'Orb., 1847, Paléont. franç., Terr. crét., 4, pl. 503, fig. 1-6. France, Valmy (Marne).

TEREBRATULA, Lwyd, 1699. Voy. t. 1, p. 43.

*__175. disparilis,__ d'Orb., 1847, Paléont., 4, pl. 512, fig. 12-19. Rouen.

*__176. obesa,__ Sow., 1823; d'Orb., Paléont., 4, pl. 513, fig. 1-4. Rouen, Saint-Parres, Périgueux, Vitry, Valmy; Angl., Norton.

HIPPURITES, Lamarck, 1801; d'Orb., Paléont., Terr. crét., t. 4.

*__177. cornu-vaccinum,__ Bronn, Jahrb., 1832, p. 171; d'Orb., Pal. franç., Terr. crét., pl. 526-527. *H. gigantea*, d'Hombres-Firmas, 1837. *H. Moulinsii*, d'Hombres-Firmas. *H. lata* et *Galloprovincialis*, Mathéron. Autriche, Salzburgischen; France, Bains-de-Rennes (Aude), Martigues (Bouches-du-Rhône), Beausset (Var), Alais (Gard); Espagne, à Santa-Clara, ville d'Oviedo, M. Paillette.

*__178. organisans,__ Montfort, 1808; d'Orb., Paléontol., 4, pl. 533. *H. resecta,* Defrance. *H. fistulæ id.*, Defrance. Corbières, Beausset, Alais, Piolen, Martigues; mont Sinaï (Syrie).

*__179. bioculata,__ Lamarck, 1801; d'Orb., Paléont., franç., Terr. crét., 4, pl. 529. *H. cornucopiæ*, Defrance. France, Corbières.

*__180. sulcata,__ Defrance, 1821; d'Orb., Pal., 4, pl. 531. *H. striata*, Defrance. Corbières (Aude), Beausset Alais, Piolen, Martigues.

*__181. canaliculata,__ Rolland, 1841; d'Orb., Paléont., 4, pl. 530. Peut-être est-elle une variété de l'*H. sulcata*. France, Corbières, Beausset, Martigues.

*__182. dilatata,__ Defrance, 1821, Dict., t. 21, p. 197; d'Orb., Pal., 4, pl. 128. *H. turgida*, Roquant, 1841. France, Bains-de-Rennes (Aude), Le Beausset, Cadière (Var), Alais (Gard).

*__183. Toucasiana,__ d'Orb., 1847, Paléont. franç., Terr. crét., 4, pl. 532. France, Le Beausset, Martigues, Piolen.

*184. **Requieniana,** Mathéron, 1843 ; d'Orb., Pal. franç., Terr. crét., 4, pl. 534. France, Martigues, Uchaux, Beausset.
184'. **inæquicostata,** Münst., Goldf., 1841, Petref., 2, p. 303, pl. 165, fig. 4. Autriche, Salzburg, Gozau.
185. **falcata ?** Reuss, 1846, Böhm. Kreideform., p. 55, pl. 45, fig. 16. Bohême, Koriczan.
CAPRINA, d'Orb., 1823. Voy. t. 2, p. 173.
*186. **Aguilloni,** d'Orb., 1839, Paléont., 4, pl. 538. *Plagiopticus paradoxus*, Mathéron, 1842. *Caprina Partchii*, Hauer, 1847, Not. Abh., p. 109. Bains-de-Rennes (Aude), Martigues, Uchaux (Vaucluse), La Cadière, Le Beausset (Var) ; Autriche, Gozau.
*187. **Coquandiana,** d'Orb., 1839, Paléont., pl. 539. *Plagiopticus Toucasianus*, Mathéron, 1842. Le Beausset, La Cadière (Var).
188. **laminea?** Geinitz, Reuss, 1846, Bœhm., p. 53, pl. 45, fig. 6. Koriczan.
CAPRINULA, d'Orb., 1847, Paléont. franç., Terr. crét., 4.
*189. **Boissii,** d'Orb., 1847, Paléont. franç., Terr. crét., 4, p. 540, *Caprina id.*, d'Orb., 1839, Revue Cuv., p. 184. France, Fourtou (Aude).
RADIOLITES, Lamarck, 1801. Voy. t. 2, p. 108.
*190. **Ponsiana,** d'Orb., 1842, Paléont., 4, pl. 552. *Sphærulites id.*, d'Arch., 1835. Pons (Charente-Inférieure), entre Sainte-Cerotte et Evaillé (Sarthe).
*191. **lumbricalis,** d'Orb., 1842, Paléont., 4, pl. 555, fig. 4-7. Angoulême (Charente), Périgueux (Dordogne).
*192. **radiosa,** d'Orb., 1847, Paléont., 4, pl. 554. Pons, Angoulême (Charente), Beausset (Var), Alais (Gard).
*193. **Martiniana,** d'Orb., 1842, Paléont. franç., Terr. crét., 4, pl. 559. France, Angoulême, Martigues.
*194. **angeiodes,** Lamarck, 1801 ; d'Orb., Paléontol., 4, pl. 549. *Radiolites Galloprovincialis*, *R. Lamarckii*, Math. *Sphærulites rotularis*, *ventricosa* et *turbinata*, Lam., 1819. Bains-de-Rennes (Aude), Martigues, Beausset.
*195. **Pailletteana,** d'Orb., 1842, Paléont. franç., Terr. crét., 4, pl. 558. France, Source-Salée (Aude).
*196. **acuticostata,** d'Orb., 1842, Paléont., 4, pl. 550. *R. horrida*, d'Orb., 1842. France, Martigues, Beausset; mont Sinaï.
*197. **excavata,** d'Orb., 1842, Pal. franç., Terr. crét., 4, pl. 556. France, Martigues, Beausset, Pons.
*198. **squamosa,** d'Orb., 1842, Pal., 4, pl. 561. Martigues.
*199. **mamillaris,** Mathéron, d'Orb., 1842, Paléont. franç., Terr. crét., 4, pl. 560. France, Martigues.
*200. **Sauvagesii,** d'Orb., 1847, Paléont. franç., 4, pl. 553. *Sphærulites Sauvagesii*, d'Hombres-Firmas, 1837, Mémoires, p. 193, pl. 2. Alais, Pons, Uchaux.
*200'. **angulosa,** d'Orb., 1842, Paléont., pl. 562, fig. 1-4. Pons.
*201. **Desmouliniana,** Mathéron, d'Orb., 1847, Pal., 4, pl. 551. Pons, Uchaux, Beausset, Martigues, Angoulême.
*202. **socialis,** d'Orb., 1847, Paléont. franç., Terr. crét., 4, pl. 555, fig. 1-3. France, Angoulême, Alais.
*203. **irregularis,** d'Orb., 1847, Pal., 4, pl. 562, fig. 1-7. Pons.

*204. **Toucasiana,** d'Orb., 1847, Paléont. franç., Terr. crét., 4, pl. 557. France, Beausset, Martigues.

205. **undulata,** d'Orb., 1847. *Sphærulites undulatus*, Gein., 1842, Charak. Kreid., pl. 19, fig. 6-10, p. 87. Bohême, Kutschlin.

206. **subdilatata,** d'Orb., *Hippurites id.*, Geinitz, 1842, pl. 19, fig. 11-12; Reuss, pl. 45, fig. 13-14. Kutschlin (Bohême).

207. **elliptica?** d'Orb., 1847. *Hippurites ellipticus*, Geinitz, 1842, Char. Kreid., p. 19, fig. 13-14. Bohême, Kutschlin.

208. **Germani,** d'Orb., 1847. *Hippurites Germani*, Geinitz, 1842, pl. 14, fig. 3-5; Reuss, pl. 45, fig. 15. Bohême, Kutschlin.

BIRADIOLITES, d'Orb., 1847, Paléont. franç., Terr. crét., 4.

*209. **cornupastoris,** d'Orb., 1847, Paléont., 4, pl. 573. *Hippurites id.*, Desmoulins. Périgueux, Martigues, Uchaux (Vaucluse), Angoulême (Charente), Les Piles, près de Périgueux, Troyes (Aube), Ste-Cerotte, La Flèche (Sarthe).

*210. **canaliculata,** d'Orb., 1847, Pal., 4, pl. 572. Martigues.

*211. **quadrata,** d'Orb., 1847, Pal., 4, pl. 574, fig. 1-5. Pons.

*212. **angulosa,** d'Orb., 1842, Pal. franç., Terr. crét., 4, pl. 574, fig. 7-11. France, Pons, Le Beausset.

CAPROTINA, d'Orb., 1839. Voy. t. 2, p. 109.

*213. **Archiaciana,** d'Orb., 1842, Paléont. franç., Terr. crét., 4, pl. 588. Pons, Angoulême, Beausset, Martigues.

*215. **subæqualis,** d'Orb., 1842, Paléont. franç., 4, pl. 590. France, Cadière (Var), Martigues (Bouches-du-Rhône).

*216. **Toucasiana,** d'Orb., 1847, Paléont. franç., Terr. crét., 4, pl. 591. France, Beausset (Var), Piolen (Vaucluse).

MOLLUSQUES BRYOZOAIRES.

ESCHARINA, Edwards, 1836.

*217. **Vieilbanci,** d'Orb., 1847. Espèce à cellules saillantes simples, distinctes, et taches encroûtantes. France, Tourtenay (Deux-Sèvres).

ENTALOPHORA, Lamouroux, 1821.

*218. **Vieilbanci,** d'Orb., 1847. Belle espèce rameuse, bien plus grosse que les espèces de l'étage précédent. France, Tourtenay.

IDMONEA, Lamouroux, 1821.

*218'. **Radiolitum,** d'Orb., 1839. Espèce à branches irrégulières, avec beaucoup de cellules de front par ligne. France, Pons; sur une *Radiolites angulosa*.

ÉCHINODERMES.

HOLASTER, Agassiz.

P*219. **pillula,** Agassiz, 1847, Cat., p. 135. *Holaster rostratus*, Desh. France, Beauvais; Peine et Yseburg, en Hanovre.

220. **integer,** Agassiz, 1847, Cat., p. 134. Bains-de-Rennes (Aude).

*221. **subglobosus,** Agassiz, Cat., p. 133. *Spatangus subglobosus*, Goldfuss, pl. 45, fig. 4 (non Lam.). Rouen, Fécamp, Sancerre, Saint-Parres, etc.

MICRASTER, Agassiz.
*221'. **brevis,** Desor, Agass., 1847, Cat., p. 130. *Micraster latus*, E. Sismond, Mém. Echin. foss. Nizza, p. 29, pl. 1, fig. 13. Bains-de-Rennes (Aude), Rouen, Alet, Saint-Remy; Westphalie ; Nice.
*222. **Matheroni,** Desh., Agass., 1847, Cat., p. 130. Corbières.
?223. **Renauxii,** Desh., Expl. Alg. Agass., 1847, Cat., p. 129. Afrique française, Chataba, province de Constantine.
HEMIASTER, Agassiz.
224. **Fourneli,** Desh., Agass, 1847, Cat., p. 123. Afrique française, Biskara (Algérie) ; Portugal, Alcantara; Espagne, Burgos ; Egypte.
*225. **Verneuili,** Desor, Agassiz, 1847, Cat., p. 123. Sainte-Maure.
226. **cubicus,** Desor, Agass., 1847, Cat., p. 123. D'Égypte.
ARCHIACIA, Agassiz.
227. **cornuta,** Agass., 1847, Cat., p. 101. Egypte, Sinaï.
NUCLEOLITES, Lamarck.
?228. **Requieni,** Desor, Agass., 1847, Cat., p. 96. Martigues.
DISCOIDEA, Gray.
229. **pulvinata,** Desor, Agass., 1847, Cat. syst., p. 89. Egypte.
HOLECTYPUS, Agassiz.
230. **serialis,** Desh., Exp. Alg. Agass., 1847, Cat. syst., p. 88. Afrique française, Biskara et Alcantra (Algérie).
PEDINA, Agassiz.
231. **Sinaïca,** Desor, Agass., 1847, Cat. syst., p. 67. Sinaï.
CYPHOSOMA, Agassiz.
232. **Delamarrei,** Desh., Exp. Alg. Agassiz, 1847, Cat. syst., p. 48. Algérie, Biskara, entre Batna et Alcanta (province de Constantine).
DIADEMA, Gray.
*233. **Malbosii,** Agass., 1847, Cat. syst., p. 46. Souladge.
*234. **Roissyi,** Desor, Agass., 1847, Cat. syst., p. 46. Gacé.
HEMICIDARIS, Agassiz.
*255. **Libyca,** Desor, Agass., 1847, Cat. syst., p. 34. Martigues.

ZOOPHYTES.

CYCLOLITES, Lamarck, 1816, Anim. sans vert., 2, p. 232.
*236. **elliptica,** Lamarck, 1816, Anim. sans vert., 2, p. 232; Guettard, Mém., 3, tab. 21, fig. 17-18. *Fungia polymorpha*, Goldf., pl. 14, fig. 6. Bains-de-Rennes, Martigues, Figuières (Bouches-du-Rhône), Beausset (Var), Périgueux.
*237. **undulata,** Michelin, Goldfuss, 1830, Petref. Germ., pl. 14, fig. 7 ; Michelin, pl. 64, fig. 3. Bains-de-Rennes, Martigues, Mazangues, Beausset (Var); Espagne, Pyrénées catalanes ; Autriche, Gozau.
*238. **variolata,** d'Orb., 1847. Espèce voisine de forme du *C. elliptica*, mais couverte de dépressions éparses en dessus. Soulage.
239. **discoidea,** Blainville, 1834. Michelin, Icon. zoophyt., pl. 4, fig. 1. France, Soulage.
*239'. **gigantea,** d'Orb., 1839. Espèce très-déprimée, dont le diamètre est de 19 centimètres. France, Le Beausset.

FUNGINELLA, d'Orb., 1847. Voy. t. 2, p. 91.

*240. **hemisphærica**, d'Orb., 1847. *Cyclolites id.*, Lamarck, 1816, Anim. sans vert., 2. Michelin, pl. 64, fig. 2. *Fungia polymorpha*, pl. 14, fig. 6 e, f, et fig. 9. *Cyclolites Corbieriaca*, Michelin, pl. 64, fig. 5 (jeune). Bains-de-Rennes, Allauch, Martigues, Uchaux; Autriche, Gozau.

*241. **Haueriana**, d'Orb., 1847. *Cyclolites Haueriana*, Michelin, 1846, Icon. zoophyt., p. 284, pl. 64, fig. 4. France, Bains-de-Rennes, Martigues.

*242. **discoidea**, d'Orb., 1847. *Fungia discoidea*, Goldf., 1830, Petref., 1, p. 50, pl. 14, fig. 9. Autriche, Salzburgischen.

*243. **Martiniana**, d'Orb., 1847. Espèce très-aplatie comme une monnaie. France, Martigues.

ELLIPSOSMILIA, d'Orb., 1847. Voy. t. 2, p. 36.

243'. **Salzburgiana**, d'Orb., 1849. *Trochosmilia Salzburgiana*, Edwards et Haime, 1848, Ann. des Sc. nat., 10, p. 237. Gozau (Autriche).

243 *a*. **cuneolus**, d'Orb., 1849. *Trochosmilia cuneolus*, Edwards et Haime, 1848, id., p. 327. *Turbinolia conulus*, Michelin, pl. 66, fig. 2. Martigues (Bouches-du-Rhône), Brignoles (Var).

243 *b*. **uricornis**, d'Orb., 1847. *Turbinolia id.*, Michelin, 1846, Icon. zoophyt., p. 287, pl. 65, fig. 2. Espagne, Pyrénées méridionales, Catalogne.

244. **Boissyana**, d'Orb., 1847. *Turbinolia id.*, Michelin, 1846, Icon. zooph., p. 286, pl. 65, fig. 1. France, Montferrand (Aude).

*244'. **Carantonensis**, d'Orb., 1847. Espèce dont nous ne connaissons que l'empreinte du dessus, remarquable par l'inégalité régulière des cloisons. France, Martrou, Pons (Charente-Inférieure).

*244". **subrudis**, d'Orb., 1847. Espèce voisine du *T. rudis*, Michelin, mais moins comprimée. Uchaux.

PLACOSMILIA, Edwards et Haime, 1848.

*245. **rudis**, d'Orb., 1847. *Turbinolia rudis*, Michelin, Zoophyt., pl. 4, fig. 3. (exclus. syn.) *P. Parkinsoni*, Edw. France, Uchaux (Vaucluse), La Cadière (Var).

*245'. **cuneiformis**, Edwards et Haime, 1848, Ann. des Sc. nat., 10, p. 234. Corbières (Aude), Martigues.

*245". **cymbula**, Edwards et Haime, 1848, loc. cit., p. 234. *Turbinolia cymbula*, Michelin, p. 288, pl. 67, fig. 1. Soulage (Aude).

*245'''. **elongata**, Edwards et Haime, 1848, loc. cit., p. 235. Morée.

*245''''. **arcuata**, Edwards et Haime, 1848, loc. cit., p. 235. Bains-de-Rennes (Aude), Martigues.

TROCHOSMILIA, Edwards et Haime, 1848.

*246. **compressa**, Edwards et Haime, 1848, loc. cit., p. 233. *Turbinolia id.*, Lamarck, 1816, Anim. sans vert., 2, p. 231, n° 4. Lamouroux, Polypiers, pl. 74, fig. 22-23. France, Uchaux, Bains-de-Rennes, Martigues.

*247. **complanata**, Edwards et Haime, 1848, id., p. 238. *Turbinolia complanata*, Goldf., 1830, p. 53, pl. 15, fig. 10. Michelin, pl. 65, fig. 1. France, Bains-de-Rennes (Aude), Mazangue, Cadière.

*247'. **Basochesii**, Edwards et Haime, 1848, id., p. 239. *Turbino-*

lia id., 1836. *Turbinolia alata*, Michelin, pl. 65, fig. 5. France, Martigues; montagne des Cornes.

PERISMILIA, d'Orb., 1847. C'est une *Montlivaltia* ovale, à columelle creuse linéaire.

*249. **Hippuritiformis,** d'Orb., 1847. *Turbinolia id.*, Michelin, 1846, Icon. zooph., p. 287, pl. 65, fig. 7. France, Bains-de-Rennes.

*249'. **Martiniana,** d'Orb., 1847. Belle espèce comprimée, large, munie d'une forte épithèque. France, Bains-de-Rennes.

*249''. **elongata,** d'Orb., 1849. Espèce très-allongée, irrégulière. Figuières.

RHYPIDOGYRA, Edwards et Haime, 1848.

*250. **Martiniana,** Edwards et Haime, 1848, Ann. des Sc. nat., 10, p. 282. *Lobophyllia Martiniana*, Michelin, zoophyt., pl. 66, fig. 4. Soulage, Figuières.

DIPLOCTENIUM, Goldfuss, 1826.

*251. **Matheronii,** Michelin, Icon. Zoophyt., pl. 68, fig. 1. France, Figuières.

ACTINOSERIS, d'Orb., 1849. Voy. p. 180.

*252. **provincialis,** d'Orb., 1847. Espèce voisine du *C. coronula*, mais plus grande, plus épaisse et plus régulière.

ACROSMILIA, d'Orb., 1847. Voy. t. 2, p. 207.

*253. **cernua,** d'Orb., 1847. *Turbinolia cernua*, Michelin, pl. 66, fig. 1 (non *Turbinolia cernua*, Goldfuss). Soulage (Aude).

*254. **conica,** d'Orb., 1847. Espèce avec des granulations externes moins marquées, sans angles sur le bord. Soulage.

LASMOSMILIA, d'Orb., 1849. Voy. t. 1, p. 291.

*255. **gracilis,** d'Orb., 1849. Belle espèce à tiges étroites et grêles. Figuières.

*256. **lobata,** d'Orb., 1849. *Lobophyllia lobata*, Blainville, 1834. Michelin, 1847, Icon. zoophyt., p. 291, pl. 67, fig. 3. *Thecosmilia lobata*, Edwards, 1848. France, montagne des Cornes.

LASMOGYRA, d'Orb, 1849. C'est un *Rhypidogyra* avec columelle et sans épithèque.

*257. **Occitanica,** d'Orb., 1847. *Lobophyllia Occitanica*, Michelin, 1847, Icon. zooph., p. 291, pl. 67, fig. 2. France, Soulage.

THECOSMILIA, Edwards et Haime, 1848.

*258. **rudis,** d'Orb., 1847. *Cyathophyllum rude*, Sow., 1836, Trans. geol. Soc., 2e série, t. 3, pl. 37, fig. 2. *Caryophyllia globosa?* Michelin, pl. 4, fig. 4. Cadière (Var), Uchaux, Bains-de-Rennes (Aude); Autriche, Gozau; Espagne, frontière de France en Catalogne.

LASMOPHYLLIA, d'Orb., 1847. Voy. t. 1, p. 208.

*259. **patula,** d'Orb., 1847. *Turbinolia id.*, Michelin, 1846, Iconog. zoophyt., pl. 65, fig. 3. France, Martigues, Soulage.

BARYSMILIA, Edwards et Haime, 1848.

*260. **brevicaulis,** Edwards et Haime, 1848, Ann. des Sc. nat., x, p. 274. *Dendrophyllia brevicaulis*, Michelin, 1841, Icon. zoophyt., p. 17, pl. 4, fig. 5. Uchaux.

*262. **compressa,** d'Orb., 1847. Espèce à très-grand calice, comprimé, porté sur une base cylindrique. Uchaux.

'262'. **corbarica,** d'Orb., 1847. Espèce rameuse, à grosses branches granuleuses sur les stries. Soulage.

CLADOCORA, Ehremberg, 1834.

*264. **humilis,** Edwards et Haime, 1849, *id.*, p. 308. *Lithodendron humile,* Michelin, 1842, Icon. zoophyt., p. 27, pl. 6, fig. 9. Uchaux, Montagne-des-Cornes, Figuières, près de Marseille, Martigues.

CALAMOPHYLLIA, Blainville, 1830.

*265. **gracilis,** d'Orb. Jolie espèce à tige grêle dans laquelle on remarque à peine des bifurcations. Soulage.

*265. **Martiniana,** d'Orb., 1849. Espèce le double plus grosse que l'espèce précédente. Martigues.

PLEUROCORA, Edwards et Haime, 1848.

266. **ramulosa,** Edwards et Haime, 1849, loc. cit., p. 311. *Lithodendron id.*, Michelin, 1847, Icon. zoophyt., p. 304, pl. 72, fig. 8. Bains-de-Rennes.

*267. **Pailletteana,** d'Orb. Jolie espèce rameuse, à cellules petites. Source-Salée (Aude).

268. **gemmans,** Edwards et Haime, 1849, Ann. des Sc. nat., 11, p. 310. *Lithodendron gemmans,* Michelin, 1847, Iconogr. zoophyt., p. 305, pl. 72, fig. 6. France, Soulage.

269. **Haueri,** Edwards et Haime, 1849, *id.*, p. 312. Gozau.

CYCLOCŒNIA, d'Orb., 1847. Voy. p. 182.

*270. **monticularia,** d'Orb., 1847. Espèce curieuse par ses cellules en cônes, striées inégalement en dehors. Martigues.

PHYLLOCŒNIA, Edwards et Haime, 1848.

*271. **intermedia,** Espèce intermédiaire pour le diamètre des cellules, entre l'*A. pediculata* et le *compressa.* Uchaux, Soulage.

*272. **Vallisclausæ,** d'Orb., 1847. *Astrea Vallisclausæ,* Michelin, 1841, Iconogr. zoophyt., p. 22, pl. 5, fig. 7. *Sarcinula favosa,* Michelin, *id.*, pl. 6, fig. 6. Uchaux.

*273. **pediculata,** Edwards et Haime, 1848; d'Orb., 1847. *Astrea id.*, Deshayes, Michelin, pl. 70, fig. 1. Martigues, Allauch (Bouches-du-Rhône), Bains-de-Rennes.

*274. **variolaris,** d'Orb., 1847. *Astrea id.*, Michelin, Iconogr. zoophyt., p. 301, pl. 71, fig. 7. Bains-de-Rennes.

*275. **Marticensis,** d'Orb., 1847. Espèce dont les cellules sont bien plus grandes et plus élevées que chez les autres espèces. Martigues.

PRIONASTREA, Edwards et Haime, 1848.

*276. **lamellosissima,** d'Orb., 1847. *Astrea id.*, Michelin, 1841, Iconog. zoophyt., p. 23, pl. 6, fig. 1. France, Uchaux.

*277. **grandiflora,** d'Orb., 1847. Espèce dont les cellules sont encore plus grandes que chez le *S. lamellosissima.* Soulage.

*278. **infundibulum,** d'Orb., 1847. Espèce dont les cellules ont 10 millim., finement striées en dedans, à bords à facettes relevées, tranchantes. Soulage.

279? **vesparia,** d'Orb., 1847. *Astrea vesparia,* Michelin, 1841, Icon. zoophyt., p. 22, pl. 5, fig. 5. Uchaux.

GONIASTREA, Edwards et Haime, 1848.

279'. formosissima, d'Orb., 1849. *Astrea formosissima*, Michelin, pl. 6, fig. 4. Uchaux.

STYLOCŒNIA, Edwards et Haime, 1848.

281'. Lapeyrousiana, Edwards et Haime, 1848, Ann. des Sc. nat., x, p. 295. *Astrea id.*, Michelin, 1847, Icon. zoophyt., p. 298, pl. 70, fig. 5. France, Soulage (Aude).

ASTROCŒNIA, Edwards et Haime, 1848.

***282. formosa,** d'Orb., 1849. *A. Koninckii*, Edwards et Haime, 1848, Ann. des Sc. nat., x, p. 292. *Astrea formosa*, Michelin, Iconogr., p. 300, pl. 71, fig. 5. Corbières; Gozau.

***282'. formosissima,** d'Orb., 1849. *Astrea formosissima*, Michelin, Icon., pl. 72, fig. 5. *Astrocœnia Orbignyana*, Edwards et Haime, 1848, *id.*, p. 297. Autriche, Gozau.

282''. reticulata, Edwards et Haime, 1848, *id.*, p. 297. *Astrea reticulata*, Goldf., 1830, Petref. Germ., pl. 38, fig. 10, *b*, *c* (non Michelin, 1841). *A. ramosa*, Michelin, pl. 72, fig. 2. Autriche, Gozau.

***283. decaphylla,** Edwards et Haime, *id.*, p. 298. *Astrea id.*, Michelin, 1847, Icon. zoophyt., p. 302, pl. 72, fig. 1. *Astrea reticulata*, Goldf., pl. 38, fig. 4 *a*, *d*. Bains-de-Rennes.

ENALLOCŒNIA, d'Orb., 1849. Voy. p. 35.

***284. ramosa,** d'Orb., 1849. *Astrea ramosa*, Sow., 1831, Trans. geol. Soc., 3, pl. 37, fig. 9. *Astrocœnia id.*, Edwards et Haime, 1849, *id.*, p. 298. Le Beausset (Var), Soulage, Figuières; Gozau.

ASTREA, Lamarck.

***284. Delcrosiana** ? Michelin, 1841, Iconogr. zoophyt., p. 23, pl. 6, fig. 2. *Sarcinula quincuncialis*, Michelin, pl. 6, fig. 7. Uchaux.

***284'. sulcato-lamellosa,** Michelin, 1841, Icon. zoophyt., p. 22, pl. 5, fig. 6. *Stylina Renauxii*, Michelin, 1841, *id.*, fig. 9. Uchaux.

STEPHANOCŒNIA, Edwards et Haime, 1848.

***285. irregularis,** d'Orb., 1847. Espèce à cellules plus larges que chez le *G. decaphylla*. Soulage.

***286. excavata,** d'Orb., 1847. Espèce dont les cellules sont très-profondes, à parois très-saillantes. Uchaux.

***286'. formosa,** Edwards et Haime, 1848, Ann. des Sc. nat., x, p. 301. *Astrea formosa*, Goldf., 1830, Pétref. Germ., pl. 38, fig. 9. *Astrea concinna*, Goldf., pl. 22, fig. 1 *b*, *c*. *Astrea formosissima*, Sowerby, 1831, Trans. geol. Soc., 3, pl. 37, fig. 6. *Porites aculeata*, Michelotti, pl. 6, fig. 1. *Astrea reticulata*, Michelin, pl. 5, fig. 1. Uchaux, Soulage; Autriche, Gozau.

CRYPTOCŒNIA, d'Orb., 1847. Voy. t. 1, p. 322.

287. terminaria, d'Orb., 1847. *Astrea terminaria*, Michelin, 1841, Icon. zoophyt., p. 21, pl. 5, fig. 2. France, Uchaux.

***289. putealis,** d'Orb., 1847. *Astrea putealis*, Michelin, 1841, pl. 5, fig. 3. *Sarcinula favosa*, Michelin, pl. 6, fig. 6. Martigues, Uchaux.

***289'. sparsa,** d'Orb., 1847. *Astrea sparsa*, Michelin, pl. 71, fig. 1. *Phyllocœnia sculpta*, Ed. et Haime. Uchaux.

***289''. Renauxiana,** d'Orb., 1849. Espèce à très-petits calices. Uchaux.

COLUMELLASTREA, d'Orb., 1847. C'est une *Columnastræa*, dont la columelle est styliforme; six palis autour.

***291. striata,** d'Orb., 1847. *Astrea striata*, Goldf., 1830, pl. 38, fig. 11. Michelin, Icon. zoophyt., p. 301, pl. 71, fig. 6. *A. variolaris*, Michelin, pl. 71, fig. 7. Figuières (Bouches-du-Rhône), Le Beausset (Var); Autriche. Gozau.

PHYLLOCŒNIA, Edwards et Haime, 1848.

***291'. varians,** d'Orb., 1847. *Astrea varians*, Michelin, 1841, Icon. zoophyt., p. 23, pl. 5, fig. 8. *Astrea perforata*, Michelin, pl. 72, fig. 3. Martigues, Uchaux.

292. Doublieri, d'Orb., 1847. *Astrea Doublieri*. Michelin, p. 209; pl. 71, fig. 2. Martigues.

264'. grandis? d'Orb., 1847. *Astrea grandis*, Michelin, 1841, Icon. zoophyt., pl. 6, fig. 3. Uchaux.

***293. striata?** d'Orb., 1847. *Stylina striata*, Michelin, 1841, Icon. zoophyt., pl. 6, fig. 5. *Astrea stylinoides*, Edwards et Haime, 1850, p. 112. Uchaux.

***295. cribraria,** d'Orb., 1847. *Astrea cribraria*, Michelin, 1841, Icon. zoophyt., p. 21, pl. 5, fig. 4. France, Uchaux.

***296. regularis,** d'Orb., 1847. Belle espèce à cellules d'un tiers plus petites que chez le *P. cribraria*. Soulage.

***297. Corbarica,** d'Orb., 1847. Espèce dont les cellules sont plus petites et plus serrées que chez le *P. striata*. Soulage.

***298. glomerata,** d'Orb., 1847. Espèce à cellules très-rapprochées bien plus que chez le *P. Corbarica*, qui est la plus voisine. Soulage.

299. sculpta, Edwards et Haime, 1848. *Astrea sculpta*, Michelin, 1847, Icon, zoophyt., p. 300, pl. 71, fig. 3. Martigues.

SYNASTREA, Edwards et Haime, 1848.

***300. subexcavata,** d'Orb. Espèce à cellules très-profondes, à cloisons crénelées. Uchaux.

***301. composita,** Edwards et Haime, 1849. *Cyathophyllum compositum*, Sow., 1831, Trans. geol. Soc., 2e série, 3e vol, pl. 37, fig. 3. Le Beausset (Var); Autriche, Gozau.

***302. agaricites,** Edwards et Haime, 1849. *Astrea media*, Sow., 1831, Trans. geol. Soc., 3, pl. 37, fig. 5. *A. agaricites*, Goldf., 1830, Petref. Germ., pl. 22, fig. 9. *Astrea composita*, Michelin, pl. 70, fig. 6. Uchaux, Bains-de-Rennes; Autriche, Gozau.

***303. Firmasiana,** Edwards et Haime, 1849. *Astrea id.*, Michelin, 1847, Icon. zooph., p. 295, pl. 68, fig. 4. Soulage.

***304. Teissieriana,** d'Orb., 1847. *Astrea id.*, Michelin, 1847, Icon. zooph., p. 300, pl. 71, fig. 4. Martigues.

***305. Corbarica,** d'Orb., 1847. *Astrea media*, Michel., 1847, pl. 70, fig. 4 (non *media*, Sow., 1831). France, Soulage, Bains-de-Rennes.

***306. cistela,** Edwards et Haime, 1849. *Astrea cistela*, Defrance, 1826, Dict., 42, p. 388. *Thamnastrea laganum*, Blainville, Dict., 60, p. 337. *Astrea laganum*, Michelin, 1841, Icon. zooph., pl. 4, fig. 9. *Astrea agaricites*, Michelin, pl. 4, fig. 10. *Astrea micraxona*, Michelin, pl. 4, fig. 11. Uchaux, Soulage, Le Beausset.

***307. lamellistria,** Edwards et Haime, 1849. *Astrea lamellistria*, Michelin, 1841, Icon. zooph., pl. 4, fig. 8. France, Uchaux.

***308. Renauxiana,** d'Orb., 1847. Jolie espèce à cellules de 8 millimètres de diamètre, à seize cloisons au pourtour. Uchaux.

*309. **Ataxensis,** d'Orb., 1847. Grande et belle espèce à cellules presque circonscrites par leurs bords saillants, à cloisons bifurquées. Soulage.

309'. **media,** Edwards et Haime, 1849. *Astrea media*, Sowerby, 1832, Geol. Trans., 3, pl. 27, fig. 5. Gozau.

309''. **Requieni,** d'Orb., 1847. *Astrea id.*, Michelin, 1847, Icon. zooph., p. 302, pl. 71, fig. 8. France, Bains-de-Rennes.

POLYPHYLLASTREA, d'Orb., 1849. Voy. p. 37.

*310. **Toucasiana,** d'Orb., 1847. Grande et belle espèce à cellules médiocres, pourvues d'un grand nombre de cloisons serrées et fines. Le Beausset, Figuières.

*310'. **Provencialis,** d'Orb., 1847. Espèce voisine d'aspect de la précédente, mais avec des cellules d'un tiers plus petites. Le Beausset, Figuières.

CENTRASTREA, d'Orb., 1847. Voy. t. 1, p. 209.

*312. **radiata,** d'Orb., 1847. Espèce à cellules plus superficielles et plus saillantes au pourtour que chez l'espèce suivante. Soulage(Aude).

*313. **irregularis,** d'Orb., 1847. Espèce à cellules peu distinctes, dont les lames sont confuses. Uchaux (Vaucluse).

ACTINOCŒNIA, d'Orb., 1848. C'est un *Phyllocœnia* à columelle styliforme.

*315. **compressa,** d'Orb., 1847. *Astrea id.*, Michelin, 1847, Icon. zoophyt., p. 297, pl. 70, fig. 2. Soulage.

*315'. **Dumasiana,** d'Orb., 1847. *Astrea id.*, Michelin, 1847, Icon., p. 292, pl. 70, fig. 3. *Phyllocœnia pediculata*, Edwards et Haime, 1848, Ann. des Sc. nat., 10, p. 304. Corbières.

HETEROCŒNIA, Edwards et et Haime, 1848.

*316. **crasso-lamella,** Edwards et Haime, 1848, Ann. des Sc. nat., 10, p. 309. *Stylina idem*, Michelin, 1842, Icon. zoophyt., p. 25, pl. 7, fig. 7. Uchaux.

*317. **provincialis,** Edwards et Haime, 1848, *id.*, p. 309. *Stylina provincialis*, Michelin, 1842, Icon. zooph., p. 26, pl. 7, fig. 8. Uchaux.

*318. **minima,** d'Orb., 1847. Espèce dont les cellules sont la moitié de celles de l'espèce précédente. Le Beausset.

*318'. **exigua,** Edwards et Haime, 1848, id., p. 308. *Lithodendron id.*, Michelin, 1847, Icon. zoophyt., p. 305, pl. 72, fig. 7. Martigues.

*318''. **humilis,** d'Orb., 1849. *H. conferta*, Edwards et Haime, 1848, id., p. 308. *Lithodendron humile* (pars), Michelin, p. 291.

HYDROPHORA, Fischer, 1810. *Monticularia*, Lamarck.

319. **Styriana,** Edwards et Haime, 1849, id., p. 304. *Monticularia id.*, Michelin., 1847, Icon. zoophyt., p. 295, pl 68, fig. 2. Gozau.

320. **Ataciana,** d'Orb., 1847. Espèce dont les cellules sont la moitié moindres de celles de l'espèce précédente. Soulage.

PACHYGYRA, Edwards et Haime, 1848.

321. **Labyrinthica,** Edwards et Haime, 1848, Ann. des Sc. nat., 10, p. 284. *Lobophyllia idem*, Michelin, 1847, Icon. zooph., p. 290, pl. 66, fig. 3. France, montagne des Cornes (Aude).

MEANDRINA, Lamarck, 1816.

*321'. **Saltzburgiana,** Edwards et Haime, 1849, 11, p. 284. *M. tenella*, Michelin, 1847, Icon. zoophyt., p. 293, pl. 66, fig. 5 (non Goldfuss, pl. 21, fig. 4). Bains-de-Rennes, Martigues, Figuières, Le Beausset; Gozau.

*322. **radiata,** Michelin, 1847, Icon. zoophyt., p. 294, pl. 68, fig. 3. Bains-de-Rennes (Aude), Martigues (Bouches-du-Rhône).

*323. **Pyrenacea,** Michelin, 1847, Icon. zoophyt., p. 294, pl. 69, fig. 2. Bains-de-Rennes, Soulage.

*324. **Renauxiana,** d'Orb., 1847. Espèce voisine pour l'aspect du *M. radiata*, mais à cloisons simples. Uchaux (Vaucluse).

324'. **Koninckii,** Edwards et Haime, 1849, *loc. cit.*, 11, p. 284. Gozau.

*325. **Oceani,** d'Orb., 1847. Espèce avec l'aspect du *M. pyrenacea*, mais sans cloison médiane dans ses vallées. Soulage.

OULOPHYLLIA, Edwards et Haime, 1848.

326. **Ataciana,** d'Orb., 1847. *Meandrina id.*, Michelin, 1847, Icon. zoophyt., p. 293, pl. 69, fig. 1. Bains-de-Rennes.

*327. **Reussiana,** d'Orb., 1847. *Astrea meandrinoides*, Reuss, 1846, Bœhm. Kreideform., p. 61, pl. 43, fig. 2. France, Soulage (Aude); Bohême, Koriczan.

*328. **turbinata,** d'Orb., 1847. Espèce à très-grandes collines très-profondes. Soulage (Aude).

*329. **Martiniana,** d'Orb., 1849. Espèce à collines très-élevées en crêtes, côtes très-fines. Figuières.

DIPLORIA, Edwards et Haime, 1848.

*330. **Neptuni,** d'Orb., 1847. Espèce dont les cloisons sont inégales en largeur, à vallées profondes. Soulage.

330'. **crasso-lamellosa,** Edwards et Haime, 1849, Ann. des Sc. nat., 11, p. 291. Uchaux.

MEANDRASTREA, d'Orb., 1849. Polypier composé, division par fissiparité, au lieu de bourgeonnement; une épithèque épaisse, partielle; des traverses nombreuses.

*331. **pseudo-meandrina,** d'Orb., 1847. *Astrea id.*, Michelin, 1841, Icon. zooph., p. 18, pl. 4, fig. 7. Uchaux.

*332. **crassisepta,** d'Orb., 1847. Espèce à cloisons bien plus grosses que chez la précédente, et à cellules moins larges. Soulage, Figuières.

*333. **Arausiaca,** d'Orb., 1847. *Meandrina Arausiaca*, Michelin, 1848, Icon. zooph., p. 27, pl. 6, fig. 8. Soulage.

*334. **circularis,** d'Orb., 1847. *Agaricia circularis*, Michelin, 1847, Icon. zoophyt., p. 295, pl. 68, fig. 3. Montagne des Cornes. Soulage.

*335. **reticulata,** d'Orb., 1847. Espèce dont les cloisons sont comme réticulées par leur croisement. France, Uchaux.

*335'. **Requieni,** d'Orb., 1849. *Thecosmilia Requieni*, Edwards et Haime, 1848, Ann. des Sc. nat., 10, p. 272. *Lobophyllia Requieni*, Michelin, p. 18, pl. 4, fig. 6. Uchaux.

HETEROPHYLLIA, d'Orb., 1849. C'est une Symphylie à calices sur les parois latérales des collines.

336. **macroreina,** d'Orb., 1847. *Meandrina id.*, Michelin, 1847, Icon. zooph., p. 292, pl. 67, fig. 4. *Symphylia id.*, Edwards et Haime, 1849, *loc. cit.*, p. 255. France, montagne des Cornes, Soulage.

MICROPHYLLIA, d'Orb., 1849.

337. **Ataciana,** d'Orb., 1849. *Meandrina Ataciana*, Michelin, 1847,

Icon., p. 293, pl. 69, fig. 1. *Latomeandra Ataciana*, Edwards et Haime, 1849, Ann. des Sc. nat., 11, p. 271. Bains-de-Rennes.

POLYTREMACIS, d'Orb., 1849.

*338. **Blainvilliana**, d'Orb., 1849. *Heliopora id.*, Michelin, 1842, Icon. zooph., p. 27, pl. 7, fig. 6. Uchaux (Vaucluse).

*339. **complanata**, d'Orb., 1849. Espèce en plaques, dont les cellules sont le double de l'espèce précédente. Uchaux.

*345. **micropora**, d'Orb., 1849. Espèce en lames, dont les cellules sont la moitié des cellules des espèces précédentes. France, Uchaux.

*346. **glomerata**, d'Orb., 1849. Espèce dont les calices sont bien plus rapprochés que chez les autres espèces. Uchaux.

DACTYLACIS, d'Orb., 1849. Voy. p. 183.

*346'. **subramosa**, d'Orb., 1849. Espèce rameuse dont les cellules sont aussi le double du *P. Blainvilliana*. Uchaux.

*346". **Provencialis**, d'Orb. Espèce à calices saillants, petits. Fr., Figuières.

ACTINACIS, d'Orb., 1849. Ensemble *dendroïde;* calices superficiels, espacés irrégulièrement, radiés en dedans; intervalle poreux

*347'. **Martiniana**, d'Orb., 1849. Belle espèce rameuse, à tiges grêles. Figuières.

PLEUROCŒNIA, d'Orb., 1849. C'est une *Actinocœnia* à calices couchés sur le côté, et dès lors obliques.

*347. **Provencialis**, d'Orb., 1849. Belle espèce dont les cellules sont en demi-lunes, obliques. Uchaux (Vaucluse).

POLYTREMA, Risso, 1826. Voy. t. 1, p. 323.

*348. **flabellum**, d'Orb., 1849. *Chætetes id.*, Michelin, 1847, Icon. zooph., p. 306, pl. 72, fig. 9. France, Bains-de-Rennes, Mazaugues (Var).

*349. **Marticensis**, d'Orb., 1847. *C. irregulare*, Michelin, 1847, Icon. zooph., p. 306, pl. 73, fig. 2 (non Sow., 1839). France, Martigues, Mazaugues.

*350. **Coquandi**, Michelin, 1847, Icon. zoophyt., p. 306, pl. 73, fig. 3. France, Mazaugues.

351. **cretosa**, d'Orb., 1849. *Chætetes id.*, Reuss, 846, Bœhm., p. 63, pl. 43, fig. 4. Koriczan.

*352. **mamillata**, d'Orb., 1847. Espèce en gros mamelons arrondis. France, Le Beausset.

353. **catenifera**, d'Orb., 1847. *Calamopora catenifera*, Geinitz, 1842, Charak. Kreid., pl. 23, fig. 8, p. 93. Bohême, Plænergb, Kutschlin.

CRINOPORA, d'Orb., 1849. Ensemble dendroïde; calices nombreux, rapprochés, saillants, entourés extérieurement de six saillies égales; intérieur creux avec des planchers.

*353'. **Massiliensis**, d'Orb., 1849. *Alveolites Massiliensis*, Mich., Icon. zooph., pl. 73, fig. 1. Le Beausset, Figuières.

NULLIPORA, Lamarck.

*354. **ramosissima**, d'Orb., 1847. Espèce à tiges grêles. Figuières, Martigues (Bouches-du-Rhône).

*355. **Provencialis**, d'Orb., 1847. Espèce formée de gros mamelons. Martigues.

***355'. Marticensis,** d'Orb , 1847. Espèce à mamelons creusés au centre d'une dépression. Martigues, Figuières.

FORAMINIFÈRES (D'ORB.).

CONULINA, d'Orb., 1825. Foraminifères de Vienne.

***356. irregularis,** d'Orb., 1847. Espèce longue de 12 millimètres, à loges étroites. France, Valmy, Dammartin, La Planchette, Gizaucourt (Marne).

ALVEOLINA, Bosc, d'Orb.

***357. compressa,** d'Orb., 1847. Espèce comprimée dans le sens de l'axe d'enroulement, ce qui lui donne la forme d'une Nummulite, et la fait prendre pour telle par quelques observateurs. Martigues, La Fare (Bouches-du-Rhône).

BILOCULINA, d'Orb., 1825. Foraminifères de Vienne.

***358. antiqua,** d'Orb., 1847. C'est la première espèce qui se soit montrée dans les mers, au moins à notre connaissance. Martigues (Bouches-du-Rhône), avec les Hippurites.

TRILOCULINA, d'Orb., 1847. Foraminifères de Vienne.

***359. cretacea,** d'Orb., 1847. Espèce voisine du *T. trigonula*, Martigues (avec les Hippurites).

AMORPHOZOAIRES.

HIPPALIMUS, Lamouroux, 1821. Voy. t. 1, p. 209.

***360. pilula,** d'Orb., 1847. *Spongia id.*, Michelin, 1842, Icon. zoophyt., p. 30, pl. 7, fig. 5. Uchaux.

STELLISPONGIA, d'Orb., 1847. Voy. t. 1, p. 210.

***361. pseudo-siphonia,** d'Orb., 1847. *Spongia id.*, Michel., 1842, Icon. zoophyt., p. 28, pl. 7, fig. 3. Uchaux.

362. sulcataria, d'Orb., 1847. *Spongia id.*, Michelin, 1842, Icon. zoophyt., p. 29, pl. 7, fig. 1. France, Châtillon, près de Saint-Paul-Trois-Châteaux.

MEANDROSPONGIA, d'Orb., 1847. Lames minces, méandriformes, comme fibreuses en travers.

***363. foliacea,** d'Orb., 1847. Espèce flabelliforme à surface seulement ridée. France, Montrichard (Loir-et-Cher).

AMORPHOSPONGIA, d'Orb., 1847. Voy. t. 1, p. 178.

364. vola, d'Orb., 1847. *Spongia vola*, Michelin, 1842, Icon. zooph., p. 29, pl. 7, fig. 2. Uchaux,

365. sanguisuga, d'Orb., 1847. *Spongia id.*, Michelin, 1842, p. 29, pl. 7, fig. 4. Uchaux.

366. os ranæ? d'Orb., 1847. *Scyphia idem*, Leymerie, 1842, Mém. Soc. geol., p. 1, pl. 1, fig. 4. France, Saint-Parres (Aube).

VINGT-DEUXIÈME ÉTAGE : — SÉNONIEN.

MOLLUSQUES CÉPHALOPODES.

BELEMNITELLA, d'Orb., 1840, Moll. viv. et foss., p. 446.
*1. **mucronata,** d'Orb., Paléont. univ., pl. 31, fig. 1-6; pl. 33, Terr. crét., pl. 7. *Bel. Americanus*, Morton. Meudon, Sens (Yonne), Epernay (Marne), Orglande, Golleville, Freville (Manche); Angl. Norfolk, Ashton-Moor; Hollande, Maëstricht; Suède, Balsberg; Oldembourg; Prusse, Aix-la-Chapelle; Hanovre, Peine; Russie, Donetz, Sembirsk; États-Unis, New-Jersey, Delaware, North-Carolina, Géorgie; Pologne, Krakau, Sandomir, Lublin, Letthaus; Volhynie (Pusch).
*2. **quadrata,** d'Orb., Paléont. univ., pl. 34, fig. 5-10. France, Reims, Sens, Hardivilliers; Angl., York; Visé (Belgique).
3. **ambigua,** d'Orb., Paléont. univ., pl. 34, fig. 13-14. États-Unis (New-Jersey), Tember-Creek, Gloucester-County.
?*4. **subventricosa,** d'Orb., Paléont. univ., pl. 31, fig. 7-12. Pal. étrang., pl. 27, f. 7-12. Suède, Ignaberga, Balsberg, île d'Ifo.
RHYNCHOTEUTHIS, d'Orb., 1846. Voy. t. 1, p. 326.
5. **Dutemplei,** d'Orb., 1847, Moll. viv. et foss., p. 599. Chavot (Marne).
NAUTILUS, Breynius, 1732. Voy. t. 1, p. 52.
*6. **Dekayi,** Morton, 1827-1834, Synopsis of the org. Rem. The Cret. Group., p. 33, pl. 8, fig. 4. *N. perlatus*, Morton, pl. 13, fig. 4. *N. lævigatus*, d'Orb., 1846, Astrolabe, pl. 6, fig. 1 (non *lævigatus*, d'Orb., 1840.). *N. simplex*, Rœmer (non Sow.). *N. sphæricus*, *N. lævigatus*, Forbes, 1846, Pondichéry. *N. Orbignyanus*, Forbes, 1846, in Darwin, pl. 5, fig. 1. Elle diffère du *N. lævigatus*, par le siphon plus interne. Faujas, pl. 21, fig. 1. Coutune-Néhou (Manche), Royan (Charente-Inférieure), Tours (Indre-et-Loire); Westphalie, Haldeim, Streplen; Hollande, Maëstricht; États-Unis, New-Jersey, Monmouth, Burlington (Alabama), Prairie Bluff; Amérique méridionale, Chili, île de Quiriquina; Indes-Orientales, Pondichéry, Verdachellum.
7. **Indicus,** d'Orb., 1847. *N. Sowerbyanus*, d'Orb., 1846, Géol. de l'Astrolabe, pl. 4, fig. 1, 2 (non *N. Sowerbyanus*, d'Orb., 1840). *N. Clementinus*, Forbes, 1846 (non d'Orb., 1840). Elle en diffère par le siphon bien plus près du dos de la coquille. Indes-Orientales, Pondichéry, Verdachellum; Amérique méridionale, Chili, île Quiriquina.

?8. **sinuato-punctatus?** Geinitz, 1843, Kreid., pl. 1, fig. 6, p. 8. Silésie, Kreslingswalde.

AMMONITES, Bruguière, 1789. Voy. t. 1, p. 181.

*9. **subtricarinatus**, d'Orb., 1847. *A. tricarinatus*, d'Orb., 1840, Paléont. franç., 1, p. 307, pl. 91, fig. 1, 2 (non Poitiez, 1838). France, Sougraigne (Aude).

10. **Lafresnayanus**, d'Orb., 1840, Pal., 1, p. 326, pl. 97, fig. 3-5. Freville (Manche).

11. **Verneuilianus**, d'Orb., 1840, Paléont. franç., Terr. crét., 1, p. 326, pl. 98, fig. 3-5. France, Freville (Manche).

*12. **Pailletteanus**, d'Orb., 1840, Pal., 1, p. 339, pl. 102, fig. 3, 4. Soulage (Aude), Bidart (Basses-Pyrénées); Westphalie, Haldeim.

*13. **semiornatus**, d'Orb., 1847. Espèce très-aplatie; à tours embrassants, lisses, tronqués sur la carène, et ornés de chaque côté de cette partie de tubercules obliques. Tours, route de Paris.

*14. **Noueliamus**, d'Orb., 1847. Coquille voisine de l'*A. varians*, mais pourvue de côtes simples et d'une forte carène dorsale, bordée de deux sillons. St-Paterne (Indre-et-Loire).

*15. **polyopsis**, Dujardin, 1837, Mém. de la Soc. géol., 2, p. 232, pl. 17, fig. 12. Tours (Indre-et-Loire).

*16. **Bourgeoisianus**, d'Orb., 1847. Belle espèce voisine de l'*A. varians*, mais pourvue de côtes simples, ornées chacune près du dos de trois ou quatre tubercules externes; une carène munie de sillons latéraux. Villedieu (Loir-et-Cher), Saint-Frimbault (Sarthe).

*17. **Gollevillensis**, d'Orb., 1847. *A. Lewesiensis*, d'Orb., 1842. Paléont. franç., Terr. crét., pl. 101 et 102, fig. 1 (non Sowerby). France, Golleville, Freville (Manche).

*18. **Santonensis**, d'Orb., 1847. Espèce à tours enroulés comme chez l'*A. tumidus*, munie de côtes simples, à tours complétement embrassants. Saintes (Charente-Inférieure), Saint-Germain près de La Flèche (Sarthe).

19. **Stobæi**, Nilss. Hisinger, 1837, Petref. Suec., p. 32, pl. 5. Suède, Köpingemölla, Svenstorpsmölla, Ignaberga.

*20. **placenta**, Dekay, 1829, Ann. New-York, Lyc. nat. hist., 2, pl. 5. Morton, 1834, Syn. Cret. group, p. 36, pl. 2, fig. 1, 2. États-Unis, New-Jersey, Delaware dans le canal de Chesapeake, rivière de Tennessee.

21. **Delawarensis**, Morton, 1834, Synopsis Cret. group, p. 37, pl. 2, fig. 5. Americ. Journ., 18, pl. 2, fig. 4. États-Unis (Delaware), dans le canal de Chesapeake, Alabama.

22. **Vanuxemi**, Morton, 1834, Synopsis, p. 38, pl. 2, fig. 3, 4. Americ. journ., 18, pl. 3, fig. 3, 4. États-Unis (Delaware), dans le canal de Chesapeake, (Espèce voisine de l'*A. Bourgeoisianus*, d'Orb.)

23. **syrtalis**, Morton, 1834, Synopsis, p. 40, pl. 16, fig. 4. Espèce voisine de l'*A. polyopsis*. États-Unis (Alabama), Greene-County.

24. **vespertinus**, Morton, 1834, Synopsis, p. 40, pl. 17, fig. 1. États-Unis (Arkansaw), plaine de Kiamesha.

*25. **Silimani**, d'Orb., 1847. Espèce à tours presque embrassants, ornée de côtes sinueuses inégales, passant sur le dos. États-Unis, Montagnes Rocheuses (M. Siliman).

*26. **Danæ,** d'Orb., 1847. Espèce voisine de l'*A. polyopsis*, mais à six rangées de tubercules de chaque côté. États-Unis, Montagnes Rocheuses (M. Siliman).

27. **bidorsatus,** Rœmer, 1841, Kreid., p. 88, n. 16, pl. 13, fig. 5. Allem., Dülmen et Blankenburg.

*28. **Decheni,** Rœmer, 1841, Kreid., p. 85, n. 2, pl. 13, fig. 1. France, Rivière (Landes); Westphalie, Haldeim, Teutoburger Waldes, Strehlem.

29. **Cottæ,** Rœmer, 1841, Kreid., p. 86, n. 6, pl. 13, fig. 4. Reuss, pl. 7, fig. 10. Allem., Töplitz et Oppeln; Bohême, Postelberg, Hundorf.

?30. **Geinitzii,** d'Orb., 1847. *A. Vibrayeanus*, Geinitz, 1843, Nacht. Kreid., pl. 1, fig. 8, p. 8 (non d'Orbigny, 1841). Silésie, Kreslingswalde.

31. **Vishnu,** Forbes, 1846, Trans. geol. Soc. of London, vol. 7 p. 100, pl. 7, fig. 9. Peut-être *A. Brahama*, var., Forbes, pl. 8, fig. 1. Indes-Orientales, Pondichéry.

32. **Kayei,** Forbes, 1846, *id.*, vol. 7, p. 101, pl. 8, fig. 3. Peut-être le même que l'*A. Sacia*, Forbes, pl. 14, fig. 10. Pondichéry, Verdachellum.

33. **Chrishna,** Forbes, 1846, *id.*, vol. 7, p. 103, pl. 9, fig. 2. *A. yama*, Forbes, pl. 7, fig. 4. *A. Soma*, Forbes, 1846, pl. 7, fig. 6. *A. Garudæ id.*, pl. 7, fig. 1 (jeune). *A. Ganesa*, Forbes, 1846, pl. 7, fig. 8. Il fau encore y réunir probablement l'*A. Gaudama*, Forbes, pl. 10, fig. 3. Pondichéry.

34. **Durga,** Forbes, 1846, *id.*, vol. 7, p. 104, pl. 7, fig. 11. *A. Cala*, Forbes, 1846, pl. 8, fig. 4. *A. Juilleti*, Forbes, pl. 7, fig. 2 (non d'Orbigny, 1841). Pondichéry.

35. **Indra,** Forbes, 1846, *id.*, vol. 7, p. 104, pl. 7, fig. 1. *A. Varuna*, Forbes, 1846, pl. 8, fig. 5 (jeune). Pondichéry.

36. **Indicus,** Forbes, 1846, *id.* vol. 7, p. 104, pl. 8, fig. 9, Pondichéry.

37. **Siva,** Forbes, 1846, *id.*, p. 110, pl. 7, fig. 6. Pondichéry.

38. **Menu,** Forbes, 1846, *id.*, p. 111, pl. 10, fig. 1. Pondichéry.

39. **Rembda,** Forbes, 1846, *id.*, p. 111, pl. 7, fig. 3. Pondichéry.

40. **Egertoni,** Forbes, 1846, *id.*, t. 7, p. 108, pl. 9, fig. 1. Peut-être encore variété de l'*A. Christina*, Forbes. Pondichéry.

41. **Cunliffei,** Forbes, 1846, *id.*, p. 109, pl. 8, fig. 2. Espèce voisine de l'*Am. bidorsatus*, Rœmer. *A. Pavana*, Forbes, pl. 7, fig. 5 (jeune). Pondichéry.

42. **diphylloides,** Forbes, 1846, *id.*, t. 7, pl. 8, fig. 8. Pondichéry.

43. **Surya,** Forbes, 1846, t. 7, p. 106, pl. 7, fig. 10. Pondichéry.

44. **Nera,** Forbes, 1846, p. 106, pl. 8, fig. 7. Pondichéry.

45. **Forbesianus,** d'Orb., 1847. *A. Rouyanus*, Forbes, 1846, t. 7, p. 108, pl. 8, fig. 6 (non d'Orbigny, 1841, qui n'est que le jeune de l'*Infundibulum*). Pondichéry.

46. **Buddha,** Forbes, 1846, p. 112, pl. 14, fig. 10. Verdachellum.

47. **sugata,** Forbes, 1846, p. 113, pl. 10, fig. 2. Verdachellum.

48. **Gaudama,** Forbes, 1846, p. 113, pl. 10, fig. 3. Verdachellum.

*49. **Ribourianus,** d'Orb., 1847. Espèce voisine de l'*A. polyopsis*, mais avec le dos carré, et deux rangées latérales de tubercules aigus. France, Villedieu (Loir-et-Cher), M. Bourgeois.

50. Rioii, Galeotti, 1839, Bull. de l'Acad. de Bruxelles, t. 7, n. 10, p. 7, 8. Mexique, Tehuacan.

51. reconditus, Galeotti, 1839, *id.*, n. 10, p. 7, fig. 9. Tehuacan.

SCAPHITES, Parkinson, 1811. Voy. vol. 2, p. 100.

*__52. compressus__, d'Orb., 1841, Paléont. franç., Terr. crét., 1, p. 517, pl. 128, fig. 4, 5. Soulage (Aude), Tercis, Rivière, Lesperon (Landes).

*__53. constrictus,__ d'Orb., Paléont., 1, p. 522, pl. 129, fig. 8-11. Sainte-Colombe (Manche), Prusse, Aix-la-Chapelle; Crimée (M. Dubois).

*__54. Conradi,__ d'Orb., 1847. *Ammonites Conradi*, *Angulosus* et *Petechialis*, Morton, 1834, Synopsis or g. Rem. the cret. group, p. 39, pl. 16, fig. 3; pl. 19, fig. 4. États-Unis (Alabama), Prairie Bluff.

55. Hippocrepis, Dekay. *S. Cuvieri*, Morton, 1834, Synopsis, Cret. group., p. 41, pl. 7, fig. 1. *Amm.Hippocrepis*, Dekay. États-Unis (Delaware), canal de Chesapake.

56. subreniformis, Morton, 1834, Synopsis cret. group. p. 42, pl. 2, fig. 6 (non Brug., 1790). Etats-Unis (New-Jersey), près de Bordentown.

*__57. ornatissimus,__ d'Orb., 1847. Belle espèce striée en travers et pourvue près du dos de la coquille de deux rangées de tubercules comprimés de chaque côté. Haldeim.

*__58. Geinitzii__, d'Orb., 1847. Espèce voisine du *Scaphites obliquus*, mais pourvue de plis tuberculeux externes. *Scaph. æqualis*, Geinitz (non Sowerby). France, Villedieu (Loir-et-Cher); Dresde, Strehlem.

59. inflatus, Rœmer, 1841, Nordd. Kreid., p. 90, n. 4, pl. 14, fig. 3. Allemagne, Dülmen.

*__60. binodosus,__ Rœmer, 1841, Nordd., p. 90, n. 5, pl. 13, fig. 6. Dülmen.

61. Rœmeri, d'Orb., 1847. *S. compressus*, 1841, Rœmer, Nordd. Kreid., p. 91, n. 6, pl. 15, fig. 1 (non *compressus*, d'Orb., 1841). Ahlten.

62. plicatellus, Rœmer, 1841, Nordd., p. 91, n. 7, pl. 13, fig. 7. Lemförde.

63. pulcherrimus, Rœmer, 1841, Kreid., p. 91, n. 8, pl. 14, fig. 4. Allemagne, Lemförde, Aix-la-Chapelle.

64. ornatus, Rœmer, 1841, Kreid., p. 91, n. 9, pl. 13, fig. 8. Lemförde.

ANCYLOCERAS, d'Orb., 1842. V. vol. 1, p. 262.

*__65. tenuisulcatus,__ d'Orb., 1847. *Hamites id.*, Forbes, 1846, Trans. geol. Soc. of London, vol. 7, p. 116, pl. 11, fig. 3; pl. 10, fig. 8. *Hamites Indicus*, d'Orb., 1846. Astrolabe, pl. 1, fig. 13, 14. Indes-Orientales, Pondichéry.

BACULITES, Lamarck, 1799. Voy. p. 66.

*__66. incurvatus,__ Dujardin, 1836. D'Orb., Paléont. franç., Terr. crét., 1, p. 564, pl. 139, fig. 8-10. Tours, à la Tranchée, Villedieu (Loir-et-Cher); Allemagne, Quedlimburg.

*__67. Anceps,__ Lamarck, 1822, d'Orb., Pal., 1, p. 565, pl. 139, fig. 1-7. *Baculites carinatus*, Morton, 1834, pl. 13, fig. 1. Astrolabe, pl. 1, fig. 8-12. Néhou; États-Unis, Alabama, Prairie Bluff; Amér. mér., île Quiriquina (Chili); Indes-Orientales, Pondichéry; États-Unis (Alabama).

*68. **ovatus,** Say, *B. compressus.* Say, Journ. Acad. nat. 6, pl. 5, fig. 5, 6. Morton, 1834, Syn. cret. group., p. 42, pl. 1, fig. 6-8; pl. 9, fig. 1. Amer. journ., 18, pl. 1, fig. 6-8. États-Unis, New-Jersey, Delaware, Alabama, Missouri.

*69. **Faujasii,** Lamk. Reuss, 1845, Böhm. Kreid., p. 24, pl. 7, fig. 3. Sow., M. C., pl. DLXXXII, fig. 1. Angleterre; Bohême, Priesen; Hollande, Maëstricht.

70. **asper,** Morton, 1834, Syn. cret. group, p. 43, pl. 1, fig. 12-13; pl. 13, fig. 2. Etats-Unis (Alabama), Cahawba, Prairie Bluff.

*71. **vagina,** Forbes, 1846, Trans. geol. Soc. of London, vol. 7, p. 114, pl. 10, fig. 4 (non *Vagina,* Forbes, 1846, in Darwin, pl. 5, fig. 3). *Ornata,* d'Orb., 1846, Astrolabe, pl. 3, fig. 2. Indes-Orientales, Pondichéry.

*72. **Lyelli,** d'Orb., 1846, Astrolabe, pl. 1, fig. 3-7. *B. vagina,* Forbes, 1846, in Darwin, pl. 5, fig. 3 (non *vagina,* Forbes, in Trans. Pondichéry); Amér. mér., île Quiriquina (Chili).

73. **teres,** Forbes, 1846, *id.,* t. 7, p. 115, pl. 10, fig. 5. Pondichéry.

PTYCHOCERAS, d'Orb., 1842. Voy. p. 66.

74. **sipho,** Forbes, 1846, Trans. geol. Soc. of London, t. 7, p. 118, pl. 11, fig. 5. Indes-Orientales, Pondichéry.

HAMITES, Parkinson, 1811. Voy. p. 126.

*75. **constrictus,** d'Orb., 1846, Astrolabe, pl. 3, fig. 7, 8. Indes-Orientales, Pondichéry.

76. **columna,** d'Orb., 1847. *Baculites id.,* Morton, 1834. Synopsis cret. group., p. 44, pl. 19, fig. 8 (peut-être le *Hamites largesulcatus,* Forbes, de Pondichéry, n'en est-il qu'une variété). Etats-Unis (Alabama), Prairie Bluff.

77. **arculus,** Morton, 1834, Synopsis cret. group, p. 44, pl. 15, fig. 1, 2. Etats-Unis (Alabama), Greene-County.

78. **torquatus,** Morton, 1834, Synopsis, p. 45, pl. 15, fig. 4. Greene-County.

79. **trabeatus,** Morton, 1834, Synopsis cret. group, p. 45, pl. 15, fig. 3. Etats-Unis (Alabama), Prairie Bluff.

*80. **Carolinus,** d'Orb. Espèce voisine du *Simplex*, mais à côtes non interrompues. (*H. rotundus,* C. d'Orb., non *rotundus,* Sow.). Meudon.

*81. **Geinitzii,** d'Orb., 1847. *Hamites ellipticus,* Geinitz (non Mantell, 1822). Bohême, Wernbohla.

*82. **cylindraceus,** Defrance. D'Orb., Paléont., 1, p. 551, pl. 130. Sainte-Colombe (Manche); Hollande, Maestricht.

*83. **Indicus,** Forbes, 1846, Trans. geol. Soc., t, 7, p. 116, pl. 11, fig. 4. *H. intermedius,* Rœm., 1841, Nordd. Kreid., p. 92, n° 3, pl. 13, fig. 15 (non Sowerby). *H. acuticostatus,* d'Orb., 1846, Astrolabe, pl 3, fig. 9-12. Prusse, Aix-la-Chapelle; Indes Orientales, Pondichéry.

84. **strangulatus,** d'Orb., 1847. *H. intermedius,* Geinitz, 1842, Kreid., pl. 17, fig. 35, p. 68 (non Sowerby). Allem., Strehlen.

85. consobrinus, d'Orb., 1847. *H. rotundus*, Geinitz, 1842, Kreid., pl. 12, fig. 7 a, p. 41 (non Sowerby). Strehlen.

86. alternans, Gein., 1842, Kreid., pl. 17, fig. 36, p. 68. Strehlen.

87. Reussianus, d'Orb., 1847. *H. plicatilis*, Reuss, 1845, Bœhm. Kreideform., p. 23, pl. 7, fig. 5, 6 (non Sow., M. C., pl. 234, fig. 1). Bohême, Priesen, Kystra et Wollenitz.

88. subcompressus, Forbes, 1846, Trans. geol. Soc. of London, t. 7, p. 116, pl. 11, fig. 6. *H. Indicus*, Forbes, 1846, pl. 11, fig. 4. *H. simplex*, d'Orb., 1846, Astrolabe, pl. 3, fig. 15-17. Pondichéry.

89. rugatus, Forbes, 1846, id., p. 117, pl. 11, fig. 2. Pondichéry.

90. Nereis, Forbes, 1846, id., p. 117, pl. 10, fig. 7. Pondichéry.

91. undulatus, Forbes, 1846, idem, p. 118, pl. 10, fig. 6. Pondichéry.

TURRILITES, Lam., 1801. Voy. t. 1, p. 213.

***92. plicatus,** d'Orb., Pal., 1, p. 592, pl. 143, fig. 7, 8. Soulage (Aude).

***93. acuticostatus,** d'Orb., Paléont., 1, p. 605, pl. 147, fig. 3, 4. Soulage.

***94. Archiacianus,** d'Orb., Paléont., 1, p. 607, pl. 148, fig. 5, 6. Royan.

***95. Germaniæ,** d'Orb., 1847. Espèce à petits plis et pourvue de plus de deux rangées de tubercules. Haldeim.

96. plicatilis, d'Orb., 1847. *Hamites plicatilis*, Rœmer, 1841, Nordd. Kreid., p. 94, n° 16, pl. 14, fig. 7 (non *H. plicatilis*, Sow.). Allem., Alfeld, Berne, Strehlen, Oppeln.

97. Geinitzii, d'Orb., 1847. *T. undulatus*, Geinitz, 1842, Charak. Kreid., pl. 13, fig. 3, p. 42 et 67 (non Sow.). Bohême, Strehlen.

98. Reussii, d'Orb., 1847. *T. Astierianus*, Reuss, 1845, Bœhm., p. 24, pl. 7, fig. 7 (non d'Orb., 1840). Bohême, Kystra.

HELICOCERAS, d'Orb., 1842. Voy. t. 1, p. 213.

99. armatus, d'Orb., 1847. *Hamites armatus*, Geinitz (non Sow.). Espèce pourvue, de distance en distance, de côtes élevées pourvues de tubercules. Allem., Strehlen.

100. polyplocus, d'Orb., 1847. *Turrilites polyplocus*, Geinitz, 1843, Nacht. Kreid, pl. 5, fig. 4, p. 8 (non *T. polyplocus*, Rœmer). Allem., Strehlen.

HETEROCERAS, d'Orb., 1847. Voy. t. 2, p. 102.

101. polyplocus, d'Orb., 1847. *Turrilites polyplocus*, Rœm., 1841, Nordd. Kreid., p. 92, n° 4, pl. 14, fig. 1, 2. Allemagne, Dülmen, Lemforde.

MOLLUSQUES GASTÉROPODES.

SCALARIA, Lamarck, 1801. Voy. t. 2, p. 2.

102. Sillimani, Morton, 1834, Synopsis cret. Group, p. 47, pl. 13, fig. 9. États-Unis (Alabama), prairie Bluff.

103. annulata, Morton, 1834, Synopsis, p. 47, pl. 3, fig. 10. États-Unis (New-Jersey), Gloucester.

104. Chilensis, d'Orb., 1842, Paléont. de l'Amér. mérid., p. 114, pl. 14, fig. 1, 2. Ile de Quiriquina, près de la Conception (Chili).

105. costato-striata, d'Orb., 1847. *Fusus idem*, Münst., Goldf., 1843, Petref., 3, p. 24, pl. 171, fig. 18. Allem., Haldem.

***106. decorata,** d'Orb., 1847. *Melania decorata*, Rœmer, 1841, Nordd. Kreid., p. 82, pl. 12, fig. 11. Strehlen.

107. subundulata, d'Orb., 1847. *Turrilites undulatus*, Reuss, 1845, Bœhm. Kreid., p. 24, pl. 7, fig. 8, 9 (non Sow., Thesaur., 1844). Priesen, Kystra et Wollenitz.

108. undata, d'Orb., 1846, Astrolabe, pl. 3, fig. 31. *Chemnitzia undosa*, Forbes, 1846, Trans. geol. Soc. of London, t. 7, p. 125, pl. 15, fig. 11 (non Sow.). Indes orientales, Verdachellum, Trinchinopoly.

***109. Auca,** d'Orb., 1846, Astrolabe, pl. 1, fig. 16, 17. Amér. mérid., île Quiriquina (Chili).

110. subturbinata, d'Orb., 1847. *S. turbinata*, Forbes, 1846, Trans. geol. Soc. of London, t. 7, p. 124, pl. 12, fig. 18 (non Conrad, 1843). Pondichéry.

TURRITELLA, Lamarck, 1801. Voy. p. 67.

***111. Renauxiana,** d'Orb., 1842, Paléont. franç., Terr. crét., 2, p. 41, pl. 152, fig. 1-4. Uchaux, Mandragon (Lignites), Plan-d'Aups, Cadière.

***112. Coquandiana,** d'Orb., 1842, Pal., 2, p. 44, pl. 153, fig. 1, 2. Cadière, Plan-d'Aups, Martigues, Soulage; Autriche, Gosau.

***113. Bauga,** d'Orb., 1842, Paléont., 2, p. 45, pl. 152, fig. 3, 4. Cognac.

***114. vertebroides,** Morton, 1834, Syn. cret. group, p. 47, pl. 3, fig. 13. États-Unis (New-Jersey et Alabama).

115. encrinoides, Morton, 1834, Synops. cret. group, p. 47, pl. 3, fig. 7. États-Unis, Alabama.

***116. provincialis,** d'Orb., 1847. Espèce voisine du *T. Coquandiana*, mais plus petite et ornée de quatre au lieu de trois côtes longitudinales. Le Beausset.

***117. excavata,** d'Orb., 1847. Espèce voisine du *T. Coquandiana*, mais à tours excavés au milieu entre deux côtes. Le Beausset.

118. biformis, Sowerby, 1831, Trans. geol. Soc. of London, série 2e, t. 3, pl. 38, fig. 18. Goldf., pl. 97, fig. 8. Tyrol, Gosau.

119. rigida, Sowerby, 1831, id., pl. 38, fig. 19. Gosau.

120. læviuscula, Sowerby, 1831, id., pl. 38, fig. 20. Gosau.

121. paupercula, Dujardin, 1837, Mém. Soc. géol. de France, t. 2, p. 230, pl. 17, fig. 9. Tours (Indre-et-Loire).

***122. nodosa,** Rœmer, 1841, Kreid., p. 80, n° 1, pl. 11, fig. 20. *T. funiculosa*, Mathéron, 1847, Catalogue, p. 239, pl. 39, fig. 15. Plan-d'Aups, Le Beausset (Var); Blankenburg, Aix-la-Chapelle.

123. Nerinæa, Rœmer, 1841, id., p. 80, n° 2, pl. 11, fig. 21. Kieslingswalde.

***124. lineolata,** Rœmer, 1841, Nordd. Kreid., p. 80, n° 3, pl. 11, fig. 24. Lemförde und Ilseburg, Haldem.

125. sexlineata, Rœmer, 1841, Nordd. Kreid., p. 80, n° 4, pl. 11, fig. 22. Blankenburg, Aix-la-Chapelle.

126. alternans, Rœmer, 1841, Nordd. Kreid., p. 80, n° 5, pl. 11, fig. 23. Quedlinburg, Ilseburg, Aix-la-Chapelle.

127. Marticensis, Mathéron, 1843, Catalogue, p. 240, pl. 39, fig. 16. France, Martigues.

128. quadricincta, Goldf., 1844, Petref., 3, p. 106, pl. 196, fig. 16. Prusse, Aix-la-Chapelle, Haldem.

129. quinquecincta, Goldf., 1844, Petref., 3, p. 106, pl. 196, fig. 17. Prusse, Aix-la-Chapelle, Haldem.

130. Næggerathiana, Goldf., 1844, Petref., 3, p. 107, pl. 197, fig. 1. Prusse, Aix-la-Chapelle.

***131. sexcincta,** Goldf., 1844, Petref., 3, p. 107, pl. 197, fig. 2. Le Beausset (Var), Martigues, Saint-Christophe (Loire-et-Cher); Prusse, Aix-la-Chapelle.

132. Decheniana, Goldf., 1844, 3, p. 107, pl. 197, fig. 3. Glatz.

133. Eichwaldiana, Goldf., 1844, Petref., 3, p. 107, pl. 197, fig. 4. Prusse, Aix-la-Chapelle.

134. Hagenoviana, Münst., Gold., 1844, 3, p. 108, pl. 197, fig. 5. Haldem.

135. velata, Münster, Goldfuss, 1844, 3, p. 108, pl. 197, fig. 6. Haldem.

136. Buchiana, Goldf., 1844, Petref., 3, p. 108, pl. 197, fig. 7. Allem., Büren, Westph.

137. Fittoniana, Münst., Goldf., 1844, Petref., 3, p. 109, pl. 197, fig. 10. Autriche, Gosau.

138. multistriata, Reuss, 1845, Bœhm. Kreid., p. 51, pl. 10, fig. 17, pl. 11, fig. 16. Allem., Priesen, Wollenitz, Postelberg.

139. acicularis, Reuss, 1845, Bœhm., p. 51, pl. 11, fig. 17. Luschitz, Priesen, Wollenitz, Postelberg, Meronitz.

***140. Pondicheriensis,** Forbes, 1846, Trans. geol. Soc. of London, t. 7, p. 123, pl. 13, fig. 4. *T. angulosa*, d'Orb., 1846, Astrolabe, pl. 3, fig. 27. Pondichéry.

141. Breantiana, d'Orb., 1846, Astrolabe, pl. 2, fig. 36, 37. *T. monilifera*, Forbes, 1846, Trans. geol. Soc. of London, t. 7, p. 123, pl. 13, fig. 2 (non Desh., 1824). Pondichéry.

142. ventricosa, Forbes, 1846, Trans. geol. Soc. of London, t. 7, p. 123, pl. 13, fig. 3. Pondichéry.

143. Sowerbyi, Forbes, 1846, Trans. geol. Soc. of London, t. 7, p. 124, pl. 15, fig. 4. Indes orientales, Trinchinopoly.

144. subsimplex, d'Orb., 1847. *T. simplex*, id., 1846, Astrolabe, pl. 3, fig. 26 (non Grateloup). Pondichéry.

***145. Calypso,** d'Orb., 1846, Astrolabe, pl. 3, fig. 28-30. Pondichéry.

VERMETUS, Adanson, 1757.

146. anguis? Forbes, 1846, Trans. geol. Soc. of London, t. 7, p. 124, pl. 13, fig. 1. Indes orientales, Pondichéry.

EULIMA, Risso, 1825. Voy. t. 1, p. 116.

147. antiqua, Forbes, 1846, Trans. geol. Soc. of London, t. 7, p. 134, pl. 12, fig. 17. Indes orientales, Pondichéry.

CHEMNITZIA, d'Orb., 1839. Voy. t. 1, p. 172.

***148. Pailletteana,** d'Orb., 1842, Paléont. franç., Terr. crét., 2, p. 69, pl. 155, fig. 19. France, Soulage.

NERINEA, Defrance, 1825. Voy. t. 1, p. 263.

149. subpulchella, d'Orb., 1847. *N. pulchella*, d'Orb., 1842, Paléont. franç., Terr. crét., 2, p. 89, pl. 161, fig. 4, 5 (non Bronn, 1836). Sainte-Baume.

149'. Marrotiana, d'Orb., 1842, Paléont. franç., Terr. crét., 2, p. 96, pl. 163 *bis*, fig. 1, 2. France, Font-Barrade, près de Bergerac.

***150. bisulcata,** d'Arch., 1836. *N. Espaillaciana*, d'Orb., 1842, Paléont. franç., Terr. crét., 2, p. 99, pl. 164, fig. 2. France, Royan, Saintes (Charente-Inférieure), Le Beausset (Var), Cognac (Charente) ; Amér. sept., Friedrichsburg (Texas).

152. ampla, Münst., Goldf., 1843, Petref., 3, p. 45, pl. 176, fig. 10. Autriche, Salzburg.

153. pyramidalis, Münst., Goldf., 1843, Petref., 3, p. 45, pl. 176, fig. 11. Autriche, Gosau.

154. cincta, Münst., Goldf., 1843, Petref., 3, p. 45, pl. 176, fig. 12. Autriche, Gosau.

155. nobilis, Münst., Goldf., 1843, Petref., 3, p. 45, pl. 176, fig. 9. Autriche, Salzburg.

156. incavata, Bronn, Goldf., 1843, Petref., 3, p. 46, pl. 177, fig. 1. Mühlenbach, Olapian.

157. crenata, Münster, Goldfuss, 1843, 3, p. 46, pl. 177, fig. 2. Gosau.

158. turritellaris, Münst., Goldf., 1843, 3, p. 46, pl. 177, fig. 3. Salzburg.

159. Bronnii, Münster, Goldfuss, 1843, 3, p. 46, pl. 177, fig. 4. Goasu.

160. bicincta, Bronn, Goldf., 1843, Petref., 3, p. 46, pl. 177, fig. 5, Reuss, pl. 44, fig. 5? Bohême, Korizan ; Autriche, Gosau, Wienerisch.

161. granulata, Münst., Goldf., 1843, Petref., 3, p. 47, pl. 177, fig. 6. Autriche, Sonnenwend-Ioche (Tyrol).

162. flexuosa, Sowerby, 1831, pl. 38, fig. 16. Goldf., 1843, Petref., 3, p. 47, pl. 177, fig. 7. Autriche, Gosau.

163. Geinitzii, Goldf., 1843, 3, p. 47, pl. 177, fig. 8. Dresden.

164. Podolica, Pusch, 1837, Polens, Paléont., p. 113, pl. 10, fig. 17. Pologne.

165. involuta, Voltz, 1835, Jahrb., pl. 6, fig. 25, p. 552. Gosau.

ACTEON, Montfort, 1810. Voy. t. 1, p. 263.

166. subsulcatus, d'Orb., 1847. *Auricula sulcata*, Dujardin, 1837, Mém. Soc. géol. de France, 2, p. 231, pl. 17, fig. 3 (non Desh., 1824). Envir. de Tours (Indre-et-Loire); Strehlem.

167. Reussii, d'Orb., 1847. *Acteon elongatus*, Reuss, 1845, Böhm. Kreidform., p. 50, pl. 7, fig. 21 (non Sow., in Fitton). Priesen.

168. lineolatus? d'Orb., 1847. *Phasianella lineolata*, Reuss, 1845, Böhm., p. 49, pl. 10, fig. 19 ; pl. 7, fig. 25. Laun, Trziblitz, Meronitz.

***169. unidentatus,** d'Orb., 1846, Astrolabe, pl. 3, fig. 22-25. Pondichéry.

170. Curculio, d'Orb., 1847. *Tornatella curculio*, Forbes, 1846, Trans. geol. Soc. of London, t. 7, p. 135, pl. 12, fig. 25. Pondichéry.

171. semen, d'Orb., 1847. *Tornatella semen*, Forbes, 1846, Trans. geol. Soc. of London, t. 7, p. 135, pl. 15, fig. 2. Trinchinopoly.

172. subacutus, d'Orb., 1847. *Ringicula acuta*, Forbes, 1846, Trans. geol. Soc. of London, t. 7, p. 136, pl. 15, fig. 3 (non Sow., 1824). Inde orientale, Trinchinopoly.

AVELLANA, d'Orb., 1843. Voy. p. 68.

*173. **Royana,** d'Orb., 1842, Paléont., 2, p. 140, pl. 169, fig. 14-16. Royan.

174. bullata, d'Orb., 1847. *Tornatella id.*, Morton, 1834, Syn. cret. group, p. 48, pl. 5, fig. 3. États-Unis (New-Jersey).

175. Archiaciana, d'Orb., 1842, Paléont. franç., Terr. crét., 2, p. 137, pl. 169, fig. 7-9. Prusse, Bois d'Aix-la-Chapelle.

176. decurtata, d'Orb., 1842. *Auricula decurtata*, Sowerby, 1831, Trans. geol. Soc. of London, 2e série, t. 3, pl. 38, fig. 10. Gosau.

*177. **Chilensis,** d'Orb., 1846, Astrolabe, pl. 1, fig. 32-34. Amér. mérid., île Quiriquina (Chili).

177'. labiosa, d'Orb., 1847. *Tornatella labiosa*, Forbes, 1846, Trans. geol. Soc. of London, t. 7, p. 135, pl. 12, fig. 24. Pondichéry.

ACTEONELLA, d'Orb., 1843. Voy. p. 191.

*178. **gigantea,** d'Orb., 1847, Paléont. franç., Terr. crét., 2, pl. 165, fig. 1. Au Cas, près du Beausset, Ste-Baume; Autriche, Gosau, Neustadt.

179. Lamarckii, d'Orb., 1842, Paléont., 2, p. 108. *Tornatella idem*, Sow., 1835. Trans. geol. Soc., t. 3, pl. 39, fig. 16. Gosau, Neustadt.

180. Goldfussii, d'Orb., 1847. *Tornatella Lamarckii*, Goldf., 1843, Petref. Germ., pl. 177, fig. 10 (non Sow.). Autriche, Neustadt.

181. subglobosa, d'Orb., 1847. *Tornatella subglobosa*, Münster, Goldf., 1843, Petref., 3, p. 49, pl. 177, fig. 13. Grumbach et Waud.

*182. **voluta,** d'Orb., 1847. *Tornatella voluta*, Münst., Goldf., 1843, 3, p. 49, pl. 177, fig. 14. Le Beausset, Ste-Baume; Autriche, Gams in OEstereich.

183. conica, d'Orb., 1847. *Tornatella conica*, Münst., Goldf., 1843, Petref., 3, p. 49, pl. 177, fig. 11. Autriche, Abtenau.

GLOBICONCHA, d'Orb., 1843, Pal. franç., Terr. crét., 2, p. 143.

*184. **Fleuriausa,** d'Orb., 1842, Paléont., 2, p. 144, pl. 169, fig. 18. Royan.

*185. **Marrotiana,** d'Orb., 1842, Paléont. franç., Terr. crét., 2, p. 146, pl. 170, fig. 1, 2. France, La Couse, Beaumont.

186. ovula, d'Orb., 1842, Paléont., 2, p. 145, pl. 170, fig. 3. Lalinde.

*187. **elongata,** d'Orb., 1847. Belle espèce conique, trois fois plus longue de spire que les autres. Le Beausset (Var).

*188. **oliva,** d'Orb., 1847. Petite espèce de la forme d'une olive, lisse. États-Unis (Alabama), Prairie Bluff.

PTERODONTA, d'Orb., 1843. Voy. p. 149.

*189. **ovata,** d'Orb., 1843, Paléont., 2, p. 317, pl. 218, fig. 3. Le Beausset.

*190. **intermedia,** d'Orb., 1843, Paléont. franç., Terr. crét., 2, p. 319, pl. 220, fig. 1. France, Soulage (Aude), Beausset (Var).

*191. **pupoides,** d'Orb., 1843, Paléont., 2, p. 319. Soulage.

*192. **scalaris,** d'Orb., 1843, Paléont., 2, p. 320. Soulage.

VARIGERA, d'Orb. Voy. p. 68.

*193. **Toucasiana,** d'Orb., 1847. Coquille bien plus courte que les deux autres espèces des terrains crétacés. France, Le Beausset; Gosau.

194. **abbreviata,** d'Orb., 1848. (*Tornatella abbreviata*, Philippi, 1846, Palæontographica, n° 1, p. 23, pl. 2, fig. 1. Tyrol, Gozau.

NATICA, Adanson, 1757. Voy. t. 1, p. 29.

*195. **Royana,** d'Orb., 1842, Paléont., 2, p. 165, pl. 174, fig. 6. Royan (Charente-Inférieure), Tours (Indre-et-Loire), Le Beausset (Var), Lanquais (Dordogne); Maëstricht.

*196. **petrosa,** Morton, 1834, Syn. cret. group, p. 48, pl. 19, fig. 6. États-Unis (Alabama), Prairie Bluff.

*197. **Abyssina?** Morton, 1834, Synop. cret. group, p. 49, pl. 13, fig. 13. États-Unis (Alabama), Prairie Bluff.

*198. **Araucana,** d'Orb., 1842, Paléont. de l'Amér. mérid., p. 115, pl. 12, fig. 4, 5. Ile de Quiriquina, près la Concepcion (Chili).

*199. **australis,** d'Orb., 1842, Paléont. de l'Amér. mér., p. 115, pl. 14, fig. 3-5. Ile de Quiriquina, près la Concepcion (Chili).

*200. **Grangeana,** d'Orb., 1846, Astrolabe, pl. 1, fig. 18, 19. Amér. mérid., île de Quiriquina (Chili).

*201. **Chilina,** d'Orb., 1846, Astrolabe, pl. 1, fig. 24-26. Amér. mérid., île de Quiriquina (Chili).

202. **Matheroniana,** d'Orb., 1842, Paléont. franç., Terr. crét., 2, p. 166, pl. 175, fig. 5, 6. France, Fondouille, près de Gignac.

203. **bulbiformis,** Sowerby, 1831, Trans. geol. Soc. of London, 2e série, t. 3, pl. 38, fig. 13. Tyrol, Gosau.

204. **angulata,** Sowerby, 1831, *id.*, pl. 38, fig. 12. Gosau.

205. **subcarinata,** d'Orb., 1847. *N. carinata*, Rœmer, 1841, Nordd. Kreid., p. 83, n° 2, pl. 12, fig. 15 (non Sow., 1836). Quedlinburg.

206. **acutimargo,** Rœmer, 1841, Nordd. Kreid., p. 88, n° 3, pl. 12, fig. 14. Quedlinburg, Dülmen.

207. **subrugosa,** d'Orb., 1847. *N. rugosa*, Hœninghaus, Rœmer, 1841, Nordd. Kreid., p. 83, n° 1, pl. 12, fig. 16. Goldf., pl. 199, fig. 11. (non Gmelin, 1789). Quedlinburg, Strehlen; Hollande, Maëstricht.

208. **nodosa,** Geinitz, 1842, Kreid., pl. 15, fig. 27, 28, p. 47. Gross-Sedlitz.

?209. **dichotoma,** Geinitz, 1843, Nacht. Kreid., pl. 1, fig. 19, p. 10. Kieslingswalde.

210. **cretacea,** Goldf., 1844, Petref., 3, p. 119, pl. 199, fig. 12. Prusse, Aix-la-Chapelle, Coesfeld.

*211. **exaltata,** Goldf., 1844, Petref., 3, p. 120, pl. 199, fig. 13. Prusse, Aix-la-Chapelle, Aachen, Strehlen.

212. **subfasciata,** d'Orb., 1847. *N. fasciata*, Goldf., 1844, Petref., 3, p. 120, pl. 199, fig. 14 (non Schumacher, 1817). Maëstricht.

*213. **Mariæ,** d'Orb., 1846, Astrolabe, pl. 3, fig. 32, 33. *N. suturalis*, Forbes, 1846, Trans. geol. Soc. of London, t. 7, p. 137, pl. 15, fig. 1 (non Gray, 1839). Inde Orientale, Trinchinopoly.

214. **pagoda,** Forbes, 1846, Trans. geol. Soc. of London, t. 7, p. 136, pl. 12, fig. 14. *N. affinis*, d'Orb., 1846, Astrolabe, pl. 4, fig. 3. Pondichéry.

215. obliquestriata, Forbes, 1846, *id.*, p. 136, pl. 12, fig. 12. Pondichéry.
216. rugosissima, Forbes, 1846, p. 137, pl. 14, fig. 7. Verdachellum.
217. munita, d'Orb., 1847. *Nerita munita*, Forbes, 1846, Trans. geol. Soc. of London, t. 7, p. 122, pl. 12, fig. 15. Pondichéry.
218. oviformis, d'Orb., 1847. *Nerita oviformis*, Forbes, 1846, Trans. geol. Soc. of London, t. 7, p. 122, pl. 12, fig. 13. Pondichéry.
219. Rœmeri, d'Orb., 1847. *Auricula spirata*, Rœmer, 1841, Nordd. Kreid., p. 77, n° 5, pl. 11, fig. 4 (non Sow., 1821). Allem., Strehlen.
NERITOPSIS, Sow., 1825. Voy. t. 1, p. 172.
***220. lævigata,** d'Orb., 1842, Paléont., 2, p. 177, pl. 176, fig. 11, 12. Royan.
221. costulata, d'Orb., 1847. *Nerita costulata*, Rœmer, 1841, Nordd. Kreid., p. 82, n° 1, pl. 12, fig. 12. Allem., Dölzschen.
NERITA, Linné, 1758. Voy. t. 1, p. 214.
222. Goldfussii, Keferstein, Goldf., 1844, Petr., 3, p. 115, pl. 198, fig. 20. Wienerisch-Neustadt.
***223. divaricata,** d'Orb., 1846, Astrolabe, pl. 4, fig. 43, 44. *N. ornata*, Forbes, 1846, Trans. geol. Soc. of London, t. 7, p. 121, pl. 13, fig. 5 (non Sow. Gen.). Pondichéry.
224. compacta, Forbes, 1846, *id.*, p. 122, pl. 15, fig. 6. Trinchinopoly.
225. arquata, d'Orb., 1847. *Pileopsis arquata*, Münst., 1843, Petref., 3, p. 12, pl. 168, fig. 13. Moule intérieur du *Nerita*. Appenzell.
***225'. Betzii,** Nilson, Faujas. Maëstricht.
PHORUS, Montfort, 1810.
***226. canaliculatus,** d'Orb., 1842, Paléont., 2, p. 180, pl. 176, fig. 13, 14. Royan.
***227. leprosus,** d'Orb., 1847. *Trochus id.*, Morton, 1834, Syn. cret. group, p. 46, pl. 15, fig. 6. États-Unis (Alabama), Prairie Bluff, New-Jersey.
TROCHUS, Linné, 1758. Voy. t. 1, p. 64.
***228. Marrotianus,** d'Orb., 1842, Paléont. franç., Terr. crét., 2, p. 187, pl. 177, fig. 15, 16. France, Royan, Riberac.
***229. difficilis,** d'Orb., 1842, Pal., 2, p. 187, 191, pl. 177, fig. 17. Royan.
***230. Girondinus,** d'Orb., 1842, Pal., 2, p. 188, pl. 178, fig. 1-3. Royan.
***231. Ligeriensis,** d'Orb., 1847. Espèce voisine du *T. Marrotianus*, mais à spire moins élevée, à tours évidés. Tours, Beausset.
***232. Bourgeoisii,** d'Orb., 1847. Espèce voisine du *T. difficilis*, mais dont les tours sont plus bombés du côté de la bouche. Tours.
233. spiniger, Sowerby, 1831, Trans. geol. Soc. of London, 2e série, t. 3, pl. 38, fig. 15. Tyrol, Gosau.
234. Tunatus, Dujardin, 1837, Mém. Soc. géol. de France, t. 2, p. 231, pl. 17, fig. 7. France, env. de Tours (Indre-et-Loire).
235. Dujardini, d'Orb., 1847. *T. simplex*, Dujardin, 1837, Mém. Soc. géol. de France, t. 2, p. 231, pl. 17, fig. 8 (non Defrance, 1828). Envir. de Tours.

236. planatus, Rœmer, 1841, Nordd. Kreid., p. 81, n° 3, pl. 12, fig. 8. Osterfield.

237. concinnus, Rœmer, 1841, p. 81, n° 4, pl. 12, fig. 9. Strehlen.

238. costellifer, Münst., Goldf., 1844, Petref., 3, p. 59, pl. 181, fig. 8. Allem., Haldem.

239. Bronnii, Münst., Goldf., 1844, Petref., 3, p. 59, pl. 181, fig. 9. Quedlinburg.

240. plicato-granulosus, Münst., Goldf., 1844, Petref., 3, p. 60, pl. 182, fig. 3. Sonnenwend-Joch (Tyrol).

241. Rajah, Forbes, 1846, Trans. geol. Soc. of London, t. 7, p. 120, pl. 13, fig. 12. Inde orientale, Pondichéry.

***242. Arcotensis,** Forbes, 1846, Trans. geol. Soc. of London, t. 7, p. 120, pl. 13, fig. 9. *T. Jason*, d'Orb., 1846, Astrolabe, pl. 4, fig. 12-14. Pondichéry.

***243. radiatulus,** Forbes, 1846, Trans. geol. Soc. of London, t. 7, p. 120, pl. 13, fig. 11. *T. Castor*, d'Orb., 1846, Astrolabe, pl. 4, fig. 15-17. Pondichéry.

244. dictyotus, d'Orb. *Pleurotomaria dictyota*, Reuss, 1846, Böhm. Kreideform., p. 112, pl. 44, fig. 19. Bohême, Meronitz.

PITONELLUS, Montfort, 1810. Voy. t. 1, p. 64.

***245. cretaceus,** d'Orb., 1846, Astrolabe, pl. 4, fig. 18-21. Inde-Orientale, Pondichéry.

SOLARIUM, Lamarck, 1801. Voy. t. 1, p. 300.

246. subangulatum, d'Orb., 1847. *S. angulatum*, Reuss, 1845, Böhm. Kreideform., p. 48, pl. 7, fig. 24 (non Hisinger, 1837). Priesen.

***247. deperditum,** d'Orb., 1846, Astrolabe, pl. 4, fig. 9-11. Inde-Orientale, Pondichéry.

TURBO, Linné, 1758. Voy. t. 1, p. 5.

***248. Royanus,** d'Orb., 1842, Paléont., 2, p. 223, pl. 186, fig. 1. Royan.

248'. lapidosus, d'Orb., 1847. *Delphinula id.*, Morton, 1834, Syn. cret. group, p. 36, pl. 19, fig. 7. (Alabama), Prairie Bluff.

***249. Gnidus,** d'Orb., 1847. *Delphinula tricarinata*, Rœmer, 1841, Nordd. Kreid., p. 81, n° 2, pl. 12, fig. 3-6 (non *tricarinatus*, Brocchi, 1814). Wesphalie, Haldem, Lemford, Osterfeld, Ilseburg.

***250. bisulcatus,** d'Orb., 1847. *Trochus bisulcatus*, Goldf. Westp., Haldem.

***250'. subsulcifer,** d'Orb., 1847. *T. sulcifer*, Rœmer, 1841, Kreid., p. 81, n° 3, pl. 12, fig. 1 (non Eichwald, 1840). Westphalie, Haldem, Ilseburg.

251. arenosus, Sowerby, 1831, Trans. geol. Soc. of London, série 2e, t. 3, pl. 38, fig. 14. Tyrol, Gosau.

***252. Iris,** d'Orb., 1847. *Delphinula lævis*, Dujardin, 1837, Mém. Soc. géol. de France, t. 2, p. 231, pl. 17, fig. 4 (non Nilss., pl. 3, fig. 2. *Trochus lævis*). Tours (Indre-et-Loire).

253. trochleatus, d'Orb., 1847. *Monodonta trochleata*, Dujardin, 1837, *id.*, t. 2, p. 231, pl. 17, fig. 5 a, b. Tours.

254. coronatus, d'Orb., 1847. *Delphinula coronata*, Rœmer, 1841, Nordd. Kreid., p. 81, n° 1, pl. 12, fig. 2. Allem., Rügen.

255. plicato-carinatus, d'Orb., *Trochus idem*, Goldf., 1844, Petref., 3, p. 59, pl. 181, fig. 11. Westphalie.

256. tuberculato-cinctus, d'Orb., 1847. *Trochus idem*, Goldf., 1844, Petref., 3, p. 60, pl. 181, fig. 12. Allem., Haldem.

***257. sublævis,** d'Orb., 1847. *Trochus lævis*, Nilsson, 1827. Goldf., 1844, Petref., 3, p. 60, pl. 181, fig. 13 (non *lævis*, Turton, 1819, non Dujardin, 1837). Westphalie, Haldem, Lemförde.

258. Nilssoni, d'Orb., 1847. *Trochus Nilssoni*, Münst., Goldf., 1844, Petref., 3, p. 58, pl. 181, fig. 6. Haldem.

259. Buchii, d'Orb., 1847. *Trochus Buchii*, Goldf., 1844, Petref., 3, p. 60, pl. 182, fig. 1. Westph., Lemförde.

260. alternans, d'Orb., 1847. *Trochus alternans*, Münst., Goldf., 1844, Petref., 3, p. 60, pl. 182, fig. 2. Allem., Haldem.

261. amatus, d'Orb., 1847. *Trochus Basteroti*, Goldf., 1844, Petref., 3, p. 58, pl. 181, fig. 7 (non Brongniart, 1821). Allem., Haldem, Strehlaköpingen.

262. rotelloides, d'Orb., 1847. *Trochus rotelloides*, Forbes, 1846, Trans. geol. Soc. of London, t. 7, p. 120, pl. 13, fig. 10. Pondichéry.

263. subsculpta, d'Orb., 1847. *Littorina sculpta*, Reuss, 1845, Böhm. Kreideform., p. 49, pl. 10, fig. 16 (non *Turbo sculptus*, Sow., M. C., pl. 395, fig. 2 du London Clay). Luschitz et Priesen.

264. scrobiculatus, Reuss, 1845, Böhm., p. 48, pl. 10, fig. 14. Kutschlin.

265. Bohemensis, d'Orb., 1847. *Turbo obtusus*, Reuss, 1845, Böhm, p. 48, pl. 10, fig. 10 (non *T. obtusus*, Sow., non d'Orb., 1843). Kustchlin.

266. subinflatus, Reuss, 1845, Böhm., p. 49, pl. 11, fig. 12. Meronitz.

PHASIANELLA, Lamarck, 1802. Voy. t. 1, p. 67.

***267. supracretacea,** d'Orb., 1842, Paléont. franç., Terr. crét., 2, p. 234, pl. 187, fig. 4. France, Royan (Charente-Inférieure), Villedieu (Loir-et-Cher), Lanquais (Dordogne), dans les silex.

***268. Royana,** d'Orb., 1847. Petite espèce allongée, à tours saillants dans le moule. Royan.

***269. Haleana,** d'Orb., 1847. Petite espèce bien plus courte que le *Ph. supracretacea*. États-Unis (Alabama), Prairie Bluff.

?**270. lamellosa,** d'Orb., 1847. *Natica lamellosa*, Rœmer, 1841, Kreid., p. 83, n° 4, pl. 12, fig. 13. Kieslingswalde.

PLEUROTOMARIA, Defrance, 1825. Voy. t. 1, p. 7.

***271. Fleuriausa,** d'Orb., 1842, Paléont., 2, p. 265, pl. 201, fig. 5, 6. Pérignac.

***272. Marrotiana,** d'Orb., 1842, Paléont. franç., Terr. crét., 2, p. 267, pl. 202, fig. 5, 6. France, Riberac, Royan.

***273. Royana,** d'Orb., 1842, Paléont., 2, p. 269, pl. 202, fig. 5, 6. Royan.

***274. turbinoides,** d'Orb., 1842, Paléont., 2, p. 270, pl. 204. Royan, Montignac, Birac, Beausset, Saintes, Rochefort, Cognac, Villavard (Loir-et-Cher).

***275. Espaillaciana,** d'Orb., 1842, Pal., 2, p. 271, pl. 205, fig. 1, 2. Royan.

276. crotaloides, d'Orb., 1847. *Cirrus id.*, Morton, 1834, Syn. cret. group, p. 49, pl. 19, fig. 5. États-Unis, Alabama.

***277. Santonesa,** d'Orb., 1842, Paléont., 2, p. 258, pl. 198. Saintes, Pérignac, Cognac, Soulage, Montignac, Tours, Villedieu.

278. secans, d'Orb., 1842, Pal., 2, p. 261, pl. 200, fig. 1-4. Cognac.

***279. Bourgeoisii,** d'Orb., 1847. Grosse espèce presque lisse, dont le canal est très-marqué. France, Villavard (Loir-et-Cher).

***280. Goldfussii,** d'Orb., 1847. *P. distincta*, Goldf., 1844, Petr. Germ., pl. 187, fig. 1 (non Dujardin, 1837). Westphalie, Haldem.

***281. Toucasiana,** d'Orb., 1847. Grosse espèce carénée, lisse, assez peu élevée, à large ombilic. Le Beausset (Var).

282. quadrata, d'Orb., 1847. *Solarium quadratum*, Sowerby, 1831, Trans. geol. Soc. of London, 2e série, t. 3, pl. 38, fig. 17. Gosau.

***283. distincta,** Dujardin, 1837, Mém. Soc. géol. de France, t. 2, p. 231, pl. 17, fig. 6 a, b. France, env. de Tours.

284. regalis, d'Orb., 1847. *Trochus regalis*, Rœmer, 1841, Nordd. Kreid., p. 81, n0 5, pl. 12, fig. 7. Allem., Lemförde et Ilseburg.

285. velata, Goldf., 1844, Petref., 3, p. 75, pl. 187, fig. 2. Allem., Haldem, Coesfeld, Lemförde.

286. granulifera, Münst., Goldf., 1844, Petref., 3, p. 76, pl. 187, fig. 3. Allem., Haldem.

***287. plana,** Münst., Goldf., 1844, Petref., 3, p. 76, pl. 187, fig. 4. Allem., Haldem.

288. disticha, Goldf., 1844, Petref., 3, p. 76, pl. 187, fig. 5. Coesfeld, Lemförde.

289. subgigantea, d'Orb., 1847. *P. gigantea*, Goldf., 1844, Petref., 3, p. 76, pl. 187, fig. 6 (non Sowerby, 1837). Aix-la-Chapelle.

290. funata, Reuss, 1845, Böhm. Kreideform., p. 47, pl. 10, fig. 11. Meronitz, Priesen.

291. clathrata, d'Orb., 1847. *Catantostoma clathratum*, Sandb., 1847, Goldf., 1844, Petref., 3, p. 78, pl. 188, fig. 2. Villmar.

292. Verdachellensis, Forbes, 1846, Trans. geol. Soc. of London, t. 7, p. 121, pl. 14, fig. 8. Inde-Orientale, Verdachellum.

293. Indica, Forbes, 1846, *id.*, p. 121, pl. 13, fig. 13. Pondichéry.

OVULA, Bruguière, 1791.

294. Marticensis, d'Orb., 1847. *Cypræa Marticensis*, Mathéron, 1843, Catalogue, p. 255, pl. 40, fig. 21. Martigues (B.-du-Rhône).

295. antiquata, d'Orb., 1846, Astrolabe, pl. 4, fig. 4-6. *Cyprea Cunliffei*, Forbes, 1846, Trans. geol. Soc. of London, t. 7, p. 134, pl. 12, fig. 22. Espèce voisine de l'*O. Marticensis*, de France. Pondichéry.

296. Kayei, d'Orb., 1847. *Cypræa Kayei*, Forbes, 1846, Trans. geol. Soc. of London, t. 7, p. 133, pl. 12, fig. 20. Pondichéry.

297. incerta, d'Orb., 1846, Astrolabe, pl. 4, fig. 7, 8. *Cyprea Newboldi*, Forbes, 1846, *id.*, p. 134, pl. 12, fig. 21. Espèce voisine de l'*O. ventricosa*, d'Orb. de Bohême. Pondichéry.

CONUS, Linné, 1758. D'Orb., Paléont. franç., Terr. crét., 2, p. 320.

298. tuberculatus, Dujardin, d'Orb., 1843, Paléont., 2, p. 321, pl. 220, fig. 2. Tours.

299. gyratus, Morton, 1834, Syn. cret. group, p. 49, pl. 10, fig. 13. États-Unis, Caroline du sud.

300. Marticensis, Mathéron, 1843, Cat., p. 257, pl. 40, fig. 24, 25. France, Martigues (B.-du-Rhône).

VOLUTA, Linné, 1758.

*301. **Lahayesi,** d'Orb., 1843, Paléont., 2, p. 327, pl. 221, fig. 4. Saint-Christophe (Indre-et-Loire), Lanquais (Dordogne) dans les silex.

302. subacuta, d'Orb., 1847. *V. acuta*, Sow., 1831, Trans. geol. Soc. of London, 2e série, t. 3, pl. 39, fig. 31 (non Risso, 1826). Tyrol, Gosau.

303. pyruloides, Mathéron, 1843, Cat., p. 254, pl. 40, fig. 19, 20. France, Plan d'Aups (B.-du-Rhône).

304. deperdita, Goldf., 1843, 3, p. 14, pl. 169, fig. 1. Maestricht.

305. citharina, Forbes, 1846, Trans. geol. Soc. of London, t. 7, p. 132, pl. 12, fig. 8 a, b. Inde-Orientale, Pondichéry.

306. radula, Sow., Forbes, 1846, *id.*, p. 133, pl. 12, fig. 9. Pondichéry.

307. septemcostata, Forbes, 1846, *id.*, p. 131, pl. 12, fig. 3. Pondichéry.

308. submuricata? d'Orb., 1847. *V. muricata*, Forbes, 1846, Trans. geol. Soc., t. 7, p. 131, pl. 12, fig. 4 (non Born, 1780). Pondichéry.

309. Camdeo? Forbes, 1846, *id.*, p. 131, pl. 12, fig. 5 a, b. Pondichéry.

310. cincta, Forbes, 1846, Trans. geol. Soc. of London, t. 7, p. 132, pl. 12, fig. 6. Inde-Orientale, Pondichéry, Trinchinopoly.

311. Trinchinopolitensis, Forbes, 1846, Trans. geol. Soc. of London, t. 7, p. 133, pl. 15, fig. 5. Trinchinopoly.

312. pyriformis, Forbes, 1846, *id.*, p. 130, pl. 12, fig. 1. Pondichéry.

MITRA, Lamarck, 1801. Voy. t. 2, p. 154.

313. cancellata, Sow., 1831, Trans. geol. Soc. of London, 2e série, t. 3, pl. 39, fig. 30. Tyrol, Gosau.

314. reticulata, d'Orb., 1847. *Cerithium reticulatum*, Rœmer, 1841, Nordd. Kreid., p. 79, nº 3, pl. 11, fig. 18. Allem., Strehlen.

315. clathrata, Reuss, 1845, Böhm., p. 44, pl. 11, fig. 13. Moronitz.

316. Rœmeri, d'Orb., 1847. *Fasciolaria Rœmeri*, Reuss, 1846, Böhm., p. 111, pl. 9, fig. 10; pl. 44, fig. 17. Bohême.

PTEROCERA, Lamarck, 1801. Voy. t. 1, p. 231.

*317. **supracretacea,** d'Orb., 1843, Paléont., 2, p. 309, pl. 216, fig. 3. Royan.

*318. **Toucasiana,** d'Orb., 1847. Assez grosse espèce voisine du *P. pelagi*, mais moins sillonnée. France, Le Beausset.

319. pseudobicarinata, d'Orb., 1847. *Buccinum bicarinatum*, Münst., Goldf., 1843, Petref., 3, p. 30, pl. 173, fig. 5 (non d'Orb., 1843). Halden.

ROSTELLARIA, Lamarck, 1801. Voy. t. 2, p. 71.

*320. **Pyrenaica,** d'Orb., 1843, Paléont. franç., Terr. crét., 2, p. 295, pl. 210, fig. 3. France, près des Bains-de-Rennes.

321. **arcuarium,** Morton, 1834, Syn. cret. group, p. 48, pl. 5, fig. 8. États-Unis, New-Jersey.

*322. **pinnata,** Morton, 1834, Syn. cret. group, p. 48, pl. 19, fig. 9. États-Unis (Alabama), Prairie Bluff.

323. **subcostata,** d'Orb., 1847. *R. costata*, Sow., 1831, Trans. geol. Soc. of London, 2e série, t. 3, pl. 38, fig. 21; Goldf., pl. 170, fig. 9 (non Defrance, 1827). Tyrol, Gosau.

324. **plicata,** Sow., 1831, *id.*, pl. 38, fig. 22. Gosau.

325. **granulata,** Sow., 1831, *id.*, pl. 38, fig. 23. Gosau.

326. **læviuscula,** Sow., 1831, *id.*, pl. 38, fig. 24. Gosau.

327. **acutirostris,** Pusch, 1837, Polens, Paléont., p. 128, pl. 11, fig. 14. Pologne, Kadzimirz.

328. **Buchii,** Rœmer, 1841, Nordd. Kreid., p. 78, no 5, Münst., pl. 12, fig. 1. *Chenopus Buchii*, Münst., Goldf. Haldem, Coesfeld, Strehlen.

*329. **Schlotheimii,** Rœmer, 1841, Kreid., p. 77, no 2, pl. 11, fig. 6. Westphalie, Haldem, Aix-la-Chapelle.

330. **turrita,** d'Orb., 1847. *Buccinum turritum*, Rœmer, 1841, Kreid., p. 79, no 1, pl. 11, fig. 19. Allem., Strehlen.

331. **subelongata,** d'Orb., 1847. *R. elongata*, Rœmer, 1841, Kreid., p. 78, no 3, pl. 11, fig. 5 (non Sow., 1836). Prusse, Aix-la-Chapelle; Strehlen.

332. **coarctata,** Geinitz, 1842, Charak. Kreid., pl. 18, fig. 10, p. 71. Reuss, pl. 9, fig. 1. Luschütz.

333. **Westphalica,** d'Orb., 1847. *R. Parkinsoni*, Gein., 1842, Charak. Kreid., pl. 15, fig. 1, 2; pl. 18, fig. 3, p. 44 et 70 (non Mantell). Westphalie, Strehlen.

334. **Vespertilio,** Münst., Goldf., 1843, 3, p. 18, pl. 170, fig. 5. Glatz, Haldem.

335. **stenoptera,** Goldf., 1843, Petref., 3, p. 19, pl. 170, fig. 6. Prusse, Aix-la-Chapelle, Bochum.

336. **striata,** Goldf., 1843, Petref., 3, p. 19, pl. 170, fig. 7. Prusse, Aix-la-Chapelle.

337. **tenuistriata,** Reuss, 1845, Böhm., p. 45, pl. 9, fig. 4. Wollenitz.

338. **megaloptera,** Reuss, 1845, Böhm. Kreideform., p. 45, pl. 9, fig. 3. Priesen, Wollenitz, Postelberg.

339. **divaricata,** Reuss, 1845, Böhm. Kreideform., p. 46, pl. 9, fig. 2; pl. 7, fig. 23. Priesen.

340. **subsubulata,** d'Orb., 1847. *R. subulata*, Reuss, 1845, Böhm. Kreideform., p. 46, pl. 9, fig. 8 (non Schum., 1817). Priesen, Wollenitz et Luschitz.

341. **papilionacea,** Goldf., Petref., 3, p. 18, pl. 170, fig. 8; Reuss, 1845, Böhm. Kreideform., p. 44, pl. 9, fig. 6. *Buccinum costatum*, Goldf., pl. 173, fig. 4. Luschitz.

342. **semilineata,** d'Orb., 1847. *Pleurotoma idem*, Goldf., Petref., 3, p. 19, pl. 170, fig. 13. Bilin.

343. securifera, Forbes, 1846, Trans. geol. Soc. of London, t. 7, p. 128, pl. 13, fig. 17. Inde-Orientale, Pondichéry.

344. palliata, Forbes, 1846, Trans., t. 7, p. 128, pl. 13, fig. 15. *Fusus Fontanieri,* d'Orb., 1846, Astrolabe, pl. 5, fig. 6, 7. Pondichéry.

345. elatior, d'Orb., 1846, Astrolabe, pl. 4, fig. 1. Pondichéry.

SPINIGERA, d'Orb., 1847. Voy. t. 1, p. 270.

346. ovata, d'Orb., 1847. *Rostellaria ovata,* Münst., Goldf., 1843, Petref., 3, p. 18, pl. 170, fig. 3. Haldem.

FUSUS, Bruguière, 1791. Voy. t. 1, p. 303.

***347. Espaillaci,** d'Orb., 1843, 2, p. 340, pl. 224. Royan.

***348. Royanus,** d'Orb., 1847. *F. turritellatus,* d'Orb., 1843, Paléont., 2, p. 341, pl. 225, fig. 1. *Turbo idem,* d'Archiac (non *Fusus turritellatus,* Deshayes), Morée. Royan.

349. Marrotianus, d'Orb., 1843, Paléont. franç., Terr. crét., 2, p. 342, pl. 225, fig. 3. France, près de Couse.

***350. Fleuriausus,** d'Orb., 1843, Paléont., 2, p. 343, pl. 226, fig. 1. *Fusus nodosus,* Reuss, 1845, Bohême, pl. 10, fig. 1. Royan; Bohême, Kutschlin.

***351. Nereis,** d'Orb., 1847. Espèce presque lisse, pyruliforme, allongée. France, Royan.

***352. Haleanus,** d'Orb., 1847. Espèce courte, large, dont les tours sont plissés. États-Unis (Alabama), Prairie Bluff.

***353. Alabamensis,** d'Orb., 1847. Coquille plus longue que la précédente, à côtes longitudinales. (Alabama), Prairie Bluff.

***354. brevissimus,** d'Orb., 1847. Espèce voisine du *F. longirostris,* d'Orb., du Chili, mais encore plus courte et carénée. États-Unis (Alabama), Prairie Bluff.

355. subheptagonus, d'Orb., 1847. *F. heptagonus,* Sow., 1831, Trans. geol. Soc. of London, 2ᵉ série, t. 3, pl. 39, fig. 23 (non Lam., 1804). Gosau.

356. subcarinella, d'Orb., 1847. *F. carinella,* Sow., 1831, Trans. geol. Soc. of London, 2ᵉ série, t. 3, pl. 39, fig. 24 (non Min. Conch. Table). Gosau.

357. subabbreviatus, d'Orb., 1847. *F. abbreviatus,* Sow., 1831, Trans., 2ᵉ série, t. 3, pl. 39, fig. 26 (non Lam., 1804). Tyrol, Gosau.

358. cingulatus, Sow., 1831, *id.*, pl. 39, fig. 27. Gosau.

359. subplicatus, d'Orb., 1847. *F. plicatus,* Rœmer, 1841, Kreid., p. 79, nº 1, pl. 11, fig. 15 (non Lam., 1804). Coesfeld et Osterfeld.

360. planulatus, d'Orb., 1847. *Pyrula planulata,* Rœmer, 1841, Nordd. Kreid., p. 78, nº 1, pl. 11, fig. 11; Nilss., pl. 3, fig. 5. Coesfeld, Ilseburg.

361. carinatus, d'Orb., 1847. *Pyrula carinata,* Rœm., 1841, Nordd. Kreid., p. 78, nº 2, pl. 11, fig. 12 (non Lam., 1822). Lemforde.

362. subcostatus, d'Orb., 1847. *Pyrula costata,* Rœmer, 1841, Kreid., p. 79, nº 4, pl. 11, fig. 10; Geinitz, pl. 16, fig. 4, 5 (non Montagu, 1803). Quedlinburg, Strehlen.

363. subsemicostatus, d'Orb. *Conus semicostatus,* Münst. Goldf., 1843, Petref., 3, p. 14, pl. 169, fig. 2 (non Bronn, 1835). Wesph., Haldem.

364. subsemiplicatus, d'Orb. *Pleurotoma semiplicata*, Münst., Goldf., 1843, Petref., 3, p. 20, pl. 170, fig. 11 (non Desh., 1824). Allem., Haldem.

365. suturalis, d'Orb., 1847. *Pleurotoma suturalis*, Münst., Goldf., 1843, Petref., 3, p. 20, pl. 170, fig. 12. Allem., Coesfeld.

366. propinquus, Münst., Goldf., 1843, 3, p. 23, pl. 171, fig. 16. Haldem.

367. Proserpinæ, Münst., Goldf., 1843, Petref., 3, p. 23, pl. 171, fig. 17. Haldem.

368. carinatulus, d'Orb., 1847. *Pyrula carinata*, Münst., Goldf., 1843, Petref., 3, p. 27, pl. 172, fig. 11. Allem., Coesfeld.

369. depressus, d'Orb., 1847. *Pyrula depressa*, Münst., Goldf., 1843, 3, p. 27, pl. 172, fig. 12. Espèce voisine du *F. brevissimus*, des États-Unis. Allem., Coesfeld.

370. Cottæ, d'Orb., 1847. *Pyrula Cottæ*, Rœmer, 1841, Kreid., p. 79, n. 6, pl. 11, fig. 9. Strehlen, Bohême; Priesen.

371. depauperatus, Reuss, 1845, Böhm., p. 44, pl. 12, fig. 7. Priesen.

372. subcarinifer, d'Orb., 1847. *F. carinifer*, Reuss, 1845, Böhm. Kreid., p. 43, pl. 9, fig. 13 (non Bronn., 1831). Bohême, Priesen.

373. Nereidis, Münst., Goldf., 1843, Petref., 3, p. 24, pl. 171, fig. 20. Haldem (Westph.).

***374. difficilis**, d'Orb., 1842, Paléont. de l'Amér. mérid., p. 118, pl. 12, fig. 11-12. Ile de Quiriquina, près la Concepcion (Chili).

***375. longirostra**, d'Orb., 1847. *Pyrula longirostra*, d'Orb., 1842, Paléont. de l'Amér. mér., p. 119, pl. 12, fig. 13. Ile de Quiriquina, près la Concepcion (Chili).

***376. Chilinus**, d'Orb., 1846, Astrolabe, pl. 1, fig. 29. Amér. mér., île de Quiriquina (Chili).

377. Hombroniana, d'Orb., 1846, Astrolabe, pl. 1, fig. 31. Amér. mér., île de Quiriquina (Chili).

***378. Durvillei**, d'Orb., 1846, Astrolabe, pl. 2, fig. 1. Amér. mérid., île Quiriquina (Chili).

379. ponderosus, d'Orb., 1846, Astrolabe, pl. 2, fig. 33. Pondichéry.

***380. subbuccinoides**, d'Orb., 1847. *B. buccinoides*, d'Orb., 1846, Astrolabe, pl. 4, fig. 41-42 (non Grateloup). Indes-Orientales, Pondichéry.

381. purpuriformis, d'Orb., 1847. *Voluta purpuriformis*, Forbes, 1846, Trans. geol. Soc. of London, t. 7, p. 130, pl. 12, fig. 2. Indes-Orientales, Pondichéry.

382. subcancellatus, d'Orb., 1847. *Rostellaria cancellata*, Forbes, 1846, Trans. geol. Soc. of London, t. 7, p. 128, pl. 13, fig. 18 (non Sow, 1826). Indes-Orientales, Pondichéry.

383. subincertus, d'Orb., 1847. *Phasianella incerta*, Forbes, 1846, Trans. geol. Soc. of London, t. 7, p. 123, pl. 13, fig. 8 (non Deshayes, 1824). Indes-Orientales, Trinchinopoly.

384. Forbesianus, d'Orb., 1847. *Pyrula cancellata*, Sow., Forbes, 1846, Trans. geol. Soc. of London, t. 7, p. 128, pl. 15, fig. 12 (non Sow.). Indes-Orientales, Trinchinopoly.

385. atavus, d'Orb., 1847. *Triton atavus*, Forbes, 1846, Trans. geol. Soc. of London, t. 7, p. 126, pl. 13, fig. 14. Pondichéry.

386. fluctuosus, d'Orb., 1847. *Murex fluctuosus*, Forbes, 1846, Trans. geol. Soc. of London, t. 7, p. 126, pl. 13, fig. 19. Pondichéry.

387. Pondicherriensis, d'Orb., 1847. *Murex idem*, Forbes, 1846, Trans. geol. Soc. of London, t. 7, p. 127, pl. 13, fig. 20. Pondichéry.

388. breviplicatus, d'Orb., 1847. *Voluta breviplicata*, Forbes, 1846, Trans. geol. Soc. of London, t. 7, p. 132, pl. 12, fig. 7, a, b. Pondichéry.

PYRULA, Lamarck, 1801. Voy. p. 71.

389. minima, Hœningh., Goldf., 1843, Petref., 3, p. 27, pl. 172, fig. 10. Aix-la-Chapelle.

390. fenestrata, Rœmer, 1841, Kreid., p. 73, n. 5, pl. 11, fig. 14. Blankenburg.

391. Pondicherriensis, Forbes, 1846, Trans. geol. Soc. of London, t. 7, p. 127, pl. 12, fig. 19. *P. Carolina*, d'Orb., 1846, Astrolabe, pl. 2, fig. 36-37. Pondichéry.

PLEUROTOMA, Lamarck, 1801.

392. induta, Goldf., 1843, 3, p. 20, pl. 170, fig. 10. Haldem.

393. subfusiformis, d'Orb., 1847. *P. fusiforme*, Sowerb., 1831, Trans. geol. Soc. of London, 2e série, t. 3, pl. 39, fig. 20 (non Sow., 1823). Tyrol, Gosau.

394. subspinosa, d'Orb., 1847. *P. spinosa*, Sow., 1831, *id.*, t. 3, pl. 39, fig. 21 (non Defrance, 1826). Tyrol, Gosau.

'395. Araucana, d'Orb., 1842, Paléont. de l'Amér. mérid., p. 119, pl. 14, fig. 10-11. Ile de Quiriquina, près la Concepcion (Chili).

MUREX, Linné, 1758.

396. Trinchinopolitensis? Forbes, 1846, Trans. geol. Soc. of London, t. 7, p. 127, pl. 15, fig. 7. Indes-Orientales, Trinchinopoly.

CERITHIUM, Adanson, 1757. Voy. t. 1, p. 196.

397. Perigordianum, d'Orb., 1847. *Nerinea id.*, d'Orb., 1842, Pal. franç., Terr. crét., 2, p. 96, pl. 163 bis, fig. 3-4. Laveyssière.

'398. Renauxianum, d'Orb., 1843, Paléont. franç., Terr. crét., 2, p. 373, pl. 231, fig. 2. France, lignites de Piolen (Vaucluse).

'400. provinciale, d'Orb., 1843, Paléont., 2, pl. 233, fig. 3. Corbières (Aude).

'401. Toucasianum, d'Orb., 1847. Coquille courte, conique, pourvue de côtes obliques, tours étroits sans dents intérieures. France, Le Castelet, près du Beausset (Var), Pons (Charente-Inférieure).

'402. Royanum. Très-grande espèce à points d'arrêts partiels. Royan (Charente-Inférieure).

403. reticosum, Sow., 1831, Trans. geol. Soc. of London, 2e série, vol. 3, pl. 39, fig. 17. Tyrol, Gosau.

404. pseudo-conoideum, d'Orb., 1847. *C. conoideum*, Sow., 1831, id., 2e série, t. 3, pl. 39, fig. 18 (non Lamarck, 1804). Tyrol, Gosau.

405. pustulosum, Sow., 1831, *id.*, t. 3, pl. 39, fig. 19. D'Orb., Paléont., 2, p. 381, pl. 133, fig. 4. Soulages (Aude), Gosau.

406. submuricatum, d'Orb., 1847. *Fusus muricatus*, Sow., 1831, *id.*, t. 3, pl. 39, fig. 25 (non Brug., 1790). Gosau.

407. carinatum, d'Orb., 1847. *Nassa carinata*, Sow., 1831, Trans. geol. Soc. of London, 2e série, t. 3, pl. 39, fig. 28. Gosau.

408. affine, d'Orb., 1847. *Nassa affinis*, Sowerb., 1831, Trans. geol. Soc. of London, 2e série, t. 3, pl. 39, fig. 29. Gosau.

409. pseudocoronatum, d'Orb. *Terebra coronata*, Sow., 1831, Trans., 2e série, t. 3, pl. 39, fig. 324 (non Desh., 1824.) Gosau.

***410. pseudoclathratum,** d'Orb., 1847. *C. clathratum*, Rœmer, 1841, Nordd. Kreid., p. 79, n. 1, pl. 11, fig. 17 (non Desh., 1824). Allem., Strehlen.

411. binodosum, Rœmer, 1841, p. 79, n. 2, pl. 11, fig. 16. Strehlen.

412. Dechenii, Münst., Gold., 1843, Petref., 3, p. 34, pl. 174, fig. 2. Allem., Haldem en Westph.

***413. Nerei,** Münst., Goldf., 1843, Petref., 3, p. 34, pl. 174, fig. 3. Allem., Haldem en Westph.

414. subimbricatum, d'Orb., 1847. *C. imbricatum*, Münst., Goldf., 1843, Petref., 3, p. 34, pl. 174, fig. 4 (non Brug., 1790). Haldem.

415. amictum, d'Orb., 1847. *Fusus amictus*, Münst., Goldf., 1843, Petref., 3, p. 24, pl. 171, fig. 19. Allem., Hœthausen, Büren.

416. Luschitzianum, Geinitz, Caract., pl. 18, fig. 21. *C. trimonile*, Reuss (non Mich.). Bohême, Meronitz.

417. subfasciatum, d'Orb., 1847. *C. fasciatum*, Reuss, 1845, Böhm., p. 42, pl. 10, fig. 4 (non Brug., 1790). Meronitz, Priesen, Trziblitz.

418. tessulatum, Reuss, 1845, Böhm., p. 43, pl. 10, fig. 6. Horzenz.

***419. Fontanieri,** d'Orb., 1846, Astrolabe, pl. 4, fig. 2. Pondichéry.

420. Trinchinopolytense, Forbes, 1846, Trans. geol. Soc. of London, t. 7, p. 126, pl. 15, fig. 10. Indes orientales, Trinchinopoly.

421. sphæruliferum, Forbes, 1846, id., p. 125, pl. 18, fig. 6. Pondichéry.

422. scalaroideum, Forbes, 1846, id., p. 125, pl. 13, fig. 7. Pondichéry.

422'. suturosum, Galeotti, 1839, Bull. de l'Acad. de Bruxelles, t. 7, no 10, p. 4, fig. 4. Mexique, Tehuacan.

***423. Bustamentii,** Galeotti, 1839, id., t. 7, no 10, p. 5, fig. 5. Tehuacan.

424. cingulatum, Galeotti, 1839, id., t. 7, no 10, p. 6, fig. 6. Tehuacan.

425. subminutum, d'Orb., 1847. *Terebra minuta*, Galeotti, 1839, Bull. id., no 10, p. 6, fig. 7 (non Brown, 1827). Mexique, Tehuacan.

COLOMBELLINA, d'Orb., 1847. Voy. p. 72.

426. contorta, d'Orb., 1847. *Strombus contortus*, Sowerby, Forbes, 1846, Trans. geol. Soc. of London, t. 7, p. 129, pl. 15, fig. 9. Indes orientales, Trinchinopoly.

427. uncata, d'Orb., 1847. *Strombus uncatus*, Forbes, 1846, id., p. 129, pl. 13, fig. 16. *S. semi-costatus*, d'Orb., 1846, Astrolabe, pl. 2, fig. 38. Pondichéry.

CAPULUS, Montfort, 1810. Voy. t. 1, p. 31.

427'. Dunkeriana, d'Orb., 1848. *Hipponix Dunkeriana*, Bosquet, 1848, Bull. de l'Acad. roy. de Belgique, 15, p. 604. Maëstricht.

INFUNDIBULUM, Montfort, 1810. D'Orb., Paléont. franç., Terr. crét., 2, p. 389.

'428. cretaceum, d'Orb., 1843, Pal., 2, p. 390, pl. 234, fig. 1-3. Royan.

FISSURELLA, Lamarck, 1801. Voy. t. 1, p. 126.

429. lævigata, Goldf., 1843, Petref., 3, p. 8, pl. 167, fig. 14. Prusse, Aix-la-Chapelle.

430. patelloides, Reuss, 1845, Bœhm., p. 41, pl. 11, fig. 9. Peut-être la même que la précédente espèce. Postelberg.

431. subdepressa, d'Orb., 1847. *F. depressa*, Geinitz, 1842, Charak. Kreid., pl. 18, fig. 24, p. 75 (non Lamarck, 1822). Luschütz.

EMARGINULA, Lamarck, 1801. Voy. t. 1, p. 197.

'432. Toucasiana, d'Orb., 1847. Grande espèce déprimée, lisse, ovale; fissure courte. France, Le Beausset (Var).

433. cretosa, Dujardin, 1837, Mém. Soc. géol. de France, t. 2, p. 230, pl. 17, fig. 1. Tours (Indre-et-Loire).

434. carinata, Reuss, 1845, Bœhm., p. 41, pl. 11, fig. 6. Bohême, Luschitz, Priesen.

435. comosa, d'Orb., 1847. *Patella comosa*, Rœmer, 1841, Nordd. Kreid., p. 77, n° 2, pl. 11, fig. 2. Ilseburg.

HELCION, Montfort, 1810. Voy. t. 1, p. 9.

437. angulosa, d'Orb., 1847. *Patella angulosa*, Geinitz, 1843. Nacht. Kreid., pl. 6, fig. 2, 3, 4, p. 11. Allem., Strehlen.

438. semi-striata, d'Orb., 1847. *Patella semi-striata*, Münster, Goldf., 1843, 3, p. 7, pl. 167, fig. 12. Haldemein Westph.

439. orbis, d'Orb., 1847. *Patella orbis*, Rœmer. *Acmea orbis*, Reuss, 1845, Bœhm., p. 41, pl. 7, fig. 27. Rœmer, pl. 11, fig. 1. Bohême, Hundorf, Luschitz.

'440. Reussii, d'Orb., 1847. *Acmea Reussii*, Geinitz, p. 74, pl. 18, fig. 23. Reuss, 1845, Bœhm. Kr., p. 41, pl. 7, fig. 22. *Patella elevata*, Forbes, 1847, pl. 12, fig. 10. France, Reims; Allem., Hundorf; Indes orientales, Pondichéry.

441. dimidiata, d'Orb., 1847. *Acmea dimidiata*, Reuss, 1845, Bœhm. Kreid., p. 42, pl. 11, fig. 8. Bohême, Horzenx.

442. tentorium, d'Orb., 1847. *Patella idem*, Morton, 1834, Synops. cret. group, p. 50, pl. 1, fig. 11. États-Unis (New-Jersey), près d'Arneytown.

443. corrugata, d'Orb., 1847. *Patella corrugata*, Forbes, 1846, Trans. geol. Soc. of London, t. 7, p. 137, pl. 12, fig. 11 a, b. Pondichéry.

DENTALIUM, Linné, 1758. Voy. t. 1, p. 73.

444. Mosæ, Bronn, Goldf., 1843, Petref., 3, p. 3, pl. 166, fig. 10. Maëstricht, Köpingemolla.

445. sexcarinatum, Goldf., 1843, Petref., 3, p. 3, pl. 166, fig. 12. Hollande, Maestricht, Friedland.

446. polygonum, Reuss, 1845, Bœhm. Kreid., p. 41, pl. 11, fig. 5. Priesen, Postelberg, Wollenitz.

***447. Chilense,** d'Orb., 1846, Astrolabe, pl. 1, fig. 37, 38. Ile Quiriquina (Chili).
448. hamatum, Forbes, 1846, Trans. geol. Soc. of London, t. 7, p. 138, pl. 15, fig. 8. Indes orientales, Trinchinopoly.
449. Arcotinum, Forbes, 1846, Trans. geol. Soc. of London, t. 7, p. 138, pl. 12, fig. 16. Indes orientales, Pondichéry.
BULLA, Linnée, 1758.
450. Santonensis, d'Orb., 1847. Espèce cylindrique, allongée, lisse. Environs de Saintes.
451. tenuis, d'Orb., 1847. *Volvaria tenuis*, Reuss, 1845, Bœhm., p. 50, pl. 10, fig. 20. Luschitz, Priesen et Postelberg.
452. Mortoni, Lyell et Forbes, 1844, Quart. Journ., 1, p. 63. États-Unis, New-Jersey.
453. Chilensis, d'Orb., 1846, Astrolabe, pl. 1, fig. 13-15. Ile Quiriquina (Chili).
454. alternata, d'Orb., 1846, Astrolabe, pl. 5, fig. 1-5. Pondichéry.
455. cretacea, d'Orb., 1846, Astrolabe, pl. 3, fig. 18-21. Pondichéry.

MOLLUSQUES LAMELLIBRANCHES.

CLAVAGELLA, Lamarck, 1807. D'Orb., Paléont., 3, p. 299.
***456. cretacea,** d'Orb., 1844, Paléont., 3, p. 300, pl. 347. Royan.
457. armata, Morton, 1834, Syn. cret. group, p. 69, pl. 9, fig. 11. États-Unis (Alabama), prairie Bluff.
***458. Ligeriensis,** d'Orb., 1847. Espèce dont la valve est plus oblongue et bien plus allongée que chez la *C. cretacea*. France, Tours (Indre-et-Loire).
459. semi-sulcata, Forbes, 1846, Trans. geol. Soc. of London, t. 7, p. 139, pl. 17, fig. 1. Indes orientales, Pondichéry.
460. clavata, d'Orb., 1847. *Teredina clavata*, Rœmer, 1841, Nordd. Kreid., p. 76, n° 1, pl. 10, fig. 10. Allem., Quedlinburg.
TEREDO, Linné, 1758. Voy. t. 1, p. 251.
461. tibialis, Morton, 1834, Syn. cret. group, p. 68, pl. 9, fig. 2. États-Unis (New-Jersey).
PHOLAS, Linnée, 1758. Voy. t. 1, p. 251.
462. cithara, Morton, 1834, Syn. cret. group, p. 68, pl. 9, fig. 10. États-Unis (New-Jersey), Monmouth-County.
PANOPÆA, Menard, 1807. Voy. t. 1, p. 164.
***463. Normaniana,** d'Orb., 1847. Espèce voisine du *P. Astieriana*, mais bien plus étroite. Hauteville (Manche).
464. cretacea, d'Orb., 1847. *Lutraria id.*, Mathéron, 1843, Catalogue, p. 141, pl. 12, fig. 10. Fondouille, près de Gignac (Bouches-du-Rhône).
***465. Baumontii,** Münst., Goldf., 1839, Petref., 2, p. 274, pl. 158, fig. 4. *P. Jugleri*, Rœmer, 1841, pl. 10, fig. 4 (individu déformé?). Quedlinbourg ; Westph., Haldem.
466. Goldfussii, d'Orb., 1847. *P. gurgites*, Goldf., 1839, Petref., 2,

p. 258, pl. 153, fig. 7 (non Brongniart, 1822). Postelberg (Bohême); Prusse, Aix-la-Chapelle.

467. orientalis, Forbes, 1846, Trans. geol. Soc. of London, t. 7, p. 139, pl. 17, fig. 4. Pondichéry et Verdachellum.

PHOLADOMYA, Sowerby, 1826. Voy. t. 1, p. 73.

***468. Esmarkii,** Pusch, Goldf., 1830, Petref., 2, p. 272, pl. 157, fig. 10. *P. Carantoniana*, d'Orb., 1844, Paléont. franç., Terr. crét., 3, p. 357, pl. 365, fig. 1, 2. Cognac; Haldem, Quedlinburg; Prusse, Aix-la-Chapelle.

***469. elliptica,** Ringelheim, Münster, Goldfuss, 1839, 2, p. 273, pl. 158, fig. 1. *P. Royana*, d'Orb., 1844, Paléont. franç., 3, p. 360, pl. 367. France, Royan; Allemagne, Halberstadt.

***470. Marrotiana,** d'Orb., 1844, Paléont., 3, p. 358, pl. 365, fig. 3, 4. Rochebeaucourt, Montignac (Dordogne), Le Beausset (Var).

471. rostrata, Mathéron, 1842, Catalogue, p. 136, pl. 11, fig. 7. Plan-d'Aups, près de La Sainte-Beaume (Bouches-du-Rhône).

***472. æquivalvis,** d'Orb., 1847. *Corbula æquivalvis*, Goldf., 1839, 2, p. 250, pl. 151, fig. 15. *Pholadomya caudata*, Rœmer, pl. 10, fig. 8. *Cardium caudatum*, d'Orb., Astrolabe, pl. 4, fig. 25, 26. *Cardium lucernum*, Forbes, Trans., pl. 17, fig. 10. *Cardita Goldfussii*, Muller, 1847, Aachen. Kreid., p. 20. Kunraede, près de Maestricht; Prusse, Aix-la-Chapelle, Quedlinburg, Kieslingswalde; Indes orientales, Pondichéry; États-Unis, Alabama, prairie Bluff.

473. umbonata, Rœmer, 1841, Kreid., p. 76, n° 3, pl. 10, fig. 6. Quedlinburg, Ilseburg, Lemförde.

474. nodulifera, Münst., Goldf., 1839, Petref., 2, p. 273, pl. 158, fig. 2. Schandau.

475. Kasimiri, Pusch, 1837, Polen's Paleont., p. 88, pl. 8, fig. 13. Pologne, Kadzimirz.

476. designata, Reuss, 1846, Bœhm., p. 18. *Lysianassa designata*, Goldf., 2, p. 264, pl. 154, fig. 13. Bohême, Kreibitz; Allem., Dulmen, Ilseburg, Coesfeld; Prusse, Aix-la-Chapelle.

477. occidentalis, Morton, 1834, Syn. of the cret. group, p. 68, pl. 8, fig. 3. États-Unis (Delaware), Chesapeake.

478. connectans, Forbes, 1846, Trans. geol. Soc. of London, t. 7, p. 140, pl. 17, fig. 5. Indes orientales, Pondichéry.

***479. Moulinsii,** d'Orb., 1848. Magnifique espèce oblongue, très-renflée, très-courte sur la région buccale, ornée de grosses rides concentriques. Crochets contournés. France, environs de Lanquais (Dordogne), dans les silex.

LYONSIA, Turton, 1822. Voy. t. 1, p. 10.

480. globulosa, d'Orb., 1847. *Poromya globulosa*, Forbes, 1846, Trans. geol. Soc. of London, t. 7, p. 141, pl. 17, fig. 6. Pondichéry.

481. lata, d'Orb., 1847. *Poromya lata*, Forbes, 1846, id., t. 7, p. 141, pl. 15, fig. 14. Indes orientales, Trinchinopoly.

***482. inornata,** d'Orb., 1847. Espèce ovale, oblongue, presque rostrée sur la région anale. France, Cognac (Charente).

THRACIA, Leach, 1825. Voy. t. 1, p. 216.

483. Reichii? d'Orb., 1847. *Tellina Reichii*, Rœmer, 1841, Kreid., p. 74, n° 4, pl. 9, fig. 26. Allem., Strehlen.

ANATINA, Lamarck, 1809. Voy. t. 1, p. 74.

*484. **Royana,** d'Orb., 1844, Paléont., 3, p. 377, pl. 371, fig. 5, 6. Royan.

485. **lanceolata,** d'Orb., 1847. *Corbula lanceolata*, Geinitz, 1843, Nacht. Kreid., pl. 2, fig. 3, p. 12. Bohême, Kieslinsgwalda.

486. **arcuata,** Forbes, 1846, Trans. geol. Soc. of London, t. 7, p. 143, pl. 16, fig. 5. Pondichéry.

GASTROCHÆNA, Spingler, 1783. Voy. t. 1, p. 275.

*487. **Royana,** d'Orb., 1847. *Fistulana id.*, d'Orb., 1844, Paléont. franç., Terr. crét., 3, p. 395, pl. 375, fig. 9-12. France, Royan.

488. **tenuis,** d'Orb. *Fistulana tenuis*, Reuss, 1846, Bœhm. Kreid., p. 19, pl. 33, fig. 12, 13. Bohême, Bilin.

*489. **aspergilloides,** d'Orb., 1847. *Fistulana id.*, Forbes, 1846, Trans. geol. Soc. of London, t. 7, p. 139, pl. 17, fig. 2. Pondichéry.

SOLECURTUS, Blainville, 1834. Voy. p. 75.

490. **inflexus,** d'Orb., 1847. *Solen inflexus*, Dujardin, 1837, Mém. Soc. géol. de France, t. 2, p. 222, pl. 15, fig. 4 a, b. Tours.

491. **subcompressus,** d'Orb., 1847. *Solen compressus*, Goldf., 1839, Petref., 2, p. 276, pl. 159, fig. 4 (non Sow., 1823). Aix-la-Chapelle.

492. **obscurus,** Forbes, 1846, Trans. geol. Soc. of London, t. 7, p. 141, pl. 17, fig. 3. Pondichéry.

LEGUMINARIA, Schumacher, 1817. Voy. p. 158.

493. **truncatula,** d'Orb., 1847. *Solen id.*, Reuss, 1846, Kreideform., p. 17, pl. 36, fig. 13-16, 17. Bohême, Laun, Priesen.

MACTRA, Linné, 1758. Voy. t. 1, p. 216.

*494. **Araucana,** d'Orb., 1842, Paléont. de l'Amér. mérid., p. 125, pl. 15, fig. 3, 4. Ile de Quiriquina, près la Concepcion (Chili).

*495. **Cecileana,** d'Orb., 1842, Paléont. de l'Amér. mérid., p. 126, pl. 15, fig. 5, 6. Ile de Quiriquina.

496. **tripartita,** Sow., Forbes, 1846, Trans. geol. Soc. of London, t. 7, p. 142, pl. 15, fig. 17. Indes orientales, Trinchinopoly.

497. **intersecta,** d'Orb., 1847. *Cardium intersectum*, Forbes, 1846, Trans. geol. Soc. of London, t. 7, p. 145, pl. 18, fig. 8. Sow., Mss. Verdachellum.

ARCOPAGIA, Brown, 1827. Voy. p. 75.

*498. **gibbosa,** d'Orb., 1844, Paléont., 3, p. 395, pl. 378, fig. 14, 15. Saintes.

*499. **circinalis,** d'Orb., 1844, Paléont. franç., 3, p. 414, pl. 378, fig. 16, 18. Saintes, Royan, Tours, Riberac.

*500. **rotundata,** d'Orb., 1844, Paléont. franç., 3, p. 415, pl. 379, fig. 6, 7. Royan (Charente-Inférieure), Lanquais (Dordogne).

*501. **strigata,** d'Orb., 1847. *Tellina strigata*, Goldf., 1839, Petref., 2, p. 235, pl. 147, fig. 18. Aix-la-Chapelle ; France, Le Beausset.

501'. **costulata,** d'Orb., 1847. *Tellina costulata*, Goldf., 1839, Petref., 2, p. 235, pl. 147, fig. 19. Prusse, Aix-la-Chapelle.

502. **subdecussata,** d'Orb., 1847. *Tellina subdecussata*, Rœmer, 1841, Kreid., p. 74, n° 3, pl. 9, fig. 20. Quedlinburg.

503. **concentrica,** d'Orb., 1847. *Tellina concentrica*, Reuss, 1846, Kreid., p. 18, pl. 36, fig. 19, 20. Bohême, Priesen et Postelberg.

*504. **Valdiviana,** d'Orb., 1846, Astrolabe, pl. 2, fig. 7, 8. Amér. mérid., île de Quiriquina (Chili).

TELLINA, Linné, 1758. Voy. t. 1, p. 275.

*505. **Royana,** d'Orb., 1844, Paléont., 3, p. 422, pl. 380, fig. 9-11. Royan.

506. **Goldfussii,** Rœmer, 1841, Nordd. Kreid., p. 73, nº 1, pl. 9, fig. 18. Prusse, Aix-la-Chapelle.

507. **pseudo-plana,** d'Orb., 1847. *T. plana*, Rœm., 1841, Nordd. Kreid., p. 74, nº 2, pl. 9, fig. 19 (non Donovan, 1799). Blankenburg.

508. **tenuissima,** Reuss, 1846, Bœhm. Kreid., p. 19, pl. 36, fig. 18-24. Luschitz, Wollenitz, Meronitz.

*509. **Largillierti,** d'Orb., 1842, Paléont. de l'Amér. mérid., p. 128, pl. 15, fig. 9, 10. Ile de Quiriquina, près la Conception (Chili).

*510. **Grangei,** d'Orb., 1846, Astrolabe, pl. 5, fig. 8-10. *Psammobia inconspicua*, Sow., Forbes, 1846, Trans. geol. Soc. of London, t. 7, p. 142, pl. 15, fig. 18. Indes orientales, Trinchinopoly.

*511. **Albertina,** d'Orb., 1846, Astrolabe, pl. 4, fig. 22-24. Pondichéry.

512. **subradiata,** d'Orb., 1847. *Donax subradiatus*, Rœmer, 1841, Nordd. Kreid., p. 73, n. 2, pl. 9, fig. 16. Prusse, Aix-la-Chapelle.

513. **Pondicherriensis,** Forbes, 1846. Trans. geol. Soc. of London, t. 7, p. 142, pl. 18, fig. 15. Pondichéry.

CAPSA, Bruguière, 1791. Voy. t. 2, p. 159.

*514. **discrepans,** d'Orb., 1844, Paléont. franç., Terr. crét., 3, p. 424, pl. 381, fig. 3-5. Tours (Indre-et-Loire), Montignac (Dordogne).

LEDA, Schumacher, 1817. Voy. t. 1, p. 11.

515. **siliqua,** d'Orb., 1847. *Nucula siliqua*, Goldf.; 1838, Petref., 2, p. 156, pl. 125, fig. 13. Prusse, Aix-la-Chapelle.

516. **semilunaris,** d'Orb., 1847. *Nucula semilunaris*, Buch, Geinitz, 1842, Kreid., pl. 20, fig. 30, p. 77. Bohême, Luschütz, Granatenlager, près de Meronitz, Postelberg, Kystra, Creibitz.

517. **tenuirostris,** d'Orb., 1847. *Nucula tenuirostris*, Reuss, 1846, Bœhm., p. 6, pl. 34, fig. 8-10. Luschitz, Priesen, Postelberg.

518. **producta,** d'Orb., 1847. *Nucula producta*, Nilsson, Reuss, 1846, Böhm., p. 7, pl. 34, fig. 17-20. Priesen, Postelberg, Kystra, Wollenitz, Luschitz, Meronitz.

519. **ovata,** d'Orb., 1847. *Nucula ovata*, Reuss, 1846, Böhm., p. 8, pl. 34, fig. 25 (non Mantell.). Bohême, Luschitz et Priesen.

520. **falcata,** d'Orb., 1847. *Nucula falcata*, Reuss, 1846, Bœhm., Kreideform., p. 8, pl. 34, fig. 21. Bohême, Luschitz.

521. **subæqualis,** d'Orb., 1847. *Nucula subæqualis*, Reuss, 1846, Bœhm. Kreideform., p. 8, pl. 34, fig. 23-24. Bohême, Postelberg.

522. **Forsteri,** d'Orb., 1847. *Nucula id.*, Müller, 1847. Aachen. Kreideform., p. 16, pl. 1, fig. 5, a. Prusse, Aix-la-Chapelle.

*523. **striatula,** Forbes, 1846, Trans. geol. Soc. of London, t. 7, p. 148, pl. 17, fig. 14. *L. indica*, d'Orb., 1846, Astrolabe, pl. 5, fig. 11-13. Pondichéry.

VENUS, Linné, 1758. Voy. p. 15.

*524. **uniformis,** d'Orb., 1847. *Cytherea uniformis*, Dujardin, 1837.

Venus caperata, d'Orb., Paléont., 3, p. 446, pl. 385, fig. 9-10 (non Sow.). Tours.

*525. **subplana**, d'Orb., 1847. *Venus plana*, d'Orb., Paléont., 3, p. 447, pl. 386, fig. 1-3. Goldfuss, 1839, pl. 148, fig. 4. Tours, Cognac, Le Beausset (Var); Prusse, Aix-la-Chapelle.

*526. **Royana**, d'Orb., 1844, Paléont., 3, p. 448, pl. 386, fig. 4-5. Royan.

527. **Archiaciana**, d'Orb., 1844, Paléont. franç., 3, p. 449, pl. 386, fig. 6-7. France, Montendre (Charente-Inférieure).

528. **jucunda**, d'Orb., 1847. *Cytherea jucunda*, Dujardin, 1837, Mém. Soc. géol. de France, t. 2, p. 228, pl. 15, fig. 6. Tours.

529. **subfaba**, d'Orb., 1847. *V. faba*, Goldf., 1839, Petref., 2, p. 247, pl. 151, fig. 6 (non Sow.). Aix-la-Chapelle, Quedlinburg.

530. **Bavarica**, Münst., Goldf., 1839, 2, p. 246, pl. 151, fig. 1. Regensburg.

531. **subparallela**, d'Orb., 1847. *V. parallela*, Münst., Goldf., 1839, Petref., 2, p. 246, pl. 151, fig. 2 (non Philip.). Regensburg.

532. **subgibbosa**, d'Orb., 1847. *V. gibbosa*, Münst., Goldf., 1839, 2, p. 246, pl. 151, fig. 3 (non Sow., 1817). Haldem, Lemförde.

533. **subparva**, d'Orb., 1847. *V. parva*, Goldf., 1839, Petref., 2, p. 247, pl. 151, fig. 4 (non Sow., 1826). Haldem (Westph.).

534. **subovalis**, d'Orb., 1847. *V. ovalis*, Goldf., 1839, Petref., 2, p. 247, pl. 151, fig. 5 (non Sow., 1827). Aix-la-Chapelle, Quedlinburg.

535. **fabacea**, Rœmer, 1841, Nordd. Kreid., p. 72, n. 6, pl. 9, fig. 13. Aix-la-Chapelle, Quedlinburg.

536. **subconcentrica**, d'Orb., 1847. *V. concentrica*, Rœmer, 1841, Nordd. Kreid., p. 72, n. 3, pl. 9, fig. 11 (non Born, 1780). Ilseburg.

537. **subdecussata**, Rœmer, 1841, Kreid., p. 72, n. 2, pl. 9, fig. 12. Strehlen.

538. **Lamarckii**, Mathéron, 1843, Catalogue, p. 151, pl. 15, fig. 5. France, Fondouille (Bouches-du-Rhône).

539. **latesulcata**, Mathéron, 1843, *id.*, p. 152, pl. 16, fig. 1-2. Fondouille.

540. **ovum**, Mathéron, 1843, *id.*, p. 152, pl. 16, fig. 3-4. Fondouille.

541. **subturgida**, d'Orb., 1847. *V. turgida*, Mathéron, 1843, Catalogue, p. 153, pl. 16, fig. 5-6. (non Lam., 1818). Fondouille.

542. **subelongata**, d'Orb., 1847. *V. elongata*, Reuss, 1846, Böhm., p. 20, pl. 41, fig. 9 (non M'Coy, 1844). Bohême, Priesen.

543. **sublaminosa**, d'Orb., 1847. *V. laminosa*, Reuss, 1846, Böhm., p. 21, pl. 41, fig. 6-15 (non Montagu, 1808). Priesen, Postelberg, Wolenitz, Johnsbach, Kreibitz.

544. **tumida**, Muller, 1847, Aachen. Kreideform., p. 25, pl. 2, fig. 4, a, b. Prusse, Aix-la-Chapelle.

*545. **Aucasiana**, d'Orb., 1842, Paléont. de l'Amér. mérid., p. 122, pl. 12, fig. 17-18. Ile de Quiriquina, près la Concepcion (Chili).

546. **analoga**, Forbes, 1846, Trans. geol. Soc. of London, t. 7, p. 147, pl. 15, fig. 20. *V. eximia*, Forbes, 1846, *id.*, pl. 15, fig. 21. Indes orientales, Trinchinopoly.

CORBULA, Bruguière, 1791. Voy. t. 1, p. 275.
547. **subangustata,** d'Orb., 1847. *C. angustata*, Sowerby, 1831, Trans. geol. Soc. of London, 2e série, t. 3, pl. 38, fig. 4 (non Sow., 1826). Tyrol, Gosau.
548. **substriatula,** d'Orb., 1847. *C. striatula*, Goldf., pl. 151, fig. 16, p. 251. II (non Sow.). Aix-la-Chapelle.
*549. **Chilensis,** d'Orb., 1846, Astrolabe, pl. 2, fig. 11-12. Ile Quiriquina (Chili).
*550. **striatuloides,** Forbes, 1846, Trans. geol. Soc. of London, t. 7, p. 141, pl. 18, fig. 14. Indes orientales, Verdachellum.
*551. **cochlearia,** d'Orb., 1846, Astrol., pl. 5, fig. 14-17. Pondichéry.
*552. **minima,** d'Orb., 1846, *id.*, pl. 5, fig. 18-20. Pondichéry.
553. **caudata,** Nilss., Goldf., 1839, 2, p. 251, pl. 151, fig. 17. Coesfeld.
554. **lineata,** Müller, 1847, Aachen. Kreid., p. 26, pl. 2, fig. 6. Prusse, Aix-la-Chapelle.
555. **obtusa,** Müller, 1847, Aachen. Kreideform., p. 26, pl. 2, fig. 7, a, b. Prusse, Aix-la-Chapelle.

OPIS, Defrance, 1825. Voy. t. 1, p. 198.
*556. **Truellei,** d'Orb., 1843, Paléont. franç., 3, p. 56, pl. 255. *O. bicornis*, Geinitz, 1843. Saintes; Allem., Wirbets; Bohême, Kutschlin, Bilin.
557. **pusilla,** Reuss, 1846, Bœhm., p. 2, pl. 33, fig. 15. Meronitz.
558. **galeata,** d'Orb., 1847. *Cardium galeatum*, Müller, 1847. Aachen. Kreideform., p. 22, pl. 2, fig. 2. Aix-la-Chapelle.
*559. **Haleana,** d'Orb., 1847. Espèce courte, large, carrée. États-Unis, Alabama, Prairie Bluff.

ASTARTE, Sowerby, 1818. Voy. t. 1, p. 216.
*560. **difficilis,** d'Orb., 1847. Espèce presque ronde. Royan (Charente-Inférieure).
561. **macrodonta,** Sowerb., 1831, Trans. geol. Soc. of London, 2e série, t. 3, pl. 38, fig. 8. Tyrol, Gosau.
562. **porrecta,** Reuss, 1846, Bœhm., p. 2, pl. 33, fig. 19. Trziblitz.
563. **nana,** Reuss, 1846, Bœhm., p. 3, pl. 33, fig. 18. Priesen.
564. **acuta,** Reuss, 1846, Bœhm. Kreideform., p. 3, pl. 33, fig. 17; pl. 37, fig. 14. Bohême, Priesen, Trziblitz.
*565. **cælata,** Müller, 1847, Aachen. Kreideform., p. 22, pl. 2, fig. 3. Prusse, Aix-la-Chapelle.
566. **planissima,** Forbes, 1846, Trans. geol. Soc. of London, t. 7, p. 143, pl. 15, fig. 23. Indes orientales, Trinchinopoly.
567. **Arcotensis,** d'Orb., 1847. *Venus Arcotensis*, Forbes, 1846, Trans. geol. Soc. of London, t. 7, p. 146, pl. 15, fig. 19. Trinchinopoly.

CRASSATELLA, Lamarck, 1801. Voy. p. 77.
*568. **Marrotiana,** d'Orb., 1843, Paléont., 3, p. 82, pl. 266, fig. 8-9. Mussidan et Sourzac; Royan (Charente-Inférieure), Villedieu (Loir-et-Cher).
*568. **regularis,** d'Orb., 1843, Paléont. franç., Terr. crét., 3, p. 80, pl. 266, fig. 4-7. France, Bains-de-Rennes.

*569. **orbicularis,** Mathéron, 1842, Catalogue, p. 141, pl. 13, fig. 7. France, Plan d'Aups (Bouches-du-Rhône).

*570. **Galloprovincialis,** Mathéron, 1842, Catalogue, p. 142, pl. 13, fig. 8. Plan d'Aups, Martigues (Bouches-du-Rhône).

*571. **Normaniana,** d'Orb., 1847. Espèce courte et large, un peu carrée. France, Hauteville (Manche).

572. **impressa,** Sowerb., 1831, Trans. Soc. geol. of London, 2e série, t. 3, pl. 38, fig. 3. Tyrol, Gosau.

573. **arcacea,** Rœmer, 1841, Nordd. Kreid., p. 74, n. 2, pl. 9, fig. 24. Quedlinburg, Dülmen.

?574. **Bockschii** ? Geinitz, 1843, Nacht. Kreid., pl. 2, fig. 17 et 18, p. 12. Peut-être une *Trigonia??* Kieslingswalda.

575. **oblonga?** d'Orb., 1847. *Cyprina oblonga*, Reuss, 1846, Bœhm., p. 4, pl. 40, fig. 15 (non d'Orb.). Bohême, Sterndorf, Hochpetsch.

576. **pentagona?** d'Orb., 1847. *Venus pentagona*, Reuss, 1846, Bœhm. Kreid., p. 21, p. 41, fig. 7, 8. Bohême, Priesen, Meronitz.

*577. **Alabamensis,** d'Orb., 1847. Espèce voisine du *C. Marrotiana*, mais plus large à l'extrémité anale ; ayant une tout autre forme que le *C. vadosa*, Mort. États-Unis (Alabama), prairie Bluff.

578. **vadosa,** Morton, 1834, Syn. of the cret. group, p. 66, pl. 13, fig. 12. États-Unis (Alabama), prairie Bluff, New-Jersey.

*578'. **Bosquetiana,** d'Orb., 1850. Très-belle espèce, longue de 90 millimètres et large de 60, trigone, lisse, striée seulement dans le jeune âge, très-longue sur la région anale, courte sur la région buccale. Maestricht (M. Bosquet).

CARDITA, Bruguière, 1789. Voy. p. 77.

579. **parvula,** V. Münster, Goldf., pl. 133, fig. 13. Rœmer, 1841, Nordd. Kreid., p. 67, n° 3. Haldem, Lemförde, Ilseburg.

580. **Geinitzii,** d'Orb., 1847. *Venericardia tenuicosta*, Gein., 1842, Charak. Kreid., pl. 20, fig. 8, p. 76 (non Sowerby). Bohême, Luschütz.

CYPRINA, Lamarck, 1801. Voy. t. 1, p. 173.

*581. **Royana,** d'Orb., 1847. Coquille voisine de forme du *Cyprina Ligeriensis*, mais plus ronde. Royan (Charente-Inférieure).

*582. **orbicularis,** Rœm., 1841, Nordd. Kreid., p. 73, pl. 9, fig. 8. Tours; Allem., Quedlinburg.

*583. **Provencialis,** d'Orb., 1847. Coquille carrée, un peu plus longue que large, avec une sorte de sillon déprimé sur la région anale. Le Beausset.

584. **lata,** d'Orb., 1847. *Venus lata*, Rœmer, 1841, Nordd. Kreid., p. 72, n° 5, pl. 9, fig. 10. Pilgramsdorf.

*585. **elongata,** d'Orb., 1843, Pal., 3, p. 106, pl. 277, fig. 5, 6. Royan.

586. **Conradi,** d'Orb., 1847. *Venilia id.*, Morton, 1834, pl. 8, fig. 1, 2. *Cardita decisa*, Morton, 1834, Syn. cret. group, p. 66, pl. 9, fig. 3. États-Unis (Delaware), Saint-Georges (New-Jersey), Arneytown (Alabama), prairie Bluff.

*586'. **Bosquetiana,** d'Orb., 1850. Espèce presque ronde, renflée, longue et arrondie sur la région anale, courte et échancré sur la région buccale. Maëstricht (M. Bosquet).

CYPRICARDIA, Lamarck, 1801.

587. tricarinata, d'Orb., 1847. *Crassatella tricarinata*, Rœm., 1841, Nordd. Kreid., p. 74, n° 3, pl. 9, fig. 23. Quedlinburg.

588. trapezoidalis, d'Orb., 1847. *Crassatella trapezoidalis*, Rœm., 1841, Nordd. Kreid., p. 74, n° 1, pl. 9, fig. 22. Strehlen.

589. protracta, d'Orb., 1847. *Crassatella protracta*, Reuss, 1846, Bœhm. Kreid., p. 3, pl. 37, fig. 15. Bohême, Laun.

TRIGONIA, Bruguière, 1791. Voy. t. 1, p. 198.

***590. inornata,** d'Orb., 1843, Paléont. franç., Terr. crét., 3, p. 158, pl. 297, fig. 6-8. France, Royan, Cognac.

***591. disparilis,** d'Orb., 1843, Paléont., 3, p. 157, pl. 299, fig. 3, 4. Tours.

***592. limbata,** d'Orb., 1843, Paléont. franç., 3, p. 156, pl. 298. *Trigonia aliformis* des auteurs de l'Amérique du Nord, de Goldfuss, de Rœmer, de Forbes, etc. (non Sow.). France, Soulage, Périgueux, Montignac, Mussidan, Sourzac, Tours, Saintes; États-Unis, Alabama, prairie Bluff; Indes orientales, Pondichéry; Texas à New-Braunfels.

***593. echinata,** d'Orb., 1847. Coquille oblongue, pourvue de très-grosses côtes presque concentriques fort épineuses. Royan (Charente-Inférieure), Tours (Indre-et-Loire), Le Beausset (Var).

***594. bipartita,** d'Orb. Coquille carrée, séparée en deux par une ligne oblique, qui laisse sur la région anale des côtes transverses, sur la région palléale de grosses côtes tuberculeuses coudées. Martigues.

***595. longirostris,** d'Orb., 1847. Espèce voisine du *T. limbata*, mais à région anale très-prolongée en rostre. France, Saint-Christophe (Indre-et-Loire).

596. Lamarckii, Mathéron, 1843, Cat., p. 164, pl. 22, fig. 5-7. France, Fondouille (Bouches-du-Rhône).

597. tenuisulcata, Dujardin, 1837, Mém. Soc. géol. de France, t. 2, p. 225, pl. 15, fig. 11. Tours (Indre-et-Loire).

598. subexcentrica, d'Orb., 1847. *T. excentrica*, Goldf., Petref. Germ., pl. 137, fig. 8, p. 203. Müller, 1847, Aachen. Kreid., p. 16, pl. 137, fig. 8 (non Lam). Aix-la-Chapelle.

599. subpulchella? d'Orb., 1847. *T. pulchella*, Reuss, 1846, Bœhm., p. 5, pl. 41, fig. 3 (non Agassiz, 1840). Bohême, Meronitz.

600. Thoracica, Morton, 1834, Syn. cret. group, p. 65, pl. 15, fig. 13. États-Unis (New-Jersey), Alabama, prairie Bluff.

***601. Hanetiana,** d'Orb., 1842, Paléont. de l'Amér. mér., p. 127, pl. 12, fig. 14-16. Ile de Quiriquina, près la Conception (Chili).

602. orientalis, Forbes, 1846, Trans. geol. Soc. of London, t. 7, p. 150, pl. 18, fig. 11. *T. semi-ornata*, d'Orb., 1846, Astrolabe, pl. 4, fig. 31-32. Pondichéry.

603. suborbicularis, Forbes, 1846, id., p. 150, pl. 18, fig. 10. *T. sinuata*, d'Orb., 1846, Astrolabe, pl. 4, fig. 29, 30. Pondichéry.

604. semi-culta, Forbes, 1846, id., p. 151, pl. 18, fig. 9. Verdachellum.

605. plicato-costata, Galeotti, 1839, Bull. de l'Acad. de Bruxelles, t. 7, n° 10, p. 1, fig. 1. Mexique, Tehuacan.

LUCINA, Bruguière, 1791. Voy. t. 1, p. 76.

***606. Campaniensis,** d'Orb., 1844, Paléont. franç., Terr. crét., 3, pl. 283, fig. 11. Saintes (Charente-Inférieure).

607. subglobosa, d'Orb., 1847. *Corbula subglobosa*, Goldf., 1839, Petref., 2, p. 251, pl. 151, fig. 18. Allem., Coesfeld.

***608. lenticularis,** Goldfuss, 1839, p. 228, pl. 146, fig. 16. *Artemis lenticularis*, Forbes, pl. 18, fig. 7. Allem., Strehlem; Indes orientales, Verdachellum.

609. subnumismalis, d'Orb., 1847. *Venus numismalis*, Müller, 1847, Aachen. Kreid., p. 25, pl. 2, fig. 5 (non Mathéron, 1842). Aix-la-Chapelle.

?610. lens, Rœmer, 1841, Kreid., p. 73, n° 3, pl. 9, fig. 14. Kieslingswalde.

610'. excavata? d'Orb., 1847. *Cytherea id.*, Morton, 1834, Syn. cret. group, p. 67, pl. 5, fig. 1. États-Unis (New-Jersey), Arneytown.

***611. Grangei,** d'Orb., 1846, Astrolabe, pl. 2, fig. 13, 14. Ile de Quiriquina (Chili).

***612. Dumoulini,** d'Orb., 1846, id., pl. 2, fig. 15, 16. Ile Quiriquina.

613. jugosa, Forbes, 1846, Trans. geol. Soc. of London, t. 7, p. 142, pl. 17, fig. 7. *L. ornatissima*, d'Orb., 1846, Astrolabe, pl. 4, fig. 27, 28. Pondichéry.

614. fallax, Forbes, 1846, id., p. 143, pl. 17, fig. 8. Pondichéry.

***615. obesa,** d'Orbigny, 1846, Astrolabe, pl. 5, fig. 26-28. Pondichéry.

CORBIS, Cuvier, 1817. Voy. t. 1, p. 279.

***616. striaticostata,** d'Orb., 1843, Paléont. franç., Terr. crét., 3, p. 114, pl. 281, fig. 1, 2. France, Mussidan, Royan.

CARDIUM, Bruguière, 1791. Voy. t. 1, p. 33.

***617. Conniacum,** d'Orb., 1833, Pal., 3, p. 28, pl. 244. Cognac.

***618. bimarginatum,** d'Orb., 1843, Pal., 3, p. 39, pl. 250, fig. 4-8. Royan.

***619. Faujacii,** Desmoulins. Espèce voisine du *C. productum*, mais plus grande, plus ovoïde, moins oblongue. *Cardium intermedium*, Reuss, pl. 40, fig. 13?). Royan, Montignac (Dordogne), Tours, Saintes.

620. insculptum, Dujardin, 1837, Mém. Soc. géol. de France, t. 2, p. 224, pl. 15, fig. 9 a, b. France, Tours (Indre-et-Loire).

***621. radiatum,** Dujardin, 1837, Mém. de la Soc. géol., 2, pl. 15, fig. 8. France, Tours, Beausset.

***622. Villeneuvianum,** Mathéron, 1842, Cat., p. 158, pl. 18, fig. 7, 8. Plan d'Aups (B.-du-Rhône).

623. Itierianum, Mathéron, 1842, Cat., p. 158, pl. 18, fig. 10, 11. France, Plan d'Aups (B.-du-Rhône).

624. alutaceum, V. Münster, Goldf., pl. 144, fig. 5. Rœmer, 1841, Nordd. Kreid., p. 71, n. 5. Allem., Haldem.

625. tuberculiferum, Goldf., pl. 144, fig. 7. Rœmer, 1841, Nordd. Kreid., p. 71, n. 6. Allem., Quedlinburg.

626. asperum, Münst., Goldf., 1839, 2, p. 221, pl. 144, fig. 8. Haldem.

627. propinquum, Münst., Goldf., 1839, Petref., 2, p. 222, pl. 145, fig. 1. Hollande, Maëstricht.

628. bipartitum, d'Orb., 1847. *Cardita semistriata*, Rœmer, 1841, Nordd. Kreid., p. 67, nº 4, pl. 8, fig. 21 (non Deshayes, 1824). Iburg.

629. lineolatum, Reuss, 1846, Böhm., p. 1, pl. 35, fig. 17. Patek, Zittolieb, Meronitz.

630. semipapillatum, Reuss, 1846, Böhm. Kreideform., p. 1, pl. 40, fig. 12. Bohême, Priesen et Postelberg, Kystra.

631. Becksii, Müller, 1847, Aachen. Kreideform., p. 21, pl. 1, fig. 7 a, b. Prusse, Aix-la-Chapelle.

632. semipustulosum, Müller, 1847, Aachen. Kreideform., p. 21, pl. 1, fig. 8 a. Prusse, Aix-la-Chapelle.

633. Debeyanum, Müller, 1847, Aachen. Kreideform., p. 21, pl. 1, fig. 9 a, u, b. Prusse, Aix-la-Chapelle.

634. Marquartii, Müller, 1847, Aachen. Kreideform., p. 22, pl. 1, fig. 10. Prusse, Aix-la-Chapelle.

***635. australinum,** d'Orb., 1847. *C. australe*, d'Orb., 1846, Astrolabe, pl. 2, fig. 21, 22 (non Sow., 1840). Ile Quiriquina (Chili).

***636. acuticostatum,** d'Orb., 1842, Paléont. de l'Amér. mérid., p. 120, pl. 12, fig. 19-22. Ile de Quiriquina, près la Concepcion (Chili), Payta (Pérou).

***637. Jacquinoti,** d'Orb., 1846, Astrol., pl. 5, fig. 23-25. Pondichéry.

638. incomptum, Forbes, 1846, Trans. geol. Soc. of London, t. 7, p. 145, pl. 15, fig. 15. Inde orientale, Trinchinopoly.

639. altum, Forbes, 1846, *id.*, p. 145, pl. 15, fig. 13. *C. ponticeriense*, d'Orb., 1846, Astrolabe, pl. 5, fig. 21, 22. Inde orientale, Trinchinopoly.

640. bisectum, Forbes, 1846, id., p. 144, pl. 17, fig. 9. Pondichéry.

641. substriatum, d'Orb., 1847. *Cardita striata*, Forbes, 1846, Trans. geol. Soc. of London, t. 7, p. 144, pl. 14, fig. 1 (non Defrance, 1819). Inde orientale, Verdachellum.

642. orbiculare, d'Orb., 1857. *Cardita orbicularis*, Forbes, 1846, Trans. geol. Soc. of London, t. 7, p. 144, pl. 17, fig. 11. Pondichéry.

ISOCARDIA, Lamarck, 1799. Voy. t. 1, p. 132.

***643. Pyrenaica,** d'Orb., 1843, Paléont. franç., Terr. crét., 3, p. 46, pl. 251, fig. 1, 2. Soulages; Russie, sur les bords du Dniester en Podolie.

***644. modiolus,** d'Orb., 1847. *Cardita modiolus*, Nilss., pl. 10, fig. 6. Rœmer, 1841, Nordd. Kreid., p. 67, nº 2. Schwiechelt unwitz Peine; Westphalie, Strehlem.

645. sublunulata, d'Orb., 1847. *I. lunulata*, Rœmer, 1841, Nordd. Kreid., p. 70, nº 2, pl. 9, fig. 5 (non Nyst., 1835). Dresde.

***646. longirostris,** Rœmer, 1841, Kreid., p. 70, nº 3, pl. 9, fig. 6. *Isocardia Ataxensis*, d'Orb., 1843, Paléont. franç., 3, p. 47, pl. 251, fig. 3-6. France, Bains-de-Rennes, Beausset; Kieslingwalda.

647. trigona, Rœmer, 1841, Kreid., p. 70, nº 4, pl. 9, fig. 7. Blankenburg.

648. cretacea, Goldf., pl. 141, fig. 1; Rœmer, 1841, Nordd. Kreid., p. 71, nº 5. *I. turgida*, Reuss, pl. 40, fig. 16. Westphalie, Bohême, Haudorf.

*649. **pygmæa,** Reuss, 1846, Böhm, p. 2, pl. 35, fig. 14. Meronitz.

650. subsinuata, Forbes, 1846, Trans. geol. Soc. of London, t. 7, p. 146, pl. 17, fig. 12. Inde orientale, Pondichéry.

ISOARCA, Münster, 1843.

*651. **supracretacea,** d'Orb., 1847. Grosse espèce très-ventrue, lisse. France, Le Beausset (Var).

NUCULA, Lamarck, 1801. Voy. t. 1, p. 12.

652. concinna, Sow., 1831, Trans. Soc. geol. of London, 2e sér., t. 3, pl. 38, fig. 1. Tyrol, Gosau.

653. striatula, Rœmer, 1841, Kreid., p. 68, nº 2, pl. 8, fig. 26. *N. pectinata*, Reuss, 1846, pl. 34, fig. 1-5 (non *pectinata*, Sow.). Strehlen.

654. subdeltoidea, d'Orb., 1847. *Donax deltoideus*, Rœmer, 1841, Kreid., p. 73, nº 1, pl. 9, fig. 17 (non Lam., 1804). Allem., Blankenburg.

655. Reussii, d'Orb., 1847. *N. margaritacea*, Reuss, 1846, Böhm., p. 6, pl. 34, fig. 26, 27 (non Lam.). Luschitz, Priesen.

656. tenera, Müller, 1847, Aachen. Kreideform., p. 17, pl. 2, fig. 1 a. Aix-la-Chapelle.

*657. **Albertina,** d'Orb., 1846, Astrolabe, pl. 2, fig. 25, 26. Amér. mér., île Quiriquina (Chili).

LUNOPSIS, Sassy. Voy. t. 1, p. 280.

658. Hœninghausii, d'Orb., *Pectunculus Hœninghausii*, Müller, 1847, Aachen. Kreideform., p. 18, pl. 1, fig. 6 a. Aix-la-Chapelle.

PECTUNCULUS, Lamarck, 1801. Voy. p. 80.

*659. **Marrotianus,** d'Orb., 1843, Paléont., 3, p. 192, pl. 307, fig. 13-16. Colombier, Royan, Tours, Ste-Colombe (Manche).

660. calvus, Sow., 1831, Trans. Soc. geol. of London, 2e série, t. 3, pl. 38, fig. 2. *P. planus*, Rœmer, 1841, Kreid., p. 69, pl. 8, fig. 24. Tyrol, Gosau.

661. lens, Nilss. pl. 5, fig. 4. Rœmer, 1841, Nordd. Kreid., p. 68, nº 3; Reuss, pl. 35, fig. 13. *P. sublævis*, Goldf., pl. 126, fig. 3. Aix-la-Chapelle; Bohême, Laun.

662. subsulcatus, d'Orb., 1847. *P. sulcatus*, Rœmer, 1841, Kreid., p. 69, nº 4, pl. 8, fig. 23 (non Defrance, 1826). Kieslingswalde.

663. subdecussatus, d'Orb., 1847. *P. decussatus*, Rœmer, 1841, Kreid., p. 69, nº 5. *P. umbonatus*, Goldf., pl. 126, fig. 2 (non Sow., 1823). Allem., Coësfeld et Ilseburg.

664. insculptus, Reuss, 1846, Böhm., p. 8, pl. 35, fig. 5. Luschitz, Priesen, Postelberg, Meronitz.

665. reticulatus, Reuss, 1846, Böhm., p. 8, pl. 35, fig. 7, 8. Priesen, Luschitz et Kystra.

666. hamula, Morton, 1834, Syn. of the cret. group, p. 64, pl. 15, fig. 7. États-Unis (Alabama), prairie Bluff.

667. subaustralis, d'Orb., 1847. *P. australis*, Morton, 1834, Syn. cret. group., p. 64 (non Quoy, 1833). États-Unis, New-Jersey.

668. subauriculatus, Forbes, 1846, Trans. geol. Soc. of London, t. 7, p. 150, pl. 17, fig. 13. Inde-Orientale, Pondichéry.

ARCA, Linné, 1753. Voy. t. 1, p. 13.

669. Archiaciana, d'Orb., 1844, Pal., 3, p. 235, pl. 322. Saintes.

'**670. Santonensis,** d'Orb., 1844, Paléont., 3, p. 236, pl. 323. Saintes, Cognac, Montignac, St-Christophe (Indre-et-Loire); Strehlem.

'**671. Royana,** d'Orb., 1844, Paléont., 3, p. 242, pl. 327, fig. 3, 4. Royan, Tours, Soulages.

'**672. Orbignyana,** Mathéron, 1843; d'Orb., Paléont., 3, p. 245, pl. 327, fig. 5, 6. Martigues (B.-du-Rhône); Tyrol, Gosau.

'**673. cretacea,** d'Orb., 1847. *A. tumida*, d'Orb., 1844, Paléont., 3, p. 244, pl. 328 (non *tumida*, Sow., 1824). *Cucullea tumida*, d'Archiac, 1839. Royan, Riverac, Verteillac.

'**674. affinis,** Dujardin, 1837, Mém. Soc. géol. de France, t. 2, p. 224, pl. 15, fig. 10. Tours, Soulages (Aude).

'**675. sagittata,** d'Orb., 1844, Pal., 3, pl. 319, fig. 1, 2. Périgueux.

'**676. Nereis,** d'Orb., 1847. Espèce voisine, mais plus étroite que l'*A. Galliennei*, d'Orb. France, Le Beausset.

'**677. subalata,** d'Orb., 1847. *A. alata*, Mathéron, 1843, Catalog., p. 164, pl. 21, fig. 10 (non Dubois, 1831). Plan d'Aups.

678. lævis, Mathéron, 1843, Cat., p. 164, pl. 21, fig. 11, 12. Plan d'Aups.

'**679. Marticensis,** Mathéron, 1843, Cat., p. 165, pl. 21, fig. 13, 14. France, Martigues, (Gros Mourré) (B.-du-Rhône).

680. Galloprovincialis, Mathéron, 1843, Cat., p. 163, pl. 21, fig. 3, 4. Fondouille, près de Gignac (B.-du-Rhône).

'**681. Corbarica,** d'Orb., 1847. Espèce lisse, très-allongée et obtuse à ses extrémités. Bains-de-Rennes (Aude).

682. subglabra, d'Orb., 1847. *Arca glabra*, Goldf., 1838, Petref., 2, p. 148, pl. 124, fig. 1, c (non Sowerby). Quedlinburg, Coesfeld, Aix-la-Chapelle.

683. octavia, d'Orb., 1847. *A. rotundata*, Rœmer, 1841, Nordd. Kreidd., p. 79, n. 4, pl. 9, fig. 2 (non Sow., 1836). Dülmen.

684. Romeri, Geinitz, 1842, Charak. Kreid., pl. 20, fig. 15; pl. 10, fig. 10, p. 50. Weinbohla, Strehlen, Hundorf.

685. orbicularis, Geinitz, 1842, Kreid., pl. 20, fig. 17, p. 74. Luschütz.

686. arcacea, d'Orb., 1847. *Pectunculus arcaceus*, Reuss, 1846, Bœhm., p. 8, pl. 35, fig. 4. Bohême, Postelberg.

687. subangulata, d'Orb., 1847. *A. angulata*, Reuss, 1846, Bœhm., p. 10, pl. 34, fig. 30 (non Lowell-Reeve, 1844). Laun.

688. propinqua, Reuss, 1846, Bœhm., p. 12, pl. 34, fig. 34. Luschitz.

689. undulata, Reuss, 1846, Bœhm. Kreid., p. 12, pl. 34, fig. 33-39. Trziblitz, Meronitz.

690. striatula, Reuss, 1846, Bœhm., p. 12, pl. 34, fig. 28. Luschitz, Priesen, Postelberg, Kreibitz.

691. Reussii, d'Orb., 1847. *A. subtruncata*, Reuss, 1846, Bœhm., p. 10, pl. 34, fig. 35 (non Lowell-Reeve, 1844). Priesen.

692. bicarinata, Reuss, 1846, Bœhm, p. 10, pl. 34, fig. 43. Bohême, Priesen, Postelberg.

693. dictyophora, Reuss, 1846, Bœhm., p. 10, pl. 34, fig. 29. Postelberg.

694. bifida, Reuss, 1846, Bœhm. Kreideform., p. 10, pl. 34, fig. 40. Bohême, Priesen et Postelberg.

695. pygmæa, Reuss, 1846, Bœhm., p. 11, pl. 34, fig. 33. Priesen et Postelberg, Luschitz, Wollenitz, Laun, Trziblitz.

696. Geinitzii, Reuss, 1846, Bœhm. Kreid., p. 11, pl. 34, fig. 31. Bohême, Luschitz, Postelberg.

697. tenuistriata, Münst., Goldf., 2, p. 142, pl. 138, fig. 1. Reuss, 1846, Bœhm. Kreideform., p. 11. Bohême.

***698. Alabamensis,** d'Orb., 1847. Espèce large, lisse, à dents obliques de cucullées. Etats-Unis, Alabama, Prairie Bluff.

699. urtellata, Morton, 1834, Synops. Cret. group, p. 64, pl. 3, fig. 11. États-Unis ; Alabama.

700. vulgaris, d'Orb., 1847. *Cucullea id.*, Morton, 1834. Syn. of the Cret. group, p. 64, pl. 3, fig. 8; pl. 13, fig. 5. États-Unis, New-Jersey.

701. antrosa, d'Orb., 1847. *Cucullea id.*, Morton, 1834, Synop. Cret. group, p. 65, pl. 13, fig. 6. États-Unis, New-Jersey.

702. cardioides, d'Orb., 1846, Astrolabe, pl. 4, fig. 35-36. Pondichéry.

***703. ponticeriana,** d'Orb., 1846, *id.*, pl. 5, fig. 29-31. Pondichéry.

***704. Galdrina,** d'Orb., 1846, *id.*, pl. 5, fig. 32-33. Pondichéry.

705. japetica, Forbes, 1846, Trans. geol. Soc. of London, t. 7, p. 148, pl. 16, fig. 2. *A. disparilis*, d'Orb., 1846, Astrolabe, pl. 5, fig. 37, 38. Pondichéry.

***706. Gamana,** Forbes, 1846, Trans., p. 148, pl. 16, fig. 3. *A. similis*, d'Orb., 1846, Astrolabe, pl. 4, fig. 33, 34. Pondichéry.

***707. Brahminia,** Forbes, 1846, Trans., p. 149, pl. 16, fig. 1. *A. Fontanieri*, d'Orb., 1846, Astrolabe, pl. 5, fig. 34, 35. Pondichéry.

708. Clellandi, Forbes, 1846, *id.*, p. 149, pl. 16, fig. 4. Pondichéry.

709. Trinchinopolitensis, Forbes, 1846, Trans. geol., p. 150, pl. 15, fig. 16. Inde orientale, Trinchinopoly et Verdachellum.

710. abrupta, Forbes, 1846, *id.*, p. 149, pl. 14, fig. 2. Verdachellum.

711. fucifera, v. Münster, Goldf., pl. 121, fig. 14 ; Rœmer, 1841, Nordd. Kreid., p. 69, n° 1. Haldem, Ahlten.

713. subradiata, d'Orb., 1847. *A. radiata*, Münster, Goldf., pl. 138, fig. 2 ; Rœmer, 1841, Nordd. Kreid., p. 69, n. 3 (non *radiata*, Münster, 1838, E, 26, n. 2359). Haldem.

714. exaltata, Nilss., pl. 6, fig. 1 ; Goldf., pl. 122, fig. 1 ; Rœmer 1841, Kreid., p. 69. Westphalie.

PINNA, Linné, 1758. Voy. t. 1, p. 135.

***715. recticostata,** d'Orb., 1847. Espèce à six côtes longitudinales du côté cardinal, le reste ondulé. Sa forme est quadrangulaire. Bains-de-Rennes.

716. petasunculus, Mathéron, 1843, Cat., p. 180, pl. 27, fig. 3-5. Fondouille, près de Gignac (B.-du-Rhône).

718. restituta, Goldf., pl. 138, fig. 3; Rœmer, 1841, Nordd. Kreid., p. 65, n. 4. Dülmen; Inde orientale, Pondichéry.

719. fenestrata, Rœmer, 1841, Nordd. Kreid., p. 65, n. 5, pl. 8, fig. 22. Osterfeld (Westphalie).

720. Cottæ, Geinitz, 1842, Kreid., pl. 11, fig. 1, p. 55. Cotta.

721. arata, Forbes, 1846, Trans. geol. Soc. of London, t. 7, p. 153, pl. 16, fig. 10. Inde orientale, Pondichéry.

***722. consobrina,** d'Orb., 1846, Astrolabe, pl. 5, fig. 39, 40. *P. decussata*, Forbes, p. 153 (non Goldf.). Verdachellum.

722'. Moulinsii, d'Orb., 1847. Espèce voisine du *P. restituta*, mais plus étroite et ornée seulement de cinq côtes. France, Lanquais, (Dordogne).

MYOCONCHA, Sowerby, 1824. Voy. t. 1, p. 165.

?*723. supracretacea, d'Orb., 1844, Paléont., 3, p. 266, pl. 335. France, Royan, Montignac (Dordogne), Villedieu (Indre-et-Loire).

724. elliptica, Rœmer, 1841, Kreid., p. 66, pl. 8, fig. 17. Ilseburg.

725. discrepans, d'Orb., 1847. *Lithodomus discrepans*, Müller, 1847, Aachen. Kreideform., p. 36, pl. 2, fig. 15 a. Prusse, Aix-la-Chapelle.

MITYLUS, Linné, 1758. Voy. t. 1, p. 82.

***726. divaricatus,** d'Orb., 1844, Paléont. franç., Terr. crét., 3, p. 275, pl. 340, fig. 3, 4. Saintes, Royan, Cognac.

***727. solutus,** Dujardin, 1844, Paléont. franç., 3, p. 276, pl. 340, fig. 5, 6. Tours (Indre-et-Loire), Le Beausset (Var).

***728. Dufrenoyi,** d'Orb., 1844, Paléont., 3, p. 284, pl. 343. Royan (Charente-Inférieure), Cherves, près de Cognac (Charente), Périgueux (Dordogne).

***729. Marrotianus,** d'Orb., 1847. Grande espèce voisine du *M. ligeriensis*, mais lisse et plus étroite. Périgueux (Dordogne).

***730. Bourgeoisianus,** d'Orb. Jolie espèce treillissée, à crochets obtus. France, Villedieu (Loir-et-Cher). M. Bourgeois.

***731. Moulinsii,** d'Orb., 1847. Espèce voisine du *M. semiornatus*, mais plus large sur la région anale. France, Lanquais (Dordogne).

732. Cuvieri, Mathéron, 1843, Cat., p. 179, pl. 28, fig. 9, 10. Fondouille (B.-du-Rhône).

733. subquadratus, Mathéron, 1843, Cat., p. 178, pl. 28, fig. 7. France, plan d'Aups (B.-du-Rhône).

734. subradiatus, d'Orb., 1847. *M. radiatus*, Münster, Goldfuss, p. 138, fig. 6; Rœmer, 1841, Nordd. Kreid., p. 66, n. 9 (non Müller, 1774). Gehrden, Quedlimburg et Dülmen.

***735. concentricus,** v. Münster, Goldf., pl. 138, fig. 5; Rœmer, 1841, Nordd. Kreid., p. 67, n. 5. Haldem, Lemförde.

736. ornatus, v. Münster, Goldf., pl. 129, fig. 8; Rœmer, 1841, Nordd. Kreid., p. 66, n. 1. Haldem, Lemförde.

737. Cottæ, Rœmer, 1841, Nordd. Kreid., p. 66, n. 2, pl. 8, fig. 18; Reuss, pl. 33, fig. 4. Allem., Quedlimburg; Bohême, Kutschlin, Hundorf.

738. tetragonus, d'Orb., 1847. *Modiola tetragona*, Reuss, 1846, Bœhm., p. 15, pl. 33, fig. 6. Brozaü, Priesen.

739. fractus, Reuss, 1846, Bœhm., p. 16, pl. 33, fig. 11. Laun.

740. Reussii, d'Orb. *Mytilus ligeriensis*, Reuss, 1846, Bœhm., p. 16, pl. 33, fig. 3 (non d'Orb.). Wildenschwert, Dülmen (Westphalie).

741. sphenoides, Reuss, 1846, Bœhm., p. 15, pl. 33, fig. 7. Laun.

742. Mulleri, d'Orb., 1847. *M. scalaris*, Müller, 1847, Aachen. Kreid., p. 35, pl. 2, fig. 11 (non Phillips, 1841). Aix-la-Chapelle.

743. inflatus, Müller, 1847, *id.*, p. 35, pl. 2, fig. 9 a. Aix-la-Chapelle.

744. tegulatus, Müller, 1847, *id.*, p. 35, pl. 2, fig. 12 a, b. Aix-la-Chapelle.

***745. Araucanus,** d'Orb., 1846, Astrolabe, pl. 2, fig. 27, 28. Amér. mérid., île Quiriquina (Chili).

746. typicus, Forbes, 1846, Trans. geol. Soc. of London, t. 7, p. 152, pl. 14, fig. 4. Inde occidentale, Verdachellum.

747. nitens, Forbes, 1846, *id.*, p. 151, pl. 16, fig. 8. Pondichéry.

748. flagelliferus, Forbes, 1846, *id.*, p. 152, pl. 16, fig. 9. Pondichéry.

749. polygonus, d'Orb., 1846, Astrol., pl. 5, fig. 41, 42. *M. pulcherrinus*, Forbes, 1846, Trans. geol. Soc. of London, t. 7, p. 153, pl. 14, fig. 6 (non Phillips, 1839). Pondichéry.

LITHODOMUS, Cuv., 1817.

***750. intermedius,** d'Orb., 1844, Paléont., 3, p. 296, pl. 345, fig. 9, 10. Colombier.

***751. Aglae,** d'Orb., 1847. Espèce allongée, égale sur sa longueur, à crochets contournés. France, Le Beausset (Var).

***752. contortus,** d'Orb., 1847. *Modiola contorta*, Dujardin, 1837, Mém. Soc. géol. de France, t. 2, p. 225, pl. 15, fig. 12. *Lithodomus obtusus*, d'Orb., 1844, Paléont. franç., p. 296, pl. 345, fig 11-13. Tours (Indre-et-Loire), Royan (Charente-Inférieure), Vendôme (Loir-et-Cher).

753. spatulatus, Geinitz, Reuss, 1846, Bœhm. Kreideform., p. 16, pl. 86, fig. 10. Trziblitz, Malnitz.

754. faba, d'Orb., 1847. *Mitylus faba*, Müller, 1847, Aachen. Kreideform., p. 36, pl. 2, fig. 13 a, b. Aix-la-Chapelle.

755. cypris, d'Orb., 1847. *Mytilus Cypris*, Forbes, 1846, Trans. geol. Soc. of London, t. 7, p. 152, pl. 16, fig. 7. Pondichéry.

LIMA, Bruguière, 1791. Voy. t. 1, p. 175.

***756. tecta,** Goldf., 1836; d'Orb., Paléont., 3, p. 547, pl. 419, fig. 5-8. Tours; Westphalie, Strehlem, Maëstricht; Les Essards (Loir-et-Cher).

***757. ovata,** Rœmer, 1841; d'Orb., Paléont., 3, p. 554, pl. 421, fig. 16-19. *Lima Martiansii*, Math. Fondouille, Martigues (Bouches-du-Rhône), Bains-de-Rennes (Aude), Le Beausset (Var), Villedieu (Loir-et-Cher); Allem., Ilseburg, Alfeld.

***758. difficilis,** d'Orb., 1845, Paléont., 3, p. 551, pl. 423, fig. 10, 11. Royan.

***759. pulchella,** d'Orb., 1845, Paléont., 3, p. 551, pl. 423, fig. 12-15. Tours (Indre-et-Loire), Couture (Loir-et-Cher), St-Frambault (Sarthe).

***760. Marrotiana,** d'Orb., 1845, Paléont., 3, p. 561, pl. 424, fig. 1-4. Mussidan, Sourzac, Montignac (Dordogne), Coze (Charente-Inférieure), Cambrai (Nord).

*761. **semisulcata,** Desh., d'Orb., 1845, Paléont., 3, p. 562, pl. 424, fig. 5-9. France, St-Gervais, près de Blois (Loir-et-Cher), Tours; Hollande, Maëstricht; Allem., Rugen.

*762. **Hoperi,** Desh., 1830; d'Orb., Paléont., 3, p. 564, pl. 424, fig. 10-13. Cambrai, Rouen, St-Gervais, près de Blois.

*763. **Santonensis,** d'Orb., 1845, Paléont., 3, p. 565, pl. 425, fig. 1, 2. Saintes, Pérignac, Riberac, Périgueux, Montignac, Bivac, Saint-Gervais, près de Blois (Loir-et-Cher).

*764. **Aspera,** Goldf., 1836; d'Orb., Paléont., 3, p. 566, pl. 455, fig. 3-6. Mancy.

*765. **maxima,** d'Arch., 1837; d'Orb., Paléont. franç., Terr. crét., 3, p. 567, pl. 426, fig. 1, 2. France, Royan, Riberac.

*766. **Mantellii,** Goldf., 1836; d'Orb., Paléont., 3, p. 568, pl. 426, fig. 3-5. Mancy, Ablois (Marne), Tercis, Rivière (Landes); Allem., Quedlimbourg.

*767. **Dujardini,** Desh., 1832; d'Orb., Paléont., 3, p. 569, pl. 427, fig. 1-4. Tours (Indre-et-Loire), St-Gervais, près de Blois.

*768. **granulata,** d'Orb., 1845, Paléont., 3, p. 570, pl. 427, fig. 5-9. Chavot, Cramant, Tours; Hollande, Maëstricht; Allem., Kinkerode.

*769. **Dutempleana,** d'Orb., 1845, Paléont., 3, p. 571, pl. 427, fig. 10-14. Chavot.

*770. **pectita,** d'Orb., 1845, Paléont., 3, p. 572, pl. 427, fig. 15-19. Chavot.

*771. **divaricata,** Dujardin, 1837, Mém. de la Soc. géol., 2, pl. 16, fig. 7. *L. arcuata*, Geinitz. Envir. de Tours; Allem., Strehlem.

*772. **obsoleta,** Dujardin, 1837, *id.*, 2, pl. 16, fig. 6. Tours.

773. **elegans,** Dujardin, 1847, *id.*, 2, pl. 16, fig. 1. Tours.

774. **Ligeris,** Dujardin, 1847, *id.*, 2, pl. 16, fig. 5. Tours.

*775. **intercostata,** Dujardin, 1847, Mém. de la Soc. géol., 2, pl. 16, fig. 8. Tours (Indre-et-Loire), Villedieu (Loir-et-Cher).

*776. **truncata,** Münster, Goldf., 1836, Petref., 2, p. 91, pl. 104, fig. 6. France, Royan; Hollande, Maestricht.

*777. **Bourgeoisiana,** d'Orb., 1847. Jolie espèce transverse, à côtes complexes, granuleuses. France, Les Essards (Loir-et-Cher).

*778. **elegantula,** d'Orb., 1847. Espèce striée au milieu, costulée inégalement au milieu des stries, sur les côtés. Les Essards.

*779. **Baugasiana,** d'Orb., 1847. Espèce voisine du *L. proboscidea*, à 8 grosses côtes. Cognac (Charente).

*780. **Coniacensis,** d'Orb., 1847. Espèce oblique en coin, à petites côtes égales. Cognac (Charente), Cambrai (Nord).

*781. **Toucasiana,** d'Orb., 1847. Grande espèce avec des indices de côtes granuleuses sur la région anale, le reste marqué de fortes lignes d'accroissement concentriques. Le Beausset.

*782. **multicostata,** Geinitz, 1842, p. 28, pl. 8, fig. 3; Reuss, pl. 38, fig. 7, 8-18. France, Cognac.

*783. **decussata,** Goldf., pl. 104, fig. 5; Rœmer, 1841, Kreid., p. 55, n. 2; Reuss, pl. 38, fig. 15. Rügen; Bohême, Pokralitz, Kantz.

784. minuta, Goldf., pl. 103, fig. 6 ; Rœmer, 1841, Nordd. Kreid., p. 56, n. 5. Allem., Rinkerode.

785. squamifera, Goldf., pl. 103, fig. 3 ; Rœmer, 1841, Nordd. Kreid., p. 56, n. 9. Allem., Coesfeld.

786. laticosta, Rœm., 1841, Kreid., p. 57, n. 12, pl. 8, fig. 9. All., Gehrden, Strehlem.

787. Nilssoni, Rœmer, 1841, Nordd. Kreid., p. 57, n. 17. *Plagiostoma punctatum*, Nilss., pl. 9, fig. 1. Allem., Ilseburg.

788. septemcostata, Reuss, 1846, Bœhm., p. 33, pl. 38, fig. 5. Laun.

***789. Reussii,** d'Orb., 1847. *L. elongata*, Reuss, 1846, Bœhm., p. 33, pl. 38, fig. 6-9 (non Sowerby, pl. 559, fig. 2). Strehlem, près Dresde; Bohême, Laun, Malnitz, Kutschlin.

790. undulata, Reuss, 1846, Bœhm., p. 35, pl. 38, fig. 13, Trziblitz, Schirzowitz, Laun.

791. dichotoma, Reuss,1846, Bœhm., p. 35, pl. 38, fig. 10. Hundorf.

792. paucicostata, Reuss, 1846, Bœhm., p. 33, pl. 38, fig. 4. *L. minuta*, Goldf., 2, p. 89, pl. 103, fig. 6. Bohême, Kautz et Horzenc.

793. Pelagica, d'Orb., 1847. *Plagiostoma id.*, Morton, 1844, Syn. cret. group, p. 61, pl. 5, fig. 2. Etats-Unis (New-Jersey), Burlington-County.

794. reticulata, Lyell et Forbes, 1844, Quart. journ., 1, p. 62. Etats-Unis, New-Jersey.

795. obliqui-striata, Forbes, 1846, Trans. geol. Soc. of London t. 7, p. 154, pl. 18, fig. 13. Inde orientale, Verdachellum.

AVICULA, Klein, 1753. Voy. t. 1, p. 13.

***796. Perigordina,** d'Orb., 1847. Espèce voisine de l'*A. pectiniformis*, mais plus étroite et plus oblique. France, Lanquais (Dordogne).

797. Laripes, Morton, 1834, Syn. of the cretac. group, p. 63, pl. 17, fig. 5. *A. tenuicostata*, Rœmer, 1841; d'Orb., in Murch., Vern. et de Keys. ; Reuss, 2, p. 490, pl. 43, fig. 5-7. Russie, Simbirsk ; Crimée à Bagtché-Seraï ; Etats-Unis (Delaware).

***798. approximata,** Goldf., 1838, 2, p. 133, pl. 118, fig. 7. Maëstricht.

***799. triptera,** Goldf., 1838, 2, p. 133, pl. 118, fig. 8. Maëstricht.

800. sublineata, d'Orb., 1847. *A. lineata*, Rœmer, 1841, Kreid., p. 64, n. 3, pl. 8, fig. 15 (non Goldf., 1838). Hanovre.

***801. cœrulescens,** Nilss., pl. 3, fig. 19; Rœmer, 1841, Kreid., p. 64, n. 4; Goldf., pl. 118, fig. 6. France, Lanquais (Dordogne); Allem., Lemförde.

802. triloba, d'Orb., 1847. *Gervilia triloba*, Rœmer, 1841, Nordd. Kreid., p. 64, n. 2, pl. 8, fig. 13. Blankenburg.

***803. pectiniformis,** Geinitz, 1842, Kreid., pl. 20, fig. 37, p. 79. *A. pulchella*, Mathéron, 1843, Cat., p. 176, pl. 26, fig. 4, 5. Plan d'Aups (B.-du-Rhône), Lanquais (Dordogne); Bohême, Luschütz, Nacht.

804. glabra, Reuss, 1846, Bœhm., p. 22, pl. 32, fig. 4, 5. Bohême, Laun, Priesen, Postelberg.

805. Geinitzii, Reuss,1846, Bœhm., p. 23, pl. 32, fig. 6. Bohême, Luschitz et Priesen.
806. neglecta, Reuss, 1846, Bœhm., Kreideform., p. 23, pl. 32, fig. 10. Bohême, Luschitz, Priesen, Postelberg.
807. paucilineata, Reuss, 1846, Bœhm. Kreideform., p. 23, pl. 32, fig. 11. Bohême, Luschitz.
808. modioliformis, Müller, 1847, Aachen. Kreideform., p. 29, pl. 2, fig. 14 a, b. Prusse, Aix-la-Chapelle.
809. nitida, Forbes, 1846, Trans. geol. Soc. of London, t. 7, p. 151, pl. 16, fig. 11. Pondichéry.
***809'. pedernalis,** Rœmer, 1849. Etats-Unis, Friedrichsburg (Texas).
GERVILIA, Defrance, 1820. Voy. t. 1, p. 201.
***810. Renauxiana,** Mathéron, 1842; d'Orb., Paléont. franç., Terr. crét., 3, p. 490, pl. 298. Mondragon, Fondouilles.
***811. Solenoides,** Defrance, 1818. *Gervilia aviculoides*, d'Orb., 1845, Paléont., 3, p. 489, pl. 397, Astrolabe, pl. 4, fig. 37. Valogne; Inde orientale, Pondichéry; Allem., Quedlimburg.
PERNA, Bruguière, 1791. Voy. t. 1, p. 176.
***812. Royana,** d'Orb., 1845, Paléont., 3, p. 499, pl. 402, fig. 4, 5. Royan.
INOCERAMUS, Parkinson, 1811. Voy. t. 1, p. 237.
***813. impressus,** d'Orb., 1845, Paléont. franç., Terr. crét., 3, p. 515, pl. 409. France, Orglande, Royan.
***814. regularis,** d'Orb., 1845, Paléont., 3, p. 516, pl. 410. *I. Cripsii*, Goldf., pl. 112, fig. 4 a, b, c (exclus. d). Royan, Mescher, Pérignac, près de Bergerac, Tours, Lanquais (Dordogne), Teras (Landes); Westphalie, Haldem.
***815. Goldfussianus,** d'Orb., 1845, Paléont., 3, p. 517, pl. 411. *I. Cripsii*, Goldf., p. 112, fig. 4 d (non Mantell). Royan, Pérignac (Charente-Inférieure), Caudau, Lanquais (Dordogne), Tours (Indre-et-Loire); Westphalie, Haldem.
***816. Lamarckii,** Rœmer, 1841; d'Orb., Paléont., 3, p. 518, pl. 412. Fécamp, Sens, Mas (Var), Pérignac, Epernay (Marne), Tercis (Landes), Lanquais (Dordogne).
***817. involutus,** Sow., 1828; d'Orb., Pal., 3, p. 520, pl. 413. Sens.
***818. Cuvieri,** d'Orb., 1845, Pal., 3, p. 520. Meudon, Fécamp, Dieppe (Seine-Inférieure).
819. siliqua, Mathéron, 1843, Cat., p. 174, pl. 25, fig. 6. Plan d'Aups (B.-du-Rhône).
***820. planus,** Münst., Goldf., 1838, Petref., 2, p. 117, pl. 113, fig. 1. France, St-André-de-Mouille (B.-Alpes), Rivières (Landes); Allem., Osnabrück.
821. orbicularis, Münst., Goldf., 1838, Petref., 2, p. 117, pl. 113, fig. 2. Westphalie, Paderborn.
***822. propinquus,** Münst., Goldf., 1836, Petref., 2, pl. 109, fig. 9. *J. Cuvieri*, et *concentricus* (pars), Geinitz, sur des échantillons envoyés par lui. Schandau, Strehlem.
823. cancellatus, Goldf., 1836, 2, p. 113, pl. 110, fig. 4. Dülmen.
824. lingua, Goldf., 1836, 2, p. 113, pl. 110, fig. 5. Dülmen.

*825. **alatus,** Goldf., 1838, Petref., 2, p. 116, pl. 112, fig. 3. Dresde, Haldem.

826. **annulatus,** Goldf., pl. 110, fig. 7; Rœmer, 1841, Nordd. Kreid., p. 62, n. 6. Allem., Rothenfelde, Werl.

827. **Barabini,** Morton, 1834, Syn. of the cret. group, p. 62, pl. 13, fig. 11; pl. 17, fig. 3. Etats-Unis (Alabama), Greene-County.

828. **alviatus,** Morton, 1834, Syn. cret. group, p. 63, pl. 17, fig. 4. Etats-Unis (Alabama), Greene-County.

829. **lobatus,** Goldf., pl. 110, fig. 3; Rœmer, 1841, Nordd. Kreid., p. 63, n. 13. Allem., Quedlimburg.

PECTEN, Gualtieri, 1742. Voy. t. 1, p. 87.

*830. **Barbesillenus,** d'Orb., 1846, Paléont., 3, p. 611, pl. 437, fig. 5-8. Barbezieux.

*831. **Marrotianus,** d'Orb., 1846, Paléont. franç., Terr. crét., 3, p. 612, pl. 438, fig. 1-6. France, Chapelle-Montabourlet.

*832. **Royanus,** d'Orb., 1846, Paléont., 3, p. 613, pl. 438, fig. 7-12. Royan, Tours, Le Beausset, Villedieu (Loir-et-Cher).

*833. **Espaillaci,** d'Orb., 1846, Paléont., 3, p. 614, pl. 439, fig. 1-4. Royan (Charente-Inférieure), Montignac, Colombier (Dordogne), Le Beausset (Var).

*834. **Dujardini,** Rœmer, 1846; d'Orb., Paléont., 3, p. 615, pl. 439, fig. 5-11. Tours, Royan, Saintes, Montignac (Dordogne), Colombier, Cognac (Charente), Cambrai (Nord), Soulage (Aude); Bohême, Weinbohle.

*835. **Nilssoni,** Goldf., 1834; d'Orb., Paléont., 3, p. 616, pl. 439, fig. 12-14. Birac (Dordogne), Cambrai (Nord); Westphalie, Strehlem, Maëstricht.

*836. **cretosus,** Defrance, 1821; d'Orb., Paléont., 3, p. 617, pl. 440, fig. 1-7. Chavot, Mancy, Sézanne, Reims (Marne), St-Gervais de Blois, Meudon; Westphalie, Haldem.

*837. **Mantellianus,** d'Orb., 1846, Pal., 3, p. 619, pl. 440, fig. 8-11. Chavot.

*838. **campaniensis,** d'Orb., 1846, Pal., 3, p. 620, pl. 440, fig. 12-16. Chavot.

*839. **Matronensis,** d'Orb., 1846, Paléont., 3, p. 620, pl. 440, fig. 17, 18. Chavot.

840. **undulatus,** Nilsson, 1827; d'Orb., in Murch. et Vern., Russie, 2, p. 490, pl. 43, fig. 8-10. Russie, Simbirsk; Allem., Osnabruck.

*841. **Girondinus,** d'Orb., 1847. Espèce à 8 grosses côtes, larges, striées en long. Royan.

842. **submuricatus,** d'Orb., 1847. *P. muricatus*, Goldf., pl. 93, fig. 9; Rœmer, 1841, Nordd. Kreid., p. 53, n. 25 (non Risso, 1826). Quedlimburg, Haltern.

843. **seriato-punctatus,** v. Münster, Goldf., pl. 92, fig. 1; Rœmer, 1841, Nordd. Kreid., p. 54, n. 30. Allem., Quedlinburg.

844. **depressus,** v. Münster, Goldf., pl. 92, fig. 4; Rœmer, 1841, Nordd. Kreid., p. 54, n. 31. Allem., Quedlinburg, Liebenburg et près de Kromsberge.

?846. **miscallus,** Münst., Goldf., 1835, Petref., 2, p. 51, pl. 91, fig. 8. Osnabrück.

847. complicatus, Goldf., 1835, 2, p. 51, pl. 91, fig. 11. Maëstricht.

848. actinodus, Goldf., 1835, 2, p. 52, pl. 91, fig. 12. Maëstricht.

849. ptychodes, Goldf., 1836, 2, p. 56, pl. 93, fig. 4. Maëstricht.

850. cicatrisatus, Goldf., 1836, Petref., 2, p. 56, pl. 93, fig. 6. Hollande, Maëstricht; Bohême, Priesen.

851. Faujasii, Defr., Goldf., 1836, Petref., 2, p. 57, pl. 93, fig. 7. Hollande, Maëstricht, Goslar.

852. circularis, Goldf., 1836, Petref., 2, p. 76, pl. 99, fig. 10. Haltern, Dorsetshire.

853. spathulatus, Rœmer, 1841, Kreid., p. 50, n. 4, pl. 8, fig. 5. Rügen.

854. subgranulatus, v. Münster, Goldf., pl. 93, fig. 5; Rœmer, 1841, Nordd. Kreid., p. 53, n. 21. Osnabrück, Lemförde, Haldem.

855. ternatus, v. Münster, Goldf., pl. 91, fig. 13; Rœmer, 1841, Nordd. Kreid., p. 53, n. 23. Quedlinburg, Schandau, Saxe.

856. trigeminatus, Rœmer, 1841, Nordd. Kreid., p. 53, n. 24. Goldf., pl. 91, fig. 14; Lemförde, Osnabrück; Bohême, Priesen.

857. multicostatus, Nilss., Rœmer, 1841, Nordd. Kreid., p. 53, n. 28; Goldf., pl. 92, fig. 3. Goslar; Hollande, Maëstricht.

858. subpulchellus, d'Orb., 1847. *P. pulchellus*, Goldf., 1835, pl. 91, fig. 9 (non Nilsson, 1827). Coesfeld.

859. concentrice-punctatus, Reuss, 1846, Bœhm., p. 28, pl. 39, fig. 8. *P. arcuatus*, Nilsson, pl. 9, fig. 14 (non Sow.). Laun, Kystra.

860. decalvatus, Reuss, 1846, Bœhm., p. 35, pl. 38, fig. 19. Trziblitz.

***861. divaricatus,** Reuss, 1846, Bœhm., p. 28, pl. 39, fig. 6. *P. arcuarius*, Goldf., pl. 91, fig. 6 (non Sow.). Haltern, Trziblitz, Priesen, Czenczіz, Neuschloss, Malnitz, Bilin, Meronitz; Prusse, Aix-la-Chapelle, Maëstricht.

***862. septemplicatus,** Nilss., pl. 10, fig. 8; Rœmer, 1841, Nordd. Kreid., p. 51, n. 11. *P. ptychodes*, Goldf., pl. 93, fig. 4. Quedlinburg, Gehrden, Maestricht.

862'. nitidus, Sow., 1823, Min. Conch., t. 4, p. 130, pl. 394, fig. 1. Angleterre, Suffolk.

863. subaratus, Nilss., pl. 9, fig. 11; Rœmer, 1841, Nordd. Kreid., p. 52, n. 18. Allem., Rügen.

***864. pulchellus,** Nilss., pl. 9, fig. 12; Rœmer, 1841, Nordd. Kreid., p. 52, n. 19. *P. miscellus*, v. Münster, Goldf., pl. 91, fig. 9. Haldem, Maëstricht.

865. spurius, v. Münster, Goldf., pl. 91, fig. 10; Rœmer, 1841, Nordd. Kreid., p. 52, n. 20. Allem., Haldem.

866. granulifer, Reuss, 1846, Bœhm., p. 28, pl. 39, fig. 9. Hochpetsch.

867. spatulæformis, Reuss, 1846, Bœhm., p. 28, pl. 39, fig. 10. Bilin.

868. subaffinis, d'Orb., 1847. *P. affinis*, Reuss, 1846, Bœhm., p. 29, pl. 39, fig. 11 (non Risso, 1825). Bilin.

869. Reussii, d'Orb., 1847. *Pecten obliquus*, Reuss, 1846, Bœhm. Kreideform., p. 29, pl. 39, fig. 18 (non Sow.). Bohême, Trziblitz.

870. rarispinus, Reuss, 1846, Bœhm., p. 31, pl. 39, fig. 15. Priesen.

871. venustus, Morton, 1834, Syn. cret. group, p. 58, pl. 5, fig. 7. Etats-Unis (New-Jersey), Arneytown.
872. calcatus, Morton, 1834, Syn. cret. group, p. 58, pl. 10, fig. 3. Etats-Unis (South-Carolina), Eutaw-Sprengs.
873. membranosus, Morton, 1834, Syn. cret. group, p. 59, pl. 10, fig. 4. Etats-Unis (South-Carolina).
***874. granulatus,** d'Orb., 1846, Astrolabe, pl. 2, fig. 29, 30. Ile Quiriquina (Chili).
***875. Chilensis,** d'Orb., 1846, Astrolabe, pl. 2, fig. 31, 32. Ile Quiriquina (Chili).
876. Verdachellensis, Forbes, 1846, Trans. geol. Soc. of London, t. 7, p. 154, pl. 14, fig. 5. Inde occidentale, Verdachellum.
877. subvirgatus, d'Orb., 1847. *P. virgatus*, Forbes, 1846, Trans. geol. Soc. of London, t. 7, p. 154, pl. 15, fig. 22, (non Nilsson, pl. 9, fig. 15). Les côtes sont plus fines dans celui de l'Inde. Trinchinopoly.
878. subsquamula, d'Orb., 1847. *P. squamula*, Rœmer, 1841, Kreid., p. 50, n. 6 (non Lam., 1804). *P. inversus*, Nilss., pl. 9, fig. 18; Goldf., pl. 99, fig. 6. Lemförde.
JANIRA, Schumacher, 1817. Voy. p. 83.
***879. quadricostata,** d'Orb., 1846, Paléont., 3, p. 644, pl. 447, fig. 1-7. Talmont, Saintes, Pérignac, Royan, Birac, Cognac, Tours, Valognes, Sougraigne, Mareuil, Montignac, Riberac, Le Beausset (Var); Maëstricht.
***880. Dutemplei,** d'Orb., 1846, Paléont. franç., Terr. crét., 3, p. 646, pl. 447, fig. 8-11. France, Chavot; Maëstricht.
***881. Truellei,** d'Orb., 1846, Paléont., 3, p. 647, pl. 448, fig. 1-4. Saintes.
***882. sexangularis,** d'Orb., 1846, Paléont. franç., 3, p. 648, pl. 448, fig. 5-8. France, Pons, Coze, Mirambeau.
***883. decemcostata,** d'Orb., 1846, Paléont., 3, p. 649, pl. 449, fig. 1-4. Cognac.
***884. substriato-costata,** d'Orb., 1847. *J. striato-costata*, d'Orb., 1846, Paléont., 3, p. 650, pl. 449, fig. 5-9 (non Goldf., 1840). Cognac, Royan; Molineuf, près de Blois. Allem., Coesfeld, Lemförde, Dulmen.
***885. Simbirskensis,** d'Orb., 1847. *Pecten id.*, d'Orb., 1845, in Murch., de Keys. et de Vern., Russie, 2, p. 491, pl. 43, fig. 11-14. Russie, Simbirsk.
***886. Podolica,** d'Orb., 1847. *Pecten id.*, d'Orb., 1844, Paléont. du Voy. de M. Hommaire, p. 440, pl. 6, fig. 21-24. Crimée, Bagtché-Seraï.
887. Makovii, d'Orb., 1847. *Pecten id.*, Dubois, 1831, Conch. foss., p. 70, pl. 8, fig. 12. Podolie, Makow.
***888. Mortoni,** d'Orb., 1847. *Pecten quinquecostatus*, Morton, 1834, Syn. cret. group, p. 57, pl. 19, fig. 1 (non Sowerby). Il diffère par 5 côtes intermédiaires aux grosses côtes latérales, au lieu de quatre. Etats-Unis; France, Grand-Pivoie, près de Martigues (B.-du-Rhône).
889. craticula, d'Orb., 1847. *Pecten craticula*, Morton, 1834, Syn. cret. group, p. 57. Etats-Unis (New-Jersey), Arneytown.
890. Fontanieri, d'Orb., 1846, Astrolabe, pl. 4, fig. 38-40. *Pecten*

quinquecostatus, Forbes, Pondichéry (non Sowerby). Verdachellum.

SPONDYLUS, Linné, 1758. Voy. p. 83.

*891. **Carantonensis**, d'Orb., 1846, Pal., 3, p. 665, pl. 456, fig. 6, 7. Cognac.

*892. **Santonensis**, d'Orb., 1846, Paléont., 3, p. 666, pl. 457. France, Saintes, Mareuil, Rochebeau-Court.

*893. **globulosus**, d'Orb., 1846, Paléont., 3, p. 667, pl. 458. Saintes, Cognac.

*894. **truncatus**, Goldf., 1842; d'Orb., Paléont., 3, p. 668, pl. 459 (non Reuss). Tours, Villedieu, Couture, Ste-Cérotte; Prusse, Aix-la-Chapelle.

*895. **Royanus**, d'Orb., 1846, Paléont., 3, p. 671, pl. 460, fig. 1-5. Royan.

*896. **Dutempleanus**, d'Orb., 1846, Paléont., 3, p. 672, pl. 460, fig. 6-11. Chavot (Marne), Le Beausset (Var), Royan, St-Gervais, près de Blois.

*897. **spinosus**, Desh., 1828; d'Orb., Paléont., 3, p. 673, pl. 461, fig. 1-4. St-Gervais, près de Blois, Vendôme, Meudon, Sens, Fécamp; Soulage, Sougraigne (Aude); Bohême, Kosslitz, Laun, Bilin, Teplitz, Costenblatt, Trziblitz, Hundorf, Kutschlin, Pokalitz, Mariaschien.

?*898. **obesus**, d'Orb., 1846, Paléont., 3, p. 675, pl. 461, fig. 5-7. France, Troyes; Tournay, Belgique. (Espèce sans doute cénomanienne.)

899. **lineatus**, Goldf., pl. 106, fig. 3; Rœmer, 1841, Nordd. Kreid., p. 59, n. 9. Alfeld, Strehlem; Aix-la-Chapelle.

*900. **fimbriatus**, Goldf., pl. 106, fig. 2; Rœmer, 1841, Nordd. Kreid., p. 60, n. 11. France, Tours; Hanovre, Peine, Quedlinburg.

901. **subplicatus**, d'Orb., 1847. *S. plicatus*, Münster, Goldf., 1836, Petref., 2, p. 98, pl. 106, fig. 7 (non Linné, 1767). Maëstricht.

902. **sublævis**, Münst., Goldf., 1836, 2, p. 99, pl. 106, fig. 8. Maëstricht.

903. **asper**, v. Münster, Goldf., pl. 106, fig. 1; Rœmer, 1841, Nordd. Kreid., p. 59, n. 5. Allem., Rinkerode.

904. **dumosus**, d'Orb., 1847. *Plagiostoma id.*, Morton, 1834, Syn. cret. group, p. 59, pl. 16, fig. 8. Etats-Unis (Alabama), prairie Bluff, St-Stephens.

905. **gregalis**, d'Orb., 1847. *Plagiostoma id.*, Morton, 1834, Synop. cret. group, p. 60, pl. 5, fig. 6. Etats-Unis (New-Jersey), Burlington-County.

906. **calcaratus**, Forbes, 1846, Trans. geol. Soc. of London, t. 7, p. 155, pl. 18, fig. 2. S. *subsquamosus*, Forbes, 1846, pl. 18, fig. 1. Pondichéry.

PLICATULA, Lamarck, 1801. Voy. t. 1, p. 202.

907. **aspera**, Sow., 1831, d'Orb., Paléont., 3, p. 685, pl. 463, fig. 11-12. *Plicatula urticosa*, Morton, 1834, Syn. cret. group, p. 62, pl. x, fig. 2. France, Tours; Etats-Unis, New-Jersey, Alabama; Tyrol, Gozau.

*908. **nodosa**, Dujardin, 1837, Mém. Soc. géol. de France, t. 2, p. 228, pl. 15, fig. 14. *P. pectinoides*, Reuss, 1846, Kreid., pl. 31, fig. 16, 17 (non Sowerby). France, Tours (Indre-et-Loire); Bohême, Webeschan, Trziblitz.

909. radiata, Goldf., pl. 107, fig. 7; Rœmer, 1841, Nordd. Kreid., p. 60, n. 3. Allem., Coësfeld; Bohême, Kosslitz.

910. multicostata, Forbes, 1846, Trans. geol. Soc. of London, t. 7, p. 155, pl. 18, fig. 3. Verdachellum.

911. septemcostata, Forbes, 1846, Trans. geol. Soc. of London, t. 7, p. 155, pl. 18, fig. 4. Peut-être *Pl. nodosa*, Dujardin. Pondichéry.

CHAMA, Linné, 1758. Voy. p. 170.

***912. angulosa,** d'Orb., 1846, Paléont., 3, p. 699, pl. 464, fig. 8, 9. Royan.

***913. semiplana,** Rœmer, 1841, Kreid., p. 67, n. 2, pl. 8, fig. 19. Gehrden.

OSTREA, Linné, 1752. Voy. t. 1, p. 166.

***914. curvirostris,** Nilsson, 1827. D'Orb., Paléont., 3, p. 750, pl. 488, fig. 9-11. Tours (Indre-et-Loire); Hollande, Maëstricht.

***915. canaliculata,** d'Orb., Paléont., 3, p. 709, pl. 471, fig. 4-8. *O. lateralis*, Reuss, pl. 27, fig. 138-45. Chavot (Marne). Pyrénées, la Falaise; Maëstricht; Bohême.

***916. frons,** Parkinson, 1811. D'Orb., Paléont., 3, p. 733, pl. 483. *O. Harpa*, Goldf., pl. 75, fig. 3. St.-Gervais-de-Blois, Saintes, Royan, Thenon, Pérignac, Riberac, Birac, Cognac, Villedieu, Tours, Louviers; Suède, Balsberg; Maëstricht.

***917. hippopodium,** Nilsson, 1827. D'Orb., Paléont., 3, p. 731, pl. 481, fig. 4-6, pl. 482. Saintes, Royan (Char.-Inférieure); Suède, Kopengemolla.

***918. Laciniana,** d'Orb., Paléont., 3, p. 739, pl. 486, fig. 1-3. Vendôme (Loir-et-Cher), Saintes (Charente-Inférieure); Scanie; Suède; Hollande, Maëstricht; Prusse, Aix-la-Chapelle, Coesfeld.

***919. larva,** Lamarck, 1819. D'Orb., Paléont., 3, p. 740, pl. 486, fig. 4-8. *O. tegulacea*, Forbes, 1846, Trans. geol. Soc., 7, pl. 18, fig. 6. *O. Ponticerianus*, D'Orb., Astrolabe, pl. 5, fig. 45, 46. *O. falcata*, Morton, 1834, Syn. cret. group, pl. 3, fig. 5, pl. 9, fig. 6, 7. *O. nasuta*, Morton. *O. mesenterica id.* France, Royan, Mescher (Charente-Inférieure, Ginsac (Haute-Garonne); Hollande, Maëstricht; Indes, Pondichéry; États-Unis, Delaware, Saint-Georges (Alabama), prairie Bluff, Cahawba (New-Jersey), Shrewsbury.

***920. Matheroniana,** d'Orb., 1847, Paléont., 3, p. 737, pl. 485. *Exogyra Texasana*, Rœmer, 1849. Texas (New-Braunfels). *O. spinosa*, Rœmer, 1836. *Exogyra spinosa*, Math., 1843. France, Martigues (B.-du-Rhône, Beausset (Var), Tours (Indre-et-Loire), Saintes, Royan, Cognac (Charente-Inférieure), Saint-Crépin, Chapelle-Montalembert (Dordogne).

***921. Normaniana,** d'Orb., 1847, Paléont., 3, p. 746, pl. 488, fig. 1-3. France, Dieppe (Seine-Inférieure), Chavot (Marne).

***922. Santonensis,** d'Orb., 1847, Paléont., 3, p. 736, pl. 484. *O. diluviana*, Goldfuss, p. 75, fig. 4, d. *O. pes-leonis*, Forbes, 1846, Pondichéry, pl. 18, fig. 5. Tours (Indre-et-Loire), Le Beausset; Prusse, Aix-la-Chapelle, Mazange, Authon, Montoire (Loir-et-Cher). Saintes

(Charente-Inférieure), Grand-Piroou, près de Martigues (Bouches-du-Rhône); Indes orientales, Pondichéry.

*923. **semi-plana,** Sow., d'Orb., Paléont., 3, p. 747, pl. 488, fig. 4, 5. *O. Naumani*, Reuss, pl. 27, fig. 48-53. *O. acuticosta*, Galeotti, 1839, Bull. de l'Acad. de Brux., 7, p. 2, fig. 2. France, Épernay, Villedieu (Loir-et-Cher); Suède; Russie; Bohême, Kosslitz; Mexique, Tehuacan.

*924. **Turoniensis,** d'Orb., 1847, Paléont., 3, p. 748, pl. 479, fig. 4-7. Tours, Çognac (Charente), Martigues (Bouches-du-Rhône), Le Beausset; Hanovre, Gehrden.

925. **vesicularis,** Lamarck, 1819. D'Orb., Paléont franç., Terr. crét., 3, p. 742, pl. 487. *Gryphæa expansa*, Sow., 1831, Trans. geol. Soc., 3, pl. 38, fig. 5. *G. elongata*, Sow., id., pl. 38, fig. 6. *Gryphæa ancella*, F. Rœmer, 1849, Gryphæa. *Ostræa et Gryphæa convexa*, *G. mutabilis*, Say et Morton, 1834, pl. 4, fig. 1-3. *Gryph. Pitcheri*, Morton, pl. 15, fig. 5-9. France, Meudon, Sens, Rouen, Épernay, Vendôme; Royan, Pérignac, Saintes (Charente-Inférieure), Tours; Caussols (Var), Cognac (Charente), Montignac, Saint-Crépin, Lanquais, Sarlot (Dordogne); Russie, Simbirsk; Crimée, Bagtcheseraï; États-Unis (New-Jersey), Delaware, Alabama, Tenessée, Missouri (Arkansas), Kiameska; Tyrol, Gozau; Bohême, Kutschlin, Bilin, Kosslitz; Hollande, Maëstricht, Osnabruck, Texas à New-Braunfels.

926. **Wegmaniana,** d'Orb., 1847, Paléont. franç., Terr. crét., 3, p. 749, pl. 488. fig. 6-8. Fr., Chavot, Césane (Marne), Pouilly (Oise).

927. **acutirostris,** d'Orb., 1846, Pal., 3, p. 730, pl. 1-3. France, La Malle, Beausset, Martigues, Uchaux; Hollande, Maëstricht.

*928. **lunata,** Nilsson, Goldf., Petref. Germ., 3, pl. 75, fig. 2. Hollande, Maëstricht.

929. **Proteus,** Reuss, 1846, Bœhm., p. 41, pl. 27, fig. 12-27. Bohême, Luschitz, Kystra, Kantz.

*929'. **ponderosa,** d'Orb., 1849. *Exogyra ponderosa*, F. Rœmer, 1849. Texas, New-Braunfels.

*930. **subinflata,** d'Orb., 1847. *Exogyra inflata*, Goldf., 1838, Petref., 2, p. 121, pl. 114, fig. 8 (non Gmel., 1789). *Ex. decussata*, Goldf., pl. 86, fig. 11. *Ex. conica*, Goldf., pl. 87, fig. 1. *Gryphæa staumaloidea*, Forbes, 1848, Trans. geol. Soc., 7, pl. 17, fig. 15. *G. orientalis*, Forbes, id., pl. 14, fig. 6. *O. crepidula*, d'Orb., Astrolabe, pl. 5, fig. 43, 44. Hollande, Maëstricht; Indes orientales, Pondichéry, Verdachellum.

931. **auricularis,** d'Orb., 1847. *Exogyra auricularis*, Goldf., 1835, Petref., 2, p. 39, pl. 88, fig. 2. Maëstricht.

*931'. **anomiæformis,** F. Rœmer, 1849. Texas, New-Braunfels.

932. **latirostris,** Dubois, 1831, Conch. foss., p. 74, pl. 8, fig. 15, 16. Podolie, Makow.

933. **plumosa,** Mort., 1834, Synop. cret. group, p. 51, pl. 3, fig. 9. États-Unis (New-Jersey), Arneytown.

934. **panda,** Morton, 1834, Syn. cret. group, p. 51, pl. 3, fig. 6, pl. 19, fig. 10. États-Unis (Delaware), Saint-Georges, Caroline du Sud, Alabama.

935. torosa, Morton, 1834, Syn. cret. group, p. 52, pl. 10, fig. 1. États-Unis (New-Jersey), Mullica-Hill.

936. cretacea, Morton, 1834. Syn. cret. group, p. 52, pl. 19, fig. 3. États-Unis (Alabama), Greene-County, prairie Bluff, Erié (South-Carolina).

937. vomer, d'Orb., 1847. *Gryphæa id.*, *G. plicatella*, Mort., 1834, Synopsis cret. group, p. 54, pl. 9, fig. 5. Etats-Unis (New-Jersey), Egypte.

938. Americana, Desh., 1830. Encycl., p. 304. *Exogyra costata*, Say, 1821, Amer. Journ., t. 2, p. 43. Morton, 1834, Syn. cret., pl. 9 fig. 1-4. (non Sow.). Etats-Unis, Delaware, New-Jersey, South-Carolina, Alabama, Tennessée, Arkansas.

939. subspatulata, Forbes, 1844, Quarterly Journal, 1, p. 61. Etats-Unis, New-Jersey.

940. subsimilis, d'Orb., 1847. *O. similis*, Galeotti, 1839, Bull. de l'Acad. de Bruxelles, t. 7, nº 10, p. 3, fig. 3 (non Pusch, 1837). Mexique, Tehuacan.

***940'. Arietina,** d'Orb., 1849. *Exogyra arietina*, F. Rœm., 1849. Texas, New-Braunfels.

ANOMYA, Linné, 1758.

941. subradiata, Reuss, 1846, Bœhm., p. 45, pl. 31, fig. 18, 19. Luschitz et Horzens.

942. argentaria, Morton, 1834, Syn. cret. group, p. 61, pl. 5, fig. 10. Etats-Unis (Delaware), St.-Georges.

943. tellinoides, Morton, 1834, Syn. cret. group, p. 61, pl. 5, fig. 11. Etats-Unis (New-Jersey).

944. lamellosa, Rœmer, 1841, Kreid., p. 49, nº 2, pl. 8, fig. 3. Quedlinburg.

MOLLUSQUES BRACHIOPODES.

LINGULA, Bruguière, 1791. Voy. t. 1, p. 14.

945. Meyeri, Dunker, 1847, Palæontographica, nº 1, p. 130, pl. 18, fig. 9. Allemagne, Osnabrück.

RHYNCHONELLA, Fischer. Voy. t. 1, p. 92.

***946. Baugasii,** d'Orb., 1847, Paléont., 4, p. 43, , pl. 498, fig. 10-13. Cognac (Charente-Inférieure), Villedieu (Loir-et-Cher).

***947. Vespertilio,** d'Orb., 1847, Paléont., 4, p. 44, pl. 499, fig. 1-8. Saint-Christophe, Tours (Indre-et-Loire), Saintes (Charente-Inférieure), Vendôme, Villedieu (Loir-et-Cher), Cognac (Charente), Montignac (Dordogne) ; Italie.

***948. octoplicata,** d'Orb., 1847, Paléont., 4, p. 46, pl. 499, fig. 9-11. Villedieu (Loir-et-Cher), Meudon, Fécamp, Sens (Yon.), Chavot (Marne) ; Russie, Simbirsk ; Belgique, Ciply ; Bohême, Strehlen ; Angleterre, Lewes ; Russie, Somborsk.

***949. subplicata,** d'Orb., 1847, Pal., 4, pl. 499, fig. 12-15. Chavot, Meudon ; Belgique, Ciply.

***950. difformis,** d'Orb., 1847, Paléont. franç., Terr. crét., pl. 98, fig. 6-9. France, Royan (Charente-Inférieure), Martigues (Bouches-du-Rhône).

MAGAS, Sowerby, 1816. D'Orb., Paléont. franç., Terr. crét., t. 4.
*951. **pumilus**, Sow., 1816. D'Orb., Paléont. 4, pl. 501. France, Blois, Meudon, Saint-Germain, Sens, Fécamp, Saint-Gervais, près Epernay; Russie, Simbirsk; Angleterre.
TEREBRATULINA, d'Orb., 1847. Voy. t. 2, p. 85.
*952. **echinulata**, d'Orb., 1847, Paléont., 4, pl. 503, fig. 7-11. *Terebr. id.*, Dujardin. Tours, Cognac, Saintes, Gros-Pirou, près de Martigues, Vendôme (Loir-et-Cher).
*953. **elegans**, d'Orb., 1847. Paléont., 4, pl. 504, fig. 1-8. Chavot, Cramant, Maney, Ablois, Fécamp, Muides.
*954. **striata**, d'Orb., 1847, Paléont., 4, pl. 504, fig. 9-12. *Terebr. chrysalis*, Davidson, Lons. geol. Journ., pl. 18, fig. 18-20. Paris, Sens, Chavot, Cramant, Mancy, Ablois, Vendôme, Villedieu (Loir-et-Cher); Russie, Simbirsk; Maëstricht.
*955. **gracilis**, d'Orb., 1847. *Terebr. id.*, Schl. D'Orb., 1845, in Murch. de Vern. et de Keys., 2, p. 495, pl. 43, fig. 24-26. Russie, Simbirsk; Bohême, Kosslitz, Bilin, Kystra, Trziblitz, Meronitz, Strehlen.
956. **ornata**, d'Orb., 1847. *Terebratula ornata*, Rœm., 1840, Nordd. Kreid., p. 40, n° 26, pl. 7, fig. 10. Strehlen, Weinböhla, Halberstadt.
*957. **Floridana**, d'Orb., 1847. *Terebratula id.*, Morton, 1834, Syn. cret. group, p. 72, pl. 16, fig. 7. Etats-Unis (Alabama), prairie Bluff.
TEREBRATULA, Lwyd, 1699. Voy. t. 1, p. 43.
*958. **carnea**, Sow., 1813. D'Orb., Paléont., 4, pl. 513, fig. 5-8. Muides, Charot, Sens, Villedieu (Indre-et-Loire); Russie, Simbirsk dans le Donetz; Angleterre, Worwich; Mingrélie, Saiesini; Westphalie, Halden; Maëstricht.
*959. **semi-globosa**, Sow., 1813. D'Orb., Paléont., 4, pl. 514, fig. 1-4. Fécamp, Dieppe, Muides, Sens, Césane; Angl., Testmorth, Warminster; Allem., Danesdoke; Maëstricht.
*960. **Hebertiana**, d'Orb., 1847, Paléont., 4, pl. 514, fig. 5-10. France, Chavot, Césane.
*961. **Toucasiana**, d'Orb., 1847. Espèce avec le pli de la région palléale du *T. semi-globosa*, mais toujours plus déprimée, à labre plus saillant. Le Beausset (Var), Martigues (Bouches-du-Rhône).
962. **longirostris**, Wahlemberg, Rœmer, 1839, Nordd. Oolith., p. 21, pl. 18, fig. 13. Nilsson, Petr. sues., pl. 4, fig. 1. Suède, Balsberg, Schandelahe.
*963. **Harlani**, Morton, 1834. *Id. Camilla*, Morton, Synops. cret. group, p. 70, pl. 3, fig. 1, pl. 9, fig. 8-9. Etats-Unis (New-Jersey; Egypte.
963'. **subfragilis**, d'Orb., 1847. *T. fragilis*, Morton, 1834, Synops. cret. group, p. 70, pl. 3, fig. 2 (non Schlotheim, 1813). Etats-Unis New-Jersey); Egypte.
964. **arabilis**, Forbes, 1846, Trans. geol. Soc. of London, t. 7, p. 138, Espèce voisine du *T. Toucasiana*, d'Orb., pl. 18, fig. 12. Pondichéry.
*965. **Vendocinensis**, d'Orb., 1847. Petite espèce globuleuse, ronde, lisse, sinueuse sur la région palléale, la petite valve peu convexe. France, Vendôme.

TEREBRATELLA, d'Orb., 1847. Voy. t. 1, p. 222.

*966. **Santonensis**, d'Orb., 1847, Paléont. franç., Terr. crét., 4, pl. 518, fig. 5-9. France, Royan, Périgueux.

*967. **Bourgeoisii**, d'Orb., 1847, Paléont., 4, pl. 518, fig. 10-16. Lavardin.

*968. **plicata**, d'Orb., 1847. *Terebratula Sayi*, Morton, 1834, Syn. cret. group, p. 71, pl. 3, fig. 3, 4. *Terebr. plicata*, Say, 1830, Amér. Journ., 2, p. 43. Etats-Unis (New-Jersey), Burlington-county.

969. **Vanuxemiana**, d'Orb., 1847. *Terebratula vanuxemiana*, Lyell et Forbes, 1844, Quarterly Journ., 1, p. 62. Etats-Unis, New-Jersey.

*970. **Parisiensis**, d'Orb., 1847. Petite espèce ronde, à valves très-inégales, ornée de larges côtes dichotomes, carénées. France, Meudon.

FISSURIROSTRA, d'Orb., 1847, Paléont. franç., Terr. crét., 4.

*971. **recurva**, d'Orb., 1847, Paléont. franç., Terr. crét., 4, pl. 520, fig. 1-8. France, Néhou (Manche).

*972. **elegans**, d'Orb., 1847, Paléont., 4, pl. 520, fig. 9-13. Néhou.

*973. **pectita**, d'Orb., 1847, Paléont., 4, pl. 520, fig. 14-18. Maëstricht.

974. **pulchella**, d'Orb. *Terebr. pulchella*, Nilsson, Petref. sues., pl. 3. fig. 14. Scanie, Charlottenlund.

CRANIA, Retzius, 1781. Voy. t. 1, p. 21.

*975. **Parisiensis**, Defrance, 1819. D'Orb., Paléont. franç., Terr. crét., pl. 524, fig. 8-13. France, Meudon, Sens.

*976. **Ignabergensis**, Retzius, 1781. D'Orb., pl. 525, fig. 1-6. *Crania striata*, Defr., 1819. Meudon, Fécamp, Sens; Royan (Char.-Inférieure); Angleterre, Hampton; Suède, Ignaberga; Hollande, Maëstricht.

*977. **antiqua**, Defr., 1818. D'Orb., Paléont., pl. 525, fig. 11-16. France, Néhou (Manche); Schlenacken.

*978. **costata**, Sow., d'Orb., Paléont. franç., Terr. crét., pl. 525, fig. 7-10. France, Néhou; Suède, île Rugen.

979. **Brattemburgensis**, d'Orb., 1847. *Nummulus Brattemburgensis*, Stoæus, Diss. epist., 1732. *C. nummulus*, Lamarck, Goldfuss, pl. 162, fig. 5. Maëstricht; Prusse, Aix-la-Chapelle, Schlenacken; Allemagne, Gehrden.

980. **tuberculata**, Nilss., Petref. sues., p. 37, pl. 3, fig. 10. Dann., Goldf., pl. 162, fig. 7. Suède, Copenhague.

*981. **nodulosa**, Hœningh., Goldf., pl. 162, fig. 9. Maëstricht.

982. **spinulosa**, Nilsson, Petref. sues., p. 37, tab. 3, fig. 9. Holl., Maëstricht; Suède, Morby.

MEGATHIRIS, d'Orb., 1847, Paléont. franç., Terr. crét., 4.

*983. **cuneiformis**, d'Orb., 1847, Paléont., 4, pl. 521, fig. 1-11. *Terebratula Duvalii*, Davidson, Lons. geol. Journ., 5, pl. 18, fig. 15-18. Chavot, Ablois (Marne), Fécamp (Seine-Inférieure), Meudon.

*984. **depressa**, d'Orb., 1847, Paléont., 4, pl. 521, fig. 12-16. Chavot, Ablois, Fécamp.

THECIDEA, Defrance, 1828.

*985. **papillata**, Bronn, d'Orb., Paléont. franç., Terr. crét., pl. 523, fig. 1-8. France, Néhou; Hollande, Maëstricht.

*986. **recurvirostra,** Defrance, 1828. D'Orb., Paléont. franç., Terr. crét., pl. 523, fig. 9-17. France, Néhou; Holl., Maëstricht.

*987. **hippocrepis,** Goldf., 1841, 2, p. 289, pl. 161, fig. 4. Maëstricht.

*988. **hieroglyphica,** Defrance, Goldf., 1841, Petref. Germ., 2, p. 290, pl. 161, fig. 5. Hollande, Maëstricht.

HIPPURITES, Lamarck, 1801. Voy. p. 198.

*990. **radiosa,** Desmoulins, Spherul., p. 141, pl. 9, fig. 2. D'Orb., Paléont., pl. 535, fig. 1-3. Vache-Perdue (Dordogne).

991. **Espaillaciana,** d'Orb., 1842, Paléont., 4, pl. 535, fig. 4-6. Royan.

RADIOLITES, Lamarck, 1801. Voy. p. 108.

*992. **Hœninghausii,** d'Orb. *Sphærul. id.,* Desmoulins. D'Orb., Paléont., 4, pl. 565, 566, 567. Royan, Mescher (Charente-Inférieure), la Vache-Perdue (Dordogne).

*993. **crateriformis,** d'Orb., 1842, Paléont., 4, pl. 563. *Sphærulites id.*, Desmoulins, 18, 26. Royan (Charente-Inférieure), Lanquais (Dordogne).

994. **Bournonii?,** d'Orb., 1842, Ann. des Sc .nat., p. 188. *Sphærulites id.*, Desmoul., 1826. Essai sur les Sphér., p. 124. France, Royan, Talmont, vallée de La Couze (Dordogne).

*995. **dilatata,** d'Orb., 1842, Paléont., 4, pl. 568. *Sphærulites id.*, Desmoulins, 1826. France, Royan.

*996. **alata,** d'Orb., 1842, Paléont., 4, pl. 569. Royan.

*997. **acuta,** d'Orb., 1842, Paléont., 4, pl. 571, fig. 4-8. Royan.

*998. **Royana,** d'Orb., 1842, Paléont., 4, pl. 571, fig. 1-3. Royan.

*999. **Jouannetii?,** d'Orb., 1845. *Sphærulites Jouannetii,* Desmoulins, *Sphærulites,* pl. 3. D'Orb., 1847, Pal., 4, pl. 564. France, Lanquais, Vache-Perdue (Dordogne).

1000. **cylindracea?,** d'Orb., 1847. *Sphærulites cylindracea,* Desmoulins, Sphærulites, pl. 4. France, vallée de la Couze (Dord.)

1001. **ingens?** d'Orb., 1847. *Sphærulites ingens,* Desmoulins, Sphærulites, p. 122. Talmont, Royan.

1002. **calceoloides?,** d'Orb., 1847. *Sphærulites id.,* Desmoulins, Sphærulites, p. 130, pl. 9, fig. 1. Vallée de la Couze (Dordogne).

*1002'. **sinuata,** d'Orb., 1847, Pal. franç., Terr. crét., 4, pl. 570. Le Beausset, Martigues.

1003. **Lapeirousii,** d'Orb., 1847. *Hippurites Lapeirousii,* Goldf., 1841, Petref., 2, p. 303, pl. 165, fig. 5. France, Lanquais (Dordogne); Maëstricht.

BIRADIOLITES, d'Orb., 1847. Voy. p. 200.

*1004. **fissicostata,** d'Orb., 1847, Paléont., 4, pl. 575. Martigues.

CAPROTINA, d'Orb., 1839. Voy. p. 109.

1005. **Russiensis,** d'Orb., 1847. *Caprina id.*, d'Orb., 1845, in Vern. Murch. et de Keys., 2, p. 496, pl. 43, fig. 31-33. Russie, Simbirsk.

*1006. **Marticensis,** d'Orb., 1847. *Depilidia Marticensis,* Mathér., 1842, Catal., pl. 7, fig. 1, 2. D'Orb., Paléont., 4, pl. 599. France, Martigues, Beausset.

MOLLUSQUES BRYOZOAIRES.

VINCULARIA, Defrance, 1828.

*1007. **Normaniana,** d'Orb., 1850, Paléont., 4, pl. 600, fig. 14-16. France, Fécamp (Seine-Inférieure), Meudon, près de Paris.

*1008. **gracilis,** d'Orb., 1850, Paléont., 4, pl. 600, fig. 11-13. Fécamp.

*1009. **cretacea,** d'Orb., 1850, Paléont., 4, pl. 600, fig. 17-19. Fécamp.

*1010. **regularis,** d'Orb., 1850, Paléont., 4, pl. 601, fig. 1-3. Fr. Fécamp, Meudon, près de Paris.

*1011. **sulcata,** d'Orb., 1850, Paléont., 4, pl. 601, fig. 4-6. Meudon.

*1012. **macropora,** d'Orb., 1850, Paléont., 4, pl. 601, fig. 7-9. Meudon.

1013. **Bronnii,** Reuss, 1846, Bœhm., p. 66, pl. 15, fig. 30. Bilin.

1014. **subrhombifera,** d'Orb., 1847. *V. rhombifera*, Reuss, 1846, Bœhm. Kreideform., p. 67, pl. 15, fig. 28 (non Goldf., 1830). Bohême, Luschitz.

1015. **nodulosa,** d'Orb., 1847. *Escharites nodulosa*, Rœmer, 1840, Nordd. Kreid., p. 17, n° 3, pl. 5, fig. 8. Allemagne.

1016. **labiata,** d'Orb., 1847. *Escharites labiata*, Rœmer, 1840, Nordd. Kreid., p. 17, n° 4, pl. 5, fig. 9. Allemagne.

1017. **incrustata,** d'Orb., 1847. *Escharites incrustata*, Rœmer, 1840, Nordd. Kreid., p. 17, n° 2, pl. 5, fig. 10. Allem., Gehrden.

*1018. **grandis,** d'Orb., 1850, Pal., 4, pl. 601, fig. 10-13. Royan.

*1019. **dubia,** d'Orb., 1850, Pal., 4, pl. 601, fig. 14-17. Fécamp.

*1019'. **porosa,** d'Orb., 1847. *Melicerilites porosa*, Rœmer, 1840, Nordd. Kreid., p. 18, n° 3, pl. 15, fig. 12. Fr., Royan; All., Gehrden.

MEMBRANIPORA, Blainville, 1834. Edwards, Edit. de Lamarck, p. 218.

1020. **velamen,** d'Orb., 1847. *Cellepora id.*, Goldf., 1830, Petref., 1, p. 26, pl. 9, fig. 4. Hollande, Maëstricht; Bohême; Rugen.

*1021. **dentata,** Blainville, 1834. *Cellepora id.*, Goldf., Petref., 1, p. 27, pl. 9, fig. 5. Hollande, Maëstricht.

*1022. **bipunctata,** Blainv., 1834. *Cellepora id.*, Goldf., Petref., 1, p. 27, pl. 9, fig. 7. Hollande, Maëstricht; Allem., Rugen.

*1023. **cyclostoma,** d'Orb., 1847. *Eschara cyclostoma*, Goldf., 1830, Petref. Germ., 1, p. 23, pl. 8, fig. 9. Hollande, Maëstricht.

*1024. **concatenata,** d'Orb., 1847. Pal., 4, pl. 607, fig. 7, 8. *Marginaria concatenata*, Reuss, 1846, Bœhm., p. 69, pl. 15, fig. 16. Kutschlin; Fr., Meudon, Néhou.

1025. **ostiolata,** d'Orb., 1847. *Marginaria ostiolata*, Reuss, 1846, Bœhm. Kreid., p. 69, pl. 15, fig. 14. Bohême, Bilin.

1026. **hexagonalis,** d'Orb., 1847. *Discopora hexagonalis*, Reuss, 1846, Bœhm. Kreidef., p. 69, pl. 15, fig. 9. Goldf., 1, p. 102, pl. 36, fig. 16. Bohême, Traunstein, Hradek.

*1027. **simplex,** d'Orb., 1847, Paléont., 4, pl. 605, fig. 3, 4. *Discopora simplex*, Reuss, 1846, Bœhm. Kreid., p. 69, pl. 15, fig. 8. Bohême, Bilin; France, Tours, Saintes, Royan.

1028. crispa, d'Orb., 1847. *Discopora crispa*, Reuss, 1846, Bœhm. Kreid., p. 69, pl. 15, fig. 7. Bohême, Bilin.

***1029. Normaniana,** d'Orb., 1850, Paléont., 4, pl. 607, fig. 9, 10. Fécamp, Tours.

***1030. Ligeriensis,** d'Orb., 1850, Paléont., 4, pl. 607, fig. 5, 6. Tours.

1031. subrotunda, d'Orb. *Marginaria subrotunda*, Reuss, 1846, Bœhm. Kreid., p. 69, pl. 15, fig. 11. Bohême.

1032. tenera, d'Orb., 1847. *Marginaria tenera*, Reuss, 1846, Bœhm. Kreid., p. 69, pl. 15, fig. 12. Bohême, Bilin.

MARGINARIA, Rœmer, 1841.

1033. tenuisulcata, Reuss, 1846, Bœhm., p. 69, pl. 15, fig. 10. Bohême.

***1034. hippocrepis,** d'Orb., 1847, *Cellepora hippocrepis*, Goldf., p. 26, pl. 9, fig. 3. Hollande, Maëstricht.

1035. polymorpha, d'Orb., 1847. *Discopora polymorpha*, Reuss, 1846, Bœhm. Kreid., p. 70, pl. 15, fig. 5. Bohême, Bilin.

1036. circumvallata, d'Orb., 1847. *Discopora id.*, Reuss, 1846, Bœhm. Kreid., p. 70, pl. 15, fig. 4. Bohême.

1037. sulcata, d'Orb., 1847. *Escharina sulcata*. Reuss, 1846, Bœhm. Kreid., p. 67, pl. 15, fig. 25. Bohême.

1038. impressa, d'Orb., 1847. *Escharina impressa*, Reuss, 1846, Bœhm. Kreid., p. 68, pl. 15, fig. 24. Bohême.

1039. reticulata, d'Orb., 1847. *Discopora reticulata*, Rœmer, 1840, Nordd. Kreid., p. 12, n. 1, pl. 5, fig. 1. Falkenberg, Maëstricht.

***1040. Parisiensis,** d'Orb., 1850, Paléont., 4, pl. 606, fig. 1-2. Meudon, Tours.

***1041. Santonensis,** d'Orb., 1850, Paléont., 4, pl. 606, fig. 3-4. Saintes.

ESCHARINA, Edwards, 1836.

1042. radiata, Rœmer, 1840, Nordd. Kreid., p. 13, n. 2, pl. 5, fig. 4. Hanovre, Peine.

1043. crepidula, V. Hag., pl. 4, fig. 10. Rœmer, 1840, Nordd. Kreid., p. 14, n. 3. Bohême, Rügen.

1044. bulbifera, Rœmer, 1840, Nordd. Kreid., p. 14, n. 4, pl. 5, fig. 6. Allem. Gehrden.

1045. Pavonia, V. Hag., pl. 4, fig. 9. Rœmer, 1840, Nordd. Kreid., p. 14, n. 7. Bohême, Rügen.

1046. convexa, V. Hag., pl. 5, fig. 1. Rœmer, 1840, Nordd. Kreid., p. 14, n. 12. Allem.

1047. confluens, Reuss, 1846, Bœhm., p. 68, pl. 15, fig. 22. Rügen.

1048. incisa, V. Hag., pl. 4, fig. 11. Rœmer, 1840, Nordd. Kreid., p. 13, n. 1. Bohême, Rügen.

1049. polystoma, Reuss, 1846, Bœhm., p. 68, pl. 43, fig. 8. Bilin.

1050. peltata, d'Orb., 1847. *Escharoïdes peltata*, Rœmer, 1840, Nordd. Kreid., p. 14, n. 1, pl. 5, fig. 7. Hanovre, Peine.

***1051. ornata,** d'Orb., 1847. *Cellepora id.*, Goldf., p. 26, pl. 9, fig. 1. Hollande, Maëstricht.

1052. cucullata, d'Orb., 1847. *Discopora cucullata,* Rœmer, 1840, Nordd. Kreid., p. 12, n. 2, pl. 5, fig. 2. Gehrden, Goslar.

1053. sagena, Lonsdale, 1844, Quarterly Journal, 1, p. 71. Etats-Unis, New-Jersey.

***1054. micropora,** d'Orb., 1850, Paléont., 4, pl. 605, fig. 5-7. Fécamp.

***1055. simplex,** d'Orb., 1850, Paléont., 4, pl. 605, fig. 10-11. Tours.

***1056. Villiersi,** d'Orb., 1850, Paléont., 4, pl. 605, fig. 8-9. Tours.

***1057. Neptuni,** d'Orb., 1850, Paléont., 4, pl. 605, fig. 12-13. Tours, Meudon.

***1058. Oceani,** d'Orb., 1850, Paléont., 4, pl. 605, fig. 14-15. Tours.

DISCOPORA, Lamarck, 1816, Edwards, Ed. de Lam., 2, p. 247.

1059. crustulenta, Edwards, 1836, Ed. de Lam., 2, p. 252. *Cellepora id.,* Goldf., p. 27, pl. 9, fig. 6. Hollande, Maëstricht.

PYRIPORA, d'Orb., 1847. Cellules ovales, fixes, isolées, ou par groupes formant des branches dans leur ensemble, à la surface des corps où elles sont parasites.

1060. crenulata, d'Orb., 1847. *Escharina crenulata,* Reuss, 1846, Bœhm. Kreid., p. 68, pl. 15, fig. 20-21. Bohême.

***1061. perforata,** d'Orb., 1847. *Escharina perforata,* Reuss, 1846, Bœhm. Kreid., p. 68, pl. 15, fig. 23. France, Meudon ; Bohême.

1062. dispersa, d'Orb., 1847. *Escharina dispersa,* Reuss, 1846, Bœhm. Kreid., p. 67, pl. 15, fig. 26. Bohême, Bilin.

ESCHARA, Lamarck, 1816, Edwards, 2e édition de Lamarck.

1063. pyriformis, Goldf., 1830, Petref. Germ., 1, p. 24, pl. 8, fig. 10. Holl., Maëstricht ; Allem., Rügen, Gehrden.

***1064. stigmatophora,** Goldf., 1830, 1, p. 24, pl. 8, fig. 11. Maëstricht.

***1065. sexangularis,** Goldf., 1830, 1, p. 24, pl. 8, fig. 12. Maëstricht.

***1066. cancellata,** Goldf., 1830, 1, p. 24, pl. 8, fig. 13. Maëstricht.

***1067. Arachnoidea,** Goldf., 1830, 1, p. 24, pl. 8, fig. 14. Maëstricht.

***1068. dichotoma,** Goldf., 1830, 1, p. 25, pl. 8, fig. 15. D'Orb., Paléont., 4, pl. 603, fig. 1-4. Maëstricht ; Allemagne, Gehrden ; Tours.

***1069. striata,** Goldf., 1830, 1, p. 25, pl. 8, fig. 16. Maëstricht.

***1069'. filograna,** Goldf., 1830, 1, p. 25, pl. 8, fig. 17. Maëstricht.

***1070. disticha,** Goldf., 1830, Petref. Germ., 1, p. 25, pl. 30, fig. 8. France, Meudon ; Rugen.

1071. magalostoma, Reuss, 1846, Bœhm., p. 67, pl. 15, fig. 29. Kutschlin.

1072. elegans, V. Hag., pl. 4, fig. 3 ; Rœmer, 1840, Nordd. Kreid., p. 16, n. 7. Bohême ; Rügen.

1073. Hagenowii, Rœmer, 1840, Nordd. Kreid., p. 16, n. 8. *E. dichotoma,* V. Hag. Allem., Ebendort.

1074. digitata, Morton, 1834, Quaterly Journal, 1, p. 78. Etats-Unis, New-Jersey.

***1075. Ligeriensis,** d'Orb., 1850, Paléont., 4, pl. 603, fig. 13-15. France, Tours, Royan.

***1076. Girondina,** d'Orb., 1850, Paléont., 4, pl. 602, fig. 9-11. Royan.

***1077. Royana,** d'Orb., 1850, Paléont., 4, pl. 602, fig. 12-14. Royan.

***1078. Oceani,** d'Orb., 1850, *id.*, 4, pl. 602, fig. 15-17. Royan, Saintes.

***1079. Neptuni,** d'Orb., 1850, pl. 603, fig. 7-9. Tours.

***1080. Nerei,** d'Orb., 1850, Paléont., 4, pl. 603, fig. 10-12. Tours.

***1081. Parisiensis,** d'Orb., 1850, Paléont., 4, pl. 603, fig. 4-6. Meudon.

***1082. horrida,** d'Orb., 1850, Paléont., 4, pl. 603, fig. 16-19. Meudon.

***1082'. Santonensis,** d'Orb., 1850, Paléont., 4, pl. 603, fig. 1-3. Saintes.

CUPULARIA, Lamouroux, 1821.

1083. Münsteri, V. Hagenow; Rœmer, 1840, Nordd. Kreid., p. 15, n. 1. Bohême, Rügen.

LUNULITES, Lamarck, 1816.

***1084. Bourgeoisii,** d'Orb., 1850, Paléont. franç., Terr. crét., 4, pl. 600, fig. 1-4. St-Frambault (Sarthe).

RETEPORIDEA, d'Orb., 1847. Cellules nombreuses, placées par lignes transverses latéralement sur des branches longitudinales, dichotomes.

***1085. Lichenoides,** d'Orb., 1847. *Retepora lichenoides*, Goldf., 1831, Petref., p. 29, pl. 9, fig. 13. Holl., Maëstricht.

***1086. cancellata,** d'Orb., 1847. *Retepora cancellata*, Gold., 1831, Petref., p. 103, pl. 36, fig. 17. Holl., Maëstricht.

***1088. Royana,** d'Orb., 1850, Paléont., 4, pl. 608, fig. 1-4. Royan.

BIRETEPORA, d'Orb., 1847. Cellules saillantes, sur deux lignes parallèles, latérales, sur des branches peu anastomosées.

***1090. disticha,** d'Orb. *Retepora disticha*, Goldf., 1831, Petref., pl. 9, fig. 15, a b, exclus., fig. c-1. Hollande, Maëstricht.

RETEPORINA, d'Orb., 1850, Paléont. franç., Terr. crét., 4.

***1090'. dactylus,** d'Orb., 1850, Paléont., 4, pl. 607, fig. 13-16. Pérignac.

RETICULIPORA, d'Orb., 1847. Cellules latérales par lignes, sur des lames verticales anastomosées, comme celles des Rétépores

***1091. Ligeriensis,** d'Orb., 1850, Paléont., 4, pl. 609, fig. 1-6. France, Tours; Royan, Saintes, Maëstricht.

***1092. clathrata,** d'Orb., 1847. *Retepora clathrata*, Goldf., 1831, pl. 9, fig. 12. Maëstricht.

***1093. obliqua,** d'Orb., 1850, Paléont., 4, pl. 610, fig. 1-6. France, Royan; Tours, St-Christophe (Indre-et-Loire), Fécamp (Seine-Inférieure), Néhou (Manche).

*1094. **Girondina**, d'Orb., 1850, Paléont., 4, pl. 609, fig. 7-12. Royan.

*1094'. **ramosa**, d'Orb., 1850, Paléont., 4, pl. 610, fig. 7-12. Pérignac.

*1094''. **papyracea**, d'Orb., 1850, Paléont., 4, pl. 611, fig. 1-5. Fécamp.

*1094'''. **cultrata**, d'Orb., 1850, Paléont., 4, pl. 611, fig. 6-10. Pérignac.

ALECTO, Lamouroux, 1821.

*1095. **ramea**, Blainville, 1834, Man. d'Actin., p. 464, pl. 78, fig. 6. *Aulopora ramosa*, Rœmer, pl. 5, fig. 15. *Diastopora Hagenowii*, Reuss, pl. 15, fig. 38-39. France, Meudon, Fécamp (Seine-Inférieure), Tours (Indre-et-Loire). Bohême, Bilin ; Allem., Sarstedt.

*1096. **Calypso**, d'Orb., 1847. Espèce à cellules épaissies, larges et courtes. France, Fécamp, Saintes (Charente-Inférieure).

STICHOPORA, d'Orb., 1850, Paléont. franç., Terr. crét., 4.

*1096'. **regularis**, d'Orb., 1850, Paléont., 4, pl. 613, fig. 11-15. Pérignac.

IDMONEA, Lamouroux, 1821.

1097. **serpulæformis**, d'Orb., 1847. *Diastopora serpulæformis*, Reuss, 1846, Bœhm., p. 66, pl. 15, fig. 40. *Rosacilla serpulæformis*, Rœmer, pl. 5, fig. 16. Bohême, Bilin ; Allem., Gehrden.

*1098. **fasciculata**, d'Orb. 1847. *Diastopora, fasciculata*, Reuss 1846, Bœhm., p. 66, pl. 15, fig. 35-37. France, Saintes, Tours ; Bohême, Bilin.

*1099. **elegans**, d'Orb., 1847. Espèce formée de branches dichotomes régulières, d'autant plus larges, qu'elles s'éloignent de leur point de départ. Fécamp.

*1100. **Toucasiana**, d'Orb., 1847. Espèce à rameaux dichotomes, mais à cellules très-petites. Le Beausset (Var).

CRISISINA, d'Orb., 1847. Voy. p. 175.

*1101. **gradata**, d'Orb., 1847. *Idmonea gradata*, Defrance, 1822, Dict. des sc. nat., 22, p. 565, Actynologie, pl. 68, fig. 5. *I. disticha*, Blainv., 1834. *Retepora disticha*, Goldf., 1831, Petref., 1, p. 29, pl. 9, fig. 15, c-i exclus., fig. a, b. *Idmonea carinata*, Rœmer, pl. 5, fig. 20. France, Valognes ; Hollande, Maëstricht ; Belgigue, Fauquemont.

*1102. **carinata**, d'Orb., 1847. *Hornera carinata*, Reuss, 1846, Bœhm. Kreid., p. 63, pl. 14, fig. 6. France, Fécamp ; Bohême, Weisskirchlitz ; Maëstricht.

1103. **contortilis**, d'Orb., 1847. *Idmonea contortilis*, Lonsdale, 1844, Quaterly Journal, 1, p. 68. Etats-Unis, New-Jersey.

*1103'. **Ligeriensis**, d'Orb., 1850, Paléont., 4, pl. 614, fig. 7-15. Tours.

*1104. **subgracilis**, d'Orb., 1850, Paléont., 4, pl. 614, fig. 6-10. Fécamp.

CRISINA, d'Orb., 1850, Paléont. franç., Terr. crét., t. 4.

*1105. **unipora**, d'Orb., 1850, Paléont., 4, pl. 613, fig. 1-5. Fécamp.

*1105'. **Normaniana**, d'Orb., 1850, Paléont., franç., Terr. crét., 4, pl. 612, fig. 1-5. France, Fécamp, Royan, Tours.

*1105''. **ramosa,** d'Orb., 1850, Paléont., 4, pl. 611, fig. 11-15. Royan.

*1105'''. **subgradata,** d'Orb., 1850, Paléont., 4, pl. 612, fig. 6-10. Tours.

*1106. **triangularis,** d'Orb., 1850, Paléont., 4, pl. 612, fig. 11-15. Pérignac.

TUBULIPORA, Lamarck, 1816.

1107. **parca,** Rœmer, 1840, Nordd. Kreid., p. 19, n. 1, pl. 5, fig. 17. Hanovre, Peine.

1108. **Megæra,** Lonsdale, 1844, Quaterly Journal, 1, p. 69. Etats-Unis, New-Jersey.

DEFRANCIA, Rœmer, 1841.

*1109. **convexa,** Rœmer, 1840, Nordd. Kreid., p. 20, n. 4, pl. 5, fig. 18. France, Meudon; Allem., Gehrden.

*1110. **complanata,** Rœmer, 1840, Nordd., p. 19, n. 1, pl. 5, fig. 19. France, Meudon, Fécamp; Allemagne, Sarstedt.

1111. **Brongniartii,** d'Orb., 1847. *Tubulipora Brongniartii*, Edwards, Michelin, Icon. Zooph., p. 122, pl. 31, fig. 4. France, Tours, Meudon.

1112. **subdisciformis,** d'Orb. 1847. *D. disciformis*, Reuss, 1846, Bœhm. Kreid., p. 64, pl. 14, fig. 34. Bohême, Bilin.

*1113. **simplex,** d'Orb., 1847. Espèce dont les cellules sont éparses à la surface du disque. France, Fécamp.

DIASTOPORA, Edwards, 1839.

1114. **ornata,** d'Orb., 1847. *Flustra ornata*, Reuss, 1846, Bœhm., Kreid., p. 70, pl. 15, fig. 3. Bohême, Kutschlin.

1115. **papillosa,** Reuss, 1846, Bœhm., p. 65, pl. 15, fig. 44-45. Bilin.

*1116. **confluens,** Reuss, 1846, Bœhm. Kreid., p. 65, pl. 15, fig. 41-42. France, Tours; Bohême, Bilin, Kutschlin.

*1117. **Oceanica,** d'Orb., 1847. Espèce plane formant des surfaces encroûtantes circulaires. France, Fécamp, Tours.

BIDIASTOPORA, d'Orb., 1847. Voy. t. 1, p. 239.

1118. **lamellosa,** d'Orb., 1847. Espèce à grandes lames, formant des groupes ondulés et labyrinthiformes. Tours (Indre-et-Loire), Saintes (Charente-Inférieure).

*1119. **ramosa,** d'Orb., 1847. Espèce à rameaux comprimés, dichotomes, très-divisés. France, Meudon, près de Paris, Chavot (Marne).

PERIPORA, d'Orb., 1850, Paléont. franç., Terr. crét., t. 4.

*1119'. **Ligeriensis,** d'Orb., 1850, Paléont., 4, pl. 616, fig. 9-11. Tours.

CRICOPORA, Blainville, 1834.

*1120. **verticillata,** Blainv., 1834. *Ceriopora id.*, Goldf., 1830, Petref., 1, p. 36, pl. 11, fig. 1. Hollande, Maëstricht; Allemagne, Gehrden.

*1121. **annulata,** Reuss, 1846, Bœhm., p. 64, pl. 14, fig. 2-3. France, Fécamp; Bohême, Weisskirchlitz, Tœplitz, Bilin, Hradek.

*1122. **Ligeriensis,** d'Orb., 1850, Paléont., 4, pl. 615, fig. 13-15. Tours.

*1122'. **lævigata,** d'Orb. 1850, Paléont., 4, pl. 615, fig. 16-18. Pérignac, Royan.

ENTALOPHORA, Lamouroux, 1821.

*1123. **echinata**, d'Orb., 1847. *Pustulopora echinata,* Rœmer, 1840, Nordd. Kreid., p. 22, n. 4, pl. 5, fig. 23. France, Fécamp, Meudon; Allem., Ebene.

*1124. **raripora,** d'Orb., 1847. Espèce grêle à cellules éloignées les unes des autres. Fécamp.

*1125. **subgracilis,** d'Orb., 1847. Espèce à tige filiforme à cellules très-rares et très-saillantes. Fécamp.

*1126. **clavata,** d'Orb., 1847. Espèce dont la tige, étroite en bas et grosse au sommet, ressemble à une massue. Fécamp.

*1127. **horrida,** d'Orb., 1847. Espèce à cellules éparses, très-irrégulières et très-saillantes. Fécamp.

*1128. **subregularis,** d'Orb., 1847. Espèce à tige étroite, à cellules régulièrement disposées en quinconce et peu saillantes. Fécamp.

*1130. **madreporacea,** d'Orb., 1847. *Ceriopora id.*, Goldf., 1830, Petref., 1, p. 35, pl. 10, fig. 12. Holl., Maëstricht; France, Meudon.

*1131. **pustulosa,** d'Orb., 1847. *Ceriopora id.*, Goldf. 1830, Petref., 1, p. 37, pl. 11, fig. 3. Holl., Maëstricht; France, Royan, Meudon; Allem., Gehrden.

*1132. **Royana,** d'Orb., 1847. Grosse espèce rameuse, à cellules très-petites, inégales, et irrégulièrement placées. France, Royan.

*1133. **irregularis,** d'Orb., 1847. Espèce à grosse tige dont les cellules sont irrégulièrement placées, presque par bandes. France, Royan.

DOMOPORA, d'Orb., 1847. Voy. p. 176.

*1134. **stellata,** d'Orb., 1847. *Ceriopora stellata,* Goldf., 1831, Petref., 1, p. 85, pl. 30, fig. 12. Hollande, Maëstricht.

1135. **radiata,** d'Orb., 1847. *Chrysaora radiata*, Reuss, 1846, Bœhm. Kreid., p. 64, pl. 14, fig. 1. Bohême, Bilin.

*1136. **diadema,** d'Orb., 1847. *Ceriopora diadema,* Goldf., pl. 11, fig. 12, Rœmer, 1840, Nordd. Kreid., p. 20, n. 3. Ilseburg, Maëstricht.

RADIOPORA, d'Orb., 1847. Voy. p. 140.

*1137. **gregaria,** d'Orb., 1847. Espèce dont les étoiles forment des groupes réunis. France, Royan; Hollande, Maëstricht.

ZONOPORA, d'Orb., 1847. Voy. p. 87.

*1138. **spiralis,** d'Orb., *Ceriopora id.*, Goldf., 1830, Petref., 1, p. 36, pl. 11, fig. 2. Holl., Maëstricht.

1139. **cæspitosa,** d'Orb., 1847. *Ceriopora cæspitosa,* Rœmer, 1840, Nordd. Kreid., p. 22, n. 3, pl. 5, fig. 29. Allem., Goslar.

*1140. **elegans,** d'Orb., 1847. Espèce dont les cellules sont en groupes disposés en spirale très-allongée, tournée du côté opposé au *Spiralis.* France, Royan.

OSCULIPORA, d'Orb., 1847.

1140'. **truncata,** d'Orb., *Retepora truncata,* Goldf., 1831, Petref. Germ., 1, p. 29, pl. 9, fig. 14. *Idmonea semicylindrica,* Rœmer, 1840, Nordd. Kreid., p. 20, pl. 5, fig. 21. Hollande, Maëstricht; Allemagne, Gehrden.

*1141. **rugosa,** d'Orb., 1847. Espèce dont l'intervalle des faisceaux de pores est ridé en long. France, Fécamp.

1141'. **Royana,** d'Orb., 1847. Grande espèce à grosses tiges dichotomes, pourvues de lignes très-saillantes de cellules. France, Royan.

FASCICULIPORA, d'Orb., 1839. Voy. p. 177.

*1141''. **clavata,** d'Orb., 1847. Espèce en massue, parasite sur les autres polypiers. Fécamp.

*1142. **cretacea,** d'Orb., 1847. Espèce rameuse à branches grêles. France, Fécamp.

*1143. **urnula,** d'Orb., 1847. Espèce ayant la forme d'une urne antique. France, Fécamp.

1144. **cribrosa,** d'Orb., 1847. *Lichenopora cribrosa*, Reuss, 1846, Bœhm. Kreid., p. 64, pl. 14, fig. 10; pl. 24, fig. 3-5. Bohême, Bilin, Weisskirchlitz.

CHRYSAORA, Lamouroux, 1821.

1145. **clathrata,** Goldf., 1830, 1, p. 29, pl. 9, fig. 12. Maëstricht.

ÉCHINODERMES.

HEMIPNEUSTES, Agassiz.

*1146. **radiatus,** Agassiz, 1847, Catal., p. 137. *Spatangus radiatus*, Lamk., Goldf., p. 150, pl. 46, fig. 3. France, Lanquais (Dordogne); Hollande, Maëstricht.

ANANCHYTES, Lamarck.

*1147. **ovata,** Lamk., Goldf., Petref., p. 145, pl. 44, fig. 1. Agassiz, 1847, Catal., p. 135. France, Meudon, Beauvais, Villeneuve-l'Archevêque (Yonne), Rouen, Saint-Aignan, Douvres, Royan, Bougival, Notre-Dame-de-Thil, Abbemont (Oise), Fécamp, Rivière (Landes), Soulage (Aude), les Ferres (Var); Westphalie.

*1148. **gibba,** Lamk. *Ananchytes rustica*, Defrance. *Ananchytes striata*, var. *subglobosa*, Goldf., Petref., p. 146, pl. 44, fig. 3. Agass., 1847, Catal., p. 136. Paris, Beauvais, Guiscard, Tercis (Landes), Chami, Sens (Yonne); Aix-la-Chapelle, Quedlinburg.

*1149. **striata,** Lamk., Encycl. méth. zooph., pl. 154, fig. 11 et 12. Agass., 1847, Catal., p. 136. Goldf., pl. 44, fig. 2. *A. hemisphærica*, Brongn., pl. 5, fig. 8. *A. carinata*, Defrance. *Conoidea*, Goldf. France, Beauvais, Guiscard, Tercis, Reims, Meudon, Saint-Aignan; Royan (Charente-Inférieure), Chamy, Sens (Yonne), Orglande, mont Jubert, près Provins; Saint-André (Basses-Alpes); Aix-la-Chapelle; Schwiegett, près Hildesheim, Lunebourg; Angleterre, Brighton.

1150. **Gravesii,** Desor, Agassiz, 1847, Cat., p. 136, Notre-Dame-de-Thil, Pouilly (Oise).

*1151. **tuberculata,** Defrance, Agassiz, 1847, Cat., p. 136. Italie, Monte di Magre.

1152. **semi-globus,** Lamk., *Ananchytes corcullum*, Lamk., Goldf., Petr., p. 147, pl. 45, fig. 2. France, Tercis; Belgique Ciply; Suède, Stada; Jutland (Forchhammer).

1153. **sulcata,** Goldf., Petref., p. 146, pl. 44, fig. 1. Agass., 1847,

Cat., p. 136. France, Saint-Jamson, Bluoust, Haute-Épine (Oise)? ; Maëstricht.

*1154. **conica,** Agassiz, Cat., 1847, p. 137. France, Blainville, le Menil, Saint-Firmin (Oise).

HOLASTER, Agassiz.

1155. **Ananchytes,** Agassiz, 1847, Cat., p. 133. *Spatangus Ananchytes*, Leske, p. 243, pl. 53, fig. 1. France, du Périgord.

1156. **granulosus,** Agassiz, 1847, Cat., p. 133. *Spatangus granulosus*, Goldf., Petref., p. 148, pl. 45, fig. 3. Maëstricht.

1157. **Indicus,** Forbes, Trans. geol. Soc. L., 1846, t. 7, p. 159, pl. 19, fig. 4. Agass., 1847, Cat., p. 133. Environs de Pondichéry.

1158. **cinctus,** Agassiz, 1847, Cat., p. 133. *Ananchytes cinctus*, Morton, Syn., pl. 3, fig. 19; Amer. Journ., pl. 8, fig. 7. États-Unis, New-Jersey.

1159. **amygdala,** Agass., 1847, Cat., p. 134. *Spatangus amygdala*, Goldf., Petref., p. 155, pl. 48, fig. 3. Aix-la-Chapelle.

?1160. **carinatus,** Agass., 1847, Cat., p. 134. *Holaster nodulosus*, Agassiz. *Spatangus suborbicularis*, Echin. Suiss., 1, pl. 3, fig. 11-13. Sainte-Maure-sur-Loire.

?1161. **Trecensis,** Leym., Mém. Soc. géol. Fr., t. 5, p. 2, pl. 2, fig. 1, Agassiz, 1847, Cat, p. 134. France, Aube.

1162. **planus,** Agass., 1847, Cat., p. 134. *Spatangus planus*, Mant. geol. Suss., pl. 17, fig. 19 et 21. Angl., Sussex.

*1163. **truncatus,** Agass., 1847, Cat., p. 135. *Spatangus truncatus*, Goldf., Petref., p. 152, pl. 47, fig. 1. France, St.-Christophe ; Maëstricht.

1164. **Italicus,** Agass., 1847, Cat., p. 135. Italie, Roveredo.

1165. **fimbriatus,** Agass., 1847, Cat., p. 141. *Ananchytes fimbriatus*, Mort., Amer. Journ., p. 78, pl. 3, fig. 20, Synopsis, pl. 3, fig. 20. Etats-Unis, New-Jersey.

*1166. **pillula,** Agass., 1847, Cat., p. 135. *An. pillula*, Lam., Fr., Beauvais (Oise), Saintes (Charente-Inférieure), Joigny (Yonne).

MICRASTER, Agassiz.

*1167. **cor-anguinum,** Agass., 1847, Cat., p. 129. *Spatangus cor-marinum*, Park., Org. Rem., 3, pl. 3, fig. 2. *M. cor-testudinarium*, Agass. France, Meudon, Tours, Roches, près Vendôme, environs de Beauvais; Périgueux (Dordogne), Cognac (Charente), Rochefort, Saintes (Charente-Inférieure), Saint-Frambault (Sarthe), Chamy, Sens (Yonne) ; Woolwich, Rochester; Scanie ; environs de Nice (Sardaigne).

*1168. **Michelini,** Agass., 1847, Cat., p. 129. *Micraster cor-anguinum*, Agass., Echin. suiss., 1, p. 24, pl. 3, fig. 14 et 15. France, St.-Aignant, Flèche, le Périgord, Meglisalp, Chamy (Yonne).

1169. **angula,** Agass., 1847, Catal., p. 141. *Spatangus angulæ*, Morton, Synops., p. 78, pl. 10, fig. 6. Etats-Unis, Chesapeake et Delaware.

1170. **cordatus,** Agassiz, 1847, Cat., p. 129. *Spatangus rostratus*, Mant., 1822, Geol. suss., pl. 17, fig. 10-12. Brighton ; Paderborn, La Palarea près Drap ; Berry.

1171. **gibbus,** Agassiz, 1847, Cat., p. 130. *Spatangus gibbus*, Lamk.,

Encycl. méth., pl. 156, fig. 4-6. la Palarea près Drap, la Lunette, près La Trinité, environs de Beauvais.

*1172. **breviporus**, Agass., 1847, Cat., p. 130, *Spatangus Leskei*, Desml., Tabl. syn., p. 392. Le Coudray (Oise), Fécamp, Caumont près Rouen (Seine-Inférieure), Chamy (Yonne).

HEMIASTER, Agassiz.

1172'. **rana**, Agassiz, 1847. Cat., p. 126. *Brissus rana*, Forbes, 1846, Trans. geol. Soc. of London, vol. 7, p. 161, pl. 19, fig. 5. *Micraster sexangulatus*, d'Orb., 1846, Astrolabe, pl. 5, fig. 47-49. Indes orientales, Verdachellum.

*1173. **prunella**, Desor, Agass., 1847, Cat., p. 122. *Spatangus prunella*, Lamk., Goldf., Petref., p. 155, pl. 48, fig. 6. Orglande (Manche), Talmont, Royan, Chamouillac (Charente-Inférieure); Hollande, Maëstricht.

1174. **Bucardium**, Desor, Agass., 1847, Cat., p. 123. *Spatangus Bucardium*, Goldf., Petref., p. 157, pl. 49, fig. 1. Lanquais (Dordogne); Allem., Aix-la-Chapelle.

1175. **amplus**, Desor., Agass., 1847, Cat., p. 123. *Spatangus lacunosus*, Gold., Petref., p. 153, pl. 49, fig. 3. Aix-la-Chapelle.

*1176. **Leymerii**, Desor, Agass., 1847, Cat., p. 122. Saint-Christophe (Indre-et-Loire), Royan.

1177. **nucleus**, Desor, Agass., 1847, Cat., p. 122. France, Thains. (Charente-Inférieure).

1178. **parastatus**, Desor. *Spatangus parastatus*, Mort., Synops., p. 77, pl. 3, fig. 21. Agass., 1847, Cat., p. 141. États-Unis, Prairie-Bluff (Alabama).

*1179. **stella**, Desor. *Spatangus stella*, Mort., Synops., p. 78, pl. 3, fig. 18. Agass., 1847, Cat., p. 141. États-Unis, Timber-Creek (New-Jersey).

CONOCLYPUS, Agassiz.

1180. **acutus**, Agass., 1847, Cat., p. 109. *Echinolampas acuta*, Desml., Tabl. syn., p. 352. France, Couze (Dordogne) et port de Lena.

*1181. **Leskei**, Agass., 1847, Catal., p. 109. *Clypeaster idem*, Goldf. pl. 42, fig. 1. *Echinolampas ovata*, Desm. *Galerites ovata*, Lam. France, Royan, Talmont; Hollande, Maëstricht.

PYGURUS, Agassiz.

*1182. **Faujasii**, Agass., 1847, Cat., p. 104. *Echinolampas Faujasii*, Desml., Tabl. syn., p. 346. Lanquais.

1183. **apicalis**, Desor, Agass., 1847, Cat., p. 104, Faujas de Saint-Fonds, pl. 30, fig. 3-7. Maëstricht.

1184. **geometricus**, Agass., 1847, Cat., p. 141. *Clypeaster florealis*, Mort., 1834, Synops., p. 76, pl. 10, fig. 9. États-Unis, Delaware.

PYGAULUS, Agassiz.

1185. **subæqualis**, Agass., 1847, Cat., p. 101. France, Saintes (Charente-Inférieure).

CATOPYGUS, Agassiz.

1186. **conformis**, Desor, Agass., 1847, Cat., p. 100. Orglande (Manche).

1187. **lævis,** Agass., 1847, Cat., p. 100. *Nucleolytes ovulum*, Goldf., Petref., p. 138, pl. 43, fig. 2. Maëstricht, Fox-les-Caves.

***1188.** **pyriformis,** Agass., 1847, Cat., p. 100. *Nucleolites pyriformis*, Gold., Petref., p. 141, pl. 43, fig. 7. Maëstricht; Belgique Ciply; Sens (Yonne).

***1189.** **elongatus**, Desor, Agass., 1847. Cat., p. 100. Royan.

***1190.** **fenestratus,** Agass., 1847, Cat., p. 99. Belgique, Ciply.

***1191.** **subcarinatus,** d'Orb., 1847. Espèce voisine du *carinatus*, mais plus large du côté anal. France, Saint-Christophe.

CASSIDULUS, Lamarck.

***1192.** **lapis-cancri,** Lamk., Agass., 1847, Cat., p. 99. *Nucleolites lapis-cancri*, Goldf., p. 143, pl. 43, fig. 12. France, la Flèche (Sarthe), Valognes (Manche); Hollande, Maëstricht; Belgique, Ciply.

1193. **Marmini,** Agass., 1847, Cat., p. 99. *Nucleolites Marmini*, Desml., Tabl. syn., p. 360. Maëstricht; Orglande; Angleterre, port de Lena.

***1194.** **æquoreus,** Morton, 1834, Synop. th. Cret. group, p. 76, pl. 3, fig. 14. Agass., Cat., p. 141. États-Unis, Prairie Bluff, Alabama.

NUCLEOLITES, Lamarck.

1195. **scrobiculatus,** Goldf., Petref., p. 138, pl. 43, fig. 3, Agass., 1847, Cat., p. 97. Hollande, Maëstricht.

1196. **analis,** Agass., 1847, Cat. syst., p. 97. Ciply.

***1197.** **cruciferus,** Agass., 1847, Cat., p. 97. *Ananchites cruciferus*, Mort., Amer. journ. 18, p. 245, pl. 3, fig. 8. France, Couze (Dordogne); États-Unis, New-Jersey.

***1198.** **parallelus,** Agass., 1847, Cat. syst., p. 96. St-Christophe.

***1199.** **Collegnyi,** Desor, Agass., 1847, Cat. syst., p. 97. Couze (Dordogne).

NUCLEOPYGUS, Agassiz.

***1200.** **minor,** Agass., 1847, Cat., p. 94, Desor, Monog. des Galér., p. 33, pl. 5, fig. 20-22. France, Royan (Charente-Inférieure).

***1201.** **cor-avium,** Agass., 1847. Cat., p. 94. *Nucleolites cor-avium*, Defr. Tours, Orglande.

CARATOMUS, Agassiz.

1202. **peltiformis,** Agass., 1847, Cat., p. 93. *Echinites peltiformis*, Wahlenb., Act. Soc., Ups. 8, pl. 3, fig. 4 et 5. Suède, Scanie; Gehrden.

1203. **hemisphæricus,** Desor, Monogr. des Galér., p. 37, pl. 5, fig. 14-19, Agass., 1847, Cat., p. 93. Maëstricht.

1204. **sulcato-radiatus,** Desor, Agass., 1847, Cat., p. 93. *Galerites sulcato-radiatus*, Goldf., Petref., p. 130, pl. 41, fig. 4. Maëstricht.

1205. **avellana,** Agass., 1847, Cat., p. 93. Desor, Monogr. des Galér., p. 36, pl. 5, fig. 11-13. Belgique, Ciply; Cotentin; Crimée.

PYRINA, Desmoulins.

1206. **Goldfussii,** Agass., 1847, Cat., p. 92. *Nucleolites depressus*, Münst. in Goldf., p. 137, pl. 43, fig. 1. Aix-la-Chapelle.

***1207.** **ovulum,** Agass., 1847, Cat., p. 92. Desor, Monogr. des Galér., p. 26, pl. 5, fig. 35-37. St-Christophe, Tours (Indre-et-Loire).

1208. **ovata,** Agass., 1847, Cat., p. 92, Desor, Monogr. des Galér.,

p. 27, pl. 5, fig. 32-34. Saintes (Charente-Inférieure), Tours (Indre-et-Loire), Périgueux (Dordogne).
1210. petrocoriensis, Desml., Tabl. syn., p. 258. *Globator id.* Agass., Cat. 1847, p. 92. France, environs de Périgueux, Soulages.
1211. nucleus, Agass., 1847, Cat., p. 92, Desor, Monogr. des Galér., p. 30, pl. 3, fig. 1-4. Belgique, Ciply.
GALERITES, Lamarck.
***1212. albo-galerus,** Lamk., Anim. s. Vert., 3, p. 306, Agass., 1847, Cat., p. 90, Desor, Monogr. des Galér., p. 11, pl. 1, fig. 4-11, et pl. 13, fig. 7. Angleterre; île de Rügen; Quedlinbourg, Aix-la-Chapelle. France, Pouilly, Fabry, Roquemont (Oise), Chamy (Yonne).
***1213. vulgaris,** Lamk., Anim. s. vert., 3, p. 307. Agass., 1847, Cat., p. 90. Desor, Monogr. des Galér., p. 14, pl. 2, fig. 1-10. Menil-Saint-Firmin, Hardevilliers (Oise), Chamy (Yonne), Rouen, Dieppe; Angleterre, île de Wight.
1214. conica, Agass., 1847, Cat., p. 90, Desor, Monogr. des Galér., p. 16, pl. 1, fig. 12-19. Angleterre, île de Wight; France, Blicourt, Menil-Courte-Ville (Oise), Chamy (Yonne).
***1215. subtruncata,** Agass., 1847, Cat., p. 90. Desor, Monogr. des Galér., p. 18, pl. 2, fig. 11-14. France, Rouen, Chamy (Yonne); Angleterre, île de Wight; Belgique, Tournay.
1216. globulus; Desor, Monogr. des Galér., p. 18, pl. 4, fig. 14. Agass., 1847, Cat., p. 90. Angleterre; France, Menil-Saint-Firmin (Oise).
1217. abbreviata, Lamk., Anim. s. vert., 3, p. 307. Desor, Monogr. des Galér., p. 20, pl. 3, fig. 9-17. Agass., 1847, Cat., p. 90. Allemag. sept., Strada.
1218. Orbignyana, Agass., 1847, Cat., p. 91. Desor, Monogr. des Galér., p. 22, pl. 3, fig. 5-8. Envir. de Tours.
1219. angulosa, Desor, Monogr. des Galér., p. 24, pl. 4, fig. 5-7. Agass., 1847, Cat., p. 91. Angleterre.
1220. lævis, Agass., 1847, Cat., p. 91. Desor, Monogr. des Galér., p. 24, pl. 4, fig. 8-11. France.
1220'. oblongus, Desor, Agass., 1847, Cat., p. 91. *Galerites abbreviatus*, Goldf., Petref., p. 128, pl. 40, fig. 20 et 21. Marseille (Oise).
DISCOIDEA, Gray.
***1221. infera,** Desor, Agass., 1847, Cat. syst., p. 89. Fécamp.
1221'. faba, Desor, Agass., 1847, Cat. syst., p. 90. Ciples.
1222. excisa, Desor, Agass., 1847, Cat. syst., p. 90. Tours.
1223. lævissima, Desor, Agass., 1847, Cat. syst., p. 90. Royan.
FIBULARIA, Lamarck.
1224. subglobosa, Desor, Agass., 1847, Cat., p. 84. *Echinoneus subglobosus*, Goldf., Petref., p. 135, pl. 42, fig. 9. Maëstricht.
ECHINOCYAMUS, Van Phels.
1225. placenta, Agass., 1847, Cat., p. 83. *Echinoneus placenta*, Goldf., Petref., pl. 42, fig. 2. Maëstricht.
ECHINUS, Linnée.
***1226. Carantonianus,** Agass., 1847, Cat. syst., p. 65. Saintes.
POLYCYPHUS, Agassiz.

?1227. **arenatus**, Desor, Agass., 1847, Cat. syst., p. 57. France. Martignies, près Quiévrain.

GLYPTICUS, Agassiz.

1228. **Koninckii**, Desor, Agass., 1847, Cat. syst., p. 57. Ciply.

CYPHOSOMA, Agassiz.

*1229. **Milleri**, Agass., 1847, Cat. syst., p. 47. *Cidarites granulosus*, Goldf., Petref., p. 122, pl. 40, fig. 7. France, Le Havre, (Seine-Inférieure), Goincourt, Broyes (Oise), Montolieu (Drôme); Westphalie; Rügen.

*1230. **corollare**, Agass., 1847, Cat. syst., p. 47. *Echinus corollaris*, Lam. Mant, pl. 17, fig. 2. Périgord, Talmont, Royan.

1231. **tiara**, Agass., 1847, Cat. syst., p. 47. *Cidaris tiara*, Hagenow. France, Meudon; Rügen.

*1232. **rugosum**, Agass., 1847, Cat. syst., p. 47. France, la Flèche (Sarthe), Saintes (Charente-Inférieure), Beausset (Var), Vendôme, Saint-Martin-le-Nœud (Oise).

*1233. **circinatum**, Agass., 1847, Cat. syst., p. 47. *Echinus circinatus*, Lamk. Périgord, Royan, Tours.

*1234. **sulcatum**, Agass., 1847, Cat. syst., p. 48. St.-Christophe.

1235. **perfectum**, Agass., 1847, Cat. syst., p. 48. France, la Flèche (Sarthe), Strehla, Thil (Oise).

*1236. **ornatissimum**, Agass., 1847,, Cat. syst., p. 48. *Cidaris variolaris*, Goldf., p. 123, pl. 40, fig. 9. France, Royan, Saintes (Charente-Inférieure), Cognac (Charente), Périgueux, Tours; Angleterre, Plaener.

*1237. **tenuistriatum**, Agass., 1847, Cat. syst., p. 48? La Flèche.

*1238. **regulare**, Agass., 1847, Cat. syst., p. 48. France, La Flèche (Sarthe), Tours, Vendôme.

DIADEMA, Gray.

1239. **diatretum**, Agass., 1847, Cat., p. 141. *Cidarites diatretum*, Mort., Synops., p. 75, pl. 10, fig. 10. États-Unis, New-Jersey.

*1240. **Klenii**, Desml., Agass., 1847, Cat., p. 46. Desml., Tabl. syn., p. 314. Royan, Périgord, Soulages (Aude), Cognac (Charente), Coudon (Lot), Tours (Indre-et-Loire), le Beausset (Var).

***GONIOPYGUS**, Agassiz.

1241. **heteropygus**, Agass., 1847, Cat. syst., p. 40, Mon. des Salén. p. 23, pl. 4, fig. 1-8. France, env. de Tours.

SALENIA, Gray.

*1242. **geometrica**, Agass., 1847, Cat. syst., p. 37, pl. 1, fig. 25-32. Saintes (Charente-Inférieure), Tours (Indre-et-Loire).

1243. **areolata**, Desorm., Agass., 1847, Cat. syst., p. 37, pl. 3, fig. 1-8. Balsberg (Scanie).

1244. **minima**, Desor, Agas., 1847, Cat. syst., p. 38. Ciply.

*1245. **Heliopora**, Desor, Agass., 1847, Cat. syst., p. 38. Maëstricht; Belgique, Ciply; France, Villedieu, Saintes (Charente-Infér.).

CIDARIS, Lamarck.

*1246. **clavigera**, Kœnig. Deluc., t. 4, p. 467, pl. 12. Agass., Cat., 1847, p. 23. Dieppe, Fécamp (Seine-Inférieure), Trichâteau (Oise), Thil, Pouilly, Ménil-Saint-Firmin; Anglet., Kent, Lewes; Tournay.

*1247. **cyathifera**, Agass., 1847, Cat. syst., p. 25. Saint-Aignan, Tours (Indre-et-Loire).
*1248. **colocynda**, Agass., Cat. syst., 1847, p. 25. Meudon.
1249. **pleracantha**, Agass., 1847, Cat. syst., p. 25. Meudon.
*1250. **regalis**, Goldf., Petref., p. 116, p. 39, fig. 2. Agass., Cat., 1847, p. 24. Hollande, Maëstricht.
*1251. **septifera**, Mantell., 18-22. Geol. of Sussex, pl. 17 Agass., Cat., 1847, p. 24. Reims (Marne), Tours (Indre-et-Loire), Dieppe, Meudon, Beauvais, Broyes, le Ménil (Oise); Angl., Sussex.
1252. **Vendocinensis**, Agass., Cat., 1847, p. 24. Vendôme.
1253. **papillata** (Park.), Phillips, 1839, Yorkshire, pl 1, fig. 14, *a*. Angleterre, Dannés, Dike.
*1255. **subvesiculosa**, d'Orb., 1847. Espèce voisine du *Vesiculosa*, mais s'en distinguant par deux au lieu de trois rangées de tubercules sur la ligne ambulacraire. Royan, Fécamp, Saintes.
*1256. **Sarthacensis**, d'Orb., 1847. Espèce dont les pointes, très-longues, très-grêles, sont fortement épineuses. France, la Flèche (Sarthe).

PENTETAGONASTER, Linck, 1733.

*1257. **quinqueloba**, d'Orb., 1847. *Asterias quinqueloba*, Goldf., pl. 63, fig. 5. Rœmer, 1840, Nordd., Kreid., p. 27, pl. 6, fig. 20. Meudon, Veules (Seine-Inférieure); Maëstricht; Rügen, Gehrden.
*1258. **Dutemplei**, d'Orb., 1847. Espèce à très-larges plaques oblongues. France, Chavot (Marne), Sens.
*1259. **costata**, d'Orb., 1847. Espèce dont les plaques marginales, ont chacune une côte au milieu. Meudon.
1260. **stratifera**, d'Orb., 1847. *Asterias stratifera*, Desmoulins, 1832, Actes de la Soc. Linn. de Bordeaux, 5, 4e liv., p. 17, pl. 2, fig 6. France, Royan, Lanquais (Dordogne).
1261. **Chilipora**, d'Orb., 1847. *Asterias chilipora*, Desmoulins, 1832, Actes de la Soc. Linn. de Bordeaux, 5, 4e liv., p. 19, pl. 2, fig. 5. Talmont, près l'embouchure de la Gironde.
*1262. **Moulinsii**, d'Orb., 1847. Charmante espèce, dont les bras sont prolongés et garnis de plaques très-convexes. France, Lanquais (Dordogne), dans le silex.

ACROURA, Agassiz.

1263. **serrata**, d'Orb., 1847. *Ophiura serrata*, Rœmer, 1840, Nordd. Kreid, p. 28, n. 1, pl. 6, fig. 23. Hanovre.

OPHYCOMA, d'Orb., 1847. Bras pourvus d'une série de gros articles, avec une seule petite pièce supérieure.

1264. **granulosa**, d'Orb., 1847. *Ophiura granulosa*, Rœmer, 1840, Nordd., Kreid, p. 28, n. 2, pl. 6, fig. 22. Hanovre.

PALÆOCOMA, d'Orb., 1847. Voy. 1, p. 240.

1265. **Fürstenbergii**, d'Orb., 1847. *Ophiura Fürstenbergii*, Müller, 1847, Aachen., Kreideform., p. 6, pl. 1, fig. 3. Prusse, Aix-la-Chapelle.
1266. **cunliffei**, d'Orb., 1847. *Ophiura Cunliffei*, Forbes, 1846, Trans. geol. Soc. of London, vol. 7, p. 158, pl. 19, fig. 8. Indes orientales, Verdachellum.

COMATULA, Lamarck.

1267. conoidea, d'Orb., 1847. *Glenotremites conoideus*, Gold. 1839, Petref., 2, p. 286, pl. 160, fig. 18. Allem., Rügen.

MARSUPITES, Miller, 1821.

***1268. ornatus,** Miller, 1821, Nat. Hist. Criniod., p. 136. Dieppe, Meudon; Angleterre, Offham, Chalk-Pits, près de Lewes, Clayton, Chalk-Pits, Hurst-Point, Sussex, Preston, Brighton, Kent, Warminster, Yorkshire, Dane's Dike; Pologne, Krzeminiec, Volhynie.

BOURGUETICRINUS, d'Orb., 1839, Crinoïdes, p. 95.

***1269. ellipticus,** d'Orb., 1839, Crinoïdes, pl. 17, fig. 1-9. *Apiocrinus ellipticus*, Miller. Meudon, Sens, Fécamp, Dieppe, Tours; Angl.; Maëstricht, Lemforde, près d'Osnabruck.

1270. æqualis, d'Orb., 1839, Crin., pl. 17, fig. 10-12. Maëstricht.

PENTACRINUS, Miller, 1821.

***1271. carinatus,** Rœmer, 1840, Nordd. Kreid., p. 26, n. 1, pl. 6, fig. 1. *P. scalaris*, d'Archiac, 1837, Mém. de la Soc. géol., 2, p. 179 (non Goldf.). Cognac (Charente), Royan (Charente-Inférieure), Périgueux; Angleterre, Sussex; Allem., Hanovre.

1272. Buchii, Hag., Rœmer, 1840, Nordd. Kreid., p. 27, pl. 6, fig. 2, *a*, *b*. Rügen, Ebene; Hanovre.

***1273. lanceolatus,** Rœmer, 1840, Nordd. Kreid., p. 27, n. 3, pl. 6, fig. 3. *P. nodulosus*, Rœmer, *id.*, p. 27, pl. 6, fig. 4. France, Tours; Allem., Gehrden, Ebene.

ZOOPHYTES.

CYATHINA, Ehrenberg, 1834.

***1274. cylindracea,** d'Orb., 1847, *Anthophyllum cylindraceum*, Reuss, 1846, Bœhm. Kreideform., p. 61, pl. 14, fig. 23-30. France, Néhou (Manche); Bohême, Bilin, Weisskirchlitz.

1274'. lævigata, Edwards et Haime, 1838, Ann. des Sc. nat., p. 291. Angleterre, Dinton (Wildshire).

1275. Koninckii, Edwards et Haime, 1838, Ann. des Sc. nat., p. 290. Belgique, Ciply.

DISCOPSAMMIA, d'Orb., 1849. Voy. p. 180.

1275'. Suecica, d'Orb., 1849. *Stephanophyllia suecica*, Michelin, Edwards et Haime, 1848, loc. cit., t. 10, p. 94. Suède, Ignaberga.

FUNGINELLA, d'Orb., 1847. Voy. p. 91.

***1276. numismalis,** d'Orb., 1847. Espèce dont les lamelles sont moins inégales que chez le *F. provincialis*. France, Saint-Christophe (Indre-et-Loire); Angl. Folkston.

CYCLOLITES, Lamarck, 1801. Voy. p. 201.

***1277. cancellata,** d'Orb., 1847. *Fungia cancellata*, Goldf., 1830, Petref. 1, p. 48, pl. 14, fig. 5. Royan; Maëstricht.

1278. radiata ? d'Orb., 1847, *Fungia radiata*, Goldf., pl. 14, fig. 1. Rœmer, 1840, Kreid., p. 25, n. 1. Aix-la-Chapelle.

1279. filamentosa, Forbes, 1846, Trans. geol. Soc. of London, vol. 7, p. 163, pl. 19, fig. 11. Indes orientales, Pondichéry.

***1280. cupularia,** d'Orb., 1847. Espèce cupuliforme, creuse en dessous, à très-fines cloisons. Royan, silex de Lanquais (Dordogne).

*1281. **elliptica,** Lam. Voy. Étage turonien, n. 236. Royan.

ELLIPSOSMILIA, d'Orb., 1847. Voy. 2, p. 36.

1281'. **Arcotensis,** d'Orb., 1847, *Turbinolia Arcotensis*. Forbes, 1846, Trans. geol. Soc. of London, vol. 7, p. 168, pl. 19, fig. 9, *a, b*. Pondichéry.

*1282. **obliqua,** d'Orb., 1847. Espèce oblique, aplatie, très-allongée et arquée. Martigues (Bouches-du-Rhône), Soulages (Aude).

1283. **inauris,** d'Orb., 1847. *Turbinolia inauris*, Morton, 1834, Synop. th. Cret. group, p. 81, pl. 15, fig. 11. États-Unis, Alabama, in New-Jersey.

*1283'. **Faujasii,** d'Orb., 1849. *Trochosmilia Faujasii*, Edwards et Haime, 1848, Ann. des Sc. nat., 10, p. 241, pl. 5, fig. 6. Maëstricht.

*1283''. **Bourgeoisii,** d'Orb., 1849. Grande espèce dont on ne connaît que l'empreinte. Villavard (Loir-et-Cher).

CYCLOSMILIA, d'Orb., 1847.

*1284. **centralis,** d'Orb., 1849. *Turbinolia*, *id.*, Mantell, 1822, d'Orb., 1845, in Murch. vern. et de Keys., Russie, 2, p. 497, pl. 43, fig. 34. *Parasmilia centralis*, Edwards. France, Sézanne; Russie, Simbirsk; Angleterre, Brighton, Lewes, Dane's-Dike; Allemagne, Rügen, Peine, Cœsfeld, Ilseburg.

*1284'. **Gravesii,** d'Orb., 1849. *Parasmilia Gravesii*, Edwards et Haime, 1848, Ann. des Sc. nat., 10, p. 245. France, Beauvais.

1285. **Faujasii,** d'Orb., 1849. *Parasmilia Faujasii*, Edwards et Haime, 1848, loc. cit., p. 248. Ciply.

1285'. **punctata,** d'Orb., 1849. *Parasmilia punctata*, Edwards et Haime, 1848, *id.*, p. 249.

1286. **rudis,** d'Orb., 1847. *Anthophyllum rude*, Reuss, 1846, Bœhm. Kreideform., p. 62, pl. 14, fig. 22. Bohême, Bilin.

*1287. **Atlantica,** d'Orb., 1847. *Anthophyllum Atlanticum*, Morton, 1834, Synop. th. Cret. group, p. 80, pl. 1, fig. 9 et 10. Journ. Acad. nat. sc., vol. 6, pl. 8, fig. 9 et 10. États-Unis, Gloucester-County, New-Jersey.

1287'. **elongata,** d'Orb., 1847. *Parasmilia elongata*, Edwards et Haime, 1848, loc. cit., p. 246. Ciply.

PLACOSMILIA, Edwards et Haime, 1849.

*1288'. **Carusensis,** d'Orb. Grande espèce comprimée dont on ne connaît que le moule du calice. France, Villavard (Loir-et-Cher).

CŒLOSMILIA, Edwards et Haime, 1848.

*1288'. **Edwardsii,** d'Orb., 1849. Espèce conique, lisse extérieurement, ou du moins sans côtes. France, Sézanne.

DIPLOCTENIUM, Goldf., 1830.

*1289. **subcirculare,** Edwards et Haime, 1849, Ann. des Sc. nat., 10, p. 246, pl. 6, fig. 4. France, Royan (Charente-Inférieure).

*1290. **lunatum,** Michelin, 1847, Icon. Zoophyt., p. 289, pl. 65, fig. 8. *Fungia semi-luna*, Lamarck, 1816. *Madrepora lunata*, Brug, 1792. France, Bains-de-Rennes, Martigues.

1291. **Goldfussianum,** d'Orb., 1847. *D. cordatum*, Goldf., 1831, Petref., 1, p. 107, pl. 37, fig. 16 (*non* pl. 15, fig. 1). Allemag., Gosau, Hallein.

*1292. **cordatum,** Goldf., 1830, 1, p. 51, pl. 15, fig. 1. Maëstricht.

1293. pluma, Goldf., 1830, 1, p. 51, pl. 15, fig. 2. Maëstricht.

***1294. lamellosum,** d'Orb., 1847. Espèce presque circulaire, à très-grosses cloisons espacées. Royan.

SYNHELIA, Edwards et Haime, 1849. Ensemble dendroïde, calices non saillants latéraux épars.

1296. gibbosa, Edwards et Haime, 1849. *Lithodendron gibbosum*, Münst., Goldf., 1831, Petref., 1, p. 106, pl. 37, fig. 9. Westph., Bochum.

APLOSASTREA, d'Orb., 1848. Ce sont des *Astrea*, dont la columelle est styliforme, saillante.

***1297. gemminata,** d'Orb., 1849. *Astrea gemminata*, Goldf., 1831, Petref., 1, p. 69, pl. 23, fig. 8, *a*, *b*, *d*. Royan, Maëstricht.

ACTINASTREA, d'Orb., 1849. C'est une *Aplosastrea*, dont les calices sont en contact par les côtes, sans intervalles entre eux.

1298. Godfussii, d'Orb. *Astrea gemminata*, Goldfuss, pl. 23, fig. 8, *c*. Hollande, Maëstricht.

PHYLLOCŒNIA, Edwards et Haime, 1848.

1300. arachnoïdes, d'Orb., 1847. *Astrea arachnoïdes*, Goldf., 1831, Petref., 1, p. 70, pl. 23, fig. 9, *a*, *c*. Maëstricht.

1300'. macrocona, d'Orb., 1847. *Astrea macrocona*, Reuss, 1846, Bœhm. Kreideform., p. 60, pl. 24, fig. 2. Bilin, Kutschlin.

CRYPTOCŒNIA, d'Orb., 1848. Voy. vol. 1, p. 322.

1301. rotula, d'Orb., 1847. *Astrea rotula*, Goldf., 1831, Petref., 1, p. 70, pl. 24, fig. 1. Maëstricht.

PLACOCŒNIA, d'Orb., 1849. C'est un *phyllocœnia* à columelle transverse lamelleuse.

***1302. macrophthalma,** d'Orb., 1847. *Astrea*, *id.*, Goldf., 1831, Petref., 1, p. 70, pl. 24, fig. 2. Maëstricht.

ASTREA, Lamarck, Edwards et Haime, 1848.

***1304. Royana?** d'Orb., 1847. Espèce à très-petites cellules, pourvues de six à huit cloisons. France, Royan.

STEPHANOCŒNIA, Edwards et Haime, 1848.

1305. angulosa, d'Orb., 1847, *Astrea angulosa*, Goldf., 1831, Petref., 1, p. 69, pl. 23, fig. 7. Maëstricht.

PRIONASTREA, Edwards et Haime, 1848.

***1307. Ligeriensis,** d'Orb., 1847. Espèces à cellules très-profondes en entonnoir. France, Saint-Christophe (Indre-et-Loire).

OULOPHILLIA, Edwards et Haime, 1848.

1307'. reticulata, d'Orb., 1847. *Meandrina reticulata*, Goldf., 1831, Petref., 1, p. 63, pl. 21, fig. 5. Maëstricht.

MORPHASTREA, d'Orb., 1849. Voy. 2, p. 183.

1308. escharoïdes, d'Orb., 1847. *Astrea escharoïdes*, Goldf., 1831, Petref., 1, p. 68, pl. 23, fig. 2. Maëstricht.

SYNASTREA, Edwards et Haime, 1848.

1309. filamentosa, d'Orb., 1847. *Astrea id.*, Goldf., 1831, Petref. 1, p. 68, pl. 23, fig. 4. Maëstricht.

1310. gyrosa, d'Orb., 1847. *Astrea gyrosa*, Goldf., 1831, Petref., 1 p. 68, pl. 23, fig. 5. Maëstricht.

1311. textilis, d'Orb., 1847. *Astrea textilis*, Goldf., 1831, Petref., 1, p. 68, pl. 23, fig. 3. Maëstricht.

1312. flexuosa, d'Orb., 1847. *Astrea flexuosa*, Goldf., 1831, Petref., 1, p. 67, pl. 22, fig. 10. Maëstricht.

1313. geometrica, d'Orb., 1847. *Astrea geometrica*, Goldf., 1831, Petref., 1, p. 67, pl. 22, fig. 11. Maëstricht.

1314. clathrata, d'Orb., 1847. *Astrea clathrata*, Goldf., 1831, Petref., 1, p. 67, pl. 23, fig. 1. Maëstricht.

ACTINHELIA, d'Orb., 1849. Calices ovales, profonds, entourés de cloisons régulières nombreuses, laissant au centre un large espace creusé. Intervalle poreux, ensemble amorphe.

1315. elegans, d'Orb., 1849. *Astrea elegans*, Goldf., 1831, Petref., 1, p. 69, pl. 23, fig. 6. Hollande, Maëstricht.

MEANDRINA, Lamarck.

1316. Agaricites, Goldfuss, 1833, Petref., 2, p. 109, pl. 38, fig. 2. Autriche, Gozau.

CERIOPORA, Goldf., 1830. *Meliceri ites*, Rœmer, 1841.

1317. Rœmeri, d'Orb., 1847. *Meliceritites Rœmeri*, Hag., Rœmer, 1840, Nordd. Kreid., p. 18, n° 2. V. Hag., pl. 5, fig. 7. Rügen.

1318. seriata, d'Orb., 1847. *Meliceritites seriata*, Rœmer, 1840, Nordd. Kreid., p. 17, n° 7, pl. 5, fig. 11. Gehrden.

1319. clavata, Goldf., pl. 10, fig. 15. Rœmer, 1840, Nordd. Kreid., p. 22, n° 2. Allemagne.

1320. anomalopora? Goldf., 1830, Petref., 1, p. 33, pl. 10, fig. 5. Maëstricht.

1321. verucosa, Rœmer, 1840, Nordd. Kreid., p. 22, n° 8, pl. 5, fig. 24. Allemagne, Gehrden.

***1322. subdichotoma,** d'Orb., 1847. *Escharites dichotoma*, Reuss, 1846, Bœhm. Kreid., p. 66, pl. 15, fig. 31 (non M'Coy, 1844). Royan; Bilin.

1323. tubiporacea, Goldf., 1831, Petref. Germ., 1, p. 35, pl. 10, fig. 13. Suède, Faxoe; Maëstricht.

***1324. milleporacea?** Goldfuss, 1831, 1, p. 34, pl. 10, fig. 10. Maëstricht.

1325. concinna, d'Orb., 1847. *Heteropora concinna*, Rœm., 1840, Nordd. Kreid., p. 24, n° 6, pl. 5, fig. 27. Allem., Gehrden.

***1326. digitata,** d'Orb., 1847. *Heteropora digitata*, Michelin, 1844, Icon. zooph., p. 124, pl. 34, fig. 4. Tours.

1327. tubulata, d'Orb., 1847. *Tubipora tubulata*, Lonsdale, 1844, Quarterly Journal, 1, p. 70. États-Unis, New-Jersey.

***1329. madreporacea,** Goldf., 1830, p. 21, pl. 8, fig. 3. Maëstricht. France, Tours.

1329'. racemosa, Goldf., 1830, 1, p. 21, pl. 8, fig. 2. Hollande, Maëstricht.

***1330. cryptopora,** Goldf., 1830, 1, p. 33, pl. 10, fig. 3. Holl., Maëstricht. France, Saintes, Tours.

1331. cervicornis, d'Orb., 1847. *Millepora cervicornis*, Pusch, 1837, Polens Paleont., p. 6, pl. 2, fig. 4. Pologne, Kazimirz et Weichsel.

POLYTREMA, Risso, 1826.

***1332. Pavonia,** d'Orb., 1847. Espèce formée de larges expansions lamelleuses. Saintes.

*1333. **Meandra,** d'Orb., 1847. Espèce formée de lames saillantes méandriformes. Saintes.

*1334. **subirregularis,** d'Orb., 1847. Espèce presque lamelleuse, ou tuberculeuse très-irrégulière. Saintes, Tours, Royan.

*1335. **Avellana,** d'Orb., 1847. Espèce ellipsoïde avec des indices de sillons rayonnants. Saintes.

*1336. **sphæra,** d'Orb., 1847. Espèce sphérique sans point d'attache. France, Meudon, Fécamp, Tours, Royan (Charente-Inférieure), Maney, Chavot, Ablois, Cramant (Marne).

1337. **nuciformis,** d'Orb., 1847. *Ceriopora nuciformis*, v. Hag., pl. 5, fig. 9. Rœm., 1840, Nordd. Kreid., p. 25, n° 3. Hanovre, Peine.

*1338. **urceolata,** d'Orb., 1847. *Lunulites urceolata*, Lam., Phillips, 1839, Yorkshire, pl. 1, fig. 11. France, Tours, Royan, Meudon; Angleterre, Davne's-Dike.

1339. **compressa,** d'Orb., 1847. *Ceriopora compressa*, Goldf., 1830, Petref., 1, p. 37, pl. 11, fig. 4. Hollande, Maëstricht.

1340. **micropora,** d'Orb., 1847. *Ceriopora micropora*, Goldfuss, 1831, Petref. Germ., 1, p. 33, pl. 10, fig. 4. Holl., Maëstricht; Allem., Gehrden, Goslar.

1341. **mamilla,** d'Orb., 1847. (*Ceriopora mamilla*, Reuss, 1846, Bœhm., p. 63, pl. 14, fig. 11, 12. Bilin.

1342. **pygmæa,** d'Orb., 1847. *Ceriopora pygmæa*, Reuss, 1846, Bœhm., p. 63, pl. 14, fig. 9. Stecknadelkopfgrösse.

1343. **incrustans,** d'Orb., 1847. *Ceriopora incrustans*, Reuss, 1846, Bœhm., p. 63, pl. 14, fig. 8. Bohême.

*1344. **dilatata,** d'Orb., 1847. *Palmipora dilatata*, Rœmer, 1840, Nordd. Kreid., p. 25, n° 2, pl. 5, fig. 30. France, Saintes; Allemagne, Gehrden.

MONTICULIPORA, d'Orb., 1847. Voy. t. 1, p. 25.

*1345. **ramulosa,** d'Orb., 1847. Espèce à grosses branches dichotomes irrégulières, les cellules grandes. Royan.

*1346. **cervicornis,** d'Orb., 1847. Espèce dont les cellules sont la moitié plus petites que chez le *N. ramosa*. Royan.

1347. **mamillosa,** d'Orb., 1847. *Ceriopora mamillosa*, Rœmer, 1840, Nordd. Kreid., p. 23, n° 6, pl. 5, fig. 25. Allem., Goslar.

NULLIPORA, Lamarck.

*1348. **glomerata,** d'Orbigny, 1847. Espèce dont l'ensemble est comme tuberculeux. Royan.

FORAMINIFÈRES (d'Orb.).

ORBITOIDES, d'Orb., 1847.

*1349. **media,** d'Orb., 1847. *Orbitolites media*, d'Archiac, 1837, Mém. Soc. géol. de France, t. 2, p. 178. Faujave de Saint-Fond, pl. 34, fig. 1, 2, 3, 4. France, Royan (Charente-Inférieure), Lanquais (Dordogne); Maëstricht.

ORBITOLINA, d'Orb., 1847. Voy. p. 148.

*1350. **gigantea,** d'Orb., 1847. Espèce qui atteint jusqu'à 10 centimètres de diamètre ; concave en dessous, convexe en dessus. France, Royan, Pérignac (Charente-Inférieure).

*1351. **radiata**, d'Orb., 1847. Espèce pourvue de rayons qui convergent du bord au centre. France, Royan.

NODOSARIA, Lamarck. Voy, t. 1, p. 241.

*1352. **limbata**, d'Orb., 1839, Mém. Soc. géol. de France, p. 12, pl. 1, fig. 1. Meudon.

DENTALINA, d'Orb., 1825. Voy. t. 1, p. 242.

*1353. **aculeata**, d'Orb., 1839, id., p. 13, pl. 1, fig. 2, 3. Sens, Meudon ; Angleterre, Kent.

*1354. **subcommunis**, d'Orb., 1847. *D. communis*, d'Orb., 1839, Mém. de la Soc. géol. de France, p. 13, pl. 1, fig. 4 (non 1825). Meudon.

*1355. **gracilis**, d'Orb., 1839, id., p. 14, pl. 1, fig. 5. Sens.

*1356. **nodosa**, d'Orb., 1839, Mém. de la Soc. géol. de France, p. 14, pl. 1, fig. 6, 7. France, Meudon, Saint-Germain.

*1357. **Lorneiana**, d'Orb., 1839, id., p. 14, pl. 1, fig. 8, 9. Sens.

*1358. **sulcata**, d'Orb., 1839, id., p. 15, pl. 1, fig. 10, 11, 12, 13. *Nodosaria sulcata*, Nilss. (1825), Acad. Holm., p. 341, id., Petrefacta suec., t. 9. France, Sens, Meudon, Saint-Germain, le Mans; Angleterre, Kent; Suède, Kopinge.

*1359. **multicostata**, d'Orb., 1839, id., p. 15, pl. 1, fig. 14, 15. France, Sens, Saint-Germain ; Maëstricht.

MARGINULINA, d'Orb., 1825. Voy. t. 1, p. 242.

*1360. **trilobata**, d'Orb., 1839, Mém. de la Soc. géol. de France, p. 16, pl. 1, fig. 16, 17. Sens, Meudon, Saint-Germain; Angl., Kent.

*1361. **compressa**, d'Orb., 1839, id., Mém. de la Soc. géol., p. 17, pl. 1, fig. 18, 19. France, Meudon, le Mans.

*1362. **elongata**, d'Orb., 1839, Mém. de la Soc. géol., p. 17, pl. 1, fig. 20, 21, 22. France, Meudon, Sens, Saint-Germain.

*1363. **gradata**, d'Orb., 1839, id., p. 18, pl. 1, fig. 23, 24. Sens.

*1364. **raricosta**, d'Orb., 1839, id., p. 51, pl. 1, fig. 25. Meudon.

FRONDICULARIA, Defrance. Voy. t. 1, p. 241.

*1365. **radiata**, d'Orb., 1839, Mém. de la Soc. géol. de France, p. 19, pl. 1, fig. 26, 27, 28. Meudon, Saint-Germain.

*1366. **elegans**, d'Orb., 1839, Mém. de la Soc. géol. de France, p. 19, pl. 1, fig. 29, 30, 31. Meudon, Sens.

1367. **Verneuiliana**, d'Orb., 1839, Mém. de la Soc. géol. de France, p. 20, pl. 1, fig. 32-33. Sens, Saint-Germain, Meudon.

*1368. **Archiaciana**, d'Orb., 1839, Mém. de la Soc. géol. de France, p. 20, pl. 1, fig. 34, 35 et 36. Meudon, Sens.

*1369. **ornata**, d'Orb., 1839, id., p. 21, pl. 1, fig. 37, 38. Meudon.

1370. **tricarinata**, d'Orb., 1839, id., p. 21, pl. 2, fig. 1, 2, 5. Sens.

*1371. **angulosa**, d'Orb., 1839, id., p. 22, pl. 1, fig. 39. Meudon.

1372. **cordata**, Rœmer, 1841, Nordd. Kreid., p. 96, nº 1, pl. 15, fig. 8. Gehrden.

1372'. **ovata**, Rœmer, 1841, Kreid., p. 69, pl. 15, fig. 9. Gehrden.

CRISTELLARIA, Lamarck. Voy. t. 1, p. 242.

*1373. **rotulata**, d'Orb., 1839, Mém. de la Soc. géol. de France,

p. 26, pl. 2, fig. 15, 16, 17, 18. Meudon, Saint-Germain, Sens; Angl., Kent.

*1374. **navicula,** d'Orb., 1839, Mém. de la Soc. géol. de France, p. 27, pl. 2, fig. 19, 20. Sens, Meudon.

*1375. **triangularis,** d'Orb., 1839, id., p. 27, pl. 2, fig. 21, 22. Sens.

*1375'. **recta,** d'Orb., 1839, Mém. de la Soc. géol. de France, p. 28, pl. 2, fig. 23, 24, 25. Meudon, Saint-Germain.

*1376. **Gaudryana,** d'Orb., 1839, id., p. 28, pl. 2, fig. 26, 27. St-Germain.

1377. **Sanguantlæ,** d'Orb., 1847. *Nummulina id.*, Galeotti, 1838, Bull. de la Soc. géol., 10, p. 35, pl. 1, fig. 6. Amérique; Mexique, à Sanguantla.

1378. **compressa,** Rœm., 1841, Nordd. Kreid., p. 99, nº 1, pl. 15, fig. 33. Allem., Ilseburg.

FLABELLINA, d'Orb., 1846. Voy. p. 185.

*1379. **rugosa,** d'Orb., 1839, Mém. de la Soc. géol. de France, p. 23, pl. 2, fig. 4, 5-7. Sens, Meudon.

*1380. **Baudouiniana,** d'Orb., 1839, id., p. 24, pl. 2, fig. 8, 9, 10, 11. Sens.

*1381. **pulchra,** d'Orb., 1839, id., p. 25, pl. 2, fig. 12, 13, 14. Meudon.

SIDEROLINA, Lamarck (Siderolites).

*1382. **calictrapoides,** Lamarck, Faujas, p. 134, pl. 34, fig. 7-12. Mæstricht.

*1383. **lævigata,** d'Orb., 1825, Ann. des Sc. nat., p. 131, nº 2, modèles nº 89. Mæstricht.

LITUOLA, Lamarck, 1801. Voy. p. 185.

*1384. **nautiloidea,** Lamarck, 1839. D'Orb., 1839, Mém. de la Soc. géol. de France, p. 29, pl. 2, fig. 28, 29, 30, 31. Sens, Meudon, Saint-Germain; Angleterre, Kent.

ROTALINA, Lamarck, d'Orb., Foraminifères de Vienne.

*1385. **Voltziana,** d'Orb., 1839, Mém. de la Soc. géol. de France, p. 31, pl. 2, fig. 32, 33, 34. Meudon, Saint-Germain; Angl., Kent.

*1386. **Micheliniana,** d'Orb., 1839, id., p. 31, pl. 3, fig. 1, 2, 3. Saint-Germain, Meudon, Sens; Angleterre, Kent.

*1387. **umbilicata,** d'Orb., 1839, id., p. 32, pl. 3, fig. 4, 5, 6. Meudon, Saint-Germain, Sens; Autriche.

*1388. **crassa,** d'Orb., 1839, id., p. 32, pl. 3, fig. 7, 8. France, St.-Germain, Meudon; Angleterre, Kent.

*1389. **Cordieriana,** d'Orb., 1839, id., p. 33, pl. 3, fig. 9, 10, 11. France, Saint-Germain; Angleterre, Kent; Mæstricht.

*1390. **gibbosa,** d'Orb., 1825, Ann. des Sc. nat., p. 106, nº 3. Espèce lisse sans disque inférieur. Mæstricht.

1391. **conica,** Rœmer, 1841, Nordd. Kreid., p. 97, nº 1, pl. 15, fig. 21. Allem., Gehrden.

GLOBIGERINA, d'Orb., 1825, Foraminifères de Vienne.

*1392. **cretacea,** d'Orb., 1839, Mém. de la Soc. géol. de France, p. 34, pl. 3, fig. 12, 13, 14. Saint-Germain; Anglet., Kent.

*1393. **elevata,** d'Orb., 1839, Mém. de la Soc. géol. de France, p. 34, pl. 3. fig. 15, 16. Sens; Anglet., Kent.

TRUNCATULINA, d'Orb., 1825, Foraminifères de Vienne.

*1394. **Beaumontiana,** d'Orb., 1839, Mém. de la Soc. géol. de France, p. 35, pl. 3, fig. 17, 18, 19. Meudon; Anglet., Kent.

ROSALINA, d'Orb., 1825, Foraminifères de Vienne.

*1395. **depressa,** d'Orb., 1825, Ann. des Sc. nat., p. 105, nº 6. Espèce lisse ombiliquée très-déprimée. Mæstricht.

*1396. **Lorneiana,** d'Orb., 1839, Mém. de la Soc. géol. de France, p. 36, pl. 3, fig. 20, 21, 22. Saint-Germain, Meudon, Sens; Anglet., Kent.

*1397. **Clementiana,** d'Orb., 1839, Mém. de la Soc. géol. de France, p. 37, pl. 3, fig. 23, 24, 25. Saint-Germain; Anglet., Kent.

VALVULINA, d'Orb., 1825, Foraminifères de Vienne.

*1398. **gibbosa,** d'Orb., 1839, id., p. 38, pl. 4, fig. 1, 2. Saint-Germain.

VERNEUILINA, d'Orb., 1839, Foraminifères de Vienne.

*1398'. **tricarinata,** d'Orb., 1839, Mém. de la Soc. géol. de Fr., p. 39, pl. 4, fig. 3, 4. France, Saint-Germain, Sens.

BULIMINA, d'Orb., 1825, Foraminifères de Vienne.

*1399. **obtusa,** d'Orb., 1839, Mém. de la Soc. géol. de France, p. 39, pl. 4, fig. 5, 6. Meudon, Saint-Germain; Anglet., Kent.

*1400. **obliqua,** d'Orb., 1839, id., p. 40, pl. 4, fig. 7, 8. Meudon, Saint-Germain, Sens; Anglet., Kent.

*1401. **variabilis,** d'Orb., 1839, id., p. 40, pl. 4, fig. 9, 10, 11, 12. France, Sens, Meudon, St.-Germain; Anglet., Kent.

*1402. **brevis,** d'Orb., 1839, Mém. de la Soc. géol. de France, p. 41, pl. 4, fig. 13, 14. Meudon, Saint-Germain, Sens.

*1403. **Murchisoniana,** d'Orb., 1839, Mém. de la Soc. géol. de France, p. 41, pl. 4, fig. 15, 16. Saint-Germain; Anglet., Kent.

UVIGERINA, d'Orb., 1825, Foraminifères de Vienne.

*1404. **tricarinata,** d'Orb., 1839, id., p. 42, pl. 4, fig. 16, 17. Sens.

PYRULINA, d'Orb., 1825, Foraminifères de Vienne.

*1405. **acuminata,** d'Orb., 1839, Mém. de la Soc. géol. de France, p. 43, pl. 4, fig. 18, 19. Sens, Saint-Germain, Meudon.

GAUDRYNA, d'Orb., 1839, Foraminifères de Vienne.

*1406. **rugosa,** d'Orb., 1839, Mém. de la Soc. géol. de France, p. 44, pl. 4, fig. 20, 21. Meudon, Saint-Germain, Sens.

*1407. **pupoides,** d'Orb., 1839, Mém. id., p. 44, pl. 4, fig. 22, 23, 24. France, Meudon, Sens, Saint-Germain; Anglet., Kent.

FAUJASINA, d'Orb., 1846, Foraminifères de Vienne, p. 193.

*1408. **carinata,** d'Orb., 1846, Foraminifères de Vienne, p. 193, pl. 21, fig. 29-31. Hollande, Maëstricht.

POLYMORPHINA, d'Orb., 1825, Foraminifères de Vienne.

*1409. **glomerata,** Rœmer, 1841, Nordd. Kreid., p. 97, nº 1, pl. 15, fig. 19. Ilseburg.

TEXTULARIA, Defrance.

1410. **trochus,** d'Orb., 1839, Mém. de la Soc. géol. de France, p. 45, pl. 4, fig. 25, 26. France, Meudon.

*1411. **turris,** d'Orb., 1839, Mém. id., p. 46, pl. 4, fig. 27, 28. Sens, Meudon, Saint-Germain ; Anglet., Kent.

*1412. **Baudouiniana,** d'Orb., 1839, Mém. de la Soc. géol. de France, p. 46, pl. 4, fig. 29, 30. Saint-Germain, Meudon.

SAGRINA, d'Orb., 1839, Foraminifères de Vienne.

*1413. **rugosa,** d'Orb., 1839, Mém. de la Soc. géol. de France, p. 47, pl. 4, fig. 31, 32. France, Saint-Germain, Meudon.

AMPHISTEGINA, d'Orb., 1825, Foraminifères de Vienne.

*1414. **Fleuriausiana,** d'Orb., 1825, Ann. des Sc. nat., p. 138, n° 7. Espèce très-comprimée. Maëstricht.

AMORPHOZOAIRES.

COSCINOPORA, Goldfuss, 1830.

1415. **nuda,** d'Orb., 1847. *Oscellaria nuda,* Ramond, Lamarck, Michelin, p. 145, pl. 41, fig. 3. France, Saint-Martin-le-Nœud, près Beauvais.

*1416. **infundibuliformis,** Goldf., 1830, Petref. Germ., 1, p. , pl. 9, fig. 16 ; pl. 30, fig. 10. Westph., Coesfeld; Hanovre, Peine.

*1417. **cupuliformis,** d'Orb., 1847. *Coscinopora infundibuliformis,* Michelin, 1844, Icon. zoophyt., p. 120, pl. 29, fig. 1 (non Goldf.). Elle en diffère par les oscules en lignes verticales et non obliques. France, Tours, Chinon, Châteauvieux, Provins, Meudon.

1418. **macropora,** Goldf., pl. 9, fig. 17. Rœmer, 1840, Nordd. Kreid., p. 9, n° 33. Leer, Werl.

1419. **porosa,** d'Orb., 1847. *Spongia porosa,* Phillips, 1839, Yorkshire, pl. 1, fig. 8. Angl., Bridlington.

1420. **alternans,** d'Orb., 1847. *Scyphia alternans,* Rœmer, 1840, Nordd. Kreid., p. 9, n° 37, pl. 3, fig. 9. Hanovre, Peine, Werl.

1421. **striato-punctata,** d'Orb., 1847. *Scyphia idem,* Rœmer, 1840, Nordd. Kreid., p. 9, n° 30, pl. 3, fig. 7. Hanovre, Peine.

1422. **angularis,** d'Orb., 1847. *Scyphia angularis,* Rœmer, 1840, Nordd. Kreid., p. 8, n° 23, pl. 3, fig. 2 c. Hanovre, Peine.

1423. **venosa,** d'Orb., 1847. *Scyphia venosa,* Rœmer, 1840, Nordd. Kreid., p. 8, n° 21, pl. 3, fig. 4. Hanovre, Peine.

1424. **isopleura,** d'Orb., 1847. *Scyphia Zippei*, Reuss, 1846, Bœhm., p. 76, pl. 17, fig. 10. Bohême, Bilin.

1425. **Zippei,** d'Orb., 1847. *Scyphia Zippei,* Reuss, 1846, Bœhm., p. 76, pl. 18, fig. 5. Bohême, Hundorf, Kutschlin.

*1426. **Beaumontii,** d'Orb., 1847. *Scyphia Beaumontii,* Reuss, 1846, Bœhm., p. 76, pl. 17, fig. 12. France, Fécamp (Seine-Infér.), Tours (Indre-et-Loire) ; Bohême, Bilin.

1427. **heterostoma,** d'Orb., 1847. *Siphonia heterostoma,* Reuss, 1846, Bœhm., p. 73, pl. 17, fig. 5. Bohême, Bilin.

1428. **biseriata,** d'Orb., 1847. *Siphonia biseriata,* Reuss, 1846, Bœhm., p. 73, pl. 17, fig. 6. Bohême.

*1429. **Turoniensis,** d'Orb., 1847. Espèce voisine du *C. biseriata,* mais avec des pores non par lignes. France, Tours.

*1430. **Galdrynus,** d'Orb., 1847. Espèce dont les oscules sont du même diamètre que chez l'espèce précédente, mais en lignes obliques irrégulières. Veules (Seine-Inférieure).

*1431. **quadrangularis,** d'Orb. *Ventriculites quadrangularis*, Mantell, 1822, Foss. Illust. geol. of Sussex, p. 177, pl. 15, fig. 6. Angleterre, Offham; France, Tours (Indre-et-Loire), Meudon près Paris, Noirmoutiers (Vendée).

1432. **globularis,** d'Orb. *Tragos globularis*, Reuss, 1846, Bœhm., p. 78, pl. 20, fig. 5. Kutschlin, Bilin, Trziblitz.

1433. **pedunculata,** d'Orb., 1847. *Scyphia pedunculata*, Reuss, 1846, Bœhm., p. 75, pl. 17, fig. 7, 8, 9. Kutschlin, Meronitz.

1434. **Murchisoni,** d'Orb., 1847. *Scythia Murchisoni*, Goldf., pl. 65, fig. 8. Rœmer, 1840, Nordd. Kreid., p. 9, n° 31. Hanovre, Peine; Ilsemburg, Lemförde, Coesfeld.

GUETTARDIA, Michelin, 1844.

*1435. **stellata,** Michelin, 1844, Icon. zooph., p. 120, pl. 30, fig. 1-5. France, Honfleur, Saint-Jean-la-Forest, près de Bellesme (Orne), Noirmoutiers (Vendée).

OCELLARIA, Lamarck, 1816. *Ventriculites*, Mantell, 1822.

*1436. **radiata,** d'Orb., 1847. *Ventriculites radiatus*, Mantell, 1822, Foss. Illust. geol. of Sussex, p. 168, pl. 11, 12, 13, 14. Angleterre, Sussex.

1437. **Benettiæ,** d'Orb., 1847. *Ventriculites Benettiæ*, Mantell, 1822, Sussex, p. 177, pl. 15, fig. 3. Fécamp (Seine-Inférieure); Angleterre, Lewes.

1438. **alcionides,** d'Orb., 1847. *Ventriculites alcyonides*, Mantell, 1822, Sussex, p. 176. Park., Org. Rem., t. 2, pl. 10, fig. 12. Angleterre, Lewes.

1439. **grandipora,** Michel., 1844, p. 145, pl. 40, fig. 3. Rouen.

*1450. **cupuliformis,** d'Orb., 1847. Espèce ayant la forme d'un verre à vin de Champagne; oscules par lignes. Sens (Yonne).

1451. **Decheni?** d'Orb., 1847. *Scyphia Decheni*, Goldf., pl. 65, fig. 6. Rœmer, 1840, Nordd. Kreid., p. 7, n° 15. Lemförde, Coesfeld.

1452. **longipora,** d'Orb., 1847. *Scyphia longipora*, Pusch, 1837, Polens Paleont., p. 7, pl. 2, fig. 3. Pologne, Kazmirz et Weichsel.

1453. **muricata,** d'Orb., 1847. *Chælopthicum muricatum*, Rœmer, 1840, Nordd. Kreid., p. 11, n° 8, pl. 4, fig. 8. Alfeld.

RETISPONGIA, d'Orb., 1847., Cupule comme réticulée par des branches; l'intérieur lisse.

1454. **Hœninghausii,** d'Orb., 1847. *Scyphia Hœninghausii*, Goldf., pl. 65, fig. 7. Rœmer, 1840, Nordd. Kreid., p. 7, n° 19. *Scyphia radiata*, Reuss, 1846, pl. 17, fig. 4. Westphalie, Darup, Coesfeld, Oppeln; Bohême, Hundorf, Kutschlin, Kosstitz, Luschitz, Priesen, Meronitz.

1455. **retiformis,** d'Orb., 1847. *Scyphia retiformis*, Rœm., 1840, Nordd. Kreid., p. 7, n° 17, pl. 3. fig. 1. Hanovre, Peine.

CÆLOPTYCHIUM, Goldf., 1830.

1456. **agaricoides,** Goldf., pl. 9, fig. 20. Rœmer, 1840, Nordd. Kreid., p. 10, n° 1, pl. 4, fig. 5. Hanovre, Peine und Theidessen; Lemförde und Coesfeld.

1457. deciminum, Rœmer, 1840, Nordd. Kreid., p, 10, n. 2, pl. 4, fig. 3. Peine.

1458. lobatum, Goldf., pl. 65, fig. 11. Rœmer, 1840, p. 10, n. 3. Bronn, Latheca, pl. 29, fig. 4. Allem., Coesfeld.

1459. sulciferum, Rœm., 1840, Kreid., p. 10, n. 4, pl. 4, fig. 4. Ilseburg.

1460. alternans, Rœmer, 1840, Kreid., p. 10, n. 6, pl. 4, fig. 6. Peine.

1461. plicatellum, Rœmer, 1840, Kreid., p. 11, n. 7, pl. 4, fig. 7. Sehlde.

CAMEROSPONGIA, d'Orb. Genre formant une cupule criblée en dessous, rétrécie et lisse en dessus, avec une ouverture ronde; l'intérieur rude.

***1462. fungiformis,** d'Orb.,1847. *Scyphia fungiformis*, Goldfuss, 1831, pl. 65, fig. 4. Rœmer, 1840, Nordd. Kreid., p. 7, n. 20. *Manon monostoma*, Rœmer, 1840, Nordd. Kreid., pl. 1, fig. 8. Westphalie, Coesfeld; Hanovre, Peine; France, Sens (Yonne), Rouen (Seine-Inférieure).

VERTICILLITES, Defrance, 1828. Voy. t. 2, p. 96.

***1463. Goldfussii,** d'Orb., 1847. *Scyphia verticillites*, Goldfuss, 1833, Petref., 1, p. 220, pl. 65, fig. 9. Maëstricht; France, Néhou (Manche), Royan.

CNEMIDIUM, Goldf., 1830.

1464. Benettiæ, d'Orb., 1847. *Spongia Benettiæ*, Phillips, 1829, Yorkshire, pl. 1, fig. 4. Angleterre, Bridlington.

***1465. gregarium,** d'Orb., 1847. Espèce agrégée ; plusieurs tubes, très-irréguliers, en dehors et en dedans. France, Tours.

SIPHONIA, Parkinson, 1811.

***1466. Lycoperdites,** d'Orb. *Alcyonium id.*, Defrance, 1816. *Siphonia pyriformis*, *S. incrassata*, Goldf., 1830, pl. 6, fig. 7; pl. 30, fig. 5. *S. pyriformis*, Michelin, 1844, pl. 33, fig. 1. France, Tours, Fécamp, Hâvre, Château-Vieux, Saintes, Blois, Périgueux, Chaumont, Nogent-le-Rotrou; Allemagne, Westphalie, Coesfeld.

***1467. Konigii,** d'Orb., 1847. *Choanites Konigii*, Mantell, 1822, Foss. illust. geol. of Sussex, p. 179, pl. 16, fig. 19, 20, 21. *Spongia terebrata*, Phillips, 1829, pl. 1, fig. 10. *Scyph. pertusum*, Reuss, pl. 16, fig. 7, 8, 11-14. France, Fécamp, Saintes, Périgueux, Cognac, Tours, Sens; Bohême, Bilin; Angleterre, South-Street, Lewes, Bridlington.

1469. tuberosa, d'Orb., 1847. *Scyphia tuberosa*, Rœmer, 1840, Nordd. Kreid., p. 6, n° 10, pl. 2, fig. 9. Allem., Goslar.

1470. dichotoma, d'Orb., 1847. *Scyphia dichotoma*, Michelin, p. 142, pl. 28, fig. 5. France, Tours.

?1471. infundibulum, d'Orb., 1847. *Scyphia terebrata*, Michelin, p. 141, pl. 29, fig. 4 (non Phillips). France, Poitiers, Cap La Hève.

1472. arbuscula, Michelin, 1844, p. 139, pl. 33, fig. 2. Tours.

1473. ficoidea, Michelin, 1844, p. 139, pl. 29, fig. 5. Poitiers.

1474. Fittoni, Michelin, 1844, p. 29, fig. 140, pl. 6 (non *pyriformis*, Fitton). France, Cognac, Loudun.

1475. brevicostata, d'Orb., 1847. *Hallirhoa id.*, Michelin, 1844, Icon. Zoophyt., p. 127, pl. 31, fig. 2. France, Tours.

1476. elongata, Reuss, 1846, Bœhm., p. 73, pl. 43, fig. 1. Bohême, Kutschlin, Hundorf.

1477. ternata, Reuss, 1846, Bœhm., p. 72, pl. 17, fig. 1, 3. Kutschlin.

1478. multiformis, Bronn, Lethæa, pl. 27, fig. 20; Rœmer, 1840, Nordd. Kreid., p. 5, nº 7. Hanovre, Peine.

HIPPALIMUS, Lamouroux, 1821. Voy. t. 1, p. 209.

1479. radiciformis, d'Orb., 1847. *Spongica radiciformis*, Phillips, 1829; Yorkshire, pl. 1, fig. 9. *Scyphia heteropora*, Rœmer, 1840, Kreid., pl. 2, fig. 13. Angleterre, Bridlington; Allemagne, Goslar.

1480. acuta, Rœmer, 1840, d'Orb., 1847. *Scyphia acuta*, Nordd. Kreid., p. 6, nº 3, pl. 2, fig. 4. Allem., Goslar.

1481. socialis, d'Orb., 1847. *Scyphia socialis*, Rœm., 1840, Nordd. Kreid., p. 6, nº 4, pl. 2, fig. 5. Allem., Goslar.

***1482. micropora,** d'Orb., 1847. *Scyphia micropora*, Rœmer, 1840, Nordd. Kreid., p. 6, nº 7, pl. 2, fig. 6. Hanovre; Maëstricht.

RHYSOSPONGIA, d'Orb., 1847. Des racines dichotomes rampantes, encroûtées comme chez les *Lymnorea*, supportant une cupule, percée comme celle des *Yerea*.

***1483. pictonica,** d'Orb., 1847. *Polypotecia id.*, Michelin, p. 147, pl. 37, fig. 1. France, Saintes, Angoulême, Cognac, Tours.

SPARGISPONGIA, d'Orb., 1847. Voy. t. 1, p. 109.

***1483'. rugosissima,** d'Orb. Espèce à oscules rares, au milieu d'une masse comme vermoulue. Royan.

IEREA, Lamouroux, 1821.

1484. multioculata, d'Orb., 1847. *Siphonia multioculata*, Michelin, 1844, p. 138, pl. 33, fig. 6. France, Tours.

***1485. tubulifera,** d'Orb., 1847. *Manon tubuliferum*, Goldf., 1830, Petref., 1, p. 2, pl. 1, fig. 5. Maëstricht.

1486. excavata, d'Orb., 1847. *Siphonia excavata*, Goldf., 1830, 1, p. 17, pl. 6, fig. 8. *S. præmorsa*, Goldf., 1830, 1, p. 17, pl. 6, fig. 9. Maëstricht.

1487. pistillum, d'Orb., 1847. *Siphonia pistillum*, Goldf., 1830, Petref., 1, p. 17, pl. 6, fig. 10. France, Epernay.

***1488. nuciformis,** d'Orb., 1847. *Ierea excavata*, Michelin, pl. 33, fig. 3 (non pl. 39, fig. 2). *Siphonia nuciformis*, Michelin, pl. 33, fig. 4 (non Goldfuss, 1830, pl. 6, fig. 8, 9). France, Tours.

***1489. cupula,** d'Orb., 1847. *Ierea excavata*, Michelin, pl. 30, fig. 2 (non pl. 33, fig. 3; non Goldfuss, pl. 6, fig. 8, 9). France, Saintes, Tours.

1490. pyriformis, d'Orb., 1847. *Siphonia Goldfussii*, Rœmer, 1840, Nordd. Kreid. *Manon pyriforme*, Goldf., 1831, pl. 65, fig. 10. Coesfeld.

1491. oligostoma, d'Orb., 1847. *Siphonia oligostoma*, Rœmer, 1840, Nordd. Kreid., p. 5, nº 6, pl. 2, fig. 3. Allem., Ilsenburg.

1492. gregaria, Michelin, 1844, p. 134, pl. 38, fig. 1. Châteauvieux.

1493. cespitosa, Michelin, 1844, p. 136, pl. 41, fig. 4. Tours.

1494. ramosa, Michelin. *Spongia id.*, Mantell, 1822. *Ierea arborescens*, Michelin, 1834, p. 136, pl. 42, fig. 2. France, Tours.
1495. Turonensis, d'Orb., 1847. *Siphonia ramosa*, Michelin, 1844, p. 141, pl. 28. fig. 6 (non *ramosa*, Mantell, 1822). France, Tours.
CHENENDOPORA, Lamouroux, 1821.
***1496. marginata,** Michelin, 1844, Icon. Zoophyt., p. 129, pl. 28, fig. 7. *Spongia marginata*, Phillips. *Manon seriatoporum*, pl. 1, fig. 6. *Manon Phillipsii*, Reuss, 1847, Bœhm., Kreid., pl. 19, fig. 7, 8, 9. Meudon, Châteauvieux ; Anglet., Wiltshire, Bridlington ; Bohême, Bilin.
1497. miliaris, d'Orb., 1847. *Manon miliaris*, Reuss, 1846, Bœhm. Kreid., pl. 19, fig. 10-13, pl. 20, fig. 3. Bohême, Bilin.
1498. micrommata, d'Orb., 1847. *Manon micrommata*, Rœmer, 1840, Nordd. Kreid., p. 3, n. 7, pl. 1, fig. 4. Allem., Goslar.
POROSPONGIA, d'Orb., 1847. Voy. t. 1, p. 295.
1499. turbinata, d'Orb., 1847. *Manon turbinatum*, Rœmer, 1840, Nordd. Kreid., p. 3, n. 9, pl. 1, fig. 5. Allem., Goslar.
MARGINOSPONGIA, d'Orb., 1847. Voy. t. 2, p. 187.
***1500. irregularis,** d'Orb., 1847. Espèce dont les lames épaisses sont méandriformes. Saintes (Charente-Inférieure), Saint-Christophe (Indre-et-Loire).
STELLISPONGIA, d'Orb., 1847. Voy. t. 1, p. 210.
1501. conica, d'Orb., 1847. *Chnemidium conicum*, Rœmer, 1840. Nordd. Kreid., p. 4, n. 3, pl. 1, fig. 10. Allem., Goslar.
1502. odontostoma, d'Orb., 1847. *Scyphia odontostoma*, Reuss, 1846, Bœhm., p. 74, pl. 45, fig. 4, 5. Bohême, Meronitz.
1503. conglobata, d'Orb., 1847. *Chnemidium conglobatum*, Reuss, 1846, Bœhm., p. 72, pl. 16, fig. 2, 3. Bohême.
1504. cylindrica, d'Orb., 1847. *Scyphia cylindrica*, Rœmer, 1840, Kreid., p. 5, n. 4, pl. 2, fig. 1. Allem., Steckelnburg.
PLEUROSTOMA, Rœmer, 1841.
1505. lacunosum, Rœmer, 1840, Kreid., p. 5, n. 1, pl. 1, fig. 12. Peine.
1506. radiatum, Rœmer, 1840, Kreid., p. 5, n. 2, pl. 1, fig. 11. Peine.
VERRUCOSPONGIA, d'Orb., 1847. Des saillies verruqueuses percées couvrent toute la surface polymorphe.
1507. sparsa, d'Orb., 1847. *Manon sparsum*, Reuss, 1846, Bœhm. Kreideform., p. 78, pl. 18, fig. 12-20. Bohême, Bilin.
1508. convoluta, d'Orb. *Spongia convoluta*, Phillips, 1829, Yorkshire, pl. 1, fig. 6. Angleterre, Bridlington.
1509. osculifera, d'Orb., 1847. *Spongia osculifera*, Phillips, 1829. Yorkshire, pl. 1, fig. 3. Angleterre, Bridlington.
1510. turbinata, d'Orb., 1847. *Manon turbinatum*, Reuss, 1846, Kreid., pl. 19, fig. 1. Bohême, Bilin.
CUPULOSPONGIA, d'Orb., 1847. Voy. t. 1, p. 210.
1511. micrommata, d'Orb., 1847. *Scyphia micrommata*, Rœmer, 1840, Kreid., p. 7, n. 16, pl. 2, fig. 11. Allem., Coesfeld.
1512. auricularis, d'Orb., 1847. *Scyphia auricularis*, Rœmer, 1840, Kreid., p. 8, n. 22, pl. 2, fig. 10. Hanovre, Peine.

1513. porosa, d'Orb., 1847. *Scyp. a porosa*, Rœmer, 1840, Kreid., p. 7, n. 14, pl. 2, fig. 12. Allem., Ro nfeld.

1514. tenuis, d'Orb., 1847. *Scyp tenuis*. Rœmer, 1840, Kreid., p. 9, n. 36, pl. 4, fig. 1. Allem., Le rde.

1515. stellata, d'Orb., 1847. *Scyp stellata*, Rœmer, 1840, Kreid., p. 7, n. 18, pl. 3, fig. 3. Hanovre, Pe .

1516. bifrons, d'Orb., 1847. *Scyphia bifrons*, Reuss, 1846, Bœhm. Kreideform., p. 76, pl. 18, fig. 6. Bohême.

1517. pocillum, d'Orb., 1847. *Chenendopora pocillum*, Michelin, 1844 id., p. 132, pl. 33, fig. 5. France, Tours.

1518. Townsensis, d'Orb., 1847. *Spongus Townsensis*, Mantell, 1822, Foss. Illust. geol. of Sussex, p. 164, pl. 15, fig. 9. *Achilleum auriforme ?* Bœhm. Kreid., pl. 1, fig. 3. France, Saintes; Angleterre, Lewes; Allem., Ilseburg.

***1519. plana,** d'Orb., 1847. *Spongia plana*, Phillips, 1829, Yorkskire, pl. 1, fig. 1. Angleterre, Br dlington.

***1520. capitata,** d'Orb., 1847. *Spongia capitata*, Phillips, 1829, Yorkshire, pl. 1, fig. 2. *Scyphia marginata*, Rœmer, pl. 2, fig. 7. Anglet., Bridlington; Hanovre.

***1521. subpeziza,** d'Orb., 1847. *Manon pexiza*, Goldf., 1830, Petref., 1, p. 12, pl. 5, fig. 1. Maëstricht.

***1522. fragilis,** d'Orb., 1847. *Scyphia fragilis*, Rœmer, 1840, Kreid., p. 8, n. 28, pl. 3, fig. 11. Saint-André-de-Méouille (Basses-Alpes); Allem., Oppeln.

1523. subtenuis, d'Orb., 1847. *Manon tenue*, Rœmer, 1840, Kreid., p. 3, n. 5, pl. 1, fig. 7 (non n. 1514). Allem., Oppeln.

***1524. obliqua,** d'Orb., 1847. *Chenendopora obliqua*, Michelin, 1844, Icon., pl. 132, pl. 41, fig. 2. Châteauvieux.

***1525. dilatata,** d'Orb., 1847. Espèce renflée à la base de sa cupule, puis évasée, ensuite substriée en dehors. Saintes.

***1526. oblonga,** d'Orb., 1847. Espèce en forme de bouteille renversée, de contexture très-grenue. Saintes.

***1527. costata,** d'Orb., 1847. Espèce de la forme du *C. Townsendi*, mais avec des côtes en travers en dedans. France, Tours.

1528. Mantellii, d'Orb., 1847. *Scyphia Mantellii*, Goldf., pl. 65, fig. 5. Rœmer, 1840, Nordd. Kreid., p. 6, n. 9. Goslar, Coesfeld.

***1529. Santonensis,** d'Orb., 1847. Espèce dont les oscules sont rapprochés. Saintes, Meudon, près de Paris.

PLOCOSCYPHIA, Reuss, 1846.

1530. labyrinthica, d'Orb., 1847. *Spongia labyrinthicus*, Mantell, 1822, Foss. Illust. geol. of Sussex, p. 165, pl. 15, fig. 7. Angleterre, Lewes.

***1531. contortolobata,** d'Orb., 1847. *Spongia id.*, Michelin, 1844, p. 144, pl. 42, fig. 1. *Plocoscyphia labyrinthica*, Reuss, 1846, Bœhm., pl. 18, fig. 10. Tours; Bohême, Kutschlin, Liebschitz.

1532. formosa, d'Orb., 1847. *Achilleum formosum*, Reuss, 1846, Bœhm., p. 79, pl. 43, fig. 7. Bohême, Bilin.

1533. Bennettiæ, d'Orb., 1847, *Scyphia Benetti*, Reuss, 1846, Bœhm, pl. 18, fig. 11. Bohême, Bilin.

1534. rugosa, d'Orb., 1847. *Achilleum rugosum*, Reuss, 1846, Bœhm., p. 79, pl. 20, fig. 4. Bohême, Kutschlin, Bilin.

1535. expansa, d'Orb., 1847. *Guetiardia idem*, Michelin, 1844. Icon. Zoophyt., p. 122, pl. 32, fig. 4. France, Saint-Jean-la-Forest, près de Bellesme.

TURONIA, Michelin, 1844.

1536. variabilis, Michelin, 1844, Icon. Zoophyt., p. 125, pl. 35, fig. 1-8. *Scyphia trilobata*, Michelin, pl. 28, fig. 2? *Spongia sulcatoria*, Michelin, pl. 28, fig. 4. Tours, Saint-Agnan.

AMORPHOSPONGIA, d'Orb., 1847. Voy. t. 1, p. 178.

***1537. ramosa,** d'Orb., 1847. *Spongia ramosa*, Mantell, 1822, Sussex, p. 162, pl. 15, fig. 11. Tours, Saintes, Chinon, Sens, Noirmoutiers; Anglet., Brighton, Lewes.

1538. glomerata, d'Orb., 1847. *Achilleum glomeratum*, Goldfuss, 1830, Petref., 1, p. 1, pl. 1, fig. 1. Maëstricht.

1539. fungiformis, d'Orb., 1847. *Achilleum fungiforme*, Goldfuss, 1830, Petref., 1, p. 1, pl. 1, fig. 3. Maëstricht.

***1540. capitatum,** d'Orb., 1847. *Manon capitatum*, Goldf., 1830, Petref., 1, p. 2, pl. 1, fig. 4; peut-être *Manon pulvinaticum*, Goldf., pl. 1, fig. 6. Maëstricht.

1541. hippocastanum, d'Orb., 1847. *Tragos idem*, Goldf., 1830, Petref., 1, p. 13, pl. 5, fig. 7. Hollande, Maëstricht.

1542. byssoides. d'Orb., 1847. *Scyphia byssoides*, Rœmer, 1840, Kreid., p. 6. n. 11, pl. 2, fig. 8. Hanovre, Peine.

1543. crassa, d'Orb., 1847. *Chemidium crassum*, Michelin, 1844, p. 142, pl. 28, fig. 3. France, Châteauvieux.

1544. heteromorpha, d'Orb., 1847. *Scyphia heteromorpha*, Reuss, 1846, Bœhm., p. 74, pl. 18, fig. 1-4. Bohême, Muggendorf.

1546. angustata, d'Orb., 1847. *Scyphia angustata*, Rœmer, 1840, Kreid., p. 8, n. 25, pl. 3, fig. 5. Allem., Schönau près Tæplitz.

1547. multiporella, d'Orb. *Spongia multiporella*, Michelin, 1844, p. 143, pl. 29, fig. 2. France, Tours.

1548. lævis, d'Orb., 1847. *Spongia lævis*, Phillips, 1839, Yorkshire, pl. 1, fig, 8 a. Anglet., Bridlington.

1549. alveolites, d'Orb., 1847. *Scyphia alveolites*, Rœmer, 1840, Kreid., p. 8, n. 24, pl. 3, fig. 6. Hanovre, Peine.

1550. tubulosa, d'Orb., 1847. *Scyphia tubulosa*, Rœmer, 1840, Kreid., p. 8, n. 26, pl. 3, fig. 10. Hanovre, Peine.

CLIONA, Grant., 1826. *Vioa*, Nardo, 1829. *Spongia*, Duvernoy, 1840.

***1551. irregularis,** d'Orb., 1847. Espèce dont les oscules extérieurs sont irrégulièrement épars. France, Tours, Meudon, Saintes, Royan.

***1552. ramosa,** d'Orb., 1847. Espèce dont les oscules extérieurs forment des rameaux. France, Tours, Saint-Christophe.

VINGT-TROISIÈME ÉTAGE : — DANIEN.

MOLLUSQUES CÉPHALOPODES.

BELEMNITELLA, d'Orb., 1839. Voy. p. 210.
1. **mucronata**, d'Orb., 1839. Voy. Étage sénonien, n° 1. Suède, Faxoë (d'après M. Lyell).
NAUTILUS, Breynius, 1732. Voy. t. 1, p. 52.
*2. **Danicus**, Schlotheim, 1820, Petref., p. 117. Lyell, 1835, on the Cret., p. 250; Trans. géol. Soc., 5. France, Laversine, Vigny, près de Beauvais; Suède, Faxoë.
*3. **Hebertinus**, d'Orb., 1848. Grande espèce globuleuse, très-convexe, lisse, à ombilic très-étroit (dans le moule); cloisons peu arquées, non sinueuses, à siphon placé bien plus près du retour de la spire que du bord externe. France, Montereau (Seine-et-Marne), la Falaise, Montainville, près de Beynes (Seine-et-Oise).
BACULITES, Lamarck, 1799. Voy. p. 66.
?4. **Faujasii**, Lamarck. Voy. Étage sénonien, n° 69. Danemark; Faxoë (d'après M. Lyell).

MOLLUSQUES GASTÉROPODES.

TURRITELLA, Lamarck, 1801. Voy. vol. 2, p. 67.
*5. **supracretacea**, d'Orb., 1847. Espèce dont l'angle spiral est d'environ 16°, à tours aplatis, saillants seulement à la partie antérieure, ornés de stries inégales longitudinales, dont une plus forte en avant. France, Meudon, près de Paris (Seine-et-Oise).
NATICA, Adanson, 1757. Voy. vol. 1, p. 29.
*6. **supracretacea**, d'Orb., 1848. Grosse espèce, globuleuse, lisse, dont les tours ont un léger méplat près de la suture. (Sous le nom de *N. Patula*.) France, la Falaise, près de Beynes, Port-Marly, près Saint-Germain, Meudon, près de Paris.
TROCHUS, Linné, 1758. Voy. vol. 1, p. 64.

*7. **polyphyllus,** d'Orb., 1848. Moyenne espèce, remarquable par ses tours de spire anguleux, pourvus, sur l'angle, de longues expansions foliacées anguleuses, de deux côtes en dessus et de quatre au-dessous de cette carène. La Falaise, près de Beynes.

*8. **Gabrielis,** d'Orb., 1847. Espèce petite, conique, à tours étroits, légèrement saillants en toit, les uns sur les autres, ornés d'une série de légères nodosités et de stries fines longitudinales. France, la Falaise, près de Beynes, Vigny (Oise).

SOLARIUM, Lamarck, 1801. Voy. vol. 1, p. 300.

*9. **Danae,** d'Orb., 1847. Espèce voisine du *S. Granulatum*, mais plus déprimée et presque enroulée horizontalement, à très-large ombilic, carénée extérieurement et ornée d'une côte tuberculeuse en dessus. La Falaise, près de Beynes, Meudon.

TURBO, Linné, 1758. Voy. vol. 1, p. 5.

*10. **Gravesii,** d'Orb., 1848. Espèce conique, élevée, à tours étroits, saillants, ornés de neuf côtes longitudinales tuberculeuses. La Falaise.

PLEUROTOMARIA, Defrance, 1825. Voy. vol. 1, p. 7.

*11. **penultima,** d'Orb., 1848. Belle espèce dont l'angle spiral est de 82° d'ouverture, formée de tours légèrement évidés au milieu, ornés de fines côtes granuleuses longitudinales, avec lesquelles se croisent des lignes d'accroissement; bande du sinus près de la suture, dont elle est séparée seulement par trois stries; dessous, légèrement ombiliqué. La Falaise, près Beynes.

OVULA, Bruguière, 1791.

*12. **cretacea,** d'Orb., 1848. Espèce ovale, lisse, prolongée en avant et en arrière, du côté de la bouche. Spire conique saillante; bouche très-étroite, droite. (Le jeune est donné comme *Oliva brandaris*.) La Falaise, près de Beynes, Vigny (Oise).

12'. **bullaria,** d'Orb., 1847. *Cypræa bullaria*, Lyell, 1835, on the Cret., p. 250. *Cyprecites bullaria*, Schloth. Danemark; Faxoë.

VOLUTA, Linné, 1758, Voy. p. 154.

*13. **subfusiformis,** d'Orb., 1848. Espèce fusiforme, un peu voisine du *V. Requieniana*, mais plus allongée et ornée seulement de quatre à cinq saillies longitudinales. Vigny.

MITRA, Lamarck, 1801. Voy. p. 154.

*14. **Vignyensis,** d'Orb., 1848. Petite espèce, allongée, subpupoïde, à péristome prononcé, dont le moule intérieur est lisse, avec quatre plis sur la columelle. Vigny.

FUSUS, Bruguière, 1791. Voy. t. 1, p. 303.

*15. **Neptuni,** d'Orb., 1847. Voy. Étage sénonien, n. 351. Espèce longue de 12 centimètres, allongée, entièrement lisse, à tours peu convexes, le dernier très-grand, pyriforme, muni d'un assez long canal. France, la Falaise, Vigny; Royan (Charente-Inférieure).

FASCIOLARIA, Lamarck, 1801.

*16. **prima,** d'Orb., 1848. Espèce très-voisine, pour la forme et les côtes, du *Fusius Marotianus*, et qui ne nous a pas montré d'autres caractères distinctifs que ses saillies longitudinales plus espacées et les deux plis de sa columelle. France, la Falaise.

17. **supracretacea,** d'Orb., 1848. Petite espèce fusiforme et même

turriculée, à grosses côtes longitudinales, et munie de deux plis sur la columelle. France, Vigny.

CERITHIUM, Adanson, 1757. Voy. t. 1, p. 196.

*18. **Carolinum**, d'Orb., 1848. Espèce voisine d'aspect du *C. Requienianum*, mais avec des côtes longitudinales plus nombreuses, se correspondant moins exactement d'un tour à l'autre, et ornés, par tour, de sept côtes inégales transverses. La Falaise (Seine-et-Oise), Mont-Aimé (Marne), Meudon.

*19. **gea**, d'Orb., 1848. Espèce allongée, lisse dans l'âge adulte, à tours peu saillants, larges, pourvus de varices de distance en distance ; dans le jeune âge, il y a des stries inégales transverses. La Falaise.

*20. **dymorphum**, d'Orb., 1848. Espèce longue de 12 centimètres, à tours non saillants, qui deviennent de moins en moins ornés suivant l'âge. Jeune, ils ont quatre côtes longitudinales noueuses, qui deviennent lisses à la moitié de l'accroissement de la coquille et disparaissent chez les adultes, entièrement lisses. Le moule montre de distance en distance que la bouche avait trois dents sur le labre, et un pli sur la columelle. La Falaise, Vigny (Oise).

*21. **uniplicatum**, d'Orb., 1848. Coquille presque aussi grande que le *C. giganteum* (27 centimètres de longueur) et prise par erreur pour cette espèce, dont elle diffère par les tours bien plus courts, par son angle spiral de 23° d'ouverture, et enfin par des ornements différents. Les tours sont plans, lisses, et seulement marqués de quatre sillons longitudinaux ; un seul pli à la columelle. France, la Falaise, Vertus (Marne), Vigny, Port-Marly, Meudon.

*22. **urania**, d'Orb., 1847. Espèce voisine du *C. nudum*, mais à tours de spire très-finement striés en long, pourvus d'un sillon au milieu de leur largeur. France, la Falaise, près de Beynes.

*23. **Hebertianum**, d'Orb., 1848. Espèce de 15 centimètres de longueur, voisine du *C. uniplicatum*, mais s'en distinguant, d'abord par deux plis sur la columelle, par les tours plans ornés à la partie supérieure d'une légère côte, et, à l'inférieure, d'une série de petites nodosités peu saillantes. Falaise, Vigny.

INFUNDIBULUM, Montfort, 1810. Voy. p. 232.

*24. **supracretacea**, d'Orb., 1848. Petite espèce citée sous le nom de *Calyptræa trochiformis*, mais dont on ne connaît encore que le moule intérieur. Port-Marly.

CAPULUS, Montfort, 1810. Voy. t. 1, p. 31.

*26. **ornatissimus**, d'Orb., 1848. Espèce voisine par les lames concentriques du *C. spirirostris*, mais s'en distinguant par son sommet non spiral, obtus, et par ses stries longitudinales fines et non inégales. France, la Falaise, Port-Marly.

*27. **consobrinus**, d'Orb., 1848. Espèce voisine du *C. cornu-copiæ*, mais plus large, plus court, ornée de côtes rayonnantes bien plus saillantes et régulièrement alternes; des rides concentriques profondes. France, la Falaise, Vigny.

EMARGINULA, Lamarck, 1801. Voy. t. 1, p. 197.

*28. **cretacea**, d'Orb., 1828. Petite espèce voisine de l'*E. sanctæ Catharinæ*, élevée, droite, comprimée, ornée de onze grosses côtes rayonnantes, qui en ont chacune trois inégales intermédiaires. France, la Falaise, près de Beynes.

HELCION, Montfort 1810. Voy. t. 1, p. 9.

*29. **Hebertiana**, d'Orb., 1848. Grande et belle espèce ovale, à sommet latéral, ornée de quelques rayons indistincts, et de quelques rides d'accroissement sur les grands individus. France, la Falaise, Vigny.

MOLLUSQUES LAMELLIBRANCHES.

CRASSATELLA, Lamarck, 1801. Voy. p. 77.

30. **Hellica**, d'Orb., 1848. Espèce oblongue, également large partout, très-bombée, tronquée et presque carénée sur la région anale, courte du côté opposé, ornée de rides concentriques assez régulières. (Sous le nom de *Cytherea obliqua*.) France, Meudon, Vigny.

*31. **pisolithica**, d'Orb., 1848. Espèce citée comme le *C. tumida*, Lamarck, mais n'ayant que peu de rapport avec cette espèce. Sa forme est oblongue, bien plus étroite, plus allongée sur la région anale, plus droite sur la région palléale; son moule diffère complétement, par le manque d'impressions palléales profondes, par ses empreintes musculaires non saillantes, etc., etc. France, Meudon (Seine-et-Oise).

CARDITA, Bruguière, 1789. Voy. p. 77.

*32. **Hebertiana**, d'Orb., 1848. Espèce quadrangulaire, renflée, ornée d'environ vingt-six grosses côtes rayonnantes, saillantes, carénées, pourvues dessus d'une série de tubercules, et latéralement d'une saillie longitudinale. (Sous le nom de *Cardium porulosum*.) France, Vertus (Marne), Port-Marly, Meudon.

LUCINA, Bruguière, 1791. Voy. t. 1, p. 76.

*33. **supracretacea**, d'Orb., 1848. Espèce circulaire, comprimée, ornée de petites côtes concentriques inégales d'accroissement. (Sous le nom de *Lucina grata*.) France, Meudon (Seine-et-Oise), Port-Marly.

CORBIS, Cuvier, 1817. Voy. t. 1, p. 279.

*34. **multilamellosa**, d'Orb., 1848. Grande espèce ovale, voisine du *C. pectunculus*, mais beaucoup moins bombée, à côtes concentriques très-rapprochées, à côtes rayonnantes à peine visibles. France, Vertus (Marne), Port-Marly, Meudon.

*35. **sublamellosa**, d'Orb., 1848. Espèce voisine du *C. lamellosa*, mais plus courte, bien plus bombée, à côtes concentriques plus espacées, moins régulièrement placées. France, Vertus (Marne), Meudon, Port-Marly.

CARDIUM, 1791. Voy. t, 1, p. 33.

*36. **pisolithicum**, d'Orb., 1848. Espèce rapportée à tort au *C. granulosum*, dont elle diffère, par sa forme plus ovale, moins oblique, tronquée non obliquement sur la région anale, enfin, par ses stries le double plus nombreuses. France, Meudon, Port-Marly (Seine-et-Oise).

*37. **Dutempleanum**, d'Orb., 1848. Espèce rapportée à tort au

C. porulosum, dont elle diffère par ses côtes arrondies, simples, plus rapprochées et non poreuses. France, Meudon.

ARCA, Linné, 1753. Voy. t. 1, p. 13.

*38. **supracretacea,** d'Orb., 1848. Espèce ovale oblongue, comprimée, plus longue et plus étroite du côté anal, élargie et courte du côté opposé, subcarénée antérieurement, ornée de côtes rayonnantes et concentriques croisées. France, la Falaise, près de Beynes, Vigny (Oise).

*39. **Merope,** d'Orb., 1848. Espèce voisine de la précédente, mais plus large et plus anguleuse sur la région anale ; elle est ornée de côtes concentriques et rayonnantes bien plus grosses et plus saillantes. France, Port-Marly.

*40. **Gravesii,** d'Orb., 1848. Espèce voisine de forme de l'*A. Galliennei,* mais plus étroite, plus longue, ornée de côtes concentriques fines, avec lesquelles se croisent des côtes rayonnantes. (Donnée sous le nom d'*A. rudis.*) France, la Falaise, près de Beynes, Meudon, Port-Marly (Seine-et-Oise), Vigny, Laversine, près de Beauvais (Oise).

MYTILUS, Linné, 1758. Voy. t. 1, p. 82.

*41. **Phædra,** d'Orb., 1847. Espèce voisine de forme et d'ornement du *M. lineatus,* mais plus étroite et plus acuminée sur la région buccale, plus large et moins oblique sur la région anale ; ses stries rayonnantes plus interrompues. France, la Falaise.

LIMA, Bruguière, 1791, Voy. t. 1, p. 175.

*42. **Carolina,** d'Orb., 1848. Petite espèce ovale, ornée de fines stries rayonnantes et de lignes d'accroissement marquées. France, Meudon (Seine-et-Oise), Vigny, la Falaise, Port-Marly, Laversine, près de Beauvais (Oise).

SPONDYLUS, Linné, 1758. Voy. t. 2, p. 83.

*43. **Aonis,** d'Orb., 1848. Petite espèce irrégulière ornée de stries rayonnantes, fines, inégales, avec lesquelles se croisent à peine quelques rares lignes d'accroissement. France, Laversine.

CHAMA, Linné, 1758. Voy. p. 170.

*44. **supracretacea,** d'Orb., 1848. Espèce convexe, arrondie, fortement contournée sur elle-même, ornée de très-petites côtes concentriques, marquée de lignes rayonnantes aussi serrées que les côtes. France, la Falaise, Meudon.

OSTRÆA, Linné, 1758. Voy. t. 1, p. 166.

*45. **Megæra,** d'Orb., 1848. Petite espèce oblongue, convexe, ornée de cinq grosses côtes rayonnantes, peu régulières, très-élargies à la région palléale. France, la Falaise.

*46. **canaliculata,** d'Orb., 1847. Voy. Étage sénonien, n° 915. La Falaise.

MOLLUSQUES BRACHIOPODES.

RHYNCHONELLA, Fischer. Voy. t. 1, p. 92.

47. **incurva,** d'Orb., 1848. *Tereb. incurva,* Schloth., Cat., p. 65, n. 72. De Buch, Mém. de la Soc. géol., 3, p. 207, pl. 19, fig. 6. Faxoë.

*48. **Danica,** d'Orb., 1848. Espèce presque ronde, plus longue que large, à crochet courbé et saillant, ornée de côtes fines, rayonnantes, dichotomes; commissure palléale, relevée d'un côté et abaissée de l'autre.

TEREBRATULA, Lwyd, 1699. Voy. t. 1, p. 43.

49. **incisa,** Münster, de Buch, Mém. de la Soc. géol., 3, p. 204. Suède, Faxoë.

ÉCHINODERMES.

PYRINA, Desmoulins.

50. **Freuchenii,** Desor, Agass., 1847, Cat. syst., p. 92. Suède, Faxoë.

ECHINOLAMPAS, Gray.

50'. **Francii,** Desor, Agass., 1847, Cat. syst., p. 106. *Clypeaster oviformis*, Defrance. Orglande (Manche).

DIADEMA, Gray.

50''. **Heberti,** Desor, Agass., 1847, Cat. syst., p. 45. Orglande, Valognes (Manche).

CIDARIS, Lamarck.

51. **venulosa,** Desor, pl. 6; Agass., Cat., 1847, p. 24. Nord de l'Europe.

52. **Forchhammeri,** Hising., Leth., Suec., pl. 20, fig. 2; Agass., Cat., 1847, p. 24. France, Vigny, Laversine (Oise); Suède, Faxoë.

ZOOPHYTES.

ELLIPSOSMILIA, d'Orb., 1847. Voy. p. 36.

*53. **supracretacea,** d'Orb., 1848. Espèce voisine de forme de l'*E. obliqua*, également arquée, mais ayant extérieurement des côtes bien plus saillantes et plus égales. France, Port Marly, Meudon, la Falaise (Seine-et-Oise), Vertus (Marne), Laversine (Oise).

*54. **Meudonensis,** d'Orb., 1848. Espèce le double de la précédente, bien plus large et plus comprimée; les cloisons pourvues de trois cycles. Meudon.

CALAMOPHYLLIA, Blainville.

*54'. **Faxoensis,** d'Orb., 1848. *Caryophyllia Faxoensis*, Beck, Lyell, 1837, Trans. geol. Soc. of London, 5, p. 249. Suède, Faxoë.

ASTREA, Lamarck, 1816.

*54''. **Calypso,** d'Orb., 1848. Espèce dont les cellules, rapprochées, ont 2 millimètres de diamètre, et sont pourvues de six doubles cloisons; l'intervalle irrégulier. France, la Falaise.

55. **Hebertiana,** d'Orb., 1848. Espèce dont les cellules, très-espacées, sont larges de près de 2 millimètres, à six doubles cloisons. La Falaise.

*55'. **microphyllia,** d'Orb., 1848. Espèce dont les cellules, espacées, ont un millimètre de diamètre, à huit cloisons égales. La Falaise.

PRIONASTREA, Edwards et Haime, 1848.

56. **supracretacea,** d'Orb., 1848. Espèce à cellules ovales, comprimées, multilamellées, à columelle poreuse. La Falaise.

PHYLLOCŒNIA, Edwards et Haime, 1848.

*57. **Oceani**, d'Orb., 1848. Belle espèce dont les cellules, espacées, ont un peu plus de deux millimètres de diamètre, multilamellées, profondes; intervalle finement orné de stries onduleuses. France, la Falaise.

*58. **Neptuni,** d'Orb., 1848. Espèce dont les cellules, espacées, ont 6 millimètres de diamètre, peu profondes et multilamellées; intervalle finement strié. France, la Falaise.

POLYTREMACIS, d'Orb., 1849. Voy. p. 183.

60. **supracretacea,** d'Orb., 1848. Espèce dont les cellules sont intermédiaires, pour la taille, entre les *P. macropora* et *Blainvilleana;* les canelures du pourtour saillantes en lames. La Falaise, Vigny.

ENALLHELIA, d'Orb., 1847. Voy. t. 1, p. 322.

*61. **regularis,** d'Orb., 1848. Espèce à rameaux comprimés, munis latéralement de cellules; stries extérieures très-régulières. France, la Falaise, près de Beynes.

AMORPHOZOAIRES.

HIPPALIMUS, Lamouroux, 1821. Voy. t. 1, p. 209.

62. **proliferus,** d'Orb., 1848. *Anthophyllum proliferum*, Goldfuss, 1830, Petref., 1, p. 46, pl. 13, fig. 13. Suède, Faxoë.

TERRAINS TERTIAIRES.

VINGT-QUATRIÈME ÉTAGE : SUESSONIEN

OU NUMMULITIQUE.

(**A.** — COUCHES INFÉRIEURES.)

MOLLUSQUES GASTÉROPODES.

HELIX, Linné, d'Orb., Traité élémentaire de paléont.

*1. **luna,** Michaud, 1836, Mag. de zool., pl. 81, fig. 1-3. France, Rilly (Marne).

*2. **hemisphærica,** Michaud, 1836, Mag. de zool., pl. 81, fig. 4-6. Rilly.

*3. **Arnoudii,** Michaud, 1836, Mag. de zool., pl. 81, fig. 7-9. Rilly.

*4. **Lunelii,** d'Orb., 1847. *Cyclostoma id.*, Mathéron, 1843, Catal., p. 209, pl. 35, fig. 12, 13. France, les Baux, Vitrolles (B.-du-Rhône).

*5. **heliciformis,** d'Orb., 1847. *Cyclostoma id.*, Mathéron, 1843, Cat., p. 210. Les Baux, les Mons (B.-du-Rhône).

6. **subdisjuncta,** d'Orb., 1847. *Cyclostoma disjuncta*, Mathér., 1832, Ann. des Sc. et de l'Ind., p. 59, pl. 2, fig. 1-4 (non *disjuncta*, Turton, 1804). Les Mons.

*7. **proboscidea,** d'Orb., 1847? *Ampullaria id.*, Mathéron, 1843, Cat., p. 225, pl. 37, fig. 25, 26. Peynier (B.-du-Rhône).

*8. **Matheronis,** d'Orb., 1847. *Ampullaria galloprovincialis*, Mathéron, 1843, Cat., p. 226, pl. 38, fig. 1-3 (non Mathéron, Étage 26, n. 6). C'est une Hélice et non une Ampullaria. Canet, près de Meyreuil (B.-du-Rhône).

9. **rotellaris,** Mathéron, 1843, Cat., p. 197, Ann. des Sc. et de l'Industrie du midi de la France, t. 3, p. 56, pl. 1, fig. 1-3. Simanne, près de Gardanne (B.-du-Rhône).

10. **subfallax,** d'Orb., 1847. *H. fallax*, Melleville, 1843, Ann. des Sc. géol., p. 45, pl. 5, fig. 4-7 (non Dekay, 1843). Châlons-sur-Vesles (Marne).

*11. **Rillysensis,** d'Orb., 1847. Espèce voisine de l'*H. hemisphærica*, mais sans ombilic ouvert et plus globuleuse. France, Rilly-la-Montagne.

TOMOGERES, Montfort, 1810, *Anostoma*, Lamarck, 1822; *Lychnus*, Mathéron, 1843.

12. elliptica, d'Orb., 1847. *Lychnus ellipticus*, Mathéron, 1843, Cat., p. 204, Ann. des Sc. et de l'Indust., 3, pl. 2, fig. 5-7. Les Baux, Mimet (B.-du-Rhône).

13. Urgonensis, d'Orb., 1847. *Lychnus id.*, Mathéron, 1843, Cat., p. 204. Orgon (B.-du-Rhône).

***14. Matheroni,** d'Orb., 1847. *Lychnus id.*, Requien., Bull. de la Soc. géol., 1842 ; Mathéron, Cat., p. 204, pl. 34, fig. 1, 2. Vitrolles, St-Victoret (B.-du-Rhône).

BULIMUS, Bruguière, 1789.

***15. Affuvelensis,** d'Orb., 1847. *Lymnea id.*, Mathéron, 1843, Cat., p. 214, pl. 36, fig. 1, 2. Cette espèce nous parait être un *Bulimus* et non une *Lymnea*. Fuveau, Peynier (B.-du-Rhône).

16. longissimus, d'Orb., 1847. *Lymnea longissima*, Mathéron, 1843, Cat., p. 214, pl. 36, fig. 3,4. C'est un *Bulimus*. Simianne (Bouches-du-Rhône).

17. obliquus, d'Orb., 1847. *Lymnea obliqua*, Mathéron, 1843, Cat., p. 214, pl. 36, fig. 5. C'est un *Bulimus* et non pas une *Lymnea*. Bords de l'Arc (B.-du-Rhône).

18. meridionalis? d'Orb., 1847. *Lymnea aquensis*, Mathér., 1843, Cat., p. 213, pl. 36, fig. 6, 7. C'est un *Bulimus* mais non le *B. aquensis* de Mathéron, ce qui oblige de changer cette dénomination. Quartier de Montaigu, près d'Aix (B.-du-Rhône).

19. terebra, Mathéron, 1832, Ann. des Sc. et de l'Indust., p. 57, pl. 1, fig. 12, 13. Les Baux (B.-du-Rhône).

20. Panescorsii, Mathéron, 1843, Cat., p. 206, pl. 34, fig. 5. Orgon, Aups (B.-du-Rhône).

PUPA, Draparnaud, 1801.

21. subantiqua, d'Orb., 1847. *P. antiqua*. Mathéron, 1832, Ann. des Sc. et de l'Indust., p. 56, pl. 1, fig. 4; id., 1843, Cat., p. 205, pl. 34, fig. 3, 4 (non Schubler, 1830). Baux (B.-du-Rhône).

***22. patula,** Mathéron, 1832, Ann. des Sc. et de l'Indust., p. 57, pl. 1, fig. 8-10. Rognac (B.-du-Rhône).

***23. tenuicostata,** d'Orb., 1847. *Melania id.*, Mathéron, 1843, Cat., p. 218, pl. 36, fig. 19-22. (C'est certainement un *Pupa* et non une *Melania*). Rognac, Les Baux.

N. B. Nous en possédons encore cinq espèces de Rilly-la-Montagne, qui ont probablement été nommées par M. de Boissy.

AURICULA, Lamarck, 1796.

24. Requieni, Mathéron, 1843, Cat., p. 208, pl. 35, fig. 1-73. France, Les Baux, Aups (Var).

25. subovula, d'Orb., 1847. *A. ovula*, Mathéron, 1843, Cat., p. 208, pl. 35, fig. 4-6 (non Férussac). France, Les Baux.

PHYSA, Draparnaud, 1801.

***26. columnaris,** Deshayes, Paris, 2, p. 90, pl. 10, fig. 11, 12. France, Aix (B.-du-Rhône), envir. d'Épernay (Marne).

27. Draparnaudii, Mathéron, 1843, Cat., p. 216, pl. 36, fig. 8. Langresse, près d'Aix (B.-du-Rhône).

28. galloprovincialis, Mathéron, 1843, Cat., p. 216, pl. 36, fig. 9, 10. Les Baux, Orgon.

29. Gardanensis, Mathéron, 1843, Cat., p. 217, pl. 36, fig. 13, 14. Gardanne, Simianne (B.-du-Rhône).

30. doliolum, Mathéron, 1843, Cat., p. 217, pl. 36, fig. 15, 16. Simianne.

31. Michaudi, Mathéron, 1843, Cat., p. 218, pl. 36, fig. 17, 18. Simianne.

***32. gigantea,** Michaud, 1836, Mag. de zool., pl. 82. *P. Prinsepii*, Sow., 1837, Trans. geol. Soc., 5, pl. 47, fig. 14, 15. France, Rilly, près de Reims (Marne), Montagnes-Noires (Aude); Indes, Munnoor, Chicknee.

***33. pulchella,** d'Orb., 1847. Petite espèce allongée, conique, à tours convexes. France, Mont Bernon, près d'Épernay (Marne).

LYMNÆA, Lamarck, 1801.

34. subulata, Sow., 1837, Trans. geol. Soc. of London, 5, pl. 47, fig. 13. Inde, Munnoor, Chicknee.

PLANORBIS, Guettard, 1756.

35. subcingulatus, Mathéron, 1843, Cat., p. 212, pl. 35, fig. 26, 27. Langresse (B.-du-Rhône).

36. pseudo-rotundatus, Mathéron, 1843, Cat., p. 213, pl. 35, fig. 28, 29. Montaignet, près d'Aix (B.-du-Rhône).

***37. subovatus,** Deshayes, 1824, Envir. de Paris, 2, p. 85, pl. 9, fig. 19, 20, 21. Épernay (Marne).

***38. lævigatus,** Deshayes, 1824, Envir. de Paris, 2, p. 85, pl. 10, fig. 1, 2. France, Épernay (Marne), Mareuil-la-Motte (Oise).

***39. Sparnacensis,** Deshayes, 1824, Envir. de Paris, 2, p. 86, pl. 10, fig. 6, 7. Épernay (Marne), Muirancourt, Mareuil (Oise).

CYCLOSTOMA, Lamarck, 1801.

***40. Arnoudii,** Michaud, 1836, Mag. de zool., pl. 83. Rilly (Marne).

***41. solarium,** Mathéron, 1843, Cat., p. 209, pl. 35, fig. 7-11. Fuveau, Peynier, Les Baux (B.-du-Rhône).

***42. abbreviata,** Mathéron, 1832, Ann. des Sc. et de l'Industr., p. 61, fig. 10-12. Vallon du Duc, près de Velaux (Bouches-du-Rhône).

PALUDINA, Lamarck, 1822.

***43. aspera,** Michaud, 1836, Mag. de zool., pl. 84, fig. 1, 2 (adulte). *Paludina subangulata*, Michelin, 1836, id., pl. 84, fig. 3 (jeune). Rilly (Marne).

***44. rimata,** Michaud, 1836, Mag. de zool., pl. 84, fig. 4. Rilly.

45. sublenta, d'Orb., 1847. *Paludina lenta*, Deshayes, 1824, envir. de Paris, 2, p. 128, pl. 15, fig. 5, 6 (non *vivipara lenta*, Sow., Min. Conch., pl. 31, fig. 3). France, env. de Soissons.

***46. Desnoyerii,** Deshayes, 1824, 2, p. 127, pl. 16, fig. 7, 8. Épernay.

47. Bosquiana, Mathéron, 1843, Cat., p. 223, pl. 37, fig. 19, 20. Auriol (B.-du-Rhône).

48. Beaumontiana, Mathéron, 1843, Cat., p. 224, pl. 37, fig. 23, 24. Baux, Rognac (B.-du-Rhône).

49. Deccanensis, Sowerby, 1837, Trans. geol. Soc. of London, 5, pl. 47, fig. 20-23. Indes orientales, Munnoor, Chicknec.

PALUDESTRINA, d'Orb., 1840, Mollusques des Antilles.

50. Deshaysiana, d'Orb., 1847. *Paludina id.*, Mathéron, 1843, Cat., p. 224, pl. 37, fig. 21, 22. Rognac.

***51. miliola,** d'Orb., 1847. *Paludina id.*, Melleville, 1843, Ann. des Sc. geol., p. 49, pl. 4, fig. 1-3. Ciry-Salsogne (Aisne), Crontoy (Oise).

***52. intermedia,** d'Orb., 1847. *Paludina id.*, Melleville, 1843, Ann. des Sc. géol., p. 50, pl. 4 fig. 4-6. Ciry-Salsogne (Aisne), Ognolles (Oise).

53. striatula, d'Orb., 1847. *Paludina striatula,* Deshayes, 1824, Envir. de Paris, 2, p. 133, pl. 15, fig. 15, 16. Soissons (Aisne), Antheuil, Solente, Porquéricourt, Cuvilly (Oise).

***54. Desmaresti,** d'Orb., 1847. *Paludina Desmaresti*, Prevost, Deshayes, n. 5, pl. 15, fig. 13, 14. Cendrières de Beaurains, Cuvilly (Oise).

MELANIA, Lamarck, 1801.

56. subtenuistriata, d'Orb., 1847. *M. tenuistriata*, Melleville, 1843, Ann. des Sc. geol., p. 48, pl. 4, fig. 7-9 (non Münst., 1841). France, Ciry-Salsogne (Aisne).

57. curvicostata, Melleville, 1843, Ann. des Sc. géol., p. 48, pl. 4, fig. 10-12. France, Ciry-Salsogne.

***58. inquinata,** Defrance, Deshayes, n. 2, pl. 12, fig. 7, 8-13, 14, 15, 16. Cendrières de l'Oise, Soissons, Épernay.

59. lyra, d'Orb., 1847. *Melanopsis lyra,* Mathéron, 1843, Cat., p. 221, pl. 37, fig. 8-10. Ce n'est pas un *Melanopsis*, par le manque de canal. France, Martigues (B.-du-Rhône).

60. subrugosa, d'Orb., 1847. *Melanopsis rugosa,* Mathéron, 1843, Cat., p. 221, pl. 37, fig. 11 (non *rugosa,* Lea). Le manque de canal en fait une *Melania*. Martigues.

61. armata, d'Orb., 1847. *Melanopsis armata,* Mathéron, 1843, Cat., p. 222, pl. 38, fig. 12-14. C'est une Mélanie. Rognac, Saint-Victoret (B.-du-Rhône).

***62. turricula,** d'Orb., 1847. *Melanopsis turricula,* Mathéron, 1843, Cat., p. 222, pl. 37, fig. 15, 18. C'est une véritable Mélanie. Martigues.

63. scalaris, Sowerby, 1829, Edimburg new philosophical journal, p. 13. Fuveau, env. d'Aix (B.-du-Rhône).

64. Gardanensis, d'Orb., 1847. *Cerithium id.*, Mathéron, 1843, Cat., p. 243, pl. 40, fig. 2-4. Gardanne, Simiane (B.-du-Rhône).

***65. triticea,** Fér., Deshayes, 1824, Envir. de Paris, 2, p. 107, pl. 14, fig. 7, 8. Les Rosières, près Epernay (Marne).

66. quadrilineata, Sowerby, 1837, Trans. geol. Soc. of London, 5, pl. 47, fig. 17-19. Indes orientales, Munnoor, Chicknée.

MELANOPSIS, Ferussac, 1806.

67. buccinulum, Melleville, 1843, Ann. des Sc. géol., p. 49, pl. 4, fig. 13-15. Châlons-sur-Vesles (Marne).

68. fusiformis, Sow., 1823, Min. Conch., 4, p. 35, pl. 332, fig. 1-7. *M. buccinoidea*, Fér., Deshayes, 1824, Envir. de Paris, 2, p. 120, pl. 14, fig. 24-27 et pl. 15, fig. 3, 4. Féruss., Mém. géol., p. 64, n. 1 (non espèce vivante). France, Boulincourt, St-Sauveur, Salency

(Oise), Soissons (Aisne), Bernon, Disy-les-Rosières, près Reims, Gilecourt entre Crespy et Compiègne ; Anglet., Charlton, Woolwich, New-Crotz, Pordevel.

70. subcostata, d'Orb., 1847. *Melanopsis costata,* Deshayes, n. 4, pl. 19, fig. 15-16 (non espèce vivante). Antheuil (Oise), Soissons.

*__71. galloprovincialis,__ Mathéron, 1843, Cat., p. 219, pl. 37, fig. 1-6. Martigues, Simiane, Gardanne, Fureau (B.-du-Rhône).

72. Marticensis, Mathéron, 1843, Cat., p. 220, pl. 37, fig. 7. Martigues (B.-du-Rhône).

TURRITELLA, Lam., 1801. Voy. p. 67.

74. rotifera, Desh., 1824, Env. de Paris, 2, p. 274, pl. 40, fig. 20, 21. France, Soissons.

CHEMNITZIA, d'Orb., 1839. Voy. t. 1, p. 172.

75. plicatula, d'Orb., 1847. *Melania plicatula,* Deshayes, 1824, Envir. de Paris, 2, p. 115, pl. 14, fig. 5, 6. Abbecourt, près de Beauvais, Bracheux (Oise).

TURBONILLA, Risso, 1825.

76. bimarginata, d'Orb., 1847. *Auricula bimarginata,* Deshayes, 1824, Env. de Paris, 2, p. 70, pl. 8, fig. 12, 13. Abbecourt.

PYRAMIDELLA, Lamarck, 1796.

*__77. elongata,__ d'Orb., 1847. *Pupa id.,* Melleville, 1843, Ann. des Sc. géol., p. 46, pl. 4, fig. 23-25. Châlons-sur-Vesles (Marne).

ACTEON, Montfort, 1810. Voy. t. 1, p. 263.

*__78. biplicatus,__ d'Orb., 1847. *Tornatella biplicata,* Melleville, 1843, Ann. des Sc. géol., p. 52, pl. 4, fig. 20-22. Châlons-sur-Vesles.

PEDIPES, Adanson, 1757.

79. crassidens, Melleville, 1843, Ann. des Sc. géol., p. 47, pl. 6, fig. 5, 6. Châlons-sur-Vesles (Marne).

NATICA, Adanson, 1757. Voy. t. 1, p. 29.

*__80. glaucinoides,__ Desh., n. 3, pl. 20, fig. 7, 8 (exclus. localités). Abbecourt, Nouailles (Oise).

NERITA, Guettard, 1756.

*__81. subornata,__ d'Orb., 1847. *Neritina ornata id.,* Melleville, 1843, Ann. des Sc. géol., p. 50, pl. 6, fig. 9-10 (non Sow., 1835). Châlons-sur-Vesles.

82. vicina, d'Orb., 1847. *Neritina id.,* Melleville, 1843, Ann. des Sc. géol., p. 51, pl. 6, fig. 11, 12. Châlons-sur-Vesles.

*__83. consobrina,__ d'Orb., 1847. *Neritina consobrina,* Féruss., Desh., n. 4, pl. 19, fig. 5, 6. Catenoy, Grandfresnoy, Cuise-Lamotte (Oise), Épernay (Marne).

*__84. globulus,__ d'Orb., 1847. *Nerita globulus,* Defr., Desh., n. 2, pl. 17, fig. 19, 20. *Neritina implicata,* Sow., 1823, Min. Conch., 4, p. 117, pl. 385, fig. 9, 10. Arsy, Cauly, Mareuil-la-Motte, Orvilliers (Oise), Mont Bernon (Oise) ; Angleterre, Charlton, Woolwich.

85. nucleus, d'Orb., 1847. *Nerita nucleus,* Desh., n. 9, pl. 25, fig. 3-5. Moyvilliers, Catenoy, Cuise-la-Motte, Tresly, Breuil (Oise).

*__86. pisiformis,__ d'Orb., 1847. *Neritina pisiformis,* Desh., n. 7, pl. 17, fig. 21, 22. France, Cappy, Bussy, Cuise-la-Motte (Oise).

87. Brongniartina, d'Orb., 1847. *Neritina Brongniartina,* Mathéron, 1843, Cat., p. 226, pl. 38, fig. 4, 5. La Cadière (Var).

TROCHUS, Linné, 1758. Voy. t. 1, p. 64.

88. subfragilis, d'Orb., 1847. *T. fragilis*, Desh., 1824, Envir. de Paris, 2, p. 237, pl. 29, fig. 11-14 (non Gmelin, 1789). Abbecourt, Noailles, près Beauvais (Oise).

SOLARIUM, Lamarck, 1801. Voy. t. 1, p. 300.

***89. marginatum,** Desh., n. 5, pl. 25, fig. 21-23. Abbecourt, Creil (Oise).

OVULA, Bruguière, 1791.

***91. gigantea,** d'Orb., 1847. *Strombus giganteus*, Münst., Goldf., 1843, Petref., 3, p. 14, pl. 169, fig. 3. Kressenberge; France, envir. de Castellanne (B.-Alpes).

VOLUTA, Linné, 1758. Voy. p. 154.

***92. depressa,** Lamk., Ann. du Mus., t. 1, p. 479, n. 12; Desh., 1824, Envir. de Paris, 2, p. 688, pl. 93, fig. 14, 15. *Voluta ficulina*, Lamk., Anim. s. vert., t. 7, p. 353, n. 15. Bracheux, Abbecourt, Noailles, Rétheuil, Cuise-la-Motte, Laon.

STROMBUS, Linné, 1758. Voy. p. 132.

93. callosus, Desh., n. 1, pl. 84, fig. 7, 8. Abbecourt, Bracheux; Cuise-la-Motte (Oise).

FUSUS, Bruguière, 1791. Voy. t. 1, p. 303.

94. gradatus, Morris, 1843, Cat. *Murex gradatus*, Sow., 1818, Min. Conch., t. 2, p. 225, pl. 199, fig. 6. Angl., Londres, Plumsted.

***95. costellifer,** Desh., n. 45, pl. 76, fig. 27, 28. Les Essarts, près Cuy, Cuise-la-Motte (Oise).

96. deceptus, Defr., Desh., n. 37, pl. 76, fig. 7-9. Noailles, les Essarts, près Cuy (Oise), Abbecourt.

***97. planicostatus,** Melleville, 1843, Ann. des Sc. géol., p. 68, pl. 9, fig. 11, 12. Châlons-sur-Vesles (Marne).

98. Mariæ, Melleville, 1843, Ann. des Sc. géol., p. 67, pl. 9, fig. 7, 8. Laon, Châlons-sur-Vesles (Marne).

99. latus, Morris, 1843, Cat. *Murex latus*, Sow., 1813, Min. Conch., t. 1, p. 79, pl. 35. Angl., Plumstedt.

PLEUROTOMA, Lamarck, 1801.

100. cancellata, Desh., n. 42, pl. 66, fig. 8-10. France, Abbecourt, Cuise-la-Motte (Oise).

101. angulata, Münst., Goldf., 1843, Petref., 3, p. 20, pl. 171, fig. 1. Allem., Kressenberg.

PYRULA, Lamarck, 1801. Voy. p. 71.

102. intermedia, Melleville, 1843, Ann. des Sc. géol., p. 69, pl. 10, fig. 8, 9. France, Châlons-sur-Vesles.

CERITHIUM, Adanson, 1757.

***103. granulosum,** Melleville, 1843, Ann. des Sc. géol., p. 61, pl. 7, fig. 27-29. France, Châlons-sur-Vesles.

***104. gibbosum,** Defr., Desh., n. 63, pl. 54, fig. 9-12. Abbecourt, Bracheux, St-Martin-aux-Bois (Oise), Cuise-la-Motte.

105. obesum, Desh., n. 83, pl. 56, fig. 7, 8. Abbecourt, Bracheux, Noailles (Oise).

106. Defrancii, Desh., 1824, Envir. de Paris, 2, p. 375, pl. 57, fig. 5, 6. France, Abbecourt, Noailles.

107. semi-costatum, Desh., 1824, Envir. de Paris, 2, p. 376, pl. 55, fig. 1, 2. France, Abbecourt, Noailles.

***108. turris,** Desh., n. 34, pl. 51, fig. 13, 14. Trosly, Breuil, St-Pierre-en-Chartres (Oise), Epernay, Ay, Lisy (Marne).

109. turbinatum, Desh., n. 112, pl. 60, fig. 12, 13. St-Sauveur, Moyvillers, Sermaize (Oise).

***110. funatum,** Mantell, 1822, Foss. illust. geol. of Sussex, p. 363, pl. 17, fig. 4; Sow., Min. Conch., 2, p. 64, pl. 128. *C. funiculatum, intermedium,* Sow., Min. Conch., 2, pl. 147, fig. 1-4. *C. variabile,* Desh., 1824, Envir. de Paris, 2, p. 403, pl. 60, fig. 19, 20; pl. 61, fig. 21, 22-25, 26, 27, 28. France, Montagne de Bernon, Ay, Disy-la-Rivière, Cumières, le Soissonnais, Noyon; Angleterre, Hordeliff, Castle-Hell, près de New-Hawen, Sussex, Woolwich, Newcross, Upnor, Plumstead.

BUCCINUM, Linné, 1758. Voy. p. 134.

***112. ovatum,** Desh., n° 8, pl. 94, fig. 14-16. France, Noailles, Bracheux, Cuise-Lamotte (Oise).

***113. granulosum,** Melleville, 1843, Ann. des Sc. géol., p. 7, pl. 10, fig. 2, 3. France, Châlons-sur-Vesles.

114. bicorona, Melleville, 1843, Ann. des Sc. géol., p. 73, pl. 10, fig. 4, 5. France, Villers-Franqueux.

BUCCINANOPS, d'Orb., 1841. Voy. dans l'Amérique méridionale.

***115. arenarium,** d'Orb., 1847. *Buccinum arenarium,* Melleville, 1843, Ann. des Sc. géol., p. 72, pl. 10, fig. 1. Châlons-sur-Vesles.

SULCOBUCCINUM, d'Orb., 1847. C'est un *Buccinanops,* qui a toujours un fort sillon sur le labre, qui se continue en dehors.

***116. fissuratum,** d'Orb., 1847. *Buccinum fissuratum,* Deshayes, n° 13, pl. 87, fig. 21, 22. Bracheux, Abbecourt (Oise), Noailles.

117. semi-costatum, d'Orb., 1847. *Buccinum semi-costatum,* Desh., n° 15, pl. 88, fig. 3, 4. Clermont, Noyon (Oise).

118. tiara, d'Orb., 1847. *Buccinum tiara,* Deshayes, n° 12, pl. 77, fig. 23-24. Abbecourt, Noailles, Bracheux (Oise).

BULLA, Linné, 1758.

119. anguistoma, Deshayes, 1824, Paris, 2, p. 41, pl. 5, fig. 29, 30. Bracheux, Noailles, Abbecourt (Oise).

DENTALIUM, Linné, 1758. Voy. t. 1, p. 73.

120. incertum, Desh., Monogr., n° 23, pl. 3, fig. 17. Abbecourt, Noailles (Oise).

122. sulcatum, Lam., Desh., Monogr., n° 9, pl. 4, fig. 15. Bracheux, Liancourt, Saint-Pierre (Oise).

MOLLUSQUES LAMELLIBRANCHES.

PANOPÆA, Ménard, 1807. Voy. t. 1, p. 164.

123. intermedia, Sow. *Mya intermedia,* Sowerby, pl. 76, fig. 1; pl. 419, fig. 2. *Panopæa Deshayesii,* Valenciennes, p. 20, pl. 4, fig. 2. *Corbula dubia,* Desh., pl. 9, fig. 13, 14. Abbecourt (Oise), Retheuil; Angl., Boygnor, Reading, Walford, Plumstead.

124. Remensis, Melleville, 1843, Ann. des Sc. géol., pl. 1, fig. 5. Châlons-sur-Vesles.

PHOLADOMYA, Sow., 1826. Voy. t. 1, p. 73.

125. subplicata, d'Orb., 1847. *P. plicata*, Melleville, 1843, Ann. des Sc. géol., pl. 1, fig. 3, 4 (non Porllock). Châlons-sur-Vesles.

TELLINA, Linné, 1758. Voy. t. 1, p. 275.

127. pseudo-donacialis, d'Orb., 1847. *Tellina donacialis*, var., Desh., nº 14, pl. 12, fig. 7, 8, 11, 12 (non *donacialis*). Bracheux, Cuise-Lamotte (Oise).

VENUS, Linné, 1758. Voy. p. 15.

***128. Bellovacina,** d'Orb., 1847. *Cytherea bellovacina*, Deshayes, nº 22, pl. 23, fig. 1, 2. Bracheux, Saint-Martin-aux-bois, Cuise-Lamotte (Oise).

***129. subobliqua,** d'Orb., 1847. *Cytherea obliqua*, Desh., nº 13, pl. 21, fig. 7, 8 (non 25, nº 821). Bracheux, Abbecourt (Oise), Noailles.

130. subpusilla, d'Orb., 1847. *Cytherea pusilla*, Deshayes, n. 16, pl. 22, fig. 14, 15 (non Gmel, 1789). Abbecourt (Oise).

CYCLAS, Bruguière, 1791. Voy. p. 60.

***131. angustidens,** d'Orb., 1847. *Cyrena id.*, Melleville, 1843, Ann. des Sc. géol., p. 35, pl. 2, fig. 1, 2. Châlons-sur-Vesles.

***132. suborbicularis,** d'Orb., 1847. *Cyrena idem*, Melleville, 1843, p. 35, pl. 2, fig. 3, 4 (non Rœmer, 1836). Châlons-sur-Vesles.

133. intermedia, d'Orb., 1847. *Cyrena id.*, Melleville, 1843, p. 35, pl. 2, fig. 5, 6. Châlons-sur-Vesles, Cuise-Lamotte.

***134. sublævigata,** d'Orb., 1847. *C. lævigata*, Desh., n. 1, pl. 18, fig. 12, 13 (non Schum., 1817). Cuvilly, Orvilliers-Sorel (Oise), Épernay (Marne).

***135. antiqua,** d'Orb., 1847. *Cyrena antiqua*, Feruss., Desh., n. 5, pl. 18, fig. 19, 20. Guiscard, Muirancourt, Boulincourt (Oise), Épernay.

***136. trigona,** d'Orb., 1847. *Cyrena trigona*, Desh., n. 2, pl. 19, fig. 16, 17. Lisy, près d'Épernay (Marne), Ognolles, Babeuf, Cuvilly (Oise).

***137. cuneiformis,** Sow., 1817. *Cyrena cuneiformis*, Férussac, Deshayes, n. 10, pl. 19, fig. 1, 2, 20, 21. Sow., pl. 162, fig. 2, 3. Saint-Martin-aux-bois, Salency, Noyon (Oise), Soissons; Angl., Charlton, Headen-Hill.

***138. tellinella,** d'Orb., 1847. *Cyrena tellinella*, Fér., Desh., 1834, Environs de Paris, 1, p. 123, pl. 19, fig. 18, 19. Féruss., Hist. des Moll., fig. 1. Lisy, près Épernay (Marne).

***139. Gardanensis,** Mathéron, 1842, Catalogue, p. 145, pl. 14, fig. 1. Gardanne, Fuveau, Tretz (Bouches-du-Rhône), Quatre-Œufs, près d'Épernay (Marne).

***140. Matheroni,** d'Orb., 1847. *C. Brongniartina*, Mathéron, 1842, Catal., p. 145, pl. 14, fig. 2 (non Basterot, 1825). Gardanne, Auriol (Bouches-du-Rhône), environs d'Ay (Marne).

141. galloprovincialis, Mathéron, 1847, Catal., p. 146, pl. 14, fig. 3, 4. France, Gardanne, Auriol (Bouches-du-Rhône).

142. nummismalis, Mathéron, 1842, Catal., p. 146, pl. 14, fig. 5. Fuveau, Pinchiner, près d'Auriol (Bouches-du-Rhône).

143. subdeperdita, d'Orb., 1847. *C. deperdita*, Sow., 1817, Min. Conch., t. 2, p. 139, pl. 162, fig. 1. *Cyrena deperdita*, Morris (non Lamarck, 1804). Londres, Charlton, Plumstead.

144. gibbosa, Sowerby, 1829, Edinburg, New Philosophical Journal, p. 13. Environs d'Aix (Bouches-du-Rhône).

145. aquæ-sextiæ, Sowerby, 1829, id., p. 13. Aix.

146. concinna, Sowerby, 1829, id., p. 13. Fuveau, près d'Aix.

147. cuneata, Sowerby, 1829, Edinburg, New Philosoph. Journ., p. 13. France, Fuveau, près d'Aix.

CORBULA, Bruguière, 1791. Voy. t. 1, p. 275.

148. longirostra, Deshayes, 1824, Env. de Paris, 1, p. 51, pl. 7, fig. 20, 21. Château-Rouge, près de Noailles, Bracheux.

CRASSATELLA, Lamarck, 1801. Voy. p. 77.

***149. subsulcata,** d'Orb., 1847. *C. sulcata*, Lam., 1804, Ann. du Mus., t. 6, p. 409, n. 2. Desh., 1824, Envir. de Paris, 1, p. 34, pl. 3, fig. 1, 2, 3 (non Brander, 1766). Abbecourt, Bracheux, près Beauvais.

150. scutellaria, Desh., n. 11, pl. 5, fig. 1, 2. Abbecourt, Saint-Martin-aux-Bois (Oise).

CARDITA, Bruguière, 1789. Voy. p. 77.

151. pseudo-crassa, d'Orb., 1847. *Cardita crassa*, Desh., 1824, Env. de Paris, 1, p. 181, pl. 30, fig. 17, 18 (non Lamarck, Anim. S. Vert., t. 6, p. 27, n. 25). Env. de Soissons.

***152. pectuncularis,** Desh., 1830. *Venericardia pectuncularis*, Lam., Ann. du Mus., t. 7, p. 58, n. 6. Desh., 1824, Env. de Paris, 1, p. 150, pl. 25, fig. 1, 2. Bracheux, Noailles, Martin-aux-Bois (Oise).

***153. multicostata,** d'Orb., 1847. *Venericardia multicostata*, Lam., Ann. du Mus., t. 7, p. 55, n. 2. Desh., 1824, Env. de Paris, 1, p. 151, pl. 26, fig. 1, 2. Bracheux, Abbecourt, Noailles (Oise).

CYPRINA, Lamarck, 1801. Voy. t. 1, p. 173.

***154. scutellaria,** Desh., n. 1, pl. 20, fig. 1-3 (non *scultellaria*, Nyst., 1843). Bracheux, Abbecourt, Noailles (Oise).

LUCINA, Bruguière, 1791. Voy. t. 1, p. 76.

***155. contorta,** Defr., Desh., n. 14, pl. 16, fig. 1, 2. Abbecourt, Bracheux, Noailles, Bresles, Cuise-Lamotte (Oise).

***156. subradians,** d'Orb., 1847. *L. radians*, Melleville, 1843, Ann. des Sc. géol., p. 34, pl. 1, fig. 13, 14 (non Conrad, 1842). Châlons-sur-Vesles (Marne), Laonais, Cuise-Lamotte.

158. subtrigona, Deshayes, n. 8, pl. 16, fig. 15, 16. Abbecourt, Noailles (Oise).

159. uncinata, Defr., Desh., n. 20, pl. 16, fig. 3, 4. Abbecourt, Noailles, Saint-Martin-aux-Bois (Oise).

***160. grata,** Defr., Desh., n. 17, pl. 16, fig. 5, 6. France, Bracheux, Abbecourt (Oise).

***161. lævigata,** Desh., n. 5, pl. 15, fig. 9, 10. France, Abbecourt, Bresles, Noailles (Oise).

162. minuta, Desh., n. 22, pl. 17, fig. 15, 16. France, Abbecourt, Noailles (Oise).

CARDIUM, Bruguière, 1791. Voy. t. 1, p. 33.

***163. hybridum,** Desh., n° 6, pl. 28, fig. 1, 2. France, Abbecourt, Noailles, Bracheux (Oise).

*164. **Plumstedianum,** Sow., 1813, Conch., t. 1, p. 41, pl. 14, fig. 2. *Cardium semi-granulatum*, Deshayes, pl. 28, fig. 7-8 (non Sowerby). Angleterre, Subbington, Plumstead, Upnor; France, Abbecourt, Bracheux, Noailles (Oise), Châlons-sur-Vesles (Marne).

UNIO, Retzius, 1788. Voy. p. 79.

165. **galloprovincialis,** Matheron, 1843, Cat., p. 168, pl. 23, fig. 1. France, Fuveau, Gardanne.

166. **Bosquiana,** Mathéron, 1843, Cat., p. 168, pl. 23, fig. 2-4. France, Auriol, Peynier, Simiane.

167. **Toulouzanii,** Mathéron, 1843, Cat., p. 169, pl. 23, fig. 5-8. France, Martigues (Bouches-du-Rhône).

168. **Cuvieri,** Mathéron, 1843, Cat., p. 169, pl. 24, fig. 1-3. France, Velaux, Rognac (Bouches-du-Rhône).

169. **Gardanensis,** Mathéron, 1843, Cat., p. 170, pl. 24, fig. 4-5. France, Peynier, Gardanne (Bouches-du-Rhône).

170. **subrugosa,** Mathéron, 1843, Cat., p. 171, pl. 24, fig. 8. France, Fuveau, Gardanne.

171. **Deccanensis,** Sowerby, 1837, Trans. geol. Soc. of London, 5, pl. 47, fig. 4-10. Indes orientales, Sichel-Hells, Munnoor.

172. **subtumidus,** d'Orb., 1847. *U. tumidus*, Sowerby, 1837, Trans. geol. Soc. of London, 5, pl. 47, fig. 11-12 (non Schumacher, 1817). Indes orientales, Sichel-Hills, Munnoor.

ANODONTA, Lamarck, 1801.

173. **Cordieri,** Ch. d'Orb., Mag. de Zoolog., 1836, pl. 78, fig. 1. Meudon.

174. **antiqua,** Ch. d'Orb., Mag. de Zoolog., 1836, pl. 78, fig. 2. Meudon.

NUCULA, Lamarck, 1801. Voy. t. 1, p. 12.

*175. **fragilis,** Deshayes, Env. de Paris, t. 1, p. 34, pl. 36, fig. 10, 11, 12. Abbecourt, Noailles, Bracheux, Cuise-Lamotte (Oise).

PECTUNCULUS, Lamarck, 1801. Voy. t. 2, p. 80.

*176. **terebratularis,** Lam., Desh., n° 2, pl. 35, fig. 10, 11. Abbecourt, Bracheux, Salency (Oise).

177. **Plumstediensis,** Sow., 1813, Min. Conch., t. 1, p. 71, pl. 27, fig. 3. Angleterre, env. de Woolwich, Plumstead, Upnor.

ARCA, Linné, 1758. Voy. t. 1, p. 13.

*178. **modioliformis,** Desh., n° 20, pl. 32, fig. 5, 6. Moyvillers, Giraumont, Batigny, Troslybreuil, Cuise-Lamotte (Oise).

179. **obliquaria,** Desh., n° 21, pl. 34, fig. 18, 19. Moyvillers, Saint-Sauveur, Cuise-Lamotte (Oise).

*180. **crassatina,** d'Orb., 1847. *Cucullea crassatina*, Lamk., Ann. du Mus., t. 6, p. 338; Deshayes, Env. de Paris, t. 1, p. 193, pl. 31, fig. 8, 9. Bracheux, Abbecourt, Noailles, Saint-Martin-aux-Bois.

181. **incerta,** d'Orb., 1847. *Cucullœa incerta*, Deshayes, 1824, Env. de Paris, p. 194, pl. 31, fig. 6, 7. Abbecourt, Noailles, Bracheux.

182. **depressa,** Sow., 1824, Min. conch., t. 5, p. 116, pl. 474, fig. 2. Angleterre, env. de Woolwich, Kent.

*183. **Mellevillei,** d'Orb., 1847. *A. lævis*, Melleville, 1843, Annal.

des Sc. géol., p. 37, pl. 2, fig. 10, 11 (non Mathéron). Chalons-sur-Vesles.

184. striatularis, Melleville, 1843, Ann. des Sc. géol., p. 37, pl. 2, fig. 12-14. Ciry-Salsogne, près de Braine.

MYTILUS, Linné, 1758. Voy. t. 1, p. 82.

*****185. subantiquus,** d'Orb., 1847. *Dreissena id.*, Melleville, 1843, Ann. des Sc. géol., p. 39, pl. 2, fig. 15, 16 (non Sow., 1839). Chalons-sur-Vesles (Aisne), Arsy, Passel (Oise).

186. angularis, d'Orb., 1847. *Modiola angularis*, Desh., n° 5, pl. 41, fig. 4, 5. Bracheux, Noailles (Oise).

187. hastatus, d'Orb., 1847. *Modiola hastata*, Desh., n° 6, pl. 38, fig. 13, 14. Abbecourt, Noailles, Chaumont (Oise).

PECTEN, Gualtieri, 1742. Voyez t. 1, p. 87.

189. breviauritus, Desh., n° 2, pl. 41, fig. 16, 17. France, Saint-Martin-aux-Bois, Cressonsacq, Pronleroy (Oise).

SPONDYLUS, Linné, 1758. Voy. p. 83.

190. asperulus, Münst., Goldf., 1836, Petref., 2, pl. 106, fig. 9. Allemagne, Kressenberg.

PLICATULA, Lamarck, 1801. Voy. t. 1, p. 202.

191. follis, Defrance, Dict. des Sc. nat., art. *Plicatule*. Deshayes, 1824, Env. de Paris, 1, p. 313, pl. 45, fig. 1, 2, 3, 4, 5, 6. Abbecourt, près Beauvais.

CHAMA, Linné, 1753. Voy. p. 170.

?**192. sublamellosa,** Münst., Goldf., 1836, Petref., 2, p. 206, pl. 139, fig. 3. Allemagne, Kressenberg.

OSTREA, Linné, 1752. Voy. t. 1, p. 166.

193. eversa, d'Orb., 1847. *Gryphea id.*, Melleville, 1843, Ann. des Sc. géol., p. 41, pl. 3, fig. 3, 4. *O. lateralis*, Leym., 1846, pl. 15, fig. 7 (non Nilsson). Cormicy, Villers-Franqueux, Roubia (Aude). Biaritz (Pyrénées-Orientales).

194. subpunctata, d'Orb., 1847. *O. punctata*, Melleville, 1843, Ann. des Sc. géol., p. 42, pl. 3, fig. 5-8 (non Gmel., 1839). Cormicy, Villers-Franqueux (Aisne), Noailles, Villecosse.

*****195. Bellovacina,** Lamk., Ann. du Mus., t. 8, p. 159, n. 1, et t. 14, pl. 20, fig. 1; Deshayes, 1824, Env. de Paris, 1, p. 356, pl. 48, fig. 1-2; pl. 49, fig. 1, 2; pl. 50, fig. 6; pl. 55, fig. 1-3. Sow., Min. Conch., pl. 388, fig. 1. *O. edulina*, Lamarck, Desh., pl. 55, fig. 1-3. France, Bracheux, Noailles, le Soissonnais; Angleterre, Charlton, Woolwich.

196. Sparnacensis, Desh., n. 18, pl. 64, fig. 5-8. Mont Bernon, Ay, Disy (Marne), Cuise-Lamotte, Pierrefonds, Thourette (Oise).

198. heteroclita, Defr., Desh., n. 17, pl. 63, fig. 2-4. Cauny-sur-Matz, Clairoix, Bayencourt (Oise).

199. tenera, Sow., 1819, Min. Conch., 3, p. 95, pl. 252, fig. 2-3. Angleterre, Charleton, Woolwich.

200. pulchra, Woolb., Sow., 1821, Min. Conch., t. 3, p. 141, pl. 279. Angleterre, Bromley (Kent), Charlton.

MOLLUSQUES BRACHIOPODES.

TEREBRATULINA, d'Orb., 1847. Voy. p. 85.
*200'. **parracena,** d'Orb., 1848. *Terebratula parracena*, Talavignes M. S. Espèce remarquable par sa forme arrondie, non tronquée sur la région palléale. France, Mont Alaric (M. Talavignes).

ÉCHINODERMES.

HEMIASTER, Agassiz.
?201. **suborbicularis,** Desor., Agass., 1847, Cat., p. 125. *Spatangus suborbicularis*, Goldf., Petref., p. 153, pl. 47, fig. 6. Allemagne, Kressenberg.
?202. **æquifissus,** Desor., 1847. *Schizaster æquifissus*, Agass., 1847, Cat. Syst., p. 124. Allemagne, Kressenberg.
BRISSUS, Klein.
?203. **antiquus,** Desor., Agass., 1847, Cat., p. 120. France, Aurillac, près Bagnerre de Bigorre.
CONOCLYPUS, Agassiz.
*204. **subcylindricus,** Agass., 1847, Cat., p. 110. *Clypeaster subcylindricus*, Münst. in Goldf., Petref., p. 131, pl. 41, fig. 6. Allem., Kressenberg; canton de Saint-Gall; Sardaigne, Nice.
205. **Osiris,** Desor., Agassiz, 1847, Cat., p. 109. Égypte, Montradan.
206. **æquidilatatus,** Agassiz, 1847, Cat., p. 109. Allem., Kressenberg.
*207. **conoideus,** Agassiz, 1847, Cat., p. 109. Échin. suiss., 1, p. 64, pl. 10, fig. 16. Allem., Kressenberg; Seealp (cant. d'Appenzell); Egypte ; Salghyre en Crimée.
208. **costellatus,** Agass., 1847, Cat., p. 110. *Conoclypus conoideus*, Agassiz, Cat. Syst., p. 5. Allem., Kressenberg.
209. **Bouei,** Agass., 1847, Cat., p. 110. *Clypeaster Bouei*, Goldf., Petref., p. 131, pl. 41, fig. 7. Allem., Kressenberg.
210. **Duboisii,** Agass., 1847, Cat., p. 110, Echin. suiss., 1, p. 67, pl. 10, fig. 11-13. Salghir en Crimée.
PYGORHYNCHUS, Agassiz.
211. **Brongniarti,** Agass., 1847, Cat. syst., p. 103. *Clypeaster Brongniarti*, Goldf., p. 133, pl. 42, fig. 3. Allem., Kressenberg.

VINGT-QUATRIÈME ÉTAGE : SUESSONIEN

OU NUMMULITIQUE.

(B. — COUCHES SUPÉRIEURES.)

MOLLUSQUES CÉPHALOPODES.

BELOPTERA, Deshayes, d'Orb., Paléont. univers. Mollusq. viv. et foss., p. 307.

*212. **Levesquei,** d'Orb., Paléont. univ., pl. 8, fig. 10-12. Paléont. franç., Terr. tert., pl. 2, fig. 5-7. Cuise-Lamotte, Gilocourt (Oise).

*213. **belemnitoidea,** de Blainv., Malac., suppl., pl. 11, fig. 8; d'Archiac, 1846, Mém. de la Soc. géol., 2e série, t. 2, p. 216. Basses-Pyrénées, Biaritz.

?214. **anomala,** Sow., d'Orb., Paléont. univ., pl. 8, fig. 8-10. C'est peut-être le même que le *B. Levesquei*, d'Orb. Angl., Highgate, Middlesex.

NAUTILUS, Breynius, 1732. Voy. t. 1, p. 52.

*215. **Rollandi,** Leym., 1846, Mém. soc. géol. de France, t. 1, p. 365, pl. 17, fig. 1. Montagne-Noire (Aude), Nice, Montagne du Jarrier.

MEGASIPHONIA, d'Orb., 1847. C'est une *Clymenia* avec le siphon très-large, en entonnoir et placé contre le retour de la spire.

216. **Delphinus,** d'Orb., 1847. *Nautilus Delphinus*, Forbes, 1846, Trans. geol. Soc. of London, t. 7, p. 98. Indes orientales, Pondichéry.

MOLLUSQUES GASTÉROPODES.

HELIX, Linné, 1758.

*217. **damnata,** Brongniart, 1823, Vicentin, p. 52, pl. 2, fig. 2. Vicentin, Ronca, Nice, Montagne du Jarrier.

MELANOPSIS, Férussac, 1806.

*218. **obtusa,** Deshayes, 1824, Env. de Paris, 2, p. 123, pl. 16, fig. 22, 23. Retheuil, près Pierrefonds, Cuise-Lamotte (Oise).

*219. **Parkinsoni,** Deshayes, 1824, Paris, 2, p. 123, pl. 17, fig. 3, 4. Cuise-Lamotte, St-Pierre en Chartres (Oise).

?220. **ancillaroidea,** Desh., n° 3, pl. 15, fig. 1, 2. France, Cuise-Lamotte (Oise), envir. de Meaux.

*221. **Emerici,** d'Orb., 1847. Espèce longue de 45 mill., ovale, renflée, ornée d'une rangée de gros tubercules sur la partie postérieure des tours. France, Levit, près de Castellanne.

SCALARIA, Lamarck, 1801. Voy. t. 1, p. 2.

222. monilifer, Melleville, 1843, Ann. des Sc. géol., p. 53, pl. 6, fig. 7, 8. Laon (Aisne).

TURRITELLA, Lamarck, 1801. Voy. p. 67.

***224. marginulata,** Melleville, 1843, Ann. des Sc. géol., p. 56, pl. 5, fig. 20-22. Bièvre, Chavailles, Laon, Mons-en-Laonnois, Cuise-Lamotte (Oise).

***225. hybrida,** Desh., 1824, Env. de Paris, 2, p. 278, pl. 36, fig. 5, 6. Retheuil, Cuise-Lamotte, Soissons, Verneuil, Pont-Ste-Maxence, Thury-sous-Clermont (Oise).

***226. carinifera,** Desh., n° 2, pl. 36, fig. 1, 2. France, Cuise-Lamotte, Vieux-Moulin, Hermes, St-Félix (Oise); Biaritz (Basses-Pyrénées), Vicentin, Ronca.

***227. edita,** Sow., Desh., pl. 36, fig. 7, 8. Bracheux, Abbecourt, Noailles, Mouy (Oise), Vicentin, Ronca.

***228. Dufrenoyi,** Leym., 1846, Mém. Soc. géol. de France, t. 1, p. 364, pl. 16, fig. 5. Couiza (Aude).

229. incisa, Brongniart, 1823, Vicentin, p. 54, pl. 2, fig. 4. Ronca.

230. asperula, Brongniart, 1823, Vicentin, p. 54, pl. 2, fig. 9. Ronca.

231. Archimedis, Brongniart, 1823, Vicentin, p. 55, pl. 2, fig. 8. Ronca.

***232. Ataciana,** d'Orb., 1847. Espèce voisine du *T. carinifera*, mais toujours bien plus étroite, à carènes plus saillantes. Couiza (Aude); Piémont, Montagne du Jarrier, près de Nice.

***233. Corbarica,** d'Orb., 1847. Espèce voisine du *T. hybrida*, mais à sutures saillantes en côtes. Couiza (Aude).

***234. Brauniana,** d'Orb., 1847. Espèce voisine du *T. Archimedis*, mais à côte supérieure plus aiguë et plus saillante. Lagrasse (Aude).

***235. Pyrenaica,** d'Orb., 1847. Espèce voisine du *T. fasciata*, mais à tours de spire carénés, et à trois côtes inégales. Couiza.

***236. Pailletteana,** d'Orb., 1847. Petite espèce voisine du *T. perforata*, ornée de quatre côtes. Couiza.

RISSOA, Freminville. Voy. t. 1, p. 183.

***237. submarginata,** d'Orb., 1847. Espèce confondue avec le *R. marginata*, mais dont la coquille, plus petite, a ses tours plus brillants, plus convexes, et ornée de sillons non carénés. France, Cuise-Lamotte (Oise).

RISSOINA, d'Orb., 1840. Voy. t. 1, p. 297.

***238. cochlearella,** d'Orb., 1847. *Melania cochlearella*, Lam., Desh., n° 21, pl. 14, fig. 13-17. France, Cuise-Lamotte (Oise).

CHEMNITZIA, d'Orb., 1839. Voy. t. 1, p. 172.

***239. subhordeacea,** d'Orb., 1847. *Melania hordeacea*, var. *d.*; Desh., n. 6, pl. 13, fig. 14, 15 (non *hordacea*, fig. 22, 23). Abbecourt, Creil, Chaumont (Oise).

***241. lactea,** Lamarck, Deshayes, pl. 13, fig. 1, 2. *Melania Stygii*, Brongniart, 1823, Vicentin, p. 59, pl. 2, fig. 10. Fortis della vall. di Ronca, pl. 1, fig. 7; Hacquet, pl. 2, fig. 10. Vicentin, Ronca.

*242. **costellata,** d'Orb., 1847. *Melania costellata*, Lam., Ann. du Mus., 4, p. 430, n. 1, 8, pl. 60, 12, fig. 2; Brongniart, 1823, Vicentin, p. 59. Cuise-Lamotte (Oise), Levit, près de Castellanne (Basses-Alpes), Vicentin, Ronca, Sangonini.

EULIMA, Risso, 1825. Voy. t. 1, p. 116.

*244. **subnitida,** d'Orb., 1847. Espèce voisine de l'*E. nitida*, mais bien plus allongée. Cuise-Lamotte (Oise).

245. **elongata,** d'Orb., 1847. *Melania elongata*, Brongniart, 1823, Vicentin, p. 59, pl. 3, fig. 13. Castelgomberto.

TURBONILLA, Risso, 1825.

246. **turella,** d'Orb., 1847. *Pyramidella id.*, Melleville, 1843, Ann. des Sc. géol., p. 52, pl. 4, fig. 26-28. Laon, Chavailles (Aisne), Cuise-Lamotte, Grand-Fresnoy (Oise).

*247. **nitida,** d'Orb., 1847. *Pyramidella id.*, Melleville, id., p. 53, pl. 9, fig. 17-19. Laon, Cuise-Lamotte (Oise).

248. **minuta,** d'Orb., 1847. *Terebra id.*, Melleville, 1843, id., p. 73, pl. 4, fig. 29-32. Laon.

249. **acicula,** d'Orb., 1847. *Auricula acicula*, Lam., Desh., n. 8, pl. 8, fig. 6, 7. Creil, Chaumont, Bliancourt (Oise).

?250. **Tarbelliana,** d'Orb., 1847. *Melania Tarbelliana*, Gratteloup, 1847, Conch. foss. Mel., pl. 1, n. 4, fig. 3. Dax, Lesperon (Landes).

ACTEON, Montfort, 1810. Voy. t. 1, p. 263.

*251. **elegans,** d'Orb., 1847. *Tornatella id.*, Melleville, 1843, Annal. des Sc. géol., p. 51, pl. 4, fig. 16-19. Laon, Cuise-Lamotte (Oise).

*252. **Castellanensis,** d'Orb., 1847. Espèce voisine de l'*A. sulcata*, mais plus courte et plus renflée. Levit, près de Castellanne (Basses-Alpes).

NATICA, Adanson, 1757. Voy. t. 1, p. 29.

*253. **intermedia,** Deshayes, 1824, Paris, 2, p. 177, pl. 22, fig. 1, 2. Retheuil, Cuise-Lamotte, Houdan, Pierrefonds, Meauriaumont (Oise).

*256. **longispira,** Leym., 1846, Mém. Soc. géol. de France, 2e partie, t. 1, p. 363, pl. 16, fig. 3. Dans la Montagne-Noire (Montolieu, Conques).

*257. **brevispira,** Leym., 1846, id., p. 363, pl. 16, fig. 4. Dans la Montagne Noire (Montolieu, Bize).

*258. **Vulcani,** d'Orb., 1847. *Ampullaria Vulcani*, Brongniart, 1823, Vicentin, p. 57, pl. 2, fig. 16. Ronca.

*259. **acutella,** Leym., 1846, Mém. Soc. géol. de France, 2e part., t. 1, p. 363, pl. 15, fig. 16. Albas, Fonjoncouse, Levit, près Castellanne (B.-Alpes).

*260. **Albasiensis,** Leym., 1846, id., p. 363, pl. 15, fig. 17. Albas, Fonjoncouse.

261. **obtusa,** d'Orb., 1847. *Globulus obtusus*, Sow., 1837, Trans. geol. Soc. of London, 2e série, 5, p. 328, pl. 24, fig. 10. Indes, prov. de Cutch, Baboahill.

*262. **perusta,** d'Orb., 1847. *Ampullaria perusta*, Defr., Brongniart, 1823, Vicentin, p. 57, pl. 2, fig. 17. Cuise-Lamotte (Oise), Levit, près de Castellanne (B.-Alpes), Vicentin, Ronca.

*263. **Levesquei,** d'Orb., 1847. Espèce donnée par M. Levesque, sous le nom d'*A. acuta*, mais bien distincte de l'*acuta* Desh., par sa spire plus longue, plus évidée et son sommet plus aigu. Cuise-Lamotte (Oise).

*264. **sinuosa,** d'Orb., 1847. Espèce voisine du *N. spirata*, mais plus petite et remarquable par le sinus du bord columellaire près de l'ombilic. France, Cuise-Lamotte.

*265. **paludiniformis,** d'Orb., 1847. Espèce voisine de forme de la précédente, mais sans échancrure au labre columellaire; ses tours sont légèrement striés en long. Cuise-Lamotte.

266. **Suessoniensis,** *N. spirata*, Deshayes, 1824, Paris, 2, p. 173, pl. 21, fig. 1, 2 (non Sow., 1821). France, Retheuil, Cuise-Lamotte, Pierrefonds (Oise), Vicentin, Ronca.

*267. **cochlearia,** Desh., 1838, *Ampullaria cochlearia*, Brongniart, 1823, Vicentin, p. 58, pl. 2, fig. 20. Castelgomberto, Ronca.

*268. **obesa,** Desh., 1838, *Ampullaria obesa*, Brongniart, 1823, Vicentin, p. 58, pl. 2, fig. 19. Castelgomberto.

SIGARETUS, Adanson, 1757.

*269. **Levesquei,** Recluz. Chenu, Illustr. Conch., pl. 1, fig. 10. Cuise-Lamotte (Oise).

NERITA, Linné, 1758. Voy. t. 1, p. 214.

*270. **Schemidelliana,** Chemnitz, 1786, t. 9, p. 130, pl. 114, fig. 975, 976. *Nerita perversa*, Gmelin, 1789. *Neritina conoidea*, Lam., 1802, Deshayes, 1824, Paris, 2, p. 149, pl. 18. Brong., Vicentin, pl. 2, fig. 22; Hacquet, pl. 2, fig. 12. *Neritina grandis*, Sow., 1837, Trans. geol. Soc., 5, p. 228, pl. 24, fig. 9. France, Retheuil, Cuise-Lamotte, Croutoy, Hondainville, Pierrefonds (Oise), Soissonnais (Aisne), Villeneuve-les-Chaudins (Aude), Vicentin, Ronca; Tyrol, bassin de Trente; Indes, prov. de Cutch, Wagé-Ké-Pudda.

*271. **Zonaria,** d'Orb., 1847. *Neritina zonaria*, Deshayes, 1824, Paris, 2, p. 156, pl. 25, fig. 1, 2. Retheuil, Cuise-Lamotte, Gilocourt Creil (Oise), Couisa (Aude).

*273. **Acherontis,** Brongniart, 1823, Vicentin, p. 60, pl. 2, fig. 13. Ronca.

274. **Caronis,** Brongniart, 1823, Vicentin, p. 59, pl. 2, fig. 14. Castelgomberto, Ronca.

PHORUS, Montfort, 1810.

275. **cumulans,** d'Orb., 1847. *Trochus cumulans*, Brongniart, 1823, Vicentin, p. 57, pl. 4, fig. 1. Castelgomberto.

*276. **Gravesianus,** d'Orb., 1847. Espèce confondue avec le *Parisiensis*, dont il se distingue par les stries fines longitudinales dans le sens de l'enroulement qu'on remarque en dessous. Cuise-Lamotte.

TROCHUS, Linné, 1758. Voy. t. 1, p. 64.

277. **uniangularis,** Desh., 1824, Paris, 2, p. 238, pl. 29, fig. 19-22; pl. 30, fig. 6-9. Retheuil, Verbois (Oise), Soissons, Laon (Aisne).

278. **Cerberi,** d'Orb., 1847. *Monodonta Cerberi*, Brongniart, 1823, Vicentin, p. 53, pl. 2, fig. 5. Ronca.

*279. **Lucasianus,** Brongniart, 1823, Vicentin, p. 55, pl. 2, fig. 6. Castelgomberto, Ronca.

*280. **Boscianus,** Brongniart, 1823, Vicentin, p. 56, pl. 2, fig. 11. Castelgomberto.

*281. **Getus,** d'Orb., 1847. Espèce voisine du *T. uniangularis*, mais plus élevée, ornée de six côtes longitudinales à peine marquées. Couiza (Aude).

*282. **Triton,** d'Orb., 1847. Espèce voisine de la précédente par la forme, mais avec les tours évidés sur la moitié de leur largeur. Coniza (Aude).

SOLARIUM, Lamarck, 1801. Voy. t. 1, p. 300.

283. **subgranulatum,** Melleville, 1843, Ann. des Sc. géol., p. 54, pl. 5, fig. 8-11 (non Lamarck, 1822). France, Laon.

284. **raristriatum,** d'Orb., 1847. *Turbo id.*, Melleville, 1843, id., p. 56, pl. 5, fig. 16-19. Laon.

*285. **bistriatum,** Desh., 1824, Paris, 2, p. 215, pl. 25, fig. 19, 20. Retheuil, Cuise-Lamotte, Laon, Vicentin, Ronca.

286. **simplex,** Leym., 1846, Mém. Soc. géol. de France, t. 1, p. 363, pl. 16, fig. 7. Montagne-Noire, Conques, Montolieu (Aude).

287. **umbrosum,** Brongniart, 1823, Vicentin, p. 57, pl. 2, fig. 12. Ronca.

*287'. **Castellanensis,** d'Orb., 1847. Charmante espèce très-comprimée, pourvue, sur la carène, de trois côtes granuleuses. Le Vit, près de Castellanne (Basses-Alpes).

BIFRONTIA, Deshayes, 1824. *Deshayesii*, Michaud, 1835, Galerie de Douai, p. 325, pl. 29, fig. 20-21. Melleville, p. 54, pl. 5, fig. 12-15. Mons-en-Laonnois, Laon, Bièvre.

*288. **Laudinensis,** Desh., 1824, Paris, 2, p. 226, pl. 26, fig. 15, 16. Retheuil, Cuise-Lamotte, Tiverny, Creil (Oise), Soissons, Laon (Aisne).

DELPHINULA, Lamarck. Voy. t. 1, p. 191.

*289. **submarginata,** d'Orb., 1847. Espèce confondue avec le *D. marginata*, mais s'en distinguant par le manque de stries longitudinales, par son ombilic plus large. Cuise-Lamotte (Oise).

TURBO, Linné, 1758. Voy. t. 1, p. 5.

290. **Asmodei,** Brongniart, 1823, Vicentin, p. 53, pl. 2, fig. 3. Val Sangonini.

291. **Scobina,** Brongniart, 1823, Vicentin, p. 53, pl. 2, fig. 7. Castelgomberto; Ronca.

SILIQUARIA, Bruguière, 1791.

?292. **spinosa,** Lam., Anim. s. vert., n. 5, p. 585. Cuise-Lamotte, Chaumont (Oise).

PLEUROTOMARIA, Defrance, 1825. Voy. t. 1, p. 7.

*293. **Peresii,** d'Orb., 1847. Belle espèce aussi grande, mais plus surbaissée que le *P. concava*, à tours munis de deux angles striés en long. Nice, le Jarrier.

CYPRÆA, Linné.

294. **acuminata,** Melleville, 1843, Ann. des Sc. géol., p. 74, pl. 10, fig. 14, 15. Laon, Mons-en-Laonnois, Cuise-Lamotte (Oise).

295. **exserta,** Desh., n. 5, pl. 94 *bis*, fig. 35-37. Cuise-Lamotte (Oise).

296. **Levesquei,** Desh., 1824, Paris, 2, p. 722, pl. 94 *bis*, fig. 33, 34. Retheuil, le Soissonnais, Cuise-Lamotte, Vicentin, Ronca.

OVULA, Bruguière, 1791.

297. tuberculosa, Duclos, Deshayes, 1824, Paris, 2, p. 717, pl. 96, fig. 16; pl. 97, fig. 17. Retheuil, Cuise-Lamotte, Pierrefonds (Oise).

298. depressa, d'Orb., 1847. *Cypræa depressa,* Sow., 1837, Trans. geol. Soc. of London, 2e série, 5, p. 329, pl. 24, fig. 12. Indes, Prov. de Cutch. Baboahill.

MARGINELLA, Lamarck, 1801.

299. Phaseolus, Brongniart, 1823, Vicentin, p. 64, pl. 2, fig. 21. Ronca.

ANCILLARIA, Lamarck, 1801.

***300. subulata,** Lam. *Ancill. buccinoidea,* Desh., pl. 97, fig. 13, 14. Trosly-Breuil, Creil, Pont-Saint-Maxence (Oise), Cuise-Lamotte.

***301. canalifera,** Lam., Desh., n. 5, pl. 96, fig. 14, 15. Cuise-Lamotte (Oise).

OLIVA, Lamarck, 1801.

***302. mucronata,** d'Orb., 1847. Espèce infiniment plus allongée que toutes les autres olives du bassin parisien. Cuise-Lamotte.

TEREBELLUM, Lamarck, 1801.

303. Braunii, d'Orb., 1847. *Terebellopsis Braunii,* Leym., 1846, Mém. Soc. géol. de France, t. 1, p. 365, pl. 16, fig. 8. Montolieu, Conques, Villegalhène (Aude).

***304. fusiforme,** Lam., Desh., n. 2, pl. 95, fig. 30, 31. Cuise-Lamotte (Oise).

305. Carcassense, Leymerie, 1846, Mém. Soc. géol. de France, t. 1, p. 365, pl. 16, fig. 9 a, b. Au nord de Carcassonne, Montagne-Noire (Aude).

306. obvolutum, Brongniart, 1823, Vicentin, p. 62, pl. 2, fig. 15. Ronca.

***307. Brongniartianum,** d'Orb., 1847. Espèce voisine, par ses tours embrassants, du *T. convolutum,* mais bien plus acuminée et plus longue en arrière. Vicentin, Ronca.

CONUS, Linné, 1758.

308. bicoronatus, Mellev., Sabl. tert., p. 75, pl. 10, fig. 12, 13. Cuise-Lamotte (Oise), Laon (Aisne).

***309. Brongniartii,** d'Orb., 1847. *Conus deperditus,* Brongniart, 1823, Vicentin, p. 61, pl. 3, fig. 1 (non Lam.). Ronca.

310. Alsiosus, Brongniart, 1823, Vicentin, p. 61, pl. 3, fig. 3. Ronca.

VOLUTA, Linné, 1758. Voy. p. 154.

311. multistriata, Desh., 1824, Paris, 2, p. 705, pl. 95, fig. 1, 2. Retheuil, Cuise-Lamotte.

***312. angusta,** Desh., 1824, Paris, 2, p. 697, pl. 94, fig. 5, 6. Rétheuil, Cuise-Lamotte, Soissons.

313. ambigua, Lamk., Ann. du Mus., t. 17, p. 77, n. 12. Deshayes, 1824, Paris, 2, p. 691, pl. 93, fig. 10, 11. Sow., pl. 399, fig. 1. France, Retheuil, Cuise-Lamotte, le Vit, près de Castellane (Basses-Alpes), Coaiza (Aude), Ronca, Vicentin.

314. trisulcata, Desh., 1824, Paris, 2, p. 690, pl. 94, fig. 10, 11. Laon, Soissons, Gilocourt, Pont-St-Maxence (Oise).

***315. plicatella,** Desh., 1824, Paris, 2, p. 700, pl. 94, fig. 19, 20. Retheuil, Cuise-Lamotte.

316. subspinosa, Brongniart, 1823, Vicentin, p. 64, pl. 3, fig. 5. Ronca.

***317. pseudo-lyra,** d'Orb., 1847. Espèce confondue avec la *V. lyra*, dont elle se distingue par de forts sillons transverses partout. Cuise-Lamotte.

CANCELLARIA, Lamarck, 1801.

***318. crenulata,** Desh., 1824, Paris, 2, p. 501, pl. 79, fig. 31-33. Retheuil, Cuise-Lamotte.

319. Maglorii, Melleville, 1843, Ann. des Sc. géol., p. 66, pl. 9, fig. 1-3. Mons-en-Laonnois.

***320. subevulsa,** d'Orb., 1847. Espèce confondue avec le *C. evulsa*, mais ayant des côtes plus fines où les côtes transverses dominent. Cuise-Lamotte.

MITRA, Lamarck, 1801.

***321. terebelloides,** d'Orb., 1847. Espèce voisine et confondue avec le *M. terebellum*, mais très-distincte de celle-ci par ses fortes stries transverses au dernier tour et à la partie inférieure des tours. Cuise-Lamotte.

ROSTELLARIA, Lamarck, 1801.

322. lævigata, Melleville, 1843, Annales des Sc. géol., p. 71, pl. 10, fig. 10-11. Laon.

***323. fissurella,** Lam., Desh., nº 3, pl. 83, fig. 2-4. Cuise-Lamotte, Trosly-Breuil (Oise), le Vit, près de Castellanne (Basses-Alpes).

CHENOPUS, Phillipi, 1837.

***324. pescarbonis,** d'Orb., 1847. *Rostellaria pescarbonis*, Brongn., 1823, Vicentin, p. 75, pl. 4, fig. 2. Le Vit, près de Castellanne (Basses-Alpes), Vicentin, Ronca.

STROMBUS, Linné, 1758. Voy. p. 132.

***325. fortis,** Brongniart, 1823, Vicentin, p. 73, pl. 4, fig. 7. Ronca.

PTEROCERA; Lamarck, 1801. Voy. t. 1, p. 231.

326. radix, Brongniart, 1823, Vicentin, p. 74, pl. 4, fig. 9. Castelgomberto.

PLEUROTOMA, Lamarck, 1801.

***327. cancellata,** Desh., nº 42, pl. 66, fig. 8-10. Abbecourt, Cuise-Lamotte (Oise).

328. striolaris, Desh., nº 54, pl. 68, fig. 4, 5. Cuise-Lamotte.

329. tenuistriata, Desh., 1824, Paris, 2, p. 462, pl. 63, fig. 17-19. Retheuil, Cuise-Lamotte.

***330. Lajonkairii,** Desh., 1824, Paris, 2, p. 467, pl. 65, fig. 18-20. Retheuil, Cuise-Lamotte, Soissons, le Vit, près de Castellanne (Basses-Alpes).

331. subelegans, d'Orb., 1847. *P. elegans*, Melleville, 1843, Ann. des Sc. géol., p. 62, pl. 8, fig. 1, 2 (non Schlt., 1820). Mons-en-Laonnais (Aisne), Cuise-Lamotte (Oise).

332. tenuiplicata, Melleville, 1843, id., p. 62, pl. 8, fig. 3-5. Laon (Aisne), Cuise-Lamotte, Monenval (Oise).

333. subaffinis, d'Orb., 1847. *P. affinis*, Melleville, 1843, id., p. 63, pl. 8, fig. 6-8 (non Risso, 1826). Laon.

334. sublævigata, d'Orb., 1847. *P. lævigata*, Melleville, 1843, id., p. 63, pl. 8, fig. 9-11 (non Sow., 1823). Laon.

335. seminuda, Melleville, 1843, id., p. 64, pl. 8, fig. 12-14. Laon.

336. filifer, Melleville, 1843, id., p. 64, pl. 8, fig. 15-17. Laon (Aisne), Pont-Ste-Maxence (Oise).

337. pseudo-spirata, d'Orb., 1847. *P. spirata*, Melleville, 1843, id., p. 65, pl. 8, fig. 18-20 (non Lam., 1822). Laon.

338. monilifer, Melleville, 1843, id., p. 65, pl. 8, fig. 21-23. Laon, Cuise-Lamotte, Creil.

339. subgranulosa, d'Orb., 1847. *P. granulosa*, Melleville, 1843, id., p. 66, pl. 8, fig. 24-26 (non Sow., 1833). Laon, Cuise-Lamotte.

***340. subattenuata,** d'Orb., 1847. *P. attenuata*, Desh., 1824, Paris, 2, p. 483, pl. 68, fig. 6-8 (non Sow., 1816). Retheuil, Cuise-Lamotte, Creil.

***341. elongata,** Desh., 1824, Paris, 2, p. 484, pl. 68, fig. 4, 5, 9. Retheuil.

342. pseudo-colon, d'Orb., 1847. *P. colon*, Desh., 1824, Paris, 2, p. 492, pl. 66, fig. 4-7 (non Sowerby). Le Soissonnais, Cuise-Lamotte.

FUSUS, Bruguière, 1791. Voy. t. 1, p. 303.

343. angusticostatus, Melleville, 1843, Ann. des Sc. géol., p. 67, pl. 9, fig. 9, 10. Mons-en-Laonnais, Laon.

***344. subaffinis,** d'Orb., 1847. *F. affinis*, Melleville, 1843, id., p. 68, pl. 9, fig. 13, 14 (non Bronn, 1837). Laon, Cuise-Lamotte.

345. costarius, Desh., 1824, Paris, 2, p. 532, pl. 73, fig. 8, 9. Retheuil, Cuise-Lamotte.

346. simplex, Desh., 1824, Paris, 2, p. 533, pl. 76, fig. 5, 6. Cuise-Lamotte, Retheuil.

***347. subficulneus,** d'Orb., 1847. *F. ficulneus*, Desh., n° 55, pl. 73, fig. 23, 24 (non Lam., non fig. 25, 26). Cuise-Lamotte, Martimont (Oise).

***348. longævus,** Lam., Desh., n° 10, pl. 74, fig. 18-21. Bracheux, Cuise-Lamotte, Creil (Oise), Couiza (Aude).

349. costellifer, Desh., 1824, Paris, 2, p. 558, pl. 76, fig. 27, 28. Retheuil, Cuise-Lamotte, les Essarts.

350. regularis, Sow., Min. Conch., pl. 187, fig. 2; Desh., 1824, Paris, 2, p. 559, pl. 76, fig. 35, 36. Retheuil, Cuise-Lamotte, Soissons; Barton, Angleterre.

***351. sulcatus,** Desh., 1824, Paris, 2, p. 553, pl. 76, fig. 1, 2. Soissons, Retheuil, Cuise-Lamotte.

***352. semi-plicatus,** Desh., 1824, Paris, 2, p. 554, pl. 70, fig. 37, 38; pl. 78, fig. 1, 2. Retheuil, Cuise-Lamotte.

353. angustus, Desh., 1824, Paris, 2, p. 543, pl. 76, fig. 30, 31. Envir. de Soissons.

354. unicarinatus, Desh., 1824, Paris, 2, p. 515, pl. 72, fig. 11, 12. Retheuil, Soissons, Cuise-Lamotte.

***355. subscalarinus,** d'Orb., 1847. Espèce voisine du *F. scalarinus*, mais à côtes plus rapprochées, à stries transverses régulières. France, Cuise-Lamotte.

***356. exiguus,** Desh., 1824, Paris, 2, p. 546, pl. 76, fig. 16-18. Retheuil, Cuise-Lamotte.

357. subfusiformis, d'Orb., 1847. *Cerithium fusiforme*, Leym., 1846, Mém. Soc. géol. de France, t. 1, p. 354, pl. 16, fig. 11 (non Schum., 1817). Albas (Aude).

358. Sowerbyi, d'Orb., 1847. *Fusus bulbiformis*, Sow., 1837, Trans. geol. Soc. of London, 2e série, 5, p. 329, pl. 24, fig. 11 (non Lam.). Indes, prov. de Cutch, Wagé-Ké-Pudda.

***359. polygonatus,** Brongniart, 1823, Vicentin, p. 73, pl. 4, fig. 4. Ronca.

360. Noe, Lam., Ann. du Mus., n° 2, t. 6, pl. 4, fig. 2 ; Brongniart, 1823, Vicentin, p. 72. Ronca, Nice, Montagne du Jarrier.

***361. Roncanus,** d'Orb., 1847. *Fusus subcarinatus*, Brongniart, 1823, Vicentin, p. 73, pl. 6, fig. 1 (non Lamarck). Les échantillons que nous avons vus sont toujours plus allongés. Vicentin, Ronca.

***362. Brongniartianus,** d'Orb., 1847. *Fusus polygonus*, Brongniart, 1823, Vicentin, p. 73, pl. 4, fig. 3 b (exclus. fig. a) (non Lamarck). Vicentin, Ronca.

FASCIOLARIA, Lamarck, 1801.

***363. Levesquei,** d'Orb., 1847. Espèce confondue avec le *F. uniplicata*, dont elle se distingue par sa forme plus allongée, à stries transverses infiniment plus fortes. Cuise-Lamotte.

PYRULA, Lamarck, 1801. Voy. p. 71.

***364. tricostata,** Desh., 1824, Paris, 2, p. 584, pl. 79, fig. 10, 11. Retheuil, Cuise-Lamotte, Longmont.

MUREX, Linné, 1758.

365. foliaceus, Melleville, 1843, Ann. des Sc. géol., p. 70, pl. 10, fig. 6, 7. Mons-en-Laonnais.

***366. reticulosus,** Lam., Anim. s. vert., 7, p. 575 ; Desh., pl. 81, fig. 19-21. Cuise-Lamotte.

367. plicatilis, Desh., 1824, Envir. de Paris, 2, p. 588, pl. 81, fig. 16-18 (exclus. 19-21). France, Retheuil, Cuise-Lamotte.

TRITON, Montfort, 1810.

***368. Lejeunii,** Melleville, 1843, Ann. des Sc. géol., p. 70, pl. 10, fig. 6, 7. Mons-en-Laonnais (Aisne), Cuise-Lamotte.

369. angustum, Desh., 1824, Paris, 2, p. 609, pl. 91, fig. 7-9. Retheuil, Cuise-Lamotte.

CERITHIUM, Adanson, 1757. Voy. t. 1, p. 196.

370. tenuistriatum, Melleville, 1843, Ann. des Sc. géol., p. 57, pl. 7, fig. 4, 5. France, Laon, Mons-en-Laonnais.

371. cancellaroides, Melleville, Ann., p. 58, pl. 7, fig. 6, 7. Laon, Cuise-Lamotte.

372. heteroclitum, Melleville, 1843, Ann., p. 58, pl. 7, fig. 9-11. Laon, St-Vaast de Longmont.

373. canaliculatum, Melleville, 1843, Ann., p. 59, pl. 7, fig. 14, 15. Chavailles, près de Martigny.

374. subobtusum, d'Orb. 1847. *C. obtusum*, Melleville, 1843, Ann. p. 60, pl. 7, fig. 16-19 (non Lam., 1822). Laon.

375. regulare, Melleville, 1843, Ann., p. 60, pl. 7, fig. 20-23. Laon (Aisne), Trosly-Breuil (Oise).

376. gibbosulum, Melleville, 1843, Ann., p. 60, pl. 7, fig. 24-26. Laon, Cuise-Lamotte.

377. curvicostatum, Desh., n° 11, pl. 50, fig. 4, 5. Cuise-Lamotte.

***378. detritum,** Desh., n° 30, pl. 43, fig. 5-8. Cuise-Lamotte.

***379. subterebrale,** d'Orb., 1847. Espèce voisine du *C. terebrale*, mais plus allongée et à tours de spire plus convexes. Cuise-Lamotte.

***380. papale,** Desh., n° 33, pl. 43, fig. 11-13. Cuise-Lamotte, Gilocourt, Trosly-Breuil (Oise).

***381. plicatulum,** Lam., n° 61, pl. 54, fig. 1, 2-7, 8. Cuise-Lamotte.

382. pyramidatum, Desh., n° 71, pl. 57, fig. 7. Retheuil, Cuise-Lamotte (Oise).

***383. resectum,** Desh., n° 137, pl. 61, fig. 23, 24. Cuise-Lamotte, Orrouy (Oise).

384. alternans, Desh., 1824, Paris, 2, p. 329, pl. 50, fig. 8, 9. Cuise-Lamotte.

***385. subacutum,** Desh., n° 56, pl. 43, fig. 1-4 (non Sow., 1822). Orvilliers, Cuise-Lamotte, Pierrefonds, Battigny, Attichy (Oise).

***386. breviculum,** Desh., 1824, Paris, 2, p. 425, pl. 61, fig. 9-12. Retheuil, Cuise-Lamotte.

***387. biseriale,** Desh., n° 51, pl. 52, fig. 6-7. Cuise-Lamotte, Batigny, St.-Pierre-en-Chartres, Pierrefonds (Oise).

***388. clathratum,** Desh., n° 59, pl. 53, fig. 22-25. Cuise-Lamotte, Pont-Ste-Maxence, St-Vaast-de-Longmont (Oise).

***389. involutum,** Lamk., Ann. du Mus., t. 3, p. 348; Desh., 1824, Paris, 2, p. 328, pl. 51, fig. 10-13. *C. Gradatum*, Deshayes, pl. 43, fig. 9, 10. Cuise-Lamotte.

390. obliquatum, Desh., 1824, Paris, 2, p. 318, pl. 51, fig. 7, 17, 18. Soissonnais.

391. mitreola, Desh., n° 14, pl. 48, fig. 21-23. Cuise-Lamotte, Pierrefonds, Mareuil-sur-Ourcq (Oise).

392. pyreniforme, Desh., 1824, Paris, 2, p. 366, pl. 43, fig. 14-15. Retheuil.

393. Suzanna, d'Orb., 1847. *C. Spinosum*, Desh., n° 72, pl. 54, fig. 27-28 (non *Pyrena*, *id.*, Lam.). Cuise-Lamotte, Henouville (Oise).

***394. stephanophorum,** Desh., 1824, Paris, 2, p. 352, pl. 53, fig. 1, 2, 7. Retheuil, Cuise-Lamotte.

***395. pseudo-ventricosum,** d'Orb., 1847. *C. ventricosum*, Desh., n° 131, pl. 58, fig. 27-30 (non Gmelin (Trochus), Cuise-Lamotte, Retheuil (Oise).

***396. combustum,** Brongniart, 1823, Vicentin, pl. 3, fig. 17. *Melanopsis*.

396'. Dufresnii, Deshayes, 1830, Paris, 2, p. 120, pl. 12, fig. 3, 4. Vicentin, Ronca, env. de Soissons (Aisne), Cuise-Lamotte (Oise).

397. Cuvieri, d'Orb., 1847. *Melania Cuvieri*, Desh., n° 1, pl. 12, fig. 1-2. Cuise-Lamotte, Chaumont (Oise).

***398. subclavus,** d'Orb., 1847. Espèce confondue avec le *C. Clavus*, mais plus allongée, à tours de spire plus étroits, etc. Cuise-Lamotte.

***399. subquadrisulcatum,** d'Orb., 1847. Espèce confondue avec le *C. quadrisulcatum*, mais plus étroite, plus longue, à tours légèrement saillants en avant. Cuise-Lamotte.

*400. **subpyrenaicum,** Leym., 1846. Mém. Soc. géol. de France, tome 1er p. 365, pl. 16, fig. 10. Veraza (Aude).

*401. **Venei,** Leymerie, 1846, id., p. 365, pl. 16, fig. 14. Albas (Aude).

*402. **Albasiense,** Leym., 1846, id., p. 364, pl. 16, fig. 12. Albas.

*403. **Deshayesianum,** Leym., 1846, id., p. 364, pl. 16, fig. 6. Albas, Couiza.

404. **athleta,** d'Orb., 1847. *C. giganteum?* Leym., 1846, id., p. 367, pl. 16, fig. 2 (non Lamarck). Elle manque de plis sur la columelle. Montagne Noire.

405. **sublamellosum,** d'Arch., 1846, Mém. de la Société géol. 2e sér., t. 2, p. 215, pl. 9, fig. 8. Basses-Pyrénées, Port-des-Basques.

406. **baccatum,** Brongn., 1823, pl. 3, fig. 22? d'Arch., 1846, Mém. de la Soc. géol., 2e sér., t. 2, p. 216. Basses-Pyrénées, Port-des-Basques, Vicentin, Ronca.

407. **calcaratum,** Brongniart, 1823. Vicentin, p. 69, pl. 3, fig. 15. Ronca.

408. **bicalcaratum,** Brongniart, 1823. Vicentin, p. 69, pl. 3, fig. 16. Ronca.

*409. **vulcanicum,** d'Orb., 1847. *Muricites vulcanicus*, Schloth., 1821, Petref., p. 148, n° 23. *C. Castellini*, Brongniart, 1823. Vicentin, p. 69, pl. 3, fig. 20. *C. Geslini*, Deshayes 1830, Paris, pl. 43, fig. 17, 18. *C. polygonum*, Leym., 1846, pl. 16, fig. 13. Vicentin, Ronca, France, Cuise-Lamotte, Retheuil (Oise), Couiza, Albas (Aude).

*410. **Maraschini,** Brongniart, 1823, Vicentin, p. 70, pl. 3, fig. 19; Fortis, Ronca, pl. 1, fig. 10, 11. (Il n'a jamais que cinq angles, vérifiés sur un grand nombre d'individus; ce n'est point l'*Exagonum*.) Vicentin, Ronca.

411. **corrugatum,** Brongniart, 1823, id., p. 70, pl. 3, fig. 25. Ronca.

412. **corvinum?** Catullo. *Pterocera corvina*, Brongniart, 1823, Vicentin, p. 74, pl. 4, fig. 8. Vicentin, Ronca.

413. **roncanum,** d'Orb., 1847, *C. sulcatum* (var. *Roncanum*, non Bruguière, 1789). Ronca.

414. **multisulcatum,** Brongniart, 1823, id., p. 68, pl. 3, fig. 14 Ronca.

415. **undosum,** Brongniart, 1823, id., p. 68, pl. 3, fig. 12. Ronca.

*416. **lemniscatum,** Brongniart, 1823, id., p. 71, pl. 3, fig. 24; Fortis. Ronca, pl. 1, fig. 16. Vicentin, Ronca.

417. **Vulcani,** d'Orb., 1847. *Terebra Vulcani*, Brongniart, 1823, Vicentin, p. 67, pl. 3, fig. 11. Vicentin, Ronca.

418. **ampullosum,** Brongniart, 1823, Vicentin, p. 71, pl. 3, fig. 18 Vicentin, Castel-Gomberto.

419. **stroppus,** Brongniart, 1823, Vicentin, p. 71, pl. 3, fig. 21. Vicentin, Castel-Gomberto.

BUCCINUM, Linné, 1758. Voy. p. 134.

*420. **stromboides,** Lam., Desh., n. 2, pl. 86, fig. 8-10. St-Félix, Cuise-Lamotte (Oise).

421. **subambiguum,** d'Orb., 1847. *B. ambiguum*, Desh., 1824, n. 9, pl. 87, fig. 11-14 (non Montagu, 1803). Cuise-Lamotte.

SULCOBUCCINUM, d'Orb., 1847. Voy. p. 303.

422. **obtusum,** d'Orb., 1847. *Buccinum obtusum*, Desh., n. 14, pl. 88, fig. 1-2. Cuise-Lamotte, Chaumont (Oise).

NASSA (Klein), Lamarck, 1801.

423. **caronis,** Brongniart, 1823, Vicentin, p. 64, pl. 3, fig. 10, Borson, Oritt. piem., pl. 1, fig. 12. Vicentin, Ronca.

TEREBRA, Lamarck, 1801.

*424. **Nereis,** d'Orb., 1847. Espèce confondue avec le *T. plicatula*, mais plus petite, toujours munie de côtes plus rapprochées et plus aiguës; plis de la columelle plus marqués. Cuise-Lamotte.

CASSIS, Bruguière, 1791.

425. **Thesei,** Brongniart, 1823, Vicentin, p. 66, pl. 3, fig. 7. Ronca.

426. **Æneæ,** Brongniart, 1823, Vicentin, page 66, pl. 3, fig. 8. Ronca.

MORIO, Montfort 1810. *Cassidaria*, Lamarck, 1811.

427. **substriatus,** d'Orb., 1847. *Cassis striata*, Brongniart, 1823, Vicentin, p. 66, pl. 3, fig. 9 (non Sowerby). Ronca.

INFUNDIBULUM, Montfort, 1810. Voy. p. 232.

*428. **Suessoniensis,** d'Orb., 1847. Espèce voisine de l'*I. trochiformis*, mais sans pointes extérieures, la surface étant finement striée dans le sens de l'enroulement et en travers des lignes d'accroissement. Cuise-Lamotte.

CAPULUS, Montfort, 1810. Voy. t. 1, p. 31.

429. **lævigatus,** d'Orb., 1847; *Pileopsis id.*, Melleville, 1843, Annal. des sc. géol. p. 45, pl. 5, fig. 1-3. Fleury-la-Rivière (Marne).

FISSURELLA, Bruguière, 1791.

430. **Minosti,** Melleville, 1843, Annal. des sc. géol., p. 44, pl. 9, fig. 15, 16. Monampteuil.

DENTALIUM, Linné, 1758. Voy. t. 1, p. 73.

431. **subentalis,** d'Orb. 1847. *D. entalis*, Lam., Desh., Monogr., n. 18, pl. 1, fig. 7. Cuise-Lamotte, Varinfroy (Oise).

*432. **abbreviatum,** Desh., Monogr., n. 6, pl. 1, fig. 21-22. Cuise-Lamotte, Hautefontaine, Verneuil, Creil (Oise).

*433. **Castellanensis,** d'Orb., 1847. Grande espèce à côtes inégales, granuleuses. Le Vit, près de Castellanne (B.-Alpes), Bidart (Basses-Pyrénées).

UMBRELLA, Lamarck, 1819.

434. **Laudunensis,** Melleville, 1843, Ann. des sc. géol., p. 44, pl. 6, fig. 3, 4. Laon.

BULLA, Linné, 1758.

435. **semistriata,** Desh., n. 12, pl. 5, fig. 27-28. Soissons, Neuilly-sous-Clermont, Creil, St-Waast-de-Longmont (Oise).

SCAPHANDER, Montfort, 1810.

436. conica, d'Orb., 1847. *Bulla conica*, Deshayes, 1824, Paris, 2, p. 45, pl. 8, fig. 1, 2, 3. Soissons.

***437. Parisiensis,** d'Orb., 1847. *Bulla lignaria*, Deshayes, 1824, Paris, 2, p. 44, pl. 5, fig. 4, 5, 6 (non Linné. Les stries sont bien plus fines). Soissons, Cuise-Lamotte.

***438. Fortisii,** d'Orb., 1847. *Bulla Fortisii*, Brongniart, 1823, Vicentin, p. 52, pl. 2, fig. 1; Fortis, Della vall. di Ronca, pl. 1, fig. 3. Ronca.

MOLLUSQUES LAMELLIBRANCHES.

PHOLAS, Linné, 1758. Voy. t. 1, p. 251.

439. Orbignyana, Levesq., Sabl. glaucon. moy. Belle espèce, remarquable. (Nous ne pouvons la caractériser, ne l'ayant pas sous les yeux.) Cuise-Lamotte (Oise).

TEREDO, Linné. Voy. 1, p. 251.

***440. Tarbelliana,** d'Orb., 1847. *Septaria tarbelliana*, d'Arch., 1846, Mém. de la Soc. géol., 2e série, p. 207, pl. 8. fig. 11. Basses-Pyrénées, Biaritz.

***441. Tournali,** Leymerie, 1846, Mém. Soc. géol. de France, t. 1, p. 360, pl. 14, fig. 1, 2, 3, 4. France, Paris, Corbières (Aude), Biaritz (Basses-Pyrénées).

TEREDINA, Lamarck, 1806.

***442. personata,** Lam., 1806, Desh., n. 1, pl. 1, fig. 23-26. *Teredo antenautæ*, Sow., M. Conch., pl. 102, fig. 3. Cuise-Lamotte (Oise), Cuise (Marne).

PANOPŒA, Menard, 1807. Voy. t. 1, p. 164.

***443. Pyrenaica,** d'Orb., 1847. *P. elongata*, Leymerie, 1846, Mém. de la Soc. géol., t. 1, p. 360, pl. 14, fig. 8 (non Rœmer, 1836). Coustouge et Foujoncouse.

***444. Castellanensis,** d'Orb., 1847. Espèce voisine du *P. intermedia*, mais moins longue et surtout beaucoup plus couverte de grosses côtes concentriques. Le Vit, près de Castellanne (Basses-Alpes).

PHOLADOMYA, Sowerby. Voy. t. 1, p. 13.

***445? Puschii??,** Goldf., pl. 158, fig. 3; d'Arch., 1846, Mém. de la Soc. géol., 2e sér., t. 2, p. 208. France, Basses-Pyrénées, Biaritz.

446. Mellevillei, d'Orb., 1847. *P. margaritacea*, Melleville, 1843, Ann. des Sc. géol., p. 31, pl. 1 fig. 1, 2 (non Sow.). Laon.

SOLECURTUS, Blainville, 1824. Voy. p. 75.

447. pudicus, d'Orb., 1847. *Psammobia pudica*, Brongniart, 1823, Vicentin, p. 82, pl. 5, fig. 9. Val-Sangonini.

448. cyclopeus, d'Orb., 1847. *Venericardea cyclopea*, Brongniart, 1823, Vicentin, p. 82, pl. 5, fig. 12 a (Exclusif, b, c, d, e). Ronca.

449. elongatus, d'Orb., 1848. *Lutraria elongata*. Michelotti, M. S. Magnifique espèce allongée, pourvue d'un sillon longitudinal sur la région cardinale. Vicentin Ronca (Michelotti).

CRASSATELLA, Lamarck, 1801. Voy. p. 77.

MACTRA, Linné, 1758. Voy. vol. 1, p. 216.

*450. **Levesquei,** d'Orb., 1847. Espèce confondue avec le *M. semisulcata*, mais plus courte et plus triangulaire. Cuise-Lamotte.

ARCOPAGIA, Brown. Voy. p. 75.

*451. **Levesquei,** d'Orb., 1847. Espèce donnée sous le nom de *T. subrotundata*, mais presque lisse et beaucoup plus ovale. Cuise-Lamotte.

*452. **Lamottensis,** d'Orb., 1847. Espèce voisine de la précédente, mais plus longue et presque sans dents latérales. Cuise-Lamotte.

TELLINA, Linné, 1758. Voy. vol. 1, p. 275.

*453. **pseudorostralis,** d'Orb., 1847. Espèce confondue avec le *T. rostralis*, dont elle diffère par une forme plus allongée, plus étroit et plus longue sur la région anale. Cuise-Lamotte.

*454. **Cuisensis,** d'Orb., 1847. Espèce voisine du *T. tenuistria*, mais sans sinus à la région anale. Cuise-Lamotte.

*455. **Oceani,** d'Orb., 1847. Espèce voisine du *T. lunulata*, mais formant un triangle plus régulier. Cuise-Lamotte.

DONAX, Linné, 1758.

*456. **Levesquei,** d'Orb., 1847. Belle espèce ornée de stries concentriques sur la région anale, de stries rayonnantes sur la région palléale. Cuise-Lamotte.

VENUS, Linné, 1758. Voy. p. 15.

*457. **Custugensis,** d'Orb., 1847. *Cytherea custugensis*, Leymerie, 1846, Mém. Soc. géol. de France, t. 1, p. 361, pl. 16, fig. 1. Coustouge, St-Laurent (Aude).

*458. **Rabica,** Leym., 1846, id., p. 361, pl. 15, fig. 3. Coustouge, les bords du Babe, près St-Laurent (Aude).

459. **Rubiensis,** Leym., 1846, id., p. 361, pl. 15, fig. 6. Roubia, canal du Midi (Aude).

460. **subpyrenaica,** Leym., 1846, id., p. 361, pl. 15, fig. 5. Roubia, Corbières (Aude).

*461. **Verneuilli,** d'Orb., 1847. *Cytherea Verneuilli*, d'Arch., 1846, Mém. de la Soc. géol., 2e sér., t. 2, p. 208, pl. 7, fig. 19. Cuise-Lamotte (Oise), Basses-Pyrénées, Rochers de la Chambre-d'Amour.

462. **Maura,** Brongniart, 1823, Vicentin, p. 81, pl. 5, fig. 11. Vicentin, Ronca.

*463. **subtransversa,** d'Orb., 1847. *Venus transversa*, d'Arch., 1846, Mém. de la Soc. géol., 2e sér., t. 2, p. 208 (non Sowerby. Elle est plus tronquée sur la région anale). Basses-Pyrénées, Rochers de la Chambre-d'Amour, Le Vit, près de Castellanne (Basses-Alpes), Couiza (Aude).

*464. **oblonga,** d'Orb., 1847. *Cypricardia, id.*, Deshayes. Voy. étage parisien, n. 841. Cuise-Lamotte.

465. **Aglauræ,** d'Orb., 1847. *Corbis aglauræ*, Brongniart, 1823. Vicentin, p. 80, pl. 5, fig. 5. Castel-Gomberto.

CYCLAS, Bruguière, 1791. Voy. p. 60.

466. **pisum,** d'Orb., 1849. *Cyrena pisum*, Desh., n. 1, pl. 19, fig. 10-13. Cuise-Lamotte, Pont-Ste-Maxence, Neuilly-s-Clermont (Oise).

*467. **Gravesii,** d'Orb., 1847. *Cyrena Gravesii*, Desh., n. 6, pl. 19, fig. 3, 4. Cuise-Lamotte, Pierrefonds, Gilocourt (Oise).

468. **erebea,** d'Orb., 1847. *Mactra erebea*, Brongniart, 1823, Vicentin, p. 81, pl. 5, fig. 8. Vicentin, Ronca.

*469. **Sirena,** d'Orb., 1847. *Mactra Sirena*, Brongniart, 1823, Vicentin, p. 81, pl. 5, fig. 10. Ronca.

470. **Proserpina,** d'Orb., 1847. *Venus Proserpina*, Brongniart, 1823, Vicentin, p. 81, pl. 5, fig. 7. Ronca.

SPHENIA, Turton.

471. **Victoria,** d'Orb., 1847. *Corbula*, *id.*, Melleville, 1843, Ann. des Sc. géol., pl. 1, fig. 8-10. Laon, Cuise-Lamotte.

*472. **minima,** Leym., 1846, Mém. Soc. géol. de France, 2ᵉ part., t. 1, p. 360, pl. 14, fig. 9, 10. Les Corbières (Aude).

473. **scutellaria,** Desh., Leym., id., p. 360, pl. 14, fig. 11. France, Couiza (Aude).

*474. **securis,** Leym., 1846, id., p. 360, pl. 14, fig. 12. Coustouge, Lagrasse.

*475. **Pyrenaica,** d'Orb., Paléont. franç., terr. crét., 3, p. 78, pl. 265, fig. 6, 7. France, Saint-Martory.

*476. **rhomboidea,** d'Arch., 1846, Mém. de la Soc. géol., 2ᵉ sér., t. 2, p. 208, pl. 7, fig. 9. Basses-Pyrénées, Biaritz, Vicentin, Ronca.

*477. **Michelottii,** d'Orb., 1847. Espèce voisine du *C. tumida*, mais infiniment plus longue, plus anguleuse et plus comprimée. Vicentin, Ronca.

478. **ponderosa,** Nyst., 1843. *C. tumida*, Lam., Desh., n. 1, pl. 3, fig. 10, 11. Vicentin, Ronca.

*479. **subtumida,** d'Orb., 1847. Petite espèce rapportée à tort au *C. tumida*, mais bien distincte par sa taille, par le manque des côtes concentriques du jeune âge, etc. Cuise-Lamotte.

480. **trigonata,** Lam., Desh., n. 5, pl. 13, fig. 4, 5. Cuise-Lamotte.

CARDITA, Bruguière, 1789. Voy. p. 77.

*481. **decussata,** d'Orb., 1847. *Venericardia decussata*, Lam., Desh., n. 14, pl. 26, fig. 7, 8. Cuise-Lamotte (Oise).

*483. **subminuta,** d'Orb., 1847. *Venericardia minuta*, Leym., 1846, Mém. Soc. géol. de France, t. 1, p. 362, pl. 15, fig. 4 (non Phillips, 1844). Couiza, Esperaza, Coustouge, Albas (Aude).

*484. **trigona,** d'Orb., 1847. *Venericardia trigona*, Leym., 1846, id., p. 362, pl. 15, fig. 8. Bords du Rabe, entre St-Laurent et Coustouge (Aude).

*485. **vicinalis,** d'Orb., 1847. *Venericardia vicinalis*, Leym., 1846, id., p. 362, pl. 15, fig. 9. St-Laurent.

486. **Arduini,** Brongniart, 1823, Vicentin, p. 79, pl. 5, fig. 2. Sangonini.

487. **Lauræ,** d'Orb., 1847. *Venericardia Lauræ*, Brongniart, 1823, Vicentin, p. 80, pl. 5, fig. 3. Sangonini.

*488. **Astieri,** d'Orb., 1847. Belle espèce voisine du *C. acuticostata*, mais plus courte, presque ronde, ornée de dix-huit côtes crénelées. Le Vit, près de Castellanne (Basses-Alpes).

*489. **planicosta,** Desh., n. 1, pl. 24, fig. 1-3. Cuise-Lamotte (Oise).

*490. **Alpina,** d'Orb., 1847. Espèce voisine du *C. acuticostata*, mais bien plus longue, et un peu carrée, ornée de vingt-deux côtes crénelées. Le Vit, près de Castellanne (Basses-Alpes).

LUCINA, Bruguière, 1791.

*491. **squamula,** Desh., n. 23, pl. 17, fig. 17, 18. Cuise-Lamotte, Autreval, Gypseuil (Oise), Soissonnais.

492. **concava,** Defr., Desh., n. 21, pl. 17, fig. 8, 9. Cuise-Lamotte, Pierrefonds, Trosly, Vaudrempont (Oise).

493. **argus,** Melleville, 1843. Ann. des Sc. géol., p. 33, pl. 6, fig. 1, 2. Laon, Cuise-Lamotte.

*494. **Coquandiana,** d'Orb., 1843. Paléont. franç., terr. crét., 3, p. 121, pl. 282. *L. corbarica*, Leym., 1846, Mém. Soc. géol. de France, 2e part., t. 1, p. 361, pl. 14, fig. 5. Coustouge, Montolieu, Conques, Villeneuve-les-Chaînes, Montagne-Noire, Couiza (Aude), vallée du Verdon.

*495. **Leymeryi,** d'Orb., 1847. *L. corbarica*, *quadrata*, Leym., 1846, id., p. 361, pl. 14, fig. 6. Montolieu, Villeneuve, Conques (Aude).

*496. **sulcosa,** Leym., 1846, id., p. 361, pl. 14, fig. 13 et 14. Corbières.

497. **scopulorum,** Brongniart, 1823, Vicentin, p. 79 (non figuré). Ronca.

*498. **subdivaricata,** d'Orb., 1848. Espèce confondue avec le *L. divaricata*, mais s'en distinguant, ainsi que des autres espèces fossiles qui y ont été réunies à tort, par le coude des côtes placé bien plus près du milieu de la région palléale. Cuise-Lamotte.

N. B. Nous connaissons encore *sept* espèces nouvelles de *Lucina*, de Cuise-Lamotte.

CARDIUM, Bruguière, 1791. Voy. vol. 1, p. 33.

*499. **subfragile,** d'Orb., 1847. *C. fragile*, Melleville, 1843, Annales des Sc. géol., p. 36, pl. 3, fig. 1, 2 (non Brocchi, 1814). Laon, Neuville (Aisne), Cuise-Lamotte (Oise).

*500. **Orbignyanum,** d'Arch., 1846, Mém. de la Soc. géol., 2e sér., t. 2, p. 209, pl. 7, fig. 13. Basses-Pyrénées, Biaritz.

501. **intermedium,** Sow., 1837, Trans. geol. Soc. of London, 2e série, 5, p. 328, pl. 24, fig. 1. Indes, province de Cutch, Baboa-hill.

502. **ambiguum,** Sow., 1837, id., 5, p. 328, pl. 24, fig. 2. Baboa-hill.

*503. **subporulosum,** d'Orb., 1847. Espèce voisine du *C. porulosum*, mais sans pores aux crénelures des côtes. Cuise-Lamotte.

*504. **Levesquei,** d'Orb., 1847. Espèce confondue avec le *C. granulosum*, mais plus arrondie, plus courte et avec de petits tubercules déprimés, triangulaires aux côtes. Cuise-Lamotte.

*505. **subdiscors,** d'Orb., 1847. Espèce voisine du *C. discors*, mais plus large, moins oblique et ornée de stries rayonnantes plus serrées. Cuise-Lamotte.

*506. **subasperulum,** d'Orb., 1847. *C. asperulum*, Brongniart,

1823, Vicentin, p. 79, pl. 5, fig. 13 (non Lamarck, ses côtes sont plus rapprochées et plus nombreuses). Vicentin, Comberto.

*507. **Peresii,** d'Orb., 1847. Grosse espèce voisine du *C. hippopodium*, mais comme pourvue de deux saillies rayonnantes séparées par un méplat, qui circonscrivent les régions anales et buccales. De grosses côtes aplaties. Nice, le Jarrier.

*508. **Astierianum,** d'Orb., 1847. Belle espèce très-oblique, courte sur la région buccale, allongée et très-oblique sur la région anale; côtes fines, simples, égales. Nice, le Jarrier.

*509. **Vandeneckii,** d'Orb., 1847. Espèce ovale, oblongue, comprimée, ornée de sillons rayonnants, espacés, très-atténués sur la région buccale. Nice, le Jarrier.

*510. **Niciense,** d'Orb., 1847. Espèce renflée, aussi large que longue, ornée de côtes nombreuses, égales aux sillons qui les séparent. France, le Vit, près de Castellanne (Basses-Alpes). Nice, le Jarrier.

*511. **Baremensis,** d'Orb., 1847. Espèce voisine de la précédente, mais avec des côtes plus larges, plus espacées et moins nombreuses. France, Barrême (Basses-Alpes), Nice, le Jarrier.

UNIO, Retzius, 1788.

*512. **truncatosa,** Mich., 1836, Mag. de Zool., pl. 85. France, Cuy, près d'Épernay (Marne), Saulzi (Oise).

NUCULA, Lamarck, 1801.

513. **Baboensis,** Sow., 1837, Trans. geol. Soc. of London, 2e série, 5, p. 328, pl. 24, fig. 5. Indes, province de Cutch, Baboa-hill.

*514. **Levesquei,** d'Orb., 1847. Espèce confondue sous le nom de *Margaritacea*, avec le *N. Parisiensis*, mais plus oblongue et plus excavée sur la région buccale. Cuise-Lamotte.

PECTUNCULUS, Lamarck, 1801. Voy. p. 80.

515. **pecten,** Sow., 1837, Trans. geol. Soc. of London, 2e série, 5, p. 328, pl. 24, fig. 4. Indes, prov. de Cutch, Baboa-hill.

*516. **pseudopulvinatus,** d'Orb., 1847. Espèce confondue avec le *P. pulvinatus*, mais s'en distinguant par ses côtes infiniment plus rapprochées au bord. France, Cuise-Lamotte.

LIMOPSIS, Sassy. Voy. vol. 1, p. 280.

*517. **subgranulatus,** d'Orb., 1847. Espèce voisine et réunie à tort au *T. granulatus*, mais presque lisse et sans stries treillissées. Cuise-Lamotte.

*518. **inæquilateralis,** d'Orb., 1847. Espèce confondue avec le *T. deltoidea*, mais plus courte, plus renflée, plus triangulaire, très-carénée et très-inéquilatérale. Cuise-Lamotte.

ARCA, Linné, 1758. Voy. vol. 1, p. 13.

*519. **globulosa,** Desh., n. 14, pl. 33, fig. 4-6. Cuise-Lamotte, Chaumont, Martimont, Gypseuil (Oise).

520. **hybrida,** Sow., 1837, Trans. geol. Soc. of London, 2e série, 5, p. 328, pl. 24, fig. 3. Indes, province de Cutch, Baboa-hill.

521. **Pandoræ,** Brongniart, 1823, Vicentin, p. 76, pl. 5, fig. 14. Castel-Gomberto.

PINNA, Linné, 1758. Voy. vol. 1, p. 135.

522. **transversa,** d'Arch., 1846, Mém. de la Soc. géol., 2e série,

t. 2, p. 210, pl. 8, fig. 1. Basses-Pyrénées, au delà du rocher du Goulet.

MYTILUS, Linné, 1758. Voy. vol. 1, p. 82.

523. Mellevillei, d'Orb. *Modiola tenuistriatus*, Melleville, 1843, Ann. des Sc. géol., p. 39, pl. 2, fig. 17-19 (non Münster, 1838). Laon (Aisne), Cuise-Lamotte, Mirancourt, Babeuf (Oise).

524. serratus, d'Orb., 1847. *Dreissena, id.*, Melleville, 1823, Ann. des Sc. géol., p. 40, pl. 1, fig. 11, 12. Soissonnais.

525. corrugatus, Brongniart, 1823, Vicentin, p. 78, pl. 5, fig. 6. Ronca.

AVICULA, Klein, 1753. Voy. t. 1, p. 13.

526. Levesquei, d'Orb., 1847. Espèce confondue avec l'*A. trigonata*, mais s'en distinguant par des côtes rayonnantes. Cuise-Lamotte.

PECTEN, Gualtieri, 1742. Voy. t. 1, p. 87.

527. Mellevillei, d'Orb., 1847. *P. corneus*, Melleville, 1843, Ann. des. Sc. géol., p. 40, pl. 3, fig. 11, 12. France, Laon, Cuise-Lamotte.

528. squamula, Lamk., Ann. du Mus., t. 8, p. 354, nº 3. Deshayes, 1824, Paris, 1, p. 304, pl. 45, fig. 16, 17, 18. Soissons, Laon.

***529. Niciensis,** d'Orb., 1847. Espèce voisine de forme du *P. Biaritzensis*, mais à côtes lisses. Nice, le Jarrier.

***530. Biaritzensis,** d'Arch., 1846, Mém. de la Soc. géol., 2ᵉ série, t. 2, p. 210, pl. 8, fig. 9. Basses-Pyrénées, phare de Biaritz et au delà du rocher du Goulet.

***531. Thorenti,** d'Archiac, 1846, id., p. 211, pl. 8, fig. 8. Le Vit, près Castellanne (Basses-Alpes), Basses-Pyrénées, phare de Biaritz et au delà du rocher du Goulet.

***532. Boissyi,** d'Arch., 1846, id., p. 211, pl. 13, fig. 15, 16. Biaritz.

533. subdiscors, d'Arch., 1846, id., p. 211, pl. 8, fig. 10. Biaritz.

534. lævicostatus, Sow., 1837, Trans. geol. Soc. of London, 2ᵉ série, 5, p. 328, pl. 24, fig. 6. Indes, prov. de Cutch, Baboa-hill.

SPONDYLUS, Linné, 1758. Voy. p. 83.

***536. bifrons,** Münst., Goldf., 1836, Petref., 2, pl. 106, fig. 10, *S. dubius*, d'Arch., 1846, Mém. de la Soc. géol., 2ᵉ série, t. 2, p. 213, pl. 9, fig. 1. *S. Nystii*, d'Arch., pl. 9, fig. 3. Le Vit, près de Castellanne (Basses-Alpes), Basses-Pyrénées, au pied du phare de Biaritz, Vicentin, Castel-Gomberto; Allem., Osnabruck.

***537. detritus,** d'Arch., 1846, Mém. de la Soc. géol., 2ᵉ série, t. 2, p. 212, pl 9, fig. 2. Biaritz.

***538. Cisalpinus,** Brongniart, 1823, Vicentin, p. 76, pl. 5, fig. 1. Castel-Gomberto.

539. subcalcaratus, d'Orb., 1847. *Chama subcalcarata*, d'Arch., 1846, Mémoire de la Société géol., 2ᵉ série, t. 2, p. 209, pl. 7, fig. 11. Biaritz.

PLICATULA, Lamarck, 1801. Voy. t. 1, p. 202.

540. solida, d'Orb., 1847. *Placuna solida*, Melleville, 1843, Ann. des Sc. géol., p. 43, pl. 1, fig. 6, 7.

541. Koninckii? d'Arch., 1846, Mém. de la Soc. géol., 2ᵉ série, t. 2, p. 212, pl. 9, fig. 5. Basses-Pyrénées, moulin de Sopite, au delà du rocher du Goulet.

CHAMA, Linné, 1758. Voy. p. 170.

542. **plicatella,** Melleville, 1843, Ann. des Sc. géol., p. 38, pl. 2, fig. 7-9. Laon (Aisne).

*543. **Ataxenxis,** d'Orb., 1847. Espèce voisine du *C. calcarata*, mais à côtes plus espacées, finement striées en long dans leurs intervalles. Couiza (Aude), Nice, le Jarrier.

*544. **lævigata,** d'Orb., 1847. Espèce remarquable par sa surface entièrement lisse. Le Vit, près de Castellanne (Basses-Alpes).

OSTREA, Linné, 1752. Voy. t. 1, p. 166.

545. **subangusta,** d'Orb., 1847. *O. angusta*, Desh., pl. 58, fig. 1-3 (non *angusta*, Lam., 1819). Carlepont, Giraumont, Roye-sur-Matz, Cuise (Oise), Soissons (Aisne).

*546. **multicostata,** Desh., n° 32, pl. 57, fig. 3-6. *O. plicatella*, Desh., pl. 50, fig. 2-5. *O. flabellula*, d'Arch., Mém. de la Soc. géol., 2, p. 213. Cuise-Lamotte, Pierrefonds, Gilocourt, le Mont-Ouin (Oise), Soissonnais (Aisne), Couiza (Aude), St-Palais, près de Royan (Char.-Infér.), Tuc-du-Saumon, près de Casoen, au nord de Montfort (Landes), Vandrempont (Oise), Champagne, Biaritz (Pyrénées-Orientales).

*548. **Pyrenaica,** d'Orb., 1847. *O. gigantea*, Leym., 1846, Mém. Soc. géol. de France, t. 1, p. 366, pl. 17, fig. 2 (non Sowerby, non Brander). *O. latissima*, Desh., Mem. de la Soc. géol., 3, p. 19, pl. 6, fig. 1-3. Le Vit, près de Castellanne (Basses-Alpes), Brassoempony (Landes). France, Fontcouverte, Corbières, Biaritz (Pyrénées-Orientales); Crimée.

*549. **Hersilia,** d'Orb., 1847. *Vulsella falcata*, Münst., Goldf., pl. 107, fig. 10. D'Arch., 1846, Mém. de la Soc. géol., 2e série, t. 2, p. 214, pl. 8, fig. 2, 3 (non Morton, 1834). Biaritz, au delà du rocher du Goulet; Bavière orientale, Cressemberg.

*550. **Tarbelliana,** d'Orb., 1847. *Orbicula Tarbelliana*, d'Arch., 1846, Mém. de la Soc. géol., 2e série, t. 2, p. 215, pl. 9, fig. 6. Basses-Pyrénées, Port-des-Basques.

551. **Sowerbyana,** d'Orb., 1847. *O. callifera*, Sow., 1837, Trans. geol. Soc. of London, 2e série, 5, p. 328, pl. 24, fig. 7 (non Lamarck). France, le Vit, près de Castellanne, St-Julien-de-Méouille (Basses-Alpes), St-Vallier (Var); Indes, prov. de Cutch, Wagé-ké-Pudda.

552. **Melania,** d'Orb., 1847. *O. orbicularis*, Sow., 1837, Trans. geol. Soc. of London, 2e série, 5, p. 328, pl. 24, fig. 8 (non Gmel., 1789). Indes, prov. de Kutch, Luckput.

553. **Archiaciana,** d'Orb., 1847. *O. vesicularis*, d'Arch., 1846, Mém. de la Soc. géol., 2e série, t. 2, p. 213 (non Lamarck). Espèce toute différente, plus irrégulière et plus mince, surtout au talon. Basses-Pyrénées, Chambre-d'Amour, rocher du Goulet.

MOLLUSQUES BRACHIOPODES.

TEREBRATULA, Lwyd, 1699. Voy. t. 1, p. 43.

*554. **Montolearensis,** Leym., 1846, Mém. Soc. géol. de France, t. 1, p. 362, pl. 15, fig. 13 a, b, 14. Montagne Noire, entre Moussoulens et Montolieu, Fontcouverte (Corbières), St-Vallier (Var).

*555. **æquilateralis,** d'Arch., 1846, Mém. de la Soc. géol., 2e série, t. 2, p. 214, pl. 9, fig. 7. Basses-Pyrénées, au delà du rocher du Goulet.

TEREBRATULINA, d'Orb., 1847. Voy. p. 85.

*556. **tenuistriata,** d'Orb., 1847. *Terebratula tenuistriata*, Leym., pl. 15, fig. 11. d'Arch., 1846, Mém. de la Soc. géol., 2e série, t. 2, p. 214, pl. 7, fig. 14. *Terebratula Defrancii*, Leym., pl. 15, fig. 12 (non Brongniart). Basses-Pyrénées, au delà du rocher du Goulet et sur le chemin de Villefranque, Roubia, Fontcouverte (Aude).

557. **Venei,** d'Orb., 1847. *Terebratula Venei*, Leym., 1846, Mém. de la Soc. géol. de France, t. 1, p. 362, pl. 15, fig. 10 a, b. Roubia, Fontcouverte (Aude).

MOLLUSQUES BRYOZOAIRES.

ESCHARINA, Edwards, 1839.

558. **subpyriformis,** d'Orb., 1847. *Eschara subpyriformis*, d'Arch., 1846, Mém. de la Soc. géol., 2e série, t. 2, p. 195, pl. 5, fig. 21. Basses-Pyrénées, rocher du Goulet.

559. **labiata,** d'Orb., 1847. *Eschara labiata*, d'Arch., id., p. 195, pl. 5, fig. 12. Rocher du Goulet à Biaritz.

ESCHARA, Lamarck.

560. **subchartacea,** d'Orb., 1847. *E. chartacea*, d'Arch., 1846, id., p. 196, pl. 5, fig. 13 (non Blain, 1819). Basses-Pyrénées, rocher du Goulet et chemin de Villefranque.

561. **Leymeriana?** Michelin, 1846, Iconog. zoophyt., p. 278, pl. 60, fig. 17. Biaritz.

LUNULITES, Lamarck.

*562. **glandulosa,** d'Arch., 1846, Mém. de la Soc., 2, p. 196, pl. 5, fig. 14. Le Goulet, près de Biaritz.

563. **punctata,** Leymerie, 1846, Mém. de la Soc. géol., 2e série, t. 1, p. 358, pl. 13, fig. 4. Michelin, pl. 63, fig. 13. Couiza (Aude).

564. **Vandenheckei,** Michelin, 1846, Icon. zoophyt., p. 279, pl. 63, fig. 12. Nice, Fontaine du Jarrier (non Samats).

MARGINARIA, Rœmer, 1842.

?565. **hexagonalis?** d'Orb., 1847. *Cellepora hexagonalis*, Münster, Goldf., 1831, Petref., 1, p. 102, pl. 36, fig. 16. Bavière orient., Austern et Nummiliten.

RETEPORA, Lamarck.

*566. **Biaritziana,** d'Orb., 1847. *Retepora echinulata*, Michelin, 1846, Icon. zooph., p. 279 (non pl. 14, fig. 11). Espèce à mailles bien plus irrégulières. Biaritz.

ALECTO, Lamouroux, 1821.

*567. **nummulitorum,** d'Orb., 1847. Espèce à longues cellules, fixe sur le *Nummulites rotula*. France, Gibret, près de Montfort (Landes).

IDMONEA, Lamouroux, 1821.

568. **Petri,** d'Arch., 1846, Mém. de la Soc. géol., 2e série, t. 2, p. 195, pl. 5, fig. 11. Basses-Pyrénées, rocher du Goulet.

RADIOPORA, d'Orb., 1847. Voy. p. 140.

569. conjuncta, d'Orb., 1847. *Lichenopora id.*, Michelin, 1846, Icon. zooph., p. 277, pl. 63, fig. 16. Biaritz.

ENTALOPHORA, Lamouroux, 1821.

570. mamillata, d'Orb., 1847. *Pustulopora mamillata*, d'Archiac, 1846, Mémoire de la Soc. géol., 2e série, t. 2, p. 194, pl. 5, fig. 9. Biaritz.

***571. Labati,** d'Orb., 1847. *Pustulopora Labati*, d'Arch., id., p. 195, pl. 5, fig. 10. Biaritz.

572. Thorentii, d'Orb., 1847. *Diastopora id.*, Michelin, 1846, Icon. zooph., p. 278, pl. 63, fig. 15. Biaritz.

ÉCHINODERMES.

MICRASTER, Agassiz.

573. Aquitanicus, Agassiz, 1847, Cat., p. 130. *Spatangus Aquitanicus*, Grat., Mém. Ours. foss., p. 74, pl. 2, fig. 17. Laplane, Montfort.

SCHIZASTER, Agassiz.

574. ambulacrum, Agass., 1847, Cat., p. 127. *Spatangus ambulacrum*, Desh., Biaritz.

575. Djulseusis, Dub. Voy. au Caucase, pl. 1, fig. 14. Agassiz, 1847, Cat., p. 128. Caucase.

576. rimosus, Desor, Agass., 1847, Cat., p. 128. Biaritz.

***577. vicinalis,** Agass., 1847, Cat., p. 127. *Schizaster eurynotus*, Agass., Cat. syst., p. 3. Saint-Palais, près Royan (Charente-Inférieure), Biaritz.

***578. subincurvatus,** Agass., 1847, Cat., p. 127. St-Palais, près Royan (Charente-Inférieure); Italie, Vérone, Priabona, près de Castel-Gomberto.

579. obliquatus, d'Orb., 1847. *Spatangus obliquatus*, Sow., 1837, Trans. geol. Soc. of London, 2e série, 5, p. 327, pl. 24, fig. 22. Indes, prov. de Kutch, Baboa hill.

580. acuminatus, d'Orb., 1847. *Spatangus acuminatus*, Sowerby, 1837, Trans. geol. Soc. of London, 2e série, 5, p. 327, pl. 24, fig. 23, 23 a. Indes, prov. de Kutch, Baboa-hill.

HEMIASTER, Agassiz.

***581. obesus,** Desor, Agassiz, 1847, Cat., p. 123. *Spatangus obesus*, Leym., Mém. Soc. géol. Fr., 2e série, t. 1, pl. 13, fig. 15. Conques (Aude); l'Egypte.

582. brevisulcatus, Desor, Agassiz, 1847. Cat., p. 126. *Micraster brevisulcatus*, Agass., Cat. syst., p. 2. Italie, Montecchio-Maggiore.

583. inæqualis, Desor, Agassiz, 1847, Cat., p. 125. *Brissus inæqualis*, Forb., Tr. geol. Soc. L., 1846, t. 7, p. 160, pl. 19, fig. 6. Environs de Pondichéry, Verdachellum (Grandes-Indes).

584. expansus, Desor, Agassiz, Cat., p. 125. *Brissus expansus*, Forbes, Tr. geol. Soc. L., 1846, t. 7, p. 160, pl. 19, fig. 7. Environs de Pondichéry, Verdachellum (Grandes-Indes).

***585. verticalis,** Desor, Agassiz, 1847, Cat., p. 124. *Schizaster verticalis*, Agass., 1847, Cat. syst., p. 3. D'Arch., Mém. Soc. géol. Fr., 2e série, 2, p. 202, pl. 6, fig. 2. Biaritz, Royan (Charente-Inférieure).

586. complanatus, d'Arch., Agass., 1847, Cat., p. 125. Monfort.
587. latisulcatus, Desor, Agassiz, 1847, Cat., p. 125. Égypte.
BRISOPSIS, Agassiz.
588. angustus, Desor, Agassiz, 1847, Cat., p. 121. Égypte.
***589. oblonga,** Agass., 1847, Cat., p. 121. La Fontaine du Jarrier, près de Nice.
***590. elegans,** Agass., 1847, Cat., p. 121. *Spatangus Grignonensis*, Desmar., in Desml., Tabl. syn., p. 390. Royan, Montfort, près Dax, St-Estèphe (Gironde).
BRISSUS, Klein.
***591. subacutus,** Desor, Agassiz, 1847, Cat., p. 120. *Micraster subacutus*, d'Arch., Mém. Soc. géol. Fr., 2e série, t. 2, p. 201, pl. 7, fig. 5. Biaritz (Pyrénées-Orientales).
592. Helveticus, Agass., 1847, Cat., p. 120. *Micraster Helveticus*, Agass., Echin. suiss., 1, p. 27, pl. 3, fig. 19, 20. Suisse, Einsiedeln, canton de Schwytz.
AMPHIDETUS, Agassiz.
***593. subcentralis,** Agass., 1847, Cat., p. 118. St-Palais, près Royan (Charente-Inférieure).
GUALTIERIA, Desor.
***594. Orbignyana,** Agass., 1847, Catal., p. 116. Saint-Palais, près Royan (Charente-Inférieure).
EUPATAGUS, Agassiz.
***595. brissoides,** *Spatangus brissoides*, Desml., Tabl. syn., p. 392. Agass., Cat., p. 116. *Spatangus punctatus*, Grat., Ours. foss., p. 69, pl. 1, fig. 11. Montfort, près Dax.
596. Veronensis, Agass., 1847, Cat., p. 116. *Spatangus Veronensis*, Mer. in Agass., Cat. syst., p. 2. Italie, Vérone.
***597. ornatus,** Agass., 1847, Cat., p. 115. *Spatangus ornatus*, Defrance, Dict. Sc. nat. Cuv., Oss. foss., 2, 2e part., pl. 5, fig 6. France, Biaritz (Pyrénées-Orientales).
MACROPNEUSTES, Agassiz.
599. pulvinatus, Agass., 1847, Cat., p. 114. *Micraster pulvinatus*, d'Arch., Mém. Soc. géol. Fr., 2e série, t. 2, p. 201, pl. 6, fig. 1. Biaritz.
600. Beaumonti, Agass., 1847, Cat., p. 114. *Micraster Beaumonti*, Agass., Cat. syst., p. 2. Italie, Montecchio-Maggiore.
601. Ammon, Desor, Agassiz, 1847, Cat., p. 115. Égypte.
SPATANGUS, Klein.
602. depressus, Dub. Voy. au Caucase, pl. 1, fig. 16. Agass., 1847, Cat., p. 114. Crimée, Sinaï.
603. pendulus, Agass., 1847, Cat., p. 114. Sinaï.
AMBLYPYGUS, Agassiz.
604. apheles, Agass., 1847, Cat., p. 108. Italie, Vérone.
605. dilatatus, Agass., 1847, Cat., p. 109. Salghir en Crimée.
PYGURUS, Agassiz.
606. Beaumonti, Agass., 1847, Cat., p. 107. Italie, Vérone.
***607. politus,** Desml., Tabl syn., p. 348. Agass., 1847, Cat., p. 106. Italie, env. de Nice, de Vérone, de Sienne; France, Biaritz.
608. ellipsoidalis, Agass., 1847, Cat., p. 106. *Echinolampas ellip-*

soidalis, d'Arch., Mém. Soc. géol. Fr., 2e série, t. 2, p. 203, pl. 6, fig. 3. Biaritz.

609. **Escheri**, Agass., 1847, Cat., p. 107. Echin. suiss., 1, p. 59, pl. 9, fig. 7-9. Suisse, Appenzell, Fachnern (St-Gall).

*610. **subsimilis**, Agass., 1847, Cat., p. 107. *Echinolampas subsimilis*, d'Arch., Mém. Soc. géol. Fr., 2e série, t. 2, p. 204, pl. 6, fig. 4. France, Biaritz, St-Palais, près Royan (Charente-Inférieure).

*611. **dorsalis**, Agass., 1847, Cat., p. 106. St-Palais, près Royan (Charente-Inférieure).

612. **amygdala**, Desor, Agass., 1847, Cat., p. 106. Égypte.

613. **curtus**, Agass., 1847, Cat., p. 106. *Echinolampas eurypygus*, Agass., Cat. syst., p. 5. Italie, Vérone.

614. **brevis**, Agass., 1847, Cat., p. 186. Suisse, Appenzell.

616. **Delbosii**, Des., Agass., 1847, Cat. syst., p. 103. France, Montfort, près Dax.

617. **affinis?** d'Orb., 1847. *Clypeaster affinis*, Sow., 1837, Trans. geol. Soc. of London, 2e série, p. 327, pl. 24, fig. 20, 20 a. Goldf., 42, 6. Indes, prov. de Cutch, Baboa-hill et Joongrea.

618. **varians**, d'Orb., 1847. *Clypeaster varians*, Sow., 1837, Trans. geol. Soc. of London, 2e série, 5, p. 327, pl. 24, fig. 21, 21 a. Indes, prov. de Cutch, Baboa-hill, Wagé-ké-Pudda.

PYGORHYNCHUS, Agassiz.

619. **crassus**, Agass., 1847, Catalog., p. 103. Italie, Brendola, Vérone.

620. **heptagonus**, Des., Agass., 1847, Cat., p. 103. *Nucleolites heptagona*, Grat. France, Montfort, près Dax.

621. **Desorii**, d'Arch., Agass., 1847, Cat., p. 102. Biaritz.

622. **sopitianus**, d'Arch., Mém. Soc. géol. Fr., 2e série, t. 2, p. 203, pl. 6, fig. 5. Agass., 1847, Cat., p. 102. Biaritz.

623. **elatus**, Agass., 1847, Cat., p. 102. *Cassidulus elatus*, Forbes, Trans. geol. Soc. L., 7, 1846, p. 182, pl. 19, fig. 1. Env. de Pondichéry, Verdachellum.

624. **testudo**, Forbes, Tr. geol. Soc. L., 7, p. 161, pl. 19, fig. 2. Agass., 1847, Cat., p. 102. Env. de Pondichéry, Verdachellum.

625. **planatus**, Forbes, Tr. geol. Soc. L., 7, p. 162, pl. 19, fig. 3. Agass., 1847, Cat., p. 102. Envir. de Pondichéry, Verdachellum (Indes orientales).

626. **testudinarius**, d'Orb., 1847. *Cassidulus testudinarius*, Brongniart, 1823. Vicentin, p. 83, pl. 5, fig. 15. Vicentin, Ronca.

ECHINOCYAMUS, Van Phels.

627. **planulatus**, d'Arch., Agass., 1847, Cat. syst. p. 83. Biaritz.

SALMACIS, Agassiz.

628. **Vandeneckei**, Agass., 1847, Cat. syst., p. 55. Italie, Fontaine du Jarrier, montagne de la Palarea, comté de Nice.

ECHINUS, Linné.

629. **Gravesii**, Des., Agass., 1847, Cat., p. 62. Retheuil (Aisne).

CŒLOPLEURUS, Agassiz.

*630. **equis**, Agass., 1847, Catal. syst., p. 52. *Echinus equis*, Val., Enc. méth. zooph., pl. 140, fig. 7 et 8. Biaritz ; Espagne.

631. Agassizii, d'Arch., Mém. Soc. géol. Fr., 2e série, 2, p. 205, pl. 7, fig. 2. Agass., 1847, Cat., p. 53. Biaritz.

DIADEMA, Gray.

632. arenatum, d'Arch., Agass., 1847, Cat. syst., p. 44. Biaritz.

CIDARIS, Lamarck.

633. prionata, Agass., 1847, Cat. syst., p. 31. Biaritz.

*****634. acicularis,** d'Arch., Agass., 1847, Cat. syst., p. 32. Biaritz.

*****635. serrata,** d'Arch., Agass., 1847. Cat. syst., p. 32. Biaritz.

*****636. semi-aspera,** d'Arch., Mém. Soc. géol. de France, 2, p. 201, pl. 7, fig. 18. Agass., 1847, Cat. syst., p. 32. Biaritz.

*****637. subularis,** d'Arch., id., p. 201, pl. 7, fig. 17. Agass., 1847, Cat. syst., p. 31. Biaritz.

CRENASTER, Lwyd, 1699. Voy. t. 1, p. 240.

*****638. Castellanensis,** d'Orb., 1847. Espèce dont les pièces sont petites et pourvues tout autour d'une dépression en bordure. France, le Vit, près de Castellanne (Basses-Alpes).

CONOCRINUS, d'Orb., 1847. Genre voisin des *Bourgueticrinus*, mais sans pièces basales, comme les *Eugeniacrinus*.

*****639. Thorenti,** d'Orb., 1847. *Bourgueticrinus Thorenti*, d'Arch., 1846, Mém. de la Soc. géol., 2e série, t. 2, p. 200, pl. 5, fig. 20. Basses-Pyrénées, rocher du Goulet.

PENTACRINUS, Miller, 1821.

*****640. didactylus,** d'Orb., M. S. d'Arch., 1846, Mém. de la Soc. géol., 2e série, t. 2, p. 200, pl. 5, fig. 16, 17, 18. Biaritz, Vicentin, près Ronca.

ZOOPHYTES.

FLABELLUM, Lesson, 1831. *Phillodes*, Phillips, 1841.

*****641. cuneatum,** Edwards et Haime, 1838, Ann. des Sc. nat., 9, p. 265. *Turbinolia cuneata*, Goldf., 1830, Germ., p. 53, pl. 15, fig. 9 (Exclus., pl. 37). Pyrénées.

*****642. costatum,** Edwards et Haime, 1838, Ann. des Sc. nat., 9, p. 266. Bellardi, Michelin, 1846, Icon. zooph., p. 271, pl. 61, fig. 10. Nice, le Jarrier, la Palarea.

*****643. Dufrenoyi,** Edwards et Haime, 1838, Ann. des Sc. nat., 9, pl. 269. *Turbinolia Dufrenoyi*, d'Arch., 1846, Mém. Soc. géol., 2e série, t. 2, p. 192, pl. 5, fig. 4 a, 5. *Turbinolia dentalina*, d'Arch., pl. 5, fig. 6. France, Port-des-Basques (Biaritz), Vicentin, Salseo.

*****644. appendiculatum,** Bronn, 1838, Edwards et Haime, 1848, Ann. des Sc. nat., 9, p. 269. *Turbinolia appendiculata*, Brongniart, 1823, Vicentin, p. 83, pl. 5, fig. 17. Vicentin, Ronca, val Sangonini.

*****645. vaginale,** Edwards et Haime, 1848, Ann. des Sc. nat., 9, p. 270. *Turbinolia vaginalis*, Michelin, 1846, Icon. zoophyt., p. 271, pl. 63, fig. 3. Biaritz.

646. Hohei, Edwards et Haime, 1848, Ann. des Sc. nat., 9, p. 273. *Turbinolia cuneata*, var., Goldf., 1830, pl. 37. Vicentin.

TROCHOCYATHUS, Edwards et Haime, 1848.

*****647. elongatus,** Edwards et Haime, 1848, Ann. des Sc. nat., 9, p. 305. Le Vit, près de Castellanne (B.-Alpes).

*648. **Pyrenaicus,** Edwards et Haime, 1848, Ann. des Sc. nat., 9, p. 311. *Flabellum Pyrenaicum*, Michelin, 1846, Icon. zoophyt., p. 271, pl. 63, fig. 2. *Turbinolia calcar*, d'Arch., 1846, Mém. de la Soc. géol., 2e série, t. 2, p. 192, pl. 5, fig. 1 a, 2, 3. Port-des-Basques (Biaritz).

*649. **sinuosus,** Edwards et Haime, 1848, Ann. des Sc. nat., 9, p. 314. *Turbinolia sinuosa*, Brongniart, 1821, Vicentin, p. 40, pl. 6, fig. 17. *Turbinolia id.*, Michelin, 1846, pl. 62, fig. 1. France; Couiza (Aude), Nice, le Jarrier et la Palarea.

651. **Alpinus,** Edwards et Haime, 1848. *Turbinolia id.*, Michelin, 1846, Icon. zoophyt., p. 268, pl. 61, fig. 6. La Palarea.

652. **didyma,** Edwards et Haime, 1848, p. 333. *Turbinolia didyma*, Goldf., 1830, Petref., 1, p. 54, pl. 15, fig. 11. France, Provence.

*653. **multistriatus,** Edwards et Haime, 1848? *Turbinolia multistriata*, Michelin, Icon. zooph., p. 209, pl. 61, fig. 8. Nice, le Jarrier, la Palarea.

*653'. **bilobatus,** Edwards et Haime. *Turbinolia id.*, Michelin, pl. 61, fig. 7. France, Couiza.

654'. **Thorenti,** d'Orb., 1849. Espèce large et courte, ovale. Fr., St-Pierre, près de Biaritz.

SPHENOTROCHUS, Edwards et Haime, 1848, Ann. des Sc. nat., 9, p. 240.

654". **semi-granosus,** Edwards et Haime, 1848, id., 9, p. 245. *Turbinolia semi-granosa*, Mich., Icon., p. 151, pl. 43, fig. 2. Cuise-Lamotte (Oise).

APLOCYATHUS, d'Orb., 1847. Voy. t. 1, p. 291.

*654". **cyclolitoides,** d'Orb., 1847, M. S. *Trochocyathus id.*, Edw. et Haime, 1848, Ann. des Sc. nat., 9, p. 315. *Turbinolia id.*, Bellardi (non Michelin). Nice, la Palarea; Prov. de Kutch (Indes orientales).

CERATOTROCHUS, Edwards et Haime, 1848.

*655. **exaratus,** Edwards et Haime, 1848? *Turbinolia exarata*, Michelin, 1846, Iconog. zooph., p. 267, pl. 61, fig. 3. Nice, la Palarea.

PERISMILIA, d'Orb., 1847. Voy. p. 203.

*655'. **bilobata,** d'Orb., 1847. *Turbinolia bilobata*, Michelin, 1846, pl. 62, fig. 1. *Montivaltia id.*, Edwards, 1848. Nice, montagne du Jarrier.

FUNGINELLA, d'Orb., 1847. Voy. p. 91.

*656. **Perezii,** d'Orb., 1847. *Cyclotites Borsoni*, var., Michelin, 1846, p. 266, pl. 61, fig. 2 (non pl. 8, fig. 4). Piémont, la Palarea.

*657. **Niciensis,** d'Orb., 1847. *Fungia Niciensis*, Michelin, pl. 61, fig. 1. Nice, Palarea.

*658. **Braunii,** d'Orb., 1847. *Antophyllum id.*, Michelin, 1846, Icon. zooph., p. 272, pl. 63, fig. 9. Couiza (non Cary, qui est de l'étage falunien).

LASMOPHYLLIA, d'Orb., 1847. Voy. t. 1, p. 208.

*659. **corniculum,** d'Orb., 1847. *Turbinolia id.*, Michelin, 1846, Icon. zoophyt., p. 267, pl. 61, fig. 4. Peut-être doit-on y réunir le *T. Hemisphæria*, Michelin, pl. 61, fig. 5, la forme plus ou moins large n'étant pas toujours un caractère spécifique dans les polypiers. Nice, le Jarrier, la Palarea.

BALANOPHYLLIA, Scarles wood, 1844.

*660. **geniculata,** Edwards et Haime, 1848. *Caryophyllia geniculata,* d'Archiac, 1846, Mém. de la Soc. géol., 2e série, t. 2, p. 193, pl. 5, fig. 7 a. Basses-Pyrénées, Port-des-Basques.

OCULINA, Lamarck, 1816.

661. **incerta?,** Michelin, 1846, Icon. zooph., p. 275, pl. 63, fig. 11. Biaritz.

SIDERASTREA, Edwards et Haime, 1849.

661'. **funesta,** Edwards et Haime, 1849, Ann. des Sc. nat., 1849, p. 143, n. 10. *Astrea id.,* Brongniart, 1823, Terr. trap. du Vicent, p. 84, pl. 5, fig. 16. Ronca.

PRIONASTREA, Edwards et Haime, 1849.

662. **Callaudi,** d'Orb., 1847. *Astrea id.,* Michelin, 1845, Iconog. zoophyt., p. 273, pl. 63, fig. 5. Nice, le Jarrier, la Palarea.

*664. **crispa,** d'Orb., 1847. *Astrea id.,* Michelin, 1845, Iconogr. zoophyt., p. 162, pl. 44, fig. 7. Cuise-Lamotte, Thury-sous-Clermont.

STEPHANOCŒNIA, Edwards et Haime, 1848.

*665. **elegans,** d'Orb., 1847. *Porites elegans,* Leymerie, 1846, Mém. Soc. géol. de France, t. 1, p. 358, pl. 13, fig. 1, 2. Coustouge, Couiza.

ENALLASTREA, d'Orb., 1847. Ce sont des *Astrea* dendroïdes, rameuses, à columelle styliforme; l'intervalle des calices granuleux.

*666. **distans,** d'Orb., 1847. *Astrea distans,* Leym., 1846, Mém. Soc. géol. de France, 2e part., t. 1, p. 358, pl. 13, fig. 6. Michelin, pl. 63, fig. 7. Couiza, Coustouge, Dax.

*667. **contorta,** d'Orb., 1847. *Astrea id.,* Leym., 1846, Mém. Soc. géol. de France, t. 1, p. 358, pl. 13, fig. 5. Fonjoncouse.

GONIARÆA, d'Orb., 1849. Calices hexagones en contact les uns avec les autres, à parois élevées, cloisons très-marquées; peut-être des palis. Ensemble dendroïde.

*668. **elegans,** d'Orb., 1847. *Alveopora elegans,* Michelin, 1846, Icon. zooph., p. 276, 63, fig. 6 (non *porites elegans,* Leymerie). Couiza.

RHYPIDOGYRA, Edwards et Haime, 1848.

669. **Micheliniana,** d'Orb., 1847. *Lobophyllia id.,* Leym., Mém. de la Soc. géol., 2e série, t. 1, p. 358, pl. 13, fig. 3. Fonjoncouse.

CERIOPORA, Goldfuss, 1830.

*670. **sublævigata,** d'Archiac, 1836, Mém. Soc. géol., 2e série, t. 2, p. 194, pl. 5, fig. 8. Rocher du Goulet (Biaritz).

VIRGULARIA, Lamarck, 1816.

*671. **Alpina,** d'Orb., 1847. Belle espèce dont la tige testacée est comprimée, quadrangulaire et presque canaliculée. France, le Vit, près de Castellanne (B.-Alpes).

FORAMINIFÈRES (d'Orb.).

ORBITOIDES, d'Orb., 1847. Coquille discoïdiale, convexe des deux côtés, formée d'une seule rangée de loges autour du disque; test fortement encroûté extérieurement au milieu.

*672. **papyracea,** d'Orb., 1847. *Nummulites idem,* Boubée, 1832, Bull. de la Soc. géol., 2, p. 445. *Orbitolites Prattii,* Michelin, 1846,

Icon. zooph., p. 278, pl. 63, fig. 14. *Orbitolites submedia*, d'Archiac, 1846, Mém. de la Soc. géol., 2, p. 194, pl. 6, fig. 6. France, Gensac, St-Gaudens, Boulogne (H.-Garonne), Biaritz (Pyrénées-Orientales), Annot (B.-Alpes), Brasoempouy, près de Hagetmau (Landes), env. de Mauléon, canton de Castelnomagnoac (H.-Pyrénées), le Vit, près de Castellanne (B.-Alpes).

ORBITOLITES, Lamarck, 1801.

***673. elliptica,** Michelin, 1846, Icon. zooph., p. 277, pl. 61, fig. 11. Nice, le Jarrier, près de la Palarea, le Vit, près de Castellanne (B.-Alpes).

NUMMULITES, Lamarck.

674. globularia, Lam., 1822, Anim. sans vert., 7, p. 629. France, Retheuil.

***675. scabra,** Lamarck, 1822, Anim. sans vert, p. 629. *Nummularia acuta*, Sow., 1837, Trans. geol. Soc., 5, p. 329, pl. 24, fig. 13. Soissons (Aisne), Biaritz (B.-Pyrénées), Indes orientales, province de Cutch, Luckput, Scinde (cap. Vicary).

***676. nummularia,** d'Orb., 1847. *Camerina nummularia*, Bruguière, 1791, 1, p. 400. *N. complanata*, Lamarck, 1822, Anim. sans vert., 7, p. 630. *N. millecaput*, Boubée, 1832, Mag. de zoologie, pl. 15. *N. polygiratus*, Desh., 1838, Mém. de la Soc. géol., 3, pl. 5, fig. 17-19. *N. irregularis, distans, placentula*, Desh., id., pl. 5, fig. 15, 16-20-22, pl. 6, fig. 8, 9. Nous plaçons sous ce nom les grandes Nummulites, minces et ondulées sur les bords. Pyramides d'Egypte; Espagne, Columbres, près d'Oviedo; Crimée, Vicentin, Ronca; France, Bastennes, Gamarde, près de Dax (Landes), Biaritz (Basses-Pyrénées), St-Sever, St-Paul du Var, St-Vallier (Var), Laon (Aisne), Montgaillard (H.-Pyrénées), Indes orientales, Scinde (Cap. Vicary), Hymalaya, Hydrabad (cap. Blagrane).

***677. planulata,** d'Orb., 1825, Tab. des Céphal., p. 130, n. 4, Modèles, n. 87. *N. atacicus*, Leym., 1846, Mém. de la Soc. géol., 1, p. 358, pl. 13, fig. 13. *Lenticulites planulata*, Lamarck, 1822, 7, p. 619. *N. Biaritzania*, d'Archiac, 1845, Mém. de la Soc. géol., 2, p. 191. France, Soissons (Aisne), Cuise-Lamotte, Liancourt (Oise), Couiza (Aude), Biaritz (B.-Pyrénées), le Vit, près de Castellanne (B.-Alpes), St-Palais (Charente-Inférieure), Nice, Fontaine du Jarrier.

***678. nummiformis,** Defrance, Fortis, Oryctog. de l'Italie, 2, pl. 1, fig. p-t et pl. 4, fig. 3. Brongniart, 1823, Vicentin, p. 51. Ronca.

***679. lenticularis,** d'Orb., 1825. *Nautilus lenticularis*, Fichtell et Moll., var. b, p. 56, pl. 7, fig. a, b. Espèce tuberculeuse. Autriche, Bats.

***680. spissa,** Defrance, 1825, Dict. des Sc. nat., 35, p. 225. *N. crassa*, Boubée, 1831, Bull. de nouv. gis. *N. lævigata*, Pusch, 1837, p. 163, pl. 12, fig. 16. *N. obtusa*, Sow.,? 1837, Trans. geol. of Lond., 5, p. 329, pl. 24, fig. 14. *N. globulus*, Leym., 1846, Mém. de la Soc. géol., 1, p. 359, pl. 13, fig. 14. France, St-Vallier (Var), Biaritz (B.-Pyrénées), Bastennes, Mouguerre (Landes), Couiza (Aude); Espagne, Columbres, près d'Oviedo; Autriche, Bats; Pologne, Koscielisko, Zakopane, Vatra, Indes orientales, province de Cutch, Wagé-Kepudda, Hymalaya, Hydrabad.

*681. **rotula,** Gratteloup, M. S. Magnifique espèce, remarquable par la dépression marquée qu'elle montre au centre indépendamment de rayons indistincts, interrompus de sa surface. France, Petit-Sarrail, Gamarde, Gibret, près de Montfort, Donzacq, près de Bastennes (Landes, partie inférieure des terrains tertiaires); chaîne de l'Hymalaya, Hydrabad; Indes orientales, cap Blagrave et Smith.

682. **mamilla,** d'Orb., 1847. *Nautilus mamilla*, Fichtell et Moll., 1803, pl. 6, fig. a, b, c, d. *N. rotularis*, Desh., 1838, Mém. de la Soc. géol. de France, 3, p. 68, pl. 6, fig. 10, 11. Autriche; Crimée.

ASSILINA, d'Orb., 1825. Voy. Foraminifères de Vienne.

*683. **depressa,** d'Orb., 1825, Ann. des Sc. nat., p. 130, n. 2. *Nummulites planospira*, Boubée, Bull. des nouv. gisements de France, 1re liv., p. 6, d'Archiac, 1846, Mém. de la Soc. géol. de France, 2e série, t. 2, p. 195. Espèce très-aplatie, à spire apparente. France, bords de l'Adour, Bastennes, Mouguerre (Landes), Gensac, entre Biaritz et Bidart (B.-Pyrénées); Espagne, Columbres, près d'Oviedo, Hymalaya, Hydrabad (cap Blagrave).

*684. **undata,** d'Orb., 1825, Ann. des Sc. nat., p. 130, n. 3. Espèce onduleuse. Couiza (Aude).

*685. **exponens,** d'Orb., 1847. *Nummularia exponens*, Sow., 1834, Trans. geol. Soc. of London, 2e série, 5, p. 719, pl. 61, fig. 14 a, e. Hymalaya, Hydrabad (cap Blagrave), Indes, prov. de Cutch, Luckput Bunder.

OPERCULINA, d'Orb., 1825. Voy. Foraminifères de Vienne.

*686. **Thouini,** d'Orb., 1825, Ann. des Sc. nat., p. 115, n. 3. Espèce pourvue de bourrelets extérieurs. Couiza, Montolieu.

*687. **ammonea,** Leymerie, 1846, Mém. Soc. géol. de France, t. 1, p. 359, pl. 13, fig. 11 a, b. Couiza, Bize (Aude), Biaritz (Basses-Pyrénées); Egypte (cap Newbold).

*688. **subgranulosa,** d'Orb., 1847. *O. granulosa*, Leymerie, 1846, Mém. Soc. géol. de France, t. 1, p. 359, pl. 13, fig. 12 (non Michelotti, 1844). France, Couiza, Bize.

ALVEOLINA, Bosc, 1808. Voy. p. 185.

*689. **melo,** d'Orb., 1825, Ann. des Sc. nat., p. 140, n. 2. *Nautilus melo*, Ficht. et Moll., p. 118, pl. 24; Foraminifères de Vienne, pl. 7, fig. 15, 16. France, Couiza, Montolieu (Aude); Autriche, Steinfeld, Grusback (Hongrie), Missdorf; Indes orientales, Scinde (cap Vicary).

*690. **ovoidea,** d'Orb., 1825, Ann. des Sc. nat., p. 140, n. 8, Deluc, Journ. de Phys., an. 10, pl. 1, fig. 11, 12. *Al. subpyrenaica*, Leymerie, 1846, Mém. de la Soc. géol., 1, p. 359, pl. 13, fig. 9, 10. France, Montolieu, Couiza; Indes orientales, Scinde (cap Vicary).

*691. **oblonga,** d'Orb., 1825, Ann. des Sc. nat., p. 140, n. 4, Parkinson, pl. 10, fig. 28-31. *Fasciolites elliptica*, Sow., 1837, Trans. geol. Soc., 5, p. 329, pl. 24, fig. 17. France, Soissons (Aisne), Cuise-Lamotte, Meauriau-Mont, Pierrefonds (Oise), Couiza (Aude); Indes orientales, Baboa-hill, Wagé-Ké-Pudda (prov. de Cutch).

ROTALIA, Lamarck.

*692. **Suessonensis,** d'Orb., 1825, Ann. des Sc. nat., p. 107,

n. 23. Espèce plus convexe en dessous qu'en dessus. Soissons, Cuise-Lamotte, Trosly, Breuil (Oise).

***693. consobrina,** d'Orb., 1847. Espèce voisine du *R. lævis*, mais à loges bien plus grandes. Soissons.

AMORPHOZOAIRES.

GUETTARDIA, Michelin, 1844.

***694. Thiolati,** d'Archiac, 1846, Mém. Soc. géol., 2e série, t. 2, p. 197, pl. 5, fig. 15 et pl. 8, fig. 5-7. *Guettardia stellata*, Mich., 1844, Ic. zooph., pl. 30, fig. 6 (exclus. fig. 1-5). Rocher du Goulet, Biaritz.

VINGT-CINQUIÈME ÉTAGE : — PARISIEN.

(A. — PARTIE INFÉRIEURE.)

MOLLUSQUES CÉPHALOPODES.

SEPIA, Linné, d'Orb., Moll. viv. et foss., 1, p. 261.

1. **sepioidea,** d'Orb., Paléont. univ., pl. 7, fig. 4-8, Terr. tertiaires, pl. 1, fig. 4-8. Nous y réunissons les *S. Cuvieri, Longispina, Longirostris* et *Blainvillei*, Desh., France, Chaumont, Vivray (Oise), St-Germain, Morienval, Marquemont, Parnes, Paris, Grignon, Courtagnon, Valmondois, Auvers, Tancrou, Mouchy-le-Châtel; Belgique, Boitsfort, Assche, Jette, Foret, Necle, Gand.

BELOPTERA, Desh., d'Orb. Voy. p. 309.

2. **belemnitoidea,** Blainville, d'Orb., Paléont. univ., pl. 2, fig. 1-4. France, Grignon, le Vivray, Parnes, Chaumont, Mouchy (Oise); Belgique, Laeken.

NAUTILUS, Breynuis, 1732. Voy. vol. 1. p. 52.

3. **regalis,** Sowerby, 1822, Min. Conch., 4, p. 77, pl. 355. *N. Lamarckii*, Desh., 1837, n. 2, pl. 100, fig. 1. *N. Burtini*, Galeotti, 1837. Nyst., 1843, pl. 47, fig. 1, env. de Noyon, Babeuf, Lagny, Courcelles-les-Gisors (Oise), Grignon, Parnes, Courtagnon; Angleterre, Islington, Chalk; Belgique, Bruxelles, Melsbroeck, Saventhem, Loo, Woluwe-St-Étienne, Dieghem, Boitsfort, Affighem, Louvain, Gand, Etiochove, près d'Anvers.

4. **umbilicaris,** Desh., 1837, n. 3, pl. 99, fig. 1-2. Frétoy, Mouchy-le-Châtel (Oise); Parnes, Grignon.

5. **imperialis,** Sowerby, 1818, Min. Conch., 1, p. 9, pl. 1, fig. 1, 2. Angleterre, Sheppy, Highgate.

6. **centralis,** Sow., 1818, Min. Conch., 1, p. 9, pl. 1, fig. 3-5. Angleterre, Barton, Richemond, Sheppy.

MEGASIPHONIA, d'Orb., 1847. Voy. p. 309.

7. **zigzag,** d'Orb., 1847. *Nautilus zigzag*, Sow., Min., Conch., pl. 1, fig. 4, Desh., 1824, Paris, 2, p. 765, pl. 100, fig. 2, 3. Nyst.; 1843, pl. 46, fig. 4. France, Houdan; Angleterre, Londres, Highgate et Sheppy.

8. **Alabamensis,** d'Orb., 1847. *Nautilus Alabamensis*, Morton, 1834, Syn., pl. 18, fig. 3. États-Unis (Alabama), près de Clairborne.

MOLLUSQUES GASTÉROPODES.

HELIX, Linné, 1758.

10. Ramondii, Marcel de Serres, environs de Narbonne (Aude), St-André de Meouille (Basses-Alpes).

11. Astierii, d'Orb., 1847. Espèce voisine de la précédente, plus petite, aplatie sur la columelle. France, Gévaudan et Barrème (Basses-Alpes).

BULIMUS, Bruguière, 1791.

12. tenui-striatus, Wetherell, 1846, London Geol. Journ., p. 20, fig. 1. Angleterre, London Clay.

*__13. Alpinus,__ d'Orb., 1847. Grosse espèce ovale, voisine de *l'Y hemastomus*, mais plus allongée. St-André-de-Meouille (Basses-Alpes).

CYCLOSTOMA, Lamarck, 1801.

*__15. mumia,__ Lamk., Ann. du Mus., t. 4, p. 115, n. 5, et t. 8, pl. 37, fig. 1, Deshayes, 1824, Paris, 2, p. 76, pl. 7, fig. 1, 2, et pl. 8, fig. 18-21. Grignon, Maule, Parnes, P. S., la Chapelle près Senlis, St-Ouen, Valmondois, Mantes, Ermenonville, Mortefontaine.

16. inflata, Deshayes, 1824, Paris, 2, p. 78, pl. 7, fig. 8, 9. Maulette près Houdan.

PALUDINA, Lamarck, 1822.

*__17. Desmaresti,__ Prevost, Desh., n. 5, pl. 15, fig. 13-14. Beaurains, Cuvilly, Lattainville (Oise).

PALUDESTRINA, d'Orb., 1837. Voy. p. 300.

*__18. globulus,__ d'Orb., 1847. *Paludina globulus*, Deshayes, 1824, Paris, 2, p. 132, pl. 15, fig. 21, 22. Maulette près Houdan, Arsy, Babœuf, Ognolles, Parnes (Oise).

*__19. nana,__ d'Orb., 1847, *Paludina nana*, Deshayes, 1824, Paris, 2, p. 132, pl. 15, fig. 17, 18. Grignon, Chaumont, Parnes, P. S. Senlis, Ermenonville.

*__20. lævigata,__ d'Orb., 1847. *Bulimus lævigatus*, Deshayes, 1824, Paris, 2, p. 62, pl. 8, fig. 14, 15. Mouchy, Vaudancourt (Oise).

*__21. sextonus,__ d'Orb., 1847. *Bulimus sextonus*, Lamck., Ann. du Mus., t. 4, p. 292, n. 6, et t. 8, pl. 59, fig. 8. Deshayes, 1824. Paris, 2, p. 61, pl. 7, fig. 11, 12. Grignon, Villiers, Valmondois, Parnes.

*__22. macrostoma,__ d'Orb., 1847. *Paludina macrostoma*, Deshayes, 1824, Paris, 2, p. 131, pl. 15, fig. 23, 24. Parnes, Grignon, P. S. Morte-Fontaine.

*__23. subulata,__ d'Orb., 1847. *Paludina subulata*, Desh., n. 13, pl. 15, fig. 19-26. Chaumont (Oise), Grignon, P. S. Beauchamp.

RISSOA, Freminville, 1814. Voy. p. 183.

*__30. turricula,__ d'Orb., 1847. *Melania marginata*, Lamk., Ann. du Mus., t. 2, p. 430, n. 3, et t. 8, pl. 60, fig. 4, Deshayes, 1824, Paris, 2, p. 114, pl. 14, fig. 1-4, Lamk., Nyst., 1843, pl. 36, fig. 15. *Bulimus turricula*, Bruguière, 1792, p. 324. France, Grignon, Courtagnon, Parnes, Mouchy, Liancourt, Mantes, la ferme de l'Orme. P. S. Damery (Marne); Gomerfontaine, Ermenonville; Belgique, Rouge-cloître, St-Josse-ten-Noode, Groenendael, Wilsbroeck, Assche, Afflighem.

RISSOINA, d'Orb., 1839. Voy. vol. 1, p. 297.

***31. polita,** d'Orb., 1847. *Melania polita*, Deshayes, 1824, Paris, 2, p. 116, pl. 14, fig. 20, 21. *Rissoa polita*, Desh., 1838. Mouchy-le-Châtel.

32. clavula, d'Orb., 1847. *Melania clavula*, Deshayes, 1824, Paris, 2, p. 117, pl. 14, fig. 18, 19, *Rissoa clavula*, Desh., 1838, in Lam., 8, 486. France, Mouchy, Grignon.

***33. cochlearella,** d'Orb., 1847. *Melania cochlearella*, Lamk., Ann. du Mus., t. 4, p. 432, n. 10, Deshayes, 1824, Paris, 2, p. 117, pl. 14, fig. 13-17. Courtagnon, Grignon, la ferme de l'Orme, Parnes, Chaumont.

SCALARIA, Lamarck, 1801. Voy. p. 2.

35. acuta, Sow., 1813, Min. Conch., t. 1, p. 49, pl. 16, fig. 3. Le Vevray (Oise); Angleterre, Londres, Barton-Cliff, Subbington; Belgique, Landen, Folx-les-Caves.

36. semicostata, Sow., 1813, Min. Conch., t. 1, p. 49, pl. 16, fig. 2. Angleterre, Londres, Barton, Subbington.

37. interrupta, Sow., 1827, Min. Conch., t. 6, p. 149, pl. 577, fig. 3. Angleterre, Londres, Barton.

38. undosa, Sow., 1827, Min. Conch., t. 6, p. 149, pl. 577, fig. 4. Angleterre, Londres, Barton.

39. reticulata, Sow., 1827, Min. Conch., t. 6, p. 149, pl. 577, fig. 5. Angleterre, Londres, Barton.

40. spirata, Gallotti, Nyst., 1843, Coq. tert. de Belgique, p. 390, pl. 37, fig. 3. Belgique, Lacken, Jette, Gand.

41. subcylindrica, Nyst., 1843, Coq. tert. de Belgique, p. 392, pl. 38, fig. 5. Belgique, Lacken.

***43. nassula,** Conrad, 1833, *S. planulata*, Lea. États-Unis, Alabama.

44. sessilis, Conrad, 1833, *S. carinata*, Lea. États-Unis. Alabama.

45. striatula, Deshayes, 1824, Paris, 2, p. 198, pl. 25, fig. 6, 7, 8. Château-Rouge, près Beauvais, Parnes.

***46. turritellata,** Deshayes, 1824, Paris, 2, p. 199, pl. 23, fig. 15, 16. Grignon (Seine-et-Oise), Hauteville, près Valognes (Manche), Chaumont (Oise).

***47. plicata,** Lamk., Ann. du Mus., t. 4, p. 215, nº 5, Deshayes, 1824, Paris, 2, p. 199, pl. 23, fig. 9, 10. Parnes, Grignon.

***48. multilamella,** Deshayes, 1824, Paris, 2, p. 196, pl. 22, fig. 16, 17. Parnes, Mouchy, Courtagnon.

***49. decussata,** Lamk., Ann. du Mus., t. 4, p. 213, nº 3, t. 8, pl. 37, fig. 3. Desh., 1824, Paris, 2, p. 197, pl. 23, fig. 1, 3. Grignon, Parnes, Mouchy, près Houdan, Chaumont.

***50. crispa,** Lamk., Ann. du Mus., t. 4, p. 213, nº 1, t. 8, pl. 37, fig. 5, Deshayes, 1824, Env. de Paris, 2, p. 195, pl. 22, fig. 9, 10. Nyst., pl. 37, fig. 2. France, Mouchy, Grignon, P. S. Senlis, Chaumont; Belgique, Forêt, près de Bruxelles.

***51. tenuilamella,** Deshayes, 1824. Paris, 2, p. 195, pl. 22, fig. 11-14. France, Mouchy, Chaumont, Parnes.

52. Francisci, Caillat, 1834, Soc. des Sc. nat. de Seine-et-Oise, p. 5, pl. 9, fig. 3. France, Grignon.

TURRITELLA, Lamarck, 1801. Voy. p. 67.

*53. **sulcata,** Lamk., Ann. du Mus., t. 4, p. 216, n. 2, et t. 8, pl. 37, fig. 8, Desh., 1824, Paris, 2, p. 287, pl. 38, fig. 5-7. France, Grignon. Parnes, Mouchy, Courtagnon; Angleterre.

*54. **abbreviata,** Desh., 1824, Paris, 2, p. 288, pl. 38, fig. 8, 9. Grignon (Seine-et-Oise), Parnes, Mouchy, Chaumont, Thury-en-Valois (Oise).

*55. **multisulcata,** Lam., Ann. du Mus., t. 4, p. 217, n. 5, Desh., 1824, Paris, 2, p. 288, pl. 38, fig. 10, 11, 12. Grignon, Beynes, Maule, Blaincourt, Mouchy (Oise); Belgique, Aeltre.

*56. **terebellata,** Lam., 1804, Desh., n. 11, pl. 35, fig. 3-4. *T. sulcata*, Sow., 1813, M. C., pl. 39. Grignon, Courtagnon, Chaumont, Mouchy-le-Châtel, Thury-sous-Clermont (Oise); Belgique, Rouge-Cloître, Groenendael.

*57. **semi-striata,** Desh., 1824, Paris, 2, p. 282, pl. 40, fig. 22-24. Berchère, près Houdan.

58. **intermedia,** Desh., 1824, Paris, 2, p. 283, pl. 37, fig. 17, 18, pl. 38, fig. 3, 4. Parnes, Courtagnon, Chaumont, Aumont.

*59. **imbricataria,** Lam., Ann. du Mus., t. 4, p. 216, n. 1, t. 8, pl. 37, fig. 7, Desh., 1824, Paris, 2, p. 271, pl. 35, fig. 1, 2; pl. 36, fig. 7, 8; pl. 37, fig. 9, 10; pl. 38, fig. 1, 2. Nyst., pl. 37, fig. 4. France, Grignon, Parnes, Chaumont, Mouchy, St-Félix; Belgique, Rouge-Cloître, St-Josse, Groenendael, Afflighem, Melsbroeck, Assche.

*60. **carinifera,** Desh., 1824, Paris, 2, p. 273, pl. 36, fig. 1, 2. France, Chaumont, Parnes, Mouchy, Houdan, Ponchon (Oise), Faudon (Hautes-Alpes), Diablerets (Suisse).

*61. **perforata,** Lamk., Ann. du Mus., t. 4, p. 218, n. 7. Anim. s. vert., t. 7, p. 563, n. 7. Grignon, Parnes, Mouchy, Blaincourt (Oise).

*62. **fasciata,** Lamk., Ann. du Mus., t. 4, p. 217, n. 4, t. 8, p. 37, Anim. s. vert., t. 7, p. 562. Desh., 1824, Paris, 2, p. 284, pl. 39, fig. 1-20, pl. 38, fig. 13, 14, 17, 18. Grignon, Beynes, Parnes, Mouchy, P. S., Gomerfontaine, Tancrou.

*63. **uniangularis,** Lam., Ann. du Mus., t. 4, p. 219, n. 9. Anim. s. vert., t. 7, p. 563, n. 9. Desh., 1824, t. 2, p. 281, pl. 40, fig. 28, 29. Grignon, Mouchy, Blaincourt, Parnes.

*64. **Rouyana,** d'Orb., 1847. Espèce à tours lisses, unis, pourvus supérieurement d'une saillie en côte. France, Faudon (Hautes Alpes).

*65. **unisulcata,** Lam., Ann. du Mus., t. 4, p. 218, n. 8. Anim. s. vert., t. 7, p. 563, n. 8. Desh., 1824, Paris, 2, p. 280, pl. 37, fig. 13, 14. Grignon, Mouchy, Gomerfontaine, Hermes.

*66. **ambigua,** Desh., 1824, Paris, 2, p. 277, pl. 37, fig. 3, 4. Parnes, Hermes, Château-Rouge (Oise).

*67. **subula,** Desh., n. 8, p. 277, pl. 37, fig. 15-16. Parnes, Mouchy-le-Châtel (Oise).

68. **elongata,** Sow., 1814, Min. Conch., t. 1, p. 109, pl. 51, fig. 2. Angl., Christchurch, Barton-Cliff (Hampshire).

69. **conoidea,** Sow., 1814, Min. Conch., t. 1, p. 109, pl. 51, fig. 1, 4. Angl., Barton-Cliff (Hampshire); Subbington.

70. edita, Sow., 1814, Min. Conch., t. 1, p. 109, pl. 51, fig. 7. Angl., Christchurch, Barton-Cliff (Hampshire).

71. brevis, Sow., 1814, Min. Conch., 1, p. 110, pl. 51, fig. 5. Nyst., 1843, Coq. tert. de Belgique, p. 398. Belgique, Lacken, Forêt, Jette, Orp-le-Grand; Angl., Barton.

74. melanoides, Lamk., Ann. du Mus., t. 4, p. 219, n. 10, Desh., 1824, Paris, 2, p. 289, pl. 40, fig. 25-27. Grignon.

***75. Mortoni,** Conrad, 1833. *T. Carinata*, Lea. États-Unis, Alabama, Clayborne.

***76. obruta,** Conrad, 1833. *T. lineata*, Lea. États-Unis, Alabama, Clayborne.

***77. vetusta,** d'Orb., *Protovetusta*, Conrad, 1833. *Cerithium striatum*, Lea. États-Unis, Alabama.

CHEMNITZIA, d'Orb., 1839. Voy. t. 1, p. 172.

***78. canicularis,** d'Orb., 1847. *Melania canicularis*, Lamk., Ann. du Mus., t. 4, p. 431, n. 5. Anim. s. vert., t. 7, p. 545, n. 5. Deshayes, 1824, Paris, 2, p. 109, pl. 12, fig. 16, 17, 26, 27. Grignon, Parnes.

***79. lævigata,** d'Orb., 1847. *Melania lævigata*, Deshayes, 1824, Paris, 2, p. 110, pl. 13, fig. 18, 19. Damerie, près Epernay, Gomerfontaine, Mouy, Thury-sous-Clermont (Oise).

***80. hordacea,** d'Orb., 1847. *Melania hordacea*, Lamk. Anim. s. vert., t. 7, p. 544, n. 4. Ann. du Mus., p. 431, n. 4. Deshayes, 1824, Paris, 2, p. 108, pl. 13, fig. 14, 15, 22, 23. Grignon, la ferme de l'Orme, Maulette, près Houdan, Pierrelaye, Beauchamp, Triel, P. S., Tancrou, Acy-en-Multien, Livillier, Valmondois, Betz.

***81. costellata,** d'Orb., 1847. *Melania costellata*, Lamk., Ann. du Mus., t. 4, p. 430, n. 1, et t. 8, pl. 60, fig. 2. Deshayes, 1824, Paris, 2, p. 113, pl. 12, fig. 5, 6, 9, 10. France, Faudon (Hautes-Alpes), Courtagnon, Parnes, Chaumont, Mouchy, Valognes, P. S. Ver (Oise), Suisse-les-Diablerets.

***82. fragilis,** d'Orb., 1847. *Melania fragilis*, Lamk., Ann. du Mus., t. 4, p. 433, n. 11. Anim. s. vert., t. 7, p. 546, n. 11. Deshayes, 1824, Paris, 2, p. 112, pl. 13, fig. 6, 7. Grignon.

EULIMA, Risso, 1826. Voy. vol. 1, p. 116.

83. Floridana, d'Orb., 1847. *Bulimus floridanus*, Conrad, 1846, Amer. journ., p. 399. États-Unis, Tampa-Bay.

***84. nitida,** d'Orb., 1847. *Melania nitida*, Lamk., Ann. du Mus., t. 4, p. 432, n. 8, et t. 8, pl. 60, fig. 6. Anim. s. vert., t. 7, p. 546, n. 8. Deshayes, 1824, Paris, 2, p. 110, pl. 13. fig. 10-13. Grignon, Parnes, Mouchy, Hauteville (Manche), Chaumont, Lattainville; San-Giusto, près Volterre, en Italie.

***85. distorta,** d'Orb., 1847. *Melania distorta*, Defr., Dict. des Sc. nat., t. 29, p. 468. Deshayes, 1824, Paris, 2, p. 111, pl. 13, fig. 24, 25. Paris, Chaumont, Monneville.

TURBONILLA, Risso, 1825.

***86. hordeola,** d'Orb., 1847. *Auricula hordeola*, Lamk., Ann. du Mus., t. 4, p. 436, n. 5. Anim. s. vert., t. 7, p. 539, n. 5. Deshayes, 1824, 2, p. 68, pl. 6, fig. 21, 22. Grignon, Longmont, Hermes (Oise).

***87. miliola,** d'Orb., 1847. *Auricula miliola*, Lamk., Ann. du Mus.,

t. 4, p. 435, n. 4. Anim. s. vert., t. 7, p. 539, n. 4. Deshayes, 1824, Paris, 2, p. 69, pl. 6, fig. 19, 20. Grignon.

*88. **acicula,** d'Orb., 1847. *Auricula acicula*, Lam., pl. 60, fig. 9. Desh., n. 8, p. 71, pl. 8, fig. 6, 7. France, Creil, Thury-s.-Clermont, Chaumont, Blaincourt (Oise).

*89. **spina,** d'Orb., 1847. *Auricula spina*, Deshayes, 1824, Env. de Paris, 2, p. 71, pl. 8, fig. 10, 11. France, Parnes, Creil, Tiverny (Oise).

NISO, Risso, 1825. *Bonellia*, Deshayes, 1838.

*91. **terebellata,** d'Orb., 1847. *Bonellia terebellata*, Desh. *Bulimus id.*, Desh., n. 4, pl. 9, fig. 1, 2. Le Vivray, Chaumont, Ully-Saint-Georges (Oise), Grignon.

*92. **umbilicata,** d'Orb., 1847. *Pyramidella terebellata*, Conrad, 1833 (non *terebellatus*, Lam.). *Pasithea umbilicata*, Lea. États-Unis, Alabama.

PYRAMIDELLA, Lamarck, 1796. Voy. p. 191.

*93. **terebellata,** Deshayes, 1824, Paris, 2, p. 191, pl. 22, fig. 7, 8. *Auricula terebellata*, Lamk., Ann. du Mus, t. 4, p. 436, n. 7, et t. 8, pl. 60, fig. 10. Grignon, Parnes, Mouchy, Courtagnon, Houdan.

ACTEON, Montfort, 1810. Voy. p. 263.

94. **simulatus,** Sow., 1834, M. C., p. 248. *Bulla simulata*, Brander, 1766, pl. 4, fig. 61. *Auricula simulata*, Sow., 1817, M. C., pl. 163, fig. 5-8. Angleterre, Barton, Highgate.

*95. **sulcatus,** d'Orb., 1847. *Tornatella sulcata*, Deshayes, 1824, Paris, 2, p. 187, pl. 22, fig. 3, 4. Nyst., pl. 37, fig. 20. *Auricula sulcata*, Lamk., Ann. du Mus., t. 4, p. 434, n. 1, et t. 8, pl. 60, fig. 7. France, Grignon (Seine-et-Oise), Courtagnon (Marne), Mouchy, Parnes, Chaumont, St-Félix (Oise); Belgique, Rouge-Cloître, Mons.

*96. **subinflatus,** d'Orb., 1847. *Tornatella inflata*, Deshayes, 1824, Paris, 2, p. 188, pl. 24, fig. 4, 5, 6 (non Defrance, 1819). Grignon, Courtagnon, Mouchy, Ermenonville, Valognes (Manche); Belgique, Bruxelles.

*97. **conovuliformis?,** d'Orb., 1847. *Auricula conovuliformis*, Desh., n. 1, pl. 6, fig. 9-11. Les Groux, Mouchy, Ully-St-Georges, Parnes (Oise).

98. **crenulatus,** Sow., 1824, Min. Conch., t. 5, p. 87, pl. 460, fig. 1. Angleterre, Londres, Barton.

99. **elongatus,** Sow., 1824, Min. Conch., t. 5, p. 87, pl 460, fig. 3. *Tornatella elongata?* Nyst., 1843, Belgique, pl. 37, fig. 23. Angl., Londres, Barton; Belgique, Héreuthals?, Calloo, Stuyvenberg?

*100. **pomilius,** Conrad, 1833. *A. punctatus*, Lea. *Monoptygma elegans*, Lea. États-Unis, Alabama.

101. **idoneus,** Conrad, 1833. *A. lineatus*. États-Unis, Alabama.

102. **costellatus,** Conrad, 1833. États-Unis, Alabama.

103. **latus,** Conrad, 1833. États-Unis, Alabama.

104. **melanellus,** Lea, 1833. *A. pygmæus*, Lea. États-Unis, Alabama.

PEDIPES, Adanson, 1757.

105. **ovata,** d'Orb., 1847. *Auricula ovata*, Lamk., Ann. du Mus., t. 4, p. 435, n. 2, et t. 8, pl. 60, fig. 8. Deshayes, 1824, Paris, 2, p. 68,

pl. 6, fig. 12, 13. Grignon, Maule, Aufreville, près Mantes, P. S., Tancrou.
*106. **Alpina,** d'Orb., 1847. Assez grosse espèce ovale, lisse, à trois dents écartées. France, Faudon (Hautes-Alpes).
RINGICULA, Deshayes, 1838.
*107. **ringens,** d'Orb., 1847. *Auricula ringens*, Lamk., Ann. du Mus., t. 4, p. 435, n. 5, et t. 8, pl. 60, fig. 11. Desh., 1824, Paris, 2, p. 72, pl. 8, fig. 16, 17. *R. buccinea*, Desh., 1838 (non Brocchi). Hauteville (Manche).
108. **turgida,** d'Orb., 1847. *Auricula turgida*, Sow., 1817, Min. Conch., 2, p. 143, pl. 163, fig. 4. Angl., Londres, Highgate.
VOLVARIA, Lamarck, 1801.
*109. **bulloides,** Lamk., Ann. du Mus., t. 5, p. 29, n. 1. Anim. s. vert., t. 7, p. 364, n. 6. Desh., 1824, Env. de Paris, 2, p. 712, pl. 95, fig. 4-6. Nyst., pl. 44, fig. 8. France, Parnes, Grignon, Mouchy, Courtagnon, Chaumont; Belgique, Rouge-Cloître, Groenendael, St-Josse.
NATICA, Adanson, 1757. Voy. vol. 1, p. 29.
*110. **cæpacea,** Lamk., Ann. du Mus., t. 5, p. 96, n. 3, et t. 8, pl. 62, fig. 5. Deshayes, 1824, Paris, 2, p. 168, pl. 22, fig. 5, 6. Grignon, Parnes, Mouchy, Courtagnon, Hauteville (Manche).
*111. **patula,** Deshayes, 1824, Paris, 2, p. 169, pl. 21, fig. 3, 4. *Ampullaria patula*, Lam. Sow., Min. Conch., pl. 284, fig. 2. France, Grignon, Courtagnon, Parnes, Mouchy, Gomerfontaine; Angl., Londres, Barton.
*112. **sigaretina,** Deshayes, 1824, Paris, 2, p. 170, pl. 21, fig. 5, 6. Sow., pl. 479, fig. 3. *Ampullaria sigaretina*, Lam. Sow., 1821, Min. Conch., pl. 284, fig. 3. Grignon, Courtagnon, Parnes, Mouchy; Angleterre, Londres, Hampshire.
*113. **canaliculata,** Deshayes, 1824, Paris, 2, p. 170, pl. 21, fig. 9, 10. *Ampullaria canaliculata*, Lam., 1804. Grignon, Parnes, Mouchy, Ver, Liancourt; Belgique, les Haigas, Rouge-Cloître, St-Josse, Bruxelles.
*114. **Grignonensis,** d'Orb., 1847. *N. acuta*, Deshayes, 1824, Paris, 2, p. 173, pl. 21, fig. 7, 8 (non *acuta*, Sow., 1821). Grignon, Lattenville, Bomonvillers, P. S., Senlis, Valmondois, Assy.
*115. **depressa,** Sow., 1812, Min. Conch., 1, p. 19, pl. 5, fig. 5, 6. Deshayes, 1824, Paris, 2, p. 174, pl. 20, fig. 12, 13. *Ampullaria depressa*, Lam., 1804. Chaumont, Parnes, Beynes, Houdan, Vexin, Thury-sous-Clermont; Angleterre, East-Cows, île de Wight.
*116. **Parisiensis,** d'Orb., 1850, *N. mutabilis*, Deshayes, 1824, Paris, 2, p. 175, pl. 21, fig. 11, 12 (non *mutabilis*, Brander, 1766). Grignon, Beynes, Courtagnon, P. S., Senlis, Beauchamp, Valmondois, Tancrou, Monneville, Valognes, Faudon, St-Bonnet (Hautes-Alpes) (suivant M. Deshayes), Suisse-les-Diablerets. Angl., île de Wight.
*117. **sphærica,** Deshayes, 1824, Paris, 2, p. 176, pl. 20, fig. 14, 15. Les Groux, Parnes, Mouchy, Maulette.
*118. **scalariformis,** d'Orb., 1847. *Ampullaria scalariformis*, Deshayes, 1824, Paris, 2, p. 138, pl. 16, fig. 8, 9. Parnes (Oise).
*119. **Parnensis,** d'Orb., 1847. *Ampullaria spirata*, Deshayes,

1824, Paris, 2, p. 138, pl. 16, fig. 10, 11 (non Sow., 1821). Grignon, Parnes, Mouchy, Mont-l'Evêque (Oise).

*120. **acuminata,** d'Orb., 1847. *Ampullaria acuminata*, Lamk. Desh., 1824, Paris, 2, p. 139, pl. 17, fig 9, 10. Grignon, la ferme de l'Orme, Parnes, Liancourt, Mouchy, les Groux.

*121. **labellata,** Lamk., 1804, Ann. du Mus., t. 5, p. 95, n. 1. Deshayes, 1824, Paris, 2, p. 164, pl. 20, fig. 3, 4. Grignon, Beynes, Parnes, Mouchy, Courtagnon, Chaumont, Damerie, P. S., Beauchamp, Valmondois, Lizy-sur-Ourcq, Assy, Faudon, Saint-Bonnet (Hautes-Alpes).

*122. **epiglottina,** Lamk., 1804, Ann. du Mus., t. 5, p. 95, n. 2, et t. 8, pl. 62, fig. 6. Deshayes, 1824, Paris, 2, p. 165, pl. 20, fig. 5, 6-11. Grignon, Parnes, Courtagnon, Mouchy, Gilocourt, Creil, Ognes (Oise), Ver, la Chapelle.

124. **pygmæa,** d'Orb., 1847. *Ampullaria pygmæa*, Lamk., 1804, Ann. du Mus., t. 75, p. 30, n. 1, t. 8, pl. 61, 6. Anim. s. vert., t. 7, p. 547, n. 1. Deshayes, 1824, Paris, 2, p. 141, pl. 17, fig. 15, 16. Grignon, Chaumont, Marquemont.

*125. **mutabilis,** d'Orb., 1847. *Helix mutabilis*, Brander, 1766, p. 28, fig. 59 (exclus. 57, 58). *Ampullaria acuta*, Lam., 1804. Sow., 1821, Min. Conch., t. 3, p. 151, pl. 284, fig. 1. *Ampullaria Villemetti*, Desh., 2, p. 141, pl. 17, fig. 11, 12. Angleterre, Londres, env. de Christchurch; France, Grignon, Mouchy, Parnes, Lentilles.

126. **ambulacrum,** d'Orb., 1847. *Ampullaria ambulacrum*, Sow., 1821, Min. Conch., t. 4, p. 97, pl. 372. Angl., Londres, Hordwell, Muddiford, Subbington.

*127. **glaucinoides,** Sow., 1832, Min. Conch., 1, p. 19, pl. 5. Angleterre, Highgate.

128. **Hautoniensis,** Sow., 1804, Trans. Lin. Soc., vol. 7, pl. 2, fig. 10. *N. striata*, Sow., 1822, M. C., pl. 373. Angleterre, Barton, Herne-Bay, Bracklesham-Bay.

129. **gigantea,** d'Orb., 1847. *Ampullaria gigantea*, Galeotti, Nyst., 1843, Coq. Tert. de Belgique, p. 407. Galeotti, 1837, Mém. acad. Brux., 12, p. 70 et 144, pl. 4, fig. 14. Bruxelles, Groenendael.

130. **similis,** Sow., 1812, Min. Conch., t. 1, p. 19, pl. 5, fig. 3, 4. Angl., Londres, Highgate.

*131. **subcæpacea,** d'Orb., 1847. Espèce très-voisine du *N. cæpacea*, à tours embrassants, comme dans cette espèce, mais bien plus déprimée. Faudon (Hautes-Alpes), St-André-de-Meouille (Basses-Alpes).

*132. **Vapincana,** d'Orb., 1847. Grosse espèce voisine du *N. Vulcani*, mais plus ovale, à tours de spire plus saillants, légèrement striés en long. Faudon (Hautes-Alpes).

*133. **Rouyana,** d'Orb., 1847. Petite espèce voisine, par son labre épaissi en dedans, du *N. patula*, mais plus ovale et sans ombilic ouvert. Faudon, Ancelle, Saint-Bonnet (Hautes-Alpes), Suisse-les-Diablerets.

*134. **ætites,** Conrad, 1833. *N. gibbosa*, Lea. *N. semilunata*, Lea. États-Unis, Alabama.

*135. **eminula,** Conrad, 1833. *N. parva*, Lea. États-Unis, Alabama.
*136. **limula,** Conrad, 1833. *N. mamma*, Lea. États-Unis, Alabama.
137. **eborea,** Conrad, 1833. *Turbo naticoides*, Lea. États-Unis, Alabama.
SIGARETUS, Adanson, 1757.
*138. **canaliculatus,** Sow., 1823, Min. Conch., pl. 584. Deshayes, 1824, Paris, 2, p. 182, pl. 21, fig. 13, 14. Nyst., Belgique, pl. 39, fig. 4. France, Grignon, Chaumont, Courtagnon, Mouchy, P. S., Senlis, Tancrou, Valognes ; Angleterre, Londres, Hordwell; Belgique, Bruxelles. St-Josse, Groenendael, Aeltre, Bruges, Bolbersberg.
139. **lævigatus,** Deshayes, 1824, 2, p. 183, pl. 23, fig. 5, 6. Grignon.
*140. **pellucidus,** Deshayes, 1824, Env. de Paris, 2, p. 184, pl. 23, fig. 13, 14. France, Chaumont, Parnes (Oise).
*141. **bilix,** Conrad, 1833. *Natica striata*, Lea, 1833. États-Unis, Alabama.
*142. **arctatus,** Conrad, 1833. États-Unis, Alabama.
143. **declivis,** Conrad, 1833. États-Unis, Alabama.
NERITA, Linné, 1758. Voy. vol. 1, p, 214.
*144. **mammaria,** Lamk., 1804, Ann. du Mus., t. 5, p. 94, n. 3. Anim. s. vert , t. 7, p. 551, n. 3. Deshayes, 1824, Paris, 2, p. 161, pl. 19, fig. 1, 2. Grignon, Parnes, Mouchy-le-Châtel.
145. **sublineolata,** d'Orb., 1847. *Neritina lineolata*, Deshayes, 1824, Paris, 2, p. 152, pl. 19, fig. 7, 8 (non Lam., 1822). France, Houdan.
146. **elegans,** d'Orb., 1847. *Neritina elegans*, Deshayes, 1804, Paris, 2, p. 154, pl. 19, fig. 3, 4. France, Houdan.
*147. **tricarinata,** Lamk., 1804, Ann. du Mus., t. 5, p. 94, n. 2, et t. 8, pl. 62, fig. 4. Deshayes, 1824, 2, p. 160, pl. 19, fig. 9, 10. Houdan, Valognes.
148. **globosa,** Sow., 1823, Min. Conch., t. 5, p. 29, pl. 424, fig. 1. Angl., Londres, Hampshire.
149. **concava,** Sow., 1833, Min. Conch., 4, p. 118, pl. 385, fig. 1-8. Angl., île de Wight, Highgate, Charlton.
150. **aperta,** Sow., 1823, Min. Conch., t. 5, p. 29, pl. 424, fig. 2-4. Angl., Londres, île de Wight, Barton.
*151. **granulosa,** Deshayes. Voir n. 1440. France, Faudon, Saint-Bonnet (Hautes-Alpes).
PILEOLUS, Sowerby.
152. **neritoides,** Desh., n. 1, pl. 17, fig. 17, 18. Parnes, Mouchy-le-Châtel, Mouy (Oise).
PHORUS, Montfort, 1810.
*153. **confusus,** d'Orb., 1847. *Trochus confusus*, Desh., 1824, Paris, 2, p. 243, pl. 31, fig. 3, 4. Parnes, Mouchy, Valmondois.
*154. **Parisiensis,** d'Orb., 1847. *Trochus agglutinans*, Lamk., Sow.; Desh., 1824, Paris, 2, p. 241, pl. 31, fig. 8-10 (non *agglutinans*, Linné, 1767). Grignon, Parnes, Mouchy, P. S., Valmondois, la Chapelle, Blaye (Gironde), Chaumont; Angl., Barton; Belgique, envir. de Bruxelles.

155. extensus, d'Orb., 1847. *Trochus extensus*, Sow., 1821, Min. Conch., pl. 278, fig. 2, 3. Angleterre, Highgate, île de Scheppey, et Barton.

TROCHUS, Linné, 1758. Voy. vol. 1, p. 64.

***156. funiculosus,** Deshayes, 1824, Paris, 2, p. 234, pl. 27, fig. 4, 5. France, Parnes, Mouchy.

***157. Lamarckii,** Desh., 1824, 2, p. 234, pl. 27, fig. 9, 10, 11. Beynes, Grignon, Maulette, Mouchy.

158. subelatus, d'Orb., 1847. *T. elatus*, Deshayes, 1824, 2, p. 235, pl. 29, fig. 5-8 (non Lam., 1822). Mouchy, Lattainville (Oise).

***159. sulcatus,** Lamk., 1804. Desh., 1824, Paris, 2, p. 236, pl. 29, fig. 1-4. Grignon, Beynes, Mouchy, Parnes, les Groux, Lattainville.

***160. crenularis,** Lamk., 1804. Desh., 1824, Paris, 2, p. 229, pl. 27, fig. 3; pl. 28, fig. 13-15. Grignon, Courtagnon (Marne), Parnes, Mouchy, Villy-St-Georges (Oise).

***161. ornatus,** Lamk., 1804, Desh., 1824, 2, p. 230, pl. 27, fig. 1, 2; pl. 28, fig. 10-12. Grignon, Beynes, Parnes, Mouchy.

***162. mitratus,** Desh., 1824, 2, p. 233, pl. 27, fig. 6, 7, 8, 12, 13, 14. Parnes, Mouchy, le Vivray, Hermes.

164. Benettiæ, Sow., 1814, Min. Conch., t. 1, p. 223, pl. 98, fig. 2. Angl., Londres, Barton.

166. pygmæus, d'Orb., 1847. *Turbo pygmæus*, Desh., 1824, 2, p. 256, pl. 33, fig. 16-18. Parnes, Lattainville, Gomerfontaine.

166'. Aurelius, d'Orb., 1847. *Turbo lævigatus*, Desh., 1824, 2, p. 257, pl. 33, fig. 13-15 (non Gmel., 1789). Grignon, Chaumont.

167. helicinoides, d'Orb., 1847. *Turbo helicinoides*, Lamk., Desh., 1824, 2, p. 257, pl. 31, fig. 11-13. Parnes, Grignon, Mouchy, Courtagnon, Valognes.

168. planorbularis, d'Orb., 1847. *Turbo planorbularis*, Desh., 1824, Paris, 2, p. 258, pl. 33, fig. 19-22. Houdan, Aumont.

169. striatulus, d'Orb., 1847. *Turbo striatulus*, Desh., 1824, Paris, 2, p. 253, pl. 30, fig. 10-13. Vivray, près Chaumont.

***170. Drusius,** d'Orb., 1847. *Turbo bicarinatus*, Desh., 1824, 2, p. 259, pl. 33, fig. 5-8 (non *bicarinatus*, Lam., 1806): Grignon, Parnes, Mouchy, Mouy.

***171. Alpinus,** d'Orb., 1847. Espèce trochiforme, aussi haute que large, à tours de spire carénés, pourvus, du côté de l'ombilic, de cinq grosses et de cinq petites côtes. Faudon, St-Bonnet (Hautes-Alpes).

PITONELLUS, Montfort, 1810. Voy. vol. 1, p. 64.

***172. dubius,** d'Orb., 1847. *Helicina dubia*, Lamk., Ann. du Mus., t. 5, p. 91. Deshayes, 1824, 2, p. 58, pl. 6, fig. 14, 15. Grignon, Mouchy, Chaumont, P. S., Ermenonville.

SOLARIUM, Lamarck, 1801. Voy. vol. 1, p. 300.

***173. plicatum,** Lamk., 1804. Desh., 1824, 2, p. 219, pl. 24, fig. 16-18. Sow., Min. Conch., pl. 524, fig. 2. Parnes, Grignon, Courtagnon, Mouchy, Château-Rouge, le Vivray, Chaumont, Valognes; Angl., Barton.

***174. canaliculatum,** Lam., 1804. Desh., 1824, 2, p. 220, pl. 24, fig. 19-21. Sow., 1826, Min. Conch., p. 524, fig. 1. Grignon, Courtagnon, Parnes, Mouchy, P. S., Valmondois, Mary, Betz; Angleterre, Barton.

*175. **patulum,** Lamk., 1804. Desh., 1824, 2, p. 215, pl. 26, fig. 11-14; pl. 40, fig. 14-16. Sow., 1818, Min. Conch., pl. 11, fig. 1. Grignon, Parnes, Mouchy, Courtagnon, le Vivray, Chaumont, Saint-Félix; Angl., Highgate.

*176. **spiratum,** Lamk., 1804. Deshayes, 1824, 2, p. 216, pl. 26, fig. 5-7. Nyst., pl. 35, fig. 17. Grignon, Parnes, Mouchy, Courtagnon, P. S., Valmondois; Belgique, Rouge-Cloître.

177. **discoideum,** Sow., 1813, Min. Conch., 1, p. 35, pl. 11, fig. 2. Angl., Barton-Cliff.

178. **Nystii,** Galeotti, Nyst., 1843, Coq. tert. de Belg., p. 373, pl. 36, fig. 8. Belgique, Landen, Bruxelles, Lacken, Forêt, Uccle, Jette, St-Gilles, Loo, Gand, Groenendael, Melsbroeck, Assche, Affligbem, Orp-le-Grand.

180. **grande,** Nyst., 1843, Coq. tert. de Belgique, p. 368, pl. 34, fig. 5. Bruxelles, Schaerbeck.

181. **cancellatum,** Conrad, 1833. *S. cancellatum*, Lea. États-Unis, Alabama.

182. **syrtalis,** Conrad, 1833. Etats-Unis, Alabama.

*183. **elaboratum,** Conrad, 1833. Etats-Unis, Alabama.

*184. **alveatum,** Conrad, 1833. *S. bilineatum*, Lea. Etats-Unis, Alabama.

185. **funginum,** Conrad, 1833. *S. Henrici*, Lea. Etats-Unis, Alabama.

186. **Exacutum,** Conrad, 1833. *Delphinula plana*. Lea. Etats-Unis, Alabama.

187. **ornatum,** Lea, 1833. Etats-Unis, Alabama.

188. **antrosum,** Conrad, 1833. Etats-Unis, Alabama.

189. **scrobiculatum,** Conrad, 1833. Etats-Unis, Alabama.

190. **stalagmium,** Conrad, 1833. *S. elegans*, Lea, 1833. Etats-Unis, Alabama.

191. **amœnum,** Conrad, 1833. Etats-Unis, Alabama.

192. **pseudo-granulatum,** d'Orb., 1847. S. *granulatum*, Lea, 1833 (non Lam., 1822). Etats-Unis, Alabama.

BIFRONTIA, Deshayes, 1824.

*193. **bifrons,** Desh., 1824, Paris, 2, p. 222, pl. 24, fig. 23-25. Grignon, Parnes, Courtagnon, Mouchy.

*194. **disjuncta,** Deshayes, 1824, 2, p. 223, pl. 26, fig. 21, 22. Grignon, Parnes, Courtagnon, Monneville.

*195. **marginata,** Desh., 1824, 2, p. 224, pl. 26, fig. 19, 20. Grignon, Mouchy, Parnes, Valognes, Chaumont, les Groux, Acy; Belgique, Jette.

*196. **serrata,** Deshayes, 1824, 2, p. 225, pl. 26, fig. 17, 18. Nyst., pl. 35, fig. 15. Grignon, Chaumont, Parnes, Courtagnon, Mouchy; Belgique, Aeltre.

SERPULARIA, Rœmer.

*197. **spiruloides,** d'Orb., 1849. *Cyclostoma spiruloides,* Lamk.,

Ann. du Mus., t. 4, p. 114, n° 2. Deshayes, 1824, 2, p. 78, pl. 7, fig. 15, 16. Grignon.

DELPHINULA, Lamarck, 1804. Voy. vol. 1, p. 191.

*198. **spiruloides,** Deshayes, 1824, 2, p. 209, pl. 26, fig. 1-4. Grignon.

*199. **canalifera,** Lam., 1804, Desh., 1824, Paris, 2, p. 210, pl. 25, fig. 12-15. Grignon, Parnes, Mouchy, Lattainville.

*200. **Warnii,** Defr., Desh., 2, p. 204, pl. 24, fig. 12, 13. Château-Rouge, Ully-St-Georges, Mouchy-le-Châtel, Hauteville, près Valognes, Parnes.

TURBO, Linné, 1758. Voy. vol. 1, p. 5.

*201. **turbinoides,** d'Orb., 1847. *Delphinula turbinoides*, Lamk., Desh., 1824, 2, p. 207, pl. 34, fig. 15-18. Grignon, Chaumont, Mouchy, Parnes.

202. **Lamarckii,** d'Orb., 1847. *Delphinula striata*, Lamk., Desh., 1824, 2, p. 207, pl. 34, fig. 8, 9, 10, 11, 19, 20 (non *striatus*, Adams, 1795). Env. de Paris, Chaumont, Mouchy.

*203. **marginatus,** d'Orb., 1847. *Delphinula marginata*, Lamk., Desh., 1824, 2, p. 208, pl. 23, fig. 17-20. Grignon, Mouchy, Courtagnon, Parnes, Valognes.

*204. **sigaretiformis,** Desh., 1824, 2, p. 254, pl. 30, fig. 14-18. Parnes.

205. **subcalcar,** d'Orb., 1847. *Delphinula calcar*, Lamk., Ann. du Mus., t. 4, p. 110, n° 1, et t. 8, pl. 36, fig. 1. Deshayes, 1824, 2, p. 203, pl. 23, fig. 11, 12 (non *Calcar*, Bronn, 1780). Grignon, Parnes, Mouchy, Courtagnon, P. S., Senlis.

*206. **subtrochiformis,** d'Orb., 1847. *Turbo trochiformis*, Desh., 1824, 2, p. 252, pl. 32, fig. 10, 11, pl. 40, fig. 36, 37 (non Brocchi, 1814). Beynes, Chaumont, le Vivray, Thiescourt.

207. **cornu-pastoris,** d'Orb., 1847. *Cyclostoma cornu-pastoris*, Lamk., Ann. du Mus., t. 4, p. 114, n. 1. Grignon, Lattainville.

208. **sculptus,** Sow., Min. Conch., pl. 395, fig. 2. Desh., 1824, 2, p. 262, pl. 30, fig. 19-22. Houdan, Mouchy-le-Châtel, Chaumont; Angl., Barton.

209. **Henrici,** Caillat, 1834, Soc. des Sc. nat. de Seine-et-Oise, p. 6, pl. 9, fig. 1. France, Grignon.

*210. **denticulatus,** Lamk., 1804, Desh., 1824, 2, p. 255, pl. 34, fig. 1-4. Grignon, Parnes, Mouchy, Lattainville.

211. **sulciferus,** Desh., 1824, 2, p. 255, pl. 33, fig. 1-4, pl. 40, fig. 38-41. Grignon, Parnes, Chaumont, Blaincourt.

212. **conicus,** d'Orb., 1847. *Delphinula conica*, Lamk., Desh., 1824, 2, p. 205, pl. 24, fig. 14, 15. Grignon, Courtagnon, Parnes, Mouchy, Hauteville (Manche), Lattainville.

PHASIANELLA, Lamarck, 1804. Voy. vol. 1, p. 67.

213. **turbinoides,** Lamk., Ann. du Mus., t. 4, p. 296, n° 1. Desh., 1824, 2, p. 265, pl. 40, fig. 1-4. Grignon, Parnes, Courtagnon, Mouchy. Damerie, Chaumont.

*214. **parisiensis,** d'Orb., 1847. *P. pullus*, Lamk., Anim. s. vert., t. 7, p. 49, n° 31. Deshayes, 1824, 2, p. 265, pl. 40, fig. 5-7 (non

Pullus, Gmelin, 1789). Grignon, Chaumont, Parnes, Ully-Saint-Georges.

*215. **semi-striata,** Lamk., Ann. du Mus., t. 4, p. 297, nº 2. Desh., 1834, 2, p. 266, pl. 40, fig. 8-10. Grignon, Mouchy, Blaincourt, Hénonville.

216. **multisulcata,** Desh., 1824, 2, p. 267, pl. 38, fig. 19-21. Houdan.

217. **melanoides,** Desh., 1824, 2, p. 268, pl. 34, fig. 20-22. Houdan.

218. **tricostalis,** Desh., 1824, 2, p. 268, pl. 34, fig. 23-25. Houdan.

PLEUROTOMARIA, Defrance, 1825. Voy. vol. 1, p. 7.

*219. **concava,** Desh., 1824, 2, p. 246, pl. 32, fig. 1-3. Mouchy-le-Châtel, Chaumont, le Vivray (Oise).

SILIQUARIA, Bruguière, 1791.

*220. **lima,** Lam., Anim. s. vert., nº 6. Chenu, Ill., p. 2, pl. 2, fig. 3. Ully-St-Georges, Acy-en-Multien, Fosse-Martin (Oise).

221. **multistriata,** Defr., Chenu, Illust., p. 3, pl. 2, fig. 2. Marquemont, Hermes (Oise).

*222. **occlusa,** Chenu, Illust., p. 4, pl. 2, fig. 7. Parnes, Mouchy-le-Châtel (Oise).

223. **spinosa,** Lam., Anim. s. vert., nº 5, p. 585. Chenu, Illustr., p. 3, pl. 2, fig. 5. Chaumont, Ully-St-Georges (Oise).

*224. **striata,** Defrance, Dict., t. 49, p. 214. Chenu, Illustr., p. 4, pl. 2, fig. 10. Chaumont, Mouchy-le-Châtel, Acy-en-Multien (Oise).

*225. **vitis,** Conrad, 1833. *S. Clairbornensis*, Lea, 1833. Etats-Unis, Alabama, Claiborne.

CYPRÆA, Linné, 1740.

226. **oviformis,** Sow., 1812, Min. Conch., t. 1, p. 17, pl. 4. Angl., Highgate.

227. **angystoma,** Desh., 1824, 2, p. 723, pl. 95, fig. 39, 40. Chaumont.

228. **crenata,** Desh., 1824, Env. de Paris, 2, p. 728, pl. 94 bis, fig. 30-32. France, le Vivray, près Chaumont.

*229. **inflata,** Lamk., Ann. du Mus., t. 2, p. 116, nº 1, et t. 6, pl. 34, fig. 1. Desh., 1824, 2, p. 724, pl. 97, fig. 7, 8. Grignon, Parnes, Mouchy, Amblainville, Thury-sous-Chaumont.

*230. **elegans,** Defr., Dict. des Sc. nat. art. Porcelaine. Desh., 1824, 2, p. 725, pl. 97, fig. 3-6. Grignon, Mouchy, Parnes, Acy et Hauteville (Manche), Chaumont, Faudon, Ancelle (Hautes-Alpes).

*231. **sulcosa,** Lamk., Ann. du Mus., t. 2, p. 116, n. 3. Desh., 1824, 2, p. 726, pl. 97, fig. 1, 2. *Cypræa dactylosa*, Lamk., Anim. s. vert., t. 7, p. 407, n. 13. Mouchy, Parnes, Acy-en-Multien.

OVULA, Bruguière, 1791.

232. **intermedia,** Desh., 1824, Env. de Paris, 2, p. 718, pl. 95, fig. 34-36. France, Grignon, Beynes.

MARGINELLA, Lamarck, 1801.

*233. **eburnea,** Lamk., Ann. du Mus., t. 2, p. 61, n. 1, et t. 6, pl. 44, fig. 9. Desh., 1824, 2, p. 707, pl. 95, fig. 14-16, 20-22. Grignon,

Parnes, Courtagnon, Mouchy, Ermenonville, Acy, le Tombray; Italie, Ronca?

*234. **dentifera,** Lamk., Ann. du Mus., t. 2, p. 61, n, 2. Desh., 1824, 2, p. 707, pl. 94 bis, fig. 27-29. Grignon.

*235. **hordeola,** Desh., 1824, 2, p. 708, pl. 95, fig. 26-29. Grignon, Parnes, Lierville, Hénonville, Thury.

*236. **ovulata,** Lamk., Ann. du Mus., t. 2, p. 61, n. 3, et t. 6, pl. 44, fig. 10. Desh., 1824, 2, p. 709, pl. 95, fig. 12, 13. Grignon, Parnes, Mouchy, Courtagnon, Vexin, Acy.

*237. **nitidula,** Desh., 1824, 2, p. 709, pl. 95, fig. 10, 11. Parnes.

*238. **angystoma,** Desh., 1824, 2, p. 710, pl. 95, fig. 22-25. France, Parnes, Grignon, Mouchy, Chaumont, St-Félix.

*239. **larvata,** Conrad, 1833. *M. ovata*, Lea. Etats-Unis, Alabama.

240. **crassilabra,** Conrad, 1833. *M. anatina*, Lea. Etats-Unis, Alabama.

241. **constricta,** Conrad, 1833. Etats-Unis, Alabama.

242. **humerosa,** Conrad, 1833. *M. crassilabra*, Lea. Etats-Unis, Alabama.

243. **columba,** Lea, 1833. Etats-Unis, Alabama.

OLIVA, Lamarck, 1801.

*244. **nitidula,** Desh., 1824, 2, p. 741, pl. 96, fig. 19, 20. Grignon, Beynes, Courtagnon (Marne), Parnes, Mouchy, Hénonville (Oise).

*245. **mitreola,** Lamk., Ann. du Mus., t. 1, p. 23, n. 2, et t. 6, pl. 44, fig. 4, t. 16, p. 328, n. 4. Desh., 1824, 2, p. 742, pl. 96, fig. 21, 22. Grignon, Courtagnon, Parnes, Mouchy, Valmondois, Rougeville.

246. **Salisburyana,** Sow., 1821, Min. Conch., t. 3, p. 159, pl. 288, fig. 2. Angl., Londres, Barton.

*247. **Alabamensis,** Conrad, 1833. *O. Greenoughii*, Lea. *O. dubia*, Lea. Etats-Unis, Alabama.

*248. **Philippsii,** Lea, 1833. Etats-Unis, Alabama.

*249. **bombylis,** Conrad, 1833. *O. constricta*, Lea. *O. gracilis*, Lea. Etats-Unis, Alabama.

ANCYLLARIA, Lamarck, 1801.

*250. **buccinoides,** Lamk., Ann. du Mus., t. 16, p. 304, n. 2. Desh., 1824, 2, p. 730, pl. 97, fig. 11-14. Grignon, Parnes, Mouchy, Maulette, Courtagnon, P. S., Valmondois, Betz, Tancrou, Valognes; Belgique; Angleterre, Barton.

*251. **glandina,** Desh., 1824, Env. de Paris, 2, p. 731, pl. 96, fig. 1, 2. Courtagnon, Lattainville, P. S., Ver, Senlis.

*252. **canalifera,** Lamk., 1802, Anim. s. vert., t. 7, p. 439, n. 1. Desh., 1824, 2, p. 734, pl. 96, fig. 14, 15. *Ancyllaria turritella*, Sow., 1826, Min. Conch., pl. 39, fig. 1, 2. France, Grignon, Courtagnon, Parnes, Mouchy, Assy; Angl., Barton.

*253. **olivula,** Lamk., Ann. du Mus., t. 16, p. 306, n. 4. Desh., 1824, 2, p. 734, pl. 96, fig. 6, 7, 10, 11. *Ancilla olivula*, Lamk., Ann. du Mus., t. 1, p. 475. Grignon, Courtagnon, Mouchy, Vexin, Bouconvillers.

*254. **dubia,** Desh., 1824, 2, p. 734, pl. 96, fig. 3, 4, 5, 8, 9. Grignon, Mouchy, Beauchamp, Acy, Vensigny, Ermenonville.
256. **aveniformis,** Sow., 1815, Min. Conch., t. 1, p. 225, pl. 99, fig. 1. Angl., Barton.
257. **turritella,** Sow., 1815, t. 1, p. 225, pl. 99, fig. 2. Barton.
*258. **scamba,** Conrad, 1833. Etats-Unis, Alabama.
259. **altilis,** Conrad, 1833. *Anolax gigantea,* Lea. Etats-Unis, Alabama.
260. **subglobosa,** Conrad, 1833. Etats-Unis, Alabama.
261. **lymneoides,** Conrad, 1833. *Monoptygma Alabamiensis,* Lea. Etats-Unis, Alabama.
261'. **staminea,** Conrad, 1833. Etats-Unis, Alabama.
262. **prætenuis,** Conrad, 1833. Etats-Unis, Alabama.
TEREBELLUM, Lamarck, 1801.
*263. **sopitum,** d'Orb., 1847. *Bulla sopita,* Brander, 1766, pl. 1, fig. 29. *Terebellum convolutum,* Lamk., Ann. du Mus., t. 16, p. 301, n. 2; t. 6, pl. 44, fig. 3. Desh., 1824, 2, p. 737, pl. 96, fig. 32, 33. Sow., pl. 286. France, Grignon, Parnes, Mouchy, Valognes, Blaye (Gironde); Angleterre, Barton; Belgique, Forêt, Gand, Afflighem.
VOLUTA, Linné, 1758. Voy. p. 154.
*264. **harpula,** Lamk., Ann. du Mus., t. 1, p. 478, n. 2 et t. 17, p. 78, n. 13; Desh., 1824, 2, p. 702, pl. 91, fig. 10, 11. Grignon, Courtagnon, Parnes, Mouchy, Valognes; Angl., Barton; Belgique, St-Josse-ten-Noode, Rougecloître.
*265. **variculosa,** Lamk., Ann. du Mus., t. 1, p. 479, n. 13; t. 17, p. 79, n. 17. Desh., 1824, 2, p. 703, pl. 94, fig. 8, 9. Grignon, Mouchy, Lattainville.
*266. **mitreola,** Lamk., Ann. du Mus., t. 1, p. 479, n. 14 et t. 17, p. 80, n. 18; Desh., 1824, 2, p. 704, pl. 94 bis, fig. 12-14. Grignon, Lattainville, Parnes.
*267. **mixta,** Nyst., 1843, Belgique, pl. 48, fig. 18. *Cochlea mixta,* Chemn., 1795, Conch., pl. 212, fig. 3010, 3011. *V. costaria,* Lamk., 1804, Ann. du Mus., t. 1, p. 477, n. 5; t. 17, p. 76, n. 6. Desh., 1824, 2, p. 698, pl. 91, fig. 16, 17. Sow., pl. 290, fig. 1-4. Grignon (Seine-et-Oise), Mouchy, Parnes, Vexin, Villy (Oise); Anglet., Barton; Belgique, Bruxelles, Rougecloître, St-Josse, Grœnendael.
*268. **torulosa,** Desh., 1824, 2, p. 299, pl. 91, fig. 12-15. Parnes, Mouchy, Chaumont, Hénouville.
*269. **lyra,** Lamk. Ann. du Mus., t. 1, p. 478, n. 6 et t. 17, p. 76, n. 7. Desh., 1824, 2, p. 685, pl. 92, fig. 3, 4. Parnes, Mouchy, Chaumont, P. S., Senlis.
*270. **bulbula,** Lamk., Ann. du Mus., t. 1, p. 478, n. 11. Desh., 1824, 2, p. 685, pl. 90, fig. 13, 14. Grignon, Courtagnon, Parnes, Vexin, St-Félix, Rets; Belgique, Rougecloître.
*271. **lineolata,** Desh., 1824, Env. de Paris, 2, p. 686, pl. 92, fig. 11, 12. Parnes, Mouchy.
*272. **bicorona,** Lamk., Ann. du Mus., t. 1, p. 478, n. 7 et t. 17, p. 76, n. 8. Desh., 1824, 2, p. 692, pl. 90, fig. 16, 17. Parnes, Chaumont, Thury (Oise).
*273. **crenulata,** Lamk., Ann. du Mus., t. 1, p. 478, n. 8 et t. 17,

p. 77, n. 9. Desh., 1824, 2, p. 693, pl. 93, fig. 7-9. Parnes, Grignon, Vicentin, val Sangonini.

*274. **mitrata,** Desh., 1824, Env. de Paris, 2, p. 696, pl. 94, fig. 1, 2. Parnes, Mouchy, Lattainville, Chambois (Oise).

*275. **muricina,** Lamk., Ann. du Mus., t. 1, p. 477, n. 4 et t. 17, p. 75, n. 5. Desh., 1824, 2, p. 697, pl. 91, fig. 18, 19; pl. 93, fig. 3, 4; pl. 94, fig. 3, 4. Grignon, Parnes, Mouchy, Courtagnon, Chaumont.

*276. **subturgidula,** d'Orb., 1847. *V. turgidula*, Desh., 1824, 2, p. 700, pl. 90, fig. 9, 10 (non Brocchi, 1814). Parnes, Courtagnon, Château-Rouge.

*277. **cythara,** Lamk., Anim. s. vert., t. 7, p. 346, n. 1; *Voluta harpa*, Lamk., Ann. du Mus., t. 1, p. 476, et t. 17, p. 74, n. 1 (non Linné). Desh., 1824, 2, p. 681, pl. 90, fig. 11, 12. Grignon, Courtagnon, Parnes, Hattencourt, Hermes; Belgique, Bruxelles, Panisel, près de Mons; Anglet., Brakleshain.

*278. **spinosa,** Lamk., Ann. du Mus., t. 1, p. 477, n. 2 et t. 17, n. 2. Desh., 1824, 2, p. 690, pl. 92, fig. 7, 8. *Strombus spinosus*, Chemnitz, Sow., Min. Conch., pl. 115, fig. 2-4. *Conus spinosus*, Linné, 1758. Grignon, Courtagnon, Parnes, St-Félix; Anglet., Barton; Belgique, St-Josse-ten-Noode, St-Gilles, Forêt, Afflighem.

*279. **musicalis,** Chemnitz, 1795, Lamk., Ann. du Mus., t. 1, p. 477, n. 3, t. 6, pl. 43, fig. 7 et t. 17, p. 75, n. 3. Desh., 1824, 2, p. 695, pl. 94, fig. 17, 18. Grignon, Beynes, Courtagnon, Parnes, Mouchy, Retz, Tancrou, Valmondois.

280. **suspensa,** Sow., 1816, Min. Conch., t. 2, p. 29, pl. 115, fig. 5. Angleterre, Barton.

281. **magnorum,** Sow., 1821, t. 3, p. 164, pl. 290, fig. 3. Barton.

282. **luctator,** Sow., 1816, 1823, t. 4, p. 134, pl. 397; pl. 115, fig. 1. Barton.

283. **nodosa,** Sow., 1823, t. 4, p. 135, pl. 399, fig. 2. Barton.

284. **geminata,** Sow., 1823, Min. Conch., t. 4, p. 136, pl. 398, fig. 1. Anglet., Londres, Lindhurst; France, env. de Paris.

289. **ventricosa,** Defr., Desh., 1824, Paris, 2, p. 683, pl. 92, fig. 9, 10. Parnes, Courtagnon, Lattainville, Mouy.

*290. **Sayana,** Conrad, 1833, *V. Defrancii*, Lea, *V. gracilis*, Lea, *V. parva*, Lea. Etats-Unis, Alabama.

*291. **petrosa,** Conrad, 1833, *V. Vanuxemi*, Lea. Etats-Unis, Alabama.

N. B. Plus trois espèces de *Voluta* d'Alabama, peut-être décrites sous les noms de *Turbinella*, *Pyruloides*, *Pratensis* et *Prisca*, Conrad.

MITRA, Lamarck, 1801. Voy. p. 154.

*292. **citharella,** d'Orb., 1847, *Auricula citharella*, Desh., n. 6, p. 70, pl. 8, fig. 4, 5. Parnes, Mouchy (Oise), Grignon, Hauteville (Manche).

*293. **Delucii,** Defr., Dict., t. 31, p. 493. Desh., n. 2, pl. 89, fig. 9, 10 Parnes, Gypseuil, Liancourt (Oise).

*294. **elongata,** Lam., Desh., n. 1, pl. 89, fig. 7, 8. Vexin, Mouchy-le-Châtel, St-Félix (Oise).

*295. **monodonta,** Lamk., Anim. s. vert., t. 7, p. 304, n. 2. Ann.

du Mus., n. 2. Desh., 1824, Paris, 2, p. 671, pl. 88, fig. 24-26. Grignon, Parnes, Mouchy, Valognes.

*296. **labratula,** Lamk., Ann. du Mus., n. 5. Anim. s. vert., t. 7, p. 325, n. 5. Desh., 1824, 2, p. 672, pl. 88, fig. 9, 10-18, 19. Grignon, Courtagnon, Parnes, Mouchy, Chaumont, St-Félix, le Tomberay.

297. **labrosa,** Desh., 1830, 2, p. 672, pl. 88, fig. 20, 21. Mouchy, Chaumont, Parnes.

*298. **subcostulata,** d'Orb., 1847. *M. costulata*, Desh., 1830, 2, p. 673, pl. 90, fig. 1, 2 (non Risso, 1826). Mouchy, Parnes, Marquemont.

*299. **mutica,** Lamk., Anim. s. vert., t. 7, p. 326, n. 12. Ann. du Mus., p. 60, n. 12. Desh., 1824, 2, p. 674, pl. 88, fig. 27, 28. Grignon, Lierville, Ully-St-Georges.

300. **subplicata,** Desh., 1824, 2, p. 675, pl. 89, fig. 1, 2. Grignon, Parnes, le Vivray, Valmondois.

*301. **raricosta,** Lamk., Anim. s. vert., t. 7, p. 325, n. 6. Ann. du Mus., n. 6. Desh., 1824, 2, p. 675, pl. 88, fig. 11, 12. Parnes, Grignon, Hermes, Lattainville.

*302. **crassidens,** Desh., 1824, 2, p. 676, pl. 90, fig. 3, 4-7, 8. Grignon, Mouchy, Lattainville.

303. **obliquata,** Desh., 1824, 2, p. 677, pl. 89, fig. 3, 4; pl. 90, fig. 5, 9. Parnes, Mouchy, Marquemont.

*304. **Parisiensis,** Desh., 1824, 2, p. 677, pl. 89, fig. 16, 17. Parnes, Mouchy.

*305. **crebricosta,** Lamk., Anim. s. vert., t. 7, p. 324, n. 1. Ann. du Mus., t. 2, p. 58, n. 1. Desh., 1824, Paris, 2, p. 666, pl. 89, fig. 21, 22. Parnes, Mouchy, Ully (Oise), Faudon (H.-Alpes).

306. **plicatella,** Lamk., Anim. s. vert., t. 7, p. 324, n. 4. Ann. du Mus., n. 4 et t. 6, pl. 44, fig. 8. Desh., 1824, 2, p. 667, pl. 88, fig. 7, 8. Grignon, Parnes, Mouchy, Hauteville (Manche).

*307. **fusellina,** Lamk., Anim. s. vert., t. 7, p. 326, n. 10. Ann. du Mus., n. 10. Desh., 1824, 2, p. 667, pl. 89, fig. 18-20. Grignon, Parnes, Mouchy, P. S., Monneville, Ver (Oise).

*308. **terebellum,** Lamk., Anim. s. vert., t. 7, p. 325, n. 9. Ann. du Mus., n. 9. Desh., 1824, 2, p. 668, pl. 89, fig. 14, 15. Parnes, Grignon, Courtagnon, Mouchy, Chaumont, Aumont, P. S., Saint-Sulpice, Morte-Fontaine.

*309. **marginata,** Lamk., Anim. s. vert., t. 7, p. 324, n. 3. Ann. du Mus., n. 3 et t. 6, pl. 44, fig. 7. Desh., 1824, 2, p. 669, pl. 88, fig. 13, 14. Parnes, Grignan, Ully, env. de Valognes.

*310. **cancellina,** Lamk., Ann. du Mus., n. 8. Anim. s. vert., t. 7, p. 325, n. 8. Desh., 1824, 2, p. 669, pl. 88, fig. 15-17. Parnes, Grignon, P. S., Senlis, la Chapelle, Faudon (H.-Alpes).

311. **graniformis,** Lamk., Anim. s. vert., t. 7, p. 326, n. 11. Ann., n. 11. Desh., 1824, 2, p. 670, pl. 89, fig. 11-13. Parnes, Mouchy-le-Châtel, Chaumont.

*312. **mixta,** Lamk., Anim. s. vert., t. 7, p. 325, n. 7. Ann., p. 59, n. 7. Desh., 1824, 2, p. 670, pl. 88, fig. 22, 23-29, 30. Grignon, Parnes.

313. scabra, Sow., 1823, Min. Conch., t. 4, p. 141, pl. 401. Angleterre, Londres, Barton.
314. parva, Sow., 1823, Min. Conch., t. 5, p. 37, pl. 430, fig. 1. Anglet., Londres, Barton, Hants.
315. pumila, Sow., 1823, Min. Conch., t. 5, p. 37, pl. 430, fig. 2. Anglet., Londres, Barton.
316. striatulata, Desh., 1824, 2, p. 503, pl. 79, fig. 29, 30. France, Mouchy-le-Châtel.
***317. pactilis,** Conrad, 1833. Etats-Unis, Alabama.
***318. perexilis,** Conrad, 1833. Etats-Unis, Alabama.
319. fusoides, Lea, 1833. Etats-Unis, Alabama.

CANCELLARIA, Lamarck, 1801.

***320. costulata,** Lamk., Ann. du Mus., t. 2, p. 63, n. 1 et t. 6, pl. 44, fig. 11. Desh., 1824, 2, p. 499, pl. 79, fig. 22, 23. Parnes, Courtagnon, Mouchy, la Chapelle.
***321. granifera,** Desh., 1824, 2, p. 500, pl. 79, fig. 34, 35. Grignon, Parnes, Chaumont.
322. elegans, Desh., 1824, 2, p. 502, pl. 79, fig. 24-26. Grignon, Parnes, P S., Senlis, Monneville.
***323. evulsa,** Sow., Min. Conch., pl. 361, fig. 2-4. Desh., 1824, 2, p. 503, pl. 79, fig. 27, 28. Grignon, Senlis, Ermenonville; Anglet., Barton.
324. laeviuscula, Sow., 1822, Min. Conch., t. 4, p. 84, pl. 361, fig. 1. Angl., Londres, Barton, Highgate, Lyndhurst.
325. volutella, Lam., Ann. du Mus., t. 2, p. 63, n. 2, Anim. s. vert., t. 7, p. 117, n. 7; Desh., 1824, 2, p. 504, pl. 79, fig. 19-21. Grignon.
327. quadrata, Sow., 1822, Min. Conch., 4, p. 83, pl. 360. Angl., Barton.
331. gemmata, Conrad, 1833. *C. Babylonica*, Lea. Etats-Unis, Alabama.
***332. alveata,** Conrad, 1833. *C. sculptura*, Lea, *C. tessellata*, Lea, *C. elevata*, Lea, *C. costata*, Lea. Etats-Unis, Alabama.

CONUS, Linné, 1758.

333. turritus, Lamk., 1804, Desh., 1824, 2, p. 748, pl. 98, fig. 5, 6. Parnes, Courtagnon, Mouchy, Lattainville.
***334. lineatus,** Brander, 1766. *C. stromboides*, Lamk., Ann. du Mus., t. 15, p. 442, n. 9 et t. 7, pl. 15, fig. 2. Desh., 1824, 2, p. 749, pl. 98, fig. 15, 16. France, Grignon, Beynes, Parnes, Gomerfontaine, Faudon (H.-Alpes).
***335. antediluvianus,** Lamk., Ann. du Mus., t. 15, p. 441, n. 7, Anim. s. vert., t. 7, p. 529, n. 7. Desh., 1824, 2, p. 749, pl. 98, fig. 13, 14. Parnes, Mouchy, Courtagnon, Vaudancourt, Hermes.
***336. deperditus,** Brug., Enc. méth. vers., t. 1, p. 691, n. 80, pl. 337, fig. 7. Desh., 1824, 2, p. 745, pl. 98, fig. 1, 2. Grignon, Parnes, Courtagnon, Mouchy, Marquemont; Belgique, Rougecloître, St-Josse-ten-Noode, Groenendael.
***337. diversiformis,** Desh., 1824, 2, p. 747, pl. 98, fig. 9-12. Parnes, Mouchy, Hermes, St-Félix (Oise).

337?. concinnus, Sow., 1821, Min. Conch., t. 3, p. 180, pl. 302, fig. 2. Angl., Londres, Barton, Highgate.

338. dormitor, Sow., 1821, Min. Conch., t. 3, p. 179, pl. 301. Angl., Londres. Muddiford, Barton.

***339. sauridens,** Conrad, 1833. Etats-Unis, Alabama.

STROMBUS, Linné, 1758. Voy. p. 132.

***340. Bartonensis,** Sow. *Murex Bartonensis*, Sow., 1813, M. C., t. 1, p. 75, pl. 34, fig. 2. *S. ornatus*, Desh., 1824, 2, p. 628, pl. 85, fig. 3-5. Grignon. Mouchy, *Ully-St-Georges, Chaumont; Anglet., Barton-Cliff.

***341. canalis,** Lamk., Bull. de la Soc. phil., n. 25, fig. 5; Ann. du Mus., t. 2, p. 219 et t. 6, pl. 45, fig. 2, Anim. s. vert., t. 7, p. 213, n. 33. Desh., 1824, 2, p. 629, pl. 84, fig. 9-11. Grignon, Courtagnon, Parnes, Mouchy, Chaumont. Elle est très-voisine d'une espèce d'Alabama (Etats-Unis).

ROSTELLARIA, Lamarck, 1801, p. 71.

***342. ampla,** Nyst., 1843, Coq. tert. de Belg., p. 556, pl. 43; fig. 5. *Strombus amplus*, Brander, 1766, Foss. hant., p. 6, fig. 76. *Rostellaria macroptera*, Lamk., Ann. du Mus., t. 2, p. 220, n. 1. Desh., 1824, 2, p. 620, pl. 83, fig. 1; pl. 84, fig. 1; pl. 85, fig. 10. Sow., 1821, M. C., pl. 299. Parnes, Chaumont, Grignon; Angl., Barton, Highgate; Belg., env. de Bruxelles, Groenendael, St-Gilles, Forêt.

***343. columbaria,** Lamk., Ann. du Mus., t. 2, p. 220, n. 2. Desh., 1824, 2, p. 621, pl. 83, fig. 5, 6. Grignon, Parnes, Mouchy, Houdan; Belgique, Afflighem.

344. fissurella, Lamk., 1803, Ann., p. 221, n. 3, Anim. s. vert., p. 196, n. 6. Desh., 1824, 2, p. 622, pl. 83, fig. 2-4; pl. 84, fig. 5, 6. Nyst., pl. 42, fig. 6. *Stronicus fissurella*, Linné. Grignon, Parnes, Mouchy, Courtagnon. P. S., Senlis, Valmondois, Valognes; Angleterre, Londres; Belgique, Groenendael, Beersel, St-Gilles, Louvain, Forêt, Gand, Rougecloître, St-Josse, Afflighem.

345. lucida, Sow., 1815, Min. Conch., t. 1, p. 203, pl. 91, fig. 1-3. Angl., Highgate, Londres, Hampstead.

346. rimosa, Sow., 1815, Min. Conch., t. 1, p. 203, pl. 91, fig. 4-6. *Murex rimosus*, Brander, 1766, p. 29. France, Grignon; Angl., Londres, Barton-Cliff.

***347. velata,** Conrad, 1833. *R. Lamarckii*, Lea. Etats-Unis, Alabama.

***348. laqueata,** Conrad, 1833. *R. Cuvieri*, Lea. Etats-Unis, Alabama.

CHENOPUS, Philipps, 1837.

?349. Sowerbii, Sow., 1835, Index, 6, p. 248. Nyst., 1843, Belgique, pl. 44, fig. 4. *Rostellaria Parkinsoni*, Sow., 1827, pl. 558, fig. 3 (exclus., syn.). Angl., Macdenhead, Bognor, Hedgerley, Walford.

PLEUROTOMA, Lamarck, 1801.

***350. terebralis,** Lamk., Ann. du Mus., t. 3, p. 266, n. 20. Desh., 1824, 2, p. 455, pl. 62, fig. 14-16. Grignon, Beynes, Parnes, Mouchy.

***351. undata,** Lamk., Ann. du Mus., t. 3, p. 167, n. 9; Desh., 1824, 2, p. 456, pl. 63, fig. 11-13; pl. 64, fig. 21-23. Parnes, Grignon, Mouchy, Courtagnon, Chaumont.

***352. bicatena,** Lamk., Ann. du Mus., t. 3, p. 168, n. 12. Desh., 1824, 2, p. 457, pl. 65, fig. 15-17 ; pl. 63, fig. 27-29. Grignon, Beynes, Parnes, Mouchy, Autreval, Chaumont.

***353. uniserialis,** Desh., 1824, 2, p. 458, pl. 68, fig. 1, 2, 3. Mouchy, Parnes, Chaumont, Château-Rouge (Oise).

***354. acutangularis,** Desh., 1824, 2, p. 459, pl. 64, fig. 24, 25. France, Chaumont, Parnes.

***355. curvicosta,** Lamk., Ann. du Mus., t. 3, p. 169, n. 16; Deshayes, 1824, 2, p. 460, pl. 63, fig. 4, 5, 6. Grignon, Beynes, Parnes, P. S., Senlis.

356. brevicula, Desh., 1824, 2, p. 461, pl. 63, fig. 7-10. Grignon, Parnes, Mouchy-le-Châtel.

357. rugosa, Desh., 1824, 2, p. 486, pl. 66, fig. 20-22. Parnes.

358. mitreola, Desh., 1824, 2, p. 485, pl. 68, fig. 16-18. Beynes, Marquemont, Ponchon (Oise).

***359. inflexa,** Lamk., Ann. du Mus., t. 3, p. 267, n. 22. Desh., 1824, 2, p. 475, pl. 66, fig. 11-13; pl. 67, fig. 12-14. Grignon, Mouchy, P. S., Ver (Oise).

***360. sulcata,** Lamk., Ann. du Mus., t. 3, p. 169, n. 15. Desh., 1824, 2, p. 476, pl. 67, fig. 18-21. Grignon, la ferme de l'Orme, P. S., Chavançon.

***361. granulata,** Lamk., Ann. du Mus., p. 266, n. 21 et t. 7, pl. 13, fig. 4. Desh., 1824, 2, p. 476, pl. 67, fig. 1-3. Grignon, Parnes, Mouchy, Courtagnon.

362. striarella, Lamk., Ann. du Mus., t. 3, p. 267, n. 24. Desh., 1824, 2, p. 477, pl. 67, fig. 28-30. Grignon, Parnes.

***363. decussata,** Lamk., Ann. du Mus., t. 3, p. 267, n. 25. Desh., 1824, 2, p. 470, pl. 64, fig. 3-7. Grignon, Mouchy.

***364. turrella,** Lamk., Ann. du Mus., t. 3, p. 267, n. 23. Desh., 1824, 2, p. 471, pl. 64, fig. 17-20. Grignon, Parnes, Moqueville, Creil.

365. nodularis, Desh., 1824, 2, p. 493, pl. 66, fig. 23-25. Grignon, Parnes, Lattainville.

***366. plicata,** Lamk., Ann. du Mus., t. 3, p. 169, n. 14. Desh., 1824, 2, p. 487, pl. 66, fig. 17-19. Grignon, Parnes, Mouchy, Courtagnon.

***367. costellata,** Lamk., Ann. du Mus., t. 3, p. 168, n. 13. Desh., 1824, 2, p. 488, pl. 66, fig. 14-16. Grignon, Chaumont, Parnes.

368. carinata, Defr., Desh., 1824, 2, p. 489, pl. 66, fig. 26-29. Grignon, Parnes, Mouchy, Chaumont.

***369. pseudoharpula,** d'Orb., 1847. *P. harpula*. Desh., 1824, 2, p. 490, pl. 67, fig. 22-24 (non Brocchi, 1814). Grignon, Mouchy.

***370. simplex,** Desh., 1824, 2, p. 490, pl. 68, fig. 10-12. Grignon, la ferme de l'Orme, Lierville.

***372. polygona,** Desh., 1824, 2, p. 472, pl. 65, fig. 24-26. Beynes, Grignon, Courtagnon, Monneville.

373. granifera, Desh., 1824, 2, p. 473, pl. 65, fig. 27-29. Beynes, Parnes.

***374. crenulata,** Lamk., Ann. du Mus., t. 3, p. 168, n. 11, Anim. s. vert., t. 7, p. 99, n. 16. Desh., 1824, 2, p. 473, pl. 65, fig. 8-10. Grignon, Mouchy, Gilocourt.

*375. **unifascialis,** Deshayes, 1824, 2, p. 445, pl. 70, fig. 12, 13. Grignon.

*376. **subdecussata,** Desh. 1844, 2, p. 446, pl. 70, fig. 1, 2. Courtagnon, Damerie, Marquemont, Hénonville, Ully-St-Georges (Oise).

377. **cincta,** Desh., 1824, 2, p. 447, pl. 69, fig. 3, 4. Beynes.

*378. **filosa,** Lamk., Ann. du Mus., t. 3, p. 164, n. 1. Desh., 1824, 2, p. 448, pl. 68, fig. 25, 26? Grignon, Parnes, Mouchy, Marquemont, Courtagnon, Faudon, St-Bonnet (Hautes-Alpes).

379. **pyrulata,** Deshayes, 1824, 2, p. 449, pl. 66, fig. 1, 2, 3. Parnes.

*380. **transversaria,** Lamk., Ann. du Mus., t. 3, p. 166, n. 6. Deshayes, 1824, 2, p. 450, pl. 62, fig. 1, 2. Parnes, Grignon, Chaumont.

*381. **catenata,** Lamk., Ann. du Mus., t. 3, p. 166, n. 7. Desh., 1824, 2, p. 451, pl. 62, fig. 11-13. Parnes, Mouchy, Marquemont.

*382. **dentata,** Lamk., Ann. du Mus., t. 3, p. 167, n. 8, et t. 7, pl. 13, fig. 1. Desh., 1824, 2, p. 452, pl. 62, fig. 3, 4, 7, 8. Grignon, Parnes, Mouchy, Courtagnon, P. S., la Chapelle, près Senlis, Valmondois, Ver; États-Unis, Claiborne (Alabama).

383. **brevicauda,** Deshayes, 1824, 2, p. 459, pl. 62, fig. 9, 10. Parnes, Mouchy, Courtagnon, Hénonville.

384. **angulosa,** Desh., 1824, 2, p. 478, pl. 67, fig. 4-7. Mouchy, Grignon, Thury-sous-Chaumont.

*385. **margaritula,** Desh., 1824, 2, p. 479, pl. 67, fig. 8-11. Grignon, Parnes, Mouchy.

386. **fragilis,** Deshayes, 1824, 2, p. 480, pl. 67, fig. 25-27. Grignon.

387. **dubia,** Defr., Desh., 1824, Env. de Paris, 2, p. 481, pl. 67, fig. 12-14. France, Grignon, Mouchy.

388. **obliterata,** Desh., 1824, Env. de Paris, 2, p. 481, pl. 67, fig. 15-17. France, Grignon, Parnes, Mouchy.

389. **nana,** Desh., 1824, 2, p. 482, pl. 68, fig. 19-22. Parnes.

*390. **labiata,** Desh., 1824, 2, p. 438, pl. 68, fig. 23, 24, Parnes, Mouchy-le-Châtel, Marquemont, Faudon, Saint-Bonnet (Hautes-Alpes).

391. **elongata,** Desh., 1824, 2, p. 439, pl. 69, fig. 19, 20. France, Grignon, Parnes, Mouchy.

*392. **glabrata,** Lam., Ann. du Mus., t. 3, p. 164, n. 4. Desh., 1824, 2, p. 439, pl. 69, fig. 7, 8. Grignon, Parnes, Mouchy, Chaumont.

*393. **furcata,** Lamk., Ann. du Mus., t. 3, p. 169, n. 17. Desh., 1824, 2, p. 464, pl. 65, fig. 21-23, pl. 63, fig. 23-26. Grignon, Parnes, Mouchy, Courtagnon.

*394. **lineolata,** Lamk., Ann. du Mus., t. 3, p. 165, n. 2. Desh., 1824, 2, p. 440, pl. 69, fig 11-14. Grignon, Courtagnon, Parnes, Faudon (Hautes-Alpes).

*395. **marginata,** Lamk., Ann. du Mus., t. 3, p. 166, n. 5. Desh., 1824, 2, p. 442, pl. 70, fig. 6, 7, 10, 11. Parnes, Grignon, Mouchy.

396. semi-striata, Desh., 1824, Paris, 2, p. 443, pl. 69, fig. 5, 6. France, Parnes, Mouchy.

***397. bistriata,** Desh., 1824, 2, p. 444, pl. 70, fig. 3, 4, 5. Parnes, Mouchy-le-Châtel, Hénonville.

***398. nodulosa,** Lamk., Ann. du Mus., t. 3, p. 170, n. 18. Desh., 1824, 2, p. 466, pl. 65, fig. 11-14. Grignon, Parnes, Courtagnon, Lattainville.

***399. multicostata,** Desh., 1824, 2, p. 466, pl. 64, fig. 8-13. Chaumont.

***400. plicatilis,** Desh., 1824, Paris, 2, p. 463, pl. 63, fig. 20-22. France, Parnes, Mouchy.

***401. subangulata,** Deshayes, 1824, Env. de Paris, 2, p. 444, pl. 70, fig. 8, 9. Mouchy-le-Châtel, Parnes.

404. clavicularis, Lam., Desh., n. 2, pl. 69, fig. 9-10, 15-18. Grignon, Mouchy, Parnes, St-Félix, Acy-en-Multien (Oise).

406. subrostrata, d'Orb., 1847. *P. rostrata*, Sow., 1816, Min. Conch., pl. 146, fig. 3 (non *Murex rostratus*, Brander, 1766). Angl., Barton.

407. attenuata, Sow., 1826, Min. Conch., t. 2, p. 103, pl. 149, fig. 1. Angl., Londres.

408. exorta, Sow., 1826, Min. Conch., t. 2, p. 103, pl. 146, fig. 2. *Murex exortus*, Brander, 1766, fig. 32. Angleterre, Londres, Barton.

409. colon, Sow., 1826, Min. Conch., t. 2, p. 103, pl. 146, fig. 7-8. Angl., Londres, Barton-Cliff.

410. fusiformis, Sow., 1823, Min. Conch., t. 4, p. 119, pl. 387, fig. 1. Angl., Londres, Highgate.

411. brevirostrum, Sow., 1823, Min. Conch., t. 4, p. 119, pl. 387, fig. 2. Angl., Londres, Muddiford.

412. lævigata, Sow., 1823, Min. Conch., t. 4, p. 119, pl. 387, fig. 3. Angl., Londres, Muddiford, Highgate.

413. turbidus, Morris, 1843. *Murex turbidus*, Brander, 1766, pl. 2, fig. 31. Angl., Barton.

414. comma, Sow., 1826, Min. Conch., t. 2, p. 103, pl. 146, fig. 5. Angl., Londres, Stubbington.

420. acuminata, Sow., 1826, Min. Conch., 2, p. 105, pl. 146, fig. 4. Angl., Highgate.

423. semi-colon, Sow., 1816, Min. Conch., 2, p. 106, pl. 146, fig. 6. Stubbington.

430. subinterrupta, d'Orb., 1847. *P. interrupta*, Sow. *Murex interruptus*, Sow., 1821, Min. Conch., t. 3, p. 181, pl. 304 (non Brocchi, 1814). Angleterre, Londres.

431. elabora, Conrad, 1833. États-Unis, Alabama.

432. tabulata, Conrad, 1833. *P. cœlata*, Lea. États-Unis, Alabama.

433. alternata, Conrad, 1833. *P. Lesuerii*, Lea. Etats-Unis, Alabama.

434. Beaumontii, Lea. Etats-Unis, Alabama.

435. depygis, Conrad, 1833. *P. Londalii*, Lea. Etats-Unis, Alabama.

436. nupera, Conrad, 1833. *P. Desnoyersii*, Lea; *P. Hæninghausii*, Lea; *P. rugosa*, Lea. Etats-Unis, Alabama.
437. parviuscula, Conrad, 1833. Etats-Unis, Alabama.
438. proruta, Conrad, 1833. *Fusus prorutus*, Conrad. *F. parvus*, Lea. Etats-Unis, Alabama.
439. biseriata, Conrad, 1833. Etats-Unis, Alabama.
440. acutirostra, Conrad, 1833. Etats-Unis, Alabama.
441. torticosta, Conrad, 1833. Etats-Unis, Alabama.
FUSUS, Bruguière, 1791.
*442. **funiculosus,** Lamk., Ann. du Mus., t. 2, p. 318, n. 22. Desh., 1824, 2, p. 516, pl. 72, fig. 5, 6. Parnes, Grignon, Courtagnon, Mouchy, Lattainville.
*443. **decussatus,** Desh., 1824, 2, p. 517, pl. 72, fig. 8, 9. Berchère, près Houdan, Parnes, Chaumont, Amblainville.
444. gothicus, Desh., 1824, Env. de Paris, 2, p. 518, pl. 74, fig. 9, 10. France, Parnes, Mouchy.
*445. **rugosus,** Lamk., Ann. du Mus., t. 2, p. 316, n. 1, pl. 46, fig. 1. Desh., 1824, 2, p. 519, pl. 73, fig. 4, 5, 6, 7, 10, 11. Grignon, Mouchy, Parnes, Hermes, Courtagnon, Faudon, St-Bonnet (Hautes-Alpes).
*446. **angulatus,** Lamk., Ann. du Mus., t. 3, p. 386, n. 20. Desh., 1824, 2, p. 520, pl. 74, fig. 11, 12, 4, 5. Mouchy, Parnes, Grignon, Beynes, Azy.
*447. **tuberculosus,** Desh., 1824, 2, p. 522, pl. 73, fig. 14, 15. Parnes, Mouchy, Ully-St-Georges.
*448. **longævus,** Lam., 1803; *Murex longævus*, Brander, 1766, fig. 17, 18. Desh., 1824, 2, p. 523, pl. 74, fig. 18-21. Nyst., pl. 39, fig. 20. Grignon, Parnes, Mouchy, Chaumont, Courtagnon; Barton, en Angleterre; Belgique, Lovenjoul, près de Louvain.
*449. **serratus,** Desh., 1824, 2, p. 513, pl. 75, fig. 12, 13. Parnes, Mouchy.
*450. **scalarinus,** Desh., 1824, 2, p. 574, pl. 73, fig. 27, 28. Parnes, Mouchy-le-Châtel.
451. incertus, Desh., 1824, 2, p. 537, pl. 71, fig. 1, 2. Parnes, Mouchy, Hermes.
*452. **intortus,** Lamk., Ann. du Mus., t. 3, p. 318, n. 8; t. 6, pl. 46, fig. 4. Desh., 1824, 2, p. 538, pl. 73, fig. 4, 5, 10, 11, 14, 15. Grignon, Beynes, Courtagnon, Chaumont, Parnes, Mouchy.
*453. **squamulosus,** Desh., 1824, 2, p. 540, pl. 73, fig. 6, 7. Beynes, Ully-St-Georges (Oise).
*454. **crassicostatus,** Desh., 1824, 2, p. 541, pl. 72, fig. 1, 2. France, Parnes, Chambors (Oise).
*455. **obliquatus,** Desh., 1824, 2, p. 542, pl. 74, fig. 13, 14. France, Parnes, Chaumont, le Vivray.
456. Lamarckii, Defr., Desh., 1824, 2, p. 543, pl. 94 bis, fig. 3-5. Grignon.
*457. **muricoides,** Desh., 1824, 2, p. 561, pl. 71, fig. 3, 4. Grignon, Beynes, Mouchy, Parnes, Chaumont.
*458. **costulatus,** Lamk., Anim. s. vert., t. 7, p. 135, n. 7. Desh., 1824, 2, p. 562, pl. 75, fig. 16, 17. Beynes, Grignon, Betz, Parnes.

* **459. maximus,** Desh., 1824, 2, p. 526, pl. 71, fig. 11, 12. Chaumont, Marquemont (Oise).

460. conjunctus, Desh., 1824, 2, p. 527, pl. 70, fig. 16, 17. Parnes, Mouchy, Chaumont, Bouconvillers (Oise).

* **461. Noe,** Lamk., 1802; Lam., Ann. du Mus., t. 2, p. 316, n. 2, pl. 46, fig. 2; Desh., 1824, 2, p. 528, pl. 75, fig. 8, 9-12, 13. *Murex Noe*, Chemnitz. 1795, pl. 212, fig. 2096, 2097. Faudon (H.-Alpes), Grignon, Courtagnon, Château-Thierry, Parnes, Chaumont, Lamery, Belgique, Rougecloître, St-Josse ; Vicentin, Ronca, Le Jarrier.

* **462. breviculus,** Desh., 1824, 2, p. 530, pl. 72, fig. 3, 4. Parnes, Chaumont, Mouchy.

* **463. abbreviatus,** Lamk., Ann. du Mus., t. 3, n. 10; Deshayes, 1824, 2, p. 550, pl. 76, fig. 10-12. Grignon, la ferme de l'Orme, Beyne.

***464. variabilis,** Lamk., Ann. du Mus., t. 3, p. 388, n. 32 ; Desh., 1824, 2, p. 551, pl. 94 bis, fig. 9-11. Grignon, la ferme de l'Orme.

***465. lævigatus,** Lamk., Ann. du Mus., t. 3, n. 27 ; Desh., 1824, 2, p. 547, pl. 72, fig. 15-17. Grignon, Parnes, Mouchy.

***466. hordeolus,** Lamk., Ann., du Mus., t. 3, p. 318, n. 7 ; Desh., 1824, 2, p. 548, pl. 94 bis, fig. 6-8. Grignon.

***467. heptagonus,** Lamk., Ann. du Mus., t. 2, p. 220, n. 23 ; Desh., 1824, 2, p. 534, pl. 71, fig. 9, 10. Parnes, Mouchy, Chaumont, Marquemont.

***468. subulatus,** Lamk., Ann. du Mus., t. 2, p. 313, n. 6 ; Desh., 1824, 2, p. 535, pl. 76, fig. 13-15. Grignon, Mouchy.

* **469. coronatus,** Lamk., Ann. du Mus., t. 3, p. 319, n. 16 ; Desh., 1824, 2, p. 575, pl. 74, fig. 15-17. Grignon, Parnes, Chaumont, Valmondois.

470. textiliosus, Desh., 1824, 2, p. 576, pl. 82, fig. 17-19. Parnes, Chaumont, Mouchy, Neuville Bosc (Oise).

***471. polygonus,** Lamk., Ann. du Mus., t. 2, p. 319, n. 9; Desh., 1824, 2, p. 563, pl. 71, fig. 5, 6. Grignon, Beyne, Houdan, Monneville, P. S. La Chapelle, près Senlis, Valmondois, Ermenonville.

472. bicarinatus, Desh., 1824, 2, p. 564, pl. 76, fig. 3, 4. Beyne, Parnes.

***473. excisus,** Lamk., Ann. du Mus., t. 3, p. 319, n. 11 ; Desh., 1824, 2, p. 556, pl. 74, fig. 6-8. Grignon, la ferme de l'Orme, Lattainville ; Barton, en Angleterre.

474. clathratus, Desh., 1824, 2, p. 557, pl. 94 bis, fig. 21-23. Grignon.

***475. scalarioides,** Lamk., Ann. du Mus., t. 3, p. 319, n. 15 ; Desh., 1824, 2, p. 544, pl. 74, fig. 1-3 ; pl. 75, fig. 1-3. Grignon, Parnes, Chaumont, Mouchy, Courtagnon.

***476. minutus,** Lamk., Ann. du Mus., t. 3, p. 319, n. 12 ; Desh., 1824, 2, p. 552, pl. 94 bis, fig. 18-20. Grignon, Ully-St-Georges.

***477. bulbus,** d'Orb., 1847. *Murex bulbus*, Chemnitz, 1795, Conch. cub., 11, p. 278, pl. 212, fig. 3000, 3001. *F. bulbiformis*, Lamk., Ann. du Mus., t. 2, p. 387, n. 26 ; Desh., 1824, 2, p. 570, pl. 78, fig. 5-10 et 15-18. France, Grignon, Parnes, Courtagnon, Mouchy, Anesmont, Le Tomberay, Orrouy, Valognes (Manche) ; Anglet., Barton.

*478. **aciculatus,** Lamk., Ann. du Mus., t. 2, p. 318, n. 5 et t. 6, pl. 46, fig. 6 ; Desh., 1824, 2, p. 514, pl. 71. fig. 7, 8. Grignon, Parnes, Mouchy, Courtagnon ; Barton, en Angleterre.

479. **tenuis,** Desh., 1824, 2, p. 555, pl. 76, fig. 19-21. Grignon, Lattainville.

*480. **sublævigatus,** d'Orb., 1847. *Pyrula lævigata*, Lamk., Ann. du Mus., t. 2, p. 390, n. 1, et t. 6, pl. 46, fig. 7 ; Desh., 1824, 2, p. 579, pl. 78, fig. 3, 4-11-14 (non n. 465). Grignon, Courtagnon, Parnes, Mouchy, P. S. Valmondois, Tancrou, Betz, la Chapelle, près Senlis, Monneville.

*481. **subcarinatus,** d'Orb., 1847. *Pyrula subcarinata*, Lamk., Ann. du Mus., t. 2, p. 390, n. 2 ; Desh., 1824, 2, p. 580, pl. 79, fig. 16, 17. Grignon, Houdan, Parnes, Mouchy, Courtagnon, Valmondois, Mont-Lévêque, Monneville (Oise), Faudon (H.-Alpes).

482. **errans,** Sow., 1823, Min. Conch., t. 4, p. 139, pl. 400. *Strombus errans*, Brander, 1766, pl. 2, fig. 43 ; Nyst., pl. 39, fig. 22. Angl., Londres, Barton, Hordwell ; Belgique, Bruxelles, Groenendael.

482'. **antiquus,** d'Orb., 1847. *Murex antiquus*, Brander, 1766, fig. 74. *F. regularis*, Sow., 1823, Min. Conch., t. 5, p. 27, pl. 423, fig. 1 ; pl. 187, fig. 2. Angl., Londres, Barton.

483. **complanatus,** Sow., 1823, Min. Conch., t. 5, p. 27, pl. 423, fig. 2. Angl., Londres, Highgate.

483'. **lima,** Sow., 1823, Min. Conch., t. 5, p. 27, pl. 423, fig. 4. Angl., Londres, Barton, Highgate.

484. **porrectus,** d'Orb., 1847. *Murex porrectus*, Brander, 1766, fig. 36. *F. acuminatus*, Sow., 1820, Min. Conch., t. 3, p. 131, pl. 274, fig. 1-3. Angl., Londres, Hordwell.

485. **asper,** Sow., 1820, Min. Conch., t. 3, p. 131, pl. 274, fig. 4-7. Angl., Londres, Hordwell.

486. **bifasciatus,** Sow., 1819, Min. Conch., t. 3, p. 49, pl. 228. Angl., Londres, Highgate.

490. **coniferus,** Sow. *Murex coniferus*, Sow., 1818, Min. Conch., t. 2, p. 195, pl. 187, fig. 1. Angl., Highgate, Londres.

*494. **turgidus,** Nyst., 1843, Coq. tert. de Belgiq., p. 498 ; *Murex turgidus*, Brand., 1766, foss. hant., p. 26, pl. 4, fig. 51, *Fusus ficulneus*, Lam., 1804 ; Desh., 1824, 2, p. 572, pl. 73, fig. 21-26. *Murex ficulneus*, Chemnitz, 1795, Conch. cub., 11, p. 301, pl. 212, fig. 3004, 3005. Parnes, Grignon, Courtagnon, P. S. La Chapelle, près Senlis, Lisy-sur-Ourcq, Valmondois, Betz, Tancrou ; en Angleterre, Londres, Hordwell ; Belgique, Bruxelles, Groenendael, Rougecloître, Saint-Josse-Affilghem.

496. **tuberosus,** Sow. *Murex tuberosus*, Sow., 1827, Min. Conch., t. 6, p. 151, pl. 578, fig. 4 ; pl. 229, fig. 1. Angl., Malton, Nuneham.

497. **carinella,** Sow. *Murex carinella*, Sow., 1818, Min. Conch., t. 2, p. 195, pl. 187, fig. 3, 4. Angl., Londres, Barton, Primerose.

498. **trilineatus,** Sow. *Murex trilineatus*, Sow., 1813, M. Conch., t. 1, p. 79, pl. 35, fig. 4, 5. Angl., Brentford, Highgate.

499. **curtus,** Sow. *Murex curtus*, Sow., 1818, Min. Conch., t. 2, p. 225, pl. 199, fig. 5. Angl., Londres, Highgate.

500. desertus, Morris, 1843. *Buccinum desertum*, Sow., 1823, Min. Conch., t. 5, p. 14, pl. 415, fig. 1. Angl., Londres, Barton.

501. canaliculatus, Morris, 1843. *Buccinum canaliculatum*, Sow., 1823, Min. Conch., t. 5, p. 14, pl. 415, fig. 2. Anglet., Barton, Muddiford.

502. lavatus, Morris, 1843, *Buccinum lavatum*, Sow., 1823, Min. Conch., t. 5, p. 10, pl. 412, fig. 3, 4. Angl., Barton.

***503. Altilis,** Conrad, 1833. Etats-Unis, Alabama.

504. stamineus, Conrad, 1833. Etats-Unis, Alabama.

***505. bellus,** Conrad, 1833. *F. crebissimus*, Lea. Etats-Unis, Alabama.

506. limulus, Conrad, 1833. Etats-Unis, Alabama.

***507. Cooperii,** Conrad, 1833. Etats-Unis, Alabama.

508. raphanoides, Conrad, 1833. Etats-Unis, Alabama.

***509, ornatus,** Lea, 1833. *F. acutus*, Lea. Etats-Unis, Alabama.

510. salebrosus, Conrad, 1833. Etats-Unis, Alabama.

511. symmetricus, Conrad, 1833. Etats-Unis, Alabama.

512. trabeatus, Conrad, 1833. *F. bicarinatus*, Lea. Etats-Unis, Alabama.

***513. papillatus,** Conrad, 1833. Etats-Unis, Alabama.

514. inauratus, Conrad, 1833. *F. Fittonii*, Lea. Etats-Unis, Alabama.

***515. thoracicus,** Conrad, 1833. *F. decussatus*, Lea. Etats-Unis, Alabama.

516. irrasus, Conrad, 1833. Etats-Unis, Alabama.

517. protextus, Conrad, 1833. Etats-Unis, Alabama.

518. ranelloides, Conrad, 1833. Etats-Unis, Alabama.

519. thalloides, Conrad, 1833. *F. pulcher*, Lea. Etats-Unis, Alabama.

PYRULA, Lamarck, 1801. Voy. p. 71.

***520. elegans,** Lamk., 1803. Ann. du Mus., t. 2, p. 391, n° 4. Anim. s. vert., t. 7, p. 572, n° 4. Desh., 1824, 2, p. 581, pl. 79, fig. 7, 8. *Fusus Greanwoddii*, Sow., 1825, M. C. pl. 498. France, Mouchy, Chaumont, Grignon, Beyne, P. S. Valmondois. Rouge-Cloître, près de Bruxelles.

***521. nexilis,** Lamk., Desh., 1824, 2, p. 582, pl. 79, fig. 5-7; Sow., pl. 331. *Murex nexilis*, Brander. France, Beyne, Parnes, Grignon, Senlis, la Chapelle; Angleterre, Barton.

***522. tricarinata,** Lam., Desh., pl. 79, fig. 1-4. Chaumont, Parnes, Mouchy-le-Châtel (Oise).

***523. penita,** Conrad, 1833. *P. cancellata*, Lea. Espèce on ne peut plus voisine du *P. tricarinata*. États-Unis, Alabama.

***524. elegantissima,** Lea, 1833. États-Unis, Alabama.

FASCIOLARIA, Lamarck, 1801.

525. funiculosa, Desh., 1824, 2, p. 508, pl. 79, fig. 12, 13. Beyne.

***527. uniplicata,** d'Orb., 1847. *Fusus uniplicatus*, Lamk., Ann. du Mus., t. 3, p. 385, n° 21, t. 6, pl. 46, fig. 3. Desh., 1824, 2, p. 536, pl. 96 bis, fig., 1, 2. Grignon, Parnes, Mouchy, Courtagnon.

MUREX, Linné, 1758.

***528. tricarinatus,** Lamk., Anim. sans vert, t. 7, p. 177, n° 68.

Ann., p. 223, n° 2. Desh., 1824, 2, p. 597, pl. 82, fig. 7-10, Sow., pl. 416, fig. 1. France, Grignon, Courtagnon, Parnes, Mouchy, Chaumont, Aumont (Oise). Angleterre, Barton.

529. tricarinoides, Desh., 1824, 2, p. 598, pl. 82, fig. 11, 12. France, Parnes, Mouchy.

530. contabulatus, Lamk., Ann. du Mus., t. 2, p. 223, n° 3. Desh., 1824, 2, p. 595, pl. 82, fig. 5, 6. Grignon, Parnes, Mouchy, Lattainville, Ully-St-Georges (Oise).

***531. tripteroides,** Lamk., Anim. s. vert., t. 7, p. 177, n° 67. Desh., 1824, 2, p. 595, pl. 82, fig. 1, 2. Grignon, Parnes, Mouchy, Courtagnon.

***531'. frondosus,** Lamk., Ann. du Mus., t. 2, p. 224, n° 6 et t. 6, pl. 45, fig. 7. Desh., 1824, 2, p. 591, pl. 82, fig. 20-25. Sow., M. C. pl. 416. fig. 3. Grignon, Parnes, Mouchy.

532. subdistortus, d'Orb., 1847. *M. distortus*, Desh., 1824, 2, p. 599, pl. 82, fig. 15, 16 (non Brocchi 1814). Beyne, près Grignon.

***533. calcitrapa,** Lamk., Ann. du Mus., t. 2, p. 233, n° 4. Desh., 1824, 2, p. 588, pl. 81, fig. 26, 27. Grignon, Mouchy, Parnes, Courtagnon, Chambors.

***534. crispus,** Lamk., Ann. du Mus., t. 2, p. 224, n° 5. Desh., 2, p. 589, pl. 81, fig. 7-12. Grignon, Beyne, Parnes.

535. bispinosus, Sow., 1823. Min. Conch., t. 5, p. 15, pl. 416, fig. 2. Barton.

536. subcristatus, d'Orb., 1847. *M. cristatus*, Sow., 1819, Min. Conch., t. 3, p. 52, pl. 230, fig. 1, 2 (non Brocchi 1814). Highgate.

537. subcoronatus, d'Orb. 1847. *M. coronatus*, Sow., 1819, Min. Conch., t. 3, p. 52, pl. 230, fig. 3 (non Born. 1780). Highgate.

538. defossus, Sow., 1823, Min. Conch., t. 5, p. 9, pl. 411, fig. 1. Angleterre, Londres, Hordwell.

542. engonatus, Conrad, 1833. *Fusus sexangulus*, Conrad. États-Unis, Alabama.

543. Conradi, d'Orb., 1847. *M. Mantelli*, Conrad, 1833. États-Unis, Alabama.

544. Vanuxemi, Conrad, 1833. États-Unis, Alabama.

TIPHIS, Montfort, 1810.

***545. Parisiensis,** d'Orb., 1847. *Murex pungens*, Brander, 1776, fig. 82. *Murex fistulosus*, Desh., 1824, 2, p. 605, pl. 80. fig. 1-3 (non Brocchi, Conch. foss. subap., t. 2, p. 394, n° 11, pl. 7, fig. 12; non Soworby). France, Mouchy, Monneville. Angleterre, Barton.

546. tubifer, d'Orb., 1847. *Murex tubifer*, Desh., 1824, 2, p. 603, pl. 82, fig. 26, 27, pl. 80, fig. 4, 6. Brug, Journ. d'hist. nat., t. 1, p. 28, pl. 2, fig. 34. *Murex fistulosus*, Sow., pl. 189, fig. 1, 2. Grignon, Courtagnon, Parnes, Chaumont, Mouchy; Angleterre, Barton, Highgate.

547. muticus, Morris, 1847. *Murex muticus*, Sow., M. Conch., pl. 189, fig. 6, 7. Angleterre, Barton.

548. Pungens, Morris 1843. *Murex pungens*, Brander, 1766, fig. 81 (exclus, fig. 82) *Murex tubifer*, Sow., Min. Conch., pl. 189, fig. 3, 8. Angl., Barton, Hants.

549. gracilis, Conrad, 1833. *Murex alternata*, Lea. États-Unis, Alabama.

TRITON, Montfort, 1810.

***550. multigraniferum,** Desh., 1824, 2, p. 612, pl. 80, fig. 19-21. Grignon, Beyne, Amblainville.

***551. nodularium,** Lam. *Murex nodularius*, Lamk., Ann. du Mus., t. 2, p. 226, n° 15. Desh., 1824, 2, p. 613, pl. 80, fig. 39, 40. Grignon, Lattainville, Parnes, Ully (Oise).

552. bicinctum, Desh., 1824, 2, p. 614, pl. 80. fig. 33-35. France, Grignon, Parnes, Chaumont, Lattainville.

***553. reticulosum,** Lamk., Anim. s. vert., t. 7, p. 575, n° 11. Desh., 1824, 2, p. 615, pl. 80, fig. 30-31. *Murex reticulosum*, Lamk., Ann. du Mus., t. 2. p. 226, n° 16. Grignon, Parnes, Mouchy, Ully.

***554. planicostatum,** Desh., 1824, 2, p. 616, pl. 80, fig, 25-29. France, Parnes. Mouchy.

***555. pyraster,** Lamk., Anim. s. vert., t. 7, p. 575, n° 8. Desh., 1824, 2, p. 616, pl. 80, fig. 36-38. *Murex pyraster*, Lamk. Ann. du Mus., t. 2, p. 225, n° 11. Grignon, Parnes, Mouchy, Chaumont, Ully.

556. colubrinum, Lamk., Desh., 1824, 2, p. 610, pl. 80, fig. 22-24. Grignon, Beyne, Chaumont, Parnes, Hornies, Mouchy.

557. turriculatum, Desh., 1824, 2, p. 608, pl. 80, fig. 7-9. Grignon, Mantes, Mouchy, le Vivray, Lattainville.

***558. striatulum,** Lamk., Desh., 1824, 2, p. 612, pl. 80, fig. 13-15. Lamk., Anim. s. vert., t. 7, p. 574, n° 7. *Murex striatulus*, Lamk., Ann. du Mus., t. 2, p. 225, n° 9, t. 6, pl. 45, fig. 5. Grignon, Mouchy.

***559. viperinum,** Lamk., Desh., 1824, 2, p. 611, pl. 80, fig. 16-18. Lamk., Anim. s. vert., t. 7, p. 517, n° 2. *Murex viperinus*, Lam., Ann., t. 2, p. 226, n° 14. Grignon, Parnes, Mouchy, Lattainville.

560. argutum, Sow., 1822, Min. Conch., 4, p. 59, pl. 344. Barton.

CERITHIUM, Adanson. 1757. Voy. vol. 1, p. 196.

***561. giganteum,** Lamk., Ann. du Mus., t. 3. p. 439, n° 57, t. 7, pl. 14, fig. 1. Desh., 1824, 2, p. 300, pl. 42, fig. 1, 2. Sow., pl. 188, fig. 2. Grignon, Beyne, Courtagnon, Montmirail, Mouchy, Parnes, Damery, Pont-St-Maxence, Creil, Chaumont ; Angl., Barton ; Belgique. Affligbem.

***562. serratum,** Lam., Ann. du Mus., t. 3, p. 271, n° 3. Desh., 1824, 2, p. 302, pl. 41, fig. 3, 4. Grignon, Courtagnon, Parnes, Mouchy, Houdan, Damery, P. S. Acy.

***563. denticulatum,** Lamk., Ann. du Mus., t. 3, p. 274, n° 11. Desh., 1824, 2, p. 303, pl. 47, fig. 1, 2. Beyne, Grignon, Liancourt, Cuvergnon.

***564. contiguum,** Desh., 1824, 2, p. 304, pl. 47, fig. 3, 4. Chambors, près Magny, Mouy, Acy.

***565. perforatum,** Lamk., Ann. du Mus., t. 3, p. 436, n° 44 et t. 7, pl. 14, fig. 2. Desh., 1824, 2, p. 399, pl. 58, fig. 1, 2, 3, 18, 19, 20, 21, 22, 23. *Cerithium acicula*, Lam., Ann. du Mus., t. 3, p. 437, n° 48. Parnes, Mouchy, Grignon, Chaumont, Chapelle.

*566. **textile,** Desh., 1824, 2, p. 400, pl. 58, fig. 24-26. France, Grignon, Parnes.
*567. **terebrale,** Lamk., Ann. du Mus., t. 3, p. 437, n° 49. Desh., 1824, 2, p. 401, pl. 56, fig. 29-31. Grignon, Courtagnon, Mouchy, P. S. Crepy, Cuvergnon.
*568. **crispum,** Def., Desh., 1824, 2, p. 406, pl. 59, fig. 21-23. France, Beyne, Grignon, Mouy, P. S. Manneville.
569. **Duchasteli,** Desh., 1824, 2, p. 407, pl. 59, fig. 15-17. La ferme de l'Orme, près Grignon.
*570. **quadrifidum,** Desh., 1824. Env. de Paris, 2, p. 396, pl. 55, fig. 18-20. France, Grignon, Parnes.
571. **sinistrorsum,** Desh., 1824, 2, p. 396, pl. 56, fig. 21-28. Grignon, Valmondois, Lattainville, Parnes, Ully.
*572. **inversum,** Lamk., Ann. du Mus., t, 3, p. 438, n° 50. Desh., 1824, 2, p. 397, pl. 56, fig. 15-20. Grignon, Parnes, Mouchy, Courtagnon, Hermes.
*573. **umbilicatum,** Lamk., Ann. du Mus., t. 3, p. 436, n° 43. Deshayes, 1824, 2, p. 398, pl. 58, fig. 7-10. Grignon, Mouchy.
*574. **lamellosum,** Brug., Enc. méthod., t. 1, p. 488, n° 22. Desh., 1824, 2, p. 370, pl. 44, fig. 8, 9. Grignon, Courtagnon, Parnes, Mouchy, Chaumont.
*575. **rugosum,** Lamk., Ann. du Mus., t. 3, p. 439, n° 56. Desh., 1824, 2, p. 371, pl. 44, fig. 10, 11. Parnes, Grignon, Beyne.
*576. **substriatum,** Lamk., Ann. du Mus., t. 3, p. 352, n° 41. Desh., 1824, 2, p. 372, pl. 54, fig. 25, 26. Maulette, près Houdau.
*577 **unisulcatum,** Lamk., Ann. du Mus., t. 3, p. 440, n° 59. Desh., 1824, 2, p. 384, pl. 57, fig. 14-16. Grignon, Parnes, Mouchy, Courtagnon, Senlis, Ver, Ermenonville.
578. **melanoides,** Lamk., Ann. du Mus., t. 3, p. 438, n° 51. Desh., 1824, 2, p. 384, pl. 55, fig. 15-17. Parnes, Grignon, Gomersfontaine.
*579. **spiratum,** Lamk., Ann. du Mus., t. 3, p. 351, n° 39. Desh., 1824, 2, p. 379, pl. 46, fig. 3, 4. Parnes, Chaumont, Hermes, Ully.
*580. **bacillum,** Lamk., Ann. du Mus., t. 3, p. 346, n° 22. Desh., 1824, 2, p. 394, pl. 56, fig. 3-6. France, Beyne.
*581. **decussatum,** Defr., Desh., 1824, 2, p. 381, pl. 46, fig. 1, 2. France, Parnes, Chaumont.
*582. **nudum,** Lamk., Ann. du Mus., t. 3, p. 440, n° 58. Desh., 1824, 2, p. 382, pl. 48, fig. 17, 20. Grignon, Parnes, Chaumont, Mouchy, Courtagnon.
*583. **Bonelli,** Desh., 1824, 2, p. 319, pl. 50, fig. 21, 23. Beyne, Grignon, Lattainville, Parnes, Ancy, Faudon, St-Bonnet (Hautes-Alpes).
584. **Blainvillei,** Desh., 1824, 2, p. 320, pl. 50, fig. 11, 12. France, Houdan, Mary, Acy.
*585. **thiara,** Lamk., Ann. du Mus., t. 3, p. 274, n. 14. Desh. 1824, 2, p. 315, pl. 44, fig. 12, 13, 17, 18, 19; pl. 48, fig. 21, 22. France, Grignon, Beyne, Mouchy, Blaincourt, Gomersfontaine.
*586. **hexagonum,** Lamk., Ann. du Mus., t. 3, p. 271, n. 2. Desh., 1824, 2, p. 327, pl. 45, fig. 4, 5. *Murex hexagonus*, Chemnitz,

1788, 10. pl. 168, fig. 1554, pl. 48, fig. 15, 16. *Murex angulatus*, Brander, 1766, fig. 46. *Murex pyramidalis*, Sow., Min., Conch., pl. 127, fig. 1. Grignon, Beyne, Houdan, Courtagnon; Angleterre, Barton, Saint-Bonnet, Faudon (Hautes-Alpes); Suisse, les Diablerets, près de Bex.

*587. **angulosum,** Lamk., Ann. du Mus., p. 273, n. 8. Desh., 1824, 2, p. 418, pl. 45, fig. 8; pl. 48, fig. 6, 7; pl. 49, fig. 6, 8. Liancourt, Acy, Grignon, Courtagnon. P. S. La Chapelle, près Senlis, Valmondois, Acy.

*588. **Vapincense,** d'Orb., 1847. Espèce courte, conique, ornée de côtes longitudinales arquées et d'un sillon transversal près de la suture des tours. France, Faudon (Hautes-Alpes).

*589. **labiatum,** Desh., 1824, 2, p. 313, pl. 47, fig. 10, 12. France, Damery, Lattainville.

590. **Leufroyi,** Mich., Desh., 1824, env. de Paris, 2, p. 380, pl. 57, fig. 23, 24. France, Chaumont, Parnes.

*591. **Larva,** Lamk., Desh., 1824, 2, p. 392, pl. 56, fig. 11-13. Grignon, Parnes, Ully (Oise).

*592. **Gravesii,** Desh., 1824, 2, p. 310, pl. 47, fig. 15, 24, 25. Maulle, Chambors, près Parnes, Chaumont, Lattainville.

*593. **cinctum,** Lamk., Ann. du Mus., t. 3, p. 345, n. 17. Desh., 1824, 2, p. 388, pl. 49, fig. 12-14. Grignon, Beyne, Courtagnon, Parnes, Lattainville.

594. **fragile,** Desh., 1824, 2, p. 363, pl. 54, fig. 16-21. Parnes, Grignon, Mouchy, Lattainville.

595. **cuspidatum,** Desh., 1824, 2, p. 373, pl. 57, fig. 8-10. Beyne. P. S. Bouconvillers, Monneville, Acy.

*597. **multispiratum,** Desh., 1824, 2, p. 391, pl. 56, fig. 9-14. Grignon.

*598. **echinoides,** Lamk., Ann. du Mus., t. 3, p. 276, n. 7. Desh., 1824, 2, p. 346, pl. 46, fig. 5-10. Grignon, Houdan, Beyne, Courtagnon, Parnes, Blaincourt. P. S. Damery.

*599. **semicoronatum,** Lamk., Ann. du Mus., t. 3, p. 344, n. 16. Desh., 1824, 2, p. 306, pl. 50, fig. 1, 2. Grignon, Beyne, Courtagnon, Parnes.

*600. **lapidum,** Lamk., Ann. du Mus., t. 3, p. 350, n. 37, et t. 7, pl. 13, fig. 5. Desh., 1824, 2, p. 421, pl. 60, fig. 21-24. Grignon, Courtagnon, Chambors, Valmondois.

*601. **calcitrapoides,** Lamk., Ann. du Mus., t. 3, p. 274, n. 10. Desh., 1824, 2, p. 347, pl. 46, fig. 18, 19, 23. Grignon, Courtagnon, Beyne, Aumont, Chambors.

*602. **confluens,** Lamk., Ann. du Mus., t. 3, p. 345, n. 20. Desh., 1824, 2, p. 407, pl. 55, fig. 12-14. Grignon, Lattainville, Mouy.

603. **filiferum,** Desh., 1824, 2, p. 377, pl. 49, fig. 15, 16. France, Ully-St-George, près Mouchy.

*604. **subpunctatum,** Desh., 1824, 2, p. 409, pl. 60, fig. 1-3. Grignon, Houdan, le Vivray, Liancourt, Mouy.

*605. **neglectum,** Desh., 1824, 2, p. 386, pl. 56, fig. 1, 2. Beyne, Grignon, Mouy.

*606. **interruptum,** Lamk., Ann. du Mus., t. 3, p. 270, n. 1 et

t. 7, pl. 13, fig. 6. Desh., 1824, 2, p. 417, pl. 45, fig. 1, 2. Grignon, Beyne, Lattainville, Parnes.

*607. **catenatum,** Desh., 1824, 2, p. 419. pl. 59, fig. 13, 14. Chambors, près Magny, Liancourt, St-Pierre.

*608. **cristatum,** Lamk., Desh., 1824, 2, p. 420, pl. 44, fig. 5-7, pl. 60, fig. 10, 11. Grignon, près Magny, Arras, Parnes, Chaumont.

*609. **acutidens,** Desh., 1824, 2, p. 427, pl. 61, fig. 17-20. Mouchy-le-Châtel.

*610. **Prevosti,** Desh., 1824, 2, p. 348, pl. 46, fig. 16, 17, 20, 21, 22. La ferme de l'Orme, Grignon, Beyne, Liancourt.

*611. **emarginatum,** Lamk., Ann. du Mus., t. 3, p. 439, n. 55. Desh., 1824, 2, p. 332, pl. 45, fig. 12, 13. Grignon, Beyne, Lattainville, Parnes.

*613 **muricoides,** Lamk., Ann. du Mus., t. 3, p. 349, n. 33. Desh., 1824, 2, p. 426; pl. 61, fig. 13-16. Grignon, Beyne, Houdan.

*614. **clavus,** Lamk., Ann. du Mus., t. 3, p. 346, n. 21, Desh., 1824. 2, p. 391, pl. 58, fig. 4, 5, 6, 14, 15, 16. Grignon, Parnes, Mouchy, Mouy.

615. **multinodosum,** Desh., 1824, 2, p. 357, pl. 53, fig. 16, 17, 18. Beyne, Grignon.

*616. **quadrisulcatum,** Lamk., Ann. du Mus., t. 3, p. 352, nº 42. Desh., 1824, 2, p. 395, pl. 55, fig. 21-23. Grignon, Mouchy-le-Châtel, Chaumont, Ully.

617. **imperfectum,** Desh., 1824, 2, p. 365, pl. 57, fig. 1-4. France, Parnes, Mouchy, Chaumont.

*618. **echinulatum,** Desh., 1824, 2, p. 369, pl. 55, fig. 3, 4. France, Parnes, Mouchy, Chaumont.

*619. **subulatum,** Lamk., Ann. du Mus., t. 3, p. 350, n. 36. Desh., 1824, 2, p. 364, pl. 53, fig. 19-21. *Cerithium costulatum,* Lamk., Anim., s. vert., t. 7, p. 84, n. 36. Grignon, Mouy, Marquemont, Parnes.

*620. **cancellatum,** Lamk., Ann. du Mus., t. 4, p. 437, n. 46. Desh., 1824, 2, p. 358, pl. 53, fig. 26-29. Grignon, Parnes, Courtagnon, Mouchy, Mouy.

*621. **semi-granulosum,** Lamk., Ann. du Mus., t. 3, p. 437, n. 46. Desh., 1824, 2, p. 360, pl. 54, fig. 3-6. *Cerithium subgranosum,* Lamk. Anim., s. vert., t. 7, p. 86, n. 47. Faudon, St-Bonnet (Hautes-Alpes), Grignon, Beyne, Mouchy, Senlis, Monneville.

622. **acicula,** Lamk., Desh., n. 108, pl. 58, fig. 21-23. Parnes, Hermes, Mouchy-le-Châtel (Oise).

623. **geminatum,** Sow. 1816, t. 2, p. 61, pl. 127, fig. 2. Barton-Cliff.

624. **dubium,** Sow, 1816. Min. Conch. t. 2, p. 101, pl. 147, fig. 5. Angleterre, Subbington, Londres.

*627. **diaboli,** Brongniart, 1823. Vicentin, p. 72, pl. 6, fig. 19. France, St-André-de-Meouille (Basses-Alpes), Montagne des Diablerets, près Bex, vallée du Rhône.

628. **solitarium,** Conrad., 1833. États-Unis, Alabama.

629. **decisum,** Conrad., 1833. *Fusus decisus,* Conrad. États-Unis, Alabama.

630. sagenula, Conrad., 1833. États-Unis, Alabama.

BUCCINUM, Linné, 1758. Voy. p. 134.

***631. bistriatum,** Lamk., Ann. du Mus., t. 2, p. 165, n. 5, et t. 6, pl. 44, fig. 12. Desh., 1824, 2, p. 648, pl. 86, fig. 11-13. Grignon, Mouchy.

***632. substriatulum,** d'Orb., 1847. *B. striatulum*, Lamk., Ann. du Mus., t. 2, p. 164, n. 2. Desh., 1824, 2, p. 649, pl. 94 *bis*, fig. 24-26 (non Muller, 1774). Grignon.

633. subintermedium, d'Orb., 1847. *B. intermidum*, Desh., 1824, 2, p. 649, pl. 87, fig. 1-3, (non Brocchi 1814). Grignon, Parnes, Lattainville, Hermes, Mouchy.

***634. subdecussatum,** d'Orb., 1847. *B. decussatum*, Lamk., Ann. du Mus., t. 2, p. 165, n. 4. Desh., 1824, 2, p. 650, pl. 87, fig. 4-6, (non Born, 1780). Grignon, Parnes, Mouchy, Courtagnon, Lattainville.

***635. stromboides,** Lamk., Ann. du Mus., t. 2, p. 164, n. 1. Desh., 1824, 2, p. 647, pl. 86, fig. 8-10. Grignon, Courtagnon, Montmirail, Parnes, Mouchy.

636. junceum, Sow., 1822. Min. Conch., t. 4, p. 103, pl. 375, fig. 1. Angleterre, Londres, Barton, Highgate ; France, Paris.

639. sagenum, Lea. *Nassa cancellata*, Lea. *Nassa sagena*, Conrad. États-Unis, Alabama.

BUCCINANOPS, d'Orb., 1839. Voy. p. 303.

***640. prorsum,** d'Orb., 1847. *Buccinum prorsum*, Conrad., 1833. États-Unis, Alabama.

***641. amœnum,** d'Orb., 1847 *Buccinum amœnum*, Conrad., 1833. *Terebra gracilis*, Lea., 1833. États-Unis, Alabama.

SULCOBUCCINUM, d'Orb., 1847. Voy. p. 303.

***642. obtusum,** d'Orb., 1847, *Buccinum obtusum*. Desh., 1824, 2, p. 657, pl. 88, fig. 1-2. France, Chaumont.

MONOCEROS, Lamarck, 1809.

***643. armigera,** Conrad., 1833. *Melongena armigera*, Conrad., *Fusus Taitii*, Lea. États-Unis, Alabama.

***644. vetusta,** Conrad., 1833. *M. pyruloides*, Lea. *M. fusiformis*, Lea. États-Unis, Alabama.

TEREBRA, Lamarck, 1801.

***645. plicatula,** Lam., Desh., n. 1, pl. 87, fig. 25, 26. Mouchy, Chaumont, Lierville, Acy-en-Mulcien (Oise), Parnes, Grignon, Courtagnon.

646. perlata, Conrad, 1833. *T. venusta*, Lea. États-Unis, Alabama.

***647. costata,** Lea, 1833. États-Unis, Alabama.

HARPA, Lamarck, 1801.

***648. mutica,** Lamk., Ann. du Mus., t. 2, p. 167, n. 1, et t. 6, pl. 44, fig. 14. Desh., 1824, 2, p. 642, pl. 86, fig. 14, 15. Grignon, Parnes, Mouchy, Valescourt, Ully.

MORIO, Montfort, 1810. *Cassidaria*, Lamarck, 1811.

***650. textiliosus,** d'Orb., 1847. *Cassidaria textiliosa*, Desh., 1824, 2, p. 635, pl. 85, fig. 14-16. France, Parnes, Mouchy (Oise).

*651. **funiculosus,** d'Orb., 1847. *Cassidaria funiculosa*, Desh., 1824, 2, p. 636, pl. 85, fig. 6, 7. Courtagnon, Parnes (Oise).

*652. **nodosus,** d'Orb., 1847. *Cassidaria nodosa*, Nyst., 1843, Coq. tert. de Belgiq., p. 563. *Buccinum nodosum*, Brand., 1766, Foss. haut. frontisp., fig. 131, p. 43, n. 131 *C. carinata*, Lam., Ann. du Mus., t. 2, p. 169, n. 3. Desh., 1824, 2, p. 633, pl. 85, fig. 8, 9 ; pl. 86, fig. 7. Sowerby, pl. 6, fig. 1, 2. Grignon, Parnes, Courtagnon, Chaumont, Mouchy, Valmondois, Tancrou, Betz, Cuvergnon ; Belg., Bruxelles, Groenendael, Rouge-Cloître, St-Josse, St-Gilles, Boisfort, Assche, Afflighem, Melsbroeck ; Angleterre, Barton, Highgate.

653. **ambiguus,** d'Orb., 1847. *Buccinum ambiguum*, Brander, 1766, pl. 4, fig. 5. *Cassis striata*, Sow., 1812, M. C., 1, p. 24, pl. 6, figure infér. droite. Angl., Highgate.

CASSIS, Bruguière, 1791.

*654. **harpæformis,** Lamk., Ann. du Mus., t. 2, p. 169, n. 1. Desh., 1824, 2, p. 638, pl. 86, fig. 3-6. Grignon, Courtagnon, Mouchy, Parnes, Hermes, Lattaincourt.

*655. **cancellata,** Lamk. Ann. du Mus., t. 2, p. 169, n. 2. Desh., 1824, 2, p. 639, pl. 86, fig. 1, 2. *Cassidaria cancellata*, Lam., Anim. s. vert., t. 7, p. 217, n. 6. Parnes, Chaumont, Liancourt, Valecourt (Oise).

656. **Taitii,** Conrad, 1833. États-Unis, Alabama.

*657. **nuperus,** Conrad, 1833. *Buccinum Sowerbyi*, Lea. États-Unis, Alabama.

658. **brevicostatus,** Conrad, 1833. États-Unis, Alabama.

CREPIDULA, Lamarck, 1801.

*659. **lirata,** Conrad, 1833, *C. cornu-arietis*, Lea. États-Unis, Alabama.

660. **dumosa,** Conrad, 1833. États-Unis, Alabama.

CAPULUS, Montfort, 1810. Voy. t. 1, p. 31.

*661. **squammæformis,** d'Orb., 1847. *Pileopsis squammæformis*, Desh., 1824, 2, p. 27, pl. 3, fig. 11, 12. *Patella squammæformis*, Lamk., Ann. du Mus., t. 1, p. 311, n. 9. *Pileopsis squammæformis*, Lamk., Anim. s. vert., t. 6, 2e part., p. 19, n. 8. *Pileopsis opercularis*, Desh., 1824. Env. de Paris, 2, p. 28, pl. 3, fig. 8, 9, 10. (Variété déterminée par le mode d'habitation dans les coquilles.) Parnes, Chaumont, Mouchy. P. S. la Chapelle, près de Senlis, Acy.

*662. **elegans,** d'Orb., 1847. *Pileopsis elegans*, Desh., 1824, 2, p. 25, pl. 3, fig. 16, 17, 18, 19. Mouchy, les Gueux, Hermes, Aumont (Oise).

*663. **retortellus,** d'Orb., 1847. *Pileopsis retortella*, Desh., 1824, 2, p. 26, pl. 2, fig. 17, 18. *Patella retortella*, Lamk., 1804, Ann. du Mus., 1, p. 311, n. 7. *Pileopsis retortella*, ibid., Anim. s. vert., 6, 2e part., p. 19, n. 6. Grignon, Mouchy, Chaumont, Parnes.

*664. **spirirostris,** d'Orb., 1847. *Pileopsis spirirostris*, Desh., 1824, 2, p. 26, pl. 3, fig. 13, 14, 15. *Patella spirirostris*, Lamk., 1804, Ann. du Mus., t. 1, p. 311, n. 6. Vélins, n. 1, fig. 18. *Pileopsis spirirostris*, Lamk., Anim. s. vert., t. 6, 2e part., p. 19, n. 5. Grignon, Parnes, Chaumont, Mouchy, Ully.

665. **cornu-copiæ,** d'Orb. *Pileopsis cornu-copiæ*, Desh., 1824, 2,

p. 23, pl. 2, fig. 13-16. Nyst., 1843, pl. 35, fig. 10. *Patella cornu-copiæ*, Lamk., 1804, Ann. du Mus., t. 1, p. 311, n. 5, et t. 6, pl. 43, fig. 4. Grignon, Parnes, Mouchy, Chaumont, Courtagnon, Montmirail, Hauteville, près Valognes; Angl., Hallywels? Belgique, Kreygelberg.

*666. **dilatatus**, d'Orb., 1847. *Patella dilatata*, Lamk., Ann. du Mus., t. 1, p. 311, n. 4, t. 6, pl. 43, fig. 2 et 3. *Pileopsis dilatata*, Desh., 1824, t. 2, p. 24, pl. 2, fig. 19-21. (Peut-être variété du *C. cornu-copiæ*.) Grignon, Parnes, Valmondois.

*667. **pennatus**, d'Orb., 1847. *Pileopsis pennata*, Desh., 1824, 2, p. 27, pl. 3, fig. 5, 6, 7. *Patella pennata*, Lamk., 1804, Ann. du Mus., t. 1, p. 311, n. 8. Houdan, Chaumont, Henonville (Oise).

668. **variabilis**, d'Orb., 1847. *Pileopsis variabilis*, Galeotti, 1837, Mém. Coust. géol. prov. de Brab., Mém. acad. Brux., 12, p. 49 et 149, pl. 3, fig. 8. Nyst., 1843, Coq. tert. de Belg., p. 356, pl. 35, fig. 9. Belgique, Bruxelles, Melsbroeck, Forêt.

669. **pygmeus**, d'Orb., 1847. *Hipponix pygmea*, Lea, 1833. États-Unis, Alabama.

INFUNDIBULUM, Montfort, 1810. Voy. p. 232.

*670. **trochiforme**, Conrad, 1833. *Calyptræa trochiformis*, Lamk., 1802, Anim. s. vert., t. 7, p. 558, n. 9. Desh., 1824, t. 2, p. 30, pl. 4, fig. 1, 2, 3. *Infundibulum echinulatum*, Sow., 1815, Min. Conch., n. 18, pl. 97, fig. 2. *I. spinulosum*, Sow., pl. 97, fig. 6. *I. tuberculatum*, Sow., pl. 97, fig. 4, 5. Grignon, Parnes, Valmondois, la Chapelle, près Senlis, Beauchamp; Angleterre, Barton, Plunstedt, Londres; Belgique, Louvain, Afflighem; États-Unis, Alabama, Claïborne.

*671. **lamellosum**, d'Orb., 1849. *Calyptræa lamellosa*, Deshayes, 1824, t. 2, p. 32, pl. 4, fig. 5, 6, 7. France, Parnes, Mouchy, Gomerfontaine, St-Félix.

672. **crepidulare**, d'Orb., 1847. *Calyptræa crepidularis*, Lamk., Ann. du Mus., 1, p. 385, n. 2. Vélins du Mus., n. 1, fig. 24. Desh. 1824. 2, p. 32, pl. 4, fig. 16, 17, 18. France, Grignon.

673. **obliquum**, Sow., 1815, Min. Conch., t. 1, p. 219, pl. 97, fig. 1. Angl., Londres, Brakenhurst, Barton.

675. **lævigatum**, d'Orb., 1847. *Calyptræa lævigata*, Desh., Paris, pl. 4, fig. 8 (non Lam.). France, Parnes, Mouchy.

FISSURELLA, Bruguière, 1791. Voy. t. 1, p. 126.

*676. **costaria**, Deshayes, 1824, 2, p. 20, pl. 2, fig. 10, 11, 12. Grignon.

677. **squammosa**, Desh., 1824, 2, p. 21, pl. 2, fig. 1, 2, 3. France, le Vivray, Chaumont, Mouchy.

*678. **labiata**, Lamk., Ann. du Mus., t. 1, p. 312, n. 1. Vélins du Mus., n. 1, fig. 19, 20. Desh., 1824, 2, p. 21, pl. 2, fig. 4, 5, 6. Maulle, Grignon, Parnes, Mouchy, Chaumont, Lattainville.

679. **Parisiensis**, d'Orb. 1847. *F. græca*, Lamk., 1804, Anim. s. vert., t. 6, 2e part., p. 11, n. 4. Desh., 1824, 2, p. 19, pl. 2, fig. 7, 8, 9 (exclus. localités). Grignon.

*680. **tenebrosa**, Conrad, 1833. *F. Claibornensis*, Lea. États-Unis, Claiborne (Alabama).

EMARGINULA, Lamarck, 1801. Voy. t. 1, p. 197.

*681. **radiola**, Lamk., Ann. du Mus., t. 1. p. 384, n. 3. Deshayes,

1824, 2, p. 16, pl. 1, fig. 25, 29, 33. France, Parnes, Mouchy, Liancourt, le Vivray, Chaumont.
682. clypeata, Lamk., Ann. du Mus., t. 1, p. 384, n. 2, et t. 6, pl. 43, fig. 5. Desh. 1824. 2, p. 17, pl. 1, fig. 20-24. Grignon.
'**683. clathrata,** Deshayes, 1824, t. 2, p. 17, pl. 1, fig. 26-28. Parnes.
*__684. costata,__ Lamk., Ann. du Mus., t. 1, p. 384, n. 2, et t. 6, pl. 43, fig. 6. Desh., 1824, 2, p. 18, pl. 1, fig. 30-32. Grignon, Mouchy, Lattainville, Henonville.
685. elegans, Defr., Dict. des Sc. nat., t. 14, p. 382. Desh., 1824, 2, p. 16, pl. 3, fig. 1-4. Parnes, Mouchy, les Groux.
686. elongata, Defr., Dict., t. 14, p. 383. Gomerfontaine, Parnes (Oise).
687. arata, Conrad, 1833. États-Unis, Claïborne (Alabama).
HELCION, Montfort, 1810. Voy. t. 1, p. 9.
688. Duclosii, d'Orb., 1847. *Patella Duclosii*, Desh., 1824, 2, p. 9, pl. 1, fig. 8-13. Parnes.
*__689. elongatus,__ d'Orb., 1847. *Parmaphorus elongatus*, Deshayes, 1824, 2, p. 13, pl. 1, fig. 15-18. *Patella elongata*, Lamk., Ann. du Mus., t. 1, p. 310, et t. 6, p. 43, fig. 1. Grignon, Mouchy, Halaincourt, Parnes, P. S. Valmondois, la Chapelle, près Senlis. C'est un *Helcion*, et non un *Parmaphorus*.
*__690. angustus,__ d'Orb., 1847. *Parmaphorus angustus*, Desh., 1824, 2, p. 14, pl. 1, fig. 16, 17. Grignon, Mouchy.
*__691. striatus,__ d'Orb., 1847. *Patella striata*, Sowerby, 1823, Min. Conch., t. 4, p. 123, pl. 389. Angl., Londres, Stubbington ; France, Hauteville (Manche).
CHITON, Linné, 1758.
*__692. Grignonensis,__ Lamk., Ann. du Mus., t. 1, p. 309. Vélins du Mus., n. 1, fig. 6, 7, 8. Grignon, Ully, Lattainville.
693. antiquus, Conrad, 1833. États-Unis, Alabama.
DENTALIUM, Linné, 1758. Voy. t. 1, p. 73.
*__694. acuminatum,__ Deshayes, Monogr., n. 35, pl. 3, fig. 19, 20. Parnes, Mouchy, Monneville (Oise).
*__695. bicarinatum,__ Desh., Mon., n. 26, pl. 4, fig. 16, 17. Parnes, Mouchy-le-Châtel (Oise).
*__696. brevisium,__ Desh., Mon., n. 29, pl. 3, fig. 13-14. Nyst., p. 344. Châteaurouge (Oise); Belgique, Jette, Bruxelles.
698. duplex, Defr., Desh., Mon., n. 25, pl. 4, fig. 9, 10. Chaumont, Parnes, Neuvillebosc, Monneville (Oise).
*__699. subeburneum,__ d'Orb., 1847. *D. eburneum*, Desh., Monogr., n. 33, pl. 3, fig. 8-11 (non Linné, 1767). Chaumont, Halaincourt, Acy-en-Mulcien (Oise).
*__700. pseudo-entalis,__ Lamarck, Deshayes, Mon., n. 17, pl. 3, fig. 21. Grignon.
701. Parisiensis, d'Orb., 1847. *D. semi-striatum*, Desh., 1826, Mon., n. 31, pl. 3, fig. 15, 16 (non Turton, 1819). Chaumont, Parnes, Mouchy-le-Châtel, Senlis (Oise).
702. strangulatum, Desh., Mon., n. 39, pl. 2, fig. 18. Chaumont, Pierrefonds, Acy-en-Mulcien (Oise).

*703. **substriatum,** Desh., Mon., n. 30, pl. 4, fig. 1, 2. Nyst., p. 344, Chaumont, Ully-Saint-Georges, Lierville (Oise), Faudou (Hautes-Alpes); Belgique, Jette, près de Bruxelles (d'après M. Deshayes).

704. **sulcatum,** Lam., Desh., Mon., n. 9, pl. 4, fig. 15. Chaumont, Acy-en-Mulcien (Oise).

705. **striatum,** Sow., 1814, Min. Conch., 1, p. 159, pl. 70, fig. 4. Angl., Hordwell et Barton-Cliff.

707. **nitens,** Sow., 1814, Min. Conch., 1, p. 159, pl. 70, fig. 1, 2. Angl., Highgate.

*708. **thalloides,** Conrad, 1833. *D. alternatum*, Lea. États-Unis, Alabama.

BULLA, Linné, 1758.

*709. **ovulata,** Lamk., Ann. du Mus., t. 1, p. 221, n. 1, et t. 8, pl. 59, fig. 2. Desh., 1824, 2, p. 39, pl. 5, fig. 13, 14, 15. Grignon, Courtagnon, Mouchy, Chaumont.

*710. **cylindroides,** Deshayes, 1824, 2, p. 40, pl. 5, fig. 22, 23, 24. Parnes, Grignon, Mouchy, Chaumont, Hauteville (Manche), P. S. Ermenonville.

*711. **lævis,** Defr., Dict. des Sc. nat., t. 5, Suppl., n. 2. Desh., 1824, 2, p. 40, pl. 5, fig. 25, 26. Grignon, Houdan, Mouy, Henonville.

*712. **globulus,** Deshayes, 1824, 2, p. 40, pl. 5, fig. 33, 38, 39. La ferme de l'Orme.

713. **conulus,** Desh., 1824, 2, p. 41, pl. 5, fig. 34-36. Grignon, Parnes, Mouchy, Houdan, Thury.

*714. **Bruguieri,** Desh., 1836, Anim. s. vert., 7, p. 680, *B. cylindrica,* Brug., Dict. encycl., p. 371, n. 1 (non espèce vivante). Desh., 1824, 2, 2, p. 42, pl. 5, fig. 10, 11, 12. Grignon, Parnes, Courtagnon, Hauteville (Manche); Belgique, Rouge-Cloître, Saint-Josse-ten-Noode.

*715. **coronata,** Lamk., Ann. du Mus., t. 1, p. 222, n. 4, et t. 8, pl. 59, fig. 4. Desh., 1824, 2, p. 42, pl. 5, fig. 18, 19, 20. Grignon, Hauteville, Pouchon, Chaumont, Gypseuil.

*716. **plicata,** Deshayes, 1824, 2, p. 43, pl. 5, fig. 31, 32, 33. Mouchy.

*717. **striatella,** Lamk., Ann. du Mus., t. 1, p. 221, n. 2, et t. 8, pl. 59, fig. 3. Desh., 1824, 2, p. 43, pl. 5, fig. 7, 8, 9. Grignon, Chaumont. P. S. la Chapelle, près Senlis.

718. **constricta,** Sow., 1824, Min. Conch., 5, p. 96, pl. 464, fig. 2. Londres, Barton.

?719. **Sowerbyi,** Nyst., 1843, Coq. tert. de Belgique, p. 456; pl. 39, fig. 8. Belgique, Lacken, environs de Bruxelles; Angleterre, Barton, Hordwell.

720. **subfilosa,** d'Orb., 1847. *B. filosa*, Sow., 1824, Min. Conch., t. 5, p. 95, pl. 364, fig. 4 (non Schum., 1807). Angl.

721. **elliptica,** Sow., 1824, t. 5, p. 95. pl. 464, fig. 6. Barton.

722. **subacuminata,** d'Orb., 1847. *B. acuminata*, Sow., 1824, Min. Conch., t. 5, p. 95, pl. 464, fig. 5 (non Brug., 1791). Londres, Barton, Hordwell.

723. **petrosa,** Conrad, 1846, Amer. Journ., p. 399. États-Unis, Ballast-Point, Tampa-Bay.
724. **galba,** Conrad, 1833. *B. St-Hilairii,* Lea. États-Unis.
SCAPHANDER, Montfort, 1810.
725. **attenuata,** d'Orb., 1847. *Bulla attenuata,* Sow., 1824, Min. Conch., t. 5. p. 95, pl. 464, fig. 3. Angl., Londres, Hordwell.
LOBARIA, Muller, 1741. *Philine,* Ascanius, 1772. *Bullæa,* Lamarck, 1801.
*726. **striata,** d'Orb., 1847. *Bullæa striata,* Desh., 1824, 2, p. 37, pl. 5, fig. 1, 2, 3. Grignon, Mouchy, Lattainville, Ully.

MOLLUSQUES LAMELLIBRANCHES.

CLAVAGELLA, Lamarck, 1807, p. 157.
*727. **echinata,** Lamk., Deshayes, 1824, 1, p. 9, pl. 1, fig. 7, 8, 9. *Fistulana echinata,* Lamk., Ann. du Mus., t. 7, p. 429, n° 3, t. 12, pl. 43, fig. 9. *Fistulana tibialis,* Lam., Desh., pl. 1, fig. 6, 10. France, Grignon, Courtagnon. Blaye.
728. **cristata,** Lamk., Anim. s. v., t. 5, p. 432, n° 2. Deshayes, 1824, 1, p. 10. France, Grignon.
729. **Lodoïska,** Caillat, 1834, Soc. des Sc. nat. de Seine-et-Oise, p. 1, pl. 9, fig. 9. France, Grignon.
TEREDO, Linné, 1758.
730. **Burtini,** Desh., Trait. Conch., 1, p. 59. Burtin, Oryet., Bruxel., p. 114, pl. 27, fig. 6. France, Babeuf, Chaumont, Clairoix (Oise).
731. **antinautæ,** Sow., 1815, Min. Conch., t. , p. 231, pl. 102. Angl., Highgate.
SOLEN, Linné, 1758. Voy. p. 135.
*732. **subvaginoides,** d'Orb., 1847. *S. vaginoides* Desh., 1832 (non Bl., Lam., 1818), *S. vaginalis,* Desh., 1847. *S. vagina,* Lamk., Ann. du Mus., t. 7, p. 427, n° 1, et t. 12, pl. 43, fig. 3. Desh., 1824, 1, p. 25, pl. 2, fig. 20, 21. *S. ambiguus,* Desm., 1832 (non Blainv., 1827). Grignon, Parnes, Mouchy, Chaumont. P. S. Valmondois; Belgique, Bruxelles.
*733. **fragilis,** Lamk., Desh., 1824, 1, p. 26, pl. 4, fig. 3, 4. Lam., Ann. du Mus., t. 7, p. 428, n° 2, t. 12, pl. 43, fig. 2. Grignon, la ferme de l'Orme.
734. **affinis,** Sow., 1812, Min. Conch., t. 1, p. 15, pl. 3. Angl., Highgate.
PANOPÆA, Menard, 1807. Voy. vol. 1, p. 164.
735. **subintermedia,** d'Orb., 1847. *Panopæa Faujasi,* Sow., 1829, M. Conch., p. 212, pl. 602. *P. intermedia,* Goldf., 1839, Petref., 2, p. 275, pl. 158, fig. 6. (Non *Mya intermedia,* Sow., 1814, Min. Conch., 1, p. 178, pl. 76, fig. 1.) Angleterre, Bognor; Allem., Bünde, Düsseldorf.
736. **oblata?,** d'Orb., 1847. *Lutraria oblata,* Sow., 1826, Min. Conch., t. 5, p. 66, pl. 534, fig. 3. Angleterre, Bognor.
PHOLADOMYA, Sow., 1826. Voy. vol. 1, p. 73.

737. margaritacea, Sow., 1823, Min. Conch., t. 3, p. 175, pl. 297, fig. 1-3. Angleterre, Londres, baie de Bogwell, dans l'île de Thanet.

?738. Koninckii, Nyst., 1843, p. 50, pl. 1, fig. 9. Belgique, Lauden, env. de Liège, la montagne de Flénu, Jemmapes, et Tournay, Frasnes-les-Buisseval, bois de Martinon.

GASTROCHÆNA, Spengler, 1783. Voy. vol. 1, p. 275.

***739. elongata,** d'Orb., 1847. *Fistulana elongata*, Deshayes, 1824, 1, p. 15, pl. 4, fig. 17, 18, 19. Grignon ; États-Unis, Alabama (d'après M. Conrad).

***740. ampullaria,** d'Orb., 1847. *Fistulana ampullaria*, Lamk., Ann. du Mus., t. 7, p. 428. Desh., 1824, 1, p. 15, pl. 1, fig. 17, 18, 20, 21. Grignon, Parnes, Mouchy, Amblainville.

SAXICAVA, Fleureau, 1802.

741. Grignonensis, Deshayes, 1824, 1, p. 64, pl. 9, fig. 18, 19. Grignon.

SOLECURTUS, Blainville, 1824. Voy. p. 75.

***742. appendiculatus,** d'Orb., 1847. *Solen appendiculatus*, Lam.; Ann. du Mus., t. 7, p. 228, n° 5, t. 12, pl. 43, fig. 4. Deshayes, 1824, 1, p. 27, pl. 4, fig. 5, 6. Grignon, Mouchy, Houdan, Chaumont, Hadancourt.

743. effusus, d'Orb., 1847. *Solen effusus*, Lamk., Ann. du Mus., t. 7, p. 428, n° 3, t. 12, pl. 43, fig. 1. Deshayes, 1824, 1, p. 27, pl. 2, fig. 24, 25. Grignon, Mouchy-le-Châtel, Hermes.

***744. Parisiensis,** d'Orb., 1847. *Solen strigillatus*, Lamk., Ann. du Mus., t. 7, p. 428, n° 4, t. 12, pl. 43, fig. 5 (non Linné). Desh., 1824, 1, p. 27, pl. 2, fig. 22, 23. (*Solen Parisiensis*, Desh.) Mouchy, St-Germain, Parnes, Hermes.

***745. ovalis,** d'Orb., 1847. *Solen ovalis*, Desh., 1824, 1, p. 28, pl. 2, fig. 26, 27. Maulette, près Houdan, Mouchy, Château-Rouge.

746. Hallowaysii, d'Orb., 1847. *Sanguinolaria Hallowaysii*, Sow., 1817, Min. Conch., t. 2, p. 133, pl. 159. Angleterre, Londres, Bricklesome.

747. compressus, d'Orb., 1847. *Sanguinolaria compressa*, Sow., 1823, Min. Conch., t. 5, p. 91, pl. 462. Londres, Barton.

LEGUMINARIA, Schumacher, 1817. Voy. p. 158.

748. papyracea, d'Orb., 1847. *Solen papyraceus*, Desh., 1824, 1, p. 26, pl. 2, fig. 18, 19. Mouchy.

MACTRA, Linné, 1758. Voy. vol. 1, p. 216.

***749. semisulcata,** Lam., Ann. du Mus., t. 6, p. 412, et t. 9, pl. 20, fig. 3. Desh., 1824, 1, p. 31, pl. 4, fig. 7-10. Grignon, Parnes, Houdan, Chaumont. P. S. Valmondois, la Chapelle, près Luzarches; Belgique, Louvain, etc.

***750. prætenuis,** Conrad, 1833. *M. Alabamiensis*, Lea. États-Unis, Alabama.

751. decisa, Conrad, 1833. États-Unis, Alabama.

752. parilis, Conrad, 1833. *M. pygmæa*, Lea. États-Unis, Alabama.

ARCOPAGIA, Brown, 1827. Voy. p. 75.

753. elegans, d'Orb., 1847. *Tellina elegans*, Deshayes, 1824, 1, p. 78, pl. 11, fig. 7, 8. Mouchy, Chambors, Lattainville.

*754. **sinuata,** d'Orb., 1847. *Tellina sinuata,* Lamk., Ann. du Mus., t. 7, p. 233, n° 4, et t. 12, pl. 40, fig. 8. Deshayes, 1824, 1, p. 79, pl. 11, fig. 15, 16. Grignon, Mouchy; Belgique, abbaye d'Afflighem.

*755. **patellaris,** d'Orb., 1847. *Tellina patellaris,* Lamk., Ann. du Mus., t. 7, p. 232, n° 1, et t. 12, pl. 41, fig. 90. Deshayes, 1824, 1, p. 77, pl. 11, fig. 5, 6, 13, 14. Grignon, Mouchy, Parnes, Liancourt.

756. **erycinoides,** d'Orb., 1847. *Tellina erycinoides,* Deshayes, 1824, 1, p. 78, pl. 11, fig. 11, 12. Parnes, Mouchy, Chaumont, Gomerfontaine.

*757. **carinulata,** d'Orb., 1847. *Tellina carinulata,* Lam., Ann. du Mus., t. 7, p. 232, n° 3. Deshayes, 1824, 1, p. 83, pl. 13, fig. 1, 2. Grignon, la ferme de l'Orme, Mouchy, Château-Rouge.

758. **corbisoides,** d'Orb., 1847. *Tellina corbisoides,* Caillat, 1834, Soc. des Sc. nat. de Seine-et-Oise, p. 3, pl. 9, fig. 8. Grignon.

759. **pustula,** d'Orb., 1847. *Tellina pustula,* Desh., 1824, 1, p. 85, pl. 13, fig. 9, 10, 11. Mouchy-le-Châtel.

760. **lamellosa,** d'Orb., 1847. *Tellina lamellosa,* Desh., n° 9, pl. 12, fig. 3, 4. Chaumont, les Groux. P. S. Valmondois.

*761. **alta,** d'Orb., 1847. *Tellina alta,* Conrad, 1846, Amer. Journ., p. 399 (pl. 4, fig. 10). Con., Foss. Shells of Tert. form., p. 41. États-Unis, Claiborne, Alabama.

762. **Branderi,** d'Orb., 1847. *Tellina Branderi,* Sow., 1823, Min. Conch., t. 4, p. 143, pl. 402, fig. 1. Londres, Barton.

763. **Hantoniensis?,** d'Orb., 1847. *Tellina Hantoniensis,* Edwards, 1847, London Geolog. Journ., p. 45, pl. 10, fig. 1. Barton.

764. **obovata?,** d'Orb., 1847. *Tellina obovata,* Edwards, 1847, London Geolog. Journ., p. 49, pl. 11, fig. 2. Barton.

TELLINA, Linné, 1758. Voy. vol. 1, p. 275.

*766. **rostralis,** Lamk., Ann. du Mus., t. 7, p. 234, n° 6, et t. 12, pl. 41, fig. 10. Deshayes, 1824, 1, p. 80, pl. 11, fig. 1, 2. Grignon, Parnes, Chaumont, Liancourt, Mouchy.

*767. **tenuistria,** Deshayes, 1824, 1, p. 80, pl. 11, fig. 9, 10; pl. 12, fig. 5, 6. Chaumont, Parnes, le Vivray, Henonville, Mouy; Angl., Barton.

*768. **scalaroides,** Lam., Ann. du Mus., t. 7, p. 233, n° 2, et t. 12, pl. 41, fig. 7. Deshayes, 1824, 1, p. 81, pl. 12, fig. 9, 10. Edwards, Lond. Geol. Journ., pl. 10, fig. 4. Grignon, Chaumont, Parnes. P. S. Senlis; Angleterre, Barton.

*769. **biangularis,** Deshayes, 1824, 1, p. 82, pl. 12, fig. 1, 2. Parnes, Liancourt.

*770. **rostralina,** Deshayes, 1824. Env. de Paris, 1, p. 82, pl. 12, fig. 13, 14, 15. Grignon, Parnes, Chaumont, le Tomberay.

*771. **donacialis,** Lamk., Ann. du Mus., t. 7, p. 233, n° 5. Desh., 1824, 1, p. 83, pl. 12, fig. 7, 8, 11, 12. Edwards, London, pl. 11, fig. 6. Grignon, Parnes, Mouchy, la Chapelle, près Senlis; Angl., Barton.

*772. **corneola,** Lamk., Ann. du Mus., t. 7, p. 234, n° 7. Deshayes, 1824, 1, p. 84, pl. 14, fig. 4, 5. Grignon, Maulle.

773. **tellinoides,** d'Orb., 1847. *Erycina tellinoides,* Desh., n° 8, pl. 6, fig. 10-12. Chaumont, Parnes, Ponchon, Thury-sous-Clermont.

775. **subtenuistria,** d'Orb., 1847. *Erycina tenuistria,* Desh., n° 6, pl. 6, fig. 7-9 (non n° 767). Mouchy-le-Châtel, Hadancourt-le-Haut-Clocher (Oise).

776. **filosa,** Sow., 1823, Min. Conch., t. 4, p. 143, pl. 402, fig. 2. Edwards, 1847, Lond. geol. Journ., p. 46, pl. 10, fig. 2. Londres, Barton.

777. **ambigua,** Sow., 1823, Min. Conch., 4, p. 144, pl. 403. Londres, Barton.

778. **rhomboidalis,** Edwards, 1847, London Geol. Journ., p. 46, pl. 10, fig. 3. Angl., Barton.

779. **lunulata,** Desh., Edwards, 1847, London Geol. Journ., p. 49, pl. 11, fig. 3. Angl., Barton.

780. **tumescens,** Edwards, 1847, Lond. Geol. Journ., p. 50, pl. 11, fig. 4. Angl., Barton.

783. **subconcinna,** d'Orb., 1847. *T. concinna,* Edwards, 1847, id., p. 48, pl. 11, fig. 1. (Non Phillips, 1844.) Barton.

*784. **subplana,** d'Orb., 1847. *T. plana,* Conrad, 1846, Amer. Journ., p. 400, pl. 4, fig. 6. (Non Donovan, 1799.) *Egeria plana,* Lea, Cont. to Geol., p. 54, pl. 1, fig. 25. Claiborne, Alabama.

785. **Raveneli,** Conrad, 1846, Amer. Journ., p. 400, pl. 5, fig. 1. États-Unis, Claiborne, Alabama.

786. **Scandula,** Conrad, 1846, Amer. Journ., p. 400, pl. 4, fig. 8. Con., Journ. Acad. nat. Sc., vol. 7, p. 132. États-Unis, Claiborne, Alabama.

787. **ovalis,** Conrad, 1833. *Egeria ovalis,* Lea. États-Unis, Alabama.

789. **Sillimani,** Conrad, 1846, Amer. Journ., p. 399, pl. 4, fig. 9. États-Unis, Claiborne, Alabama.

790. **papyria,** Conrad, 1846, id., p. 399, pl. 4, fig. 7. Con., Foss., Shells of Tert. Form., p. 41. Claiborne.

791. **subfilosa,** d'Orb., 1847. *Psammobia filosa,* Conrad, 1833 (non Sow., 1823). Alabama.

792. **eborea,** d'Orb., 1847. *Psammobia eborea,* Conrad, 1833. Alabama.

AMPHIDESMA, Lamarck, 1819.

793. **linosa,** Conrad, 1846, Amer. Journ., p. 397, pl. 4, fig. 2. Foss. Shells of Tert. form., p. 42. Claiborne.

794. **tellinula,** Conrad, 1846, Amer. Journ., p. 397, pl. 4, fig. 5. Claiborne.

795. **profunda,** Conrad, 1833. États-Unis, Alabama.

DONAX, Linné, 1758.

*796. **tellinella,** Lamk., Ann. du Mus., t. 7, p. 230, n° 3, et t. 12, pl. 41, fig. 2. Deshayes, 1824, 1, p. 111, pl. 18, fig. 9-11. Grignon, Parnes, Mouchy, Courtagnon, Chaumont, Hadancourt.

*797. **nitida,** Lamk., Ann. du Mus., t. 7, p. 231, n° 4, et t. 12, pl. 41, fig. 6. Deshayes, 1824, 1, p. 112, pl. 18, fig. 3, 4. Grignon, Damerie, Aumont, Monneville; Belgique, Rouge-Cloître.

*799. **limatula**, Conrad, 1833. *Egeria triangulata*, Lea. *E. Bucklandii*, Lea. États-Unis, Alabama.

800. **fragilis**, Conrad, 1833. États-Unis, Alabama.

LEDA, Schumacher, 1817. Voy. vol. 1, p. 11.

*801. **striata**, d'Orb., 1847. *Nucula striata*, Lam., Desh., n° 5, pl. 42, fig. 4-6. Goldf., pl. 125, fig. 15. Nyst., 1843. Belg., p. 222, pl. 17, fig. 4. France, Chaumont, Parnes, Mouchy, Thury-sous-Clermont (Oise); Allemagne, Streitberg; Belgique, Forêt, Jette, Louvain.

?802. **glaberrima**, d'Orb., 1847. *Nucula glaberrima*, Münst., Goldf., 1838, Petref., 2, p. 157, pl. 125, fig. 14. Allemagne, Streitberg.

?803. **pygmæa**, d'Orb., 1847. *Nucula pygmæa*, Münst., Goldf., 1838, Petref., 2, p. 157, pl. 125, fig. 17. Strettberg.

804. **inflata**, d'Orb., 1847. *Nucula inflata*, Sow., 1827, Min. Conch., 6, p. 103, pl. 554, fig. 2. Angleterre, Londres, Highgate.

805. **amygdaloides**, d'Orb., 1847. *Nucula amygdaloides*, Sow., 1827, Min. Conch., 6, p. 103, pl. 554, fig. 4. Angl., Hyde-Park, St-James-Park, Southend.

806. **tellinula**, d'Orb., 1847. *Nucula tellinula*, Conrad, 1846, Amer. Journ., p. 340. États-Unis, Ballast-Point, Tampa-Bay.

*?807. **Deshayesiana**, d'Orb., 1847. *Nucula Deshayesiana*, Duch., Nyst., 1848, Coq. Tert. de Belgiq., p. 221, pl. 15, fig. 8. Belgique, Baesele.

808. **Galeottiana**, d'Orb., 1847. *Nucula Galeottiana*, Nyst., 1843, Coq. Tert. de Belgiq., p. 223, pl. 18, fig. 3. *N. mucronata*, Galeotti, 1837. (Non *N. mucronata*, Sow.) Belgique, Bruxelles, Lacken, Jette, Forêt, Louvain; France, Courtagnon.

N. B. Plus quatre espèces d'Alabama (États-Unis), sans doute décrites sous le nom de *Nucula*, par M. Conrad.

*809. **Rouyana**, d'Orb., 1847. Espèce voisine du *L. striata*, mais plus épaisse, plus rostrée et plus excavée sur la région anale. France, Faudon (Hautes-Alpes).

PETRICOLA, Lamarck, 1801.

810. **elegans**, Desh., n° 1, pl. 10, fig. 1-2. Lattainville, Gypseuil, Ponchon (Oise), P. S. Valmondois.

*811. **coralliophaga**, Desh., 1824, 1, p. 68, pl. 10, fig. 8, 9, 10. Chaumont.

VENUS, Linné, 1758. Voy. p. 15.

*812. **multisulcata**, d'Orb., 1847. *Cytherea multisulcata*, Desh., 1824, 1, p. 133, pl. 21, fig. 14, 15. Chaumont.

*813. **sulcataria**, Nyst., 1843. *Cytherea sulcataria*, Desh., 1824, 1, p. 133, pl. 20, fig. 14, 15. Parnes, Chaumont, Sandecourt, P. S. Acy.

*814. **nitidula**, Nyst., 1843. *Cytherea nitidula*, Lamk., Ann. du Mus., t. 7, p. 133, n° 3, et t. 12, pl. 40, fig. 1, 2. Desh., 1824, 1, p. 134, pl. 21, fig. 3-6. Nyst., pl. 13, fig. 2. France, Grignon, Courtagnon, Parnes, Mouchy, Chaumont. P. S. La Chapelle, près Senlis, Acy, Valmondois; Belgique, Rouge-Cloître, Jette, Aeltre.

*815. **lunularia,** Desh., 1824, 1, p. 135, pl. 23, fig. 6, 7. Mouchy-le-Châtel, Ully. P. S. Acy, la Chapelle.

*816. **turgidula,** Deshayes, 1824, 1, p. 143, pl. 23, fig. 14, 15. Houdan, Blaincourt. P. S. Ermenonville, Versigny (Oise), Faudon, St-Bonnet (Hautes-Alpes).

*817. **solida,** Deshayes, 1824, 1, p. 144, pl. 25, fig. 3, 4. Blaincourt, Varenfroy, P. S. Acy-en-Mulitien, Aumont, Ermenonville.

*818. **texta,** Lamk., Ann. du Mus., t. 7, p. 130, n° 4, et t. 12, pl. 40, fig. 7. Desh., 1824, 1, p. 144, pl. 22, fig. 16-18. Grignon, Parnes, Mouchy, Liancourt, Chaumont.

*819. **scobinellata,** Lamk., Ann. du Mus., t. 7, p. 130, n° 75, et t. 9, pl. 32, fig. 8. Deshayes, 1824, 1, p. 145, pl. 22, fig. 19-21. Grignon, Parnes, Mouchy, le Tomberay.

820. **puellata,** Lamk., Ann. du Mus., t. 7, p. 130, n° 6. Desh., 1824, 1, p. 145, pl. 25, fig. 5, 6. Grignon, la ferme de l'Orme, Liancourt, P. S. Villemetrie, Ermenonville.

*821. **obliqua,** Lamk., Ann. du Mus., t. 7, p. 129, n. 3, et t. 9, pl. 32, fig. 7. Desh., 1824, 1, p. 146, pl. 23, fig. 16, 17. Grignon, Mouchy, Russy.

*822. **semisulcata,** d'Orb., 1847. *Cytherea semisulcata,* Lamk., Ann. du Mus., t. 7, p. 133, n. 2, et t. 12, pl. 40. fig. 3. Desh., 1834, 1, p. 140, pl. 20, fig. 5 et pl. 21 fig. 1, 2, Grignon, Plaisir, Parnes, Chaumont, Haute-Ville (Manche).

823. **lævigata,** Nyst., 1843. *Cytherea lævigata*, Desh., 1824, 1, p. 128, pl. 20, fig. 12, 13. Nyst., pl. 13, fig. 1. Grignon, Courtagnon, Parnes, Houdan, Mouchy. P. S. Beauchamp, Valmondois, Tancrou, Lisy, la Chapelle, près Senlis, Acy-en-Mulicien; Belgique, Gand, Aeltre, afflighem, près de Bruxelles.

*824. **suberycinoides,** Nyst., 1847. *Cytherea suberycinoides*, Desh., 1824, 1, p. 129, pl. 22, fig. 8, 9. Nyst. Belgique, p. 11, fig. 4. France, Mouchy, Acy-en-Mulitien, le Tomberay; Belgique, Aeltre, Rouge Cloître, Rodemberg.

*825. **striatula,** d'Orb., 1847. *Cytherea striatula,* Desh., 1824, 1, p. 129, pl. 20, fig. 10, 11. France, Grignon, Amblainville, Mouy, Blaincourt, P. S. Beauchamp, Valmondois, Acy.

*826. **tellinaria,** d'Orb., 1847. *Cytherea tellinaria,* Lam., Ann. du Mus., t. 7, p. 135, n. 6 et t. 12, pl. 40, fig. 4. Deshayes, 1824, 1, p. 130, pl. 22, fig. 4, 5. Grignon, Parnes, Mouchy, Chaumont. P. S., Valmondois, Morte-Fontaine.

*827. **elegans,** Sow., Min. conch., pl. 422, fig. 3. *Cytherea elegans*. Lam., Ann. du Mus., t. 7, p. 134, n. 7 et t. 12, pl. 40, fig. 8. Desh., 1824, 1, p. 132, pl. 20, fig. 8, 9. Grignon, Courtagnon, Damerie, Parnes, Chaumont, Houdan, Plaisir, P. S. Ermenonville, Pierrelaye, Beauchamp, Acy-en-Mulitien, Valmondois; Angleterre, Londres.

*828. **deltoidea,** d'Orb., 1847. *Cytherea deltoidea,* Lamk., Ann. du Mus., t. 7, p. 125, n. 8. Desh., 1824, 1, p. 131, pl. 20, fig. 6, 7 et pl. 22, fig. 12, 13. Grignon, Maulette, près Houdan. P. S. Damerie, Morte-Fontaine.

*829. **corbulina,** d'Orb., 1847. *Cytherea corbulina,* Lamk., Ann.

du Mus., t. 7, p. 185, n. 9. Desh., 1824, 1, p. 138, pl. 23, fig. 20, 21. Grignon, Lattainville, Chaumont, Thury.

*830. **globulosa,** d'Orb., 1847. *Cytherea globulosa*, Deshayes, 1824, 1, p. 137, pl. 21, fig. 9, 10, 11. Chaumont, Grepseuil, Hermes, Fandon, St-Bonnet (Hautes-Alpes).

831. **polita,** Nyst., 1843, *Cytherea polita*, Lamk., Ann. du Mus., t. 7, p. 134, n. 4. Anim. s. vert, 5, p. 582, n. 6. Desh., 1824, 1, p. 139, pl. 23, fig. 3, 4, 5. France, Houdan, Parnes, Chaumont. P. S. Acy, Valmondois ; Belgique, Rougecloître.

832. **transversa,** Sow., 1823, Min. Conch., t. 5, p. 25, pl. 422, fig. 1. Barton.

833. **pectinifera,** Sowerby, 1823, t. 5, p. 25, pl. 422, fig. 4. Barton.

835. **Meræ,** Brander, 1766. pl. 8, fig. 104. *V. incrassata*, Sowerby, 1817, M. C., 2, p. 126, pl. 155, fig. 1, 2; Angleterre, Hampshire, Bramerton.

838. **Solandrii,** Sow., 1835, Min. Conch., 6, p. 242. Nyst., 1843, Belgique, p. 170. *V. limonata*, Sow., 1823, pl. 422, fig. 2. Lacken, Jette, env. de Bruxelles ; Angl., Barton.

*839. **penita,** Conrad, 1846, Amer. Journ., p. 399. États-Unis, Ballast-Point, Tampa-Bay.

*840. **floridana,** Conrad, 1846, Amer. Journ., p. 340. États-Unis, Ballast-Point, Tamba-Bay.

*841. **subelegans,** d'Orb., 1847, *Erycina elegans*, Desh., n. 5, pl. 6, fig. 13-15 (non n. 827). Liancourt, Saint-Pierre, Bouconvillers, Ver (Oise).

*842. **oblonga,** d'Orb., 1847. *Cypricardia oblonga*, Deshayes, 1824, 1, p. 185, pl. 31, fig. 3, 4 (cette espèce a un sinus palléal, et, dès lors, ne peut être un *cypricardia*). Chaumont, Parnes, Mouchy.

*843. **Alpina,** d'Orb., 1847. *Unio alpina*, Mathéron, 1843, Catal., p. 170, pl. 24, fig. 6, 7; elle a un sinus palléal, et n'est pas, dès lors, un *unio*. Elle est voisine de la précédente. France, Ancelles (Hautes-Alpes).

*844. **Bonnetiana,** d'Orb., 1847. Espèce voisine de la précédente, mais plus large et plus rugueuse. France, Saint-Bonnet (Hautes-Alpes).

845. **perovata,** d'Orb., 1847. *Cytherea perovata*, Conrad, 1833. *C. comis*, Lea. États-Unis, Alabama.

*845] **æquorea,** d'Orb., 1849. *Cytherea æquorea*, Conrad, 1833, *C. hydii*, Lea. États-Unis, Alabama.

846. **Mortoni,** d'Orb., 1847, *Cytherea Mortoni*, Conrad, 1833. États-Unis, Alabama.

*847. **discoidalis,** d'Orb., 1847. *Cytherea discoidalis*, Conrad, 1833. *C. trigonata*, Lea. États-Unis, Alabama.

848. **Poulsoni,** d'Orb., 1847, *Cytherea Poulsoni*, Conrad, 1833. *C. globosa*, Lea, États-Unis, Alabama.

*849. **subcrassa,** d'Orb., 1847. *Cytherea subcrassa*, Lea, 1833. États Unis, Alabama.

850. **Nuttali,** d'Orb., 1847, *Cytherea nuttali*, Conrad, 1833. États-Unis, Alabama.

GRATELOUPIA, Demoulins, 1828.

*851. **hydana,** d'Orb., 1847. *Cytherea hydana*, Conrad. *Grateloupia Moulinsii*, Lea. États-Unis, Alabama.

CYCLAS, Bruguière, 1791. Voy. p. 60.

*852. **cycladiformis,** d'Orb., 1847. *Cyrena cycladiformis*, Desh., 1824, 1, p. 121, pl. 19, fig. 7, 8, 9. Houdan, Damerie, la ferme de l'Orme, Grignon.

853. **subdepressa,** d'Orb., 1847. *Cyrena depressa*, Desh., 1824, 1, p. 121, pl. 18, fig. 16, 17, 18 (non Lam., 1818). Houdan, Maule, Vaugirard, Parnes.

*855. **Vapincana,** d'Orb., 1847. Espèce voisine des *C. cuneiformis*, *cyrena*, mais facile à distinguer par une carène qui circonscrit la région anale. France, St-Bonnet (Hautes-Alpes). (Cette espèce avait été indiquée à tort comme l'analogue du *C. cuneiformis*, par M. Deshayes. La Doucette, Statistique des Hautes-Alpes, p. 565).

*856. **Rouyana,** d'Orb., 1847. Espèce voisine de la précédente, mais bien plus allongée sur la région anale. France, Saint-Bonnet (Hautes-Alpes).

*857. **Alpina,** d'Orb., 1847. Espèce voisine des deux précédentes, mais plus renflée, plus courte, et bien plus prolongée sur la région buccale. France, St-Bonnet (Hautes-Alpes).

CORBULA, Bruguière, 1791. Voy. v. 1, p. 275.

*858. **exarata,** Desh., 1824, 1, p. 48, pl. 7, fig. 4-7 et pl. 8, fig. 4. Mouchy, Saint-Félix, Château-Rouge, le Vivray, Parnes, Ully.

*859. **gallica,** Lam., Ann. du Mus., t. 8, p. 466, n. 1. Desh., 1824, 1, p. 49, pl. 7, fig. 1, 2, 3. Grignon, Parnes, Fontenai-St-Pères, près Mantes. P. S. Beauchamp, la Chapelle, près Senlis, Tancrou, Ermenonville, Valmondois, Ver.

*860. **Anatina,** Lamk., Ann. du Mus., t. 8, p. 468, n. 6. Desh., 1824, 1, p. 50, pl. 7, fig. 10, 11, 12. Gignon, Houdan, la ferme de l'Orme. P. S. Senlis.

861. **cochlearella,** Desh., 1824, 1, p. 58, pl. 9, fig. 6, 7, 8. Parnes, Grignon.

*862. **cancellata,** Lamk., Ann. du Mus., t. 8, p. 468, n. 8. Desh., 1824, 1, p. 58, pl. 9, fig. 9, 10. Grignon, Parnes, Mouchy, Chaumont.

863. **radiata,** Deshayes, 1824, 1, p. 58, pl. 9, fig. 11, 12. Grignon; Belgique, Bruxelles.

*864. **faba,** Desh., 1824, 1, p. 56, pl. 8, fig. 5, 6, 7. Grignon, la ferme de l'Orme.

865. **nidita,** Desh., 1824, 1, p. 57, pl. 8, fig. 39, 40, 41. La ferme de l'Orme, Damerie.

*866. **minuta,** Desh., 1824, 1, p. 55, pl. 8, fig. 31-35. Senlis, Assy, Grignon, Parnes, Houdan, Pierre-Laye, Beauchamp, Valmondois.

*867. **rugosa,** Lamk., Ann. du Mus., t. 8, p. 467, n. 2. Desh., 1824 1, p. 51, pl. 7, fig. 16, 17, 22. Grignon, Parnes, Houdan.

*868. **rostrata,** Lamk., Ann. du Mus., t. 8, p. 467, n. 5. Deshayes, 1824, 1, p. 55, pl. 8, fig. 21-25. Grignon, Chaumont, Mouchy.

*869. **striata,** Lamk., Ann. du Mus., t. 8, p. 467, n. 3. Deshayes,

1824, 1, p. 53, pl. 8, fig. 1, 2, 3, et pl. 9, fig. 1-5. Grignon, Mouchy, Valmondois, Assy-en-Mulitien ; Belgique, Bruxelles.

870. umbonella, Desh., 1824, 1, p. 52, pl. 7, fig. 18, 19. Valmondois, Monneville, Acy, le Tomberay.

***871. subcomplanata,** d'Orb., 1847. *C. complanata*, Desh., n. 4, pl. 7, fig. 8, 9, 13-15 (non Sow., 1822). Acy-en-Mulitien, Fosse-Martin, Senlis, Le Tomberay (Oise).

872?. fragilis, d'Orb., 1847. *Erycina fragilis*, Lamk., Ann. du Mus., t. 6, p. 413, n. 5. Desh., 1824, 1, p. 40, pl. 6, fig. 4, 5, 6. Grignon, la ferme de l'Orme, Mouchy, Baron.

873. globosa, Sow., 1818, Min. Conch., 3, p. 13, pl. 209, fig. 3. Londres, Highgate.

874. subrevoluta, d'Orb., 1847. *C. revoluta*, Sow., 1818, Min. Conch., 3, p. 13, pl. 209, fig. 8-13 (non Brocchi, 1814). Barton.

877. pisum, Sow., 1818, M. C., 3, p. 15, pl. 209, fig. 4. Barton.

?879. abbreviata, d'Orb., 1847. *Nucula abbreviata*, Goldf., 1838, Petref., 2, p. 157, pl. 125, fig. 18. Streitberg.

***880. Alabamiensis,** Conrad, 1846, Amer. Journ., p. 398, Lea, Cont. to Geol., p. 45, pl. 1, fig. 12, decemb. 1833. Claiborne, Alabama.

***881. oniscus,** Conrad, 1846, Amer. Journ., p. 398 (pl. 4, fig. 3) Con., Silliman's Amer. Journ. of Sciences, t. 23, p. 542, Jan., 1833, Lea; Cont. to Geol., pl. 1. Claiborne, Alabama, Washita river, Louisiana.

***882. subnasuta,** d'Orb., 1847. *C. nasuta*, Conrad, 1846; Amer. Journ., p. 398, pl. 4, fig. 4. Con. foss. Shells of Tert. Form., p. 38, Aug., 1833 (non Sow., 1833). États-Unis, Alabama.

SPHÆNIA, Turton.

***883. argentea,** d'Orb., 1847. *Corbula argentea*, Lamk., Ann. du Mus., t. 8, p. 467, n. 7. Desh., 1824, 1, p. 56, pl. 8, fig. 26-30. Parnes; Chaumont, Marquemont.

***884. dispar,** d'Orb., 1847. *Corbula dispar*, Desh., 1824, 1, p. 57, pl. 8, fig. 36, 37, 38. Parnes.

PANDORA, Bruguière. 1791.

***885. Defrancii,** Desh., 1824, 8, p. 61, pl. 9, fig. 15, 16, 17. Grignon, Parnes ; Belgique, Bruxelles.

ASTARTE, Sow., 1818. Voy. t. 1, p. 216.

886. rugatus, Sow., 1821, Min. Conch., t. 4, p. 13, pl. 316. Angl., Londres, Highgate.

890. Nystiana, Kickx., Nyst., 1843, Belg., p. 156, pl. 6, fig. 15. Lacken, Jette, env. de Bruxelles.

892. inæquilatera, Nyst., 1843, Belg., p. 154, pl. 6, fig. 14. London, Folx-les-Caves.

***893. tellinoides,** Conrad, 1833. *A. Niklinii*, Lea. *A. sulcata*, Lea. États-Unis, Claiborne (Alabama).

CRASSATELLA, Lamarck, 1801. Voy. p. 77.

***894. ponderosa,** Nyst., 1843, *Venus ponderosa*, Chemn., 1784, Conch., 7, pl. 69. *Crassatella tumida*, Lam., 1805, Ann. du Mus., t. 6, p. 408; t. 9, pl. 20, fig. 7 ; Desh., 1824, 1, p. 33, pl. 3, fig. 10, 11. Grignon, Courtagnon, Parnes, Mouchy, Château-Thierry, Montmirail, Salency ; Belgique, Les grès de Rouge-Cloître, Bruxelles.

*895. **sulcata,** Sow., pl. 345, fig. 1. *Tellina sulcata*, Brander, 1766, pl. 7, fig. 69, 70. *C. lamellosa*, Lamk., 1804, Ann. du Mus., t. 6, p. 410, n. 3, et t. 9, pl. 20, fig. 4; Desh., 1824, 1, p. 35, pl. 4, fig. 15, 16. Grignon, Parnes, Mouchy, Vivray, Hermes, Chaumont ; Anglet., Barton.

*896. **trigonata,** Lamk., Desh., 1824, 1, p. 36, pl. 3, fig. 4, 5. *Crassatella triangularis*, Lam., Ann. du Mus., t. 6, p. 411, et t. 9, pl. 20, fig. 6. Grignon, Parnes, Mouchy, Chaumont, Belgique, Bruxelles.

*897. **compressa,** Lam., Ann. du Mus., t. 6, p. 410, n. 4, et t. 9, pl. 20, fig. 5 ; Desh., 1824, 1, p. 37, pl. 3, fig. 8, 9, et pl. 5, fig. 3, 4. Grignon, Courtagnon, Chaumont.

*898. **gibbosula,** Lamk., Ann. du Mus., t. 6, p. 410, n. 5 ; Deshayes, 1824, 1, p. 37, pl. 5, fig. 5, 6, 7. Houdan, Chaumont, Levivray, Sandecourt, Boury, Parmes.

*899. **sinuosa,** Deshayes, 1824, 1, p. 38, pl. 5, fig. 8, 9, 10. Chaumont, Monneville, Gilocourt, Boury.

*900. **tenui-stria,** Deshayes, 1824, 1, p. 38, pl. 5, fig. 13, 14. Chaumont, Hénonville.

901. **lævigata,** Lamk., Ann. du Mus., t. 6, p. 411 ; Desh., 1824, 1, p. 39, pl. 5, fig. 11, 12. Grignon, Lattainville, Hermes, Hénonville.

*902. **rostrata,** Deshayes, 1824, 1, p. 35, pl. 3, fig. 6, 7. Parmes, Blaincourt, Mouchy, Monneville.

903. **plicata,** Sow., 1822, Min. Conch., 4, p. 62, pl. 345 ; Nyst., 1843, Coq vert de Belgiq., p. 85, pl. 4, fig. 3. Belgique, Bruxelles, Gand, Aeltre, Bruges ; Anglet., Partleylodge.

?904. **Landinensis,** Nyst., 1843, Coq tert. de Belgiq., p. 84. Belgique, Lauden.

906. **Nystiana,** d'Orb., 1847. *Crassatella tenuistria*, Nyst., 1843, coq. tert. de Belgiq., p. 86, pl. 4, fig. 4 (non Deshayes, 1824). Belgique, Lacken, Jette, Everlé, près Louvain, France, Chaumont.

*907. **subrhomboidea,** d'Orb., 1847. *C. Rhomboidea*, Conrad, 1846, Amer. Journ., p. 396, pl. 3, fig. 5 (non d'Archiac, 1846). Etats-Unis, Orangeburg (Sud Caroline).

908. **palmula,** Conrad, 1846, Amer. Journ., p. 396, pl. 4, fig. 1. Etats-Unis, Malborough, Prince George, Maryland.

*909. **alta,** Conrad, 1846, Amer. Journ., p. 395, Con. foss. Schells of tert. form., pl. 31, fig. 7. Etats-Unis, Claiborne (Alabama).

*910. **protexta,** Conrad, 1846, Amer. Journ., p. 399, Con. foss. Schells. of tert. form., p. 22, pl. 8, fig. 2. Etats-Unis. Claiborne, Alabama.

*911. **alæformis,** Conrad, 1846, Amer. Journ., p. 396, Con. Journ.. Acad. sc., vol. 6, p. 228, pl. 10, fig. 1. Etats-Unis, Piscataway, Prince George, Maryland.

CARDITA, Bruguière, 1791. Voy. p. 77.

*912. **asperula,** d'Orb., 1847. *Venericardia asperula*, Desh., 1824, 1, p. 155, pl. 26, fig. 3, 4. Chaumont, Château-Rouge.

*913. **planicosta,** Desh., 1830, *Venericardia planicosta*, Lamk.,

Ann. du Mus., t. 7, p. 55, et t. 9, pl. 31, fig. 10; Desh., 1824, 1, p. 149, pl. 24, fig. 1-3; Sow., 1814, M. C., 1, p. 107, pl. 50; Nyst., 1843, pl. 17, fig. 1. Grignon, Courtagnon, Parmes, Houdan, Mouchy, Bouconvilliers. P. S. Acy-en-Multien, Pierrefond, Valmondois, Hauteville (Manche); en Angleterre, dans le Hampshire, Stubbington; Belgique, Gand, Aeltre, Afflighem, Jette, Louvain, Roodenberg, près d'Ypres; Etats-Unis, Alabama, Claiborne.

*914. **squamosa,** *Venericardia squamosa,* Lamk., Ann. du Mus., t. 7, p. 59, n. 8, et t. 9, pl. 32, fig. 4; Desh., 1824, 1, p. 157, pl. 26, fig. 9, 10, 11. Grignon, Blaincourt, Mouy. P. S. Le Tomberay, Ermenonville.

*915. **elegans,** Nyst., 1843. *Venericardia elegans,* Lamk., Ann. du Mus., t. 7, p. 59, n. 10, et t. 9, pl. 32, fig. 3; Desh., 1824, 1, p. 157, pl. 26, fig. 14, 15, 16. Grignon, Parnes; Belgique, Forêt, Lacken, Jette, Bruxelles, Gand, Aeltre, Rouge-Cloître.

916. **Calcitrapoides,** d'Orb., 1847. *Venericardia aculeata,* Desh., 1824, 1, p. 158, pl. 26, fig. 12, 13. *Cardium calcitrapoides,* Lam., 1804, Ann. du Mus., 9, pl. 20, fig. 8 (non Poli). Grignon, Mouchy, Hauteville, Gourbeville (Manche).

*917. **decussata,** Nyst., 1843. *Venericardia decussata,* Lamk., Ann. du Mus., t. 7, p. 59, n. 9, et t. 9, pl. 32, fig. 5; Nyst., pl. 17, fig. 3; Desh., 1824, 1, p. 159, pl. 24, fig. 7, 8. France, Parnes, Mouchy, Grignon, Courtagnon, Chaumont, Hénonville; Belgique, Aeltre, près de Bruges.

*918. **mitis,** d'Orb., 1847. *Venericardia mitis,* Lamk., Anim. s. vert., t. 5, p. 611, n. 6; Desh., 1824, 1, p. 155, pl. 25, fig. 9, 10. Parnes, Chaumont, Mouy, P. S. Valmondois, Ermenonville.

*919. **imbricata,** Blainv., 1825, *Venericardia imbricata,* Lamk., Ann. du Mus., t. 7, p. 56, n. 3, et t. 9, pl. 32, fig. 1; Desh., 1824, 1, p. 152, pl. 24, fig. 4, 5; Nyst., 1843, p. 209. Grignon, Liancourt, Parnes, Mouchy, Mouy, St-Félix, Courtagnon, Orglandes (Manche); Belgique, Bruxelles, Gand.

*920. **acuticostata,** Desh., 1830. *Venericardia acuticostata,* Lamk., Ann. du Mus., t. 7, p. 57, n. 4; Deshayes, 1824, 1, p. 153, pl. 25, fig. 7, 8; Nyst., 1843, pl. 16, fig. 6? Grignon, la ferme de l'Orme, St-Félix, Chaumont, Courtagnon, Gilocourt; Belgique, Aeltre, près de Bruges.

*921. **angusticostata,** *Venericardia angusticostata,* Desh., 1824, 1, p. 153, pl. 27, fig. 5, 6. Grignon, Chaumont, Mouchy, Parnes. P. S. La Chapelle, près Senlis, Beauchamp, Pontoise.

922. **deltoidea,** *Venericardia deltoidea,* Sow., 1820, Min. Conch., t. 3, p. 106, pl. 259, fig. 1. Londres, Lindhurst dans le Hampshire.

923. **subcarinata,** d'Orb., 1847. *Venericardia carinata,* Sow., 1820, Min. Conch., t. 3, p. 106, pl. 259, fig. 2 (non Brug., 1789). Londres, Stubbington.

*927. **alticostata,** Conrad, 1833. *Venericardia transversa,* Lea, *V. Sillimani,* Lea. Etats-Unis, Alabama.

*928. **rotunda,** Conrad, 1833. *Venericardia rotunda,* Lea. Etats-Unis, Alabama.

*929. **parva,** Conrad, 1833. *Venericardia parva,* Lea. Etats-Unis.

CYPRINA, Lamarck, 1812. Voy. t. 1, p. 173.

*931. **trigona,** d'Orb., 1847. *Cyrena trigona*, Desh., n. 2, pl. 19, fig. 16, 17. Jonquières, Babeuf, Cuvilly, Grandfresnoy, le Vivray, Le Tomberay (Oise).

932. **pisum,** d'Orb., 1847. *Cyrena pisum*, Desh., 1824, 1, p. 117, pl. 19, fig. 10-13. France, Houdan.

933. **obliqua,** d'Orb., 1847. *Cyrena obliqua*, Desh., 1824, 1, p. 122, pl. 19, fig. 5, 6. France, Maule.

CYPRICARDIA, Lamarck, 1801.

935. **carinata,** Desh., 1824, Env. de Paris, 1, p. 186, pl. 31, fig. 1, 2. France, Chaumont, le Vivray.

*936. **pectinifera,** Morris, 1843; Nyst., 1843, Belgiq., p. 202, pl. 11, fig. 8. *Venus pectinifera*, Sow., 1823, Min. Conch., 5, p. 26, pl. 422, fig. 4. *Cardita pectinifera*, Galeotti. Lacken, Forêt, Jette, Gand, Folx-les-Caves; Anglet., Barton.

ERYCINA, Lamarck, 1805.

*937. **radiolata,** Lam., Ann. du Mus., t. 6, pl. 418, n. 11, et t. 9, pl. 31, fig. 8; Desh., 1824, p. 41, pl. 6, fig. 1, 2, 3. Grignon, Mouchy, Gomerfontaine.

939. **orbicularis,** Desh., 1824, env. de Paris, 1, p. 43, pl. 6, fig. 27, 28, 29, 30. France, Parnes, Chaumont.

*940. **obscura,** Lam., Ann. du Mus., t. 6, p. 414, n. 9, et t. 9, pl. 31, fig. 9; Desh., 1824, 1, p. 44, pl. 6, fig. 26. Grignon.

*941. **pellucida,** Lam., Ann. du Mus., t. 6, p. 413, n. 2; Desh., 1824, 1, p. 43, pl. 6, fig. 19, 20, 21. Parnes, Ponchon, Monneville.

942. **nitida,?** Caillat, 1834, Soc. des Sc. nat. de Seine-et-Oise, p. 2, pl. 9, fig. 6. France, Grignon.

943. **obliqua,?** Caillat, 1834, Soc. des Sc. nat. de Seine-et-Oise, p. 3, pl. 9, fig, 5. France, Grignon.

LUCINA, Bruguière, 1791. Voy. t. 1, p. 76.

*945. **gigantea,** Desh., 1824, 1, p. 91, pl. 15, fig. 11, 12. Parnes, Mouchy, Liancourt, Chaumont, Delincourt.

*946. **mutabilis,** Lam., Anim. s. vert., t. 5, p. 540, n. 4; Desh., 1824, 1, p. 92, pl. 14, fig. 6, 7. Grignon, Chaumont, Acy; Belgique, Assche, Affligbem, Leurgat, Uccle.

*947. **gibbosula,** Lamk., Ann. du Mus., t. 7, p. 239, et t. 12, pl. 42, fig. 8; Desh., 1824, 1, p. 93, pl. 15, fig. 1, 2. Grignon, Parnes, Mouchy. P. S. Pierrelage, Beauchamp, Triel, la Chapelle, près Senlis, Valmondois.

*948. **renulata,** Lamk., Ann, du Mus., t. 7, p. 239, n. 7, et t. 12, pl. 42, fig. 7; Desh., 1824, 1, p. 93, pl. 15, fig. 3, 4. Parnes, Grignon, Houdainville.

*949. **bipartita,** Defrance, Dict. des Sc. nat., t. 27, p. 276; Desh., 1824, 1, p. 98, pl. 16, fig. 7-10. Parnes, Grignon, Chaumont, Le Tomberay.

*950. **concentrica,** Lamk., Ann. du Mus., t. 7, p, 238, et t. 12, pl. 42, fig. 4; Desh., 1824, 1. p. 98, pl. 16, fig. 11, 12. Grignon, Parnes, Chaumont, Mouchy, Lattainville, Valognes, Acy; Belgique, Rouge-Cloître, Tew-Noodi.

*951. **ambigua,** Defrance, Dict. des Sc. nat., t. 27, Desh., 1824, 1,

p. 102, pl. 17, fig. 7. Chaillot, près Paris, Hauteville, près Valognes; Belgique, Bruxelles.

952. scalaris, Desh., 1824, 1, p. 96, pl. 15, fig. 7, 8. La ferme de l'Orme, Grignon, Parnes, Liancourt, Château-Rouge.

953. obliqua, d'Orb., 1847. *Donax obliqua,* Lamk., Ann. du Mus., t. 7, p. 231, n. 6, et t. 12, pl. 41, fig. 4; Desh., 1824, 1, p. 110, pl. 18, fig. 5, 6. Grignon, la ferme de l'Orme, Liancourt.

954. Menardi, Desh., 1824, 1, p. 94, pl. 16, fig. 13, 14. Maulette, près Houdan.

***955. elegans,** Defr., Dict. des Sc. nat., t. 27; Desh., 1824, 1, p. 101, pl. 14, fig. 10, 11. Parnes, Grignon. P. S. Valmondois, la Chapelle, près Senlis.

***956. albella,** Lamk., Ann. du Mus., t. 7, p. 240, n. 8, et t. 12, pl. 42, fig. 6; Desh., 1824, 1, p. 95, pl. 17, fig. 1, 2. France, Grignon, Maulette, près Houdan, Halaincourt, Mouy, Acy, Senlis.

***957. pulchella,** Agassiz, 1845, Icon. des Coq. tert., p. 64. *L. divaricata,* Lamk., 1804, Ann. du Mus., t. 7, p. 239 (non Linné); Deshayes, 1824, 1, p. 105, pl. 14, fig. 8, 9; Sow., Min. Conch., pl. 417. France, Grignon, Parnes, Houdan, Valmondois, Acy, Mouchy; Angleterre, Hordwell.

958. callosa, Desh., 1824, 1, p. 96, pl. 17, fig. 3, 4, 5. Grignon, Beyne, Chaumont, Acy, La Chapelle.

***959. Fortisiana,** Defr., Dict. des Sc. nat., t. 27; Desh., 1824, 1, p. 102, pl. 17, fig. 10, 11. Beyne, Parnes, Chambors, Serans, Ermenonville.

960. mitis, Sow., 1827, Min. Conch., 6, p. 107, pl. 557, fig. 1. Angleterre, Londres, Barton; Belgique, Bruges, Aeltre.

962. Volderiana, Nyst., 1843, Belgiq., p. 122, pl. 6, fig. 5. Bruxelles, Wavre, Gobertange, Lovenjoul.

963. hyatelloides, Galeotti, 1837, p. 157, n. 143, pl. 4, fig. 11. *L. Galeottina,* Nyst., 1843, Belgiq., p. 133, pl. 6, fig. 10. Lauden, Bruxelles, Lacken, Forêt, Jette, Assche? Orp-le-Grand.

***965. modesta,** Conrad, 1846, Amer. Journ., p. 403, pl. 4, fig. 13. Etats-Unis, Claiborne, (Alabama).

***966. subvexa,** Conrad, 1846, foss. Schells of tert. form., p. 40; Amer. Journ., p. 403, pl. 4, fig. 14. Claiborne.

***967. alveata,** Conrad, 1846, Amer. Journ., p. 402, pl. 4, fig. 12. Conr., foss. Schells of tert. form., p. 40, nov., 1, 1833. *L. lunata,* Lea; Cont. to geol., pl. 1, fig. 32, déc., 1833. Claiborne.

***968. carinifera,** Conrad, 1846, Amer. Journ., p. 402, pl. 4, fig. 15; Conr., foss. Schells of tert. form., pl. 40, nov., 1, 1833. *L. cornuta,* Lea; Cont. to geol., pl. 1, fig. 29, déc., 1833. Claiborne.

969. pumilia, Conrad, 1846, Amer. Journ., p. 402, pl. 4, fig. 17; Conr., foss. Schells of tert. form., p. 40, nov., 1, 1833. *L. impressa,* Lea; Cont. to geol., pl. 1, fig. 30, déc., 1833. Claiborne (Alabama).

969'. angulata, d'Orb., 1847. *Axinus angulatus,* Sow., 1821, Min. Conch., 4, p. 11, pl. 315. Angl., Islington.

972. dolabra, Conrad, 1833. *Astarte recurva,* Lea. Etats-Unis, Alabama.

973. pandata, Conrad, 1833. *L. compressa*, Lea. États-Unis, Alabama.

974. symmetrica, Conrad, 1833. *L. rotunda*, Lea. États-Unis, Alabama.

975. papyracea, Lea, 1833. Etats-Unis, Alabama.

CORBIS, Cuvier, 1817. Voy. t. 1, p. 279.

976. lamellosa, Lamk., Desh., 1824, 1, p. 88, pl. 14, fig. 1, 2, 3. *Lucina lamellosa*, Lamk., Ann. du Mus., t. 7, p. 237, n. 1, et t. 12, pl. 42, fig. 8; Conrad, Amer. Journ., 1846, pl. 4, fig. 16. Grignon, Courtagnon, Parnes, Mouchy, Aumont; États-Unis, Claiborne, Alabama (M. Conrad); Belgique, Affligbem, Gand.

***977. pectunculus,** Lamk., Anim. s. vert, t. 5, p. 537, n. 3 (non Deshayes). France, Valognes.

***978. undata,** Conrad, 1846, Amer. Journ., p. 401, pl. 4, fig. 11; Con., foss. Schells of tert. form., p. 40. *C. distans*, Con., ib. (Immature shell). États-Unis, Claiborne, (Alabama).

***979. subpectunculus,** d'Orb., 1847. *C. pectunculus*, Desh., 1824, Paris, p. 87, pl. 13, fig. 3-6 (non *Pectunculus*, Lamarck, 1818). Elle a les côtes plus rapprochées et autrement disposées. Parnes, Chaumont, les Boves, Ully (Oise).

***980. dubia,** d'Orb., 1848. *Psammobiæ dubia*, Desh., 1824, 1, p. 76, pl, 10, fig. 13, 14. C'est une Corbis, sans dents latérales. France, Parnes.

981. distans, Conrad, 1833, États-Unis, Alabama.

CARDIUM, Bruguière, 1791. Voy. t. 1, p. 33.

***982. porulosum,** Lamk., Ann. du Mus., t. 6, p. 341, n. 1, et t. 9, pl. 19, fig. 9; Desh., 1824, 1, p. 169, pl. 30, fig. 1-4. Courtagnon, Parnes, Houdan. P. S. Beauchamp, Damerie, Senlis, Valmondois, Acy; Anglet., Barton; Belgique, Jette, Lacken, Assche, Aeltre, Gand, Rouge-Cloître, St-Josse-ten-Noode, Louvain, Affligbem, Edelaer, Roodemberg, près d'Ypres, Groenendael,

***983. gratum,** Defr., Desh., 1824, 1, p. 165, pl. 28, fig. 3, 4, 5. Mouchy, Château-Rouge, Hermes, Parnes.

***984. Parisiense,** d'Orb., 1847. *C. discors*, Lamk., 1805, Ann. du Mus., t. 6, p. 341, n. 1, et t. 9, pl. 19, fig. 10; Desh., 1824, envir. de Paris, 1, p. 166, pl. 28, fig. 8, 9 (non Montagu, 1803). Grignon, Chaumont, Parnes, Mouchy. P. S. Senlis, Valmondois.

***985. asperulum,** Lamk., Ann. du Mus., t. 6, p. 345, n. 8, et t. 9, pl. 19, fig. 7; Desh., 1824, 1, p. 167, pl. 27, fig. 7, 8, et pl. 30, fig. 13, 14. Grignon, Parnes, Mouchy, Chaumont, Ponchon, Neuvillebosc.

***986. sublima,** d'Orb., 1847. *C. lima*, Lamk., 1805, Ann. du Mus., t. 6, p. 344, n. 7, et t. 9, pl. 20, fig. 2; Desh., 1824, 1, p. 167, pl. 27, fig. 1, 2 (non Gmelin, 1789). Grignon, Parnes, Chaumont, Lierville, Mouchy, Mouy.

***987. aviculare,** Desh., 1824, 1, p. 176, pl. 29, fig. 5, 6. *Cardita avicularis*, Lamk., Ann. du Mus., t. 6, p. 340, et t. 9, pl. 19, fig. 6. *Hippopus avicularis*, Sow., Geneva of Shells, n. 13, fig. 2. Grignon, Chambors, Lattainville, Mouy, Ully-St-George (Oise).

*988. **cymbulare,** Lamk., Anim. s. vert., t. 6, p. 19, n. 11; Desh., 1824, 1, p. 178, pl. 29, fig. 11, 12. Mouchy, Parnes, Mouy, Acy.

989. **verrucosum,** Desh., 1824, 1, p. 173, pl. 29, fig. 7, 8. Ully-St-George, Chaumont, Parnes.

990. **semistriatum,** Desh., 1824, 1, p. 174, pl. 29, fig. 9, 10. Parnes, Mouchy. Chaumont, Acy.

*991. **hyppopæum,** Desh., 1824, 1, p. 164, pl. 27, fig. 3, 4. Chaumont, Parnes, Mouchy, Château-Rouge, le Vivray.

992. **obliquum,** Lamk., Ann. du Mus., t. 6, p. 341, n. 5, et t. 9, pl. 29, fig. 1; Desh., 1824, 1, p. 171, pl. 30, fig. 7, 8, 11, 12. Grignon, Parnes, Courtagnon, Mouchy, P. S. Baron, Ver, Ermenonville, Beauchamp, Senlis, Valmondois.

*993. **aviculinum,** Deshayes, 1824, 1, p. 179, pl. 33, fig. 1, 2, 3. Grignon.

994. **turgidum,** Brander, Sow., 1822, Min. Conch., t. 4, p. 63, pl. 346, fig. 1. Anglet., Londres, Barton.

999. **nitens,** Sow., 1813, Min. Conch., t. 1, p. 41, pl. 14, fig. 3. Anglet., Highgate.

1000. **semigranulosum,** Sow., Desh., n. 12, pl. 28, fig. 7, 8. Anglet., Wandsworth, Barton.

*1001. **Rouyanum,** d'Orb., 1847. Espèce voisine pour la forme du *C. porulosum*, mais ornée de côtes simples avec quelques petits tubercules. Faudon (Hautes-Alpes).

ISOCARDIA, Lamarck, 1799. Voy. t. 1, p. 132.

1002. **parisiensis,** Desh., 1824, 1, p. 189, pl. 31, fig. 5. Hermes, Mouchy, Fercourt.

1003. **sulcata,** Sow., 1821, Min. Conch., 3, p. 171, pl. 295, fig. 4. Angleterre, Londres, Islington.

NUCULA, Lamarck, 1801. Voy. t. 1, p. 12.

*1008. **similis,** Sow., 1813, Min. Conch., 2, p. 207, pl. 192, fig. 3, 4-10. *N. margaritacea*, Lamk., Ann. du Mus., t. 6, p. 125, n. 1, et t. 9, pl. 18, fig. 3 (non Linné); Desh., 1824, 1, p. 231, pl. 36, fig. 15-20; Nyst., 1843, pl. 17, fig. 9. Grignon, Mouchy, Courtagnon, Chaumont, Valmondois, Senlis; en Angleterre, Barton; Belgique, Jette, Lacken, Audenarde.

*1009. **subovata,** d'Orb., 1847. *N. ovata*, Desh., 1824, 1, p. 230, pl. 36, fig. 13, 14 (non Mantell, 1821, exclus. syn.). Mouchy, Hauteville, près Valognes, Lattainville, Hermes, Ully, Chaumont.

1010. **minima,** Sow., 1813, Min. Conch., t. 2, p. 207, pl. 192, fig. 8, 9. Anglet., Londres, Barton.

1011. **trigona,** Sow., 1818, t. 2, p. 207, pl. 192, fig. 5. Barton.

*1012. **Alpina,** d'Orb., 1847. Espèce voisine du *N. similis*, mais plus épaisse et plus trigone. France, Faudon (H.-Alpes).

1016. **lunulata,** Nyst., 1843, Belgiq., p. 231, pl. 18, fig. 4. Lacken, Forêt, Senlis.

N. B. Nous en connaissons encore plusieurs espèces d'Alabama aux Etats-Unis.

NUCULINA, d'Orb., 1845, Paléont. française, 3.

*1017. **miliaris,** d'Orb., 1844, Paléont. franç. Terr. crét., 3;

Desh., 1824, 1, p. 235, pl. 36, fig. 7, 8, 9. Mouchy, Grignon, Parnes.

LIMOPSIS, Sassy. Voy. t. 1, p. 280.

*1018. **granulata,** d'Orb., 1847. *Trigonocœlia granulata,* Nyst., 1834, *Pectunculus granulatus;* Lamarck, Desh., Descrip., 1. p. 227, pl. 35, fig. 4-6. France, Grignon, Mouchy; Belgique, environs de Bruxelles.

*1019. **deltoidea,** d'Orb., 1847. *Nucula deltoidea,* Lamk., Ann. du Mus., t. 6, p. 126, n. 3, et t. 9, pl. 18, fig. 5; Desh., 1824, 1, p. 236, pl. 36, fig. 22-25. Parnes, Mouchy, Chaumont, Grignon, Courtagnon, Houdan. P. S. Beauchamp, Pontoise, Senlis, Valmondois, Acy en Mulitien.

1020. **auritoides,** d'Orb., 1847. *Trigonocœlia auritoides,* Galeotti, Nyst., 1843, Belg., p. 243, pl. 19, fig. 3. Galeotti et Nyst., 1835, Bull. acad. roy. de Brux., 2, n. 8, p. 290, n. 3. Lacken, Jette.

1021. **lima,** d'Orb., 1847. *Trigonocœlia lima,* Gal. et Nyst., 1843, coq. tert. de Belgiq. p. 246, pl. 19, fig. 5; Gal. et Nyst., 1835, Bull. acad. roy. de Brux., p. 348, n. 5, 6. Belgique, Lacken, Jette, Forêt.

*1024. **trigonella,** d'Orb., 1847. *Pectunculus trigonellus,* Conrad, 1833, *P. deltoidea,* Lea. États-Unis, Alabama.

PECTUNCULUS, Lamarck, 1801. Voy. p. 80.

*1025. **pulvinatus,** Lamk., 1805, Ann. du Mus., t. 6, p. 216, n. 2, et t. 9, pl. 18, fig. 9; Desh., 1824, 1, p. 219, pl. 35, fig. 15, 16, 17; Nyst., 1843, pl. 19, fig. 8. Parnes, Chaumont, Grignon, Mouchy, Courtagnon, Valmondois; Belgique, Zellick, Groenendael, Rouge-Cloître, Afflighem.

*1026. **dispar,** Defrance, Dict. des Sc. nat., Desh., 1824, 1, p. 223, pl. 35, fig. 7, 8, 9. Parnes, Chaumont, Mouchy, Valognes.

1027. **brevirostris,** Sow., 1824, Min. Conch., 5, p. 112, pl. 472, fig. 1. Londres, Bognor.

1028. **decussatus,** Sow., 1813, *id.*, t. 1, p. 71, pl. 27, fig. 1. Highgate.

1029. **deletus,** Sow., 1835, Min. Conch., 6, p. 243. *Arca deleta,* Brander, 1766, pl. 7, fig. 97 (non Nyst.). *P. costatus,* Sow., 1813, M. Conch., t. 1, p. 71, pl. 27, fig. 2. Anglet., Hordwell-Cliff, Barton.

1031. **declivis,** Conrad, 1833. *P. minor,* Lea. États-Unis, Alabama.

1032. **decisus,** Conrad, 1833. États-Unis, Alabama.

1033. **corbuloides,** Conrad, 1833. États-Unis, Alabama.

1034. **perplanatus,** Conrad, 1833. États-Unis, Alabama.

1035. **circulus,** Conrad, 1833. États-Unis, Alabama.

1036. **aviculoides,** Conrad, 1833. *P. obliqua,* Lea. États-Unis, Alabama.

1037. **idoneus,** Conrad, 1833. États-Unis, Alabama.

1038. **stramineus,** Conrad, 1833. *P. Broderipii,* Lea. États-Unis, Alabama.

NUCUNELLA, d'Orb., 1847. Voy. Cours de Paléontol.

1039. **Nystii,** d'Orb., 1847. *Stalagmium Nystii,* Galeotti, Nyst., 1843, coq. tert. de Belgiq., p. 238, pl. 18, fig. 6; Gal., 1837, Bull. acad., p. 184, n. 16. (Ce n'est pas un *Stalagmium.*) Belgique, Bruxelles,

Lacken, Jette, Forêt, Uccle, Boisfort, St-Gilles, St-Josse-Dieghem, Assche, Gand, Groenendael, Beersel, Rouge-Cloître.
STALAGMIUM, Conrad, 1833. (*Myoparo*, Lea, 1843.)
*1040. **margaritaceum,** Conrad, 1833. *Myoparo co tatus*, Lea. États-Unis, Alabama.
ARCA, Linné, 1758. Voy. t. 1, p. 13.
*1041. **biangulata,** Lamk., Ann. du Mus., t. 6, p. 219, n. 4, et t. 9, pl. 19, fig. 4; Deshayes, 1824, 1, p. 198, pl. 34, fig. 1-6. Grignon, Chaumont, Courtagnon. P. S. Senlis.
*1042. **sculptata,** Deshayes, 1824, 1, p. 211, pl. 33, fig. 12, 13, 14, Chaumont.
1043. **filigrana,** Deshayes, 1824, env. de Paris, 1, p. 212, pl. 33, fig. 15, 16, 17. France, la ferme de l'Orme, Chaumont, Le vivray.
*1044. **scapulina,** Lamk., Ann. du Mus., t. 6, p. 221, n. 6, et t. 9, pl. 18, fig. 10, Deshayes, 1824, 1, p. 216, pl. 33, fig. 9, 10, 11. Grignon, Parnes, Mouchy, Courtagnon, Ully, Aumont.
1045. **Duchasteli,** Deshayes, 1824, 1, p. 217, pl. 39, fig. 1, 2, 3. Grignon.
*1046. **quadrilatera,** Lamk., Ann. du Mus., t. 6, p. 221, n. 7, et t. 9, pl. 19, fig. 1; Deshayes, 1824, 1, p. 203, pl. 34, fig. 15-17; Nyst., Belgique, pl. 20, fig. 5. Grignon, Courtagnon, Parnes, Mouchy, Lattainville. P. S. Senlis; Belgique, Forêt.
1047. **planicosta,** Deshayes, 1824, 1, p. 204, pl. 32, fig. 1, 2. Mouchy, Parnes, P. S. Senlis, Valmondois.
*1048. **barbatula,** Lamk., Ann. du Mus., t. 6, p. 219, n. 3, et t. 9, pl. 19, fig. 3; Deshayes, 1824, 1, p. 205, pl. 32, fig. 11, 12; Nyst., Belgique, pl. 15, fig. 11. Parnes, Grignon, Chaumont, Courtagnon, Mouchy, Hermes; Belgique.
1049. **cucullaris,** Deshayes, 1824, 1, p. 205, pl. 33, fig. 1, 2, 3. Parnes, Chaumont, le Vivray; Belgique, Aeltre.
1050. **profunda,** Deshayes, 1824, 1, p. 207, pl. 32, fig. 3, 4. Chaumont, Parnes, Mouchy.
*1051. **irregularis,** Deshayes, 1824, 1, p. 208, pl. 32, fig. 9, 10. Chaumont. P. S. Valmondois, Acy.
1052. **granulosa,** Deshayes, 1824, 1, p. 208, pl. 32, fig. 17, 18. Parnes, Château-Rouge, Ully-St-Georges.
*1053. **punctifera,** Deshayes, 1824, 1, p. 202, pl. 32, fig. 13, 14. France, Mouchy, Chaumont.
*1055. **interrupta,** Lamk., Ann. du Mus., t. 6, p. 220, n. 5; Deshayes, 1824, 1, p. 213, pl. 32, fig. 19, 20. Courtagnon, Grignon, Parnes, Chaumont, Mouchy, St-Félix.
1056. **cylindracea,** Deshayes, 1824, 1, p. 202, pl. 34, fig. 12, 13, 14. Valmondois, le Vivray, Renonvillers.
1057. **Lyelli,** Deshayes, 1824, 1, p. 200, pl. 34, fig. 9, 10, 11. Valmondois, Lattainville.
*1058. **angusta,** Lamk., Ann. du Mus., t. 6, p. 220, n. 4, et t. 9, pl. 19, fig. 4; Deshayes, 1824, 1, p. 201, pl. 32, fig. 15, 16. Grignon, Courtagnon, Mouchy, St-Félix, Parnes, Chaumont.
1059. **lævigata,** Caillat, 1834, Soc. des Sc. nat. de Seine-et-Oise, p. 4, pl. 9, fig. 7. France, Grignon.

1060. Branderi, Sow., 1821, Min. Conch., t. 3, p. 135, pl. 276, fig. 1, 2. Angleterre, Londres, Barton.
1061. appendiculata, Sow., 1821, Min. Conch., t. 3, p. 135, pl. 276, fig. 3. Angleterre, Londres, Barton.
1062. duplicata, Sow., 1821, Min. Conch., t. 5, p. 116, pl. 474, fig. 1. Angleterre, Londres, Hordwell.
'1066. cuculloides, Conrad, 1833. États-Unis, Alabama.
1067. rhomboidella, Lea, 1833. États-Unis, Alabama.

PINNA, Linné, 1758. Voy. t. 1, p. 185.

1068. affinis, Sow., 1821, Min. Conch., t. 4, p. 10, pl. 313, f. 2. Angleterre, Bognor et Highgate.
1069. arcuata, Sow., 1821, Min. Conch., 2, p. 9, pl. 313, f. 3. Angleterre, Londres, Highgate.

MYTILUS, Linné, 1758. Voy. t. 1, p. 32.

'1071. subcarinatus, d'Orb., 1847. *Modiola subcarinata,* Lamk., Ann. du Mus., t. 6, p. 222, n° 1, et t. 9, pl. 17, f. 10. Deshayes, 1824, 1, p. 256, pl. 39, f. 4, 5. Sow., M. C. 3417, pl. 210, f. 1. Grignon, Parnes, Château-Rouge, Ully ; Angleterre, Highgate.
'1072. sulcatus, d'Orb., 1847. *Modiola sulcata,* Lamk., Ann. du Mus., t. 6, p. 222, n° 2; et t. 9, pl. 17, f. 11. Deshayes, 1824, 1, p. 258, pl. 39, f. 9, 10. Grignon, Maule, Parnes, Ully, Amblainville, Lattainville.
1073. spathulatus, d'Orb., 1847. *Modiola spathulata,* Deshayes, 1824, 1, p. 259, pl. 39, f. 11, 12, 13. Parnes, les Groux, Chambors, Ully.
1075. acuminatus, d'Orb., 1847. *Modiola acuminata,* Deshayes, 1824, 1, p. 262, pl. 40, f. 9, 10, 11. Vaugirard, Parnes, Jonquières, Moyvillers (Oise).
1076. pectiniformis, d'Orb., 1847. *Modiola pectiniformis,* Deshayes, 1824, 1, p. 263, pl. 39, f. 14, 15, 16. Houdan.
1077. profundus, d'Orb., 1847. *Modiola profunda,* Deshayes, 1, p. 264, pl. 41, f. 12, 13, 14. Parnes.
'1078. pectinatus, d'Orb., 1847. *Modiola pectinata,* Lamk., Ann. du Mus., t. 6, p. 223, n° 3 ; et t. 9, pl. 17. fig. 12. Deshayes, 1824, 1, p. 259, pl. 39, f. 6, 7, 8, et pl. 41, f. 1, 2, 3. Parnes, Grignon, Mouy.
1079. rimosus, Lamk., Ann. du Mus., t. 6, p. 220, n° 1, et t. 9, pl. 17, f. 9. Deshayes, 1824, 1, p. 247, pl. 40, f. 3. Grignon, Courtagnon, Chaumont.
1080. arcuatus, d'Orb., 1847. *Modiola arcuata,* Lamk., Ann. du Mus., t. 9, pl. 18, f. 1. Deshayes, 1824, 1, p. 265, pl. 40, f. 4, 5, 6. Grignon, Parnes, Mouchy, Ully.
1081. elegans, d'Orb., 1847. *Modiola elegans,* Sow., Min. Conch., 1, p. 31, pl. 9. Angleterre, Highgate, Richemond-Park, Bognor.

LYTHODOMUS, Cuvier, 1817.

'1083. cordatus, d'Orb., 1847. *Modiola cordata,* Lamk., Ann. du Mus., t. 9, pl. 18, f. 2. Deshayes, 1824, 1, p. 268, pl. 39, f. 17, 18, 19. Grignon, Parnes, Courtagnon, Ponchon.
1083'. sublithophagus, d'Orb., 1847. *Modiola lithophaga,* Lamk.,

Anim. s. vert., t. 6, p. 115, nº 22. Desh., 1824, 1, p. 267, pl. 38, f. 10, 11, 12 (non Linné). Parnes.

*1084. **angustus,** d'Orb., 1847. *Modiola angusta*, Deshayes, 1824, 1, p. 266, pl. 41, f. 6, 7, 8. Parnes, Mouchy, Lattainville.

LIMA, Bruguière, 1791. Voy. t. 1, p. 175.

*1085. **spathulata,** Lamk., Ann. du Mus., t. 8, p. 463, nº 1. Deshayes, 1824, 1, p. 295, pl. 43, f. 1, 2, 3. Grignon, Courtagnon, Chaumont, le Vivray, Marquemont (Oise).

*1086. **obliqua,** Lamk. *A. plicata*, Deshayes, 1824, 1, p. 298, pl. 43, f. 9, 10, 11. Nyst., 1843, Belgique, pl. 21, f. 5 (figure calquée sur celle de M. Deshayes). Grignon, Parnes, Mouchy-le-Châtel, Chaumont, Ully; Belgique, Steenockersel?

*1087. **dilatata,** Lamk., Ann. du Mus., t. 8, p. 464, nº 4. Desh., 1824, 1, p. 298, pl. 43, f. 15, 16, 17. Grignon, Parnes, Courtagnon, Châteaurouge.

*1088. **bulloides,** Lamk., Ann. du Mus., t. 8, p. 463, nº 3. Desh., 1824, 1, p. 299, pl. 43, f. 12, 13, 14. Parnes, Grignon, Mouchy, Courtagnon, Chaumont, Ully.

1089. **dumosa,** d'Orb., 1847. *Plagiostoma dumosum*, Morton. États-Unis, Alabama.

AVICULA, Klein, 1753. Voy. t. 1, p. 13.

*1090. **trigonata,** Lamk., Anim. s. vert., t. 6, p. 150, nº 14. Desh., 1824, 1, p. 288, pl. 42, f. 7, 8, 9. Nyst., 1843, pl. 21, f. 3 (figure calquée). Grignon, Chaumont, Mouchy, St-Félix; Belgique, Jette.

1091. **microptera,** Deshayes, 1824, 1, p. 290, pl. 43, f. 18, 19, 20. Chaumont, Parnes, la Chapelle.

1092. **media,** Sow., 1812. Min. Conch., t. 1, p. 12, pl. 2. Angleterre, Highgate.

*1093. **limula,** Conrad, 1833. *A. Claibornensis,* Lea. États-Unis, Alabama.

PERNA, Bruguière, 1791. Voy. t. 1, p. 176.

*1093'. **Francii,** Gervill., Goldf., 1836., Petref., 2, p. 406, pl. 108, f. 4. France, Hauteville.

PECTEN, Gualtieri, 1742. Voy. t. 1, p. 87.

*1094. **Parisiensis,** d'Orb., 1847. *P. imbricatus*, Deshayes, 1824, 1, p. 305, pl. 44, f. 16, 17, 18 (non Gmelin, 1789). Chaumont, Parnes, Liancourt, Mouchy.

1095. **subornatus,** d'Orb., 1847. *P. ornatus*, Deshayes, 1824, 1, p. 306, pl. 44, f. 13, 14, 15 (non Lam., 1819). Grignon, Parnes, Mouchy.

*1096. **mitis,** Deshayes, 1824, 1, p. 306, pl. 44, f. 10, 11, 12. Chaumont, Lattainville, Sandricourt.

1097. **multicarinatus,** Deshayes, 1824, 1, p. 307, pl. 42, f. 17, 18, 19. Parnes, Salécourt.

*1098. **tripartitus,** Deshayes, 1824, 1, p. 308, pl. 42, f. 14, 15, 16. Chaumont, le Vivray, Sandricourt. P. S. Senlis.

*1099. **infumatus,** Lamk., Ann. du Mus., t. 8, p. 553, nº 2. Deshayes, 1824, 1, p. 309, pl. 44, f. 8, 9. Grignon, Parnes, Chaumont, P. S. Senlis, Betz.

*1100. **plebeius,** Lamk., Ann. du Mus., t. 5, p. 353, nº 1. Desh.,

1824, 1, p. 309, pl. 44, f. 1, 2, 3, 4. Nyst., pl. 22, f. 4. Grignon, Parnes, Mouchy, Mantes, Courtagnon, Valognes, Chaumont, Gomerfontaine; Belgique, Jette, Forêt, Necle, Saint-Gilles, Assche, Diehem, Vleurgat.

*1101. **solea,** Deshayes, 1824, 1, p. 302, pl. 42, f. 12, 13. Chaumont, le Vivray, St-Félix.

1102. **multistriatus,** Deshayes, 1824, 1, p. 304, pl. 41, f. 18-21, et pl. 44, f. 5-7. Chaumont, le Vivray, Parnes, Hénouville.

1103. **reconditus.** *Ostrea recondita,* Brander, 1766 (non *P. reconditus,* Sow.). Angleterre, Barton.

1104. **duplicatus,** Sow., 1827, Min. Conch., t. 6, p. 145, pl. 575, f. 1-3. Angleterre, Londres, Richemond-Park.

1105. **carinatus,** Sow., 1827, Min. Conch., t. 6, p. 145, pl. 575, f. 4. Angleterre, Londres, Barton, Hampshire.

1106. **subreconditus,** d'Orb., 1847. *Pecten reconditus,* Sow., 1827, Min. Conch., t. 6, p. 145, pl. 575, f. 5, 6 (non Brander). Angleterre, Stubbington et Barton.

1108. **subscabriusculus,** d'Orb., 1847. *P. scabriusculus,* Nyst., 1843. Belgiq., p. 296 (non Mathéron, 1843). France, Parnes, Chaumont, Blaye; Bruxelles.

1109. **corneus,** Sow., 1818, Min. Conch., 2, p. 1, pl. 204. Nyst., 1843, Coq. tert. de Belgiq., p. 299, pl. 23, f. 1. Belgique, Bruxelles, Lacken, Jette, Forêt, Uccle, St-Gilles, Vleurgat, Dieghem, Rouge-Cloître, Assche, Boisfort, Melsbrock, St-Josse-Noode, Terbauk, près Louvain, Gand; Angleterre, Subbington.

1110. **sublævigatus,** Nyst., 1843, Coq. tert. de Belgiq., p. 298, pl. 24, f. 4. Belgique, Lacken.

*1112. **anatipes,** Morton, 1834, Synop. cret. group, p. 58, pl. 5, f. 4. États-Unis (Alabama), Claiborne.

1112'. **perplanus,** Morton, 1834, Synop. cret. group, p. 58, pl. 5, f. 5; pl. 15, f. 8. États-Unis (Alabama), Claiborne.

*1113. **Deshayesii,** Lea, 1833. *P. Lyelli,* Lea. États-Unis, Alabama.

JANIRA, Schumaeher, 1817. Voy. p. 83.

1114. **Poulsoni,** d'Orb. *Pecten, id.,* Morton, 1834, Synops. cret. group., p. 59, pl. 19, f. 2. États-Unis (Alabama), Claiborne.

SPONDYLUS, Linné, 1758. Voy. p. 83.

*1115. **radula,** Lamk., Ann. du Mus., t. 8, p. 351, nº 1; et t. 14, pl. 23, f. 5. Deshayes, 1824, 1, p. 320, pl. 46, f. 1-5. Nyst., 1843, Belgique, pl. 25, f. 3. Grignon, Courtagnon, Mouchy, Valognes, Castel-Gomberto! Belgique, Assche.

1116. **rarispina,** Deshayes, 1824, 1, p. 321, pl. 46, f. 6-10. Nyst., pl. 25, f. 4. Chaumont, le Vivray, Marquemont; Belgique, Uccle, St-Gilles, Dieghem.

1117. **granulosus,** Deshayes, 1824, 1, p. 322, pl. 46, f. 11, 12. France, Chaumont, Mouchy, Gilocourt.

PLICATULA, Lamarck, 1801. Voy. t. 1, p. 202.

1119. **elegans,** Deshayes, 1824, 1, p. 314, pl. 45, f. 11, 12, 13. Parnes, Hadancourt (Oise).

*1120. **squamula,** Deshayes, 1824, 1, p. 313, pl. 45, f. 7-10. Les Groux près Chaumont.

*1121. **filamentosa,** Conrad, 1833. *P. Mantelli*, Lea. États-Unis, Alabama.

CHAMA, Linné, 1758. Voy. p. 170.

1122. **subgigas,** d'Orb., 1847. *C. gigas*, Deshayes, 1824, 1, p. 245, pl. 37, f. 5, 6 (non Linné, 1767). Parnes, les Groux, Chaumont, Hénonville.

*1123. **punctata,** Bruguière, 1789, Encycl., p. 392. *C. calcarata*, Lam., Ann. du Mus., t. 8, p. 349 et t. 14, pl. 25, f. 4. Deshayes, 1824, 1, p. 246, pl. 38, f. 5, 6, 7. Grignon, Mouchy, St-Félix, Chaumont, Parnes, Courtagnon, Larbroye.

*1124. **squamosa,** Branders 1766, Sowerby, 1822, M. Conch. 4, p. 67, pl. 348. *C. lamellosa*, Lamk., Ann. du Mus., t. 8, p. 348, n. 1, et t. 14, pl. 23, f. 3. Deshayes, 1824, 1, p. 247, pl. 37, f. 1, 2. Grignon, Parnes, Mouchy, Chaumont, Courtagnon, St-Félix, Marquemont; Angleterre, Barton.

1125. **sulcata,** Deshayes, 1824, 1, p. 250, pl. 38, f. 8, 9. France, Chaumont, Hénouville.

OSTREA, Linné, 1752. Voy. t. 1, p. 166.

*1126. **flabellula,** Lamk., 1806., Ann. du Mus., t. 8, p. 164, n. 16, et t. 14, pl. 20, f. 3. Deshayes, 1824, 1, p. 366, pl. 63, f. 5, 6, 7. Sow.; Min. Conch., pl. 253, f. 7-9. Nyst., 1843, pl. 29, f. 3. Grignon, Courtagnon, Chaumont, Parnes, Mouchy, Valmondois, Valognes; Angleterre, Londres; Belg., Gand, St-Gilles, Uccle, Forêt, Jette, Laeken, Fleurgat, Beersel, Loo, Milsbrœck, Dieghem, Rouge-Cloître. États-Unis, Claiborne (Alabama).

*1127. **subplicata,** Deshayes, 1824, 1, p. 345, pl. 48, f. 3. Parnes, St-Félix.

*1128. **plicata,** Defr., Dict. des Sc. nat., t. 22, p. 26. Deshayes, 1824, 1, p. 364, pl. 56, f. 7, 8.; pl. 63, f. 8, 9, 10. *O. elegans*, Desh., 1824; Paris, pl. 50, f. 7-9. Valmondois, Tancrou, Betz, Monneville, la Chapelle, Acy, Vellimetrier.

*1129. **gigantica,** Brander, 1766, Foss. haut., p. 36, pl. 8, f. 88. Nyst., 1843; Belgique, pl. 27, f. 1; pl. 28, f. 1. *O. latissima*, Deshayes, 1824, 1, p. 336, pl. 52, 53, f. 1. Chaumont, Gilocourt, Valmondois. Belgique, Crimée, Chapelle-St-Laurent, Affligham, Melsbroek; Angleterre, Barton, Hordwell.

*1130. **cariosa,** Deshayes, 1824, 1, p. 337, pl. 54, f. 5, 6, pl. 61, f. 5-7. Nyst., pl. 25, f. 7. Belgique, Melsbrœk, Caelevoet, Assche, Uccle près de Louvain; France, Chaumont, Mouchy, le Vivray, Parnes.

1131. **profunda,** Deshayes, 1824, Env. de Paris, 1, p. 341, pl. 48, f. 4, 5. France, Chaumont, Bouconvillers.

1132. **subarcuata,** Deshayes, 1824, 1, p. 342, pl. 59, f. 9, 10. France, Mouchy, Arrouy, Bourg.

*1133. **deperdita,** d'Orb., 1847. *Vulsella deperdita*, Lamk., Anim. s. vert., t. 6, p. 222, n. 7. Deshayes, 1824, 1, p. 374, pl. 65, f. 4, 5, 6. Grignon, Chaumont, Mouchy, le Vivray.

*1134. **uncinata,** Lamk., Ann. du Mus., t. 8, p. 164, n. 15, et

t. 14, pl. 22, f. 2. Deshayes, 1824, 1, p. 371, pl. 47, f. 7-11. Grignon.

*1135. **cymbula**, Lamk., Ann. du Mus., t. 8, p. 165, n. 17. Deshayes, 1824, 1, p. 367, pl. 53, f. 2, 3, 4, pl. 57, f. 8. Nyst., pl. 27, f. 2. Grignon, Parnes, Mouchy. P. S. le Tomberay, Acy, St-Gilles, Forêt, Fleurgat, Jette, Laeken, Assche, Gand ; Angleterre, Barton.

*1136. **extensa**, Deshayes, 1824, 1, p. 358, pl. 56, f. 1, 2. Valmondois. Gilocourt, P. S. Acy.

*1137. **deformis**, Lamk., Ann. du Mus., t. 8, p. 164, n° 14. Deshayes, 1824, 1, p. 346, pl. 55, f. 7, 8. *O. mutabilis*, Desh., 1824. Paris, p. 344, pl. 56, f. 9, 10. Grignon, Houdan, Mouchy, Ponchon, Mouy, Ully.

1139. **dorsata**, Sow., 1825. Min. Conch., t. p. 144, pl. 489, f. 1, 2. Angleterre, Londres, Hordwell.

?1141. **virgata**, Goldf., Nyst., 1843. Coq. vert. de Belgiq., p. 321, pl. 28, f. 2. Belgique, St-Gilles, Uccle, Forêt, Vleurgat, Rouge-Cloître, St-Josse-ten-Noode, env. de Bruxelles, Assche, Melsbrœck.

*1145. **sellæformis**, Conrad, 1833, Foss. shell., pl. 13 *O. radians*, Conrad. *O. semilunata*, Lea. *O. divaricata*, Lea. États-Unis, Alabama, Clayborne.

1146. **Carolinensis**, Conrad, 1833. États-Unis, Alabama.

1147. **Alabamiensis**, Lea, 1833. *O. Lingua-canis*, Lea. États-Unis, Alabama.

ANOMYA, Linné, 1758.

*1148. **tenuistriata**, Deshayes, 1824, 1, p. 377, pl. 65, f. 7-11. Grignon, Parnes, Mouchy, Courtagnon, Montmirail. P. S. Senlis, Beauchamp, Valmondois, Tancrou, Assy, env. de Gand, de Bruxelles; Valognes; Londres.

1149. **sublævigata**, d'Orb., 1847. *A. lævigata*, Nyst., 1843. Belg., p. 311, pl. 24, f. 4, 5, 6 (non Sow., 1836). Bruxelles, Uccle, Forêt, St-Gilles, env. de Bruxelles, Assche, Boisfort, Campenhout, Rouge-Cloître, St-Josse-ten-Noode. Angleterre, Londres, Barton.

1150. **substriata**, d'Orb., 1847. *A. striata*, Sow., 1828, Min., Conch., t. 5, p. 31, pl. 425 (non Brocchi, 1814). Angleterre, Londres, Barton.

MOLLUSQUES BRACHIOPODES.

TEREBRATULA, Lwyd, 1699. Voy. t. 1, p. 43.

*1151. **bisinuata**, Lamk., Anim. s. vert, t. 6, p. 252, n° 32. Desh., 1824, 1, p. 389, pl. 65, f. 1, 2 (adulte). *T. succinea*, Deshayes, 1824, 1, p. 390, pl. 65, f. 3 (jeune). Grignon, Parnes, Chaumont, Courtagnon, Mouchy, Valognes.

1152. **flabellata**, Sow., 1819. Min. Conch., pl. 253. Angl., Londres, Hordwell, Barton, Lyundhurst.

1153. **lævis**, Nyst., 1843, Belgiq., p. 334, *T. trilobata*, Galeotti (non Munster). Bruxelles, Laeken? St-Gilles, Uccle, Forêt, Jette, Vleurgat, Assche, Loo, Gand, St-Josse-ten-Noode.

1154. **Kickxii**, Galeotti, Nyst., 1843,. Belgiq., p. 335, pl. 29, f. 4. Bruxelles, Assche, Gand.

TEREBRATULINA, d'Orb., 1847.

1155. Lacryma, d'Orb., 1847. *Terebratula lacryma*, Morton, 1834, Syn. cret. group, p. 72, pl. 16, fig. 6. États-Unis (Alabama), Claiborne.

MOLLUSQUES BRYOZOAIRES.

VINCULARIA, Defrance, 1828.

1156. fragilis, Defrance, 1828, Dict., t. 48. Michelin, 1845, Icon. zoophyt., p. 175, pl. 46, f. 21. *Glauconome tetragona*, Munster, Goldf., p. 100, pl. 36, fig. 7. Grignon, Parnes; Westphalie, Osnabruck.

1157. Defrancii, d'Orb., 1828. *Vaginipora fragilis*, Defrance, Michelin, 1845, Iconog. zoophyt., p. 176, pl. 46, f. 22. France, Grignon, Parnes.

?**1158. marginata,** d'Orb., 1847. *Glauconome marginata*, Munst., Goldf., 1831, Petref., 1, p. 100, pl. 36, fig. 5. France? Parnes, d'après M. Graves. Westphalie, Astrupp.

?**1159. rhombifera,** d'Orb., 1847. *Glauconome rhombifera*, Munst., Goldf., 1831, Petref., 1, p. 100, pl. 36, fig. 6. France, le Vivray, Hénonville (M. Graves). Westphalie, Astrupp.

?**1160. hexagona,** d'Orb., 1847. *Glauconome hexagona*, Munst., Goldf., 1831, Petref., 1, p. 100, pl. 36, fig. 8. Westphalie, Astrupp.

ESCHARINA, Edwards, 1836.

1162. excavata, d'Orb., 1847. *Eschara*, *id.*, Michelin, 1845, Iconog. zoophyt., p. 174, pl. 46, fig. 17. Fontenay-St-Péri, près de Mantes. Ully.

HORNERA, Lamouroux, 1821.

1163. Hippolyta, Defrance, 1821, Dict. des Sc. nat., 21, p. 432, pl. 46, fig. 3. Michelin, pl. 46. Grignon, Chaumont, Amblainville, Neuvillebosc (Oise).

1164. crispa, Defrance, 1821, Dict., 21, p. 432. Orglande.

1165. elegans, Defrance, 1821. Dict., 21, p. 432. Hauteville.

1166. Opuntia, Defrance, 1821, Dict., 21, p. 432. Hauteville.

PYRIPORA, d'Orb., 1847.

1167. tuberculum, d'Orb., 1847. *Hyppothoa tuberculum*, Lonsdale, 1845, Quarterly journal 1, p. 527. États-Unis, Rock's-Bridge.

1168. contexta, d'Orb., 1847. *Flustra contexta*, Goldf., 1830, Petref. Germ., p. 31, pl. 10, t. 2. Nyst., 1843, Belgiq., p. 617, pl. 48, f. 1. Bruxelles, Jette, Forêt, St-Gilles, Saveuthen, Dieghem, Melsbrœck, Nivelles, Terbank près de Louvain.

ESCHARA, Lamarck.

***1169. Duvaliana,** d'Orb., 1847. *Flustra id.*, Michelin, 1845, Iconog. zoophyt., p. 172, pl. 46, f. 10. Gentilly, Vaugirard, près de Paris.

1170. mamillata, Edwards, Ann., 6, p. 336, n. 12, pl. 11, f. 10. France, Ponchon, Heilles (Oise).

1171. Brongnartii, Edw., Ann. Sc. nat., 6, p. 335, n. 10. pl. 11, f. 9. France, Parnes (Oise).

1172. milleporacea, Edwards, 1838, Ann. des Sc. nat., 2e série, t. 6, pl. 12, f. 13. Michelin, Icon., p. 173, pl. 46, f. 11. France, Chaumont, Gypseuil, Hénonville.

1173. Damœcomis, Michelin, 1845, Iconog. zoophyt., p. 173, pl. 46, f. 25. France, Chamont, Hénonville, Paris, Fontaine, Parnes.

1174. celleporacea, Münst., Goldfuss, 1830, pl. 36, f. 10. Nyst., 1843, Coq. tert. de Belgiq., p. 618. Belgique, Lacken, Forêt; Allemagne, Astrupp, près d'Osnabruck, en Westphalie.

***1175. tubulata,** Lonsdale, 1845, Quarterly Journal, 1, p. 528. Etats-Unis, Wilmington.

1176. incumbens, Lonsdale, 1845, Quarterly Journal, 1, p. 529. Etats-Unis, Rock's-Bridge.

1177. linea, Lonsdale, 1845, Quarterly journal 1, p. 530. Etats-Unis, Eutaw.

1178. viminea, Lonsdale, 1845, Quarterly Journal, 1, p. 530. Etats-Unis, Eutaw.

LUNULITES, Lamarck, 1816, Anim. sans vert., 2, p. 194.

***1179. radiata,** Lamarck, 1816, Anim. s. vert., 2, p. 195. Lamour., Polyp., pl. 73, f. 5-8. Michelin, p. 174, pl. 46, f. 5. Grignon, Courtagnon, Chaumont, Parnes, Valécourt, Gypseuil, Ponchon.

***1180. urceolata,** Lamarck, 1816, Anim. sans vert., 2, p. 195. Lamouroux, Polyp., pl. 73, f. 9-12. Mich., Icon. zooph., p. 175, pl. 46, f. 6. France, Parnes, Chaumont, le Vivray.

1181. subperforata, d'Orb., 1847. *L. perforatus*, Nyst., 1843, Belgiq., p. 626 (non Goldf., 1831). Bruxelles, Jette, St-Gilles, Steenockerzeel, dans le Brabant.

1182. distans, Lonsdale, 1845, Quarterly Journal, 1, p. 531. Etats-Unis, Wilmington, Wantoot.

***1183. contigua,** Lonsdale, 1845, Quarterly Journal, 1, p. 533. Etats-Unis, Wilmington.

CUPULITES, Lamouroux, 1821.

1184. macropora, d'Orb., 1847. *Orbitulites macropora*. Lam., Goldfuss, 1830, Petref., 1, p. 41, pl. 12, f. 8. France, Grignon.

RETEPORA, Lamarck.

1185. Ferussaci, Mich., Icon. zooph., pl. 46, f. 20. France, Parnes (Oise).

CRISISINA, d'Orb.

1186. coronopus, d'Orb., 1847. *Idmonea coronopus*, Defrance, 1822, Dict. des Sc. nat., 22, p. 555. Michelin, pl. 46, f. 16. Grignon, Hénonville, Gypseuil, Gomerfontaine.

1187. maxillaris, d'Orb., 1847. *Idmonea maxillaris*, Lonsdale, 1845, Quarterly journal, 1, p. 523. Etats-Unis, Wantoot, South-Carolina.

1188. commiscens, d'Orb., 1847, *Idmonea commiscens*, Lonsdale, 1845, Quarterly journal, 1, p. 524. Etats-Unis, Rock's-Bridge.

1189. triquetra, d'Orb., 1847. *Idmonea triquetra*, Galeotti, Nyst., 1843, Belgiq., p. 619, pl. 48, f. 3. — Galeot., 1837, Mém. géogn. Brabant, p. 187, pl. 4, f. 13. Bruxelles, Uccle, Forêt, Assche.

CLYPEINA, Michelin.

1190. marginiporella, Mich., Icon. zooph., p. 177, pl. 46, f. 27. France, Mouy (Oise).

ENTALOPHORA, Lamouroux, 1821.

1191. proboscidea, d'Orb., 1847. *Tubulipora proboscidea*, Lonsdale, 1845, Quarterly journal, 1, p. 522. États-Unis, Rock's-Bridge.

DEFRANCIA, Rœmer, 1842.

*1192. **Grignonensis,** d'Orb., 1847. *Tubulipora id.,* Edwards, Michelin, Icon. zooph., p. 169, pl. 46, f. 7. Grignon, Parnes, Chaumont.

1193. **stelliformis,** d'Orb., 1847. *Tubulipora id.,* Michelin, 1845, Icon. zoophyt., p. 169, pl. 46, f. 8. Parnes, Vaugirard, Lattainville, Neuville-Bosc (Oise).

1194. **disciformis,** d'Orb., 1846. *Ceriopora disciformis,* Münst., Goldf., 1831, Petref., 1, p. 104, pl. 37, f. 4. Wesph., Astrupp.

PELAGIA, Lamouroux, 1821.

*1195. **Defranciana,** d'Orb., 1847. *Lichenopora id.,* Michelin, 1845, Iconog. zooph., p. 167, pl. 46, fig. 9. France, Parnes (Oise).

LICHENOPORA, Defrance.

*1196. **turbinata,** Defrance, 1821, Dict. des Sc. nat., 26, p. 257, pl. 4, f. 4. France, Hauteville.

1196'. **crispa,** Defrance, 1821, Dict. des Sc. nat., 26, p. 257. Fr., Hauteville.

ZONOPORA, d'Orb., 1847. Voy. p. 87.

1197. **variabilis,** d'Orb., 1847. *Ceriopora variabilis*, Münst., Goldf., 1831, Petref., 1, p. 105, pl. 37, f. 6. Westph., Astrupp, Osnabrück; Belgique, Bruxelles.

ÉCHINODERMES.

SCHIZASTER, Agassiz.

*1198. **latus,** Desor, Agass., 1847, Cat., p. 127. France, Blaye (Gironde).

HEMIASTER, Agassiz.

*1199. **subglobosus,** Desor, Agass., 1847, Cat., p. 124. *Spatangus subglobosus,* Lamk. *Spatangus subglobosus,* Lamour., Calc. gr. de Paris. Amblainville, Hénonville.

*1200. **inflatus,** Desor, Agass., 1847, Cat., p. 124. Environs de Paris.

EUPATAGUS, Agassiz.

1201. **nummulinus,** Agass., 1847, Cat., p. 115. Paris, Parnes.

1202. **minor,** Agass., 1847, Cat., p. 116. France, Vernon.

1203. **Duvalii,** Desor, Agass., 1847, Cat., p. 116. France, Mouchy-le-Châtel.

MACROPNEUSTES, Agass.

1204. **Deshayesii,** Agass., 1847, Cat., p. 114. *Micraster Deshayesii,* Cat. syst., p. 2. France, Paris, le Vivray, le Ménillet (Oise).

SPATANGUS, Klein.

1205. **Archiaci,** Agass., 1847, Cat., p. 114. France, Mouchy-le-Château.

1206. **Grignonensis,** Agass., 1847, Cat., p. 114. Grignon, Parnes, Chaumont, Tracy-le-Mont, Hazemont près Crépy (Oise).

ÉCHINOLAMPAS, Gray.

1207. **Blainvillei,** Agass., 1847, Cat., p. 106. *Echinolampas oviformis.* Foss. de la Dordogne; Sardaigne, Nice.

*1208. **stelliferus,** Desml., Agass., 1847, Cat., p. 106. *Clypeaster stelliferus*, Lamk. *Clypeaster fornicatus*, Goldf. Blaye (Gironde); Allem., Münster.

?1209. **ovalis,** Desml., Tabl. syn., p. 342. Agass., 1847, Cat., p. 106. France, Bordeaux.

*1210. **similis,** Agass., 1847, Cat., p. 107. Env. de Paris, Hénonville (Oise), Blaye (Gironde).

*1211. **affinis,** Desml., Tabl. syn., p. 344. *Clypeaster affinis*, Goldf., Petref., p. 134, pl. 42, f. 6. Agass., 1847, Cat., p. 107. Grignon, Mauriaumont, Ste-Croix, Laon, Courtagnon, Château-Thierry, Blaye.

1212. **columbaris,** Agass., Cat., p. 508. Amblainville, Chaumont, Parnes (Oise).

PYGORHYNCHUS, Agassiz.

1213. **subcylindricus,** Agass., 1847, Cat. syst., p. 103. Paris.

1214. **Cuvieri,** Agass., 1847, Cat., p. 102. *Clypeaster Cuvieri*, Goldf., Petref., p. 133, pl. 42, f. 2. France, la Glacière, Chaumont, Hénonville, Russenberg.

*1214' **Grignonensis,** Agass., 1847, Cat., p. 102. *Nucleolites grignonensis*, Defr. Grignon, Chaumont, Parnes, Ully, Hauteville (Manche).

*1215. **Desmoulinsii,** Delbos, Agass., 1847, Cat. syst., p. 103. France, Blaye (Gironde).

LENITA, Desor.

*1216. **patellaris,** Agass., 1847, Cat., p. 84. *Nucleolites patellaris*, Goldf., Petref., p. 130, pl. 43, f. 5. Grignon, Parnes, Chaumont, St-Félix.

ECHINOCYANUS, Van-Phels.

1217. **subcaudatus,** Agass., 1847, Cat., p. 84. *Fibularia subcaudata*, Desml., Tabl. syn., p. 224. Gypseuil, Parnes, les Groux (Oise).

1218. **Francii,** Agass. *Scutella inflata*, Defr., Dict., 48, p. 230. Parnes, Chaumont, Marquemont, Ponchon, les Groux, Chambors, (Oise).

*1219. **pyriformis,** Agass., 1847, Cat., p. 83, et Monogr. des Scutell., p. 134, pl. 27, f. 19-24. Rive droite de la Garonne et de la Dordogne, Cannel, Montmirail, Parnes, Cotentin, Orglande, Bordeaux.

1220. **inflatus,** Agass., 1847, Cat., p. 83, et Monogr. des Scutelles, p. 137. Grignon (Seine-et-Oise).

?1221. **occitanus,** Agass., 1847, Cat., p. 82, et Monogr. des Scutelles, p. 136, pl. 27, f. 48-58. Pouillac et St-Estèphe (Gironde); Espagne.

*1222. **crustuloides,** Agass., 1847, Cat., p. 141. *Scutella crustuloides*, Mort., Synops., p. 77, pl. 15, f. 10. Caroline du Sud.

SCUTELLINA, Agassiz.

1223. **Hayesiana,** Agass., 1847, Cat., p. 82. et Monogr. des Scutelles, p. 103, pl. 21, f. 15-19-22. Grignon (Seine-et-Oise), Hénonville (Oise).

*1224. **complanata,** Agass., 1847, Cat., p. 82. *Cassidulus compla-*

natus, Lamk., p. 35, n. 4. Grignon (Seine-et-Oise), Chaumont, Parnes, Neuvillebosc.
*1225. **nummularia**, Agass., 1847, Cat., p. 81, et Monogr. des Scutell., p. 99, pl. 21, f. 8-14. Grignon (Seine-et-Oise), Blaye (Gironde), Antibes (Var)? Parnes, Vibrayes, Mouchy (Oise), île de Noirmoutiers.
*1226. **placentula**, Agass., 1847, Cat., p. 81, et Monogr. des Scutell., p. 102, pl. 21, f. 1-7. Chaumont, Parnes, Montmirail, Nogent, Courtagnon.
*1227. **elliptica**, Agass., 1847, Cat., p. 82, et Monogr. des Scutel., p. 103, pl. 21, f. 21-28. Grignon (Seine-et-Oise), Parnes.
ECHINARACHNIUS, Van-Phels.
*?1228. **incisus**, Agass., Monog. des Scutelles, p. 93, pl. 21, f. 29-31. Ag., 1847, Cat., p. 76. Hauteville (Manche).
LAGANUM, Klein.
*1229. **tenuissimum**, Agass., Monogr. des Scutelles, p. 113, pl. 26, f. 4-6. Ag., Cat., p. 75. Plossac près Blaye (Gironde).
*1230. **marginale**, Agass., Monogr. des Scutelles, p. 113, pl. 26, f. 1-3. Ag., Cat. syst., p. 75. Blaye (Gironde), Noirmont.
CŒLOPLEURUS, Agassiz.
1231. **radiatus**, Agass., 1847, Cat., p. 53. Chaumont, Amblainville (Oise).
1232. **spinosissimus**, Agass., 1847, Cat., syst., p. 53. Paris.
*1233. **infulatus**, Agass., 1847, Cat., p. 141. *Echinites infulatus*, Mort., Synops., p. 75, pl. 10, fig. 7. Caroline du Sud.
ECHINOPSIS, Agassiz.
*1234. **Gacheti**, Agass., 1847, Cat. syst., p. 51. *Echinus Gacheti*, Desml., Tabl. syn., p. 300. Blaye (Gironde).
DIADEMA, Gray.
?1234'. **pusillum**, Agass., 1847, Cat. syst., p. 43. *Echinus pusillus*, Münst. in Goldf., Petref., p. 125, pl. 40, fig. 14. Astrupp, près Osnabrück.
CIDARIS, Lamarck.
*1235. **Vapincanus**, d'Orb., 1847. Espèce à baguettes grosses, claviformes ou ovales, striées en long et pourvues de quelques côtes rayonnantes au sommet. France, Faudon (Hautes-Alpes).
CRENASTER, Lwyd, 1669. Voy. t. 1, p. 240.
*1236. **poritoides**, d'Orb., 1847. *Asterias poritoides*, Desmoulins, 1832, Bordx., Actes de la Soc. Linn. de Bordx., 4e liv., 2, p. 14, pl. 2, fig. 3. France, Parnes, Mouchy-le-Châtel, Hénonville, Ponchon, Hazemont, près Crépy (Oise).
?*1237. **lævis**, d'Orb., 1847. *Asterias lævis*, Desmoulins, 1832, Actes de la Soc. Linn. de Bordeaux, 5, 4e liv., 2, p. 15, pl. 2, fig. 4. France, la Roque-de-Tau, Cambes (Gironde).
PENTACRINUS, Miller, 1821.
1238. **Sowerbyi**, Wether, Tr. Soc. géol. Lond., 5, p. 136, pl. 8, fig. 4. France (Oise); Angleterre, Hampstead.
*1239. **Alpinus**, d'Orb., 1847. Espèce confondue à tort avec le *P. basaltiformis*, par M. Deshayes (la Doucette, Statistique des

Hautes-Alpes, p. 565), mais ayant les articles lisses et égaux. France, Faudon (Hautes-Alpes).

ZOOPHYTES.

TURBINOLIA, Lamarck, Edwards et Haime, 1848, p. 235.

*1240. **sulcata,** Lamarck, 1816, Anim. sans vert., 2, p. 231, nº 6. Lamouroux, Polypiers, pl. 74, f. 18-21. Michelin, Icon. zooph., pl. 43, f. 4. Edw. et Haim., p. 236. Grignon, Courtagnon, Montmirail, Betz, Ermenonville, Ver (Oise), Faudon (Hautes-Alpes).

1241. **Dixonii,** Edwards et Haime, 1848, Ann. des Sc. nat., 9, pl. 4, f. 2. Angleterre, Bracklesham-Bay.

*1242. **pharetra,** Lea, 1833, Cont. to Geol., p. 146, pl. 6, f. 210. Edwards et Haime, 1848, p. 238. États-Unis, Alabama.

1243. **minor,** Edwards et Haime, 1848, Ann. des Sc. nat., 9, p. 239. Angleterre, Barton.

1244. **costata,** Edwards et Haime, 1848, Ann. des Sc. nat., 9, p. 239, pl. 7, f. 1. France, Grignon.

*1245. **dispar,** Defrance, 1824, Michelin, 1844, Icon. zoophyt., p. 152, pl. 43, f. 5. Edwards et Haime, *id.*, p. 240. Grignon, Parnes, Lattainville, Hauteville (Manche).

PLATYTROCHUS, Edwards et Haime, 1848.

*1245'. **Stokesii,** Edwards et Haime, 1848, *id.*, p. 247, pl. 7, f. 7. *Turbinolia, id.*, Lea, 1833, Contrib., p. 194, pl. 6, f. 207. *Endopachys*, Lonsdale, 1845. États-Unis, Alabama.

*1245". **Goldfussii,** Edwards et Haime, 1848, *id.*, p. 248, pl. 7, f. 9. *Turbinolia, id.*, Lea, 1833, p. 195, f. 6, pl. 208. Alabama.

SPHENOTROCHUS, Edwards et Haime, 1848.

*1246. **crispus,** Edwards et Haime, 1848, Ann. des Sc. nat., 9, p. 241. *Turbinolia crispa*, Lamarck, 1816, Anim. sans vert., 2, p. 231. Lamouroux, pl. 74, f. 14-17. Goldf., pl. 15, f. 7. Michelin, Icon. zooph., pl. 43, f. 1. *Turbinolia trochiformis*, Michelotti, Sp. zooph., p. 33, pl. 1, f. 7. France, Grignon ; Belgique, Louvain, Gand.

1247. **mixtus,** Edwards et Haime, 1848, loc. cit., p. 243. *Turbinolia mixta*, Defrance, 1844, Michelin, 1844, Iconog. zoophyt., p. 151, pl. 43, f. 3. France, Grignon, Parnes, Thury.

1248. **pulchellus,** Edwards et Haime, 1848, Ann. des Sc. nat., 9, p. 243, pl. 7, f. 3. Grignon.

*1249. **granulosus,** Edwards et Haime, 1848, Ann. des Sc. nat., p. 246, pl. 7, f. 2. *Turbinolia granulosa*, Defrance, 1828, Dict. des Sc. nat., vol. 56, p. 94. Hauteville (Manche).

1250. **nanus,** Edw. et Haime, 1848, Ann. des Sc. nat., 9, p. 246. *Turbinolia nana*, Lea, 1833, Contrib. to Geol., p. 195, pl. 6, f. 209. États-Unis, Alabama.

ENDOPACHYS, Lonsdale, 1845.

*1252. **Macluri,** Edwards et Haime, 1848, Ann. des Sc. nat., 10, p. 82, pl. 1, f. 1. *Turbinolia Macluri*, Lea, 1833, Cont., p. 193, pl. 6, f. 206. *Endop. Alatum*, Lonsdale, 1845, Quaterly Journal, p. 514, fig. a (exclus. fig. b, c). États-Unis, Alabama ; Stoudenmire Creek ?

DISCOTROCHUS, Edwards et Haime, 1848.

*1252'. **Orbignyanus**, Edwards et Haime, Ann. des Sc. nat., 1848, p. 252, pl. 7, f. 6. États-Unis, Alabama.

FLABELLUM, Lesson., 1831.

*1253. **cuneiforme**, Lonsdale, 1845, Quarterly Journal, 1, p. 512. États-Unis, Eutaw, Wilmington; Cavehall.

PARACYATHUS, Edwards et Haime, 1848.

1254. **Desnoyersi**, Edwards et Haime, 1848, Ann. des Sc. nat., 9, p. 320. Grignon.

*1255. **procumbens**, Edwards et Haime, 1848, Ann. des Sc. nat., 9, p. 320, pl. 10, fig. 6. France, Hauteville (Manche).

1256. **caryophyllus**, Edwards et Haime, 1848, Ann. des Sc. nat., 9, p. 322. *Turbinolia caryophyllus*, Lam., 1816, Anim. sans vert., 2, p. 232. Angleterre, île Sheppey.

1257. **brevis**, Edwards et Haime, 1848, Ann. des Sc. nat., 9, p. 323. Angleterre, île Sheppey.

DASMIA, Edwards et Haime.

1258. **Sowerbyi**, Edwards et Haime, 1848, Ann. des Sc. nat., 9, p. 329. *Desmophyllum*, Sow., 1834, Trans. Geol. Soc., 5, p. 136, pl. 8, fig. 1. Angleterre, Highgate, Clarendon-Hill.

EUPSAMMIA, Edwards et Haime, 1848.

*1259. **trochiformis**, Edwards et Haime, 1848, Ann. des Sc. nat., t. 10, p. 78, pl. 1, fig. 3. *Madrepora trochiformis*, Pallas, 1766, p. 305. *Turbinolia clavus*, Lamarck, 1816, An. sans vert., 2, p. 232. *T. elliptica*, Brongniart, 1822, Michelin, Icon. zoophyt., p. 152, pl. 43, fig. 6. Chaumont, St-Germain.

1259'. **Bayliana**, Edwards et Haime, 1848, loc. cit., p. 80. Grignon.

*1259''. **Haleana**, d'Orb., 1848, Edwards et Haime, loc. cit., p. 80. Alabama.

1259'''. **Brongniartiana**, Edwards et Haime, 1848, loc. cit., p. 81, pl. 1, fig. 7. Environs de Paris.

BALANOPHYLLIA, Searles Wood, 1844.

*1260. **Gravesii**, Edwards et Haime, 1848, loc. cit., p. 88. *Turbinolia id.*, Michelin, 1845, Icon. zoophyt., p. 153, pl. 43, fig. 7. Hénonville (Oise).

1260'. **desmophyllum**, Edwards et Haime, 1848, loc. cit., p. 86. Angleterre, Blackbsleam-Bay.

*1260''. **tenuistriata**, Edwards et Haime, 1848, *id.*, p. 103. Paris, St-André-de-Meouille (B.-Alpes).

STEPHANOPHYLLIA, Michelin, 1841.

1260'''. **discoides**, Edwards et Haime, 1848, *id.*, t. 10, p. 93. Angleterre, Haverstock-Hill.

CIRCOPHYLLIA, Edwards et Haime, 1848.

1261. **truncata**, Edwards et Haime, 1849, Ann. des Sc. nat., 11, p. 238. *Anthophyllum id.*, Goldf., pl. 13, fig. 9. *Turbinolia id.*, Michelin, 1845, pl. 43, fig. 9. Parnes, Chaumont.

DENDROPHYLLIA, Blainville, 1830.

1261'. **dendrophylloides**, Edwards et Haime, 1848, Ann. des Sc. nat., 10, p. 102. *Oculina id.*, Lonsdale, M. S.

TROCHOCYATHUS, Edwards et Haime, 1848.

'1262. **Bouyanus,** d'Orb., 1849. Espèce trochoïde à calice presque circulaire. Faudon (H.-Alpes).

*1263. **Alpinus,** d'Orb., 1849. Espèce comprimée, formant un cône presque régulier. France, St-André-de-Meouille.

*1264. **grandis,** d'Orb., 1849. Grande espèce en corne arquée, peu comprimée. France, Faudon (H.-Alpes).

*1265. **brevis?** d'Orb., 1847. *Turbinolia brevis* et *irregularis*, Desh., 1834, Stat. des Hautes-Alpes, de M. Ladoucette, p. 565, pl. 13, fig. 1-3. Faudon (H.-Alpes).

*1266. **tenuistria?** d'Orb., 1847. *Turbinolia tenuistria*, Deshayes, 1834. Ladoucette, Stat. des H.-Alpes, p. 565, pl. 13, fig. 4-6. Faudon (H.-Alpes).

FUNGINELLA, d'Orb., 1847. Voy. p. 91.

*1267. **Alpina,** d'Orb., 1847. Espèce plane nummusmale, à grosses cloisons inégales. Faudon (H.-Alpes).

RHYZANGIA, Edwards et Haime, 1849.

*1268. **brevissimum,** Edwards et Haime, 1849, Ann. des Sc. nat., 12, p. 179. *Astrea id.*, Deshayes, 1834, in Ladoucette, p. 564, pl. 13, fig. 13-14. Michelin, pl. 63, fig. 8. Faudon (Hautes-Alpes), Chailleul-le-Vieil (non Dax, Michelin).

CYLICOSMILIA, Edwards et Haime, 1848.

1268'. **Altavillensis,** Edwards et Haime, 1848, Ann. des Sc. nat., 10, p. 233. *Caryophyllia id.*, Defrance, 1817, Michelin, Icon., p. 308, pl. 74, fig. 2. Hauterive (Manche).

PHYLLOCŒNIA, Edwards et Haime, 1848.

*1269. **irregularis,** Edwards et Haime, 1849. *Lithodendron irregulare*, Michelin, 1845, Icon. zooph., p. 154, pl. 43, fig. 14. Hondainville, Chaumont, Senlis, Auvert.

LOBOPSAMMIA, Edwards et Haime, 1848.

*1269'. **cariosa,** Edwards et Haime, 1848, Ann. des Sc. nat., 10, p. 106. *Dendrophyllia cariosa*, Michelin, Icon. zoophyt., pl. 43, fig. 10, *Lithodendron cariosum*, Goldf., pl. 13, fig. 7. Auvert (Seine-et-Oise), Nanteuil, Bouconvilliers, Aumont.

1269". **Parisiensis,** Edwards et Haime, 1848, loc. cit., p. 106. *Lobophyllia Parisiensis*, Michelin, 1844, Icon., p. 155, pl. 43, fig. 11. Env. de Paris.

DIPLHELIA, Edwards et Haime, 1849.

*1270. **Solanderi,** d'Orb., 1848. *Oculina Solanderi*, Defrance, 1825, Michelin, Icon. zoophyt., p. 162, pl. 43, fig. 15. *Lithodendron Virginia*, Goldf., 1, p. 44, pl. 13, fig. 1 (non Schweiger). France, Chaumont, le Vivray, Ponchon, Gilocourt (Oise).

*1270'. **raristella,** Edwards et Haime. *Oculina raristella*, Defr., Michelin, pl. 43, fig. 16. Le Vivray.

*1271. **multistella,** d'Orb., 1848. *Caryophyllia multistellata*, Galeotti, Nyst., 1843, Coq. tert. de Belgiq., p. 628, pl. 48, fig. 10.— *Lithodendron multistellata*, Galeot., 1837, Mém. prov. de Brab., p. 158, supp., fig. 14. Belgique, Lacken, Jette.

APLOSASTREA, d'Orb., 1849. Voy. p. 92.

1272. **stylophora,** d'Orb., 1849. *Astrea id.*, Goldf., 1831, Petref., 1, p. 71, pl. 24, fig. 4. France, Grignon.

AREACIS, Edwards et Haime, 1849.

*1274. **sphæroidalis,** d'Orb., 1847. *Astræa sphæroidalis,* Michelin, 1845, Iconog. zoophyt., p. 159, pl. 44, fig. 9. Parnes, Trou-St-Pierre, Chaumont, Mouchy, Acy, Faudon (Hautes-Alpes).

ASTROCŒNIA, Edwards et Haime, 1848.

*1274'. **Alpina,** d'Orb., 1847. Espèce à très-grands calices, sans columelle bien marquée. France, Faudon (H.-Alpes).

GONIOCŒNIA, d'Orb., 1849. C'est un *Astrocœnia* à calices en polygones réguliers.

*1275. **numisma,** d'Orb., 1847. *Astrea id.,* Defrance, 1826, Dict. des Sc. nat., 42, p. 390. Michelin, pl. 63, fig. 4. *A. geometrica,* Desh., 1834, M. Ladoucette, p. 564, pl. 13, fig. 10-12. *Astrocœnia numisma,* Edw. et Haime, 1848. Faudon et Ancelle (H.-Alpes).

TRIPHYLLOCŒNIA, d'Orb., 1849. C'est un *Astrocœnia* sans columelle saillante, à calices très-profonds, pourvus de trois cloisons.

1275'. **excavata,** d'Orb., 1847. Espèce remarquable, probablement dendroïde. France, Ancelle (H.-Alpes).

SIDERASTREA, Edwards et Haime, 1849.

1276. **Parisiensis,** Edwards et Haime, 1849, Ann. des Sc. nat., 12, p. 143. *Astrea crenulata,* Michelin, 1845, Icon. zoophyt., p. 156, pl. 44, fig. 1 (non Goldfuss, 1831). Grignon, Vaugirard.

PRIONASTREA, Edwards et Haime, 1849.

*1277. **Ameliana,** d'Orb., 1847. *Astrea id.,* Defrance, 1826, Michelin, pl. 44, fig. 3. *Astrea muricata,* Goldf., 1831, pl. 24, fig. 8. France, Grignon, Montmirail, Parnes. P. S. Acy, Ermenonville (Oise), Hauteville (Manche), Faudon (H.-Alpes).

*1278. **bellula,** d'Orb., 1847. *Astrea id.,* Michelin, 1845, Iconog. zoophyt., p. 158, pl. 44, fig. 2. France, Parnes, Valmondois, Faudon (H.-Alpes).

SEPTASTREA, d'Orb., 1849.

1279. **hirtolamellata ?** Edwards et Haime, 1849, Ann. des Sc. nat., 12, p. 165. *Astrea id.,* Michelin, 1845, Iconog. zoophyt., p. 162, pl. 44, fig. 5. Parnes, Grignon, Acy.

CLAUSASTREA, d'Orb., 1849.

1280. **tessellata ?** Edw. et Haime, 1849, Ann. des Sc. nat., 12, p. 159. *Astrea id.,* Michelin, 1845, Iconog. zoophyt., p. 161, pl. 45, fig. 2. Mouy, Aumont (Oise).

STYLOCŒNIA, Edwards et Haime, 1848.

*1281. **emarciana,** Edwards et Haime, 1848, Ann. des Sc. nat., 10, p. 193, pl. 7, fig. 2. *Cellastrea id.,* Blainv. *Astrea id.,* Defrance, 1826, Michelin, Icon. zoophyt., p. 158, pl. 44, fig. 6. *A. decorata,* Michelin, pl. 44, fig. 8. Grignon, Parnes, Chaumont, Hauteville.

*1282. **monticularia,** Edwards, 1848, *id.,* p. 294. *Stylophora monticularia,* Schweig. *Astrea Hystrix,* Defrance, 1826, Michelin, Iconog. zoophyt., p. 160, pl. 45, fig. 1. Grignon, Parnes, Chaumont, Lattainville, Fercourt.

LATOMEANDRA, d'Orb., 1847. Voy. p. 40.

*1283. **Alpina,** d'Orb., 1847. Espèce voisine de l'espèce de l'étage corallien, mais à ramules plus étroits, plus déprimés. Faudon (H.-Alpes).

GONIARŒA, d'Orb., 1849. Voy. p. 322.

*1283'. **Alpina,** d'Orb., 1849. Espèce à larges calices, en contact les uns avec les autres. Faudon (H.-Alpes).

MADREPORA, Lamarck.

*1284. **ornata?** Defrance, 1826, Michelin, 1845, Icon. zoophyt., p. 164, pl. 43, fig. 17. Grignon, Chaumont, Parnes.

1285. **tubulata?** Lonsdale, 1845, Quarterly Journal, 1, p. 520. États-Unis, Jacksonbord.

LITHARŒA, Edwards et Haime, 1849.

*1285'. **Rouyana,** d'Orb., 1849. Espèce à cloisons très-fines. Faudon (H.-Alpes).

DISTICHOPORA, Blainville, 1824.

*1286. **antiqua,** Defr., Mich., Icon. zoophyt., 168, pl. 45, fig. 11. France, Chaumont, le Vivray (Oise).

HOLARŒA, Edwards et Haime, 1849.

*1287. **Parisiensis,** d'Orb., 1847. *Porites parisiensis*, Michelin, 1845, Icon. zoophyt., p. 166, pl. 45, fig. 10. France, Grignon, Parnes (Oise), Faudon (H.-Alpes).

1288. **micropora,** d'Orb., 1847. Charmante espèce à cellules très-petites, souvent un peu saillantes. France, Hauteville (Manche), Faudon (Hautes-Alpes).

1289. **Alpina,** d'Orb., 1847. Espèce dont les cellules sont bien plus grandes et plus rares que chez la précédente. Faudon.

DACTYLACIS, d'Orb., 1849. Voy. p. 83.

*1289'. **Alpina,** d'Orb., 1847. Espèce à rameaux grêles, à cellules très-petites. Faudon (H.-Alpes).

FORAMINIFÈRES (D'ORB.).

OVULITES, Lamarck, 1816, Anim. s. vert., 2, p. 194.

*1290. **margaritula,** Lam., 1816, Anim. s. vert., 2, p. 194, n. 1. Lam., Polyp., p. 43, pl. 71, fig. 9, 10. Grignon, Parnes, Chaumont, Ully; Belgique, Forêt, Jette, Zoet-Water, près de Louvain, Gand.

*1291. **elongata,** Lam., 1816, Anim. sans vert., 2, p. 194, n. 2. Lamouroux, Polyp., p. 43, pl. 71, fig. 11, 12. Grignon, Chaumont, Parnes.

1292. **Pavantina,** d'Orb., 1847. *Acicularia Pavantina*, d'Arch., 1843. Mém. Soc. géol. de Fr., p. 386, pl. 25, fig. 8. Pisseloup, près Pavant.

DACTYLOPORA, Lam., 1816, An. s. vert., 2, p. 189.

*1293. **cylindracea,** Lam., 1816, An. s. vert., 2, p. 189. Goldf., pl. 12, fig. 4. Mich., pl. 46, fig. 3. Grignon, Parnes, Mouchy; Belgique, Bruxelles, Forêt, Laeken, Assche.

1294. **elongata,** d'Orb. *Polytripa elongata*, Defrance, Dict. des Sc. nat., t. 42, p. 453, pl. 48, fig. 1. Valognes, Grignon; Belgique, St-Gilles, Forêt.

ORBITOLITES, Lamarck, 1801.

*1295. **complanata,** Lamk. *Orbulites, complanata*, Lam., An. s. vert., 2, p. 196, n. 2. Lamouroux, Polyp., pl. 73, fig. 13-16. France,

Grignon, Chaumont, Lattainville, Mouy, Lierville, Pauliac (Gironde); Belg., Forêt, Melsbroek, Assche.

ORBITOIDES, d'Orb., 1847. Voy. p. 322.

*1296. **Mantellii,** d'Orb., 1847. *Nummulites*, id., Morton, 1834, Syn. cret. group, p. 45, pl. 5, fig. 9. États-Unis (Alabama), Claiborne.

*1297. **Alpina,** d'Orb., 1847. Espèce très-voisine de la précédente, seulement plus irrégulière. France, Faudon (Hautes-Alpes).

NODOSARIA, Lamarck.

*1298. **pulchella,** d'Orb., 1826, Ann. des Sc. nat., p. 88, n. 25. Espèce pourvue de quinze côtes aiguës longitudinales. France, Montmirail.

ORTHOCERINA, d'Orb., 1825.

*1299. **clavulus,** d'Orb., 1826, Ann. des Sc. nat., p. 90, n. 48. Grignon.

CRISTELLARIA, Lamarck.

1300. **rotella,** ?, Conrad, 1846, Amer. Journ., p. 399. États-Unis, Tampa-Bay.

1301. **Floridana?,** d'Orb., 1847. *Nummulites Floridanus*, Conrad, 1846, Amer. Journ., p. 399. Tampa-Bay.

NUMMULITES, Lamarck.

*1302. **lævigata,** Lam., An. s. vert., 7, p. 629, n. 1. Annal., 1, pl. 62, fig. 10. *N. elegans*, Sow., Min. Conch., pl. 538, fig. 1 (non d'Archiac, 1846). *Camerina lævigata*, Bruguière, 1791, p. 399. France, Pont-Ste-Maxence, Creil, Parnes, Mouchy, le Vivray, Coye (Oise); Angl., Stubbington, Emsworth.

*1303. **striata,** d'Orb., 1847. *Camerina striata*, Bruguière, 1791, Encycl., p. 400. *Num. contortus*, Desh., 1834, Ladoucette, Statist. des Hautes-Alpes, pl. 13, fig. 9. Faudon (Hautes-Alpes).

NONIONINA, d'Orb., 1825, Foraminifères de Vienne.

*1304. **lævis,** d'Orb., 1825, Ann. des Sc. nat., p. 128, n. 11, Modèles n. 46. Mouchy-le-Châtel.

*1305. **rugosa,** d'Orb., 1825, Ann. des Sc. nat., p. 128, n. 17. Espèce ovale à bordure très-épaisse sur les anciennes loges seulement. Blaye.

PENEROPLIS, Montfort, 1808, d'Orb., Foraminifères de Vienne.

*1306. **opercularis,** d'Orb., 1825, Ann. des Sc. nat., p. 120, n. 6. *Renulites*, id., Lamarck, Encycl., pl. 465, fig. 8. Mouchy-le-Châtel, Montmirail.

*1307. **Gervillei,** d'Orb., 1847. Espèce voisine du *P. planatus*, mais lisse et renflée sur la spire. Env. de Valognes.

SPIROLINA, Lamarck, 1824.

*1308. **cylindracea,** Lamarck, 1822, d'Orb., 1825, Ann. des Sc. naturelles, p. 120, n. 1, Modèles n. 24. Grignon, Chaumont, Parnes, Mouchy.

*1309. **striata,** d'Orb., 1825, Ann. des Sc. nat., p. 121, n. 2. Espèce à côtes transverses, striées en long. Mouchy-le-Châtel.

*1310. **depressa,** Lamk., 1804, Defrance, Dict., pl. 2, fig. 2. D'Orb., 1825, Ann. des Sc. nat., p. 121, n. 3. France, Mouchy-le-Châtel, Grignon, Chaumont.

*1311. **lævigata,** d'Orb., 1825, Ann. des Sc. nat., p. 121, n. 4. Espèce comprimée, lisse. Mouchy-le-Châtel.

*1312. **pedum,** d'Orb., 1825, Ann. des Sc. nat., p. 121, n. 5. Espèce très-grêle, striée en long, les tours non embrassants. Grignon, Mouchy-le-Châtel.

ALVEOLINA, Bosc, 1801. Voy. p. 185.

*1313. **Boscii,** d'Orb., 1825, Ann. des Sc. nat., p. 140, n. 5, Modèles n. 50. Grignon, Mouchy.

*1314. **elongata,** d'Orb., 1825, Ann. des Sc. nat., p. 141, n. 6. Espèce très-allongée, lisse. Env. de Valognes.

ROTALIA, Lamarck.

*1315. **complanata,** d'Orb., 1825, Ann. des Sc. nat., p. 108, n. 37. A loges bombées. Les Boves.

*1316. **turbo,** d'Orb., 1825, Ann. des Sc. nat., p. 108, n. 39, Modèles n. 73. Les Boves.

*1317. **semimarginata,** d'Orb., 1825, Ann. des Sc. nat., p. 110, n. 53. Espèce rugueuse, ovale, bordée intérieurement. France, Grignon.

*1318. **trochiformis,** Lamk., An. s. vert., 7, p. 106, n. 1. An. du Mus., 1, pl. 12, fig. 8. France, Montmirail, Liancourt, Valognes, Parnes, Mouchy.

*1319. **saxorum,** d'Orb., 1825, Ann. des Sc. nat., p. 106, n. 2, Espèce bordée en dessous. France, env. de Blaye.

*1320. **marginata,** d'Orb., 1825, Ann. des Sc. nat., p. 106, n. 9. Disque central très-grand. Montmirail.

*1321. **Dufresnii,** d'Orb., 1825, Ann. des Sc. nat., pl. 107, n. 12. Espèce très-conique. Montmirail, Blaye.

1322. **papillosa,** d'Orb., 1825, Ann. des Sc. nat., p. 107, n. 16. Couverte de papilles au centre inférieur. Montmirail, les Boves, Parnes.

*1323. **Thouini,** d'Orb., 1825, Ann. des Sc. nat., p. 107, n. 16, Striée en travers sur les sutures inférieures. Boves, Parnes, Mouchy.

*1324. **Guerini,** d'Orb., 1825, Ann. des Sc. nat., p. 107, n. 18. Espèce à loges nombreuses droites. Boves, Parnes.

*1325. **Audouini,** d'Orb., 1825, Ann. des Sc. nat., p. 107, n. 19. Espèce bordée extérieurement et quelquefois épineuse. Boves, Essanville, Parnes.

GLOBIGERINA, d'Orb., 1825, Foraminifères de Vienne.

*1326. **Parisiensis,** d'Orb., 1845, Ann. des Sc. nat., p. 111, n. 12. Espèce ovale fortement ombiliquée. Grignon.

TRUNCATULINA, d'Orb., 1825.

*1327. **elongata,** d'Orb., 1825, Ann. des Sc. nat., p. 113, n. 2. Grande espèce bombée. Grignon, Parnes.

ROSALINA, d'Orb., 1825.

*1328. **orbicularis,** d'Orb., 1847. *Rosalia*, id., 1825, Ann. des Sc. nat., p. 108, n. 35. Espèce très-déprimée. Mouchy-le-Châtel, les Boves.

*1329. **vesicularis,** d'Orb., 1847. *Rosalia*, id., 1825, Ann. des Sc. nat., p. 108, n. 36. *Discorbites vesicularis*. Valognes.

*1330. **Parisiensis,** d'Orb., 1825, Ann. des Sc. nat., p. 105, n. 5, Modèles n. 38. Grignon, Montmirail, Parnes. P. S., Ermenonville.

VALVULINA, d'Orb., 1825. Voy. Foraminifères de Vienne.

*1331. **triangularis,** d'Orb., 1825, Ann. des Sc. nat., p. 104, n. 1, Modèles n. 25. Mouchy-le-Châtel, Valognes.

*1332. **pupa,** d'Orbigny, 1825, Ann. des Sc. nat., p. 104, n. 2. Espèce plus allongée que la précédente. Mouchy-le-Châtel, Valognes.

*1333. **columna-tortilis,** d'Orb., 1825, Ann. des Sc. nat., p. 104, n. 3. Mouchy-le-Châtel, Valognes.

*1334. **ignota,** d'Orb., 1825, Ann. des Sc. nat., p. 104, n. 5. Espèce carénée entièrement, peu élevée. Valognes.

*1335. **globularis,** d'Orb., 1825, Ann. des Sc. nat., p. 104, n. 6. Espèce globuleuses courte. Mouchy-le-Châtel. Valognes.

*1336. **Gervillei,** d'Orb., 1825, Ann. des Sc. nat., p. 105, n. 7. Espèce plus courte encore. Valognes.

*1337. **deformis,** d'Orb., 1825, Ann. des Sc. nat., p. 105, n. 8. Espèce qui n'a qu'un tour de spire très-évasée. Valognes.

CLAVULINA, d'Orb., 1825. Voy. Foraminifères de Vienne.

*1338. **Parisiensis,** d'Orb., 1825, Ann. des Sc. nat., p. 102, n. 3, Modèles n. 66. Mouchy-le-Châtel.

ASTERIGERINA. d'Orb., 1846, Foraminifères de Vienne.

*1339. **Ferussaci,** d'Orb., 1847. *Rosalia*, id., 1825, Ann. des Sc. nat., p. 108, n. 38. Espèce trochoïde. France, les Boves.

GUTTULINA, d'Orb., 1825, Foraminifères de Vienne.

*1340. **caudata,** d'Orb., 1825, Ann. des Sc. nat., p. 100, n. 16. Grignon (non Adriatique).

*1341. **nitida,** d'Orb., 1825, Ann. des Sc. nat., p. 100, n. 17. Espèce ovale. Grignon, Parnes.

GLOBULINA, d'Orb., 1824, Foramnifères de Vienne.

*1342. **translucida,** d'Orb., 1825, Ann: des Sc. nat., p. 101. Espèce irrégulière ovale. France, Grignon (non Rimini).

*1343. **depressa,** d'Orb., 1825, Ann. des Sc. nat., n. 101. Espèce comprimée. Env. de Beauvais, Mouchy.

POLYMORPHINA, d'Orb., 1825, Foraminifères de Vienne.

*1344. **obtusa,** d'Orb., 1825, Ann. des Sc. nat., p. 99. Espèce renflée. Grignon.

*1345. **aculeata,** d'Orb., 1825, Ann. des Sc. nat., p. 99, n. 5. Grande espèce striée en long. Grignon.

*1346. **Thouini,** d'Orb., 1825, Ann. des Sciences nat., p. 99, n. 7, Modèles n. 23. Grignon.

BILOCULINA, d'Orb., 1825, Foraminifères de Vienne.

*1347. **bulloides,** d'Orb., 1825, Ann. des Sc. naturelles, p. 131, n. 1, Modèles n. 90. Grignon (non Bordeaux, non Rimini), Mouchy, Parnes.

*1348. **ringens,** d'Orb., 1825, Ann. des Sc. nat., p. 131, n. 2. Large ouverture, dent bifurquée. Grignon, Valognes, Blaye.

*1349. **aculeata,** d'Orb., 1825, Ann. des Sc. nat., p. 132, n. 3, Modèles n. 31. Pierres de Blaye.

*1350. **elongata,** d'Orb., 1825, Ann. des Sc. nat., p. 132, n. 5. Espèce très-allongée. Pierres de Blaye.

SPIROLOCULINA, d'Orb., 1825, Foraminifères de Vienne.

*1351. **perforata,** d'Orb., 1825, Ann. des Sc. nat., p. 132, n. 2, Mod. n. 92. Montmirail.

*1352. **bicarinata,** d'Orb., 1825, Ann. des Sc. nat., p. 132, n. 6. Mouchy-le-Châtel.

FABULARIA, Defr., 1824, d'Orb., Foraminifères de Vienne.

*1353. **discolithes,** Defr., 1820, d'Orb., 1825, Ann. des Sc. nat., p. 141, pl. 17, fig. 14-17, Mod. n. 100, id., Foram. de Vienne, pl. 21, fig. 55, 56. Valognes, Mouchy, Parnes.

*1354. **compressa,** d'Orb., 1847. Espèce très-comprimée, très-grande. Parc-Fouru, près de Valognes (Manche).

TRILOCULINA, d'Orb., 1825. Voy. Foram. de Vienne.

*1355. **trigonula,** d'Orb., 1825, Ann. des Sc. nat., p. 133, n. 1, Mod. n. 93. Boves, Valognes, Parnes, Mouchy.

*1356. **angularis,** d'Orb., 1825, Ann. des Sc. nat., p. 133, n. 6. Espèce très-anguleuse, triangulaire. Blaye.

*1357. **strigillata,** d'Orb., 1825, Ann. des Sc. nat., p. 134, n. 13. Espèce courte, renflée. Valognes.

*1358. **deformis,** d'Orb., 1825, Ann. des Sc. nat., p. 134, n. 18. Espèce très-allongée gibbeuse. Grignon, Chaumont.

*1359. **tricostata,** d'Orb., 1825, Ann. des Sc. nat., p. 134, n. 21. Grignon.

ARTICULINA, d'Orb., 1825, Foram. de Vienne.

*1360. **nitida,** d'Orb., 1825, Ann. des Sc. nat., p. 134, n. 1, Modèles n. 22. Grignon.

QUINQUELOCULINA, d'Orb., 1825. Voy. Foraminif. de Vienne.

*1361. **saxorum,** d'Orb., 1825, Ann. des Sc. nat., p. 135, n. 1, Mod. n. 33, pl. 16, fig. 10-14. Paris, Mouy, Blaincourt.

*1362. **birostris,** d'Orb., 1825, Ann. des Sc. nat., p. 135, n. 2. *Miliolites*, id., Lam., Ann. du Mus., 5, p. 352, n. 7. Paris.

*1363. **striata,** d'Orb., 1825, Ann. des Sc. nat., p. 135, n. 4. Espèce fortement striée, comprimée. Grignon.

*1364. **Parisiensis,** d'Orb., 1825, Ann. des Sc. nat., p. 135, n. 5. Espèce renflée et striée. Grignon.

*1365. **lævigata,** d'Orb., 1825, Ann. des Sc. nat., p. 135, n. 6. Espèce allongée. Grignon.

*1366. **glomerata,** d'Orb., 1825, Ann. des Sc. nat., p. 135, n. 7. Espèce très-irrégulière. Grignon, Chaumont, Neuville-Bosc.

*1367. **plana,** d'Orb., 1825, Ann. des Sc. nat., p. 135, n. 8. Espèce subanguleuse. Grignon (non Méditerranée).

*1368. **semistriata,** d'Orb., 1825, Ann. des Sc. nat., p. 135, n. 13. Chaque loge est striée à ses extrémités. Grignon.

*1369. **crassa,** d'Orb., 1825, Ann. des Sc. nat., p. 135, n. 14. Espèce suborbiculaire renflée, striée. Grignon.

*1370. **Ferussaci,** d'Orb., 1825, Ann. des Sc. nat., p. 135, Modèles n. 32. Paris, Parnes, Mouchy.

*1371. **punctulata,** d'Orb., 1825, Ann. des Sc. nat., p. 136. Ponctuée en long. Paris.

*1372. **carinata,** d'Orb., 1825, Ann. des Sc. nat., p. 136. Espèce lisse, obtusément carénée. Paris.

*1373. **prisca,** d'Orb., 1825, Ann. des Sc. nat., p. 136, n. 32. Espèce renflée. Paris.

*1374. **lamellata,** d'Orb., 1825, Ann. des Sc. nat., p. 136, n. 39. Une lame carénée au pourtour. Paris.

AMORPHOZOAIRES.

CLIONA, Grant, 1826. Voy. p. 289.

*1375. **Parisiensis,** d'Orb., 1847. Jolie espèce dont les ouvertures extérieures sont très-petites, nombreuses au centre, presque rameuses au pourtour. France, Grignon (Seine-et-Oise).

VINGT-CINQUIÈME ÉTAGE : — PARISIEN.

(B. — PARISIEN SUPÉRIEUR.)

MOLLUSQUES CÉPHALOPODES.

SEPIA, Linné, d'Orb., Paléont. univ., 1, p. 147.

1376. **compressa,** d'Orb., Paléont. univ., 1, pl. 7, fig. 1-3. Ter. tertiaires, pl. 1, fig. 1-3. Valmondois, Valognes.

MOLLUSQUES GASTÉROPODES.

HELIX, Linné, 1758.

1377. **pseudoglobosa,** d'Orb., 1847. *H. globosa*, Sow., 1817, Min. Conch., t. 4, p. 157, pl. 170 (non Montagu, 1802). Angl., Roak, près Benson (Oxfordshire).

BULIMUS, Bruguière, 1789.

1378. **ellipticus,** Sow., 1822, Min. Conch., 4, p. 46, pl. 337. Wetherell, 1846, London, Geolog. Journ., p. 20, fig. 2. Angl., Shœlcombe, île de Wight.

1379. **costellatus,** Sow., 1822, Min. Conch., t. 4, p. 89, pl. 366. Angl., île de Wight.

LYMNEA, Lamk., 1801.

1380. **ovum,** Brong., Ann. du Mus., t. 15, pl. 22, fig. 13. Desh., 1824, 2, p. 97, pl. 11, fig. 15, 16. Pierrelaye.

*1381. **acuminata,** Brong., Ann. du Mus., t. 15, p. 373, pl. 22, fig. 11. Desh., 1824, 2, p. 92, pl. 10, fig. 20, 21. Pierrelaye, Beauchamp.

1382. **arenularia,** Brard, Ann. du Mus., t. 15, pl. 24, fig. 5, 6, 7. Desh., 1824, 2, p. 93, pl. 11, fig. 7, 8. Beauchamp, Valmondois, Crépy.

1383. **substriata,** Desh., 1824, 2, p. 94, pl. 11, fig. 5, 6. France, la Chapelle, près Senlis, la Chapelle-en-Serval.

*1384. **longiscata,** Brong., Ann. du Mus., t. 15, p. 372, pl. 22, fig. 9. Desh., 1824, 2, p. 92, pl. 11, fig. 3, 4. Sow., M. C., pl. 343. Belleville-St-Ouen, Pantin, Apremont, Fleuvines, Cran-de-Lude (Marne) ; Angl., Headon-Hill (île de Wight).

1385. **strigosa,** Brong., Ann. du Mus., t. 15, p. 373, pl. 22, fig. 10. Desh., 1824, 2, p. 92, pl. 11, fig. 1, 2. Pantin, Nanteuil, Ducy, Boulavre.

1386. **subpalustris,** d'Orb., 1847. *L. palustris*, Brong., Ann. du Mus., t. 15, p. 373, pl. 22, fig. 15. Desh., 1824, 2, p. 95, pl. 11, fig. 9, 10. Pierrelaye (non Gmelin, 1789).

*1387. **pyramidalis,** Brard, Ann. du Mus., t. 15, pl. 24, fig. 1, 2. Desh., 1824, 2, p. 95, pl. 10, fig. 14, 15. Sow., pl. 528, fig. 3. La Villette, Ermenonville, St-Christophe, Headon-Hill (île de Wight).

1388. **minima,** Sow., 1817, Min. Conch., t. 2, p. 155, pl. 169, fig. 1. Ile de Wight.

1389. **fusiformis,** Sow., 1817, Min. Conch., t. 2, p. 155, pl. 169, fig. 2, 3. Ile de Wight.

1390. **maxima,** Sow., 1826, Min. Conch., t. 6, p. 53, pl. 528, fig. 1. Ile de Wight.

1391. **columellaris,** Sow., 1826, Min. Conch., t. 6, p. 53, pl. 528, fig. 2. Hordwell.

PLANORBIS, Guettard, 1756.

1392. **cylindricus,** Sow., 1816, Min. Conch., 2, p. 89, pl. 140, fig. 2. Ile de Wight.

1393. **obtusus,** Sow., 1816, Min. Conch., 2, p. 89, pl. 140, fig. 3. Ile de Wight.

1394. **hemistoma,** Sow., 1816, Min. Conch., 2, p. 89, pl. 140, fig. 6. Londres, Plumsted.

*1395. **inflatus,** Desh., 1824, 2, p. 86, pl. 10, fig. 3, 4, 5. Septeuil, la Villette.

*1396. **subangulatus,** Desh., 1824, 2, p. 87, pl. 9, fig. 14, 15. Pantin, la Villette.

*1397. **lens,** Brong., Ann. du Mus., t. 15, p. 372, pl. 22, fig. 8. Desh., 1824, 2, p. 87, pl. 9, fig. 11, 12, 13. Sowerby, pl. 140, fig. 4. France, Buttes-Saint-Chaumont, Pantin, Ducy (Oise); Angl., île de Wight.

1398. **planulatus,** Desh., 1824, Env. de Paris, 2, p. 88, pl. 10, fig. 8, 9, 10. Pantin, la Villette.

1399. **inversus,** Desh., 1824, 2, p. 89, pl. 9, fig. 16, 17, 18. La Villette.

ANCYLUS, Geoffroy, 1766.

1400. elegans, Sow., 1826, Min. Conch., t. 6, p. 63, pl. 533. Angl., Hordwell.

PALUDESTRINA, d'Orb., 1839, Voy. p. 300.

***1401. varicosa,** d'Orb., 1847. *Paludina varicosa*, Ch. d'Orb., 1836, Mag. de Zool., pl. 79, fig. 1-3. Paris.

***1402. paludinæformis,** d'Orb., 1847. *Paludina paludinæformis*, Ch. d'Orb., 1836, Mag. de Zool., pl. 79, fig. 4-5. Paris.

***1403. elongata,** d'Orb., 1847. *Paludina elongata*, Ch. d'Orb., 1836, Mag. de Zool., pl. 79, fig. 6, 7, pl. 33, fig. 15, 16. Barron, Ermenonville, Tancrou, Valmondois, le Tomberay, Monneville, Aumont.

1404. pyramidalis, d'Orb., 1847. *Paludina pyramidalis*, Desh., 1824, 2, p. 134, pl. 17, fig. 5, 6. La Villette, St-Ouen.

***1405. pusilla,** d'Orb., 1847. *Paludina pusilla*, Deshayes, 1824, 2, p. 134, pl. 16, f. 5. Le Mesnil-Aubry, St-Ouen, Betz, Ermenonville, Ducy, Lévignan (Oise).

***1406. conulus,** d'Orb., 1847. *Bulimus conulus*, Lamk., Ann. du Mus., t. 4, p. 293, n. 7, et t. 8, pl. 59, fig. 7. Deshayes, 1824, 2, p. 62, pl. 9, fig. 3, 4. Grignon, Ermenonville, Crépy (Oise).

***1407. conica,** d'Orb., 1847. *Paludina conica*, C. Prévost, Note sur un nouv. exemple, etc., Jour. de phys., juin 1821, p. 11, n. 2. Deshayes, 1824, 2, p. 129, pl. 16, fig. 6, 7. Vaugirard, Septeuil.

***1408. atomus,** d'Orb., 1847. *Paludina atomus*, Deshayes, 1824, 2, p. 130, pl. 16, fig. 1, 2. Ménil-Aubry, St-Ouen, Ducy (Oise).

PALUDINA, Lamarck, 1822.

1410. orbicularis, Morris, 1843. *Phasianella orbicularis*, Sow., 1817, Min. Conch., t. 2, p. 167, pl. 175, fig. 1. Angleterre, Shalcomb dans l'île de Whigt.

1411. angulosa, Morris, 1843. *Phasianella angulosa*, Sow., 1817, Min. Conch., t. 2, p. 167, pl. 175, fig. 2. Angleterre, Shalcomb dans l'île de Whigt.

1412. minuta, Morris, 1843. *Phasianella minuta*, Sow., 1817, Min. Conch., t. 2, p. 167, pl. 175, f. 3. Angleterre, île de Whigt.

1413. suboperta, Sowerb., 1813, Min. Conch., 1, p. 77, pl. 31, fig. 6. Angleterre, Holywell.

MELANIA, Lamarck, 1801.

1414. costata, Sow. 1819, Min. Conch., t. 3, p. 71, pl. 241, fig. 2. Angleterre, Hordwell-Cliff.

1415. minima, Sow., 1819, Min. Conch., t. 3, p. 71, pl. 241, fig. 3. Angleterre, Brakenhurst.

1416. truncata, Sow., 1819, Min. Conch., t. 3, p. 71, pl. 241, fig. 4. Angleterre, Brakenhurst.

1417. fasciata, Sow., 1819, Min. Conch., t. 3, p. 71, pl. 241, fig. 1. Angleterre, île de Whigt.

MELANOPSIS, Férussac, 1807.

1418. carinata, Sow., 1826, Min. Conch., t. 6, p. 41, pl. 523, fig. 1, Angleterre, env. de Newport dans l'île de Whigt.

1419. brevis, Sow., 1826, Min. Conch., t. 6, p. 41, pl. 523, fig. 2. Angleterre, côte du Hampshire.

1420. subulata, Sow., 1823, Min. Conch., t. 4, p. 35, pl. 332, fig. 8. Angleterre, île de Wight.

SCALARIA, Lamarck, 1801. Voy. p. 2.

1421. costellata, Deshayes, 1824, 2, p. 200, pl. 24, fig. 1, 2, 3. La Chapelle, près Senlis.

TURRITELLA, Lamarck, 1801. Voy. p. 67.

1422. scalarina, Desh., 1824, 2, p. 281, pl. 40, fig. 33, 34, 35. Parnes, Acy-en-Mulcien.

***1423. funiculosa,** Desh., Coq. foss., n. 6, p. 276, pl. 37, fig. 5, 6. Chavançon, Montépilloy, Ormoy-Villers (Oise), Grignon.

***1424. incerta,** Deshayes, 1824, 2, p. 283, pl. 37, fig. 11, 12; Barron, Tancrou, Ermenonville, Valmondois.

***1425. sulcifera,** Deshayes, 1824, 2, p. 278, pl. 35, fig. 5, 6; pl. 36, fig. 3, 4; pl. 37, fig. 19, 20. Valmondois, la Chapelle, près Senlis, Monneville, Villemétrie (Oise).

***1426. granulosa,** Desh., 1824, 2, p. 275, pl. 37, fig. 1, 2. France, Monneville, Maule, Assy, Bouconvillers, Villemétrie, Thury-en-Valois.

***1427. monilifera,** Desh., 1824, 2, p. 275, pl. 37, fig. 7, 8. La Chapelle, près Senlis, Valmondois, Assy, Monneville, Aumont (Oise).

CHEMNITZIA, d'Orb., 1839. Voy. t. 1, p. 172.

***1428. lactea,** d'Orb., 1847. *Melania lactea*, Lamk., Anim. s. vert., t. 7, p. 544, n. 2; Ann. du Mus., t. 4, p. 430, n. 2, et t. 8, pl. 60, fig. 5. Deshayes, 1824, 2, p. 106, pl. 13, fig. 1-5. Grignon, Courtagnon, Maule, Plaisir, Parnes, Houdan, Lallainville, Mouchy, Ermenonville, Lisy, la Chapelle, près Senlis, Valmondois.

***1429. buccinalis,** d'Orb., 1847. *Melania buccinalis*, Deshayes, 1824, 2, p. 116, pl. 14, fig. 11, 12. Grignon, Valmondois, Monneville.

***1430. tenuiplicata,** d'Orb., 1847. *Melania tenuiplicata*, Desh., 1824, 2, p. 111, pl. 13, fig. 20, 21. Pierrelaye.

***1431. decussata,** d'Orb., 1847. *Melania decussata*, Deshayes, 1824, 2, p. 112, pl. 14, fig. 9, 10. Louvres, la Chapelle, près Senlis, Valmondois, Hauteville, près Valognes, Lierville.

VOLVARIA, Lamarck, 1801.

***1433. acutiuscula,** Sow., 1825, Min. Conch., 5, pl. 487. Desh., n. 2, pl. 95, fig. 7-9. France, Acy-en-Mulcien, Monneville (Oise); Angleterre, Barton.

NATICA, Adanson, 1757.

***1434. hybrida,** Deshayes, 1824, 2, p. 172, pl. 19, fig. 17, 18. Valmondois, Assy, Betz, Acy.

***1435. conica,** d'Orb., 1847. *Ampullaria conica*, Lamk., Ann. du Mus., t. 5, p. 30, n. 3; Anim. s. vert., t. 7, p. 548, n. 3. Deshayes, 1824, 2, p. 140, pl. 17, fig, 7. 8. Betz.

***1436. ponderosa,** d'Orb., 1847. *Ampullaria ponderosa*, Deshayes, 1824, 2, p. 140, pl. 17, fig. 13, 14. Monneville, le Tomberay, Acy (Oise).

***1437. Noe,** d'Orb., 1847. *N. glaucinoides*, Deshayes, 1824. Env. de Paris, 2, p. 166, pl. 20, fig. 7, 8 (non Sowerby, 1812). La Chapelle, près Senlis, Valmondois, Tancrou, Assy, Ver, St-Sulpice.

*1438. **lineolata,** Deshayes, 1824, 2, p. 167, pl. 20, fig. 9, 10. Beauchamp, Damerie, Lisy-s.-Ourcq.

*1438. **athleta,** d'Orb., 1847. Espèce de la taille du N. scalariformis, mais plus courte, et sans canal ni rampe sur la suture. Auvert.

NERITA, Linné, 1758. Voy. t. 1, p. 214.

1439. **angistoma,** Deshayes, 1824, 2, p. 159, pl. 19, fig. 11, 12. Valmondois.

*1440. **granulosa,** Deshayes, 1824, 2, p. 159, pl. 19, fig. 13, 14. Valmondois, Senlis, Faudon, St-Bonnet (Hautes-Alpes).

PHORUS, Montfort, 1810.

*1441. **subconchyliophorus,** d'Orb. *Trochus conchyliophorus*, Desh., 1824, 2, p. 242, pl. 31, fig. 1, 2 (non Born). Monneville, Senlis, Tancrou, Bouconvillers.

TROCHUS, Linné, 1758. Voy. t. 1, p. 64.

1442. **minutus,** Desh., 1824, 2, p. 239, pl. 29, fig. 15-18. Valmondois.

*1443. **patellatus,** Desh., 1824, 2, p. 240, pl. 31, fig. 5-7. Valmondois, Acy, Mary, Tancrou.

*1444. **monilifer,** Lamk., Desh. 1824, 2, p. 231, pl. 28, fig. 1-6. Senlis, Valmondois, Mary, Tancrou, Ermenonville, Ver, Chapelle, Faudon (Hautes-Alpes).

*1445. **margaritaceus,** Desh., 1824, 2, p. 232, pl. 28, fig. 7-9. La Chapelle près Senlis, Valmondois, Tancrou.

1446. **Parisiensis,** d'Orb., 1847. *Monodonta Parisiensis*, Desh., 1824, 2, p. 248, pl. 32, fig. 8-9. Valmondois, Mary.

*1447. **tricostatus,** d'Orb., 1847. *Turbo tricostatus*, Desh., 1824, 2, p. 259, pl. 33, fig. 9-12. Monneville, Valmondois, Tancrou.

SOLARIUM, Lamarck, 1801. Voy. t. 1, p. 300.

1448. **trochiforme,** Desh., 1824, 2, p. 217, pl. 26, fig. 8, 9, 10. Nyst., pl. 35, fig. 16. Tancrou, Ver; Belgique, Jette, Laeken, Zoet-Water, près de Louvain.

*1449. **plicatulum,** Desh., 1824, 2, p. 220, pl. 24, fig. 9-11. Senlis, Mary, Valmondois, Acy, Tancrou, Acy-en-Mulcien.

PITONELLUS, Monfort, 1810. Voy. t. 1, p. 64.

*1450. **calliferus,** d'Orb., 1847. *Delphinula callifera*, Desh., 1824, 2, p. 210, pl. 25, fig. 16-18. Betz, Tancrou, Mouchy, Chapelle, Ermenonville.

TURBO, Linné, 1758. Voy. t. 1, p. 5.

*1451. **lima,** d'Orb., 1847. *Delphinula lima*, Lamk., Ann. du Mus., t. 4, p. 110, n. 2. Deshayes, 1824, 2, p. 208, pl. 24, fig. 7-8. Senlis, Valmondois, Tancrou, Mary, Assy, la Chapelle (Oise).

*1452. **biangulatus,** d'Orb., 1847. *Delphinula biangulata*, Deshayes, 1824, 2, p. 206, pl. 25, fig. 9, 10, 11. Senlis (Oise).

SILIQUARIA, Bruguière, 1791.

*1453. **sulcata,** Defr.-Chenu, Illustr., p. 4, pl. 2, fig. 8. Hadancourt-le-Haut-Clocher, Monneville, Lierville (Oise).

*1454. **dubia,** Defr.-Chenu, Ill., p. 3, pl. 2, fig. 4. Ermenonville, Ver (Oise).

CYPRÆA, Linné, 1740.

1455. media, Desh., 1824, 2, p. 723, pl. 95, fig. 37-38. Valmondois, le Tomberay.

***1456. Lamarckii,** Desh., 1824, 2, p. 727, pl. 97, fig. 9-10. Grignon, Valmondois, Tancrou.

MARGINELLA, Lamarck, 1801.

***1457. ampulla,** Desh., 1824, 2, p. 711, pl. 95, fig. 17-19. Valmondois.

OLIVA, Lamarck, 1801.

***1458. Branderi,** Sow., 1821, Min. Conch., pl. 288, fig. 1. Desh., n. 1, pl. 96, fig. 17-18. Monneville, Acy-en-Multien (Oise), Valmondois; Angleterre, Londres, Hampshire.

***1459. Laumontiana,** Lamk., Ann. du Mus., t. 1, p. 23, n. 3; t. 16, p. 328, n. 5. Desh., 1824, 2, p. 742, pl. 96, fig. 12, 13. Beauchamp, Senlis, Valmondois.

***1460. Marmini,** Michelin, Représ. de quelq. coq. de sa collect., fig. 6 et 7. Desh., 1824, 2, p. 741, pl. 96, fig. 23, 24. Valmondois, Aumont, Cuvergnon, Acy (Oise).

ANCYLLARIA, Lamarck, 1801.

***1461. inflata,** Desh., 1824, 2, p. 732, pl. 97, fig. 15, 16. Ermenonville, la Chapelle, près Senlis, Valmondois, Mouchy, Monneville, Ver, Préciamont (Oise).

VOLUTA, Linné, 1758. Voy. p. 154.

***1462. mutata,** Desh., 1824, 2, p. 682, pl. 92, f. 1, 2. Mary, Tancrou, Betz, Valmondois, Aumont, le Tombray.

1463. Branderi, Defr., Desh., 1824, 2, p. 701, pl. 90, fig. 15, 16. Monneville, Valmondois, les Clergis, Acy.

***1464. depauperata,** Sow., 1823, Min. Conch., t. 4, p. 133, pl. 396, fig. 4. Deshayes, pl. 92, fig. 5, 6. Bouconvillers, Varinfroy, Cuvernon, Valmondois, Tancrou; Angl., Barton.

***1465. athleta,** Sow., 1823, t. 4, p. 133, pl. 396, fig. 1-3. Desh., pl. 93, fig. 12, 13. Monneville, Houdan; Angl., Barton.

1466. simplex, Desh., 1824, Env. de Paris, 2, p. 704, pl. 94. fig. 12, 13. France, Betz, le Plessis-Cuvernon (Oise).

***1467. strombiformis,** Desh., 2, p. 687, pl. 92, fig. 13, 14. Valmondois, Mary, Bouconvillers, Acy.

***1468. scabricula,** d'Orb., 1847. *Buccinum scabriculum*, Brander, 1766, pl. 5, fig. 71. *Voluta digitalina*, Lamk., Ann. du Mus., t. 17, p. 77, n. 10. Deshayes, 1824, 2, p. 693, pl. 93, fig. 1, 2. *Voluta lima*, Valmondois, Betz. Sow., pl. 398, fig. 2. Monneville, Tancrou; Barton en Angleterre.

***1469. labrella,** Lamk., Ann. du Mus., t. 1, p. 478, n. 10, et t. 17, p. 78, n. 14. Desh., 1824, 2, p. 694, pl. 91, fig. 1-6. Valmondois, Lissy, Assy, Tancrou, Bouconvillers, le Tomberay, Ver, Aumont.

***1469. Auvertiana,** d'Orb., 1847. Espèce voisine du *V. mitrata*, mais bien plus courte et plus large, à 7 grosses côtes par tour, l'intervalle lisse, et pourvue seulement de quatre gros plis sur la columelle. Auvert.

MITRA, Lamarck, 1801. Voy. p. 154.

***1470. Lajoyi,** Desh., 1824, 2, p. 678, pl. 89, fig. 5, 6. Valmondois, Acy-en-Multien (Oise).

CONUS, Linné, 1758.

*1471. **crenulatus,** Desh., 1824, 2, p. 750, pl. 98, fig. 7, 8. Valmondois, le Tomberay.

*1472. **scabriculus,** Brand., Foss. haut., pl. 1, fig. 21, Desh., 1824, 2, p. 751, pl. 98, fig. 17, 18. Monneville, Chavançon (Oise); Angl., Barton.

*1473. **sulciferus,** Desh., 1824, 2, p. 748, pl. 98, fig. 3, 4. Monneville, Aumont (Oise).

ROSTELLARIA, Lamarck, 1801. Voy. p. 71.

*1474. **labrosa,** Sow., *R. crassilabrum*, Desh., 1824, 2, p. 624, pl. 84, fig. 2-4. Betz, Monneville, la Chapelle-en-Serval, Brégy (Oise), Ver; Angleterre.

*1474'. **athleta,** d'Orb., 1848. Espèce longue de 24 centimètres, voisine du *R. macroptera*, mais s'en distinguant par l'aile peu développée, ne passant pas l'avant-dernier tour, et n'enveloppant d'aucune manière le reste de la spire. France, Auvert (Seine-et-Oise).

PLEUROTOMA, Lamarck, 1801.

*1475. **prisca,** Sow., Min. Conch., pl. 388, Desh., 1824, 2, p. 436, pl. 69, fig. 1, 2. Valmondois, Tancrou, Acy; Angleterre, Londres, Hordwell.

*1476. **propinqua,** Desh., 1824, 2, p. 465, pl. 63, fig. 14-16. Mary, Tancrou.

*1477. **costaria,** Deshayes, 1824, 2, p. 485, pl. 68, fig. 1-3. Valmondois, Lierville.

*1478. **lyra,** Desh., 1824, 2, p. 468, pl. 64, fig. 1, 2, 6, 14, 15, 16. Senlis, Tancrou, Ermenonville.

*1479. **ventricosa,** Lamk., Desh., 1824, 2, p. 469, pl. 65, fig. 1-7. Grignon, la Chapelle, près Senlis, Lierville.

*1480. **textiliosa,** Desh., 1824, 2, p. 454, pl. 62, fig. 5, 6. Monneville, Aumont, Acy-en-Multien.

FUSUS, Bruguière, 1791. Voy. t. 1, p. 303.

*1481. **subcarinatus,** Lamk., Ann. du Mus., t. 3, p. 387, n. 24; Lamk., Desh., 1824, Paris, 2, p. 565, pl. 77, fig. 7-14. Valmondois, Senlis, Mortefontaine.

*1482. **plicatulus,** Deshayes, 1824, 2, p. 575, pl. 73, fig. 18-20. Monneville, Villemetrie, Acy-en-Multien (Oise).

*1483. **rarisulcatus,** Deshayes, 1824, 2, p. 556, pl. 76, fig. 32-34. Monneville (Oise).

*1484. **obtusus,** Desh., 1824, 2, p. 567, pl. 77, fig. 5, 6. La Chapelle, près Senlis.

*1485. **minax,** Lamk., Anim. s. vert., t. 7, p. 135, n. 6; Deshayes, 1824, 2, p. 568, pl. 77, fig. 1-4; Sowerby, pl. 229, fig. 2. Valmondois, Senlis, Assy, Tancrou, Betz; Anglet., Barton, Highgate.

*1486. **sublamellosus,** Deshayes, 1824, 2, p. 549, pl. 76, fig. 22, 23, 24, 25, 26, 29. Monneville, le Vouast, Hadancourt, Mortefontaine.

*1487. **scalaris,** Lamk., Anim. s. vert., t. 7, p. 134, n. 5, enc., pl. 424, fig. 7; Nyst., pl. 39, fig. 19; Deshayes, 1824, 2, p. 525, pl. 72, fig. 13, 14. Valmondois, Assy, Mary, Tancrou, Senlis, Lévemont; Belgique, Mont-Panisel, près de Mons; Angl., Barton.

1488. **asperulus,** Lamk., Ann. du Mus., t. 3, p. 319, n. 13; Deshayes, 1824, 2, p. 546, pl. 94 *bis*, fig. 15-17. Grignon, Assy-en-Multien.

1489. sexdentatus, Sow., 1823, Min. Conch., t. 5, p. 9, pl. 411, fig. 3. Angl., île de Wight.

1490. labiatus, d'Orb., 1847. *Buccinum labiatum*, Sow., 1823, Conch., t. 5, p. 10, pl. 412, fig. 1, 2. Angl., Hampshire, île de Wight.

FASCIOLARIA, Lamarck, 1801.

***1491. Parisiensis,** d'Orb., 1847. *Turbinella Parisiensis*, Desh., 1824, 2, p. 496, pl. 79, fig. 13, 14. Valmondois, Mary, Tancrou, Assy-en-Multien, le Tomberay, Bouconvillers (Oise).

MUREX, Linné, 1758.

***1492. tricuspidatus,** Desh., 1824, 2, p. 600, pl. 81, fig. 22, 23. Valmondois.

***1493. denudatus,** Desh., 1824, 2, p. 601, pl. 81, fig. 4, 5, 6. Valmondois, Bouconvillers.

***1494. crassicostatus,** Desh., 1824, 2, p. 601, pl. 82, fig. 13, 14. Valmondois.

***1495. bicostatus,** Desh., 1824, 2, p. 602, pl. 81, fig. 28-30. Valmondois.

***1496. distans,** Desh., 1824, 2, p. 592, pl. 81, fig. 24, 25. Valmondois.

1497. subrudis, d'Orb., 1847. *M. rudis*, Desh., 1824, 2, p. 593, pl. 81, fig. 1-3 (non Borson). Valmondois ; Angl., Barton.

***1498. spinulosus,** Desh., 1824, env. de Paris, 2, p. 590, pl. 81, fig. 13-15. France, Monneville, Senlis.

1499. micropterus, Desh., 1824, 2, p. 596, pl. 82, fig. 3, 4. Valmondois.

CERITHIUM, Adanson, 1757. Voy. t. 1, p. 196.

***1500. microstoma,** Desh., 1824, 2, p. 412, pl. 59, fig. 32-34. Lévemont.

***1501. moniliferum,** Defr., Desh., 1824, 2, p. 413, pl. 60, fig. 6-8. France, Monneville, Chavançon, le Vouast (Oise).

***1502. collaterale,** Desh., 1824, 2, p. 413, pl. 48, fig. 9, 10, 11. Tancrou, Bouconvillers, Levignen (Oise).

***1503. turritellatum,** Lamk., Desh., 1824, 2, p. 415, pl. 49, fig. 10, 11. Valmondois, Tancrou, Betz, Assy, Bouconvillers.

1504. obscurum, Desh., 1824, 2, p. 408, pl. 59, fig. 29-31. France, Lévemont, le Tomberay (Oise).

***1505. scalaroides,** Desh., 1824, 2, p. 411, pl. 59, fig. 24-26. Monneville, Valmondois, Assy, Tancrou, le Vouast.

1506. submarginatum, d'Orb., 1847. *C. marginatum*, Desh., 1824, 2, p. 336, pl. 51, fig. 15, 16 (non Brug., 1791). France, Tancrou.

***1507. multigranum,** Desh., 1824, 2, p. 393, pl. 60, fig. 4, 5. France, Blaincourt, Bouconvillers (Oise).

***1508. Bonardi,** Desh., 1824, 2, p. 416, pl. 49, fig. 1-4. Valmondois, Tancrou, Betz, Assy, Préciamont (Oise).

***1509. coronatum,** Desh., 1824, 2, p. 350, pl. 52, fig. 12, 13. Valmondois, Bouconvillers, Ermenonville.

*1510. **trochiforme,** Desh., 1824, 2, p. 336, pl. 52, fig. 1-3. Valmondois, Tancrou, Mary, Assy, Bouconvillers.

*1511. **scruposum,** Desh., 1824, 2, p. 374, pl. 57, fig. 17-19. Beynes, Acy, Bouconvillers (Oise).

*1512. **Sowerbyi,** Desh., 1824, 2, p. 352, pl. 53, fig. 8, 9. Valmondois, Bouconvillers, Ermenonville, Ver (Oise).

*1513. **subcanaliculatum,** Desh., 1824, 2, p. 253, pl. 53, fig. 6-10, 11, 12, 13. Senlis, Ermenonville, Hadancourt.

*1514. **subscabrum,** d'Orb., 1847, *C. scabrum*, Lamk., Ann. du Mus., t. 3, p. 346, n. 23; Desh., 1824, 2, p. 421, pl. 60, fig. 14-18 (non Olivi). Grignon, Tancrou, Valmondois, Assy.

*1515. **constrictum,** Desh., 1824, 2, p. 373, pl. 57, fig. 20-22. France, Damery, près Epernay.

*1516. **bicarinatum,** Lamk., Desh., 1824, 2, p. 356, pl. 53, fig. 14, 15. Mortefontaine, Assy, Mareuil, près Betz, Blaincourt, Ermenonville.

*1517. **globulosum,** Desh., 1824, 2, p. 379, pl. 57, fig. 11-13. Mary, Tancrou, Hauteville, près Valognes.

1518. **propinquum,** Desh., 1824, 2, p. 321, pl. 51, fig. 14-16. Assy, Betz, Ermenonville, Curvignon (Oise).

*1519. **pleurotomoides,** Lamk., Ann. du Mus., t. 3, p. 348, n. 27; Desh., 1824, 2, p. 345, pl. 46, fig. 11-15. La Chapelle, près Senlis, Ermenonville.

*1520. **Cordieri,** Desh., 1824, 2, p. 338, pl. 52, fig. 8, 14, 15. La Chapelle, près Senlis, Crépy (Oise), Faudon (H.-Alpes).

*1521. **Brocchii,** Desh., 1824, 2, p. 310, pl. 47, fig. 13, 14; pl. 48, fig. 12, 13. Senlis, Valmondois, Tancrou, Assy, Monneville.

*1522. **tiarella,** Desh., 1824, Paris, 2, p. 314, pl. 44, fig. 14-16. Senlis, Mareuil, Crepy, Auvergnon, Versigny (Oise).

1523. **nodiferum,** Desh., 1824, 2, p. 318, pl. 51, fig. 19, 20. Monneville, le Tomberay, Villemetrie, Assy (Oise).

*1524. **tenue,** Desh., 1824, 2, p. 402, pl. 59, fig. 9, 10, 11, 12. Grignon, Monneville, la Chapelle (Oise).

*1525. **subula,** Desh., 1824, 2, p. 339, pl. 52, fig. 16, 17. Senlis, Ermenonville, Crépy, Mortefontaine.

1526. **angustum,** Desh., 1824, 2, p. 340, pl. 59, fig. 1-3. Valmondois, Grignon.

*1527. **alligatum,** Desh., 1824, 2, p. 341, pl. 59, fig. 4, 5, 6. Senlis, Baron, Rosières.

*1528. **concavum,** Desh., 1824, 2, p. 341, pl. 46, fig. 1, 2. *Potamides concavus*, Sow., 1822, Min. Conch., 4, pl. 339, fig. 1, 2. Monneville, Ermenonville, Charançon; Angl., île de Wight.

*1529. **rusticum,** Desh., 1824, 2, p. 342, pl. 46, fig. 3, 4. Levemont, Monneville, Chavançon, Montagny.

1530. **lineolatum,** Desh., 1824, 2, p. 342, pl. 52, fig. 4, 5. Mary, Tancrou, Assy.

*1531. **Roissyi,** Desh., 1824, 2, p. 322, pl. 50, fig. 13-20. Senlis, Valmondois, Assy, Crépy, Ermenonville, Mortefontaine (Oise).

*1532. **mixtum,** Defr., Desh., 1824, 2, p. 324, pl. 45, fig. 6-11.

Valmondois, Mary, Betz, Baron, Assy, la Chapelle, Ermenonville (Oise).

*1533. **tricarinatum,** Lam., Ann. du Mus., t. 3, p. 272, n. 4; Anim. s. v., t. 7, p. 77, n. 4; Desh., 1824, 2, p. 325, pl. 51, fig. 1-9. Senlis, Ermenonville, Beynes, Monneville.

*1534. **tuberculosum,** Lamk., Ann. du Mus., t. 3, p. 348, n. 29; Desh., 1824, 2, p. 307, pl. 48, fig. 1-5. Valmondois, Lisy, Assy, Tancrou, Bouconvillers, Ermenonville, Ver.

*1535. **Hericarti,** Desh., 1824, 2, p. 308, pl. 47, fig. 7-9. Valmondois, Assy, Betz, Tancrou, Villemetrie, Ermenonville, Baron.

*1536. **Bouei,** Desh., 1824, 2, p. 349, pl. 52, fig. 9-11. Senlis, Ermenonville, Valmondois, Ver, la Chapelle.

*1537. **triforis,** d'Orb., 1847. *Triforis plicatus*, Desh., 1824, 2, p. 431, pl. 71, fig. 13-17 (non *plicatum*, Sow., 1822). Valmondois.

*1538. **mutabile,** Lamk., Ann. du Mus., p. 344, n. 15; Deshayes, 1824, 2, p. 305, pl. 47, fig. 16-23. Beauchamp, Valmondois, Assy, Tancrou, Betz, Assy, Ermenonville, Ver.

1539. **striatum,** Desh., 1824, 2, p. 312, pl. 41, fig. 8, 9. Valmondois.

*1540. **crenatulatum,** Desh., 1824, 2, p. 317, pl. 51, fig. 5, 6. La Chapelle, près Senlis, Beauchamp, Pierrelaye.

*1541. **clavosum,** Lamk., Ann. du Mus., t. 3, p. 436, n. 45; Deshayes, 1824, 2, p. 385, pl. 41, fig. 1, 2; pl. 54, fig. 29. Valmondois, Betz, Mary, Tancrou, Bouconvillers, Assy.

1542. **creniferum,** Desh., n. 55, pl. 53, fig. 3-5. Aumont, Villemetrie, le Tomberay, Ermenonville (Oise).

*1543. **submargaritaceum,** d'Orb., 1847. *Potamides margaritaceus*, Sow., 1822. Min. Conch., t. 4, p. 50, pl. 339, fig. 4 (non Brocchi, 1814). Angl., île de Wight.

1544. **pseudo-cinctum,** d'Orb., 1847. *Potamides cinctus*, Sow., 1822, Min. Conch., t. 4, p. 51, pl. 340, fig. 1. Angl., Headon-Hill (île de Wight.

1545. **pseudo-plicatum,** d'Orb., 1847. *Potamides plicatum*, Sow., 1822, Min. Conch., t. 4, p. 51, pl. 340, fig. 2 (non Brug., 1791). Ile de Wight.

1546. **duplex,** d'Orb., 1847. *Potamides duplex*, Sow., 1822, Min. Conch., t. 4, p. 51, pl. 240, fig. 3. Headon-Hill dans l'île de Wight.

1247. **ventricosum,** d'Orb., 1847. *Potamides ventricosus*, Sow., 1822, Min. Conch., t. 4, p. 53, pl. 341, fig. 1. Ile de Wight.

1548. **rigidum,** d'Orb., 1847. *Potamides rigidus*, Sow., 1817, Min. Conch., t. 4, p. 47, pl. 338? *Buccinum rigidum*, Brander, 1766, fig. 1-3. Londres, Barton.

1549. **acutum,** Morris, 1843. *Potamides acutus*, Sow., 1822, Min. Conch., t. 4, p. 53, pl. 341, fig. 2. Ile de Wight.

*1550. **Auvertianum,** d'Orb., 1847. Espèce presque aussi grande que le *C. giganteum*, mais à deux plis sur la columelle, et un troisième sur le retour de la spire; plus courte, son angle spiral étant de 25°. Chaque tour est orné de trois sillons longitudinaux et de quelques nodosités peu prononcées à la partie inférieure. Auvert.

*1551. **conoideum,** Lamk., Desh., n. 32, pl. 45, fig. 14, 15. Assy-en-Multien, Mortefontaine, Rosières, Boullarre (Oise).
*1552. **cornu-copiæ,** Sow., 1818, Min. Conch., t. 2, p. 188, pl. 188, fig. 1. Londres, Stubbington ; France, Cottentin.
BUCCINUM, Linné, 1758. Voy. p. 184.
*1553. **fusiforme,** Desh., 1824, 2, p. 653, pl. 87, fig. 15-17. Grignon, Senlis, Valmondois, Assy-en-Multien.
*1554. **truncatum,** Desh., 1824, 2, p. 654, pl. 87, fig. 18-20. Valmondois, Aumont (Oise).
*1555. **sub Andrei,** d'Orb., 1847. *Buccinum Andrei*, Desh., 1824, 2, p. 651, pl. 87, fig. 7-10 (non *Nassa Andrei*, Bast., Bass. tert. du S. O. de la France, p. 50, n. 7, pl. 4, fig. 7). Senlis, Levemont, Ver, Assy, Valmondois.
BUCCINANOPS, d'Orb., 1839. Voy. p. 303.
1556. **patulum,** d'Orb., 1847. *Buccinum patulum*, Desh., 1824, env. de Paris, 2, p. 646, pl. 88, fig. 5, 6. France, Valmondois.
HARPA, Lamarck, 1801.
*1557. **elegans,** Desh., 1824, 2, p. 643, pl. 86, fig. 16-18. Valmondois.
MORIO, Montfort, 1810. *Cassidaria*, Lamarck, 1811.
1558. **coronatus,** d'Orb., 1847. *Cassidaria coronata*, Desh., 1824, 2, p. 635, pl. 85, fig. 1, 2. Tancrou.
CASSIS, Bruguière, 1791.
*1559. **calantica,** Desh., 1824, 2, p. 640, pl. 85, fig. 17-19. Valmondois.
CAPULUS, Montfort, 1810. Voy. t. 1, p. 31.
*1560. **patelloides,** d'Orb., 1847. *Pileopsis patelloides*, Desh., n. 3, pl. 3, fig. 23-25. Assy-en-Multien, Bouconvillers, Puits de Cuvergnon (Oise).
INFUNDIBULUM, Montfort, 1810. Voy. p. 232.
*1561. **lævigatum,** d'Orb., 1847. *Calyptræa lævigata*, Desh., 1824, 2, p. 31, pl. 4, fig. 8, 9, 10. Valmondois, Betz, Villemetrie.
HELCION, Montfort, 1810. Voy. t. 1, p. 9.
1562. **costaria,** d'Orb., 1847. *Patella costaria*, Desh., 1824, 2, p. 9, pl. 1, fig. 10, 11. Valmondois, Bouconvillers, le Tomberay.
1563. **striatula,** d'Orb., 1847. *Patella striatula*, Desh., 1824, 2, p. 10, pl. 1, fig. 14-19. Valmondois.
1564. **glabra,** d'Orb., 1847. *Patella glabra*, Desh., 1824, 2, p. 10, pl. 1, fig. 9-11. Valmondois.
*1565. **lævis,** d'Orb., 1847. *Parmaphorus lævis*, Blainv., Bull. Sc., 1817, p. 28; Desh., pl. 1, fig. 15-18. Monneville, Ver, la Chapelle-en-Serval (Oise).
DENTALIUM, Linné, 1757. Voy. t. 1. p. 73.
*1566. **grande,** Desh., Monogr., n. 28, pl. 3, fig. 1-3. Assy-en-Multien, Le Tomberay, la Chapelle-en-Serval (Oise).

MOLLUSQUES LAMELLIBRANCHES.

CLAVAGELLA, Lamarck, 1807.
*1567. **Brongniartii,** Desh., 1822, Mém. géolog. sur les foss. du

Valm., p. 250, pl. 15, fig. 1; Paris, pl. 1, fig. 1-5. Valmondois.
*1568. **coronata,** Desh., 1824, 1, p. 8, pl. 5, fig. 15, 16; Sow., Min. Conch., 5, p. 128, pl. 480. Lisy, près Meaux, Pauliac, près de Bordeaux, Ver; Angleterre, Londres.
PHOLAS, Linné, 1758. Voy. t. 1, p. 251.
1569. **aperta,** Desh., 1822, 1824, 1, p. 21, pl. 2, fig. 10, 11, 12, 13. France, Valmondois, Assy-en-Multien.
1570. **conoidea,** Desh., 1822, 1824, 1, p. 22, pl. 2, fig. 1-5 et 14-17. Valmondois, Assy.
*1571. **scutata,** Desh., 1822, 1824, 1, p. 22, pl. 2, fig. 6, 7, 8, 9. Valmondois.
TEREDO, Linné, 1758. Voy. t. 1, p. 251.
*1572. **Causoniana,** d'Orb., 1847. Belle espèce dont les valves sont très-étroites et pourvues d'un sillon. Argenteuil, au-dessous du gypse.
GASTROCHŒNA, Spengler, 1783. Voy. t. 1, p. 275.
*1573. **angusta,** d'Orb., 1847. *Fistulana angusta*, Desh., 1824, 1, p. 16, pl. 1, fig. 11-15. Valmondois, Monneville.
*1574. **contorta,** Sow., 1826, Min. Conch., 6, p. 49, pl. 526, fig. 2. *Fistulana contorta*, Desh., 1824, 1, p. 16, pl. 1, fig. 24, 25-27. Valmondois; Anglet., Londres, Barton.
1575. **Provignyi,** d'Orb., 1847. *Fistulana Provigny*, Desh., 1824, t. 1, p. 17, pl. 1, fig. 16-19-22. Valmondois.
SAXICAVA, Fleuriau, 1802.
1576. **modiolina,** Desh., 1824, 1, p. 65, pl. 9, fig. 27, 28, 29. Valmondois.
*1577. **margaritacea,** Desh., 1824, 1, p. 65, pl. 9, fig. 22, 23, 24. Valmondois.
1578. **vaginoides,** Desh., 1824, 1, p. 66, pl. 7, fig. 25, 26. Assy-en-Multien.
SOLECURTUS, Blainville, 1824. Voy. p. 75.
*1579. **tellinella,** d'Orb., 1847. *Solen tellinella*, Desh., 1824, 1, p. 28, pl. 4, fig. 1, 2. Tancrou, près Meaux, Assy, la Chapelle.
MACTRA, Linné, 1758. Voy. t. 1, p. 216.
*1580. **subdepressa,** d'Orb., 1847. *M. depressa*, Desh., 1824, 1, p. 32, pl. 4, fig. 11, 12, 13, 14 (non Lam., 1818). La Chapelle, près Luzarches, Mortefontaine.
ARCOPAGIA, Brown, 1827. Voy. p. 75.
*1581. **subrotunda,** d'Orb., 1847. *Tellina subrotunda,* Deshayes, 1824, 1, p. 81, pl. 12, fig. 16, 17. Assy-en-Multien, Houdan, Valmondois, la Chapelle.
1582. **lucinalis,** d'Orb., 1847. *Tellina lucinalis*, Desh., 1824, 1, p. 85, pl. 13, fig. 7, 8. Valmondois, la Chapelle.
*1583. **lunulata,** d'Orb., 1847. *Tellina lunulata*, Desh., 1824, 1, p. 79, pl. 11, fig. 3, 4. Houdan, Valmondois, Assy, Varinfroy (Oise).
TELLINA, Linné, 1758. Voy. t. 1, p. 275.
*1584. **Lamarckii,** d'Orb., 1847. *Sanguinolaria Lamarckii*, Desh., 1824, 1, p. 73, pl. 10, fig. 15-19. Assy-en-Multien (Oise).
*1585. **rudis,** d'Orb., 1847. *Psammolia rudis*, Desh., 1824, 1, p. 74, pl. 10, fig. 11, 12. Grignon, Valmondois. Assy, Varinfroy.

*1586. **solida,** d'Orb., 1847. *Psammobia solida,* Sow., 1822, Min. Conch., t. 4, p. 55, pl. 342. Angl. Headon-Hill, île de Wight.

DONAX, Lamarck.

*1587. **Basterotina,** Desh., 1824, 1, p. 110, pl. 17, fig. 21, 22. Maulette, près Houdan, Damery, Ormoy-Villers, Ducy, Senlis.

*1588. **incompleta,** Lamk., Ann. du Mus., t. 7, p. 230, n. 2, et t. 12, pl. 41, fig. 3; Desh., 1824, 1, p. 111, pl. 18, fig. 1, 2. Beynes-Valmondois, Pierrelaye, Beauchamp, Bouconvillers.

*1589. **retusa,** Lamk., Ann. du Mus., t. 7, p. 230, n. 1, et t. 12, pl. 41, fig. 1; Desh., 1824, 1, p. 109, pl. 17, fig. 19, 20. Valmondois.

*1590. **obtusalis,** Desh., 1824, 1, p. 109, pl. 18, fig. 7, 8. Pierrelaye, Beauchamp, Chaumont.

PETRICOLA, Lamarck, 1801.

*1591. **depressa,** d'Orb., 1847. *Saxicava depressa,* Desh., 1824, 1, p. 66, pl. 9, fig. 20, 21. Valmondois.

VENUS, Linné, 1758. Voy. p. 15.

1592. **subglobosa,** d'Orb., 1847. *Venerupis globosa,* Desh., 1824, 1, p. 69, pl. 10, fig. 3, 4, 5 (non Gmelin, 1789). Valmondois, Hadancourt, Ver.

*1693. **striatula,** d'Orb., 1847. *Venerupis striatula,* Desh., 1824, 1, p. 70, pl. 10, fig. 6, 7. Assy-en-Multien, la Chapelle, près Senlis.

*1594. **rustica,** d'Orb., 1847. *Cytherea rustica,* Desh., 1824, 1, p. 130, pl. 33, fig. 10, 11. Pierrelaye, Marines, Lévemont, Marquemont, Assy, Ermenonville.

*1595. **tenuis,** Desh., 1824, 1, p. 143, pl. 23, fig. 8, 9. France, Vaugirard, près Paris.

*1596. **trigonula,** d'Orb., 1847. *Cytherea trigonula,* Desh., 1824, 1, p. 139, pl. 21, fig. 12, 13. Assy-en-Multien, Valmondois, Ermenonville.

*1597. **cuneata,** d'Orb., 1847. *Cytherea cuneata,* Desh., 1824, 1, p. 131, pl. 22, fig. 6, 7. La Chapelle, près Senlis, Villemetrie, Le Tomberay.

*1598. **lucinoides,** Desh., 1824, envir. de Paris, 1, p. 146, pl. 23, fig. 12, 13. France, la Chapelle, près Senlis.

*1599. **distans,** d'Orb., 1847. *Cytherea distans,* Deshayes, 1824, 1, p. 138, pl. 22, fig. 10, 11. France, la Chapelle, près Senlis, Ermenonville.

CYCLAS, Bruguière, 1791. Voy. p. 60.

1600. **pulcher,** Sow., 1826, Min. Conch., 6, p. 51, pl. 527, fig. 1. Anglet., Ile de Wight.

*1601. **deperdita,** d'Orb., 1847. *Cyrena deperdita,* Desh., 1824, 1, p. 118, pl. 19, fig. 14, 15. Pontoise, Pierrelaye, Beauchamp, Tancrou, Valmondois, Nanteuil, Villemetrie, le Tomberay.

*1602. **crassa,** d'Orb., 1847. *Cyrena crassa,* Desh., 1824, 1, p. 119, pl. 18, fig. 14, 15. Valmondois, Crepy, Ognes, Assy.

1603. **obovata,** Sow., 1817, Min. Conch., t. 2, p. 189, pl. 162, fig. 4, 5, 6. Angl., Londres et Barton.

CORBULA, Bruguière, 1791. Voy. t. 1, p. 275.

*1604. **striarella,** Deshayes, 1824, 1, p. 54, pl. 8, fig. 12-15. Houdan.

1605. ampullacea, Deshayes, 1824, 1, p. 54, pl. 8, fig. 8-11. Houdan.

*__1606. angulata,__ Lamk., Ann. du Mus., t. 8, p. 467, n. 4; Desh., 1824, 1, p. 54, pl. 8, fig. 16-20. Crépy, Senlis, Louvres, Assy, Ermenonville.

1607. nitida, Sow., 1822, Min. Conch., t. 4, p. 85, pl. 362, fig. 1-3. Ile de Wight.

1608. cuspidata, Sow., 1822, Min. Conch., t. 4, p. 85, pl. 362, fig. 4-6. Ile de Wight.

1609. gregaria, d'Orb., 1847. *Mya gregaria*, Sow., 1822, Min. Conch., t. 4, p. 87, pl. 363. *Potamomya gregaria*, Sow. Ile de Wight.

1610. angustata?, d'Orb., 1847. *Mya angustata*, Sow., 1826, Min. Conch., t. 6, p. 57, pl. 531, fig. 1. Ile de Wight.

CARDITA, Bruguière, 1791. Voy. p. 77.

*__1611. aspera,__ Lamk., Ann. du Mus., t. 6, p. 340, n. 1, et t. 9, pl. 19, fig. 5; Desh., 1824, 1, p. 182, pl. 30, fig. 15, 16. Grignon, Valmondois, Bouconvillers, Assy, Senlis, Varinfroy.

*__1612. complanata,__ d'Orb., 1847. *Venericardia complanata*, Deshayes, 1824, 1, p. 154, pl. 26, fig. 5, 6. France, Assy, Vary.

*__1613. cor-avium,__ d'Orb., 1847. *Venericardia cor-avium*, Lamk., Ann. du Mus., t. 7, p. 58, n. 7. *Venericardia oblonga*, Sow., Min. Conch., pl. 489, Desh., 1824, 1, p. 156, pl. 24, fig. 6, 7, 8. Essainville, Marquemont, Levemont; Barton, en Angleterre; Bouconvillers, Hadancourt, Chavançon.

1614. sulcata, d'Orb., 1847. *Venericardia globosa*, Sow., 1821, Min. Conch., t. 3, p. 161, pl. 289, fig. 1. *Chama sulcata*, Brander, 1766, fig. 100. Londres, Barton, Hordwell.

*__1615. spissa,__ d'Orb., 1847. *Venericardia spissa*, Defr., Dictionn., t. 57, p. 234. France, Jaulzy, Ermenonville, Neumoulin (Oise).

CRASSATELLA, Lamarck.

*__1615'. Parisiensis,__ d'Orb., 1847. Espèce voisine de forme du *C. gibbosula*, mais plus grande, moins bombée, sans côtes concentriques régulières, celles-ci étant remplacées, sur la région palléale, par des côtes ondulées non parallèles aux lignes d'accroissement. Auvert.

ERYCINA, Lamarck, 1805.

*__1616. elliptica,__ Lamk., Ann. du Mus., t. 6, p. 414, n. 6, et t. 9, pl. 31, fig. 6; Desh., 1824, 1, p. 41, pl. 6, fig. 16, 17, 18. Essanville, près Ecouen, Pierrelaye, Valmondois, la Chapelle, près Senlis, Ver.

LUCINA, Bruguière, 1791. Voy. t. 1, p. 76.

*__1617. sulcata,__ Lamk., Ann. du Mus., t. 7, p. 240, n. 9, et t. 12, pl. 42, fig. 9; Desh., 1824, 1, p. 97, pl. 14, fig. 12, 13. Bouconvillers, Villemetrie.

*__1618. Saxorum,__ Lamk., Ann. du Mus., t. 7, n. 4 et t. 12, pl. 42, fig. 5; Desh., 1824, 1, p. 100, pl. 15, fig. 5, 6. Courtagnon, Damery, près Épernay, Grignon, Parnes, Maule, Vaugirard, Plaisir, Mouchy, St-Sulpice, Mortefontaine.

*__1620. Ermenonvillensis,__ d'Orb., 1847. *Lucina divaricata*, (pars). L. testâ orbiculari compressâ, concentricè subplicatâ, bifariàm obliquè striata, striis interruptis, latere anali brevi subangulato; latere buccali rotundato absque sulcato; intùs labro longitudinaliter biplicato, externè lævigato, internè denticulato. Ermenonville.

CARDIUM, Bruguière, 1791. Voy. t. 1, p. 33.

*1621. **rachitis,** Desh., 1824, 1, p. 175, pl. 29, fig. 1, 2. Valmondois, Bouconvillers, St-Félix.

*1622. **emarginatum,** Desh., 1824, 1, p. 178, pl. 29, fig. 3, 4. Valmondois.

*1623. **granulosum,** Lamk., Ann. du Mus., t. 6, p. 341, n. 6 et t. 9, pl. 19, fig. 8; Desh., 1824, 1, p. 171, pl. 30, fig. 5, 6, 9, 10. Grignon, Courtagnon, Senlis, Ermenonville, Valmondois, le Vouast, Senlis, Ver, la Chapelle.

*1624. **semi-granulatum,** Sow., 1816, Min. Conch., 2, p. 99, pl. 144; Nyst., 1843. Coq. tert. de Belg., p. 189, pl. 14, fig. 5. Belgique, Lacken, Jette; Anglet., Barton; France, Valmondois.

CARDILIA, Deshayes, 1835.

1625. **Michelini,** Desh., Anim. s. vert., 6, p. 450. France, la Chapelle-en-Serval (Oise).

UNIO, Retzius, Voy. p. 79.

1626. **solanderi,** Sow., 1826, Min. Conch., t. 6, p. 29, pl. 517. Anglet., Hordwell.

PECTUNCULUS, Lamarck, 1801. Voy. p. 80.

*1627. **depressus,** Desh., 1824, 1, p. 222, pl. 35, fig. 12, 13, 14. Assy-en-Multien, Valmondois, Ermenonville, Cuvergnon.

ARCA, Linné, 1758. Voy. t. 1, p. 13.

*1628. **hyantula,** Desh., 1824, 1, p. 199, pl. 34, fig. 7, 8. Valmondois, Assy-en-Multien, Ermenonville.

*1629. **Magellanoides,** Desh., 1824, 1, p. 213, pl. 32, fig. 7, 8. Valmondois, Bouconvillers, Aumont.

*1630. **subrudis,** d'Orb., 1847. *A. rudis*, Desh., 1824, 1, p. 210, pl. 33, fig. 7, 8 (non Sow., 1823). Valmondois, Valognes, la Herelle, Assy.

PINNA, Linné, 1758. Voy. t. 1, p. 135.

*1631. **margaritacea,** Lamk., Ann. du Mus., t. 6, p. 218, n. 1, et t. 9, pl. 17, fig. 8; Desh., 1824, 1, p. 280, pl. 41, fig. 15; Nyst., pl. 20, fig. 9 (figure copiée de Deshayes et non originale). Grignon, Courtagnon, Parnes, Mouchy, Sèvres, Chaillot, Paris. P. S. Senlis, Valmondois, Valognes; Belgique, env. de Mons, Renaix, Oudenarde, Gand, Rouge-Cloître, St-Gilles de Deersel, Louvain, Jette.

MYTILUS, Linné, 1758. Voy. t. 1, p. 82.

*1632. **acutangulus,** Desh., 1824, 1, p. 274, pl. 40, fig. 1, 2. Valmondois, Senlis.

1633. **affinis,** Sow., 1826, Min. Conch., t. 6, p. 59, pl. 532, fig. 1. Ile de Wight.

*1634. **semi-nudus,** d'Orb., 1847. *Modiola semi-nuda*, Desh., 1824, 1, p. 264, pl. 39, fig. 20, 21, 22. La Chapelle, près Senlis, Ver.

LITHODOMUS, Cuvier, 1817.

*1635. **argenteus,** d'Orb., 1847. *Modiola argentea*, Desh., 1824, 1, p. 269, pl. 42, fig. 1, 2, 3. Valmondois.

*1636. **papyraceus,** d'Orb.,1847. *Modiola papyracea*, Desh., 1824, 1, p. 270, pl. 41, fig. 9, 10, 11. Valmondois.

DREISSENA, Van-Beneden, 1835.

1637. **Sowerbyi,** d'Orb., 1847. *Mytilus Brardii*, Sow., 1826, Min. Conch., t. 6, p. 59, pl. 532, fig. 2. *Drissena Brardii*, Morris (non Faujas). Anglet., Hordwell.

LIMA, Bruguière, 1791. Voy. t. 1, p. 175.

*1638. **flabelloides,** Desh., 1824, 1, p. 296, pl. 43, fig. 6, 7, 8. Valmondois.

*1639. **subplicata,** d'Orb., 1847. *L. plicata*, Desh., 1824, 1, p. 297, pl. 43, fig. 4, 5 (non Lam.). Valmondois.

AVICULA, Klein, 1753. Voy. t. 1, p. 13.

*1640. **fragilis,** Defr., Desh., 1824, 1, p. 289, pl. 42, fig. 10, 11 et pl. 45, fig. 14, 15; Defr., Dict. des Sc. nat., t. 3, suppl., p. 141; Nyst., pl. 25, fig. 5. Grignon, Senlis, Mortefontaine, Neumoulin (Oise); Belgique, Lacken.

PERNA, Bruguière, 1791. Voy. t. 1, p. 176.

1641. **Lamarckii,** Desh., 1824, 1, p. 284, pl. 40, fig. 7, 8. Senlis, Valmondois, La Chapelle.

SPONDYLUS, Linné, 1758. Voy. p. 83.

*1642. **multistriatus,** Deshayes, 1824, 1, p. 322, pl. 45, fig. 19, 20, 21. Chaumont. P. S. Mary, Assy-en-Multien, Tancrou.

CHAMA, Linné, 1758. Voy. p. 170.

*1643. **substriata,** Desh., 1824, 1, p. 250, pl. 38, fig. 1, 2, 3. Senlis, le Tomberay, Villemétrie, Ver.

1644. **papyracea,** Desh., 1824, 1, p. 251, pl. 37, fig. 3, 4. Valmondois, la Chapelle.

*1645. **ponderosa,** Desh., 1824, 1, p. 248, pl. 37, fig. 9, 10. Auvers, Valmondois, Bouconvillers, Assy, la Chapelle.

*1646. **rusticula,** Desh., 1824, 1, p. 249, pl. 37, fig. 7, 8 et pl. 38, fig. 4. Monneville, Chavançon, Bouconvillers.

OSTREA, Linné, 1752. Voy. t. 1, p. 166.

*1647. **arenaria,** Desh., 1824, 1, p. 354, pl. 64, fig. 9, 10, 11. Beauchamp, Pierrelaye, Pontoise, Creil, Bouconvillers.

1648. **subplana,** d'Orb., 1847. *O. plana*, Desh., 1824, 1, p. 338, pl. 56, fig. 5, 6 (non Gmel., 1789). Valmondois, le Tomberay.

*1649. **ambigua,** Desh., 1824, 1, p. 343, pl. 51, fig. 3, 4. Beauchamp, Valmondois, G. M. S. Fosse-Martin.

1650. **radiosa,** Desh., 1824, 1, p. 359, pl. 60, fig. 6, 7. Poissy.

1651. **Defrancii,** d'Orb., 1847. *Gryphæa Defrancii*, Desh., 1824, 1, p. 328, pl. 47, fig. 1-3. Boury, Hénonville (Oise).

1652. **cymbiola,** d'Orb., 1847. *Gryphæa cymbiola*, Desh., 1824, 1, p. 329, pl. 47, fig. 4, 5, 6. Valmondois, Assy, Tancrou, Bouconvillers.

*1653. **multistriata,** Desh., 1824, 1, p. 356, pl. 59, fig. 5, 6, 7, 8. *O. dorsata*, Desh., 1824, 1, p. 355, pl. 55, fig. 9-11; pl. 64, fig. 1-4; pl. 54, fig. 9, 10. France, Monneville, Valmondois, Senlis, la Chapelle, Bouconvillers.

*1654. **gryphina,** Desh., 1824, 1, p. 360, pl. 62, fig. 1, 2. *O. inflata*, Desh., 1824, 1, p. 359, pl. 58, fig. 4, 5; pl. 59, fig. 1, 2 (non Gmelin, 1789). Valmondois, le Tomberay, Bregny, la Chapelle, Cuvergnon.

*1655. **cubitus,** Desh., 1824, 1, p. 365, pl. 47, fig. 12, 13, 14, 15. Senlis, Valmondois, Varinfroy.

*1656. **cucullaris,** Lamk., Anim. s. vert., t. 6, p. 219, n. 27; Desh., 1824, 1, p. 34, pl. 56, fig. 3, 4. *O. lingulata*, Desh., 1824, 1, p. 347, pl. 19, fig. 13, 14. *O. hybrida*, Desh., 1824, 1, p. 347, pl. 59, fig. 3, 4. *O. crepidula*, Defr., Desh., 1824, 1, p. 339, pl. 57, fig. 1, 2; pl. 58, fig. 6, 7. *O. elongata*, Desh., 1824, 1, p. 348, pl. 49, fig. 3, 4. *O. simplex*, Desh., 1824, 1, p. 340, pl. 57, fig. 7; pl. 59, fig. 11, 12; pl. 60, fig. 3, 4. Valmondois, Assy, Tancrou, Betz, Ponchy, Bregny, Mary.

ÉCHINODERMES.

CIDARIS, Lamarck.

*1657. **Belone,** Agass., 1847, Cat. syst., p. 31. Valmondois, le Tomberay, Assy.

ZOOPHYTES.

TROCHOSERIS, Edwards et Haime, 1849.

*1658. **distorta,** d'Orb., 1847. *Antophyllium distortum*, Michelin, 1845, Icon. zooph., p. 149, pl. 43, fig. 8. Auvert, Valmondois, Assy.

DENDROSMILIA, Edwards et Haime, 1848.

*1659. **Duvaliana,** Edwards et Haime, 1848, Ann. des Sc. nat., x, p. 274, pl. 5, fig. 7. Auvert (Seine-et-Oise).

ASTREOPORA, Blainville, 1830.

*1661. **Auvertiana,** d'Orb., 1847. *Astræa Auvertiana*, Michelin, 1845, Icon. zoophyt., p. 159, pl. 44, fig. 10. Auvert, Valmondois, le Tomberay, Assy.

*1662. **panicea,** d'Orb., 1847. *Astræa panicea*, Michelin, 1845, Icon. zoophyt., p. 160, pl. 44, fig. 11. Auvert, Valmondois, Monneville, le Tomberay.

*1663. **asperrima,** d'Orb., 1847. *Gemmipora asperrima*, Michelin, 1845, Icon. zooph., p. 163, pl. 45, fig. 5. Auvert, Valmondois, Assy.

ASTROCŒNIA, Edwards et Haime, 1849.

1664. **microstella,** d'Orb., 1847, Michelin, 1845, Icon. zoophyt., p. 161, pl. 45, fig. 3. Valmondois, Aumont, Nanteuil.

OULOPHYLLIA, Edwards et Haime, 1848.

1665. **Valmondoisiaca,** d'Orb., 1847. *Meandrina id.* Michelin, 1845, Icon. zoophyt., p. 155, pl. 43, fig. 13. Auvert, Valmondois, Assy, Bouconvillers.

CYATHOSERIS, Edwards et Haime, 1849.

*1666. **infundibuliformis,** Edw. et Haime, 1849. *Agaricia infundibuliformis*, Michelin, 1845, Icon. zoophyt., p. 156, pl. 43, fig. 12. Auvert, Valmondois, Betz, Assy.

DENDRACIS, Edwards et Haime, 1849.

*1669. **Gervillei,** Edwards et Haime, 1849. *Madrepora Gervillei*, Defr., 1826, Michelin, Iconogr. zoophyt., p. 165, pl. 45, fig. 7, 8. Auvert, Valmondois, Assy-en-Multien. Le *M. Solanderii*, du même auteur, pl. 43, fig. 7, paraît être la même espèce roulée.

MILLEPORA, Lamarck, Linné.

1670. **deformis,** d'Orb., 1847. *Heliopora id.*, Michelin, 1845, Icon. zoophyt., p. 164, pl. 45, fig. 6. Auvert, Valmondois.

*1671. **Solanderii,** d'Orb., 1847. *Pocillopora id.*, Defrance, *Palmipora id.*, Michelin, p. 166, pl. 45, fig. 9. Auvert, Étairgny, Nanteuil.

LITHARŒA, Edwards et Haime, 1849.

*1671'. **Deshaysiana,** Edwards et Haime, 1849. *Porites Deshaysiana*, Michelin, Icon. zooph., pl. 45, fig. 5. Auvert.

POLYTREMA, Risso, 1825.

1672. **subpyriformis,** d'Orb., 1847. *Geodia pyriformis*, Michelin, Icon. zooph., p. 178, pl. 46, fig. 2 (non Lamouroux, 1821). Monneville (Oise).

FORAMINIFÉRES d'Orb.

NUMMULITES, Lamarck.

*1673. **variolaria,** d'Orb., 1847. *Lenticulina variolaria*, Lam., Anim. s. vert., 7, p. 619, n. 2; Sow., pl. 538, fig. 3. Auvert, Ormoy-Villers, Villemetrie, Cuvergnon, les Clergis (Oise); Anglet., Londres, Stubbingten.

ASSILINA, d'Orb., 1825. Voy. Foraminifères de Vienne.

*1674. **radiolata,** d'Orb., 1825, Ann. des Sc. nat., p. 130, n. 5. Auvert.

ROTALIA, Lamarck. Voy. Foraminifères de Vienne.

*1675. **subcarinata,** d'Orb., 1847. *Gyroidina id.*, d'Orb., 1825, Ann. des Sc. nat., p. 112, n. 8. Montmirail, Ermenonville.

TRUNCATULINA, d'Orb., 1825. Voy. Foraminifères de Vienne.

*1676. **contecta,** d'Orb., 1825, Ann. des Sc. nat., p. 113, n. 4. Espèce presque lisse, tranchante. Ermenonville.

SPIROLOCULINA, d'Orb., 1825. Voy. Foraminifères de Vienne.

*1677. **pulchella,** d'Orb., 1825, Ann. des Sc. nat., p. 133, n. 13. Auvert.

ERRATA.

Étage 1 B. No 146, au lieu de *Leptæna pecten*, lisez *L. Subpecten*, le nom de *Pecten* se trouvant déjà. Étage 5, no 712.

Étage 10. No 548, au lieu de *Clausastrea tessellata*, lisez *C. Subtessellata*, ce nom étant déjà donné à une autre espèce. Étage 25, no 1280.

Étage 13. No 418, au lieu de *Gervilia lata*, lisez *G. Sublata*, ce nom faisant double emploi.

Étage 14. No 534. au lieu de *Pseudocœnia ramosa*, lisez *P. Subramosa*, pour faire disparaître un double emploi.

Étage 17. No 523, au lieu de *Prionastrea infundibulum*, lisez *P. Subinfundibulum*, ce nom ayant déjà été appliqué.

Étage 20. No 466, au lieu de *Gervilia Aviculoides*, lisez *G. Subaviculoides*, ce nom appartenant à une autre espèce.

TABLE DES MATIÈRES

CONTENUES DANS LE SECOND VOLUME.

FIN DE LA TABLE.

Corbeil, imprimerie de CRÉTÉ

www.ingramcontent.com/pod-product-compliance
Lightning Source LLC
Chambersburg PA
CBHW060950220326
41599CB00023B/3654